Álgebra

MURRAY R. SPIEGEL era mestre em física e doutor em matemática, ambos pela Cornell University. Ele foi professor na Harvard University, Columbia University, Oak Ridge e no Rensselaer Polytechnic Institute, além de consultor matemático de várias grandes empresas. Seu último emprego foi como professor e diretor de matemática no Hartford Graduate Center do Rensselaer Polytechnic Institute. Ele tinha interesses em muitos ramos da matemática, especialmente aqueles que envolviam aplicações a problemas de física e de engenharia. Foi autor de muitos artigos em periódicos e de 14 livros sobre vários tópicos de matemática.

ROBERT E. MOYER leciona matemática na Southwest Minnesota State University em Marshall, Minnesota, desde 2002. Antes de ir para a SMSU, lecionou na Fort Valley State University em Fort Valley, Georgia, de 1985 a 2002. Foi chefe do Departamento de Matemática e Física de 1992 a 1994. Antes de começar a lecionar em universidades, trabalhou como consultor de matemática junto a uma cooperativa formada por cinco escolas públicas. Sua carreira inclui 12 anos de ensino de matemática no Ensino Médio em Illinois. Recebeu o título de Doutor em Educação Matemática da University of Illinois (Urbana-Champaign) em 1974. Obteve da Southern Illinois University (Carbondale) o grau de mestre em ciências em 1967 e de bacharel em ciências em 1964, ambos em educação em matemática.

S755a   Spiegel, Murray R.
        Álgebra / Murray R. Spiegel, Robert E. Moyer ; tradução:
    Jonier Amaral Antunes ; revisão técnica: Adonai Schlup
    Sant'Anna. – 3. ed. – Porto Alegre : Bookman, 2015.
        xi, 387 p. : il. ; 28 cm. – (Coleção Schaum)

    ISBN 978-85-407-0154-0

    1. Matemática. 2. Álgebra. I. Moyer, Robert E. II. Título.

                                                        CDU 512

Catalogação na publicação: Fernanda B. Handke dos Santos – CRB 10/2107

Murray R. Spiegel
Rensselaer Polytechnic Institute,
Hartford Graduate Center

Robert E. Moyer
Southwest Minnesota
State University

Álgebra
Terceira edição

Tradução
Jonier Amaral Antunes
Bacharel em Física pela UFRGS
Mestre em Matemática pela UFRGS

Revisão técnica
Adonai Schlup Sant'Anna
Pós-doutorado em Física Teórica pela Stanford University – EUA
Doutor em Filosofia pela Universidade de São Paulo
Professor Associado do Departamento de Matemática da UFPR

bookman

Obra originalmente publicada sob o título
Schaum's Outline for College Algebra, 3rd Edition.
ISBN 0071635394 / 9780071635394

Original English language copyright © 2006, The McGraw-Hill Companies, Inc., New York, NY, 10020.
All rights reserved.

Portuguese language translation copyright © 2015, Bookman Companhia Editora Ltda., a Grupo A Educação S.A. Company.
All rights reserved.

Gerente editorial: *Arysinha Jacques Affonso*

Colaboraram nesta edição:

Capa: *Kaéle Finalizando Ideias* (arte sobre capa original)

Leitura final: *Bianca Basile*

Editora: *Verônica de Abreu Amaral*

Editoração: *Techbooks*

Reservados todos os direitos de publicação, em língua portuguesa, à
BOOKMAN EDITORA LTDA., uma empresa do GRUPO A EDUCAÇÃO S.A.
Av. Jerônimo de Ornelas, 670 – Santana
90040-340 – Porto Alegre – RS
Fone: (51) 3027-7000   Fax: (51) 3027-7070

É proibida a duplicação ou reprodução deste volume, no todo ou em parte, sob quaisquer
formas ou por quaisquer meios (eletrônico, mecânico, gravação, fotocópia, distribuição na Web
e outros), sem permissão expressa da Editora.

Unidade São Paulo
Av. Embaixador Macedo Soares, 10.735 – Pavilhão 5 – Cond. Espace Center
Vila Anastácio – 05095-035 – São Paulo – SP
Fone: (11) 3665-1100   Fax: (11) 3667-1333

SAC 0800 703-3444 – www.grupoa.com.br

IMPRESSO NO BRASIL
PRINTED IN BRAZIL

Prefácio

Na terceira edição, foi mantida a abrangência da edição anterior, de modo que todos os tópicos usualmente ensinados na universidade estejam contidos em uma única fonte. Visto que o uso de tabelas de logaritmos e determinantes vem diminuindo, reunimos esse material em um capítulo em vez de tratá-lo em dois, como na segunda edição. O material sobre como resolver manualmente problemas com logaritmos foi mantido para quem deseja aprender a solucioná-los antes de usar a calculadora. Além disso, as demonstrações das propriedades dos determinantes foram preservadas para ressaltar as bases das propriedades utilizadas no cálculo dos determinantes.

O livro é autossuficiente e pode ser utilizado tanto por quem está cursando a disciplina de álgebra pela primeira vez como também por aqueles que desejam revisar os princípios fundamentais e procedimentos algébricos. Alunos que estão estudando álgebra avançada no ensino médio poderão utilizar o livro como uma fonte de exemplos, explicações e problemas adicionais. O tratamento completo dos tópicos de álgebra permite ao professor utilizar este volume como livro-texto, como material para um assunto específico ou como fonte de problemas adicionais.

Cada capítulo contém um sumário das definições e dos teoremas necessários, seguido de um conjunto de problemas resolvidos. Estes problemas incluem demonstrações de teoremas e derivações de fórmulas. Os capítulos terminam com um conjunto de problemas complementares e suas soluções.

Não é exigido o uso da calculadora, mas ela pode ser empregada em conjunto com o livro. Não há instruções sobre como operar uma calculadora gráfica para resolver os problemas, mas há várias situações para seu uso nos procedimentos gerais; o estudante precisará consultar o manual da calculadora a ser utilizada para implementar os processos naquele modelo específico.

Dr. Robert E. Moyer
Professor Associado de Matemática
Southwest Minnesota State University

Sumário

CAPÍTULO 1	**Operações Fundamentais com Números**	**1**
	1.1 Quatro operações	1
	1.2 O sistema dos números reais	1
	1.3 Representação gráfica de números reais	2
	1.4 Propriedades da adição e multiplicação de números reais	3
	1.5 Regras de sinais	3
	1.6 Expoentes e potências	4
	1.7 Operações com frações	4
CAPÍTULO 2	**Operações Fundamentais com Expressões Algébricas**	**12**
	2.1 Expressões algébricas	12
	2.2 Termos	12
	2.3 Grau	13
	2.4 Agrupamento	13
	2.5 Contas com expressões algébricas	13
CAPÍTULO 3	**Propriedades dos Números**	**22**
	3.1 Conjuntos de números	22
	3.2 Propriedades	22
	3.3 Propriedades adicionais	23
CAPÍTULO 4	**Produtos Especiais**	**27**
	4.1 Produtos especiais	27
	4.2 Produtos resultando em respostas da forma $a^n \pm b^n$	28
CAPÍTULO 5	**Fatoração**	**32**
	5.1 Fatoração	32
	5.2 Procedimentos para fatoração	32
	5.3 Máximo divisor comum	34
	5.4 Mínimo múltiplo comum	34
CAPÍTULO 6	**Frações**	**41**
	6.1 Frações algébricas racionais	41
	6.2 Operações com frações algébricas	42
	6.3 Frações complexas	43
CAPÍTULO 7	**Expoentes**	**48**
	7.1 Expoente inteiro positivo	48
	7.2 Expoente inteiro negativo	48
	7.3 Raízes	48

7.4	Expoentes racionais	49
7.5	Regras gerais para expoentes	49
7.6	Notação científica	50

CAPÍTULO 8 — Radicais — 58

8.1	Expressões radicais	58
8.2	Regras para radicais	58
8.3	Simplificando radicais	59
8.4	Operações com radicais	59
8.5	Racionalizando denominadores binomiais	60

CAPÍTULO 9 — Operações Simples com Números Complexos — 67

9.1	Números complexos	67
9.2	Representação gráfica de números complexos	67
9.3	Operações algébricas com números complexos	68

CAPÍTULO 10 — Equações em Geral — 73

10.1	Equações	73
10.2	Operações utilizadas para transformar equações	73
10.3	Equações equivalentes	74
10.4	Fórmulas	74
10.5	Equações polinomiais	75

CAPÍTULO 11 — Razão, Proporção e Variação — 81

11.1	Razão	81
11.2	Proporção	81
11.3	Variação	81
11.4	Preço unitário	82
11.5	Melhor compra	82

CAPÍTULO 12 — Funções e Gráficos — 89

12.1	Variáveis	89
12.2	Relações	89
12.3	Funções	89
12.4	Notação para função	90
12.5	Sistema de coordenadas retangulares	90
12.6	Função de duas variáveis	91
12.7	Simetria	91
12.8	Translações	92
12.9	Escala	93
12.10	Utilizando uma calculadora gráfica	93

CAPÍTULO 13 — Equações Lineares a Uma Variável — 114

13.1	Equações lineares	114
13.2	Equações literais	114
13.3	Problemas literais	115

CAPÍTULO 14 — Equações de Retas — 128

14.1	Inclinação de uma reta	128
14.2	Retas paralelas e perpendiculares	129
14.3	Forma inclinação-intercepto da equação de uma reta	130

	14.4	Forma ponto-inclinação da equação de uma reta	130
	14.5	Equação da reta que passa por dois pontos	130
	14.6	Forma interceptos da equação de uma reta	131

CAPÍTULO 15   Equações Lineares Simultâneas   137

	15.1	Sistemas de duas equações lineares	137
	15.2	Sistemas de três equações lineares	138

CAPÍTULO 16   Equações Quadráticas a Uma Variável   150

	16.1	Equações quadráticas	150
	16.2	Métodos de resolução de equações quadráticas	150
	16.3	Soma e produto das raízes	152
	16.4	Natureza das raízes	152
	16.5	Equações radicais	152
	16.6	Equações tipo quadrática	153

CAPÍTULO 17   Seções Cônicas   169

	17.1	Equações quadráticas gerais	169
	17.2	Seções cônicas	170
	17.3	Círculos	170
	17.4	Parábolas	171
	17.5	Elipses	173
	17.6	Hipérboles	177
	17.7	Construindo gráficos de seções cônicas com uma calculadora	180

CAPÍTULO 18   Sistemas Envolvendo Equações Quadráticas   191

	18.1	Solução gráfica	191
	18.2	Solução algébrica	191

CAPÍTULO 19   Desigualdades   199

	19.1	Definições	199
	19.2	Princípios das desigualdades	199
	19.3	Desigualdades com valor absoluto	200
	19.4	Desigualdades com grau mais alto	200
	19.5	Desigualdades lineares a duas variáveis	202
	19.6	Sistemas de desigualdades lineares	202
	19.7	Programação linear	203

CAPÍTULO 20   Funções Polinomiais   214

	20.1	Equações polinomiais	214
	20.2	Zeros de equações polinomiais	214
	20.3	Resolvendo equações polinomiais	216
	20.4	Aproximando zeros reais	218

CAPÍTULO 21   Funções Racionais   235

	21.1	Funções racionais	235
	21.2	Assíntotas verticais	235
	21.3	Assíntotas horizontais	235
	21.4	Esboçando gráficos de funções racionais	236
	21.5	Esboçando gráficos de funções racionais com uma calculadora gráfica	238

CAPÍTULO 22	**Sequências e Séries**	**245**
	22.1 Sequências	245
	22.2 Progressões aritméticas	245
	22.3 Progressões geométricas	245
	22.4 Séries geométricas infinitas	246
	22.5 Sequência harmônica	246
	22.6 Médias	246
CAPÍTULO 23	**Logaritmos**	**263**
	23.1 Definição de um logaritmo	263
	23.2 Regras para logaritmos	263
	23.3 Logaritmos comuns	264
	23.4 Utilizando uma tabela de logaritmos comuns	264
	23.5 Logaritmos naturais	265
	23.6 Utilizando uma tabela de logaritmos naturais	265
	23.7 Determinação de logaritmos utilizando uma calculadora	266
CAPÍTULO 24	**Aplicações de Logaritmos e Expoentes**	**276**
	24.1 Introdução	276
	24.2 Juro simples	276
	24.3 Juro composto	277
	24.4 Aplicações de logaritmos	278
	24.5 Aplicações de exponenciais	280
CAPÍTULO 25	**Permutações e Combinações**	**288**
	25.1 Princípio fundamental de contagem	288
	25.2 Permutações	288
	25.3 Combinações	289
	25.4 Utilizando uma calculadora	290
CAPÍTULO 26	**O Teorema Binomial**	**303**
	26.1 Notação combinatorial	303
	26.2 Expansão de $(a + x)^n$	303
CAPÍTULO 27	**Probabilidade**	**310**
	27.1 Probabilidade Simples	310
	27.2 Probabilidade composta	310
	27.3 Esperança matemática	311
	27.4 Probabilidade binomial	311
	27.5 Probabilidade condicional	312
CAPÍTULO 28	**Determinantes**	**323**
	28.1 Determinantes de segunda ordem	323
	28.2 Regra de Cramer	323
	28.3 Determinantes de terceira ordem	324
	28.4 Determinantes de ordem n	326
	28.5 Propriedades dos determinantes	327
	28.6 Menores complementares	328
	28.7 Valor de um determinante de ordem n	328
	28.8 Regra de Cramer para determinantes de ordem n	328
	28.9 Equações lineares homogêneas	329

CAPÍTULO 29   **Matrizes**   **349**

29.1 Definição de uma matriz   349
29.2 Operações com matrizes   349
29.3 Operações elementares sobre as linhas   351
29.4 Inversa de uma matriz   352
29.5 Equações matriciais   353
29.6 Matriz solução de um sistema de equações   354

CAPÍTULO 30   **Indução Matemática**   **362**

30.1 Princípio da indução matemática   362
30.2 Prova por indução matemática   362

CAPÍTULO 31   **Frações Parciais**   **368**

31.1 Frações racionais   368
31.2 Frações próprias   368
31.3 Frações parciais   368
31.4 Polinômios idênticos   369
31.5 Teorema fundamental   369
31.6 Determinando a decomposição em frações parciais   370

APÊNDICE A   **Tabela de Logaritmos Comuns**   **375**

APÊNDICE B   **Tabela de Logaritmos Naturais**   **379**

ÍNDICE   **383**

Capítulo 1

Operações Fundamentais com Números

1.1 QUATRO OPERAÇÕES

Assim como na aritmética, quatro operações são fundamentais em álgebra: adição, subtração, multiplicação e divisão.

Quando dois números a e b são adicionados, sua soma é indicada por $a + b$. Assim, $3 + 2 = 5$.

Quando um número b é subtraído de um número a, sua diferença é indicada por $a - b$. Assim, $6 - 2 = 4$.

A subtração pode ser definida em termos da adição. Ou seja, podemos definir $a - b$ como o número x tal que somado a b gera a ou $x + b = a$. Por exemplo, $8 - 3$ é aquele número x que adicionado a 3 produz 8, i.e., $x + 3 = 8$; Desta maneira, $8 - 3 = 5$.

O produto de dois números a e b é um número c tal que $a \times b = c$. A operação de multiplicação pode ser indicada por uma cruz, um ponto ou parênteses. Assim, $5 \times 3 = 5 \cdot 3 = 5(3) = (5)(3) = 15$, onde os fatores são 5 e 3 e seu produto 15. Quando letras são usadas, como na álgebra, geralmente evitamos a notação $p \times q$, já que $\times$ pode ser confundido com um número representado por uma letra.

Quando um número a é dividido por um número b, o quociente obtido se escreve

$$a \div b \quad \text{ou} \quad \frac{a}{b} \quad \text{ou} \quad a/b,$$

onde a é chamado o dividendo e b o divisor. Também diz-se que a expressão a/b é uma fração, tendo numerador a e denominador b.

A divisão por zero não está definida. Ver Problemas 1.1(b) e (e).

A divisão pode ser definida em termos da multiplicação. Isto é, podemos considerar a/b como o número x que resulta a quando multiplicado por b, ou $bx = a$. Por exemplo, $6/3$ é o número x tal que 3 multiplicado por x resulta 6, ou $3x = 6$; assim $6/3 = 2$.

1.2 O SISTEMA DOS NÚMEROS REAIS

O sistema dos números reais, como conhecemos atualmente, é o resultado de um processo gradual, indicado a seguir.

(1) *Números naturais* 1, 2, 3, 4,... (três pontos significam "e assim por diante") usados em contagens são também conhecidos como os inteiros positivos. Se dois desses números forem adicionados ou multiplicados, o resultado será sempre um número natural.

(2) *Números racionais positivos* ou frações positivas são quocientes de dois inteiros positivos, como 2/3, 8/5, 121/17. Os números racionais positivos incluem o conjunto dos números naturais. Desta maneira, o número 3/1 é o número natural 3.

(3) *Números irracionais positivos* são os números que não são racionais, como $\sqrt{2}$, π.

(4) *Zero*, que se escreve 0, surgiu com a finalidade de estender o sistema numérico de forma a permitir operações como $6 - 6$ ou $10 - 10$. O zero tem a propriedade de multiplicado por qualquer número resultar em zero. Zero dividido por qualquer número $\neq 0$ (i.e., diferente de zero) é zero.

(5) *Números negativos* inteiros, racionais e irracionais como -3, $-2/3$ e $-\sqrt{2}$, apareceram no intuito de estender o sistema numérico para permitir operações como $2 - 8$, $\pi - 3\pi$ ou $2 - 2\sqrt{2}$.

Quando não há sinal antes de um número, subentende-se o sinal positivo. Portanto 5 é $+5$, $\sqrt{2}$ é $+\sqrt{2}$. Considera-se zero um número racional sem sinal.

Os números reais são compostos da coleção de números racionais e irracionais, tanto positivos quanto negativos, e o zero.

Nota: a palavra "real" é usada em contraste a outros números envolvendo $\sqrt{-1}$, que são abordados adiante e são conhecidos como *imaginários*, embora sejam muito úteis em matemática e na ciência. Salvo contrariamente especificado, estaremos tratando de números reais.

1.3 REPRESENTAÇÃO GRÁFICA DE NÚMEROS REAIS

É geralmente útil representar números reais por pontos em uma reta. Para fazer isso, escolhemos um ponto na reta para representar o número zero e chamamos esse ponto de origem. Os inteiros positivos $+1$, $+2$, $+3$,... são associados aos pontos na reta distando 1, 2, 3,... unidades à *direita* da origem, respectivamente (ver Fig. 1-1), ao passo que os números negativos -1, -2, -3,... são associados aos pontos na reta distando 1, 2, 3,... unidades à *esquerda* da origem, respectivamente.

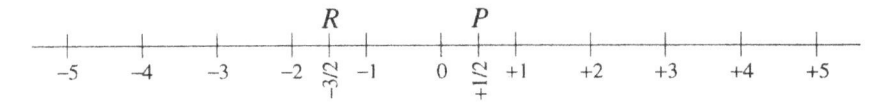

Figura 1-1

O número racional 1/2 está representado nessa escala por um ponto P na metade do trecho entre 0 e $+1$. O número negativo $-3/2$ ou $-1\frac{1}{2}$ está representado por um ponto R $1\frac{1}{2}$ unidades à esquerda da origem.

Pode-se demonstrar que a cada número real corresponde um e somente um ponto na reta; reciprocamente, a cada ponto na reta corresponde um e apenas um número real.

A posição de números reais na reta estabelece uma ordem ao sistema de números reais. Se um ponto A se encontra à direita de outro ponto B na reta, dizemos que o número correspondente a A é *maior* que o número correspondente a B, ou que o número correspondente a B é *menor* que o número correspondente a A. Os símbolos para "maior que" e "menor que" são $>$ e $<$, respectivamente. Estes símbolos são chamados de "sinais de desigualdade".

Logo, como 5 está à direita de 3, 5 é maior que 3 ou $5 > 3$; podemos também dizer que 3 é menor que 5 e escrever $3 < 5$. Analogamente, já que -6 se encontra à esquerda de -4, -6 é menor que -4, i.e., $-6 < -4$; também podemos escrever $-4 > -6$.

Por valor absoluto ou valor numérico de um número, entende-se a distância do número à origem na reta numérica. O valor absoluto é indicado por duas linhas verticais em torno do número. Assim $|-6| = 6$, $|+4| = 4$, $|-3/4| = 3/4$.

1.4 PROPRIEDADES DA ADIÇÃO E MULTIPLICAÇÃO DE NÚMEROS REAIS

(1) *Propriedade comutativa da adição* A ordem da adição de dois números não afeta o resultado.

Portanto $$a + b = b + a, \quad 5 + 3 = 3 + 5 = 8.$$

(2) *Propriedade associativa da adição* Os termos de uma soma podem ser agrupados de qualquer maneira sem afetar o resultado.

$$a + b + c = a + (b + c) = (a + b) + c, \quad 3 + 4 + 1 = 3 + (4 + 1) = (3 + 4) + 1 = 8$$

(3) *Propriedade comutativa da multiplicação* A ordem dos fatores de um produto não afeta o resultado.

$$a \cdot b = b \cdot a, \quad 2 \cdot 5 = 5 \cdot 2 = 10$$

(4) *Propriedade associativa da multiplicação* Os fatores de um produto podem ser agrupados de qualquer modo sem afetar o resultado.

$$abc = a(bc) = (ab)c, \quad 3 \cdot 4 \cdot 6 = 3(4 \cdot 6) = (3 \cdot 4)6 = 72$$

(5) *Propriedade distributiva da multiplicação sobre a adição* O produto de um número a pela soma de dois números $(b + c)$ é igual à soma dos produtos ab e ac.

$$a(b + c) = ab + ac, \quad 4(3 + 2) = 4 \cdot 3 + 4 \cdot 2 = 20$$

Extensões destas regras podem ser feitas. Assim podemos adicionar os números a, b, c, d, e agrupando-os em qualquer ordem, como $(a + b) + c + (d + e)$, $a + (b + c) + (d + e)$ etc. De maneira similar, na multiplicação podemos escrever $(ab)c(de)$ ou $a(bc)(de)$ e o resultado será independente de ordem ou combinação.

1.5 REGRAS DE SINAIS

(1) Para adicionar dois números com sinais iguais, realize a soma de seus valores absolutos antecedida pelo sinal em comum. Assim $3 + 4 = 7, (-3) + (-4) = -7$.
(2) Para adicionar dois números com sinais distintos, encontre a diferença entre seus valores absolutos antecedida pelo sinal do número com maior valor absoluto.

Exemplos 1.1 $17 + (-8) = 9, \quad (-6) + 4 = -2, \quad (-18) + 15 = -3$

(3) Para subtrair um número b de outro número a, mude a operação para adição e substitua b pelo seu oposto, $-b$.

Exemplos 1.2 $12 - (7) = 12 + (-7) = 5, \quad (-9) - (4) = -9 + (-4) = -13, \quad 2 - (-8) = 2 + 8 = 10$

(4) Para multiplicar (ou dividir) dois números com sinais iguais, multiplique (ou divida) seus valores absolutos e coloque um sinal de mais (ou nenhum sinal).

Exemplos 1.3 $(5)(3) = 15, \quad (-5)(-3) = 15, \quad \dfrac{-6}{-3} = 2$

(5) Para multiplicar (ou dividir) dois números com sinais distintos, multiplique (ou divida) seus valores absolutos e acrescente um sinal de menos.

Exemplos 1.4 $(-3)(6) = -18, \quad (3)(-6) = -18, \quad \dfrac{-12}{4} = -3$

1.6 EXPOENTES E POTÊNCIAS

Quando um número a é multiplicado por si mesmo n vezes, o produto $a \cdot a \cdot a \cdots a$ (n vezes) é indicado pelo símbolo a^n ao qual nos referimos por "a n-ésima potência de a" ou "a na n-ésima potência".

Exemplos 1.5 $\quad 2 \cdot 2 \cdot 2 \cdot 2 \cdot 2 = 2^5 = 32, \qquad (-5)^3 = (-5)(-5)(-5) = -125$
$\quad\quad\quad\quad\quad\quad 2 \cdot x \cdot x \cdot x = 2x^3, \qquad a \cdot a \cdot a \cdot b \cdot b = a^3 b^2, \qquad (a-b)(a-b)(a-b) = (a-b)^3$

Na expressão a^n, o número a é chamado a *base* e o inteiro positivo n é o *expoente*.

Se p e q são inteiros positivos, então seguem as seguintes regras para expoentes.

(1) $a^p \cdot a^q = a^{p+q}$ $\qquad\qquad\qquad\qquad\qquad$ Assim: $2^3 \cdot 2^4 = 2^{3+4} = 2^7$

(2) $\dfrac{a^p}{a^q} = a^{p-q} = \dfrac{1}{a^{q-p}} \quad$ se $a \neq 0$ $\qquad\qquad \dfrac{3^5}{3^2} = 3^{5-2} = 3^3, \quad \dfrac{3^4}{3^6} = \dfrac{1}{3^{6-4}} = \dfrac{1}{3^2}$

(3) $(a^p)^q = a^{pq}$ $\qquad\qquad\qquad\qquad\qquad\qquad (4^2)^3 = 4^6, (3^4)^2 = 3^8$

(4) $(ab)^p = a^p b^p, \quad \left(\dfrac{a}{b}\right)^p = \dfrac{a^p}{b^p} \quad$ se $a \neq 0 \qquad (4 \cdot 5)^2 = 4^2 \cdot 5^2 \qquad \left(\dfrac{5}{2}\right)^3 = \dfrac{5^3}{2^3}$

1.7 OPERAÇÕES COM FRAÇÕES

Operações com frações podem ser realizadas de acordo com as seguintes regras.

(1) O valor de uma fração permanecerá o mesmo caso seu numerador e denominador sejam multiplicados ou divididos pelo mesmo número, desde que o número não seja zero.

Exemplos 1.6 $\quad \dfrac{3}{4} = \dfrac{3 \cdot 2}{4 \cdot 2} = \dfrac{6}{8}, \qquad \dfrac{15}{18} = \dfrac{15 \div 3}{18 \div 3} = \dfrac{5}{6}$

(2) Mudar o sinal do numerador ou do denominador de uma fração muda o sinal da fração.

Exemplo 1.7 $\quad \dfrac{-3}{5} = -\dfrac{3}{5} = \dfrac{3}{-5}$

(3) Somar duas frações com o denominador em comum resulta numa fração cujo numerador é a soma dos numeradores das frações dadas e cujo denominador é o denominador comum.

Exemplo 1.8 $\quad \dfrac{3}{5} + \dfrac{4}{5} = \dfrac{3+4}{5} = \dfrac{7}{5}$

(4) A soma ou diferença de duas frações com diferentes denominadores pode ser encontrada ao se escrever as frações com o mesmo denominador.

Exemplo 1.9 $\quad \dfrac{1}{4} + \dfrac{2}{3} = \dfrac{3}{12} + \dfrac{8}{12} = \dfrac{11}{12}$

(5) O produto de duas frações é uma fração cujo numerador é o produto dos numeradores das frações dadas e o denominador é o produto dos denominadores.

Exemplos 1.10 $\quad \dfrac{2}{3} \cdot \dfrac{4}{5} = \dfrac{2 \cdot 4}{3 \cdot 5} = \dfrac{8}{15}, \qquad \dfrac{3}{4} \cdot \dfrac{8}{9} = \dfrac{3 \cdot 8}{4 \cdot 9} = \dfrac{24}{36} = \dfrac{2}{3}$

(6) A inversa de uma fração é uma fração cujo numerador é o denominador da fração dada e cujo denominador é o numerador da fração dada. Portanto, a inversa de 3 (i.e., 3/1) é 1/3. De maneira análoga, as inversas de 5/8 e $-4/3$ são 8/5 e $3/-4$ ou $-3/4$, respectivamente.

(7) Para dividir duas frações, multiplique a primeira pela inversa da segunda.

Exemplos 1.11 $\quad \dfrac{a}{b} \div \dfrac{c}{d} = \dfrac{a}{b} \cdot \dfrac{d}{c} = \dfrac{ad}{bc}, \qquad \dfrac{2}{3} \div \dfrac{4}{5} = \dfrac{2}{3} \cdot \dfrac{5}{4} = \dfrac{10}{12} = \dfrac{5}{6}$

Este resultado pode ser obtido da seguinte maneira:

$$\dfrac{a}{b} \div \dfrac{c}{d} = \dfrac{a/b}{c/d} = \dfrac{a/b \cdot bd}{c/d \cdot bd} = \dfrac{ad}{bc}.$$

Problemas Resolvidos

1.1 Escreva a soma S, a diferença D, o produto P e o quociente Q de cada um dos seguintes pares de números: (*a*) 48, 12; (*b*) 8, 0; (*c*) 0, 12; (*d*) 10, 20; (*e*) 0, 0.

Solução

(*a*) $S = 48 + 12 = 60, D = 48 - 12 = 36, P = 48(12) = 576, Q = 48 \div 12 = \dfrac{48}{12} = 4$

(*b*) $S = 8 + 0 = 8, D = 8 - 0 = 8, P = 8(0) = 0, Q = 8 \div 0$ ou $8/0$

Mas, por definição, 8/0 é o número x (caso exista), tal que $x(0) = 8$. Evidentemente não existe tal número, uma vez que qualquer número multiplicado por 0 resulta 0.*

(*c*) $S = 0 + 12 = 12, D = 0 - 12 = -12, P = 0(12) = 0, Q = \dfrac{0}{12} = 0$

(*d*) $S = 10 + 20 = 30, D = 10 - 20 = -10, P = 10(20) = 200, Q = 10 \div 20 = \dfrac{10}{20} = \dfrac{1}{2}$

(*e*) $S = 0 + 0 = 0, D = 0 - 0 = 0, P = 0(0) = 0, Q = 0 \div 0$ ou $0/0$ é por definição o número x (caso exista) tal que $x(0) = 0$. Como isto é verdadeiro para *qualquer* número x, não existe um número representado por 0/0.

A partir de (*b*) e (*e*) conclui-se que a divisão por zero é uma operação não definida.

1.2 Realize cada uma das operações indicadas.

(*a*) $42 + 23, 23 + 42$

(*b*) $27 + (48 + 12), (27 + 48) + 12$

(*c*) $125 - (38 + 27)$

(*d*) $6 \cdot 8, 8 \cdot 6$

(*e*) $4(7 \cdot 6), (4 \cdot 7)6$

(*f*) $35 \cdot 28$

(*g*) $756 \div 21$

(*h*) $\dfrac{(40 + 21)(72 - 38)}{(32 - 15)}$

(*i*) $72 \div 24 + 64 \div 16$

(*j*) $4 \div 2 + 6 \div 3 - 2 \div 2 + 3 \cdot 4$

(*k*) $128 \div (2 \cdot 4), (128 \div 2) \cdot 4$

Solução

(*a*) $42 + 23 = 65, 23 + 42 = 65$. Logo, $42 + 23 = 23 + 42$.
Isto ilustra a comutatividade da adição.

(*b*) $27 + (48 + 12) = 27 + 60 = 87, (27 + 48) + 12 = 75 + 12 = 87$. Assim, $27 + (48 + 12) = (27 + 48) + 12$.
Isto ilustra a associatividade da adição.

(*c*) $125 - (38 + 27) = 125 - 65 = 60$

(*d*) $6 \cdot 8 = 48, 8 \cdot 6 = 48$. Então, $6 \cdot 8 = 8 \cdot 6$, o que ilustra a comutatividade da multiplicação.

(*e*) $4(7 \cdot 6) = 4(42) = 168, (4 \cdot 7)6 = (28)6 = 168$. Desta maneira, $4(7 \cdot 6) = (4 \cdot 7)6$.
Isto ilustra a associatividade da multiplicação.

(*f*) $(35)(28) = 35(20 + 8) = 35(20) + 35(8) = 700 + 280 = 980$ devido à distributividade da multiplicação.

(*g*) $\dfrac{756}{21} = 36$ Checar: $21 \cdot 36 = 756$

(*h*) $\dfrac{(40 + 21)(72 - 38)}{(32 - 15)} = \dfrac{(61)(34)}{17} = \dfrac{61 \cdot \overset{2}{\cancel{34}}}{\underset{1}{\cancel{17}}} = 61 \cdot 2 = 122$

(*i*) Por convenção, contas em aritmética cumprem a seguinte regra: operações de multiplicação e divisão precedem operações de adição e subtração.
Assim, $72 \div 24 + 64 \div 16 = 3 + 4 = 7$.

(*j*) A regra do item (*i*) é aplicada aqui, portanto $4 \div 2 + 6 \div 3 - 2 \div 2 + 3 \cdot 4 = 2 + 2 - 1 + 12 = 15$.

(*k*) $128 \div (2 \cdot 4) = 128 \div 8 = 16, (128 \div 2) \cdot 4 = 64 \cdot 4 = 256$
Consequentemente, se escrevermos $128 \div 2 \cdot 4$ sem parênteses, as operações de multiplicação e divisão devem ser feitas na ordem em que aparecem da esquerda para a direita, logo $128 \div 2 \cdot 4 = 64 \cdot 4 = 256$.

---

* N. de R. T.: Sob a ótica da Teoria das Definições, é possível definir divisão por zero. Apenas não é usual.

1.3 Classifique cada um dos números a seguir de acordo com as categorias: número real, inteiro positivo, inteiro negativo, número racional, número irracional, nenhuma das anteriores.

$$-5,\ 3/5,\ 3\pi,\ 2,\ -1/4,\ 6{,}3,\ 0,\ \sqrt{5},\ \sqrt{-1},\ 0{,}3782,\ \sqrt{4},\ -18/7$$

Solução
Se o número pertence a uma categoria ou mais, indicamos por um sinal de visto.

	Número real	Inteiro positivo	Inteiro negativo	Número racional	Número irracional	Nenhuma das anteriores
-5	√		√	√		
$3/5$	√			√		
3π	√				√	
2	√	√		√		
$-1/4$	√			√		
$6{,}3$	√			√		
0	√			√		
$\sqrt{5}$	√				√	
$\sqrt{-1}$						√
$0{,}3782$	√			√		
$\sqrt{4}$	√	√		√		
$-18/7$	√			√		

1.4 Represente (aproximadamente) através de pontos numa escala gráfica cada um dos números reais no Problema 1.3.

Nota: 3π é aproximadamente $3(3{,}14) = 9{,}42$, então o ponto correspondente está entre $+9$ e $+10$, como indicado. $\sqrt{5}$ está entre 2 e 3, tendo valor 2,236 até três casas decimais.

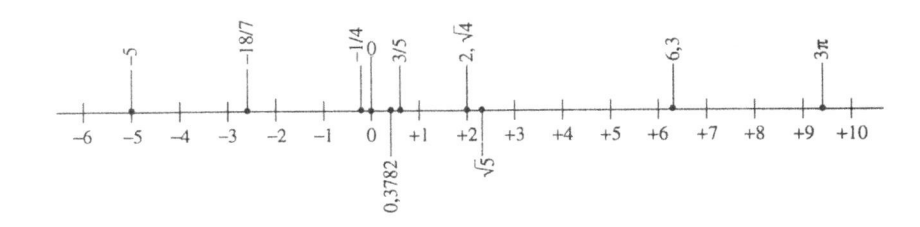

1.5 Utilize o símbolo de desigualdade apropriado ($<$ ou $>$) entre cada par de números reais.

(a) $2, 5$ (c) $3, -1$ (e) $-4, -3$ (g) $\sqrt{7}, 3$ (i) $-3/5, -1/2$
(b) $0, 2$ (d) $-4, +2$ (f) $\pi, 3$ (h) $-\sqrt{2}, -1$

Solução

(a) $2 < 5$ (ou $5 > 2$), i.e., 2 é *menor que* 5 (ou 5 é *maior que* 2)

(b) $0 < 2$ (ou $2 > 0$)

(c) $3 > -1$ (ou $-1 < 3$)

(d) $-4 < +2$ (ou $+2 > -4$)

(e) $-4 < -3$ (ou $-3 > -4$)

(f) $\pi > 3$ (ou $3 < \pi$)

(g) $3 > \sqrt{7}$ (ou $\sqrt{7} < 3$)

(h) $-\sqrt{2} < -1$ ($-1 > -\sqrt{2}$)

(i) $-3/5 < -1/2$ visto que $-0{,}6 < -0{,}5$

1.6 Organize os seguintes grupos de números reais em ordem crescente de magnitude.

(a) $-3, 22/7, \sqrt{5}, -3{,}2, 0$

(b) $-\sqrt{2}, -\sqrt{3}, -1{,}6, -3/2$

Solução

(a) $-3{,}2 < -3 < 0 < \sqrt{5} < 22/7$

(b) $-\sqrt{3} < -1{,}6 < -3/2 < -\sqrt{2}$

1.7 Escreva o valor absoluto de cada um dos seguintes números reais.

$$-1, +3, 2/5, -\sqrt{2}, -3{,}14, 2{,}83, -3/8, -\pi, +5/7$$

Solução

Podemos escrever os valores absolutos desses números como

$$|-1|, |+3|, |2/5|, |-\sqrt{2}|, |-3{,}14|, |2{,}83|, |-3/8|, |-\pi|, |+5/7|$$

que, por sua vez, se escrevem como $1, 3, 2/5, \sqrt{2}, 3{,}14, 2{,}83, 3/8, \pi, 5/7$ respectivamente.

1.8 A seguir, estão ilustradas a adição e a subtração de alguns números reais.

(a) $(-3) + (-8) = -11$

(b) $(-2) + 3 = 1$

(c) $(-6) + 3 = -3$

(d) $-2 + 5 = 3$

(e) $-15 + 8 = -7$

(f) $(-32) + 48 + (-10) = 6$

(g) $50 - 23 - 27 = 0$

(h) $-3 - (-4) = -3 + 4 = 1$

(i) $-(-14) + (-2) = 14 - 2 = 12$

1.9 Escreva a soma S, a diferença D, o produto P e o quociente Q dos seguintes pares de números reais:

(a) $-2, 2$;   (b) $-3, 6$;   (c) $0, -5$;   (d) $-5, 0$

Solução

(a) $S = -2 + 2 = 0, D = (-2) - 2 = -4, P = (-2)(2) = -4, Q = -2/2 = -1$

(b) $S = (-3) + 6 = 3, D = (-3) - 6 = -9, P = (-3)(6) = -18, Q = -3/6 = -1/2$

(c) $S = 0 + (-5) = -5, D = 0 - (-5) = 5, P = (0)(-5) = 0, Q = 0/-5 = 0$

(d) $S = (-5) + 0 = -5, D = (-5) - 0 = -5, P = (-5)(0) = 0, Q = -5/0$ (que é uma operação não definida, logo não é um número).

1.10 Efetue as operações indicadas:

(a) $(5)(-3)(-2) = [(5)(-3)](-2) = (-15)(-2) = 30$
$= (5)[(-3)(-2)] = (5)(6) \quad = 30$

A disposição dos fatores de um produto não afeta o resultado.

(b) $8(-3)(10) = -240$

(c) $\dfrac{8(-2)}{-4} + \dfrac{(-4)(-2)}{2} = \dfrac{-16}{-4} + \dfrac{8}{2} = 4 + 4 = 8$

(d) $\dfrac{12(-40)(-12)}{5(-3) - 3(-3)} = \dfrac{12(-40)(-12)}{-15 - (-9)} = \dfrac{12(-40)(-12)}{-6} = -960$

1.11 Calcule o seguinte:

(a) $2^3 = 2 \cdot 2 \cdot 2 = 8$

(b) $5(3)^2 = 5 \cdot 3 \cdot 3 = 45$

(c) $2^4 \cdot 2^6 = 2^{4+6} = 2^{10} = 1024$

(d) $2^5 \cdot 5^2 = (32)(25) = 800$

(e) $\dfrac{3^4 \cdot 3^3}{3^2} = \dfrac{3^7}{3^2} = 3^{7-2} = 3^5 = 243$

(f) $\dfrac{5^2 \cdot 5^3}{5^7} = \dfrac{5^5}{5^7} = \dfrac{1}{5^{7-5}} = \dfrac{1}{5^2} = \dfrac{1}{25}$

(g) $(2^3)^2 = 2^{3 \cdot 2} = 2^6 = 64$

(h) $\left(\dfrac{2}{3}\right)^4 = \dfrac{2^4}{3^4} = \dfrac{16}{81}$

(i) $\dfrac{(3^4)^3 \cdot (3^2)^4}{(-3)^{15} \cdot 3^4} = \dfrac{3^{12} \cdot 3^8}{-3^{15} \cdot 3^4} = -\dfrac{3^{20}}{3^{19}} = -3^1 = -3$

(j) $\dfrac{3^8}{3^5} - \dfrac{4^2 \cdot 2^4}{2^6} + 3(-2)^3 = 3^3 - \dfrac{4^2}{2^2} + 3(-8) = 27 - 4 - 24 = -1$

1.12 Escreva cada uma das seguintes frações como uma fração equivalente com o denominador indicado.

(a) $1/3$; 6

(b) $3/4$; 20

(c) $5/8$; 48

(d) $-3/7$; 63

(e) $-12/5$; 75

Solução

(a) Para obter o denominador 6, multiplique o numerador e o denominador da fração 1/3 por 2.
Então $\dfrac{1}{3} = \dfrac{1}{3} \cdot \dfrac{2}{2} = \dfrac{2}{6}$.

(b) $\dfrac{3}{4} = \dfrac{3 \cdot 5}{4 \cdot 5} = \dfrac{15}{20}$

(c) $\dfrac{5}{8} = \dfrac{5 \cdot 6}{8 \cdot 6} = \dfrac{30}{48}$

(d) $-\dfrac{3}{7} = -\dfrac{3 \cdot 9}{7 \cdot 9} = -\dfrac{27}{63}$

(e) $-\dfrac{12}{5} = -\dfrac{12 \cdot 15}{5 \cdot 15} = -\dfrac{180}{75}$

1.13 Encontre a soma S, a diferença D, o produto P e o quociente Q dos seguintes pares de números racionais:
(a) $1/3$, $1/6$; (b) $2/5$, $3/4$; (c) $-4/15$, $-11/24$.

Solução

(*a*) 1/3 pode ser escrita como a fração equivalente 2/6.

$$S = \frac{1}{3} + \frac{1}{6} = \frac{2}{6} + \frac{1}{6} = \frac{3}{6} = \frac{1}{2} \qquad P = \left(\frac{1}{3}\right)\left(\frac{1}{6}\right) = \frac{1}{18}$$

$$D = \frac{1}{3} - \frac{1}{6} = \frac{2}{6} - \frac{1}{6} = \frac{1}{6} \qquad Q = \frac{1/3}{1/6} = \frac{1}{3} \cdot \frac{6}{1} = \frac{6}{3} = 2$$

(*b*) 2/5 e 3/4 podem ser expressas com denominador 20: 2/5 = 8/20, 3/4 = 15/20.

$$S = \frac{2}{5} + \frac{3}{4} = \frac{8}{20} + \frac{15}{20} = \frac{23}{20} \qquad P = \left(\frac{2}{5}\right)\left(\frac{3}{4}\right) = \frac{6}{20} = \frac{3}{10}$$

$$D = \frac{2}{5} - \frac{3}{4} = \frac{8}{20} - \frac{15}{20} = -\frac{7}{20} \qquad Q = \frac{2/5}{3/4} = \frac{2}{5} \cdot \frac{4}{3} = \frac{8}{15}$$

(*c*) −4/15 e −11/24 tem como menor denominador comum 120: −4/15 = −32/120, −11/24 = −55/120.

$$S = \left(-\frac{4}{15}\right) + \left(-\frac{11}{24}\right) = -\frac{32}{120} - \frac{55}{120} = -\frac{87}{120} = -\frac{29}{40} \qquad P = \left(-\frac{4}{15}\right)\left(-\frac{11}{24}\right) = \frac{11}{90}$$

$$D = \left(-\frac{4}{15}\right) - \left(-\frac{11}{24}\right) = -\frac{32}{120} + \frac{55}{120} = \frac{23}{120} \qquad Q = \frac{-4/15}{-11/24} = \left(-\frac{4}{15}\right)\left(-\frac{24}{11}\right) = \frac{32}{55}$$

1.14 Efetue as seguintes expressões, dados $x = 2, y = -3, z = 5, a = 1/2, b = -2/3$.

(*a*) $2x + y = 2(2) + (-3) = 4 - 3 = 1$

(*b*) $3x - 2y - 4z = 3(2) - 2(-3) - 4(5) = 6 + 6 - 20 = -8$

(*c*) $4x^2 y = 4(2)^2(-3) = 4 \cdot 4 \cdot (-3) = -48$

(*d*) $\dfrac{x^3 + 4y}{2a - 3b} = \dfrac{2^3 + 4(-3)}{2(1/2) - 3(-2/3)} = \dfrac{8 - 12}{1 + 2} = -\dfrac{4}{3}$

(*e*) $\left(\dfrac{x}{y}\right)^2 - 3\left(\dfrac{b}{a}\right)^3 = \left(\dfrac{2}{-3}\right)^2 - 3\left(\dfrac{-2/3}{1/2}\right)^3 = \left(-\dfrac{2}{3}\right)^2 - 3\left(-\dfrac{4}{3}\right)^3 = \dfrac{4}{9} - 3\left(-\dfrac{64}{27}\right) = \dfrac{4}{9} + \dfrac{64}{9} = \dfrac{68}{9}$

Problemas Complementares

1.15 Escreva a soma *S*, a diferença *D*, o produto *P* e o quociente *Q* dos pares de números a seguir:

(*a*) 54, 18; (*b*) 4, 0; (*c*) 0, 4; (*d*) 12, 24; (*e*) 50, 75.

1.16 Calcule cada operação indicada.

(*a*) $38 + 57, 57 + 38$

(*b*) $15 + (33 + 8), (15 + 33) + 8$

(*c*) $(23 + 64) - (41 + 12)$

(*d*) $12 \cdot 8, 8 \cdot 12$

(*e*) $6(4 \cdot 8), (6 \cdot 4)8$

(*f*) $42 \cdot 68$

(*g*) $1296 \div 36$

(*h*) $\dfrac{(35 - 23)(28 + 17)}{43 - 25}$

(*i*) $45 \div 15 + 84 \div 12$

(*j*) $10 \div 5 - 4 \div 2 + 15 \div 3 + 2 \cdot 5$

(*k*) $112 \div (4 \cdot 7), (112 \div 4) \cdot 7$

(*l*) $\dfrac{15 + 3 \cdot 2}{9 - 4 \div 2}$

1.17 Aplique o símbolo de desigualdade apropriado (< ou >) entre cada par de números reais a seguir.
(a) 4, 3   (c) −1, 2   (e) −8, −7   (g) −3, −$\sqrt{11}$
(b) −2, 0   (d) 3, −2   (f) 1, $\sqrt{2}$ (h) −1/3, −2/5

1.18 Organize os seguintes grupos de números reais em ordem crescente de magnitude.
(a) −$\sqrt{3}$, −2, $\sqrt{6}$, −2,8, 4, 7/2   (b) 2π, −6, $\sqrt{8}$, −3π, 4,8, 19/3

1.19 Escreva o valor absoluto de cada número real a seguir: 2, −3/2, −$\sqrt{6}$, +3.14, 0, 5/3, $\sqrt{4}$, −0,001, −π − 1.

1.20 Calcule.
(a) 6 + 5   (d) 6 + (−4)   (g) (−18) + (−3) + 22   (j) −(−16) − (−12) + (−5) − 15
(b) (−4) + (−6)   (e) −8 + 4   (h) 40 − 12 + 4
(c) (−4) + 3   (f) −4 + 8   (i) −12 − (−8)

1.21 Escreva a soma S, a diferença D, o produto P e o quociente Q de cada par de números reais:
(a) 12, 4; (b) −6, −3; (c) −8, 4; (d) 0, −4 (e) 3, −2.

1.22 Efetue as operações indicadas.
(a) (−3)(2)(−6)   (c) 4(−1)(5) + (−3)(2)(−4)   (e) (−8) ÷ (−4) + (−3)(2)
(b) (6)(−8)(−2)   (d) $\dfrac{(-4)(6)}{-3} + \dfrac{(-16)(-9)}{12}$ (f) $\dfrac{(-3)(8)(-2)}{(-4)(-6) - (2)(-12)}$

1.23 Calcule.
(a) 3^3 (e) $\dfrac{5^6 \cdot 5^3}{5^5}$ (i) $\left(\dfrac{1}{2}\right)^6 \cdot 2^5$
(b) $3(4)^2$ (f) $\dfrac{3^4 \cdot 3^8}{3^6 \cdot 3^5}$ (j) $\dfrac{(-2)^3 \cdot (2)^3}{3(2^2)^2}$
(c) $2^4 \cdot 2^3$ (g) $\dfrac{7^5}{7^3 \cdot 7^4}$ (k) $\dfrac{3(-3)^2 + 4(-2)^3}{2^3 - 3^2}$
(d) $4^2 \cdot 3^2$ (h) $(3^2)^3$ (l) $\dfrac{5^7}{5^4} + \dfrac{2^{10}}{8^2 \cdot (-2)^3} - 4(-3)^4$

1.24 Escreva cada fração a seguir como uma fração equivalente com o denominador indicado.
(a) 2/5; 15   (c) 5/16; 64   (e) 11/12; 132
(b) −4/7; 28   (d) −10/3; 42   (f) 17/18; 90

1.25 Encontre a soma S, a diferença D, o produto P e o quociente Q de cada par de números racionais:
(a) 1/4, 3/8; (b) 1/3, 2/5; (c) −4, 2/3; (d) −2/3, −3/2.

1.26 Efetue as seguintes expressões, dados $x = -2$, $y = 4$, $z = 1/3$, $a = -1$, $b = 1/2$.
(a) $3x - 2y + 6z$ (d) $\dfrac{3y^2 - 4x}{ax + by}$
(b) $2xy + 6az$ (e) $\dfrac{x^2 y(x + y)}{3x + 4y}$
(c) $4b^2 x^3$ (f) $\left(\dfrac{y}{x}\right)^3 - 4\left(\dfrac{a}{b}\right)^2 - \dfrac{xy}{z^2}$

Respostas dos Problemas Complementares

1.15 (a) $S = 72, D = 36, P = 972, Q = 3$ (d) $S = 36, D = -12, P = 288, Q = 1/2$
     (b) $S = 4, D = 4, P = 0, Q$ não definido   (e) $S = 125, D = -25, P = 3750, Q = 2/3$
     (c) $S = 4, D = -4, P = 0, Q = 0$

1.16 (a) 95, 95   (c) 34   (e) 192, 192   (g) 36   (i) 10   (k) 4, 196
     (b) 56, 56   (d) 96, 96   (f) 2856   (h) 30   (j) 15   (l) 3

1.17 (a) $3 < 4$ ou $4 > 3$ (d) $-2 < 3$ ou $3 > -2$ (g) $-\sqrt{11} < -3$ ou $-3 > -\sqrt{11}$
     (b) $-2 < 0$ ou $0 > -2$ (e) $-8 < -7$ ou $-7 > -8$ (h) $-2/5 < -1/3$ ou $-1/3 > -2/5$
     (c) $-1 < 2$ ou $2 > -1$ (f) $1 < \sqrt{2}$ ou $\sqrt{2} > 1$

1.18 (a) $-2{,}8 < -2 < -\sqrt{3} < \sqrt{6} < 7/2 < 4$ (b) $-3\pi < -6 < \sqrt{8} < 4{,}8 < 2\pi < 19/3$

1.19 $2, 3/2, \sqrt{6}, 3{,}14, 0, 5/3, \sqrt{4}, 0{,}001, \pi + 1$

1.20 (a) 11   (c) -1 (e) -4 (g) 1   (i) -4
     (b) -10 (d) 2   (f) 4   (h) 32   (j) 8

1.21 (a) $S = 16, D = 8, P = 48, Q = 3$ (d) $S = -4, D = 4, P = 0, Q = 0$
     (b) $S = -9, D = -3, P = 18, Q = 2$ (e) $S = 1, D = 5, P = -6, Q = -3/2$
     (c) $S = -4, D = -12, P = -32, Q = -2$

1.22 (a) 36   (b) 96   (c) 4   (d) 20   (e) -4 (f) 1

1.23 (a) 27   (c) 128   (e) $5^4 = 625$ (g) 1/49   (i) 1/2   (k) 5
     (b) 48   (d) 144   (f) 3   (h) $3^6 = 729$ (j) $-4/3$ (l) -201

1.24 (a) 6/15   (b) $-16/28$ (c) 20/64   (d) $-140/42$ (e) 121/132   (f) 85/90

1.25 (a) $S = 5/8, D = -1/8, P = 3/32, Q = 2/3$
     (b) $S = 11/15, D = -1/15, P = 2/15, Q = 5/6$
     (c) $S = -10/3, D = -14/3, P = -8/3, Q = -6$
     (d) $S = -13/6, D = 5/6, P = 1, Q = 4/9$

1.26 (a) -12 (b) -18 (c) -8 (d) 14   (e) 16/5   (f) 48

Capítulo 2

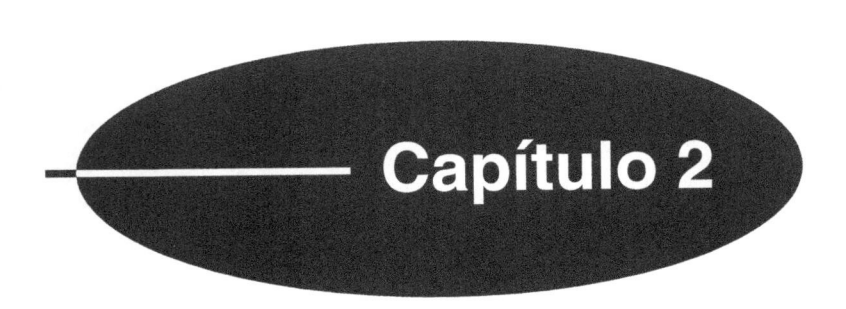

Operações Fundamentais com Expressões Algébricas

2.1 EXPRESSÕES ALGÉBRICAS

Uma expressão algébrica é uma combinação de números e letras representando números.

Dessa forma, $\quad 3x^2 - 5xy + 2y^4, \quad 2a^3b^5, \quad \dfrac{5xy + 3z}{2a^3 - c^2}$

são expressões algébricas.

Um termo consiste em produtos e quocientes de números e letras representando números. Assim, $6x^2y^3$, $5x/3y^4$, $-3x^7$ são termos.

Entretanto, $6x^2 + 7xy$ é uma expressão algébrica constituída por dois termos.

Um monômio é uma expressão algébrica que consiste em apenas um termo. Logo, $7x^3y^4$, $3xyz^2$, $4x^2/y$ são monômios.

Devido a essa definição, monômios também são chamados apenas de termos.

Um binômio é uma expressão algébrica que consiste em dois termos. Assim, $2x + 4y$, $3x^4 - 4xyz^3$ são binômios.

Um trinômio é uma expressão algébrica que possui três termos. Dessa maneira, $3x^2 - 5x + 2$, $2x + 6y - 3z$, $x^3 - 3xy/z - 2x^3z^7$ são trinômios.

Um multinômio é uma expressão algébrica que consiste em dois ou mais termos. Assim, $7x + 6y$, $3x^3 + 6x^2y - 7xy + 6$, $7x + 5x^2/y - 3x^3/16$ são multinômios.

2.2 TERMOS

Um fator de um termo é dito coeficiente do restante do termo. Assim, no termo $5x^3y^2$, $5x^3$ é o coeficiente de y^2, $5y^2$ é o coeficiente de x^3 e 5 é o coeficiente de x^3y^2.

Se um termo consiste no produto de um número por uma ou mais letras, chamamos o número de coeficiente numérico (ou apenas coeficiente) do termo. Logo, em $-5x^3y^2$, -5 é o coeficiente numérico, ou simplesmente o coeficiente.

Termos semelhantes são termos que diferem apenas por coeficientes numéricos. Por exemplo, $7xy$ e $-2xy$ são termos semelhantes; $3x^2y^4$ e $-\frac{1}{2}x^2y^4$ são termos semelhantes; contudo, $-2a^2b^3$ e $-3a^2b^7$ são termos não semelhantes.

Dois ou mais termos semelhantes em uma expressão algébrica podem ser reunidos em apenas um. Desta forma, podemos escrever $7x^2y - 4x^2y + 2x^2y$ como $5x^2y$.

Um termo é inteiro e racional em certos literais (letras que representam números) se o termo consiste em

(a) potências inteiras positivas das variáveis multiplicadas por um fator sem nenhuma variável, ou
(b) nenhuma variável.

Por exemplo, os termos $6x^2y^3$, $-5y^4$, 7, $-4x$ e $\sqrt{3}x^3y^6$ são inteiros e racionais nas variáveis presentes. Entretanto, $3\sqrt{x}$ não é racional em x e $4/x$ não é inteiro em x.

Um polinômio é um monômio ou uma soma de monômios na qual cada termo é inteiro e racional.

Por exemplo, $3x^2y^3 - 5x^4y + 2$, $2x^4 - 7x^3 + 3x^2 - 5x + 2$, $4xy + z$ e $3x^2$ são polinômios. Todavia, $3x^2 - 4/x$ e $4\sqrt{y} + 3$ não são polinômios.

2.3 GRAU

O grau de um monômio é a soma de todos os expoentes das variáveis no termo. Logo, o grau de $4x^3y^2z$ é $3 + 2 + 1 = 6$. O grau de uma constante, como 6, 0, $-\sqrt{3}$ ou π, é zero.

O grau de um polinômio é o mesmo do termo que possui maior grau e coeficiente não nulo. Assim, $7x^3y^2 - 4xz^5 + 2x^3y$ tem termos de grau 5, 6 e 4, respectivamente; portanto, o grau deste polinômio é 6.

2.4 AGRUPAMENTO

Um símbolo de agrupamento como parênteses ( ), colchetes [ ] ou chaves { } é usado para mostrar que os termos nele contidos são considerados uma única quantidade.

Por exemplo, a soma de duas expressões algébricas $5x^2 - 3x + y$ e $2x - 3y$ pode ser escrita $(5x^2 - 3x + y) + (2x - 3y)$. A diferença delas pode se escrever $(5x^2 - 3x + y) - (2x - 3y)$ e seu produto $(5x^2 - 3x + y)(2x - 3y)$.

A remoção dos símbolos de agrupamento é regida pelas seguintes regras:

(1) Se um sinal + precede um símbolo de agrupamento, este símbolo de agrupamento pode ser removido sem afetar os termos nele contidos.

Então, $\qquad (3x + 7y) + (4xy - 3x^3) = 3x + 7y + 4xy - 3x^3$.

(2) Se um sinal − precede um símbolo de agrupamento, este símbolo pode ser removido mediante a mudança de sinal de cada termo nele contido.

Dessa maneira, $\qquad (3x + 7y) - (4xy - 3x^3) = 3x + 7y - 4xy + 3x^3$.

(3) Se mais de um símbolo de agrupamento está presente, os mais internos devem ser removidos primeiro.

Logo, $\qquad 2x - \{4x^3 - (3x^2 - 5y)\} = 2x - \{4x^3 - 3x^2 + 5y\} = 2x - 4x^3 + 3x^2 - 5y$.

2.5 CONTAS COM EXPRESSÕES ALGÉBRICAS

A adição de expressões algébricas é obtida combinando-se termos semelhantes. Para se efetuar tal adição, as expressões podem ser organizadas em linhas com termos semelhantes na mesma coluna; estas colunas são adicionadas.

Exemplo 2.1 Adicione $7x + 3y^3 - 4xy$, $3x - 2y^3 + 7xy$ e $2xy - 5x - 6y^3$.

Escreva:
$$
\begin{array}{rrr}
7x & 3y^3 & -4xy \\
3x & -2y^3 & 7xy \\
-5x & -6y^3 & 2xy \\
\hline
\end{array}
$$
Adicione: $\quad 5x \quad -5y^3 \quad 5xy.$ Portanto, o resultado é $5x - 5y^3 + 5xy$.

A subtração de duas expressões algébricas é obtida alterando-se o o sinal em cada termo na expressão que está sendo subtraída (às vezes chamado de subtraendo) e adicionando-se este resultado à outra expressão (denominada minuendo).

Exemplo 2.2 Subtraia $2x^2 - 3xy + 5y^2$ de $10x^2 - 2xy - 3y^2$.

$$\begin{array}{r} 10x^2 - 2xy - 3y^2 \\ 2x^2 - 3xy + 5y^2 \\ \hline 8x^2 + xy - 8y^2 \end{array}$$

Subtração:

Também podemos escrever $(10x^2 - 2xy - 3y^2) - (2x^2 - 3xy + 5y^2) = 10x^2 - 2xy - 3y^2 - 2x^2 + 3xy - 5y^2 = 8x^2 + xy - 8y^2$.

A multiplicação de expressões algébricas é obtida multiplicando-se os termos nos fatores das expressões.

(1) Para multiplicar dois monômios ou mais: utilize as regras para expoentes, as regras de sinais e as propriedades comutativa e associativa da multiplicação.

Exemplo 2.3 Multiplique $-3x^2y^3z$, $2x^4y$ e $-4xy^4z^2$.

Escreva
$$(-3x^2y^3z)(2x^4y)(-4xy^4z^2).$$

Rearranje de acordo com a comutatividade e a associatividade,

$$\{(-3)(2)(-4)\}\{(x^2)(x^4)(x)\}\{(y^3)(y)(y^4)\}\{(z)(z^2)\}. \qquad (1)$$

Combine utilizando regras de sinais e expoentes para obter

$$24x^7y^8z^3.$$

Com experiência, o passo (1) pode ser feito mentalmente.

(2) Para multiplicar um polinômio por um monômio: multiplique cada termo do polinômio pelo monômio e combine os resultados.

Exemplo 2.4 Multiplique $3xy - 4x^3 + 2xy^2$ por $5x^2y^4$.

Escreva
$$(5x^2y^4)(3xy - 4x^3 + 2xy^2)$$
$$= (5x^2y^4)(3xy) + (5x^2y^4)(-4x^3) + (5x^2y^4)(2xy^2)$$
$$= 15x^3y^5 - 20x^5y^4 + 10x^3y^6.$$

(3) Para multiplicar um polinômio por um polinômio: multiplique cada termo de um polinômio pelos termos do outro polinômio e adicione os resultados.

Em geral, é vantajoso organizar os polinômios de acordo com a ordem crescente (ou decrescente) das potências das letras envolvidas.

Exemplo 2.5 Multiplique $-3x + 9 + x^2$ por $3 - x$.

Organizando em ordem decrescente das potências de x,

$$\begin{array}{r} x^2 - 3x + 9 \\ -x + 3 \end{array} \qquad (2)$$

Multiplicando (2) por $-x$, $\quad\quad -x^3 + 3x^2 - 9x$
Multiplicando (2) por 3, $\quad\quad\quad\quad\;\; 3x^2 - 9x + 27$
Adicionando, $\quad\quad\quad\quad\quad -x^3 + 6x^2 - 18x + 27$

CAPÍTULO 2 • OPERAÇÕES FUNDAMENTAIS COM EXPRESSÕES ALGÉBRICAS

A divisão de expressões algébricas é obtida usando-se a regra da divisão de expoentes.

(1) Para dividir um monômio por um monômio: encontre o quociente dos coeficientes numéricos e o quociente das variáveis e multiplique os dois.

Exemplo 2.6 Divida $24x^4y^2z^3$ por $-3x^3y^4z$.

Escreva $\dfrac{24x^4y^2z^3}{-3x^3y^4z} = \left(\dfrac{24}{-3}\right)\left(\dfrac{x^4}{x^3}\right)\left(\dfrac{y^2}{y^4}\right)\left(\dfrac{z^3}{z}\right) = (-8)(x)\left(\dfrac{1}{y^2}\right)(z^2) = -\dfrac{8xz^2}{y^2}$.

(2) Para dividir um polinômio por um polinômio:
   (a) Organize os termos dos dois polinômios em ordem decrescente (ou crescente) das potências de uma variável comum a ambos.
   (b) Divida o primeiro termo do dividendo pelo primeiro termo do divisor. Isto dá o primeiro termo do quociente.
   (c) Multiplique o primeiro termo do quociente pelo divisor e subtraia do dividendo, obtendo assim um novo dividendo.
   (d) Utilize o dividendo em (c) para repetir os passos (b) e (c) até obter um resto que possua grau mais baixo que o grau do divisor ou que seja nulo.
   (e) O resultado se escreve:

$$\frac{\text{dividendo}}{\text{divisor}} = \text{quociente} + \frac{\text{resto}}{\text{divisor}}.$$

Exemplo 2.7 Divida $x^2 + 2x^4 - 3x^3 + x - 2$ por $x^2 - 3x + 2$.

Escreva os polinômios em ordem decrescente de potências de x e organize como segue.

$$\begin{array}{r|l}
2x^4 - 3x^3 + x^2 + x - 2 & \;x^2 - 3x + 2 \\
\underline{2x^4 - 6x^3 + 4x^2} & \;2x^2 + 3x + 6 \\
3x^3 - 3x^2 + x - 2 & \\
\underline{3x^3 - 9x^2 + 6x} & \\
6x^2 - 5x - 2 & \\
\underline{6x^2 - 18x + 12} & \\
13x - 14 &
\end{array}$$

Portanto, $\dfrac{2x^4 - 3x^3 + x^2 + x - 2}{x^2 - 3x + 2} = 2x^2 + 3x + 6 + \dfrac{13x - 14}{x^2 - 3x + 2}$

Problemas Resolvidos

2.1 Resolva cada uma das seguintes expressões algébricas, dados $x = 2, y = -1, z = 3, a = 0, b = 4, c = 1/3$.

(a) $2x^2 - 3yz = 2(2)^2 - 3(-1)(3) = 8 + 9 = 17$

(b) $2z^4 - 3z^3 + 4z^2 - 2z + 3 = 2(3)^4 - 3(3)^3 + 4(3)^2 - 2(3) + 3 = 162 - 81 + 36 - 6 + 3 = 114$

(c) $4a^2 - 3ab + 6c = 4(0)^2 - 3(0)(4) + 6(1/3) = 0 - 0 + 2 = 2$

(d) $\dfrac{5xy + 3z}{2a^3 - c^2} = \dfrac{5(2)(-1) + 3(3)}{2(0)^3 - (1/3)^2} = \dfrac{-10 + 9}{-1/9} = \dfrac{-1}{-1/9} = 9$

(e) $\dfrac{3x^2y}{z} - \dfrac{bc}{x+1} = \dfrac{3(2)^2(-1)}{3} - \dfrac{4(1/3)}{3} = -4 - 4/9 = -40/9$

(f) $\dfrac{4x^2y(z-1)}{a+b-3c} = \dfrac{4(2)^2(-1)(3-1)}{0+4-3(1/3)} = \dfrac{4(4)(-1)(2)}{4-1} = -\dfrac{32}{3}$

2.2 Classifique as seguintes expressões algébricas de acordo com as categorias: termo ou monômio, binômio, trinômio e polinômio.

(a) $x^3 + 3y^2z$
(b) $2x^2 - 5x + 3$
(c) $4x^2y/z$
(d) $y + 3$
(e) $4z^2 + 3z - 2\sqrt{z}$
(f) $5x^3 + 4/y$
(g) $\sqrt{x^2 + y^2 + z^2}$
(h) $\sqrt{y} + \sqrt{z}$
(i) $a^3 + b^3 + c^3 - 3abc$

Solução

Se a expressão pertence a uma ou mais categorias, indicamos com um sinal de visto.

	Termo ou monômio	Binômio	Trinômio	Polinômio
$x^3 + 3y^2z$		√		√
$2x^2 - 5x + 3$			√	√
$4x^2y/z$	√			
$y + 3$		√		√
$4z^2 + 3z - 2\sqrt{z}$			√	
$5x^3 + 4/y$		√		
$\sqrt{x^2 + y^2 + z^2}$	√			
$\sqrt{y} + \sqrt{z}$		√		
$a^3 + b^3 + c^3 - 3abc$				√

2.3 Encontre o grau de cada polinômio a seguir.

(a) $2x^3y + 4xyz^4$. O grau de $2x^3y$ é 4 e o de $4xyz^4$ é 6; portanto o polinômio tem grau 6.

(b) $x^2 + 3x^3 - 4$. O grau de x^2 é 2, o de $3x^3$ é 3 e o de -4 é 0; logo o grau do polinômio é 3.

(c) $y^3 - 3y^2 + 4y - 2$ possui grau 3.

(d) $xz^3 + 3x^2z^2 - 4x^3z + x^4$. O grau de cada termo é 4; Logo, o polinômio é de grau 4.

(e) $x^2 - 10^5$ é de grau 2. (O grau da constante 10^5 é 0.)

2.4 Remova os símbolos de agrupamento e simplifique as expressões resultantes combinando termos semelhantes.

(a) $3x^2 + (y^2 - 4z) - (2x - 3y + 4z) = 3x^2 + y^2 - 4z - 2x + 3y - 4z = 3x^2 + y^2 - 2x + 3y - 8z$

(b) $2(4xy + 3z) + 3(x - 2xy) - 4(z - 2xy) = 8xy + 6z + 3x - 6xy - 4z + 8xy = 10xy + 3x + 2z$

(c) $x - 3 - 2\{2 - 3(x - y)\} = x - 3 - 2\{2 - 3x + 3y\} = x - 3 - 4 + 6x - 6y = 7x - 6y - 7$

(d) $4x^2 - \{3x^2 - 2[y - 3(x^2 - y)] + 4\} = 4x^2 - \{3x^2 - 2[y - 3x^2 + 3y] + 4\}$
$= 4x^2 - \{3x^2 - 2y + 6x^2 - 6y + 4\} = 4x^2 - \{9x^2 - 8y + 4\}$
$= 4x^2 - 9x^2 + 8y - 4 = -5x^2 + 8y - 4$

2.5 Adicione as expressões algébricas nos seguintes grupos.

(a) $x^2 + y^2 - z^2 + 2xy - 2yz$, $\quad y^2 + z^2 - x^2 + 2yz - 2zx$, $\quad z^2 + x^2 - y^2 + 2zx - 2xy$, $1 - x^2 - y^2 - z^2$

Solução

Organizando,
$$x^2 + y^2 - z^2 + 2xy - 2yz$$
$$-x^2 + y^2 + z^2 \qquad + 2yz - 2zx$$
$$x^2 - y^2 + z^2 - 2xy \qquad + 2zx$$
$$-x^2 - y^2 - z^2 \qquad \qquad + 1$$

Adicionando, $\quad 0 + 0 + 0 + 0 + 0 + 0 + 1 \quad$ o resultado da adição é 1.

(b) $5x^3y - 4ab + c^2, \quad 3c^2 + 2ab - 3x^2y, \quad x^3y + x^2y - 4c^2 - 3ab, \quad 4c^2 - 2x^2y + ab^2 - 3ab$

Solução

Organizando,
$$5x^3y - 4ab + c^2$$
$$-3x^2y \qquad + 2ab + 3c^2$$
$$x^2y + x^3y - 3ab - 4c^2$$
$$-2x^2y \qquad - 3ab + 4c^2 + ab^2$$

Adicionando, $\quad -4x^2y + 6x^3y - 8ab + 4c^2 + ab^2$

2.6 Subtraia a segunda expressão da primeira.

(a) $a - b + c - d, \quad c - a + d - b$.

Solução

Escreva
$$a - b + c - d$$
$$-a - b + c + d$$

Subtraindo, $\quad 2a + 0 + 0 - 2d \quad$ o resultado é $2a - 2d$.

Alternativamente: $(a - b + c - d) - (c - a + d - b) = a - b + c - d - c + a - d + b = 2a - 2d$

(b) $4x^2y - 3ab + 2a^2 - xy, \quad 4xy + ab^2 - 3a^2 + 2ab$.

Solução

Escreva
$$4x^2y - 3ab + 2a^2 - xy$$
$$2ab - 3a^2 + 4xy + ab^2$$

Subtraindo, $\quad 4x^2y - 5ab + 5a^2 - 5xy - ab^2$

Alternativamente: $(4x^2y - 3ab + 2a^2 - xy) - (4xy + ab^2 - 3a^2 + 2ab)$
$$= 4x^2y - 3ab + 2a^2 - xy - 4xy - ab^2 + 3a^2 - 2ab$$
$$= 4x^2y - 5ab + 5a^2 - 5xy - ab^2$$

2.7 Encontre o produto das seguintes expressões algébricas.

(a) $(-2ab^3)(4a^2b^5)$

(b) $(-3x^2y)(4xy^2)(-2x^3y^4)$

(c) $(3ab^2)(2ab + b^2)$

(d) $(x^2 - 3xy + y^2)(4xy^2)$

(e) $(x^2 - 3x + 9)(x + 3)$

(f) $(x^4 + x^3y + x^2y^2 + xy^3 + y^4)(x - y)$

(g) $(x^2 - xy + y^2)(x^2 + xy + y^2)$

(h) $(2x + y - z)(3x - z + y)$

Solução

(a) $(-2ab^3)(4a^2b^5) = \{(-2)(4)\}\{(a)(a^2)\}\{(b^3)(b^5)\} = -8a^3b^8$

(b) $(-3x^2y)(4xy^2)(-2x^3y^4) = \{(-3)(4)(-2)\}\{(x^2)(x)(x^3)\}\{(y)(y^2)(y^4)\} = 24x^6y^7$

(c) $(3ab^2)(2ab + b^2) = (3ab^2)(2ab) + (3ab^2)(b^2) = 6a^2b^3 + 3ab^4$

(d) $(x^2 - 3xy + y^2)(4xy^2) = (x^2)(4xy^2) + (-3xy)(4xy^2) + (y^2)(4xy^2) = 4x^3y^2 - 12x^2y^3 + 4xy^4$

(e) $\begin{array}{r} x^2 - 3x + 9 \\ x + 3 \\ \hline x^3 - 3x^2 + 9x \\ 3x^2 - 9x + 27 \\ \hline x^3 + 0 + 0 + 27 \end{array}$
Resp. $x^3 + 27$

(f) $\begin{array}{r} x^4 + x^3y + x^2y^2 + xy^3 + y^4 \\ x - y \\ \hline x^5 + x^4y + x^3y^2 + x^2y^3 + xy^4 \\ -x^4y - x^3y^2 - x^2y^3 - xy^4 - y^5 \\ \hline x^5 + 0 + 0 + 0 + 0 - y^5 \end{array}$
Resp. $x^5 - y^5$

(g) $\begin{array}{r} x^2 - xy + y^2 \\ x^2 + xy + y^2 \\ \hline x^4 - x^3y + x^2y^2 \\ x^3y - x^2y^2 + xy^3 \\ x^2y^2 - xy^3 + y^4 \\ \hline x^4 + 0 + x^2y^2 + 0 + y^4 \end{array}$
Resp. $x^4 + x^2y^2 + y^4$

(h) $\begin{array}{r} 2x + y - z \\ 3x + y - z \\ \hline 6x^2 + 3xy - 3xz \\ 2xy + y^2 - yz \\ -2xz - yz + z^2 \\ \hline 6x^2 + 5xy - 5xz + y^2 - 2yz + z^2 \end{array}$

2.8 Efetue as divisões indicadas.

(a) $\dfrac{24x^3y^2z}{4xyz^2} = \left(\dfrac{24}{4}\right)\left(\dfrac{x^3}{x}\right)\left(\dfrac{y^2}{y}\right)\left(\dfrac{z}{z^2}\right) = (6)(x^2)(y)\left(\dfrac{1}{z}\right) = \dfrac{6x^2y}{z}$

(b) $\dfrac{-16a^4b^6}{-8ab^2c} = \left(\dfrac{-16}{-8}\right)\left(\dfrac{a^4}{a}\right)\left(\dfrac{b^6}{b^2}\right)\left(\dfrac{1}{c}\right) = \dfrac{2a^3b^4}{c}$

(c) $\dfrac{3x^3y + 16xy^2 - 12x^4yz^4}{2x^2yz} = \left(\dfrac{3x^3y}{2x^2yz}\right) + \left(\dfrac{16xy^2}{2x^2yz}\right) + \left(\dfrac{-12x^4yz^4}{2x^2yz}\right) = \dfrac{3x}{2z} + \dfrac{8y}{xz} - 6x^2z^3$

(d) $\dfrac{4a^3b^2 + 16ab - 4a^2}{-2a^2b} = \left(\dfrac{4a^3b^2}{-2a^2b}\right) + \left(\dfrac{16ab}{-2a^2b}\right) + \left(\dfrac{-4a^2}{-2a^2b}\right) = -2ab - \dfrac{8}{a} + \dfrac{2}{b}$

(e) $\begin{array}{r} 2x^4 + 3x^3 - x^2 - 1 \\ 2x^4 - 4x^3 \\ \hline 7x^3 - x^2 - 1 \\ 7x^3 - 14x^2 \\ \hline 13x^2 - 1 \\ 13x^2 - 26x \\ \hline 26x - 1 \\ 26x - 52 \\ \hline 51 \end{array}$ $\begin{array}{|l} x - 2 \\ \hline 2x^3 + 7x^2 + 13x + 26 \end{array}$

(f) $\begin{array}{r} 16y^4 - 1 \\ 16y^4 - 8y^3 \\ \hline 8y^3 - 1 \\ 8y^3 - 4y^2 \\ \hline 4y^2 - 1 \\ 4y^2 - 2y \\ \hline 2y - 1 \\ 2y - 1 \\ \hline 0 \end{array}$ $\begin{array}{|l} 2y - 1 \\ \hline 8y^3 + 4y^2 + 2y + 1 \end{array}$

Assim, $\dfrac{2x^4 + 3x^3 - x^2 - 1}{x - 2} = 2x^3 + 7x^2 + 13x + 26 + \dfrac{51}{x - 2}$ e $\dfrac{16y^4 - 1}{2y - 1} = 8y^3 + 4y^2 + 2y + 1$.

(g) $\dfrac{2x^6 + 5x^4 - x^3 + 1}{-x^2 + x + 1}$.

Organize em ordem decrescente as potências de x.

$$
\begin{array}{r|l}
2x^6 + 5x^4 - x^3 + 1 & \underline{-x^2 + x + 1} \\
\underline{2x^6 - 2x^5 - 2x^4} & -2x^4 - 2x^3 - 9x^2 - 10x - 19 \\
2x^5 + 7x^4 - x^3 + 1 & \\
\underline{2x^5 - 2x^4 - 2x^3} & \\
9x^4 + x^3 + 1 & \\
\underline{9x^4 - 9x^3 - 9x^2} & \\
10x^3 + 9x^2 + 1 & \\
\underline{10x^3 - 10x^2 - 10x} & \\
19x^2 + 10x + 1 & \\
\underline{19x^2 - 19x - 19} & \\
29x + 20 & \\
\end{array}
$$

Assim, $\dfrac{2x^6 + 5x^4 - x^3 + 1}{-x^2 + x + 1} = -2x^4 - 2x^3 - 9x^2 - 10x - 19 + \dfrac{29x + 20}{-x^2 + x + 1}$

(h) $\dfrac{x^4 - x^3 y + x^2 y^2 + 2x^2 y - 2xy^2 + 2y^3}{x^2 - xy + y^2}$.

Organize em ordem decrescente as potências de alguma letra, digamos x.

$$
\begin{array}{r|l}
x^4 - x^3 y + x^2 y^2 + 2x^2 y - 2xy^2 + 2y^3 & \underline{x^2 - xy + y^2} \\
\underline{x^4 - x^3 y + x^2 y^2} & x^2 + 2y \\
2x^2 y - 2xy^2 + 2y^3 & \\
\underline{2x^2 y - 2xy^2 + 2y^3} & \\
0 & \\
\end{array}
$$

Assim, $\dfrac{x^4 - x^3 y + x^2 y^2 + 2x^2 y - 2xy^2 + 2y^3}{x^2 - xy + y^2} = x^2 - 2y$.

2.9 Confirme os resultados dos Problemas 2.7(h) e 2.8(g) utilizando os valores $x = 1, y = -1, z = 2$.

Solução

Do problema 2.7(h), temos $(2x + y - z)(3x - z + y) = 6x^2 + 5xy - 5xz - 2yz + z^2 + y^2$.

Substitua os valores $x = 1, y = -1, z = 2$ e obtenha

$$[2(1) + (-1) - 2][3(1) - (2) - 1] = 6(1)^2 + 5(1)(-1) - 5(1)(2) - 2(-1)(2) + (2)^2 + (-1)^2$$

ou

$$[-1][0] = 6 - 5 - 10 + 4 + 4 + 1, \text{ i.e. } 0 = 0.$$

Do problema 2.8(g), segue

$$\dfrac{2x^6 + 5x^4 - x^3 + 1}{-x^2 + x + 1} = -2x^4 - 2x^3 - 9x^2 - 10x - 19 + \dfrac{29x + 20}{-x^2 + x + 1}.$$

Coloque $x = 1$ e obtenha

$$\dfrac{2 + 5 - 1 + 1}{-1 + 1 + 1} = -2 - 2 - 9 - 10 - 19 + \dfrac{29 + 20}{-1 + 1 + 1} \quad \text{ou} \quad 7 = 7.$$

Embora verificar por meio da substituição das variáveis por números não seja conclusivo, pode indicar possíveis erros.

Problemas Complementares

2.10 Calcule as expressões, dados $x = -1, y = 3, z = 2, a = 1/2, b = -2/3$.

(a) $4x^3y^2 - 3xz^2$

(b) $(x - y)(y - z)(z - x)$

(c) $9ab^2 + 6ab - 4a^2$

(d) $\dfrac{xy^2 - 3z}{a + b}$

(e) $\dfrac{z(x + y)}{8a^2} - \dfrac{3ab}{y - x + 1}$

(f) $\dfrac{(x - y)^2 + 2z}{ax + by}$

(g) $\dfrac{1}{x} + \dfrac{1}{y} + \dfrac{1}{z}$

(h) $\dfrac{(x - 1)(y - 1)(z - 1)}{(a - 1)(b - 1)}$

2.11 Determine o grau de cada polinômio a seguir.

(a) $3x^4 - 2x^3 + x^2 - 5$

(b) $4xy^4 - 3x^3y^3$

(c) $x^5 + y^5 + z^5 - 5xyz$

(d) $\sqrt{3}xyz - 5$

(e) -10^3

(f) $y^2 - 3y^5 - y + 2y^3 - 4$

2.12 Remova os símbolos de agrupamento e simplifique as expressões resultantes, combinando termos semelhantes.

(a) $(x + 3y - z) - (2y - x + 3z) + (4z - 3x + 2y)$

(b) $3(x^2 - 2yz + y^2) - 4(x^2 - y^2 - 3yz) + x^2 + y^2$

(c) $3x + 4y + 3\{x - 2(y - x) - y\}$

(d) $3 - \{2x - [1 - (x + y)] + [x - 2y]\}$

2.13 Adicione as expressões algébricas em cada um dos grupos a seguir.

(a) $2x^2 + y^2 - x + y, 3y^2 + x - x^2, x - 2y + x^2 - 4y^2$

(b) $a^2 - ab + 2bc + 3c^2, 2ab + b^2 - 3bc - 4c^2, ab - 4bc + c^2 - a^2, a^2 + 2c^2 + 5bc - 2ab$

(c) $2a^2bc - 2acb^2 + 5c^2ab, 4b^2ac + 4bca^2 - 7ac^2b, 4abc^2 - 3a^2bc - 3ab^2c, b^2ac - abc^2 - 3a^2bc$

2.14 Em cada item, subtraia a segunda expressão da primeira.

(a) $3xy - 2yz + 4zx, 3zx + yz - 2xy$

(b) $4x^2 + 3y^2 - 6x + 4y - 2, 2x - y^2 + 3x^2 - 4y + 3$

(c) $r^3 - 3r^2s + 4rs^2 - s^3, 2s^3 + 3s^2r - 2sr^2 - 3r^3$

2.15 Subtraia $xy - 3yz + 4xz$ do dobro da soma das expressões $3xy - 4yz + 2xz$ e $3yz - 4zx - 2xy$.

2.16 Obtenha o produto das expressões algébricas nos seguintes grupos.

(a) $4x^2y^5, -3x^3y^2$

(b) $3abc^2, -2a^3b^2c^4, 6a^2b^2$

(c) $-4x^2y, 3xy^2 - 4xy$

(d) $r^2s + 3rs^3 - 4rs + s^3, 2r^2s^4$

(e) $y - 4, y + 3$

(f) $y^2 - 4y + 16, y + 4$

(g) $x^3 + x^2y + xy^2 + y^3, x - y$

(h) $x^2 + 4x + 8, x^2 - 4x + 8$

(i) $3r - s - t^2, 2s + r + 3t^2$

(j) $3 - x - y, 2x + y + 1, x - y$

2.17 Realize as divisões indicadas.

(a) $\dfrac{-12x^4yz^3}{3x^2y^4z}$ (b) $\dfrac{-18r^3s^2t}{-4r^5st^2}$ (c) $\dfrac{4ab^3 - 3a^2bc + 12a^3b^2c^4}{-2ab^2c^3}$ (d) $\dfrac{4x^3 - 5x^2 + 3x - 2}{x+1}$

2.18 Realize as divisões indicadas.

(a) $\dfrac{27s^3 - 64}{3s - 4}$ (b) $\dfrac{1 - x^2 + x^4}{1 - x}$ (c) $\dfrac{2y^3 + y^5 - 3y - 2}{y^2 - 3y + 1}$ (d) $\dfrac{4x^3y + 5x^2y^2 + x^4 + 2xy^3}{x^2 + 2y^2 + 3xy}$

2.19 Efetue as operações indicadas e verifique a resposta usando os valores $x = 1$, $y = 2$.

(a) $(x^4 + x^2y^2 + y^4)(y^4 - x^2y^2 + x^4)$

(b) $\dfrac{x^4 + xy^3 + x^3y + 2x^2y^2 + y^4}{xy + x^2 + y^2}$

Respostas dos Problemas Complementares

2.10 (a) -24 (b) -12 (c) -1 (d) 90 (e) $11/5$ (f) -8 (g) $-1/6$ (h) $-24/5$

2.11 (a) 4 (b) 6 (c) 5 (d) 3 (e) 0 (f) 5

2.12 (a) $3y - x$ (b) $8y^2 + 6yz$ (c) $12x - 5y$ (d) $y - 4x + 4$

2.13 (a) $2x^2 + x - y$ (b) $a^2 + b^2 + 2c^2$ (c) abc^2

2.14 (a) $5xy - 3yz + zx$ (b) $x^2 + 4y^2 - 8x + 8y - 5$ (c) $4r^3 - r^2s + rs^2 - 3s^3$

2.15 $xy + yz - 8xz$

2.16 (a) $-12x^5y^7$ (f) $y^3 + 64$
(b) $-36a^6b^5c^6$ (g) $x^4 - y^4$
(c) $-12x^3y^3 + 16x^3y^2$ (h) $x^4 + 64$
(d) $2r^4s^5 + 6r^3s^7 - 8r^3s^5 + 2r^2s^7$ (i) $3r^2 + 5rs + 8rt^2 - 2s^2 - 5st^2 - 3t^4$
(e) $y^2 - y - 12$ (j) $y^3 - 2y^2 - 3y + 3x + 5x^2 - 3xy - 2x^3 - x^2y + 2xy^2$

2.17 (a) $-\dfrac{4x^2z^2}{y^3}$ (b) $\dfrac{9s}{2r^2t}$ (c) $-\dfrac{2b}{c^3} + \dfrac{3a}{2bc^2} - 6a^2c$ (d) $4x^2 - 9x + 12 + \dfrac{-14}{x+1}$

2.18 (a) $9s^2 + 12s + 16$ (b) $-x^3 - x^2 + \dfrac{1}{1-x}$ (c) $y^3 + 3y^2 + 10y + 27 + \dfrac{68y - 29}{y^2 - 3y + 1}$ (d) $x^2 + xy$

2.19 (a) $x^8 + x^4y^4 + y^8$. Verificação: $21(13) = 273$ (b) $x^2 + y^2$. Verificação: $35/7 = 5$

Capítulo 3

Propriedades dos Números

3.1 CONJUNTOS DE NÚMEROS

O conjunto de números para contagem (ou naturais) é o conjunto: 1, 2, 3, 4, 5,....

O conjunto completo de números naturais é o dos números para contagem e o zero: 0, 1, 2, 3, 4,....

O conjunto dos inteiros é o dos naturais, o zero e os opostos dos naturais: ..., −5, −4, −3, −2, −1, 0, 1, 2, 3, 4, 5,...

O conjunto dos números reais é o de todos os números que correspondem aos pontos de uma reta numérica. Os reais podem ser separados em dois subconjuntos distintos: o dos números racionais e o dos números irracionais.

O conjunto dos números racionais é o dos reais que podem ser escritos na forma a/b, onde a e b são inteiros e b não é zero. Os números racionais podem ser pensados como o conjunto dos inteiros e as frações de inteiros. Os números −4, 2/3, 50/7, $\sqrt{9}$, 10/5, −1/2, 0, 145 e 15/1 são exemplos de racionais.

O conjunto dos números irracionais é o dos reais que não são racionais. Os números $\sqrt{2}$, $\sqrt[3]{5}$, $\sqrt[4]{10}$, $\sqrt{3} + 4$, $\sqrt[3]{6} - 5$ e as constantes π e e são exemplos de números irracionais.*

3.2 PROPRIEDADES

Um conjunto é fechado em relação a uma operação se o resultado obtido ao se aplicar a operação em dois elementos do conjunto também é um elemento do conjunto. O conjunto X é fechado em relação à operação * se, para quaisquer elementos a e b no conjunto X, o resultado $a*b$ está em X.

Um conjunto possui um elemento neutro para uma operação quando existe um elemento no conjunto tal que qualquer outro combinado a ele permaneça inalterado. O conjunto X possui um elemento neutro para a operação * se existe um elemento j em X tal que $j*a = a*j = a$ para todo a em X.

Um conjunto admite inversos em relação a uma operação se, para cada elemento no conjunto, existir outro tal que, quando combinados pela operação, resulta no elemento neutro. Se um conjunto não possui elemento neutro para uma operação, não poderá admitir inversos. Se X é um conjunto que possui elemento neutro j para a operação * então admite inversos se para cada a no conjunto X existir um elemento a' em X tal que $a*a' = j$ e $a'*a = j$.

Conjuntos também podem obedecer as propriedades associativa e comutativa em relação a uma operação, como descrito na Seção 1.4. Se existem duas operações definidas no conjunto então elas podem satisfazer a propriedade distributiva também descrita na Seção 1.4.

Exemplo 3.1 Quais propriedades são verdadeiras para os naturais, o conjunto completo dos naturais, os inteiros, os racionais, os irracionais e os reais com respeito à adição?

---

* N. de R. T.: A constante e é introduzida no Capítulo 23.

+	Naturais	Naturais completo	Inteiros	Racionais	Irracionais	Reais
Fechamento	Sim	Sim	Sim	Sim	Não	Sim
Elemento neutro	Não	Sim	Sim	Sim	Não	Sim
Inversos	Não	Não	Sim	Sim	Não	Sim
Associatividade	Sim	Sim	Sim	Sim	Sim	Sim
Comutatividade	Sim	Sim	Sim	Sim	Sim	Sim

3.3 PROPRIEDADES ADICIONAIS

Existem algumas propriedades que os conjuntos numéricos possuem que não dependem de uma operação para serem verdadeiras. Três dessas propriedades são ordem, densidade e completude.

Um conjunto de números possui ordem se, dados dois elementos distintos no conjunto, um é maior que o outro.

Um conjunto é denso se entre quaisquer dois elementos dele existe outro elemento no conjunto.

Um conjunto numérico é completo se os pontos cujas coordenadas correspondem a seus elementos preenchem completamente uma reta ou um plano.

Exemplo 3.2 Quais propriedades são verdadeiras para os naturais, o conjunto completo dos naturais, os inteiros, os racionais, os irracionais e os reais com respeito à adição?

	Naturais	Naturais completos	Inteiros	Racionais	Irracionais	Reais
Ordem	Sim	Sim	Sim	Sim	Sim	Sim
Densidade	Não	Não	Não	Sim	Sim	Sim
Completude	Não	Não	Não	Não	Não	Sim

Problemas Resolvidos

3.1 Quais das propriedades de fechamento, elemento neutro e inversos o conjunto dos inteiros pares possui com respeito à adição?

Solução

Uma vez que os inteiros pares são da forma $2n$, onde n é um inteiro, sejam $2m$ e $2k$ dois inteiros pares. Sua soma é $2m + 2k = 2(m + k)$. Do exemplo 3.1 sabemos que $m + k$ é um inteiro, pois m e k são inteiros. Assim, $2(m + k)$ é 2 vezes um inteiro, logo é par, portanto $2m + 2k$ é par. Consequentemente, o conjunto dos inteiros pares é fechado com respeito à adição.

Zero é um par inteiro, pois $2(0) = 0$. Como $2m + 0 = 2m + 2(0) = 2(m + 0) = 2m$, então 0 é o elemento neutro para os inteiros pares com respeito à adição.

Para o inteiro $2m$, o inverso é $-2m$. Como m é um inteiro, $-m$ é um inteiro. Assim, $-2m = 2(-m)$ é um inteiro par. Além disso, $2m + (-2m) = 2(m + (-m)) = 2(0) = 0$. Portanto, cada inteiro par admite um inverso.

3.2 Dentre as propriedades de fechamento, elemento neutro, inversos, associatividade e comutatividade, quais são verdadeiras para a multiplicação nos conjuntos dos naturais, naturais completo, inteiros, racionais, irracionais e reais?

Solução

·	Naturais	Naturais completo	Inteiros	Racionais	Irracionais	Reais
Fechamento	Sim	Sim	Sim	Sim	Não	Sim
Elemento neutro	Sim	Sim	Sim	Sim	Não	Sim
Inversos	Não	Não	Não	Sim	Não	Sim
Associatividade	Sim	Sim	Sim	Sim	Sim	Sim
Comutatividade	Sim	Sim	Sim	Sim	Sim	Sim

3.3 Quais das propriedades de fechamento, elemento neutro e inversos o conjunto dos inteiros ímpares possui frente à multiplicação?

Solução

Já que os inteiros ímpares são da forma $2n + 1$, onde n é um inteiro, sejam $2m + 1$ e $2k + 1$ dois inteiros ímpares quaisquer. Seu produto é representado por $(2m + 1)(2k + 1) = 4mk + 2m + 2k + 1 = 2(2mk + m + k) + 1$. Como os inteiros são fechados com respeito à multiplicação e soma, $(2mk + m + k)$ é um inteiro, logo o produto $(2m + 1)(2k + 1)$ é igual a 2 vezes um inteiro mais 1. Assim, o produto é um inteiro ímpar. Portanto, o conjunto dos inteiros ímpares é fechado frente à multiplicação.

Um é inteiro ímpar, pois $2(0) + 1 = 0 + 1 = 1$. Também temos $(2m + 1)(1) = (2m)(1) + (1)(1) = 2m + 1$, então 1 é o elemento neutro para a multiplicação de inteiros ímpares.

Sete é um inteiro ímpar, uma vez que $2(3) + 1 = 7$. Além disso, $7(1/7) = 1$, mas $1/7$ não é um inteiro. Portanto, 7 não possui um inverso com respeito à multiplicação. Por existir pelo menos um inteiro ímpar que não possui inverso, o conjunto dos inteiros ímpares não admite inversos frente à multiplicação.

3.4 O conjunto dos inteiros pares possui as propriedades de ordem, densidade e completude?

Solução

Dados dois inteiros pares distintos $2m$ e $2k$, onde m e k são inteiros, sabemos que vale ou $m > k$ ou $k > m$. Caso $m > k$, então $2m > 2k$, mas se $k > m$ então $2k > 2m$. Assim, o conjunto dos inteiros pares possui ordem, já que para dois inteiros pares distintos $2m$ e $2k$, temos ou $2m > 2k$ ou $2k > 2m$.

Os números $2m$ e $2m + 2$ são inteiros pares. Não existe um inteiro par entre $2m$ e $2m + 2$, pois $2m + 2 = 2(m + 1)$ e não existe inteiro entre m e $m + 1$. Portanto, o conjunto dos inteiros pares não é denso.

Entre os inteiros pares 8 e 10, está o inteiro ímpar 9. Logo, os pares não representam coordenadas para todos os pontos da reta numérica. Consequentemente, o conjunto dos inteiros pares não é completo.

3.5 Seja K = $\{-1, 1\}$. (a) K é fechado frente à multiplicação? (b) K possui um elemento neutro para multiplicação? (c) K admite inversos com respeito à multiplicação?

Solução

(a) $(1)(1) = 1, (-1)(-1) = 1, (1)(-1) = -1$ e $(-1)(1) = -1$. Para todos os possíveis produtos de dois elementos em K o resultado está em K. Assim, K é fechado frente à multiplicação.

(b) 1 pertence a K, $(1)(1) = 1$ e $(1)(-1) = -1$. Assim, 1 é o elemento neutro da multiplicação em K.

(c) Como $(1)(1) = 1$ e $(-1)(-1) = 1$, cada elemento de K é o seu próprio inverso.

Problemas Complementares

3.6 Quais dentre as propriedades de fechamento, elemento neutro e inversos o conjunto dos inteiros pares possui com respeito à multiplicação?

3.7 Quais das propriedades fechamento, elemento neutro e inversos o conjunto dos inteiros ímpares possui com respeito à adição?

3.8 O conjunto dos inteiros ímpares possui ordem, é denso e completo?

3.9 Dentre as propriedades de fechamento, elemento neutro, inversos, associatividade e comutatividade, quais são verdadeiras para subtração nos conjuntos dos naturais, naturais completo, inteiros, racionais, irracionais e reais?

3.10 Dentre as propriedades de fechamento, elemento neutro, inversos, associatividade e comutatividade, quais são verdadeiras para divisão por números diferentes de zero, nos conjuntos dos naturais, naturais completo, inteiros, racionais, irracionais e reais?

3.11 Quais das propriedades de fechamento, elemento neutro, inversos, associatividade e comutatividade são verdadeiras para o conjunto do zero, {0}, frente à (*a*) adição, (*b*) subtração e (*c*) multiplicação?

3.12 Quais das propriedades de fechamento, elemento neutro, inversos, associatividade e comutatividade são verdadeiras para o conjunto do um, {1}, frente à (*a*) adição, (*b*) subtração, (*c*) multiplicação e (*d*) divisão?

Respostas dos Problemas Complementares

3.6 Fechamento: sim; elemento neutro: não; inversos: não.

3.7 Fechamento: não; elemento neutro: não; inversos: não.

3.8 Ordem: sim; densidade: não; completo: não.

3.9

−	Naturais	Naturais completos	Inteiros	Racionais	Irracionais	Reais
Fechamento	Não	Não	Sim	Sim	Não	Sim
Elemento neutro	Não	Não	Não	Não	Não	Não
Inversos	Não	Não	Não	Não	Não	Não
Associatividade	Não	Não	Não	Não	Não	Não
Comutatividade	Não	Não	Não	Não	Não	Não

3.10

÷	Naturais	Naturais completos	Inteiros	Racionais	Irracionais	Reais
Fechamento	Não	Não	Não	Sim	Não	Sim
Elemento neutro	Não	Não	Não	Não	Não	Não
Inversos	Não	Não	Não	Não	Não	Não
Associatividade	Não	Não	Não	Não	Não	Não
Comutatividade	Não	Não	Não	Não	Não	Não

3.11

	Fechamento	Elemento neutro	Inversos	Associatividade	Comutatividade
(a) +	Sim	Sim	Sim	Sim	Sim
(b) −	Sim	Sim	Sim	Sim	Sim
(c) ·	Sim	Sim	Sim	Sim	Sim

3.12

	Fechamento	Elemento neutro	Inversos	Associatividade	Comutatividade
(a) +	Não	Não	Não	Sim	Sim
(b) −	Não	Não	Não	Não	Sim
(c) ·	Sim	Sim	Sim	Sim	Sim
(d) ÷	Sim	Sim	Sim	Sim	Sim

Capítulo 4

Produtos Especiais

4.1 PRODUTOS ESPECIAIS

A seguir estão alguns dos produtos que aparecem com frequência em matemática e com os quais o estudante deve familiarizar-se o mais cedo possível. Demonstrações destes resultados podem ser obtidas efetuando-se as multiplicações.

I. O produto entre um monômio e um binômio

$$a(c + d) = ac + ad$$

II. O produto entre a soma e a diferença de dois termos

$$(a + b)(a - b) = a^2 - b^2$$

III. O quadrado de um binômio

$$(a + b)^2 = a^2 + 2ab + b^2$$
$$(a - b)^2 = a^2 - 2ab + b^2$$

IV. O produto de dois binômios

$$(x + a)(x + b) = x^2 + (a + b)x + ab$$
$$(ax + b)(cx + d) = acx^2 + (ad + bc)x + bd$$
$$(a + b)(c + d) = ac + bc + ad + bd$$

V. O cubo de um binômio

$$(a + b)^3 = a^3 + 3a^2b + 3ab^2 + b^3$$
$$(a - b)^3 = a^3 - 3a^2b + 3ab^2 - b^3$$

VI. O quadrado de um trinômio

$$(a + b + c)^2 = a^2 + b^2 + c^2 + 2ab + 2ac + 2bc$$

4.2 PRODUTOS RESULTANDO EM RESPOSTAS DA FORMA $a^n \pm b^n$

Pode ser verificado realizando-se a multiplicação que

$$(a - b)(a^2 + ab + b^2) = a^3 - b^3$$

$$(a - b)(a^3 + a^2b + ab^2 + b^3) = a^4 - b^4$$

$$(a - b)(a^4 + a^3b + a^2b^2 + ab^3 + b^4) = a^5 - b^5$$

$$(a - b)(a^5 + a^4b + a^3b^2 + a^2b^3 + ab^4 + b^5) = a^6 - b^6$$

etc., sendo clara a regra. Estas equivalências podem ser sintetizadas em

VII. $\qquad (a - b)(a^{n-1} + a^{n-2}b + a^{n-3}b^2 + \cdots + ab^{n-2} + b^{n-1}) = a^n - b^n$,

onde n é *qualquer inteiro positivo* (1, 2, 3, 4,...).

Analogamente, pode-se verificar que

$$(a + b)(a^2 - ab + b^2) = a^3 + b^3$$

$$(a + b)(a^4 - a^3b + a^2b^2 - ab^3 + b^4) = a^5 + b^5$$

$$(a + b)(a^6 - a^5b + a^4b^2 - a^3b^3 + a^2b^4 - ab^5 + b^6) = a^7 + b^7$$

etc., a regra sendo clara. Estas podem ser resumidas em

VIII. $\qquad (a + b)(a^{n-1} - a^{n-2}b + a^{n-3}b^2 - \cdots - ab^{n-2} + b^{n-1}) = a^n + b^n$,

onde n é *qualquer inteiro positivo ímpar* (1, 3, 5, 7,...).

Problemas Resolvidos

4.1 (a) $3x(2x + 3y) = (3x)(2x) + (3x)(3y) = 6x^2 + 9xy$, usando I com $a = 3x$, $c = 2x$, $d = 3y$.

(b) $x^2y(3x^3 - 2y + 4) = (x^2y)(3x^3) + (x^2y)(-2y) + (x^2y)(4) = 3x^5y - 2x^2y^2 + 4x^2y$

(c) $(3x^3y^2 + 2xy - 5)(x^2y^3) = (3x^3y^2)(x^2y^3) + (2xy)(x^2y^3) + (-5)(x^2y^3)$
$\qquad = 3x^5y^5 + 2x^3y^4 - 5x^2y^3$

(d) $(2x + 3y)(2x - 3y) = (2x)^2 - (3y)^2 = 4x^2 - 9y^2$, usando II com $a = 2x$, $b = 3y$.

(e) $(1 - 5x^3)(1 + 5x^3) = (1)^2 - (5x^3)^2 = 1 - 25x^6$

(f) $(5x + x^3y^2)(5x - x^3y^2) = (5x)^2 - (x^3y^2)^2 = 25x^2 - x^6y^4$

(g) $(3x + 5y)^2 = (3x)^2 + 2(3x)(5y) + (5y)^2 = 9x^2 + 30xy + 25y^2$, usando III com $a = 3x$, $b = 5y$.

(h) $(x + 2)^2 = x^2 + 2(x)(2) + 2^2 = x^2 + 4x + 4$

(i) $(7x^2 - 2xy)^2 = (7x^2)^2 - 2(7x^2)(2xy) + (2xy)^2$
$\qquad = 49x^4 - 28x^3y + 4x^2y^2$, usando III com $a = 7x^2$, $b = 2xy$.

(j) $(ax - 2by)^2 = (ax)^2 - 2(ax)(2by) + (2by)^2 = a^2x^2 - 4axby + 4b^2y^2$

(k) $(x^4 + 6)^2 = (x^4)^2 + 2(x^4)(6) + (6)^2 = x^8 + 12x^4 + 36$

(l) $(3y^2 - 2)^2 = (3y^2)^2 - 2(3y^2)(2) + (2)^2 = 9y^4 - 12y^2 + 4$

(m) $(x + 3)(x + 5) = x^2 + (3 + 5)x + (3)(5) = x^2 + 8x + 15$, usando IV com $a = 3$, $b = 5$.

(n) $(x - 2)(x + 8) = x^2 + (-2 + 8)x + (-2)(8) = x^2 + 6x - 16$

(o) $(x + 2)(x - 8) = x^2 + (2 - 8)x + (2)(-8) = x^2 - 6x - 16$

(p) $(t^2 + 10)(t^2 - 12) = (t^2)^2 + (10 - 12)t^2 + (10)(-12) = t^4 - 2t^2 - 120$

(q) $(3x + 4)(2x - 3) = (3)(2)x^2 + [(3)(-3) + (4)(2)]x + (4)(-3)$
$= 6x^2 - x - 12$, usando IV com $a = 3, b = 4, c = 2, d = -3$.

(r) $(2x + 5)(4x - 1) = (2)(4)x2 + [(2)(-1) + (5)(4)]x + (5)(-1) = 8x^2 + 18x - 5$

(s) $(3x + y)(4x - 2y) = (3x)(4x) + (y)(4x) + (3x)(-2y) + (y)(-2y)$
$= 12x^2 - 2xy - 2y^2$, usando V com $a = 3x, b = y, c = 4x, d = -2y$.

(t) $(3t^2s - 2)(4t - 3s) = (3t^2s)(4t) + (-2)(4t) + (3t^2s)(-3s) + (-2)(-3s)$
$= 12t^3s - 8t - 9t^2s^2 + 6s$

(u) $(3xy + 1)(2x^2 - 3y) = (3xy)(2x^2) + (3xy)(-3y) + (1)(2x^2) + (1)(-3y)$
$= 6x^3y - 9xy^2 + 2x^2 - 3y$

(v) $(x + y + 3)(x + y - 3) = (x + y)^2 - 3^2 = x^2 + 2xy + y^2 - 9$

(w) $(2x - y - 1)(2x - y + 1) = (2x - y)^2 - (1)^2 = 4x^2 - 4xy + y^2 - 1$

(x) $(x^2 + 2xy + y^2)(x^2 - 2xy + y^2) = (x^2 + y^2 + 2xy)(x^2 + y^2 - 2xy)$
$= (x^2 + y^2)^2 - (2xy)^2 = x^4 + 2x^2y^2 + y^4 - 4x^2y^2 = x^4 - 2x^2y^2 + y^4$

(y) $(x^3 + 2 + xy)(x^3 - 2 + xy) = (x^3 + xy + 2)(x^3 + xy - 2)$
$= (x^3 + xy)^2 - 2^2 = x^6 + 2(x^3)(xy) + (xy)^2 - 4 = x^6 + 2x^4y + x^2y^2 - 4$

4.2 (a) $(x + 2y)^3 = x^3 + 3(x)^2(2y) + 3(x)(2y)^2 + (2y)^3$
$= x^3 + 6x^2y + 12xy^2 + 8y^3$, usando V com $a = x, b = 2y$.

(b) $(3x + 2)^3 = (3x)^3 + 3(3x)^2(2) + 3(3x)(2)^2 + (2)^3 = 27x^3 + 54x^2 + 36x + 8$

(c) $(2y - 5)^3 = (2y)^3 - 3(2y)^2(5) + 3(2y)(5)^2 - (5)^3$
$= 8y^3 - 60y^2 + 150y - 125$, usando V com $a = 2y, b = 5$.

(d) $(xy - 2)^3 = (xy)^3 - 3(xy)^2(2) + 3(xy)(2)^2 - (2)^3 = x^3y^3 - 6x^2y^2 + 12xy - 8$

(e) $(x^2y - y^2)^3 = (x^2y)^3 - 3(x^2y)^2(y^2) + 3(x^2y)(y^2)^2 - (y^2)^3 = x^6y^3 - 3x^4y^4 + 3x^2y^5 - y^6$

(f) $(x - 1)(x^2 + x + 1) = x^3 - 1$, usando VII com $a = x, b = 1$.

Se a forma não é familiar, multiplique como segue.

$(x - 1)(x^2 + x + 1) = x(x^2 + x + 1) - 1(x^2 + x + 1) = x^3 + x^2 + x - x^2 - x - 1 = x^3 - 1$

(g) $(x - 2y)(x^2 + 2xy + 4y^2) = x^3 - (2y)^3 = x^3 - 8y^3$, usando VII com $a = x, b = 2y$.

(h) $(xy + 2)(x^2y^2 - 2xy + 4) = (xy)^3 + (2)^3 = x^3y^3 + 8$, usando VIII com $a = xy, b = 2$.

(i) $(2x + 1)(4x^2 - 2x + 1) = (2x)^3 + 1 = 8x^3 + 1$

(j) $(2x + 3y + z)^2 = (2x)^2 + (3y)^2 + (z)^2 + 2(2x)(3y) + 2(2x)(z) + 2(3y)(z)$
$= 4x^2 + 9y^2 + z^2 + 12xy + 4xz + 6yz$, usando VI com $a = 2x, b = 3y, c = z$.

(k) $(u^3 - v^2 + 2w)^2 = (u^3)^2 + (-v^2)^2 + (2w)^2 + 2(u^3)(-v^2) + 2(u^3)(2w) + 2(-v^2)(2w)$
$= u^6 + v^4 + 4w^2 - 2u^3v^2 + 4u^3w - 4v^2w$

4.3 (a) $(x - 1)(x^5 + x^4 + x^3 + x^2 + x + 1) = x^6 - 1$, usando VII com $a = x, b = 1, n = 6$.

(b) $(x - 2y)(x^4 + 2x^3y + 4x^2y^2 + 8xy^3 + 16y^4) = x^5 - (2y)^5$
$= x^5 - 32y^5$, usando VII com $a = x, b = 2y$.

(c) $(3y + x)(81y^4 - 27y^3x + 9y^2x^2 - 3yx^3 + x^4) = (3y)^5 + x^5$
$= 243y^5 + x^5$, usando VIII com $a = 3y, b = x$.

4.4 (a) $(x + y + z)(x + y - z)(x - y + z)(x - y - z)$. Os primeiros dois fatores podem ser escritos como

$$(x + y + z)(x + y - z) = (x + y)^2 - z^2 = x^2 + 2xy + y^2 - z^2,$$

e os dois fatores seguintes como

$$(x - y + z)(x - y - z) = (x - y)^2 - z^2 = x^2 - 2xy + y^2 - z^2.$$

O resultado fica

$$(x^2 + y^2 - z^2 + 2xy)(x^2 + y^2 - z^2 - 2xy) = (x^2 + y^2 - z^2)^2 - (2xy)^2$$
$$= (x^2)^2 + (y^2)^2 + (-z^2)^2 + 2(x^2)(y^2) + 2(x^2)(-z^2) + 2(y^2)(-z^2) - 4x^2y^2$$
$$= x^4 + y^4 + z^4 + 2x^2y^2 - 2x^2z^2 - 2y^2z^2$$

(b) $(x + y + z + 1)^2 = [(x + y) + (z + 1)]^2 = (x + y)^2 + 2(x + y)(z + 1) + (z + 1)^2$
$= x^2 + 2xy + y^2 + 2xz + 2x + 2yz + 2y + z^2 + 2z + 1$

(c) $(u - v)^3(u + v)^3 = [(u - v)(u + v)]^3 = (u^2 - v^2)^3$
$= (u^2)^3 - 3(u^2)^2v^2 + 3(u^2)(v^2)^2 - (v^2)^3 = u^6 - 3u^4v^2 + 3u^4v^2 + 3u^2v^4 - v^6$

(d) $(x^2 - x + 1)^2(x^2 + x + 1)^2 = [(x^2 - x + 1)(x^2 + x + 1)]^2 = [(x^2 + 1 - x)(x^2 + 1 + x)]^2$
$= [(x^2 + 1)^2 - x^2]^2 = [x^4 + 2x^2 + 1 - x^2]^2 = (x^4 + x^2 + 1)^2$
$= (x^4)^2 + (x^2)^2 + 1^2 + 2(x^4)(x^2) + 2(x^4)(1) + 2(x^2)(1)$
$= x^8 + x^4 + 1 + 2x^6 + 2x^4 + 2x^2 = x^8 + 2x^6 + 3x^4 + 2x^2 + 1$

(e) $(e^y + 1)(e^y - 1)(e^{2y} + 1)(e^{4y} + 1)(e^{8y} + 1) = (e^{2y} - 1)(e^{2y} + 1)(e^{4y} + 1)(e^{8y} + 1)$
$= (e^{4y} - 1)(e^{4y} + 1)(e^{8y} + 1) = (e^{8y} - 1)(e^{8y} + 1) = e^{16y} - 1$

Problemas Complementares

Obtenha cada relação a seguir.

4.5 (a) $2xy(3x^2y - 4y^3) = 6x^3y^2 - 8xy^4$

(b) $3x^2y^3(2xy - x - 2y) = 6x^3y^4 - 3x^3y^3 - 6x^2y^4$

(c) $(2st^3 - 4rs^2 + 3s^3t)(5rst^2) = 10rs^2t^5 - 20r^2s^3t^2 + 15rs^4t^3$

(d) $(3a + 5b)(3a - 5b) = 9a^2 - 25b^2$

(e) $(5xy + 4)(5xy - 4) = 25x^2y^2 - 16$

(f) $(2 - 5y^2)(2 + 5y^2) = 4 - 25y^4$

(g) $(3a + 5a^2b)(3a - 5a^2b) = 9a^2 - 25a^4b^2$

(h) $(x + 6)^2 = x^2 + 12x + 36$

(i) $(y + 3x)^2 = y^2 + 6xy + 9x^2$

(j) $(z - 4)^2 = z^2 - 8z + 16$

(k) $(3 - 2x^2)^2 = 9 - 12x^2 + 4x^4$

(l) $(x^2y - 2z)^2 = x^4y^2 - 4x^2yz + 4z^2$

(m) $(x + 2)(x + 4) = x^2 + 6x + 8$

(n) $(x - 4)(x + 7) = x^2 + 3x - 28$

(o) $(y + 3)(y - 5) = y^2 - 2y - 15$

(p) $(xy + 6)(xy - 4) = x^2y^2 + 2xy - 24$

(q) $(2x - 3)(4x + 1) = 8x^2 - 10x - 3$

(r) $(4 + 3r)(2 - r) = 8 + 2r - 3r^2$

(s) $(5x + 3y)(2x - 3y) = 10x^2 - 9xy - 9y^2$

(t) $(2t^2 + s)(3t^2 + 4s) = 6t^4 + 11t^2s + 4s^2$

(u) $(x^2 + 4^y)(2x^2y - y^2) = 2x^4y + 7x^2y^2 - 4y^3$

(v) $x(2x - 3)(3x + 4) = 6x^3 - x^2 - 12x$

(w) $(r + s - 1)(r + s + 1) = r^2 + 2rs + s^2 - 1$

(x) $(x - 2y + z)(x - 2y - z) = x^2 - 4xy + 4y^2 - z^2$

(y) $(x^2 + 2x + 4)(x^2 - 2x + 4) = x^4 + 4x^2 + 16$

4.6 (a) $(2x + 1)^3 = 8x^3 + 12x^2 + 6x + 1$

(b) $(3x + 2y)^3 = 27x^3 + 54x^2y + 36xy^2 + 8y^3$

(c) $(r - 2s)^3 = r^3 - 6r^2s + 12rs^2 - 8s^3$

(d) $(x^2 - 1)^3 = x^6 - 3x^4 + 3x^2 - 1$

(e) $(ab^2 - 2b)^3 = a^3b^6 - 6a^2b^5 + 12ab^4 - 8b^3$

(f) $(t - 2)(t^2 + 2t + 4) = t^3 - 8$

(g) $(z - x)(x^2 + xz + z^2) = z^3 - x^3$

(h) $(x + 3y)(x^2 - 3xy + 9y^2) = x^3 + 27y^3$

4.7 (a) $(x - 2y + z)^2 = x^2 - 4xy + 4y^2 + 2zx - 4zy + z^2$

(b) $(s - 1)(s^3 + s^2 + s + 1) = s^4 - 1$

(c) $(1 + t^2)(1 - t^2 + t^4 - t^6) = 1 - t^8$

(d) $(3x + 2y)^2(3x - 2y)^2 = 81x^4 - 72x^2y^2 + 16y^4$

(e) $(x^2 + 2x + 1)^2(x^2 - 2x + 1)^2 = x^8 - 4x^6 + 6x^4 - 4x^2 + 1$

(f) $(y - 1)^3(y + 1)^3 = y^6 - 3y^4 + 3y^2 - 1$

(g) $(u + 2)(u - 2)(u^2 + 4)(u^4 + 16) = u^8 - 256$

Capítulo 5

Fatoração

5.1 FATORAÇÃO

Os fatores de uma expressão algébrica consistem em duas ou mais expressões algébricas que, quando multiplicadas, resultam na expressão dada.

Exemplos 5.1 Fatore cada expressão algébrica.

(a) $x^2 - 7x + 6 = (x-1)(x-6)$
(b) $x^2 + 8x = x(x+8)$
(c) $6x^2 - 7x - 5 = (3x-5)(2x+1)$
(d) $x^2 + 2xy - 8y^2 = (x+4y)(x-2y)$

O processo de fatoração geralmente se restringe a encontrar fatores de polinômios com coeficientes inteiros em cada termo. Nesses casos, é necessário que os fatores também sejam polinômios com coeficientes inteiros. A menos que seja afirmado o contrário, vamos nos restringir a essa limitação.

Assim, não vamos considerar $(x-1)$ sendo fatorável em $(\sqrt{x}+1)(\sqrt{x}-1)$ porque estes fatores não são polinômios. Da mesma forma, não consideraremos (x^2-3y^2) fatorável em $(x-\sqrt{3}y)(x+\sqrt{3}y)$ porque estes fatores não são polinômios com coeficientes inteiros. Além disso, embora $3x+2y$ possa ser escrito como $3(x+\frac{2}{3}y)$, não vamos considerar esta uma forma fatorada, porque $x+\frac{2}{3}y$ não é um polinômio com coeficientes inteiros.

Um polinômio com coeficientes inteiros é dito *primo* se não pode ser fatorado de acordo com as restrições acima. Logo, $x^2 - 7x + 6 = (x-1)(x-6)$ foi expresso como um produto dos fatores primos $x-1$ e $x-6$.

Um polinômio é dito completamente fatorado quando está expresso como um produto de fatores primos.

Nota 1. Ao fatorarmos permitiremos alterações triviais no sinal. Assim, $x^2 - 7x + 6$ pode ser fatorado tanto como $(x-1)(x-6)$ quanto como $(1-x)(6-x)$. Pode ser mostrado que a fatoração em fatores primos, à exceção de mudanças triviais no sinal e arranjo dos fatores, é possível em uma e apenas uma maneira. Este resultado geralmente é chamado Teorema da Fatoração Única.

Nota 2. Às vezes a seguinte definição de primo é usada. Um polinômio se diz primo se não possui outros fatores além de mais ou menos ele mesmo e ± 1. Esta é análoga à definição de número ou inteiro primo como 2, 3, 5, 7, 11,... e é equivalente à primeira definição.

Nota 3. Eventualmente vamos fatorar polinômios com coeficientes racionais, por exemplo, $x^2 - 9/4 = (x+3/2)(x-3/2)$. Nestes casos, os fatores poderão ser polinômios com coeficientes racionais.

Nota 4. Existem situações nas quais queremos fatorar uma expressão sobre um conjunto de números específico, por exemplo, $x^2 - 2 = (x+\sqrt{2})(x-\sqrt{2})$ sobre o conjunto de números reais, mas primo sobre os racionais. A menos que o conjunto numérico a ser utilizado para os coeficientes dos fatores seja especificado, supomos que se trata do conjunto dos inteiros.

5.2 PROCEDIMENTOS PARA FATORAÇÃO

As fórmulas I – VIII do Capítulo 4 são muito úteis para fatoração. Se quando lidas da esquerda para a direita elas ajudam a obter *produtos*, então lidas da direita para a esquerda elas ajudam a encontrar *fatores*.

Os seguintes procedimentos são muito úteis à fatoração:

A. Fator monomial comum. Tipo: $ac + ad = a(c + d)$

Exemplos 5.2 (a) $6x^2y - 2x^3 = 2x^2(3y - x)$
(b) $2x^3y - xy^2 + 3x^2y = xy(2x^2 - y + 3x)$

B. Diferença de dois quadrados. Tipo: $a^2 - b^2 = (a + b)(a - b)$

Exemplos 5.3 (a) $x^2 - 25 = x^2 - 5^2 = (x + 5)(x - 5)$ onde $a = x, b = 5$
(b) $4x^2 - 9y^2 = (2x)^2 - (3y)^2 = (2x + 3y)(2x - 3y)$ onde $a = 2x, b = 3y$

C. Trinômios quadrados perfeitos. Tipos: $a^2 + 2ab + b^2 = (a + b)^2$
$a^2 - 2ab + b^2 = (a - b)^2$

Decorre que um trinômio é um quadrado perfeito se dois termos são quadrados perfeitos e o terceiro é duas vezes o produto das raízes quadradas dos outros dois termos.

Exemplos 5.4 (a) $x^2 + 6x + 9 = (x + 3)^2$
(b) $9x^2 - 12xy + 4y^2 = (3x - 2y)^2$

D. Outros trinômios. Tipos: $x^2 + (a + b)x + ab = (x + a)(x + b)$
$acx^2 + (ad + bc)x + bd = (ax + b)(cx + d)$

Exemplos 5.5 (a) $x^2 - 5x + 4 = (x - 4)(x - 1)$ onde $a = -4, b = -1$ para que sua soma seja $(a + b) = -5$ e seu produto $ab = 4$.
(b) $x^2 + xy - 12y^2 = (x - 3y)(x + 4y)$ onde $a = -3y, b = 4y$
(c) $3x^2 - 5x - 2 = (x - 2)(3x + 1)$. Aqui $ac = 3, bd = -2, ad + bc = -5$ e descobrimos por tentativa que $a = 1, c = 3, b = -2, d = 1$ satisfazem $ad + bc = -5$.
(d) $6x^2 + x - 12 = (3x - 4)(2x + 3)$
(e) $8 - 14x + 5x^2 = (4 - 5x)(2 - x)$

E. Soma e diferença de dois cubos. Tipos: $a^3 + b^3 = (a + b)(a^2 - ab + b^2)$
$a^3 - b^3 = (a - b)(a^2 + ab + b^2)$

Exemplos 5.6 (a) $8x^3 + 27y^3 = (2x)^3 + (3y)^3$
$= (2x + 3y)[(2x)^2 - (2x)(3y) + (3y)^2]$
$= (2x + 3y)(4x^2 - 6xy + 9y^2)$
(b) $8x^3y^3 - 1 = (2xy)^3 - 1^3 = (2xy - 1)(4x^2y^2 + 2xy + 1)$

F. Agrupamento de termos. Tipo: $ac + bc + ad + bd = c(a + b) + d(a + b) = (a + b)(c + d)$

Exemplo 5.7 $2ax - 4bx + ay - 2by = 2x(a - 2b) + y(a - 2b) = (a - 2b)(2x + y)$

G. Fatores de $a^n \pm b^n$. Aqui utilizamos as fórmulas VII e VIII do Capítulo 4.

Exemplos 5.8 (a) $32x^5 + 1 = (2x)^5 + 1^5 = (2x + 1)[(2x)^4 - (2x)^3 + (2x)^2 - 2x + 1]$
$= (2x + 1)(16x^4 - 8x^3 + 4x^2 - 2x + 1)$
(b) $x^7 - 1 = (x - 1)(x^6 + x^5 + x^4 + x^3 + x^2 + x + 1)$

H. Adição e subtração de termos adequados.

Exemplo 5.9 Fatore $x^4 + 4$.
Somando e subtraindo $4x^2$ (duas vezes o produto das raízes quadradas de x^4 e 4), temos
$$x^4 + 4 = (x^4 + 4x^2 + 4) - 4x^2 = (x^2 + 2)^2 - (2x)^2$$
$$= (x^2 + 2 + 2x)(x^2 + 2 - 2x) = (x^2 + 2x + 2)(x^2 - 2x + 2)$$

I. Combinações mistas dos métodos anteriores.

Exemplos 5.10 (a) $x^4 - xy^3 - x^3y + y^4 = (x^4 - xy^3) - (x^3y - y^4)$
$= x(x^3 - y^3) - y(x^3 - y^3)$
$= (x^3 - y^3)(x - y) = (x - y)(x^2 + xy + y^2)(x - y)$
$= (x - y)^2(x^2 + xy + y^2)$

(b) $x^2y - 3x^2 - y + 3 = (x^2y - 3x^2) + (-y + 3)$
$= x^2(y - 3) - (y - 3)$
$= (y - 3)(x^2 - 1)$
$= (y - 3)(x + 1)(x - 1)$

(c) $x^2 + 6x + 9 - y^2 = (x^2 + 6x + 9) - y^2$
$= (x + 3)^2 - y^2$
$= [(x + 3) + y][(x + 3) - y]$
$= (x + y + 3)(x - y + 3)$

5.3 MÁXIMO DIVISOR COMUM

O máximo divisor comum (MDC) de dois ou mais polinômios é o polinômio de grau mais elevado e maiores coeficientes numéricos (a menos de mudanças triviais no sinal) que é fator de todos os polinômios dados.

O método a seguir é sugerido para encontrar o MDC de vários polinômios. (a) Escreva cada polinômio como um produto de fatores primos. (b) O MDC é o produto obtido ao tomar cada fator à *menor* potência na qual ocorre em todos os polinômios.

Exemplo 5.11 O MDC de $2^3 3^2 (x - y)^3 (x + 2y)^2$, $2^2 3^3 (x - y)^2 (x + 2y)^3$, $3^2 (x - y)^2 (x + 2y)$ é $3^2 (x - y)^2 (x + 2y)$.

Dois ou mais polinômios são *relativamente primos* se seu MDC é 1.

5.4 MÍNIMO MÚLTIPLO COMUM

O mínimo múltiplo comum (MMC) de dois ou mais polinômios é o polinômio de grau mais baixo e menores coeficientes numéricos (a menos de mudanças triviais no sinal) para o qual cada um dos polinômios dados é um fator.

O seguinte procedimento é sugerido para determinação do MMC de diversos polinômios. (a) Escreva cada polinômio como um produto de fatores primos. (b) O MMC é o produto obtido ao tomar cada fator à *maior* potência na qual aparece.

Exemplo 5.12 O MMC de $2^3 3^2 (x - y)^3 (x + 2y)^2$, $2^2 3^3 (x - y)^2 (x + 2y)^3$, $3^2 (x - y)^2 (x + 2y)$ é $2^3 3^3 (x - y)^3 (x + 2y)^3$.

Problemas Resolvidos

Fator monomial comum
Tipo: $ac + ad = a(c + d)$

5.1 (a) $2x^2 - 3xy = x(2x - 3y)$
(b) $4x + 8y + 12z = 4(x + 2y + 3z)$
(c) $3x^2 + 6x^3 + 12x^4 = 3x^2(1 + 2x + 4x^2)$
(d) $9s^3t + 15s^2t^3 - 3s^2t^2 = 3s^2t(3s + 5t^2 - t)$
(e) $10a^2b^3c^4 - 15a^3b^2c^4 + 30a^4b^3c^2 = 5a^2b^2c^2(2bc^2 - 3ac^2 + 6a^2b)$
(f) $4a^{n+1} - 8a^{2n} = 4a^{n+1}(1 - 2a^{n-1})$

Diferença de dois quadrados
Tipo: $a^2 - b^2 = (a + b)(a - b)$

5.2 (a) $x^2 - 9 = x^2 - 3^2 = (x + 3)(x - 3)$
(b) $25x^2 - 4y^2 = (5x)^2 - (2y)^2 = (5x + 2y)(5x - 2y)$
(c) $9x^2y^2 - 16a^2 = (3xy)^2 - (4a)^2 = (3xy + 4a)(3xy - 4a)$
(d) $1 - m^2n^4 = 1^2 - (mn^2)^2 = (1 + mn^2)(1 - mn^2)$
(e) $3x^2 - 12 = 3(x^2 - 4) = 3(x + 2)(x - 2)$

(f) $x^2y^2 - 36y^4 = y^2[x^2 - (6y)^2] = y^2(x + 6y)(x - 6y)$

(g) $x^4 - y^4 = (x^2)^2 - (y^2)^2 = (x^2 + y^2)(x^2 - y^2) = (x^2 + y^2)(x + y)(x - y)$

(h) $1 - x^8 = (1 + x^4)(1 - x^4) = (1 + x^4)(1 + x^2)(1 - x^2) = (1 + x^4)(1 + x^2)(1 + x)(1 - x)$

(i) $32a^4b - 162b^5 = 2b(16a^4 - 81b^4) = 2b(4a^2 + 9b^2)(4a^2 - 9b^2) = 2b(4a^2 + 9b^2)(2a + 3b)(2a - 3b)$

(j) $x^3y - y^3x = xy(x^2 - y^2) = xy(x + y)(x - y)$

(k) $(x + 1)^2 - 36y^2 = [(x + 1) + (6y)][(x + 1) - (6y)] = (x + 6y + 1)(x - 6y + 1)$

(l) $(5x + 2y)^2 - (3x - 7y)^2 = [(5x + 2y) + (3x - 7y)][(5x + 2y) - (3x - 7y)] = (8x - 5y)(2x + 9y)$

Trinômios quadrados perfeitos
Tipos: $a^2 + 2ab + b^2 = (a + b)^2$
$a^2 - 2ab + b^2 = (a - b)^2$

5.3 (a) $x^2 + 8x + 16 = x^2 + 2(x)(4) + 4^2 = (x + 4)^2$

(b) $1 + 4y + 4y^2 = (1 + 2y)^2$

(c) $t^2 - 4t + 4 = t^2 - 2(t)(2) + 2^2 = (t - 2)^2$

(d) $x^2 - 16xy + 64y^2 = (x - 8y)^2$

(e) $25x^2 + 60xy + 36y^2 = (5x + 6y)^2$

(f) $16m^2 - 40mn + 25n^2 = (4m - 5n)^2$

(g) $9x^4 - 24x^2y + 16y^2 = (3x^2 - 4y)^2$

(h) $2x^3y^3 + 16x^2y^4 + 32xy^5 = 2xy^3(x^2 + 8xy + 16y^2) = 2xy^3(x + 4y)^2$

(i) $16a^4 - 72a^2b^2 + 81b^4 = (4a^2 - 9b^2)^2 = [(2a + 3b)(2a - 3b)]^2 = (2a + 3b)^2(2a - 3b)^2$

(j) $(x + 2y)^2 + 10(x + 2y) + 25 = (x + 2y + 5)^2$

(k) $a^2x^2 - 2abxy + b^2y^2 = (ax - by)^2$

(l) $4m^6n^6 + 32m^4n^4 + 64m^2n^2 = 4m^2n^2(m^4n^4 + 8m^2n^2 + 16) = 4m^2n^2(m^2n^2 + 4)^2$

Outros trinômios
Tipos: $x^2 + (a + b)x + ab = (x + a)(x + b)$
$acx^2 + (ad + bc)x + bd = (ax + b)(cx + d)$

5.4 (a) $x^2 + 6x + 8 = (x + 4)(x + 2)$

(b) $x^2 - 6x + 8 = (x - 4)(x - 2)$

(c) $x^2 + 2x - 8 = (x + 4)(x - 2)$

(d) $x^2 - 2x - 8 = (x - 4)(x + 2)$

(e) $x^2 - 7xy + 12y^2 = (x - 3y)(x - 4y)$

(f) $x^2 + xy - 12y^2 = (x + 4y)(x - 3y)$

(g) $16 - 10x + x^2 = (8 - x)(2 - x)$

(h) $20 - x - x^2 = (5 + x)(4 - x)$

(i) $3x^3 - 3x^2 - 18x = 3x(x^2 - x - 6) = 3x(x - 3)(x + 2)$

(j) $y^4 + 7y^2 + 12 = (y^2 + 4)(y^2 + 3)$

(k) $m^4 + m^2 - 2 = (m^2 + 2)(m^2 - 1) = (m^2 + 2)(m + 1)(m - 1)$

(l) $(x + 1)^2 + 3(x + 1) + 2 = [(x + 1) + 2][(x + 1) + 1] = (x + 3)(x + 2)$

(m) $s^2t^2 - 2st^3 - 63t^4 = t^2(s^2 - 2st - 63t^2) = t^2(s - 9t)(s + 7t)$

(n) $z^4 - 10z^2 + 9 = (z^2 - 1)(z^2 - 9) = (z + 1)(z - 1)(z + 3)(z - 3)$

(o) $2x^6y - 6x^4y^3 - 8x^2y^5 = 2x^2y(x^4 - 3x^2y^2 - 4y^4) = 2x^2y(x^2 + y^2)(x^2 - 4y^2) = 2x^2y(x^2 + y^2)(x + 2y)(x - 2y)$

(p) $x^2 - 2xy + y^2 + 10(x - y) + 9 = (x - y)^2 + 10(x - y) + 9$
$= [(x - y) + 1][(x - y) + 9] = (x - y + 1)(x - y + 9)$

(q) $4x^8y^{10} - 40x^5y^7 + 84x^2y^4 = 4x^2y^4(x^6y^6 - 10x^3y^3 + 21) = 4x^2y^4(x^3y^3 - 7)(x^3y^3 - 3)$

(r) $x^{2a} - x^a - 30 = (x^a - 6)(x^a + 5)$

(s) $x^{m+2n} + 7x^{m+n} + 10x^m = x^m(x^{2n} + 7x^n + 10) = x^m(x^n + 2)(x^n + 5)$

(t) $a^{2(y-1)} - 5a^{y-1} + 6 = (a^{y-1} - 3)(a^{y-1} - 2)$

5.5 (a) $3x^2 + 10x + 3 = (3x + 1)(x + 3)$

(b) $2x^2 - 7x + 3 = (2x - 1)(x - 3)$

(c) $2y^2 - y - 6 = (2y + 3)(y - 2)$

(d) $10s^2 + 11s - 6 = (5s - 2)(2s + 3)$

(e) $6x^2 - xy - 12y^2 = (3x + 4y)(2x - 3y)$

(f) $10 - x - 3x^2 = (5 - 3x)(2 + x)$

(g) $4z^4 - 9z^2 + 2 = (z^2 - 2)(4z^2 - 1) = (z^2 - 2)(2z + 1)(2z - 1)$

(h) $16x^3y + 28x^2y^2 - 30xy^3 = 2xy(8x^2 + 14xy - 15y^2) = 2xy(4x - 3y)(2x + 5y)$

(i) $12(x + y)^2 + 8(x + y) - 15 = [6(x + y) - 5][2(x + y) + 3] = (6x + 6y - 5)(2x + 2y + 3)$

(j) $6b^{2n+1} + 5b^{n+1} - 6b = b(6b^{2n} + 5b^n - 6) = b(2b^n + 3)(3b^n - 2)$

(k) $18x^{4p+m} - 66x^{2p+m}y^2 - 24x^my^4 = 6x^m(3x^{4p} - 11x^{2p}y^2 - 4y^4) = 6x^m(3x^{2p} + y^2)(x^{2p} - 4y^2)$
$= 6x^m(3x^{2p} + y^2)(x^p + 2y)(x^p - 2y)$

(l) $64x^{12}y^3 - 68x^8y^7 + 4x^4y^{11} = 4x^4y^3(16x^8 - 17x^4y^4 + y^8) = 4x^4y^3(16x^4 - y^4)(x^4 - y^4)$
$= 4x^4y^3(4x^2 + y^2)(4x^2 - y^2)(x^2 + y^2)(x^2 - y^2)$
$= 4x^4y^3(4x^2 + y^2)(2x + y)(2x - y)(x^2 + y^2)(x + y)(x - y)$

Soma ou diferença de dois cubos

Tipos: $a^3 + b^3 = (a + b)(a^2 - ab + b^2)$
$a^3 - b^3 = (a - b)(a^2 + ab + b^2)$

5.6 (a) $x^3 + 8 = x^3 + 2^3 = (x + 2)(x^2 - 2x + 2^2) = (x + 2)(x^2 - 2x + 4)$

(b) $a^3 - 27 = a^3 - 3^3 = (a - 3)(a^2 + 3a + 3^2) = (a - 3)(a^2 + 3a + 9)$

(c) $a^6 + b^6 = (a^2)^3 + (b^2)^3 = (a^2 + b^2)[(a^2)^2 - a^2b^2 + (b^2)^2] = (a^2 + b^2)(a^4 - a^2b^2 + b^4)$

(d) $a^6 - b^6 = (a^3 + b^3)(a^3 - b^3) = (a + b)(a^2 - ab + b^2)(a - b)(a^2 + ab + b^2)$

(e) $a^9 + b^9 = (a^3)^3 + (b^3)^3 = (a^3 + b^3)[(a^3)^2 - a^3b^3 + (b^3)^2] = (a - b)(a^2 - ab + b^2)(a^6 - a^3b^3 + b^6)$

(f) $a^{12} + b^{12} = (a^4)^3 + (b^4)^3 = (a^4 + b^4)(a^8 - a^4b^4 + b^8)$

(g) $64x^3 + 125y^3 = (4x)^3 + (5y)^3 = (4x + 5y)[(4x)^2 - (4x)(5y) + (5y)^2]$
$= (4x + 5y)(16x^2 - 20xy + 25y^2)$

(h) $(x + y)^3 - z^3 = (x + y - z)[(x + y)^2 + (x + y)z + z^2] = (x + y - z)(x^2 + 2xy + y^2 + xz + yz + z^2)$

(i) $(x - 2)^3 + 8y^3 = (x - 2)^3 + (2y)^3 = (x - 2 + 2y)[(x - 2)^2 - (x - 2)(2y) + (2y)^2]$
$= (x - 2 + 2y)(x^2 - 4x + 4 - 2xy + 4y + 4y^2)$

(j) $x^6 - 7x^3 - 8 = (x^3 - 8)(x^3 + 1) = (x^3 - 2^3)(x^3 + 1) = (x - 2)(x^2 + 2x + 4)(x + 1)(x^2 - x + 1)$

(k) $x^8y - 64x^2y^7 = x^2y(x^6 - 64y^6) = x^2y(x^3 + 8y^3)(x^3 = 8y^3) = x^2y[x^3 + (2y)^3][x^3 - (2y)^3]$
$= x^2y(x + 2y)(x^2 - 2xy + 4y^2)(x - 2y)(x^2 + 2xy + 4y^2)$

(l) $54x^6y^2 - 38x^3y^2 - 16y^2 = 2y^2(27x^6 - 19x^3 - 8) = 2y^2(27x^3 + 8)(x^3 - 1) = 2y^2[(3x)^3 + 2^3](x^3 - 1)$
$= 2y^2(3x + 2)(9x^2 - 6x + 4)(x - 1)(x^2 + x + 1)$

Agrupamentos de termos
Tipo: $ac + bc + ad + bd = c(a + b) + d(a + b) = (a + b)(c + d)$

5.7 (a) $bx - ab + x^2 - ax = b(x - a) + x(x - a) = (x - a)(b + x) = (x - a)(x + b)$

(b) $3ax - ay - 3bx + by = a(3x - y) - b(3x - y) = (3x - y)(a - b)$

(c) $6x^2 - 4ax - 9bx + 6ab = 2x(3x - 2a) - 3b(3x - 2a) = (3x - 2a)(2x - 3b)$

(d) $ax + ay + x + y = a(x + y) + (x + y) = (x + y)(a + 1)$

(e) $x^2 - 4y^2 + x + 2y = (x + 2y)(x - 2y) + (x + 2y) = (x + 2y)(x - 2y + 1)$

(f) $x^3 + x^2y + xy^2 + y^3 = x^2(x + y) + y^2(x + y) = (x + y)(x^2 + y^2)$

(g) $x^7 + 27x^4 - x^3 - 27 = x^4(x^3 + 27) - (x^3 + 27) = (x^3 + 27)(x^4 - 1)$
$= (x^3 + 3^3)(x^2 + 1)(x^2 - 1) = (x + 3)(x^2 - 3x + 9)(x^2 + 1)(x + 1)(x - 1)$

(h) $x^3y^3 - y^3 + 8x^3 - 8 = y^3(x^3 - 1) + 8(x^3 - 1) = (x^3 - 1)(y^3 + 8)$
$= (x - 1)(x^2 + x + 1)(y + 2)(y^2 - 2y + 4)$

(i) $a^6 + b^6 - a^2b^4 - a^4b^2 = a^6 - a^2b^4 + b^6 - a^4b^2 = a^2(a^4 - b^4) - b^2(a^4 - b^4) = (a^4 - b^4)(a^2 - b^2)$
$= (a^2 + b^2)(a^2 - b^2)(a + b)(a - b) = (a^2 + b^2)(a + b)(a - b)(a + b)(a - b)$
$= (a^2 + b^2)(a + b)^2(a - b)^2$

(j) $a^3 + 3a^2 - 5ab + 2b^2 - b^3 = (a^3 - b^3) + (3a^2 - 5ab + 2b^2)$
$= (a - b)(a^2 + ab + b^2) + (a - b)(3a - 2b)$
$= (a - b)(a^2 + ab + b^2 + 3a - 2b)$

Fatores de $a^n \pm b^n$

5.8 $a^n + b^n$ possui $a + b$ como um fator se, e somente se, n é um inteiro positivo ímpar. Então

$$a^n + b^n = (a + b)(a^{n-1} - a^{n-2}b + a^{n-3}b^2 - \cdots - ab^{n-2} + b^{n-1}).$$

(a) $a^3 + b^3 = (a + b)(a^2 - ab + b^2)$

(b) $64 + y^3 = 4^3 + y^3 = (4 + y)(4^2 - 4y + y^2) = (4 + y)(16 - 4y + y^2)$

(c) $x^3 + 8y^6 = x^3 + (2y^2)^3 = (x + 2y^2)[x^2 - x(2y^2) + (2y^2)^2] = (x + 2y^2)(x^2 - 2xy^2 + 4y^4)$

(d) $a^5 + b^5 = (a + b)(a^4 - a^3b + a^2b^2 - ab^3 + b^4)$

(e) $1 + x^5y^5 = 1^5 + (xy)^5 = (1 + xy)(1 - xy + x^2y^2 - x^3y^3 + x^4y^4)$

(f) $z^5 + 32 = z^5 + 2^5 = (z + 2)(z^4 - 2z^3 + 2^2z^2 + 2^3z + 2^4) = (z + 2)(z^4 - 2z^3 + 4z^2 - 8z + 16)$

(g) $a^{10} + x^{10} = (a^2)^5 + (x^2)^5 = (a^2 + x^2)[(a^2)^4 - (a^2)^3x^2 + (a^2)^2(x^2)^2 - (a^2)(x^2)^3 + (x^2)^4]$
$= (a^2 + x^2)(a^8 - a^6x^2 + a^4x^4 - a^2x^6 + x^8)$

(h) $u^7 + v^7 = (u + v)(u^6 - u^5v + u^4v^2 - u^3v^3 + u^2v^4 - uv^5 + v^6)$

(i) $x^9 + 1 = (x^3)^3 + 1^3 = (x^3 + 1)(x^6 - x^3 + 1) = (x + 1)(x^2 - x + 1)(x^6 - x^3 + 1)$

5.9 $a^n - b^n$ possui $a - b$ como fator se n é qualquer inteiro positivo. Então

$$a^n - b^n = (a - b)(a^{n-1} + a^{n-2}b + a^{n-3}b^2 + \cdots + ab^{n-2} + b^{n-1}).$$

Se n é um inteiro positivo par, $a^n - b^n$ também tem $a + b$ como fator.

(a) $a^2 - b^2 = (a - b)(a + b)$

(b) $a^3 - b^3 = (a - b)(a^2 + ab + b^2)$

(c) $27x^3 - y^3 = (3x)^3 - y^3 = (3x - y)[(3x)^2 + (3x)y + y^2] = (3x - y)(9x^2 + 3xy + y^2)$

(d) $1 - x^3 = (1 - x)(1^2 + 1x + x^2) = (1 - x)(1 + x + x^2)$

(e) $a^5 - 32 = a^5 - 2^5 = (a - 2)(a^4 + a^3 \cdot 2 + a^2 \cdot 2^2 + a \cdot 2^3 + 2^4) = (a - 2)(a^4 + 2a^3 + 4a^2 + 8a + 16)$

(f) $y^7 - z^7 = (y - z)(y^6 + y^5z + y^4z^2 + y^3z^3 + y^2z^3 + y^2z^4 + yz^5 + z^6)$

(g) $x^6 - a^6 = (x^3 + a^3)(x^3 - a^3) = (x + a)(x^2 - ax + a^2)(x - a)(x^2 + ax + a^2)$

(h) $u^8 - v^8 = (u^4 + v^4)(u^4 - v^4) = (u^4 + v^4)(u^2 + v^2)(u^2 - v^2) = (u^4 + v^4)(u^2 + v^2)(u + v)(u - v)$

(i) $x^9 - 1 = (x^3)^3 - 1 = (x^3 - 1)(x^6 + x^3 + 1) = (x - 1)(x^2 + x + 1)(x^6 + x^3 + 1)$

(j) $x^{10} - y^{10} = (x^5 + y^5)(x^5 - y^5) = (x + y)(x^4 - x^3y + x^2y^2 - xy^3 + y^4)(x - y)(x^4 + x^3y + x^2y^2 + xy^3 + y^4)$

Adição e subtração de termos adequados

5.10 (a) $a^4 + a^2b^2 + b^4$ (adicionando e subtraindo a^2b^2)
$= (a^4 + 2a^2b^2 + b^4) - a^2b^2 = (a^2 + b^2)^2 - (ab)^2$
$= (a^2 + b^2 + ab)(a^2 + b^2 - ab)$

(b) $36x^4 + 15x^2 + 4$ (adicionando e subtraindo $9x^2$)
$= (36x^4 + 24x^2 + 4) - 9x^2 = (6x^2 + 2)^2 - (3x)^2$
$= [(6x^2 + 2) + 3x][(6x^2 + 2) - 3x] = (6x^2 + 3x + 2)(6x^2 - 3x + 2)$

(c) $64x^4 + y^4$ (adicionando e subtraindo $16x^2y^2$)
$= (64x^4 + 16x^2y^2 + y^4) - 16x^2y^2 = (8x^2 + y^2)^2 - (4xy)^2$
$= (8x^2 + y^2 + 4xy)(8x^2 + y^2 - 4xy)$

(d) $u^8 - 14u^4 + 25$ (adicionando e subtraindo $4u^4$)
$= (u^8 - 10u^4 + 25) - 4u^4 = (u^4 - 5)^2 - (2u^2)^2$
$= (u^4 - 5 + 2u^2)(u^4 - 5 - 2u^2) = (u^4 + 2u^2 - 5)(u^4 - 2u^2 - 5)$

Problemas variados

5.11 (a) $x^2 - 4z^2 + 9y^2 - 6xy = (x^2 - 6xy + 9y^2) - 4z^2$
$= (x - 3y)^2 - (2z)^2 = (x - 3y + 2z)(x - 3y - 2z)$

(b) $16a^2 + 10bc - 25c^2 - b^2 = 16a^2 - (b^2 - 10bc + 25c^2)$
$= (4a)^2 - (b - 5c)^2 = (4a + b - 5c)(4a - b + 5c)$

(c) $x^2 + 7x + y^2 - 7y - 2xy - 8 = (x^2 - 2xy + y^2) + 7(x - y) - 8$
$= (x - y)^2 + 7(x - y) - 8 = (x - y + 8)(x - y - 1)$

(d) $a^2 - 8ab - 2ac + 16b^2 + 8bc - 15c^2 = (a^2 - 8ab + 16b^2) - (2ac - 8bc) - 15c^2$
$= (a - 4b)^2 - 2c(a - 4b) - 15c^2 = (a - 4b - 5c)(a - 4b + 3c)$

(e) $m^4 - n^4 + m^3 - mn^3 - n^3 + m^3n = (m^4 - mn^3) + (m^3n - n^4) + (m^3 - n^3)$
$= m(m^3 - n^3) + n(m^3 - n^3) + (m^3 - n^3)$
$= (m^3 - n^3)(m + n + 1) = (m - n)(m^2 + mn + n^2)(m + n + 1)$

Máximo divisor comum e mínimo múltiplo comum

5.12 (a) $9x^4y^2 = 3^2x^4y^2$, $12x^3y^3 = 2^2 \cdot 3x^3y^3$
MDC $= 3x^3y^2$, MMC $= 2^2 \cdot 3^2x^4y^3 = 36x^4y^3$

(b) $48r^3t^4 = 2^4 \cdot 3r^3t^4$, $54r^2t^6 = 2 \cdot 3^3r^2t^6$, $60r^4t^2 = 2^2 \cdot 3 \cdot 5r^4t^2$
MDC $= 2 \cdot 3r^2t^2 = 6r^2t^2$, MMC $= 2^4 \cdot 3^3 \cdot 5r^4t^6 = 2160r^4t^6$

(c) $6x - 6y = 2 \cdot 3(x - y)$, $4x^2 - 4y^2 = 2^2(x^2 - y^2) = 2^2(x + y)(x - y)$
MDC $= 2(x - y)$, MMC $= 2^2 \cdot 3(x + y)(x - y)$

(d) $y^4 - 16 = (y^2 + 4)(y + 2)(y - 2)$, $y^2 - 4 = (y + 2)(y - 2)$, $y^2 - 3y + 2 = (y - 1)(y - 2)$
MDC $= y - 2$, MMC $= (y^2 + 4)(y + 2)(y - 2)(y - 1)$

(e) $3 \cdot 5^2(x + 3y)^2(2x - y)^4$, $2^3 \cdot 3^2 \cdot 5(x + 3y)^3(2x - y)^2$, $2^2 \cdot 3 \cdot 5(x + 3y)^4(2x - y)^5$
MDC $= 3 \cdot 5(x + 3y)^2(2x - y)^2$, MMC $= 2^3 \cdot 3^2 \cdot 5^2(x + 3y)^4(2x - y)^5$

Problemas Complementares

Fatore cada expressão.

5.13
(a) $3x^2y^4 + 6x^3y^3$
(b) $12s^2t^2 - 6s^5t^4 + 4s^4t$
(c) $2x^2yz - 4xyz^2 + 8xy^2z^3$
(d) $4y^2 - 100$
(e) $1 - a^4$
(f) $64x - x^3$
(g) $8x^4 - 128$
(h) $18x^3y - 8xy^3$
(i) $(2x + y)^2 - (3y - z)^2$
(j) $4(x + 3y)^2 - 9(2x - y)^2$
(k) $x^2 + 4x + 4$
(l) $4 - 12y + 9y^2$
(m) $x^2y^2 - 8xy + 16$
(n) $4x^3y + 12x^2y^2 + 9xy^3$
(o) $3a^4 + 6a^2b^2 + 3b^4$
(p) $(m^2 - n^2)^2 + 8(m^2 - n^2) + 16$
(q) $x^2 + 7x + 12$
(r) $y^2 - 4y - 5$
(s) $x^2 - 8xy + 15y^2$
(t) $2z^3 + 10z^2 - 28z$
(u) $15 + 2x - x^2$

5.14
(a) $m^4 - 4m^2 - 21$
(b) $a^4 - 20a^2 + 64$
(c) $4s^4t - 4s^3t^2 - 24s^2t^3$
(d) $x^{2m+4} + 5x^{m+4} - 50x^4$
(e) $2x^2 + 3x + 1$
(f) $3y^2 - 11y + 6$
(g) $5m^3 - 3m^2 - 2m$
(h) $6x^2 + 5xy - 6y^2$
(i) $36z^6 - 13z^4 + z^2$
(j) $12(x - y)^2 + 7(x - y) - 12$
(k) $4x^{2n+2} - 4x^{n+2} - 3x^2$

5.15
(a) $y^3 + 27$
(b) $x^3 - 1$
(c) $x^3y^3 + 8$
(d) $8z^4 - 27z^7$
(e) $8x^4y - 64xy^4$
(f) $m^9 - n^9$
(g) $y^6 + 1$
(h) $(x - 2)^3 + (y + 1)^3$
(i) $8x^6 + 7x^3 - 1$

5.16
(a) $xy + 3y - 2x - 6$
(b) $2pr - ps + 6qr - 3qs$
(c) $ax^2 + bx - ax - b$
(d) $x^3 - xy^2 - x^2y + y^3$
(e) $z^7 - 2z^6 + z^4 - 2z^3$
(f) $m^3 - mn^2 + m^2n - n^3 + m^2 - n^2$

5.17 (a) $z^5 + 1$ (b) $x^5 + 32y^5$ (c) $32 - u^5$ (d) $m^{10} - 1$ (e) $1 - z^7$

5.18
(a) $z^4 + 64$
(b) $4x^4 + 3x^2y^2 + y^4$
(c) $x^8 - 12x^4 + 16$
(d) $m^2 - 4p^2 + 4mn + 4n^2$
(e) $6ab + 4 - a^2 - 9b^2$
(f) $9x^2 - x^2y^2 + 4y^2 + 12xy$
(g) $x^2 + y^2 - 4z^2 + 2xy + 3xz + 3yz$

5.19 Encontre o MDC e o MMC de cada grupo de polinômios.
(a) $16y^2z^4$, $24y^3z^2$
(b) $9r^3s^2t^5$, $12r^2s^4t^3$, $21r^5s^2$
(c) $x^2 - 3xy + 2y^2$, $4x^2 - 16xy + 16y^2$
(d) $6y^3 + 12y^2z$, $6y^2 - 24z^2$, $4y^2 - 4yz - 24z^2$
(e) $x^5 - x$, $x^5 - x^2$, $x^5 - x^3$

Respostas dos Problemas Complementares

5.13
(a) $3x^2y^3(y+2x)$
(b) $2s^2t(6t - 3s^3t^3 + 2s^2)$
(c) $2xyz(x - 2z + 4yz^2)$
(d) $4(y+5)(y-5)$
(e) $(1+a^2)(1+a)(1-a)$
(f) $x(8+x)(8-x)$
(g) $8(x^2+4)(x+2)(x-2)$
(h) $2xy(3x+2y)(3x-2y)$
(i) $(2x+4y-z)(2x-2y+z)$
(j) $(8x+3y)(9y-4x)$
(k) $(x+2)^2$
(l) $(2-3y)^2$
(m) $(xy-4)^2$
(n) $xy(2x+3y)^2$
(o) $3(a^2+b^2)^2$
(p) $(m^2-n^2+4)^2$
(q) $(x+3)(x+4)$
(r) $(y-5)(y+1)$
(s) $(x-3y)(x-5y)$
(t) $2z(z+7)(z-2)$
(u) $(5-x)(3+x)$

5.14
(a) $(m^2-7)(m^2+3)$
(b) $(a+2)(a-2)(a+4)(a-4)$
(c) $4s^2t(s-3t)(s+2t)$
(d) $x^4(x^m-5)(x^m+10)$
(e) $(2x+1)(x+1)$
(f) $(3y-2)(y-3)$
(g) $m(5m+2)(m-1)$
(h) $(2x+3y)(3x-2y)$
(i) $z^2(2z+1)(2z-1)(3z+1)(3z-1)$
(j) $(4x-4y-3)(3x-3y+4)$
(k) $x^2(2x^n+1)(2x^n-3)$

5.15
(a) $(y+3)(y^2-3y+9)$
(b) $(x-1)(x^2+x+1)$
(c) $(xy+2)(x^2y^2-2xy+4)$
(d) $z^4(2-3z)(4+6z+9z^2)$
(e) $8xy(x-2y)(x^2+2xy+4y^2)$
(f) $(m-n)(m^2+mn+n^2)(m^6+m^3n^3+n^6)$
(g) $(y^2+1)(y^4-y^2+1)$
(h) $(x+y-1)(x^2-xy+y^2-5x+4y+7)$
(i) $(2x-1)(4x^2+2x+1)(x+1)(x^2-x+1)$

5.16
(a) $(x+3)(y-2)$
(b) $(2r-s)(p+3q)$
(c) $(ax+b)(x-1)$
(d) $(x-y)^2(x+y)$
(e) $z^3(z-2)(z+1)(z^2-z+1)$
(f) $(m+n)(m-n)(m+n+1)$

5.17
(a) $(z+1)(z^4-z^3+z-z+1)$
(b) $(x+2y)(x^4-2x^3y+4x^2y^2-8xy^3+16y^4)$
(c) $(2-u)(16+8u+4u^2+2u^3+u^4)$
(d) $(m+1)(m^4-m^3+m^2-m+1)(m-1)(m^4+m^3+m^2+m+1)$
(e) $(1-z)(1+z+z^2+z^3+z^4+z^5+z^6)$

5.18
(a) $(z^2+4z+8)(z^2-4z+8)$
(b) $(2x^2+xy+y^2)(2x^2-xy+y^2)$
(c) $(x^4+2x^2-4)(x^4-2x^2-4)$
(d) $(m+2n+2p)(m+2n-2p)$
(e) $(2+a-3b)(2-a+3b)$
(f) $(3x+xy+2y)(3x-xy+2y)$
(g) $(x+y+4z)(x+y-z)$

5.19
(a) MDC $= 2^3y^2z^2 = 8y^2z^2$, MMC $= 2^4 \cdot 3y^3z^4 = 48y^3z^4$
(b) MDC $= 3r^2s^2$, MMC $= 252r^5s^4t^5$
(c) MDC $= x-2y$, MMC $= 4(x-y)(x-2y)^2$
(d) MDC $= 2(y+2z)$, MMC $= 12y^2(y+2z)(y-2z)(y-3z)$
(e) MDC $= x(x-1)$, MMC $= x^3(x+1)(x-1)(x^2+1)(x^2+x+1)$

Capítulo 6

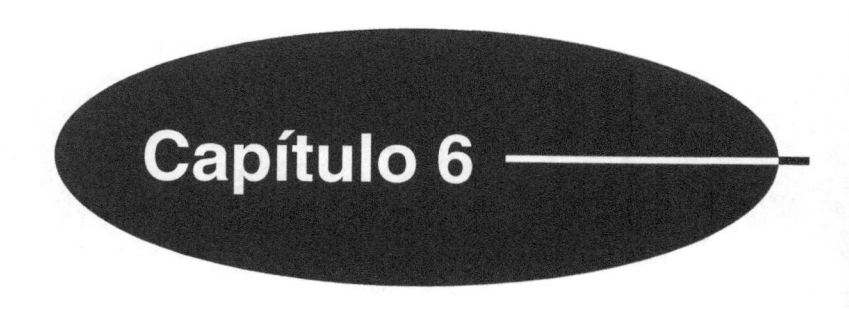

Frações

6.1 FRAÇÕES ALGÉBRICAS RACIONAIS

Uma fração algébrica racional é uma expressão que pode ser escrita como o quociente de dois polinômios, P/Q. P é chamado de numerador e Q de denominador da fração. Assim,

$$\frac{3x-4}{x^2-6x+8} \quad \text{e} \quad \frac{x^3+2y^2}{x^4-3xy+2y^3}$$

são frações algébricas racionais.

As regras para manipulação de frações algébricas são as mesmas das frações na aritmética. Uma regra fundamental é: o valor de uma fração permanece inalterado se seu numerador e denominador forem ambos multiplicados ou divididos pela mesma quantidade, desde que essa quantidade seja não nula. Neste caso, dizemos que as frações são *equivalentes*.

Por exemplo, se multiplicamos o numerador e o denominador de $(x+2)/(x-3)$ por $(x-1)$ obtemos a fração equivalente

$$\frac{(x+2)(x-1)}{(x-3)(x-1)} = \frac{x^2+x-2}{x^2-4x+3}$$

dado que $(x-1)$ não seja zero, i.e., caso $x \neq 1$.

De forma análoga, dada a fração $(x^2+3x+2)/(x^2+4x+3)$ podemos escrevê-la como

$$\frac{(x+2)(x+1)}{(x+3)(x+1)}$$

e dividir numerador e denominador por $(x+1)$ para obter $(x+2)/(x+3)$ desde que $(x+1)$ não seja zero, i.e., caso $x \neq -1$. A operação de dividir fatores em comum ao numerador e ao denominador é chamada de *cancelamento* e pode ser indicada por uma linha inclinada desta maneira:

$$\frac{(x+2)\cancel{(x+1)}}{(x+3)\cancel{(x+1)}} = \frac{x+2}{x+3}.$$

Simplificar uma fração é convertê-la em uma forma equivalente na qual numerador e denominador não possuam fatores em comum (exceto ± 1). Neste caso, dizemos que a fração está na sua forma *irredutível*. Para obtermos esta redução, fatoramos numerador e denominador e cancelamos fatores em comum, supondo que não sejam iguais a zero.

Assim, $\dfrac{x^2 - 4xy + 3y^2}{x^2 - y^2} = \dfrac{(x-3y)(x-y)}{(x+y)(x-y)} = \dfrac{x-3y}{x+y}$ dado que $(x-y) \neq 0$.

Três sinais são associados a uma fração: o sinal do numerador, o do denominador e o da fração inteira. Qualquer um destes sinais pode ser trocado por outro sem alterar o valor da fração. Se não há um sinal antes da fração, subentende-se o sinal de mais.

Exemplos 6.1

$$\frac{-a}{b} = \frac{a}{-b} = -\frac{a}{b}, \qquad \frac{-a}{-b} = \frac{a}{b}, \qquad -\left(\frac{-a}{-b}\right) = -\frac{a}{b}$$

Uma mudança de sinal pode ser útil na simplificação. Desta forma,

$$\frac{x^2 - 3x + 2}{2 - x} = \frac{(x-2)(x-1)}{2-x} = \frac{(x-2)(x-1)}{-(x-2)} = \frac{x-1}{-1} = 1 - x.$$

6.2 OPERAÇÕES COM FRAÇÕES ALGÉBRICAS

A soma algébrica de frações com um *denominador comum* é uma fração cujo numerador é a soma algébrica dos numeradores das frações dadas e cujo denominador é o denominador em comum.

Exemplos 6.2

$$\frac{3}{5} - \frac{4}{5} - \frac{2}{5} + \frac{1}{5} = \frac{3 - 4 - 2 + 1}{5} = \frac{-2}{5} = -\frac{2}{5}$$

$$\frac{2}{x-3} - \frac{3x+4}{x-3} + \frac{x^2+5}{x-3} = \frac{2 - (3x+4) + (x^2+5)}{x-3} = \frac{x^2 - 3x + 3}{x-3}$$

Para adicionar e subtrair frações com *denominadores distintos* escreva cada uma como uma fração equivalente, todas tendo o mesmo denominador.

O *menor denominador comum* de um conjunto de frações é o MMC dos denominadores das frações.

Portanto, o menor denominador comum de $\tfrac{3}{4}, \tfrac{4}{5}$ e $\tfrac{7}{10}$ é o MMC de 4, 5 e 10, que é 20, e o menor denominador comum de

$$\frac{2}{x^2}, \frac{3}{2x}, \frac{x}{7} \qquad \text{é} \qquad 14x^2.$$

Exemplos 6.3

$$\frac{3}{4} - \frac{4}{5} + \frac{7}{10} = \frac{15}{20} - \frac{16}{20} + \frac{14}{20} = \frac{15 - 16 + 14}{20} = \frac{13}{20}$$

$$\frac{2}{x^2} - \frac{3}{2x} - \frac{x}{7} = \frac{2(14) - 3(7x) - x(2x^2)}{14x^2} = \frac{28 - 21x - 2x^3}{14x^2}$$

$$\frac{2x+1}{x(x+2)} - \frac{3}{(x+2)(x-1)} = \frac{(2x+1)(x-1) - 3x}{x(x+2)(x-1)} = \frac{2x^2 - 4x - 1}{x(x+2)(x-1)}$$

O produto de duas ou mais frações resulta numa fração cujo numerador é o produto dos numeradores das frações dadas e cujo denominador é o produto de seus denominadores.

Exemplos 6.4

$$\frac{2}{3} \cdot \frac{4}{5} \cdot \frac{15}{16} = \frac{2 \cdot 4 \cdot 15}{3 \cdot 5 \cdot 16} = \frac{1}{2}$$

$$\frac{x^2-9}{x^2-6x+5} \cdot \frac{x-5}{x+3} = \frac{(x+3)(x-3)}{(x-5)(x-1)} \cdot \frac{x-5}{x+3}$$

$$= \frac{\cancel{(x+3)}(x-3)\cancel{(x-5)}}{\cancel{(x-5)}(x-1)\cancel{(x+3)}} = \frac{x-3}{x-1}$$

O quociente de duas frações é obtido invertendo-se o divisor e então multiplicando.

Exemplos 6.5

$$\frac{3}{8} \div \frac{5}{4} \quad \text{ou} \quad \frac{3/8}{5/4} = \frac{3}{8} \cdot \frac{4}{5} = \frac{3}{10}$$

$$\frac{7}{x^2-4} \div \frac{xy}{x+2} = \frac{7}{(x+2)(x-2)} \cdot \frac{x+2}{xy} = \frac{7}{xy(x-2)}$$

6.3 FRAÇÕES COMPLEXAS

Uma fração complexa é aquela que possui uma ou mais frações no numerador, no denominador, ou em ambos. Para simplificar uma fração complexa:

Método 1

(1) Reduza o numerador e o denominador a frações simples.
(2) Divida as frações resultantes.

Exemplo 6.6

$$\frac{x - \frac{1}{x}}{1 + \frac{1}{x}} = \frac{\frac{x^2-1}{x}}{\frac{x+1}{x}} = \frac{x^2-1}{x} \cdot \frac{x}{x+1} = \frac{x^2-1}{x+1} = x-1$$

Método 2

(1) Multiplique o numerador e o denominador da fração complexa pelo MMC de todos os denominadores das frações na fração complexa.
(2) Simplifique a fração resultante até sua forma irredutível.

Exemplo 6.7

$$\frac{\frac{1}{x^2}-4}{\frac{1}{x}-2} = \frac{\left(\frac{1}{x^2}-4\right)x^2}{\left(\frac{1}{x}-2\right)x^2} = \frac{1-4x^2}{x-2x^2} = \frac{(1+2x)(1-2x)}{x(1-2x)}$$

$$= \frac{1+2x}{x}$$

Problemas Resolvidos

Simplificação de frações à forma irredutível

6.1 (a) $\dfrac{15x^2}{12xy} = \dfrac{3\cdot 5\cdot x\cdot x}{3\cdot 4\cdot x\cdot y} = \dfrac{5x}{4y}$ (c) $\dfrac{14a^3b^3c^2}{-7a^2b^4c^2} = -\dfrac{2a}{b}$

(b) $\dfrac{4x^2y}{18xy^3} = \dfrac{2\cdot 2\cdot x\cdot x\cdot y}{2\cdot 9\cdot x\cdot y\cdot y^2} = \dfrac{2x}{9y^2}$ (d) $\dfrac{8x-8y}{16x-16y} = \dfrac{8(x-y)}{16(x-y)} = \dfrac{1}{2}$ (onde $x-y \neq 0$)

(e) $\dfrac{x^3y - y^3x}{x^2y - xy^2} = \dfrac{xy(x^2 - y^2)}{xy(x-y)} = \dfrac{xy(x-y)(x+y)}{xy(x-y)} = x+y$

(f) $\dfrac{x^2 - 4xy + 3y^2}{y^2 - x^2} = \dfrac{(x-3y)(x-y)}{(y-x)(y+x)} = -\dfrac{(x-3y)(x-y)}{(x-y)(y+x)} = -\dfrac{x-3y}{y+x} = \dfrac{3y-x}{y+x}$

(g) $\dfrac{6x^2 - 3xy}{-4x^2y + 2xy^2} = \dfrac{3x(2x-y)}{2xy(y-2x)} = -\dfrac{3x(2x-y)}{2xy(2x-y)} = -\dfrac{3}{2y}$

(h) $\dfrac{r^3s + 3r^2s + 9rs}{r^3 - 27} = \dfrac{rs(r^2 + 3r + 9)}{r^3 - 3^3} = \dfrac{rs(r^2 + 3r + 9)}{(r-3)(r^2 + 3r + 9)} = \dfrac{rs}{r-3}$

(i) $\dfrac{(8xy + 4y^2)^2}{8x^3y + y^4} = \dfrac{(4y[2x+y])^2}{y(8x^3 + y^3)} = \dfrac{16y^2(2x+y)^2}{y(2x+y)(4x^2 - 2xy + y^2)} = \dfrac{16y(2x+y)}{4x^2 - 2xy + y^2}$

(j) $\dfrac{x^{2n+1} - x^{2n}y}{x^{n+3} - x^ny^3} = \dfrac{x^{2n}(x-y)}{x^n(x^3 - y^3)} = \dfrac{x^{2n}(x-y)}{x^n(x-y)(x^2 + xy + y^2)} = \dfrac{x^n}{x^2 + xy + y^2}$

Multiplicação de frações

6.2 (a) $\dfrac{2x}{3y^2} \cdot \dfrac{6y}{x^2} = \dfrac{12xy}{3x^2y^2} = \dfrac{4}{xy}$ (b) $\dfrac{9}{3x+3} \cdot \dfrac{x^2 - 1}{6} = \dfrac{9}{3(x+1)} \cdot \dfrac{(x+1)(x-1)}{6} = \dfrac{x-1}{2}$

(c) $\dfrac{x^2 - 4}{xy^2} \cdot \dfrac{2xy}{x^2 - 4x + 4} = \dfrac{(x+2)(x-2)}{xy^2} \cdot \dfrac{2xy}{(x-2)^2} = \dfrac{2(x+2)}{y(x-2)}$

(d) $\dfrac{6x - 12}{4xy + 4x} \cdot \dfrac{y^2 - 1}{2 - 3x + x^2} = \dfrac{6(x-2)}{4x(y+1)} \cdot \dfrac{(y+1)(y-1)}{(2-x)(1-x)}$

$= -\dfrac{6(x-2)(y+1)(y-1)}{4x(y+1)(x-2)(1-x)} = -\dfrac{3(y-1)}{2x(1-x)} = \dfrac{3(y-1)}{2x(x-1)}$

(e) $\left(\dfrac{ax + ab + cx + bc}{a^2 - x^2}\right)\left(\dfrac{x^2 - 2ax + a^2}{x^2 + (b+a)x + ab}\right) = \dfrac{(a+c)(x+b)}{(a-x)(a+x)} \cdot \dfrac{(x-a)(x-a)}{(x+a)(x+b)}$

$= -\dfrac{(a+c)(x+b)}{(x-a)(a+x)} \cdot \dfrac{(x-a)(x-a)}{(x+a)(x+b)} = -\dfrac{(a+c)(x-a)}{(x+a)^2} = \dfrac{(a+c)(a-x)}{(x+a)^2}$

Divisão de frações

6.3 (a) $\dfrac{5}{4} \div \dfrac{3}{11} = \dfrac{5}{4} \cdot \dfrac{11}{3} = \dfrac{55}{12}$

(b) $\dfrac{9}{7} \div \dfrac{4}{7} = \dfrac{9}{7} \cdot \dfrac{7}{4} = \dfrac{9}{4}$

(c) $\dfrac{3x}{2} \div \dfrac{6x^2}{4} = \dfrac{3x}{2} \cdot \dfrac{4}{6x^2} = \dfrac{1}{x}$

(d) $\dfrac{10xy^2}{3z} \div \dfrac{5xy}{6z^3} = \dfrac{10xy^2}{3z} \cdot \dfrac{6z^3}{5xy} = 4yz^2$

(e) $\dfrac{x+2xy}{3x^2} \div \dfrac{2y+1}{6x} = \dfrac{x+2xy}{3x^2} \cdot \dfrac{6x}{2y+1} = \dfrac{x(1+2y)}{3x^2} \cdot \dfrac{6x}{(2y+1)} = 2$

(f) $\dfrac{9-x^2}{x^4+6x^3} \div \dfrac{x^3-2x^2-3x}{x^2+7x+6} = \dfrac{9-x^2}{x^4+6x^3} \cdot \dfrac{x^2+7x+6}{x^3-2x^2-3x}$

$\qquad = \dfrac{(3-x)(3+x)}{x^3(x+6)} \cdot \dfrac{(x+1)(x+6)}{x(x-3)(x+1)} = -\dfrac{3+x}{x^4}$

(g) $\dfrac{2x^2-5x+2}{\left(\dfrac{2x-1}{3}\right)} = \dfrac{(2x^2-5x+2)}{1} \cdot \dfrac{3}{2x-1} = \dfrac{(2x-1)(x-2)}{1} \cdot \dfrac{3}{2x-1} = 3(x-2)$

(h) $\dfrac{\left(\dfrac{x^2-5x+6}{x^2+7x-8}\right)}{\left(\dfrac{9-x^2}{64-x^2}\right)} = \dfrac{x^2-5x+6}{x^2+7x-8} \cdot \dfrac{64-x^2}{9-x^2} = \dfrac{(x-3)(x-2)}{(x+8)(x-1)} \cdot \dfrac{(8-x)(8+x)}{(3-x)(3+x)}$

$\qquad = -\dfrac{(x-2)(8-x)}{(x-1)(3+x)} = \dfrac{(x-2)(x-8)}{(x-1)(x+3)}$

Adição e subtração de frações

6.4 (a) $\dfrac{1}{3} + \dfrac{1}{6} = \dfrac{2}{6} + \dfrac{1}{6} = \dfrac{3}{6} = \dfrac{1}{2}$ \qquad (d) $\dfrac{3t^2}{5} - \dfrac{4t^2}{15} = \dfrac{3t^2(3) - 4t^2(1)}{15} = \dfrac{5t^2}{15} = \dfrac{t^2}{3}$

(b) $\dfrac{5}{18} + \dfrac{7}{24} = \dfrac{5(4)}{72} + \dfrac{7(3)}{72} = \dfrac{41}{72}$ \qquad (e) $\dfrac{1}{x} + \dfrac{1}{y} = \dfrac{y+x}{xy}$

(c) $\dfrac{x}{6} + \dfrac{5x}{21} = \dfrac{x(7) + 5x(2)}{42} = \dfrac{17x}{42}$ \qquad (f) $\dfrac{3}{x} + \dfrac{4}{3y} = \dfrac{3(3y) + 4(x)}{3xy} = \dfrac{9y+4x}{3xy}$

(g) $\dfrac{5}{2x} - \dfrac{3}{4x^2} = \dfrac{5(2x) - 3(1)}{4x^2} = \dfrac{10x-3}{4x^2}$

(h) $\dfrac{3a}{bc} + \dfrac{2b}{ac} = \dfrac{3a(a) + 2b(b)}{abc} = \dfrac{3a^2 + 2b^2}{abc}$

(i) $\dfrac{3t-1}{10} + \dfrac{5-2t}{15} = \dfrac{(3t-1)3 + (5-2t)2}{30} = \dfrac{9t-3+10-4t}{30} = \dfrac{5t+7}{30}$

(j) $\dfrac{3}{x} - \dfrac{2}{x+1} + \dfrac{2}{x^2} = \dfrac{3x(x+1) - 2x^2 + 2(x+1)}{x^2(x+1)} = \dfrac{x^2+5x+2}{x^2(x+1)}$

(k) $5 - \dfrac{5}{x+3} + \dfrac{10}{x^2-9} = \dfrac{5(x^2-9) - 5(x-3) + 10}{x^2-9} = \dfrac{5(x^2-x-4)}{x^2-9}$

(l) $\dfrac{3}{y-2} - \dfrac{2}{y+2} - \dfrac{y}{y^2-4} = \dfrac{3(y+2) - 2(y-2) - y}{y^2-4} = \dfrac{10}{y^2-4}$

Frações complexas

6.5 (a) $\dfrac{5/7}{3/4} = \dfrac{5}{7} \cdot \dfrac{4}{3} = \dfrac{20}{21}$ \qquad (b) $\dfrac{2/3}{7} = \dfrac{2}{3} \cdot \dfrac{1}{7} = \dfrac{2}{21}$ \qquad (c) $\dfrac{10}{5/6} = \dfrac{10}{1} \cdot \dfrac{6}{5} = \dfrac{60}{5} = 12$

(d) $\dfrac{\left(\dfrac{2}{3}+\dfrac{5}{6}\right)}{\dfrac{3}{8}} = \dfrac{\left(\dfrac{4}{6}+\dfrac{5}{6}\right)}{\dfrac{3}{8}} = \dfrac{\dfrac{9}{6}}{\dfrac{3}{8}} = \dfrac{9}{6} \cdot \dfrac{8}{3} = 4$

(f) $\dfrac{\left(\dfrac{2}{a-b}\right)}{a-b} = \dfrac{2}{a-b} \cdot \dfrac{1}{a-b} = \dfrac{2}{(a-b)^2}$

(e) $\dfrac{\left(\dfrac{x+y}{3x^2}\right)}{\left(\dfrac{x-y}{x}\right)} = \dfrac{x+y}{3x^2} \cdot \dfrac{x}{x-y} = \dfrac{x+y}{3x(x-y)}$

(g) $\dfrac{2a}{\left(\dfrac{a}{x+1}\right)} = \dfrac{2a}{1} \cdot \dfrac{x+1}{a} = 2(x+1)$

(h) $\dfrac{\left(\dfrac{1}{x}+1\right)}{\left(\dfrac{1}{x}-1\right)} = \dfrac{\left(\dfrac{1}{x}+1\right)x}{\left(\dfrac{1}{x}-1\right)x} = \dfrac{1+x}{1-x}$

Problemas Complementares

Mostre que:

6.6 (a) $\dfrac{24x^3y^2}{18xy^3} = \dfrac{4x^2}{3y}$

(d) $\dfrac{4x^2-16}{x^2-2x} = \dfrac{4(x+2)}{x}$

(g) $\dfrac{ax^4-a^2x^3-6a^3x^2}{9a^4x-a^2x^3} = -\dfrac{x(x+2a)}{a(x+3a)}$

(b) $\dfrac{36xy^4z^2}{-15x^4y^3z} = \dfrac{-12yx}{5x^3}$

(e) $\dfrac{y^2-5y+6}{4-y^2} = \dfrac{3-y}{y+2}$

(h) $\dfrac{xy-y^2}{x^4y-xy^4} = \dfrac{1}{x(x^2+xy+y^2)}$

(c) $\dfrac{5a^2-10ab}{a-2b} = 5a$

(f) $\dfrac{(x^2+4x)^2}{x^2+6x+8} = \dfrac{x^2(x+4)}{x+2}$

(i) $\dfrac{3a^2}{4b^3} \cdot \dfrac{2b^4}{9a^3} = \dfrac{b}{6a}$

6.7 (a) $\dfrac{8xyz^2}{3x^3y^2z} \cdot \dfrac{9xy^2z}{4xz^5} = \dfrac{6y}{x^2z^3}$

(d) $\dfrac{x^2-4y^2}{3xy+3x} \cdot \dfrac{2y^2-2}{2y^2+xy-x^2} = -\dfrac{2(x+2y)(y-1)}{3x(x+y)}$

(b) $\dfrac{xy^2}{2x-2y} \cdot \dfrac{x^2-y^2}{x^3y^2} = \dfrac{x+y}{2x^2}$

(e) $\dfrac{y^2-y-6}{y^2-2y+1} \cdot \dfrac{y^2+3y-4}{9y-y^3} = -\dfrac{(y+2)(y+4)}{y(y-1)(y+3)}$

(c) $\dfrac{x^2+3x}{4x^2-4} \cdot \dfrac{2x^2+2x}{x^2-9} \cdot \dfrac{x^2-4x+3}{x^2} = \dfrac{1}{2}$

(f) $\dfrac{t^3+3t^2+t+3}{4t^2-16t+16} \cdot \dfrac{8-t^3}{t^3+t} = \dfrac{(t+3)(t^2+2t+4)}{4t(2-t)}$

6.8 (a) $\dfrac{3x}{8y} \div \dfrac{9x}{16y} = \dfrac{2}{3}$

(b) $\dfrac{24x^3y^2}{5z^2} \div \dfrac{8x^2y^3}{15z^4} = \dfrac{9xz^2}{y}$

(c) $\dfrac{x^2-4y^2}{x^2+xy} \div \dfrac{x^2-xy-6y^2}{y^2+xy} = \dfrac{y(x-2y)}{x(x-3y)}$

6.9 (a) $\dfrac{6x^2-x-2}{\left(\dfrac{3x-2}{2x+1}\right)} = (2x+1)^2$

(b) $\dfrac{\left(\dfrac{y^2-3y+2}{y^2+4y-21}\right)}{\left(\dfrac{4-4y+y^2}{9-y^2}\right)} = -\dfrac{(y-1)(y+3)}{(y-2)(y+7)}$

(c) $\dfrac{\left(\dfrac{x^2y+xy^2}{x-y}\right)}{x+y} = \dfrac{xy}{x-y}$

6.10 (a) $\dfrac{2x}{3} - \dfrac{x}{2} = \dfrac{x}{6}$

(e) $\dfrac{1}{x+2} + \dfrac{1}{x-2} - \dfrac{x}{x^2-4} = \dfrac{x}{x^2-4}$

(b) $\dfrac{4}{3x} - \dfrac{5}{4x} = \dfrac{1}{12x}$

(f) $\dfrac{r-1}{r^2+r-6} - \dfrac{r+2}{r^2+4r+3} + \dfrac{1}{3r-6} = \dfrac{r^2+4r+12}{3(r+3)(r-2)(r+1)}$

(c) $\dfrac{3}{2y^2} - \dfrac{8}{y} = \dfrac{3-16y}{2y^2}$

(g) $\dfrac{x}{2x^2+3xy+y^2} - \dfrac{x-y}{y^2-4x^2} + \dfrac{y}{2x^2+xy-y^2} = \dfrac{3x^2+xy}{(2x+y)(2x-y)(x+y)}$

(d) $\dfrac{x+y^2}{x^2} + \dfrac{x-1}{x} - 1 = \dfrac{y^2}{x^2}$

(h) $\dfrac{a}{(c-a)(a-b)} + \dfrac{b}{(a-b)(b-c)} + \dfrac{c}{(b-c)(c-a)} = 0$

6.11 (a) $\dfrac{x+y}{\dfrac{1}{x}+\dfrac{1}{y}} = xy$

(d) $\dfrac{\left(\dfrac{x+1}{x-1}-\dfrac{x-1}{x+1}\right)}{\left(\dfrac{1}{x+1}+\dfrac{1}{x-1}\right)} = 2$

(b) $\dfrac{2+\dfrac{1}{x}}{2x^2+x} = \dfrac{1}{x^2}$

(e) $\dfrac{x}{1-\left(\dfrac{1}{1+\dfrac{x}{y}}\right)} = x+y$

(c) $\dfrac{\left(y+\dfrac{2y}{y-2}\right)}{\left(1+\dfrac{4}{y^2-4}\right)} = y+2$

(f) $2 - \dfrac{2}{1-\left(\dfrac{2}{2-\dfrac{2}{x^2}}\right)} = 2x^2$

Capítulo 7

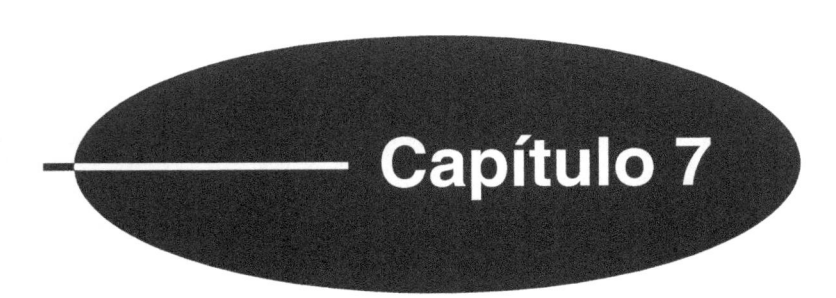

Expoentes

7.1 EXPOENTE INTEIRO POSITIVO

Se n é um inteiro positivo, a^n representa o produto de n fatores iguais a a. Assim, $a^4 = a \cdot a \cdot a \cdot a$. Na expressão a^n, a é chamado de base e n é o expoente, ou índice. Podemos ler a^n como a "n-ésima potência de a" ou "a elevado à n-ésima potência". Se $n = 2$, lemos a^2 como "a ao quadrado"; a^3 lê-se "a ao cubo".

Exemplos 7.1

$$x^3 = x \cdot x \cdot x, \quad 2^5 = 2 \cdot 2 \cdot 2 \cdot 2 \cdot 2 = 32, \quad (-3)^3 = (-3)(-3)(-3) = -27$$

7.2 EXPOENTE INTEIRO NEGATIVO

Se n é um inteiro positivo, definimos

$$a^{-n} = \frac{1}{a^n} \qquad \text{supondo } a \neq 0.$$

Exemplos 7.2

$$2^{-4} = \frac{1}{2^4} = \frac{1}{16}, \quad \frac{1}{3^{-3}} = 3^3 = 27, \quad -4x^{-2} = \frac{-4}{x^2}, \quad (a+b)^{-1} = \frac{1}{(a+b)}$$

7.3 RAÍZES

Se n é um inteiro positivo e se a e b são tais que $a^n = b$, então dizemos que a é uma raiz n-ésima de b.

Se b é positivo, existe apenas um número positivo a tal que $a^n = b$. Escrevemos esse número como $\sqrt[n]{b}$ e o denominamos raiz n-ésima *principal* de b.

Exemplo 7.3 $\sqrt[4]{16}$ é o número positivo que quando elevado à 4ª potência resulta 16. Evidentemente, ele é $+2$, então escrevemos $\sqrt[4]{16} = +2$.

Exemplo 7.4 O número -2 quando elevado à 4ª potência também resulta 16. Chamamos de -2 uma raiz 4ª de 16, mas não a raiz 4ª principal de 16.

Se b é negativo, não há raiz n-ésima positiva de b, mas existe uma negativa, caso n seja ímpar. Denominamos este número negativo a raiz n-ésima principal de b e escrevemos $\sqrt[n]{b}$.

Exemplo 7.5 $\sqrt[3]{-27}$ é o número que elevado à terceira potência (ou ao cubo) resulta -27. Evidentemente este é o número -3, logo escrevemos $\sqrt[3]{-27} = -3$ como a raiz cúbica principal de -27.

Exemplo 7.6 Se n é par, como em $\sqrt[4]{-16}$, não existe raiz n-ésima principal em termos de números reais.

Nota. Em matemática avançada, pode ser mostrado que existem exatamente* n valores de a tais que $a^n = b$, $b \neq 0$, desde que números imaginários (ou complexos) sejam permitidos.

7.4 EXPOENTES RACIONAIS

Se m e n são inteiros positivos definimos

$$a^{m/n} = \sqrt[n]{a^m} \quad \text{(supondo que a} \geq 0 \text{ caso } n \text{ seja par)}$$

Exemplos 7.7

$$4^{3/2} = \sqrt{4^3} = \sqrt{64} = 8, \qquad (27)^{2/3} = \sqrt[3]{(27)^2} = 9$$

Se m e n são inteiros positivos definimos

$$a^{-m/n} = \frac{1}{a^{m/n}}$$

Exemplos 7.8

$$8^{-2/3} = \frac{1}{8^{2/3}} = \frac{1}{\sqrt[3]{8^2}} = \frac{1}{\sqrt[3]{64}} = \frac{1}{4}, \qquad x^{-5/2} = \frac{1}{x^{5/2}} = \frac{1}{\sqrt{x^5}}$$

Definimos $a^0 = 1$ se $a \neq 0$.

Exemplos 7.9

$$10^0 = 1, (-3)^0 = 1, (ax)^0 = 1 \quad \text{(se } ax \neq 0\text{)}$$

7.5 REGRAS GERAIS PARA EXPOENTES

Se p e q são números reais, vale a seguinte regra.
A. $a^p \cdot a^q = a^{p+q}$

Exemplos 7.10

$$2^3 \cdot 2^2 = 2^{3+2} = 2^5 = 32, \qquad 5^{-3} \cdot 5^7 = 5^{-3+7} = 5^4 = 625, \qquad 2^{1/2} \cdot 2^{5/2} = 2^3 = 8$$
$$3^{1/3} \cdot 3^{1/6} = 3^{1/3+1/6} = 3^{1/2} = \sqrt{3}, \qquad 3^9 \cdot 3^{-2} \cdot 3^{-3} = 3^4 = 81$$

B. $(a^p)^q = a^{pq}$

Exemplos 7.11

$$(2^4)^3 = 2^{(4)(3)} = 2^{12}, \qquad (5^{1/3})^{-3} = 5^{(1/3)(-3)} = 5^{-1} = 1/5, \qquad (3^2)^0 = 3^{(2)(0)} = 3^0 = 1$$
$$(x^5)^{-4} x^{(5)(4)} = x^{-20}, \qquad (a^{2/3})^{3/4} = a^{(2/3)(3/4)} = a^{1/2}$$

C. $\dfrac{a^p}{a^q} = a^{p-q} \; a \neq 0$

Exemplos 7.12

$$\frac{2^6}{2^4} = 2^{6-4} = 2^2 = 4, \qquad \frac{3^{-2}}{3^4} = 3^{-2-4} = 3^{-6}, \qquad \frac{x^{1/2}}{x^{-1}} = x^{1/2-(-1)} = x^{3/2}$$

$$\frac{(x+15)^{4/3}}{(x+15)^{5/6}} = (x+15)^{4/3-5/6} = (x+15)^{1/2} = \sqrt{x+15}$$

D. $(ab)^p = a^p b^p$

---

* N. de R. T.: Na verdade, existem no máximo 3 valores, mas isso está além do escopo deste livro.

Exemplos 7.13

$$(2 \cdot 3)^4 = 2^4 \cdot 3^4, \qquad (2x)^3 = 2^3 x^3 = 8x^3, \qquad (3a)^{-2} = 3^{-2} a^{-2} = \frac{1}{9a^2}$$

$$(4x)^{1/2} = 4^{1/2} x^{1/2} = 2 x^{1/2} = 2\sqrt{x}$$

E. $\left(\dfrac{a}{b}\right)^p = \dfrac{a^p}{b^p} \qquad b \neq 0$

Exemplos 7.14

$$\left(\frac{2}{3}\right)^5 = \frac{2^5}{3^5} = \frac{32}{243}, \qquad \left(\frac{x^2}{y^3}\right)^{-3} = \frac{(x^2)^{-3}}{(y^3)^{-3}} = \frac{x^{-6}}{y^{-9}} = \frac{y^9}{x^6}$$

$$\left(\frac{5^3}{2^6}\right)^{-1/3} = \frac{(5^3)^{-1/3}}{(2^6)^{-1/3}} = \frac{5^{-1}}{2^{-2}} = \frac{2^2}{5^1} = \frac{4}{5}$$

7.6 NOTAÇÃO CIENTÍFICA

Números muito grandes ou muito pequenos geralmente são expressos em notação científica quando usados em cálculos. Escrevemos um número em notação científica expressando-o como um número N vezes uma potência de 10, onde $1 \leq N < 10$ e N contém todos os dígitos significativos do número.

Exemplos 7.15 Escreva cada número em notação científica. (a) 5 834 000, (b) 0,028 031, (c) 45,6.

(a) $5\ 834\ 000 = 5{,}834 \times 10^6$
(b) $0{,}028\ 031 = 2{,}8031 \times 10^{-2}$
(c) $45{,}6 = 4{,}56 \times 10^1$

Podemos inserir o número $3{,}1416 \times 10^3$ em uma calculadora utilizando a tecla EE ou a tecla EXP. Quando inserimos 3,1416, pressionamos a tecla EE e então 3 seguido da tecla ENTER, ou a tecla =, obtemos a exibição do número 3141,6. Analogamente, podemos inserir $4{,}902 \times 10^{-2}$ entrando com 4,902, pressionando a tecla EE e então inserindo -2 seguido da tecla ENTER para obter a exibição de 0,04902. Geralmente, o expoente pode ser um inteiro entre -99 e 99. Dependendo da quantidade de dígitos no número e do expoente utilizado, uma calculadora pode arredondar o número e/ou deixar o resultado em notação científica. Quantos dígitos o número N pode ter varia de calculadora para calculadora, assim como a exibição, ou não, de um resultado particular em notação científica ou em notação padrão.

Às vezes, calculadoras exibem o resultado em notação científica, como 3,69E$-$7, ou 3,69^{-07}. Em qualquer um dos casos a resposta deve ser interpretada como $3{,}69 \times 10^{-7}$. Calculadoras exibem no resultado os dígitos significativos seguidos da potência de 10 a ser usada. Ao inserir um número em notação científica na sua calculadora como parte de um cálculo, pressione o sinal da operação após cada número, até estar pronto para calcular o resultado.

Exemplo 7.16 Calcule $(1{,}892 \times 10^8) \times (5{,}34 \times 10^{-3})$ usando uma calculadora.

Insira 1,892, pressione a tecla EE, insira 8, pressione o sinal $\times$, insira 5,34, pressione a tecla EE, insira -3, pressione a tecla ENTER e obtenha uma exibição de 1 010 328.

$$(1{,}892 \times 10^8) \times (5{,}34 \times 10^{-3}) = 1\ 010\ 328$$

Problemas Resolvidos

Expoente inteiro positivo

7.1 (a) $2^3 = 2 \cdot 2 \cdot 2 = 8$
(b) $(-3)^4 = (-3)(-3)(-3)(-3) = 81$
(c) $\left(\dfrac{2}{3}\right)^5 = \left(\dfrac{2}{3}\right)\left(\dfrac{2}{3}\right)\left(\dfrac{2}{3}\right)\left(\dfrac{2}{3}\right)\left(\dfrac{2}{3}\right) = \dfrac{32}{243}$
(d) $(3y)^2(2y)^3 = (3y)(3y)(2y)(2y)(2y) = 72 y^5$
(e) $(-3xy^2)^3 = (-3xy^2)(-3xy^2)(-3xy^2)$
    $= -27 x^3 y^6$

Expoente inteiro negativo

7.2 (a) $2^{-3} = \dfrac{1}{2^3} = \dfrac{1}{8}$

(b) $3^{-1} = \dfrac{1}{3^1} = \dfrac{1}{3}$

(c) $-4(4)^{-2} = -4\left(\dfrac{1}{4^2}\right) = -\dfrac{1}{4}$

(d) $-2b^{-2} = -2\left(\dfrac{1}{b^2}\right) = -\dfrac{2}{b^2}$

(e) $(-2b)^{-2} = \dfrac{1}{(-2b)^2} = \dfrac{1}{4b^2}$

(f) $5 \cdot 10^{-3} = 5\left(\dfrac{1}{10^3}\right) = \dfrac{5}{1000} = \dfrac{1}{200}$

(g) $\dfrac{8}{10^{-2}} = 8 \cdot 10^2 = 800$

(h) $\dfrac{4}{x^{-2}y^{-2}} = 4x^2y^2$

(i) $\left(\dfrac{3}{4}\right)^{-3} = \dfrac{1}{(3/4)^3} = \left(\dfrac{4}{3}\right)^3 = \dfrac{64}{27}$

(j) $\left(\dfrac{x}{y}\right)^{-3} = \dfrac{1}{(x/y)^3} = \left(\dfrac{y}{x}\right)^3 = \dfrac{y^3}{x^3}$

(k) $(0{,}02)^{-1} = \left(\dfrac{2}{100}\right)^{-1} = \dfrac{100}{2} = 50$

(l) $\dfrac{ab^{-4}}{a^{-2}b} = \dfrac{a \cdot a^2}{b \cdot b^4} = \dfrac{a^3}{b^5}$

(m) $\dfrac{(x-1)^{-2}(x+3)^{-1}}{(2x-4)^{-1}(x+5)^{-3}} = \dfrac{(2x-4)(x+5)^3}{(x-1)^2(x+3)}$

Expoente racional

7.3 (a) $(8)^{2/3} = \sqrt[3]{8^2} = \sqrt[3]{64} = 4$ (b) $(-8)^{2/3} = \sqrt[3]{(-8)^2} = \sqrt[3]{64} = 4$

(c) $(-x^3)^{1/3} = \sqrt[3]{-x^3} = -x$ (d) $\left(\dfrac{1}{16}\right)^{1/2} = \sqrt{\dfrac{1}{16}} = \dfrac{1}{4}$ (e) $\left(-\dfrac{1}{8}\right)^{2/3} = \sqrt[3]{\left(-\dfrac{1}{8}\right)^2} = \sqrt[3]{\dfrac{1}{64}} = \dfrac{1}{4}$

7.4 (a) $x^{-1/3} = \dfrac{1}{x^{1/3}} = \dfrac{1}{\sqrt[3]{x}}$

(b) $(8)^{-2/3} = \dfrac{1}{8^{2/3}} = \dfrac{1}{\sqrt[3]{8^2}} = \dfrac{1}{4}$

(c) $(-8)^{-2/3} = \dfrac{1}{(-8)^{2/3}} = \dfrac{1}{\sqrt[3]{(-8)^2}} = \dfrac{1}{4}$

(d) $(-x^3)^{-1/3} = \dfrac{1}{(-x^3)^{1/3}} = \dfrac{1}{\sqrt[3]{-x^3}} = \dfrac{1}{-x} = -\dfrac{1}{x}$

(e) $(-1)^{-2/3} = \dfrac{1}{(-1)^{2/3}} = \dfrac{1}{\sqrt[3]{(-1)^2}} = 1$

(f) $-(1)^{-2/3} = -\dfrac{1}{1^{2/3}} = -1$

(g) $-(-1)^{-3/5} = -\dfrac{1}{(-1)^{3/5}} = -\dfrac{1}{\sqrt[5]{(-1)^3}} = -\dfrac{1}{\sqrt[5]{-1}} = -\dfrac{1}{-1} = 1$

7.5 (a) $7^0 = 1, (-3)^0 = 1, (-2/3)^0 = 1$

(b) $(x-y)^0 = 1$, se $x - y \neq 0$

(c) $3x^0 = 3 \cdot 1 = 3$, se $x \neq 0$

(d) $(3x)^0 = 1$, se $3x \neq 0$, i.e., se $x \neq 0$

(e) $4 \cdot 10^0 = 4 \cdot 1 = 4$

(f) $(4 \cdot 10)^0 = (40)^0 = 1$

(g) $-(1)^0 = -1$

(h) $(-1)^0 = 1$

(i) $(3x)^0(4y)^0 = 1 \cdot 1 = 1$, se $3x \neq 0$ e $4y \neq 0$, i.e., se $x \neq 0, y \neq 0$

(j) $-2(3x + 2y - 4)^0 = -2(1) = -2$, se $3x + 2y - 4 \neq 0$

(k) $\dfrac{(5x + 3y)}{(5x + 3y)^0} = \dfrac{5x + 3y}{1} = 5x + 3y$, se $5x + 3y \neq 0$

(l) $4(x^2 + y^2)(x^2 + y^2)^0 = 4(x^2 + y^2)(1) = 4(x^2 + y^2)$, se $x^2 + y^2 \neq 0$

Regras gerais para expoentes

7.6
(a) $a^p \cdot a^q = a^{p+q}$
(b) $a^3 \cdot a^5 = a^{3+5} = a^8$
(c) $3^4 \cdot 3^5 = 3^9$
(d) $a^{n+1} \cdot a^{n-2} = a^{2n-1}$
(e) $x^{1/2} \cdot x^{1/3} = x^{1/2+1/3} = x^{5/6}$
(f) $x^{1/2} \cdot x^{-1/3} = x^{1/2-1/3} = x^{1/6}$
(g) $10^7 \cdot 10^{-3} = 10^{7-3} = 10^4$
(h) $(4 \cdot 10^{-6})(2 \cdot 10^4) = 8 \cdot 10^{4-6} = 8 \cdot 10^{-2}$
(i) $a^x \cdot a^y \cdot a^{-z} = a^{x+y-z}$
(j) $(\sqrt{x+y})(x+y) = (x+y)^{1/2}(x+y)^1 = (x+y)^{3/2}$
(k) $10^{1.7} \cdot 10^{2.6} = 10^{4.3}$
(l) $10^{-4.1} \cdot 10^{3.5} \cdot 10^{-0.1} = 10^{-4.1+3.5-0.1} = 10^{-0.7}$
(m) $\left(\dfrac{b}{a}\right)^{3/2} \cdot \left(\dfrac{b}{a}\right)^{-2/3} = \left(\dfrac{b}{a}\right)^{3/2-2/3} = \left(\dfrac{b}{a}\right)^{5/6}$
(n) $\left(\dfrac{x}{x+y}\right)^{-1}\left(\dfrac{x}{x+y}\right)^{1/2} = \left(\dfrac{x}{x+y}\right)^{-1/2} = \left(\dfrac{x+y}{x}\right)^{1/2} = \sqrt{\dfrac{x+y}{x}}$
(o) $(x^2+1)^{-5/2}(x^2+1)^0(x^2+1)^2 = (x^2+1)^{-5/2+0+2} = (x^2+1)^{-1/2} = \dfrac{1}{(x^2+1)^{1/2}} = \dfrac{1}{\sqrt{x^2+1}}$

7.7
(a) $(a^p)^q = a^{pq}$
(b) $(x^3)^4 = x^{3 \cdot 4} = x^{12}$
(c) $(a^{m+2})^n = a^{(m+2)n} = a^{mn+2n}$
(d) $(10^3)^2 = 10^{3 \cdot 2} = 10^6$
(e) $(10^{-3})^2 = 10^{-3 \cdot 2} = 10^{-6}$
(f) $(49)^{3/2} = (7^2)^{3/2} = 7^{2 \cdot 3/2} = 7^3 = 343$
(g) $(3^{-1/2})^{-2} = 3^1 = 3$
(h) $(u^{-2})^{-3} = u^{(-2)(-3)} = u^6$
(i) $(81)^{3/4} = (3^4)^{3/4} = 3^3 = 27$
(j) $(\sqrt{x+y})^5 = [(x+y)^{1/2}]^5 = (x+y)^{5/2}$
(k) $(\sqrt[3]{x^3+y^3})^6 = [(x^3+y^3)^{1/3}]^6 = (x^3+y^3)^{1/3 \cdot 6} = (x^3+y^3)^2$
(l) $\sqrt[6]{\sqrt[3]{a^2}} = \sqrt[6]{a^{2/3}} = (a^{2/3})^{1/6} = a^{1/9} = \sqrt[9]{a}$

7.8
(a) $\dfrac{a^p}{a^q} = a^{p-q}$
(b) $\dfrac{a^5}{a^3} = a^{5-3} = a^2$
(c) $\dfrac{7^4}{7^3} = 7^{4-3} = 7^1 = 7$
(d) $\dfrac{p^{2n+3}}{p^{n+1}} = p^{(2n+3)-(n+1)} = p^{n+2}$
(e) $\dfrac{10^2}{10^5} = 10^{2-5} = 10^{-3}$
(f) $\dfrac{x^{m+3}}{x^{m-1}} = x^4$
(g) $\dfrac{y^{2/3}}{y^{1/3}} = y^{2/3-1/3} = y^{1/3}$
(h) $\dfrac{z^{1/2}}{z^{3/4}} = z^{1/2-3/4} = z^{-1/4}$
(i) $\dfrac{(x+y)^{3a+1}}{(x+y)^{2a+5}} = (x+y)^{a-4}$
(j) $\dfrac{8 \cdot 10^2}{2 \cdot 10^{-6}} = \dfrac{8}{2} \cdot 10^{2+6} = 4 \cdot 10^8$
(k) $\dfrac{9 \cdot 10^{-2}}{3 \cdot 10^4} = \dfrac{9}{3} \cdot 10^{-2-4} = 3 \cdot 10^{-6}$
(l) $\dfrac{a^3 b^{-1/2}}{ab^{-3/2}} = a^2 b^1 = a^2 b$
(m) $\dfrac{4x^3 y^{-2} z^{-3/2}}{2x^{-1/2} y^{-4} z} = \left(\dfrac{4}{2}\right) x^{3+1/2} y^{-2+4} z^{-3/2-1} = 2x^{7/2} y^2 z^{-5/2}$
(n) $\dfrac{8\sqrt[3]{x^2}\sqrt[4]{y}\sqrt{1/z}}{-2\sqrt[3]{x}\sqrt{y^5}\sqrt{z}} = \dfrac{8x^{2/3} y^{1/4} z^{-1/2}}{-2x^{1/3} y^{5/2} z^{1/2}} = -4x^{1/3} y^{-9/4} z^{-1}$

7.9
(a) $(ab)^p = a^p b^p$
(b) $(2a)^4 = 2^4 a^4 = 16a^4$
(c) $(3 \cdot 10^2)^4 = 3^4 \cdot 10^8 = 81 \cdot 10^8$
(d) $(4x^8 y^4)^{1/2} = 4^{1/2}(x^8)^{1/2}(y^4)^{1/2} = 2x^4 y^2$
(e) $\sqrt[3]{64a^{12}b^6} = (64a^{12}b^6)^{1/3} = (64)^{1/3}(a^{12})^{1/3}(b^6)^{1/3} = 4a^4 b^2$
(f) $(x^{2n} y^{-1/2} z^{n-1})^2 = x^{4n} y^{-1} z^{2n-2}$
(g) $(27 x^{3p} y^{6q} z^{12r})^{1/3} = (27)^{1/3}(x^{3p})^{1/3}(y^{6q})^{1/3}(z^{12r})^{1/3} = 3 x^p y^{2q} z^{4r}$

7.10 (a) $\left(\dfrac{a}{b}\right)^p = \dfrac{a^p}{b^p}$ (d) $\left(\dfrac{x^2}{y^3}\right)^n = \dfrac{x^{2n}}{y^{3n}}$

(b) $\left(\dfrac{2}{3}\right)^4 = \dfrac{2^4}{3^4} = \dfrac{16}{81}$ (e) $\left(\dfrac{a^{m+1}}{b}\right)^m = \dfrac{a^{m^2+m}}{b^m}$

(c) $\left(\dfrac{3a}{4b}\right)^3 = \dfrac{(3a)^3}{(4b)^3} = \dfrac{27a^3}{64b^3}$ (f) $\left(\dfrac{a^2}{b^4}\right)^{3/2} = \dfrac{(a^2)^{3/2}}{(b^4)^{3/2}} = \dfrac{a^3}{b^6}$ (onde $a \geq 0,\ b \neq 0$)

(g) $\left(\dfrac{2}{5}\right)^{-3} = \left(\dfrac{5}{2}\right)^3 = \dfrac{125}{8}$

(h) $\left(\dfrac{5^3}{2^6}\right)^{-1/3} = \left(\dfrac{2^6}{5^3}\right)^{1/3} = \dfrac{2^2}{5} = \dfrac{4}{5}$

(i) $\sqrt[3]{\dfrac{8x^{3n}}{27y^6}} = \left(\dfrac{8x^{3n}}{27y^6}\right)^{1/3} = \dfrac{(8x^{3n})^{1/3}}{(27y^6)^{1/3}} = \dfrac{8^{1/3}x^n}{27^{1/3}y^2} = \dfrac{2x^n}{3y^2}$

(j) $\left(\dfrac{a^{1/3}}{x^{1/3}}\right)^{3/2} = \dfrac{(a^{1/3})^{3/2}}{(x^{1/3})^{3/2}} = \dfrac{a^{1/2}}{x^{1/2}}$

(k) $\left(\dfrac{x^{-1/3}y^{-2}}{z^{-4}}\right)^{-3/2} = \dfrac{(x^{-1/3}y^{-2})^{-3/2}}{(z^{-4})^{-3/2}} = \dfrac{(x^{-1/3})^{-3/2}(y^{-2})^{-3/2}}{z^6} = \dfrac{x^{1/2}y^3}{z^6}$

(l) $\sqrt{\dfrac{\sqrt[5]{x}\sqrt[4]{y^3}}{\sqrt[3]{z^2}}} = \sqrt{\dfrac{x^{1/5}y^{3/4}}{x^{2/3}}} = \left(\dfrac{x^{1/5}y^{3/4}}{z^{2/3}}\right)^{1/2} = \dfrac{x^{1/10}y^{3/8}}{z^{1/3}}$

Exemplos variados

7.11 (a) $2^3 + 2^2 + 2^1 + 2^0 + 2^{-1} + 2^{-2} + 2^{-3} = 8 + 4 + 2 + 1 + \dfrac{1}{2} + \dfrac{1}{4} + \dfrac{1}{8} = 15\dfrac{7}{8}$

(b) $4^{3/2} + 4^{1/2} + 4^{-1/2} + 4^{-3/2} = 8 + 2 + \dfrac{1}{2} + \dfrac{1}{8} = 10\dfrac{5}{8}$

(c) $\dfrac{4x^0}{2^{-4}} = 4(1)(2^4) = 4 \cdot 16 = 64$

(d) $10^4 + 10^3 + 10^2 + 10^1 + 10^0 + 10^{-1} + 10^{-2} = 10\,000 + 1000 + 100 + 10 + 1 + 0{,}1 + 0{,}01$
$= 11\,111{,}11$

(e) $3 \cdot 10^3 + 5 \cdot 10^2 + 2 \cdot 10^1 + 4 \cdot 10^0 = 3524$

(f) $\dfrac{4^{3n}}{2^n} = \dfrac{(2^2)^{3n}}{2^n} = \dfrac{2^{6n}}{2^n} = 2^{6n-n} = 2^{5n}$

(g) $(0{,}125)^{1/3}(0{,}25)^{-1/2} = \dfrac{\sqrt[3]{0{,}125}}{\sqrt{0{,}25}} = \dfrac{0{,}5}{0{,}5} = 1$

7.12 (a) Calcule $4x^{-2/3} + 3x^{1/3} + 2x^0$ quando $x = 8$.

$$4 \cdot 8^{-2/3} + 3 \cdot 8^{1/3} + 2 \cdot 8^0 = \dfrac{4}{8^{2/3}} + 3 \cdot 8^{1/3} + 2 \cdot 8^0 = \dfrac{4}{4} + 3 \cdot 2 + 2 \cdot 1 = 9$$

(b) Calcule

$$\dfrac{(-3)^2(-2x)^{-3}}{(x+1)^{-2}}$$

quando $x = 2$.

$$\dfrac{(-3)^2(-4)^{-3}}{3^{-2}} = \dfrac{9\left(\dfrac{1}{-4}\right)^3}{\dfrac{1}{3^2}} = 9\left(-\dfrac{1}{4}\right)^3(9) = -\dfrac{81}{64}$$

7.13 (a) $\dfrac{2^0 - 2^{-2}}{2 - 2(2)^{-2}} = \dfrac{1 - 1/2^2}{2 - 2/2^2} = \dfrac{1 - 1/4}{2 - 2/4} = \dfrac{3/4}{6/4} = \dfrac{1}{2}$

(b) $\dfrac{2a^{-1} + a^0}{a^{-2}} = \dfrac{\left(\dfrac{2}{a} + 1\right)}{\left(\dfrac{1}{a^2}\right)} = \dfrac{\left(\dfrac{2+a}{a}\right)}{\left(\dfrac{1}{a^2}\right)} = \dfrac{2+a}{a} \cdot a^2 = (2+a)a = 2a + a^2$

(c) $\left(\dfrac{2^0}{8^{1/3}}\right)^{-1} = \left(\dfrac{1}{2}\right)^{-1} = \dfrac{1}{1/2} = 2$ ou $\left(\dfrac{2^0}{8^{1/3}}\right)^{-1} = \left(\dfrac{8^{1/3}}{2^0}\right)^{1} = \dfrac{2}{1} = 2$

(d) $\left(\dfrac{1}{3}\right)^{-2} - (-3)^{-2} = (3)^2 - \left(-\dfrac{1}{3}\right)^2 = 9 - \dfrac{1}{9} = \dfrac{80}{9}$

(e) $\left(-\dfrac{1}{27}\right)^{-2/3} + \left(-\dfrac{1}{32}\right)^{2/5} = (-27)^{2/3} + \left(-\dfrac{1}{2^5}\right)^{2/5} = [(-3)^3]^{2/3} + \left[\left(-\dfrac{1}{2}\right)^5\right]^{2/5}$

$\qquad\qquad = (-3)^2 + \left(-\dfrac{1}{2}\right)^2 = \dfrac{37}{4}$

7.14 (a) $\dfrac{(-3a)^3 \cdot 3a^{-2/3}}{(2a)^{-2} \cdot a^{1/3}} = \dfrac{(-3a)^3 \cdot 3 \cdot (2a)^2}{a^{2/3} \cdot a^{1/3}} = \dfrac{-27a^3 \cdot 3 \cdot 4a^2}{a^{2/3 + 1/3}} = \dfrac{-324a^5}{a} = -324a^4$

(b) $\dfrac{(x^{-2})^{-3} \cdot (x^{-1/3})^9}{(x^{1/2})^{-3} \cdot (x^{-3/2})^5} = \dfrac{x^6 \cdot x^{-3}}{x^{-3/2} \cdot x^{-15/2}} = \dfrac{x^{6-3}}{x^{-3/2 - 15/2}} = \dfrac{x^3}{x^{-9}} = x^{12}$

(c) $\dfrac{\left(x + \dfrac{1}{y}\right)^m \cdot \left(x - \dfrac{1}{y}\right)^n}{\left(y + \dfrac{1}{x}\right)^m \cdot \left(y - \dfrac{1}{x}\right)^n} = \dfrac{\left(\dfrac{xy+1}{y}\right)^m \cdot \left(\dfrac{xy-1}{y}\right)^n}{\left(\dfrac{xy+1}{x}\right)^m \cdot \left(\dfrac{xy-1}{x}\right)^n} = \dfrac{\left(\dfrac{(xy+1)^m}{y^m}\right) \cdot \left(\dfrac{(xy-1)^n}{y^n}\right)}{\left(\dfrac{(xy+1)^m}{x^m}\right) \cdot \left(\dfrac{(xy-1)^n}{x^n}\right)}$

$\qquad = \dfrac{\left(\dfrac{(xy+1)^m (xy-1)^n}{y^{m+n}}\right)}{\left(\dfrac{(xy+1)^m (xy-1)^n}{x^{m+n}}\right)} = \dfrac{x^{m+n}}{y^{m+n}} = \left(\dfrac{x}{y}\right)^{m+n}$

(d) $\dfrac{3^{pq+q}}{3^{pq+p}} \cdot \dfrac{3^{2p}}{3^{2q}} = \dfrac{3^{pq+q+2p}}{3^{pq+p+2q}} = 3^{(pq+q+2p)-(pq+p+2q)} = 3^{p-q}$

7.15 (a) $\dfrac{(x^{3/4} \cdot x^{1/2})^{1/3}}{(y^{2/3} \cdot y^{4/3})^{1/2}} = \dfrac{(x^{5/4})^{1/3}}{(y^2)^{1/2}} = \dfrac{x^{5/12}}{y}$

(b) $\dfrac{(x^{3/4})^{2/3} - (y^{5/4})^{2/5}}{(x^{3/4})^{1/3} + (y^{2/3})^{3/8}} = \dfrac{x^{1/2} - y^{1/2}}{x^{1/4} + y^{1/4}} = \dfrac{(x^{1/4})^2 - (y^{1/4})^2}{x^{1/4} + y^{1/4}} = \dfrac{(x^{1/4} + y^{1/4})(x^{1/4} - y^{1/4})}{x^{1/4} + y^{1/4}} = x^{1/4} - y^{1/4}$

(c) $\dfrac{1}{1 + x^{p-q}} + \dfrac{1}{1 + x^{q-p}} = \dfrac{1}{1 + \left(\dfrac{x^p}{x^q}\right)} + \dfrac{1}{1 + \left(\dfrac{x^q}{x^p}\right)} = \dfrac{x^q}{x^q + x^p} + \dfrac{x^p}{x^p + x^q} = \dfrac{x^q + x^p}{x^q + x^p} = 1$

(d) $\dfrac{x^{3n} - y^{3n}}{x^n - y^n} = \dfrac{(x^n)^3 - (y^n)^3}{x^n - y^n} = \dfrac{(x^n - y^n)(x^{2n} + x^n y^n + y^{2n})}{x^n - y^n} = x^{2n} + x^n y^n + y^{2n}$

(e) $\sqrt[a]{a^{a^2 - a}} = [a^{a(a-1)}]^{1/a} = a^{a-1}$

(f) $2^{2^{3^2}} = 2^{2^9} = 2^{512}$

7.16 (a) $(0{,}004)(30\,000)^2 = (4 \times 10^{-3})(3 \times 10^4)^2 = (4 \times 10^{-3})(3^2 \times 10^8) = 4 \cdot 3^2 \times 10^{-3+8}$
$= 36 \times 10^5$ ou $3\,600\,000$

(b) $\dfrac{48\,000\,000}{1200} = \dfrac{48 \times 10^6}{12 \times 10^2} = 4 \times 10^{6-2} = 4 \times 10^4$ ou $40\,000$

(c) $\dfrac{0{,}078}{0{,}00012} = \dfrac{78 \times 10^{-3}}{12 \times 10^{-5}} = 6{,}5 \times 10^{-3+5} = 6{,}5 \times 10^2$ ou 650

(d) $\dfrac{(80\,000\,000)^2(0{,}000\,003)}{(600\,000)(0{,}0002)^4} = \dfrac{(8 \times 10^7)^2(3 \times 10^{-6})}{(6 \times 10^5)(2 \times 10^{-4})^4} = \dfrac{8^2 \cdot 3}{6 \cdot 2^4} \cdot \dfrac{10^{14} \cdot 10^{-6}}{10^5 \cdot 10^{-16}} = 2 \times 10^{19}$

(e) $\sqrt[3]{\dfrac{(0{,}004)^4(0{,}0036)}{(120\,000)^2}} = \sqrt[3]{\dfrac{(4 \times 10^{-3})^4(36 \times 10^{-4})}{(12 \times 10^4)^2}} = \sqrt[3]{\dfrac{256(36)}{144} \cdot \dfrac{10^{-12} \cdot 10^{-4}}{10^8}}$
$= \sqrt[3]{64 \times 10^{-24}} = 4 \times 10^{-8}$

7.17 Para quais valores reais das variáveis envolvidas cada uma das seguintes operações será válida, resultando em números reais?

(a) $\sqrt{x^2} = (x^2)^{1/2} = x^1 = x$

(b) $\sqrt{a^2 + 2a + 1} = \sqrt{(a+1)^2} = a + 1$

(c) $\dfrac{a^{-2} - b^{-2}}{a^{-1} - b^{-1}} = \dfrac{(a^{-1})^2 - (b^{-1})^2}{a^{-1} - b^{-1}} = \dfrac{(a^{-1} + b^{-1})(a^{-1} - b^{-1})}{(a^{-1} - b^{-1})} = a^{-1} + b^{-1}$

(d) $\sqrt{x^4 + 2x^2 + 1} = \sqrt{(x^2+1)^2} = x^2 + 1$

(e) $\dfrac{x-1}{\sqrt{x-1}} = \dfrac{(x-1)^1}{(x-1)^{1/2}} = (x-1)^{1-1/2} = (x-1)^{1/2} = \sqrt{x-1}$

Solução

(a) Quando x é um número real, $\sqrt{x^2}$ deve ser positivo ou zero. Supondo $\sqrt{x^2} = x$ verdadeiro para todo x, então caso $x = -1$ teríamos $\sqrt{(-1)^2} = -1$ ou $\sqrt{1} = -1$, i.e. $1 = -1$, uma contradição. Assim, $\sqrt{x^2} = x$ não pode ser verdade para todos os valores de x. Teremos $\sqrt{x^2} = x$ para $x \geq 0$. Se $x \leq 0$ segue que $\sqrt{x^2} = -x$. Um resultado válido para ambos $x \geq 0$ e $x \leq 0$ pode ser $\sqrt{x^2} = |x|$ (valor absoluto de x).

(b) $\sqrt{a^2 + 2a + 1}$ deve ser positivo ou zero, então será igual a $a + 1$ se $a + 1 \geq 0$, i.e., caso $a \geq -1$. Um resultado válido para todos os valores reais de a é dado por $\sqrt{a^2 + 2a + 1} = |a + 1|$.

(c) $(a^{-2} - b^{-2})/(a^{-1} - b^{-1})$ não está definido para a ou b ou ambos iguais a zero. Analogamente, não está definido se o denominador $a^{-1} - b^{-1} = 0$, i.e., caso $a^{-1} = b^{-1}$ ou $a = b$. Portanto, o resultado $(a^{-2} - b^{-2})/(a^{-1} - b^{-1}) = a^{-1} + b^{-1}$ é válido se, e somente se, $a \neq 0$, $b \neq 0$ e $a \neq b$.

(d) $\sqrt{x^4 + 2x^2 + 1}$ deve ser positivo ou zero e será igual a $x^2 + 1$ se $x^2 + 1 \geq 0$. Como $x^2 + 1$ é maior que zero para qualquer número real x, o resultado é válido para todos os valores reais de x.

(e) $\sqrt{x-1}$ não será um número real para $x - 1 < 0$, i.e., caso $x < 1$. Além disso, $(x-1)/(\sqrt{x-1})$ não estará definido se o denominador for zero, i.e., se $x = 1$. Consequentemente, $(x-1)/(\sqrt{x-1}) = \sqrt{x-1}$ se, e somente se, $x > 1$.

7.18 Um aluno deve calcular a expressão $x + 2y + \sqrt{(x - 2y)^2}$ para $x = 2$, $y = 4$. Ele escreveu

$$x + 2y + \sqrt{(x - 2y)^2} = x + 2y + x - 2y = 2x$$

obtendo assim o valor $2x = 2(2) = 4$ para sua resposta. Ele estava correto?

Solução

Colocando $x = 2$, $y = 4$ na expressão dada, obtemos

$$x + 2y + \sqrt{(x-2y)^2} = 2 + 2(4) + \sqrt{(2-8)^2} = 2 + 8 + \sqrt{36} = 2 + 8 + 6 = 16.$$

O aluno cometeu o erro de escrever $\sqrt{(x-2y)^2} = x - 2y$, que é verdade somente se $x \geq 2y$. Quando $x \leq 2y$, $\sqrt{(x-2y)^2} = 2y - x$. Em qualquer um dos casos, $\sqrt{(x-2y)^2} = |x - 2y|$. A simplificação necessária deveria ter sido $x + 2y + 2y - x = 4y$, que dá 16 quando $y = 4$.

Problemas Complementares

Calcule:

7.19
(a) 3^4
(b) $(-2x)^3$
(c) $\left(\dfrac{3y}{4}\right)^3$
(d) 4^{-3}
(e) $(-4x)^{-2}$
(f) $(2y^{-1})^{-1}$
(g) $\dfrac{3^{-1}x^2y^{-4}}{2^{-2}x^{-3}y^3}$
(h) $(16)^{1/4}$
(i) $\dfrac{8^{-2/3}(-8)^{2/3}}{8^{1/3}}$
(j) $(-a^3b^3)^{-2/3}$
(k) $-3(-1)^{-1/5}(4)^{-1/2}$
(l) $(10^3)^0$
(m) $(x-y)^0[(x-y)^4]^{-1/2}$
(n) $x^y \cdot x^{4y}$
(o) $3y^{2/3} \cdot y^{4/3}$
(p) $(4 \cdot 10^3)(3 \cdot 10^{-5})(6 \cdot 10^4)$

7.20
(a) $\dfrac{2^3 \cdot 2^{-2} \cdot 2^4}{2^{-1} \cdot 2^0 \cdot 2^{-3}}$
(b) $\dfrac{10^{x+y} \cdot 10^{y-x} \cdot 10^{y+1}}{10^{y+1} \cdot 10^{2y+1}}$
(c) $\dfrac{3^{1/2} \cdot 3^{-2/3}}{3^{-1/2} \cdot 3^{1/3}}$
(d) $\dfrac{(x+y)^{2/3}(x+y)^{-1/6}}{[(x+y)^2]^{1/4}}$
(e) $\dfrac{(10^2)^{-3}(10^3)^{1/6}}{\sqrt{10} \cdot (10^4)^{-1/2}}$
(f) $[(x^{-1})^{-2}]^{-3}$
(g) $\dfrac{4^{-1/2}a^{2/3}b^{-1/6}c^{-3/2}}{8^{2/3}a^{-1/3}b^{-2/3}c^{5/2}}$
(h) $\left(\dfrac{2^{-8} \cdot 3^4}{5^{-4}}\right)^{-1/4}$
(i) $\sqrt{\dfrac{\sqrt[4]{a^2}\sqrt[3]{b^5}}{c^{-2}d^2}}$

7.21
(a) $\sqrt{27^{-2/3}} + 5^{2/3} \cdot 5^{1/3}$
(b) $4\left(\dfrac{1}{2}\right)^0 + 2^{-1} - 16^{-1/2} \cdot 4 \cdot 3^0$
(c) $8^{2/3} + 3^{-2} - \dfrac{1}{9}(10)^0$
(d) $27^{2/3} - 3(3x)^0 + 25^{1/2}$
(e) $8^{2/3} \cdot 16^{-3/4} \cdot 2^0 - 8^{-2/3}$
(f) $\sqrt[3]{(x-2)^{-2}}$ quando $x = -6$
(g) $x^{3/2} + 4x^{-1} - 5x^0$ quando $x = 4$
(h) $y^{2/3} + 3y^{-1} - 2y^0$ quando $y = 1/8$
(i) $64^{-2/3} \cdot 16^{5/4} \cdot 2^0 \cdot (\sqrt{3})^4$
(j) $\dfrac{\sqrt{a} \cdot a^{-2/3}}{\sqrt[6]{a^5}} + \dfrac{a^{-5/6}}{\sqrt[3]{a^2} \cdot a^{-1/2}}$
(k) $\left(\dfrac{\sqrt{72y^{2n}}}{3} \cdot 9^0\right)(2y^{n+2})^{-1}$

7.22
(a) $25^0 + 0{,}25^{1/2} - 8^{1/3} \cdot 4^{-1/2} + 0{,}027^{1/3}$
(b) $\dfrac{1}{8^{-2/3}} - 3a^0 + (3a)^0 + (27)^{-1/3} - 1^{3/2}$
(c) $\dfrac{3^{-2} + 5(2)^0}{3 - 4(3)^{-1}}$
(d) $\dfrac{3^0x + 4x^{-1}}{x^{-2/3}}$ se $x = 8$
(e) $\dfrac{2 + 2^{-1}}{5} + (-8)^0 - 4^{3/2}$
(f) $(64)^{-2/3} - 3(150)^0 + 12(2)^{-2}$
(g) $(0{,}125)^{-2/3} + \dfrac{3}{2 + 2^{-1}}$
(h) $\sqrt[n]{\dfrac{32}{2^{5+n}}}$
(i) $\dfrac{(60\,000)^3(0{,}00002)^4}{100^2(72\,000\,000)(0{,}0002)^5}$

7.23 (a) $\dfrac{(x^2+3x+4)^{1/3}[-\frac{1}{2}(5-x)^{-1/2}]-(5-x)^{1/2}[(x^2+3x+4)^{-2/3}(2x+3)/3]}{(x^2+3x+4)^{2/3}}$ se $x=1$

(b) $\dfrac{(9x^2-5y)^{1/4}(2x)-x^2[\frac{1}{4}(9x^2-5y)^{-3/4}(18x)]}{(9x^2-5y)^{1/2}}$ se $x=2, y=4$

(c) $\dfrac{(x+1)^{2/3}[\frac{1}{2}(x-1)^{-1/2}]-(x-1)^{1/2}[\frac{2}{3}(x+1)^{-1/3}]}{(x+1)^{4/3}}$

(d) $x-1+\sqrt{x^2+2x+1}$

(e) $3x-2y-\sqrt{4x^2-4xy+y^2}$

Respostas dos Problemas Complementares

7.19 (a) 81 (d) 1/64 (g) $\dfrac{4x^5}{3y^7}$ (j) $\dfrac{1}{a^2b^2}$ (m) $\dfrac{1}{(x-y)^2}$ (p) 7200

(b) $-8x^3$ (e) $\dfrac{1}{16x^2}$ (h) 2 (k) 3/2 (n) x^{5y}

(c) $\dfrac{27y^3}{64}$ (f) $y/2$ (i) 1/2 (l) 1 (o) $3y^2$

7.20 (a) 2^9 (b) 1/10 (c) 1 (d) 1 (e) 10^{-4} (f) x^{-6} (g) $\dfrac{a\sqrt{b}}{8c^4}$ (h) $\dfrac{4}{15}$ (i) $\dfrac{a^{1/4}b^{5/6}c}{d}$

7.21 (a) $\dfrac{16}{3}$ (b) $\dfrac{7}{2}$ (c) 4 (d) 11 (e) $\dfrac{1}{4}$ (f) $\dfrac{1}{4}$ (g) 4 (h) $\dfrac{89}{4}$ (i) 18 (j) $\dfrac{2}{a}$ (k) $\dfrac{\sqrt{2}}{y^2}$

7.22 (a) 0,8 (b) $\dfrac{4}{3}$ (c) $\dfrac{46}{15}$ (d) 34 (e) $-\dfrac{13}{2}$ (f) $\dfrac{1}{16}$ (g) $\dfrac{26}{5}$ (h) $\dfrac{1}{2}$ (i) 150

7.23 (a) $-\dfrac{1}{3}$

(b) $\dfrac{7}{8}$

(c) $\dfrac{7-x}{6(x-1)^{1/2}(x+1)^{5/3}}$

(d) $2x$ se $x \geq -1$, -2 se $x \leq -1$

(e) $x-y$ se $2x \geq y$, $5x-3y$ se $2x \leq y$

Capítulo 8

Radicais

8.1 EXPRESSÕES RADICAIS

Um radical é uma expressão da forma $\sqrt[n]{a}$, que denota a raiz n-ésima principal de a. O inteiro positivo n é o índice, ou ordem, do radical e o número a é o radicando. O índice é omitido se $n = 2$.

Assim, $\sqrt[3]{5}$, $\sqrt[4]{7x^3 - 2y^2}$, $\sqrt{x + 10}$ são radicais que possuem, respectivamente, índices 3, 4 e 2 e radicandos 5, $7x^3 - 2y^2$ e $x + 10$.

8.2 REGRAS PARA RADICAIS

As regras para radicais são as mesmas dos expoentes, já que $\sqrt[n]{a} = a^{1/n}$. As seguintes regras são as mais frequentemente utilizadas. *Nota*. Se n é par, suponha $a, b \geq 0$.

A. $(\sqrt[n]{a})^n = a$

Exemplos 8.1 $(\sqrt[3]{6})^3 = 6$, $(\sqrt[4]{x^2 + y^2})^4 = x^2 + y^2$

B. $\sqrt[n]{ab} = \sqrt[n]{a} \sqrt[n]{b}$

Exemplos 8.2 $\sqrt[3]{54} = \sqrt[3]{27 \cdot 2} = \sqrt[3]{27} \cdot \sqrt[3]{2} = 3\sqrt[3]{2}$, $\sqrt[7]{x^2 y^5} = \sqrt[7]{x^2} \sqrt[7]{y^5}$

C. $\sqrt[n]{\dfrac{a}{b}} = \dfrac{\sqrt[n]{a}}{\sqrt[n]{b}}$ $\quad b \neq 0$

Exemplos 8.3 $\sqrt[5]{\dfrac{5}{32}} = \dfrac{\sqrt[5]{5}}{\sqrt[5]{32}} = \dfrac{\sqrt[5]{5}}{2}$, $\sqrt[3]{\dfrac{(x+1)^3}{(y-2)^6}} = \dfrac{\sqrt[3]{(x+1)^3}}{\sqrt[3]{(y-2)^6}} = \dfrac{x+1}{(y-2)^2}$

D. $\sqrt[n]{a^m} = (\sqrt[n]{a})^m$

Exemplo 8.4 $\sqrt[3]{(27)^4} = (\sqrt[3]{27})^4 = 3^4 = 81$

E. $\sqrt[m]{\sqrt[n]{a}} = \sqrt[mn]{a}$

Exemplos 8.5 $\sqrt[3]{\sqrt{5}} = \sqrt[6]{5}$, $\sqrt[4]{\sqrt[3]{2}} = \sqrt[12]{2}$, $\sqrt[5]{\sqrt[3]{x^2}} = \sqrt[15]{x^2}$

8.3 SIMPLIFICANDO RADICAIS

A forma de um radical pode ser modificada nas seguintes maneiras.

(*a*) Remoção de *n*-ésimas potências perfeitas do radicando.

Exemplos 8.6 $\sqrt[3]{32} = \sqrt[3]{2^3(4)} = \sqrt[3]{2^3} \cdot \sqrt[3]{4} = 2\sqrt[3]{4}$

$\sqrt{8x^5y^7} = \sqrt{(4x^4y^6)(2xy)} = \sqrt{4x^4y^6}\sqrt{2xy} = 2x^2y^3\sqrt{2xy}$

(*b*) Redução do índice do radical.

Exemplos 8.7 $\sqrt[4]{64} = \sqrt[4]{2^6} = 2^{6/4} = 2^{3/2} = \sqrt{2^3} = \sqrt{8} = 2\sqrt{2}$, onde o índice foi reduzido de 4 para 2.

$\sqrt[6]{25x^6} = \sqrt[6]{(5x^3)^2} = (5x^3)^{2/6} = (5x^3)^{1/3} = \sqrt[3]{5x^3} = x\sqrt[3]{5}$, onde o índice foi reduzido de 6 para 3.

Nota. $\sqrt[4]{(-4)^2} = \sqrt[4]{16} = 2$. É *incorreto* escrever $\sqrt[4]{(-4)^2} = (-4)^{2/4} = (-4)^{1/2} = \sqrt{-4}$.

(*c*) Racionalização do denominador no radicando.

Exemplo 8.8 Racionalize o denominador de $\sqrt[3]{9/2}$.

Multiplique o numerador e o denominador do radicando (9/2) por um número tal que faça o denominador uma *n*-ésima potência perfeita (aqui *n* = 3) e então remova o denominador de baixo do sinal de radical. O número, nesse caso, é 2^2. Então,

$$\sqrt[3]{\frac{9}{2}} = \sqrt[3]{\frac{9}{2}\left(\frac{2^2}{2^2}\right)} = \sqrt[3]{\frac{9(2^2)}{2^3}} = \frac{\sqrt[3]{36}}{2}.$$

Exemplo 8.9 Racionalize o denominador de $\sqrt[4]{\frac{7a^3y^2}{8b^6x^3}}$.

Para fazer $8b^6x^3$ uma 4ª potência perfeita, multiplique numerador e denominador por $2b^2x$. Então

$$\sqrt[4]{\frac{7a^3y^2}{8b^6x^3}} = \sqrt[4]{\frac{7a^3y^2}{8b^6x^3} \cdot \frac{2b^2x}{2b^2x}} = \sqrt[4]{\frac{14a^3y^2b^2x}{16b^8x^4}} = \frac{\sqrt[4]{14a^3y^2b^2x}}{2b^2x}$$

Dizemos que um radical está na forma mais simples se:

(*a*) todas as *n*-ésimas potências perfeitas foram removidas do radical,
(*b*) o índice do radical é o menor possível,
(*c*) nenhuma fração está presente no radicando, i.e., o denominador foi racionalizado.

8.4 OPERAÇÕES COM RADICAIS

Dois ou mais radicais são ditos semelhantes se, após reduzidos à sua forma mais simples, possuem o mesmo índice e radicando.

Dessa maneira, $\sqrt{32}$, $\sqrt{1/2}$ e $\sqrt{8}$ são semelhantes, uma vez que

$$\sqrt{32} = \sqrt{16 \cdot 2} = 4\sqrt{2}, \qquad \sqrt{\frac{1}{2}} = \sqrt{\frac{1}{2} \cdot \frac{2}{2}} = \frac{\sqrt{2}}{2} \qquad \text{e} \qquad \sqrt{8} = \sqrt{4 \cdot 2} = 2\sqrt{2}.$$

Aqui cada radicando é 2 e cada índice é 2. Entretanto, $\sqrt[3]{32}$ e $\sqrt[3]{2}$ não são semelhantes já que $\sqrt[3]{32} = \sqrt[3]{8 \cdot 4} = 2\sqrt[3]{4}$.

Para adicionar algebricamente dois ou mais radicais, reduza cada um à sua forma mais simples e combine termos com radicais semelhantes. Assim:

$$\sqrt{32} - \sqrt{1/2} - \sqrt{8} = 4\sqrt{2} - \frac{\sqrt{2}}{2} - 2\sqrt{2} = \left(4 - \frac{1}{2} - 2\right)\sqrt{2} = \frac{3}{2}\sqrt{2}.$$

Ao multiplicar dois radicais, escolhemos o procedimento a ser utilizado baseando-nos na igualdade, ou não, dos índices dos radicais.

(*a*) Para multiplicar dois radicais ou mais com o mesmo índice, use a regra B:

$$\sqrt[n]{a}\,\sqrt[n]{b} = \sqrt[n]{ab}.$$

Exemplos 8.10 $(2\sqrt[3]{4})(3\sqrt[3]{16}) = 2 \cdot 3 \sqrt[3]{4}\,\sqrt[3]{16} = 6\sqrt[3]{64} = 6 \cdot 4 = 24$

$(3\sqrt[4]{x^2 y})(\sqrt[4]{x^3 y^2}) = 3\sqrt[4]{(x^2 y)(x^3 y^2)} = 3\sqrt[4]{x^5 y^3} = 3x\sqrt[4]{xy^3}.$

(*b*) Para multiplicar radicais com *índices diferentes* é conveniente usar expoentes fracionários e as regras para expoentes.

Exemplos 8.11 $\sqrt[3]{5}\sqrt{2} = 5^{1/3} \cdot 2^{1/2} = 5^{2/6} \cdot 2^{3/6} = (5^2 \cdot 2^3)^{1/6} = (25 \cdot 8)^{1/6} = \sqrt[6]{200}.$

$\sqrt[3]{4}\sqrt{2} = \sqrt[3]{2^2}\sqrt{2} = 2^{2/3} \cdot 2^{1/2} = 2^{4/6} \cdot 2^{3/6} = 2^{7/6} = \sqrt[6]{2^7} = 2\sqrt[6]{2}$

Ao dividir dois radicais, escolhemos o procedimento a ser empregado baseando-nos na igualdade, ou não, dos índices dos radicais.

(*a*) Para dividir dois radicais com o *mesmo índice*, use a regra C,

$$\frac{\sqrt[n]{a}}{\sqrt[n]{b}} = \sqrt[n]{\frac{a}{b}},$$

e simplifique.

Exemplo 8.12

$$\frac{\sqrt[3]{5}}{\sqrt[3]{3}} = \sqrt[3]{\frac{5}{3}} = \sqrt[3]{\frac{5}{3} \cdot \frac{3^2}{3^2}} = \sqrt[3]{\frac{45}{3^3}} = \frac{\sqrt[3]{45}}{3}$$

Podemos também racionalizar o denominador diretamente, como segue.

$$\frac{\sqrt[3]{5}}{\sqrt[3]{3}} = \frac{\sqrt[3]{5}}{\sqrt[3]{3}} \cdot \frac{\sqrt[3]{3^2}}{\sqrt[3]{3^2}} = \frac{\sqrt[3]{5 \cdot 3^2}}{\sqrt[3]{3^3}} = \frac{\sqrt[3]{45}}{3}$$

(*b*) Para dividir dois radicais com *índices diferentes* é conveniente usar expoentes fracionários e as regras para expoentes.

Exemplos 8.13

$$\frac{\sqrt{6}}{\sqrt[4]{2}} = \frac{6^{1/2}}{2^{1/4}} = \frac{6^{2/4}}{2^{1/4}} = \sqrt[4]{\frac{6^2}{2}} = \sqrt[4]{\frac{36}{2}} = \sqrt[4]{18}$$

$$\frac{\sqrt[3]{4}}{\sqrt{2}} = \frac{\sqrt[3]{2^2}}{\sqrt{2}} = \frac{2^{2/3}}{2^{1/2}} = \frac{2^{4/6}}{2^{3/6}} = 2^{1/6} = \sqrt[6]{2}$$

8.5 RACIONALIZANDO DENOMINADORES BINOMIAIS

Os números irracionais binomiais $\sqrt{a} + \sqrt{b}$ e $\sqrt{a} - \sqrt{b}$ são chamados conjugados um do outro. Logo, $2\sqrt{3} + \sqrt{2}$ e $2\sqrt{3} - \sqrt{2}$ são conjugados. A propriedade que faz os conjugados úteis é o fato de que são a soma e a diferença dos mesmos dois termos; então, seu produto é a diferença dos quadrados destes termos. Portanto, $(\sqrt{a} + \sqrt{b})(\sqrt{a} - \sqrt{b}) = (\sqrt{a})^2 - (\sqrt{b})^2 = a - b$.

Para racionalizar uma fração cujo denominador é um binômio com radicais de índice 2, multiplique numerador e denominador pelo conjugado.

Exemplo 8.14

$$\frac{5}{2\sqrt{3}+\sqrt{2}} = \frac{5}{2\sqrt{3}+\sqrt{2}} \cdot \frac{2\sqrt{3}-\sqrt{2}}{2\sqrt{3}-\sqrt{2}} = \frac{5(2\sqrt{3}-\sqrt{2})}{12-2} = \frac{2\sqrt{3}-\sqrt{2}}{2}$$

Se o denominador de uma fração é $\sqrt[3]{a}+\sqrt[3]{b}$, multiplicamos o numerador e o denominador da fração por $\sqrt[3]{a^2} - \sqrt[3]{ab} + \sqrt[3]{b^2}$ e obtemos o denominador $a+b$. Se o denominador original tem a forma $\sqrt[3]{a} - \sqrt[3]{b}$, multiplicamos numerador e denominador da fração por $\sqrt[3]{a^2} + \sqrt[3]{ab} + \sqrt[3]{b^2}$ e obtemos o denominador $a-b$ (ver Seção 4.2 para as regras dos produtos especiais).

Exemplo 8.15

$$\frac{3}{\sqrt[3]{5}-2} = \frac{3(\sqrt[3]{25}+2\sqrt[3]{5}+4)}{(\sqrt[3]{5}-2)(\sqrt[3]{25}+2\sqrt[3]{5}+4)} = \frac{3(\sqrt[3]{25}+2\sqrt[3]{5}+4)}{(\sqrt[3]{5})^3 - (2)^3}$$

$$= \frac{3(\sqrt[3]{25}+2\sqrt[3]{5}+4)}{5-8} = \frac{3(\sqrt[3]{25}+2\sqrt[3]{5}+4)}{-3} = -\sqrt[3]{25} - 2\sqrt[3]{5} - 4$$

Problemas Resolvidos

Redução de uma expressão radical à forma mais simples

8.1 (a) $\sqrt{18} = \sqrt{9 \cdot 2} = \sqrt{3^2 \cdot 2} = 3\sqrt{2}$ (d) $\sqrt[3]{648} = \sqrt[3]{8 \cdot 27 \cdot 3} = \sqrt[3]{2^3 \cdot 3^3 \cdot 3} = 6\sqrt[3]{3}$

(b) $\sqrt[3]{80} = \sqrt[3]{8 \cdot 10} = \sqrt[3]{2^3 \cdot 10} = 2\sqrt[3]{10}$ (e) $a\sqrt{9b^4c^3} = a\sqrt{3^2b^4c^2 \cdot c} = 3ab^2c\sqrt{c}$

(c) $5\sqrt[3]{243} = 5\sqrt[3]{27 \cdot 9} = 5\sqrt[3]{3^3 \cdot 9} = 15\sqrt[3]{9}$ (f) $\sqrt[6]{343} = \sqrt[6]{7^3} = 7^{3/6} = 7^{1/2} = \sqrt{7}$

(g) $\sqrt[6]{81a^2} = \sqrt[6]{3^4 a^2} = 3^{4/6} a^{2/6} = 3^{2/3} a^{1/3} = \sqrt[3]{9a}$. Observe que $a \geq 0$. Ver (k) abaixo.

(h) $\sqrt[3]{64x^7 y^{-6}} = \sqrt[3]{4^3 x^6 \cdot xy^{-6}} = 4x^2 y^{-2} \sqrt[3]{x} = \frac{4x^2}{y^2}\sqrt[3]{x}$

(i) $\sqrt[5]{(72)^4} = (72)^{4/5} = (8 \cdot 9)^{4/5} = (2^3 \cdot 3^2)^{4/5} = 2^{12/5} \cdot 3^{8/5}$

    $= (2^2 \cdot 2^{2/5})(3 \cdot 3^{3/5}) = 2^2 \cdot 3\sqrt[5]{2^2 \cdot 3^3} = 12\sqrt[5]{108}$

(j) $(7\sqrt[3]{4ab})^2 = 49(4ab)^{2/3} = 49\sqrt[3]{16a^2 b^2} = 98\sqrt[3]{2a^2 b^2}$

(k) $2a\sqrt{a^2+6a+9} = 2a\sqrt{(a+3)^2} = 2a(a+3)$. Lembramos o leitor que $\sqrt{(a+3)^2}$ é um número positivo ou zero; portanto $\sqrt{(a+3)^2} = a+3$ se, e somente se, $a+3 \geq 0$. Se valores de a tais que $a + 3 < 0$ forem incluídos, devemos escrever $\sqrt{(a+3)^2} = |a+3|$.

(l) $\frac{x-25}{\sqrt{x}+5} = \frac{(\sqrt{x}+5)(\sqrt{x}-5)}{\sqrt{x}+5} = \sqrt{x}-5$

(m) $\sqrt{12x^4 - 36x^2 y^2 + 27y^4} = \sqrt{3(4x^4 - 12x^2 y^2 + 9y^4)} = \sqrt{3(2x^2 - 3y^2)^2} = (2x^2 - 3y^2)\sqrt{3}$

Observe que isto é válido somente quando $2x^2 \geq 3y^2$. Ver (k) acima.

(n) $\sqrt[n]{a^n b^{2n} c^{3n+1} d^{n+2}} = (a^n b^{2n} c^{3n+1} d^{n+2})^{1/n} = ab^2 c^3 c^{1/n} d d^{2/n} = ab^2 c^3 d \sqrt[n]{cd^2}$

(o) $\sqrt[3]{\sqrt{256}} = \sqrt[3]{16} = \sqrt[3]{8 \cdot 2} = 2\sqrt[3]{2}$

(p) $\sqrt[4]{\sqrt[3]{6ab^2}} = [(6ab^2)^{1/3}]^{1/4} = (6ab^2)^{1/12} = \sqrt[12]{6ab^2}$

(q) $\sqrt[5]{729\sqrt{a^3}} = \sqrt[5]{729 a^{3/2}} = (3^6 a^{3/2})^{1/5} = 3^{12/10} a^{3/10} = 3\sqrt[10]{9a^3}$

Mudança na forma de um radical

8.2 Expresse como radicais de 12ª ordem.

(a) $\sqrt[3]{5} = 5^{1/3} = 5^{4/12} = \sqrt[12]{5^4} = \sqrt[12]{625}$

(b) $\sqrt{ab} = (ab)^{1/2} = (ab)^{6/12} = \sqrt[12]{(ab)^6} = \sqrt[12]{a^6 b^6}$

(c) $\sqrt[6]{x^n} = x^{n/6} = x^{2n/12} = \sqrt[12]{x^{2n}}$

8.3 Expresse em termos de radicais da menor ordem possível.

(a) $\sqrt[4]{9} = 9^{1/4} = (3^2)^{1/4} = 3^{1/2} = \sqrt{3}$

(b) $\sqrt[12]{8x^3 y^6} = \sqrt[12]{(2xy^2)^3} = (2xy^2)^{3/12} = (2xy^2)^{1/4} = \sqrt[4]{2xy^2}$

(c) $\sqrt[8]{a^2 + 2ab + b^2} = \sqrt[8]{(a+b)^2} = (a+b)^{2/8} = (a+b)^{1/4} = \sqrt[4]{a+b}$

8.4 Converta em radicais inteiros, i.e., radicais com coeficiente 1.

(a) $6\sqrt{3} = \sqrt{36 \cdot 3} = \sqrt{108}$

(b) $4x^2 \sqrt[3]{y^2} = \sqrt[3]{(4x^2)^3 y^2} = \sqrt[3]{64 x^6 y^2}$

(c) $\dfrac{2x}{y} \sqrt[4]{\dfrac{2y}{x}} = \sqrt[4]{\left(\dfrac{2x}{y}\right)^4 \cdot \dfrac{2y}{x}} = \sqrt[4]{\dfrac{16x^4}{y^4} \cdot \dfrac{2y}{x}} = \sqrt[4]{\dfrac{32x^3}{y^3}}$

(d) $\dfrac{a-b}{a+b} \sqrt{\dfrac{a+b}{a-b}} = \sqrt{\dfrac{(a-b)^2}{(a+b)^2} \cdot \dfrac{a+b}{a-b}} = \sqrt{\dfrac{a-b}{a+b}}$

8.5 Determine qual dos seguintes números irracionais é o maior:

(a) $\sqrt[3]{2}, \sqrt[4]{3}$ (b) $\sqrt{5}, \sqrt[3]{11}$ (c) $2\sqrt{5}, 3\sqrt{2}$

Solução

(a) $\sqrt[3]{2} = 2^{1/3} = 2^{4/12} = (2^4)^{1/12} = (16)^{1/12}$; $\sqrt[4]{3} = 3^{1/4} = 3^{3/12} = (3^3)^{1/12} = (27)^{1/12}$.
Pois $(27)^{1/12} > (16)^{1/12}$, $\sqrt[4]{3} > \sqrt[3]{2}$.

(b) $\sqrt{5} = 5^{1/2} = 5^{3/6} = (5^3)^{1/6} = (125)^{1/6}$; $\sqrt[3]{11} = (11)^{1/3} = (11)^{2/6} = (11^2)^{1/6} = (121)^{1/6}$.
Pois $125 > 121$, $\sqrt{5} > \sqrt[3]{11}$.

(c) $2\sqrt{5} = \sqrt{2^2 \cdot 5} = \sqrt{20}$; $3\sqrt{2} = \sqrt{3^2 \cdot 2} = \sqrt{18}$.
Portanto $2\sqrt{5} > 3\sqrt{2}$.

8.6 Racionalize o denominador.

(a) $\sqrt{\dfrac{2}{3}} = \sqrt{\dfrac{2}{3} \cdot \dfrac{3}{3}} = \sqrt{\dfrac{6}{3^2}} = \dfrac{1}{3}\sqrt{6}$

(b) $\dfrac{3}{\sqrt[3]{6}} = \dfrac{3}{\sqrt[3]{6}} \cdot \dfrac{\sqrt[3]{6^2}}{\sqrt[3]{6^2}} = \dfrac{3\sqrt[3]{6^2}}{\sqrt[3]{6 \cdot 6^2}} = \dfrac{3\sqrt[3]{36}}{6} = \dfrac{1}{2}\sqrt[3]{36}$

Método alternativo: $\dfrac{3}{\sqrt[3]{6}} = \dfrac{3}{6^{1/3}} \cdot \dfrac{6^{2/3}}{6^{2/3}} = \dfrac{3 \cdot 6^{2/3}}{6^1} = \dfrac{3\sqrt[3]{6^2}}{6} = \dfrac{1}{2}\sqrt[3]{36}$

(c) $3x\sqrt[4]{\dfrac{y}{2x}} = 3x\sqrt[4]{\dfrac{y(2x)^3}{2x(2x)^3}} = 3x\sqrt[4]{\dfrac{y(8x^3)}{(2x)^4}} = \dfrac{3x}{2x}\sqrt[4]{8x^3 y} = \dfrac{3}{2}\sqrt[4]{8x^3 y}$

(d) $\sqrt{\dfrac{a-b}{a+b}} = \sqrt{\dfrac{a-b}{a+b} \cdot \dfrac{a+b}{a+b}} = \sqrt{\dfrac{a^2 - b^2}{(a+b)^2}} = \dfrac{1}{a+b}\sqrt{a^2 - b^2}$

(e) $\dfrac{4xy^2}{\sqrt[3]{2xy^2}} = \dfrac{4xy^2}{\sqrt[3]{2xy^2}} \cdot \dfrac{\sqrt[3]{(2xy^2)^2}}{\sqrt[3]{(2xy^2)^2}} = \dfrac{4xy^2 \sqrt[3]{(2xy^2)^2}}{2xy^2} = 2\sqrt[3]{4x^2 y^4} = 2y\sqrt[3]{4x^2 y}$

Adição e subtração de radicais semelhantes

8.7 (a) $\sqrt{18} + \sqrt{50} - \sqrt{72} = \sqrt{9\cdot 2} + \sqrt{25\cdot 2} - \sqrt{36\cdot 2} = 3\sqrt{2} + 5\sqrt{2} - 6\sqrt{2} = (3+5-6)\sqrt{2} = 2\sqrt{2}$

(b) $2\sqrt{27} - 4\sqrt{12} = 2\sqrt{9\cdot 3} - 4\sqrt{4\cdot 3} = 2\cdot 3\sqrt{3} - 4\cdot 2\sqrt{3} = 6\sqrt{3} - 8\sqrt{3} = -2\sqrt{3}$

(c) $4\sqrt{75} + 3\sqrt{4/3} - 2\sqrt{48} = 4\cdot 5\sqrt{3} + 3\sqrt{\dfrac{4}{3}\cdot\dfrac{3}{3}} - 2\cdot 4\sqrt{3} = \left(20 + 3\cdot\dfrac{2}{3} - 8\right)\sqrt{3} = 14\sqrt{3}$

(d) $\sqrt[3]{432} - \sqrt[3]{250} + \sqrt[3]{1/32} = \sqrt[3]{6^3\cdot 2} - \sqrt[3]{5^3\cdot 2} + \sqrt[3]{\dfrac{1}{2^5}\cdot\dfrac{2}{2}} = \left(6 - 5 + \dfrac{1}{4}\right)\sqrt[3]{2} = \dfrac{5}{4}\sqrt[3]{2}$

(e) $\sqrt{3} + \sqrt[3]{81} - \sqrt{27} + 5\sqrt[3]{3} = \sqrt{3} + \sqrt[3]{27\cdot 3} - \sqrt{9\cdot 3} + 5\sqrt[3]{3}$
$= \sqrt{3} + 3\sqrt[3]{3} - 3\sqrt{3} + 5\sqrt[3]{3} = -2\sqrt{3} + 8\sqrt[3]{3}$

(f) $2a\sqrt[3]{27x^3y} + 3b\sqrt[3]{8x^3y} - 6c\sqrt[3]{-x^3y} = 6ax\sqrt[3]{y} + 6bx\sqrt[3]{y} + 6cx\sqrt[3]{y} = 6x(a+b+c)\sqrt[3]{y}$

(g) $2\sqrt{\dfrac{2}{3}} + 4\sqrt{\dfrac{3}{8}} - 5\sqrt{\dfrac{1}{24}} = 2\sqrt{\dfrac{2}{3}\cdot\dfrac{3}{3}} + 4\sqrt{\dfrac{3}{8}\cdot\dfrac{2}{2}} - 5\sqrt{\dfrac{1}{24}\cdot\dfrac{6}{6}}$
$= \left(\dfrac{2}{3} + 4\cdot\dfrac{1}{4} - \dfrac{5}{12}\right)\sqrt{6} = \dfrac{5}{4}\sqrt{6}$

(h) $\dfrac{\sqrt{5}}{\sqrt{2}} + \dfrac{3}{\sqrt{0{,}1}} - \sqrt{1{,}6} = \sqrt{\dfrac{5}{2}\cdot\dfrac{2}{2}} + \dfrac{3}{\sqrt{1/10}} - \sqrt{(0{,}16)(10)}$
$= \dfrac{1}{2}\sqrt{10} + 3\sqrt{10} - 0{,}4\sqrt{10} = 3{,}1\sqrt{10}$

(i) $2\sqrt{\dfrac{a}{b}} - 3\sqrt{\dfrac{b}{a}} + \dfrac{4}{\sqrt{ab}} = 2\sqrt{\dfrac{a}{b}\cdot\dfrac{b}{b}} - 3\sqrt{\dfrac{b}{a}\cdot\dfrac{a}{a}} + \dfrac{4}{\sqrt{ab}}\cdot\dfrac{\sqrt{ab}}{\sqrt{ab}}$
$= \dfrac{2}{b}\sqrt{ab} - \dfrac{3}{a}\sqrt{ab} + \dfrac{4}{ab}\sqrt{ab} = \left(\dfrac{2}{b} - \dfrac{3}{a} + \dfrac{4}{ab}\right)\sqrt{ab} = \left(\dfrac{2a - 3b + 4}{ab}\right)\sqrt{ab}$

Multiplicação de radicais

8.8 (a) $(2\sqrt{7})(3\sqrt{5}) = (2\cdot 3)\sqrt{7\cdot 5} = 6\sqrt{35}$

(b) $(3\sqrt[3]{2})(5\sqrt[3]{6})(8\sqrt[3]{4}) = (3\cdot 5\cdot 8)\sqrt[3]{2\cdot 6\cdot 4} = 120\sqrt[3]{48} = 240\sqrt[3]{6}$

(c) $(\sqrt[3]{18x^2})(\sqrt[3]{2x}) = \sqrt[3]{36x^3} = x\sqrt[3]{36}$

(d) $\sqrt[4]{ab^{-1}c^5}\cdot\sqrt[4]{a^3b^3c^{-1}} = \sqrt[4]{a^4b^2c^4} = \sqrt{a^2bc^2} = ac\sqrt{b}$

(e) $\sqrt{3}\cdot\sqrt[3]{2} = 3^{1/2}\cdot 2^{1/3} = 3^{3/6}\cdot 2^{2/6} = \sqrt[6]{3^3\cdot 2^2} = \sqrt[6]{108}$

(f) $(\sqrt[3]{14})(\sqrt[4]{686}) = (\sqrt[3]{7\cdot 2})(\sqrt[4]{7^3\cdot 2}) = (7^{1/3}\cdot 2^{1/3})(7^{3/4}\cdot 2^{1/4}) = (7^{4/12}\cdot 2^{4/12})(7^{9/12}\cdot 2^{3/12})$
$= 7(7^{1/12}\cdot 2^{7/12}) = 7\sqrt[12]{7\cdot 2^7} = 7\sqrt[12]{896}$

(g) $(-\sqrt{5}\sqrt[3]{x})^6 = 5^{6/2}x^{6/3} = 5^3x^2 = 125x^2$

(h) $(\sqrt{4\times 10^{-6}})(\sqrt{8{,}1\times 10^3})(\sqrt{0{,}0016}) = (\sqrt{4\times 10^{-6}})(\sqrt{81\times 10^2})(\sqrt{16\times 10^{-4}})$
$= (2\times 10^{-3})(9\times 10)(4\times 10^{-2}) = 72\times 10^{-4} = 0{,}0072$

(i) $(\sqrt{6} + \sqrt{3})(\sqrt{6} - 2\sqrt{3}) = \sqrt{6}\sqrt{6} + \sqrt{3}\sqrt{6} + (\sqrt{6})(-2\sqrt{3}) + (\sqrt{3})(-2\sqrt{3})$
$= 6 + \sqrt{18} - 2\sqrt{18} - 2\cdot 3 = -\sqrt{18} = -3\sqrt{2}$

(j) $(\sqrt{5} + \sqrt{2})^2 = (\sqrt{5})^2 + 2(\sqrt{5})(\sqrt{2}) + (\sqrt{2})^2 = 5 + 2\sqrt{10} + 2 = 7 + 2\sqrt{10}$

(k) $(7\sqrt{5} - 4\sqrt{3})^2 = (7\sqrt{5})^2 - 2(7\sqrt{5})(4\sqrt{3}) + (4\sqrt{3})^2$
$= 7^2\cdot 5 - 2\cdot 7\cdot 4\sqrt{15} + 4^2\cdot 3 = 245 - 56\sqrt{15} + 48 = 293 - 56\sqrt{15}$

(l) $(\sqrt{3}+1)(\sqrt{3}-1) = (\sqrt{3})^2 - (1)^2 = 3 - 1 = 2$

(m) $(2\sqrt{3} - \sqrt{5})(2\sqrt{3} + \sqrt{5}) = (2\sqrt{3})^2 - (\sqrt{5})^2 = 4 \cdot 3 - 5 = 12 - 5 = 7$

(n) $(2\sqrt{5} - 3\sqrt{2})(2\sqrt{5} + 3\sqrt{2}) = (2\sqrt{5})^2 - (3\sqrt{2})^2 = 4 \cdot 5 - 9 \cdot 2 = 20 - 18 = 2$

(o) $(2 + \sqrt[3]{3})(2 - \sqrt[3]{3}) = 4 - \sqrt[3]{9}$

(p) $(3\sqrt{2} + 2\sqrt[3]{4})(3\sqrt{2} - 2\sqrt[3]{4}) = (3\sqrt{2})^2 - (2\sqrt[3]{4})^2 = 18 - 4\sqrt[3]{16} = 18 - 8\sqrt[3]{2}$

(q) $(3\sqrt{2} - 4\sqrt{5})(2\sqrt{3} + 3\sqrt{6}) = (3\sqrt{2})(2\sqrt{3}) - (4\sqrt{5})(2\sqrt{3}) + (3\sqrt{2})(3\sqrt{6}) - (4\sqrt{5})(3\sqrt{6})$
$= 6\sqrt{6} - 8\sqrt{15} + 9\sqrt{12} - 12\sqrt{30} = 6\sqrt{6} - 8\sqrt{15} + 18\sqrt{3} - 12\sqrt{30}$

(r) $(\sqrt{x+y} - z)(\sqrt{x+y} + z) = x + y - z^2$

(s) $(2\sqrt{x-1} - x\sqrt{2})(3\sqrt{x-1} + 2x\sqrt{2}) = 6(x-1) - 3x\sqrt{2(x-1)} + 4x\sqrt{2(x-1)} - 4x^2$
$= 6(x-1) + x\sqrt{2(x-1)} - 4x^2$

8.9 (a) $(\sqrt{2} + \sqrt{3} + \sqrt{5})(\sqrt{2} + \sqrt{3} - \sqrt{5})$
$= [(\sqrt{2} + \sqrt{3}) + \sqrt{5}][(\sqrt{2} + \sqrt{3}) - \sqrt{5}]$
$= (\sqrt{2} + \sqrt{3})^2 - (\sqrt{5})^2 = 2 + 2\sqrt{6} + 3 - 5 = 2\sqrt{6}$

(b) $(2\sqrt{3} + 3\sqrt{2} + 1)(2\sqrt{3} - 3\sqrt{2} - 1) = [2\sqrt{3} + (3\sqrt{2} + 1)][2\sqrt{3} - (3\sqrt{2} + 1)]$
$= (2\sqrt{3})^2 - (3\sqrt{2} + 1)^2 = 12 - (9 \cdot 2 + 6\sqrt{2} + 1) = -7 - 6\sqrt{2}$

(c) $(\sqrt{2} + \sqrt{3} + \sqrt{5})^2 = (\sqrt{2})^2 + (\sqrt{3})^2 + (\sqrt{5})^2 + 2(\sqrt{2})(\sqrt{3}) + 2(\sqrt{3})(\sqrt{5}) + 2(\sqrt{2})(\sqrt{5})$
$= 2 + 3 + 5 + 2\sqrt{6} + 2\sqrt{15} + 2\sqrt{10} = 10 + 2\sqrt{6} + 2\sqrt{15} + 2\sqrt{10}$

(d) $\left(\sqrt{6 + 3\sqrt{3}}\right) \cdot \left(\sqrt{6 - 3\sqrt{3}}\right) = \sqrt{(6 + 3\sqrt{3})(6 - 3\sqrt{3})} = \sqrt{36 - 9 \cdot 3} = \sqrt{9} = 3$

(e) $(\sqrt{a+b} - \sqrt{a-b})^2 = a + b - 2\sqrt{(a+b)(a-b)} + a - b = 2a - 2\sqrt{a^2 - b^2}$

Divisão de radicais e racionalização de denominadores

8.10 (a) $\dfrac{10\sqrt{6}}{5\sqrt{2}} = \dfrac{10}{5}\sqrt{\dfrac{6}{2}} = 2\sqrt{3}$

(b) $\dfrac{2\sqrt[4]{30}}{3\sqrt[4]{5}} = \dfrac{2}{3}\sqrt[4]{\dfrac{30}{5}} = \dfrac{2}{3}\sqrt[4]{6}$

(c) $\dfrac{4x}{y} \cdot \dfrac{\sqrt[3]{x^2y^2}}{\sqrt[3]{xy}} = \dfrac{4x}{y}\sqrt[3]{\dfrac{x^2y^2}{xy}} = \dfrac{4x}{y}\sqrt[3]{xy}$

(d) $\dfrac{\sqrt{2}}{\sqrt{3}} = \sqrt{\dfrac{2}{3}} = \sqrt{\dfrac{2}{3} \cdot \dfrac{3}{3}} = \sqrt{\dfrac{6}{9}} = \dfrac{1}{3}\sqrt{6}$

(e) $\dfrac{\sqrt[3]{2}}{\sqrt[3]{3}} = \sqrt[3]{\dfrac{2}{3}} = \sqrt[3]{\dfrac{2}{3} \cdot \dfrac{9}{9}} = \sqrt[3]{\dfrac{18}{27}} = \dfrac{1}{3}\sqrt[3]{18}$

(f) $\sqrt[5]{\dfrac{1}{2}} = \sqrt[5]{\dfrac{1}{2} \cdot \dfrac{16}{16}} = \sqrt[5]{\dfrac{16}{32}} = \dfrac{1}{2}\sqrt[5]{16}$

(g) $\dfrac{\sqrt{3} + 4\sqrt{2} - 5\sqrt{8}}{\sqrt{2}} = \dfrac{\sqrt{3} + 4\sqrt{2} - 5\sqrt{8}}{\sqrt{2}} \cdot \dfrac{\sqrt{2}}{\sqrt{2}} = \dfrac{\sqrt{6} + 4 \cdot 2 - 5\sqrt{16}}{2} = \dfrac{\sqrt{6} - 12}{2}$

(h) $\dfrac{3}{\sqrt{5}+\sqrt{2}} = \dfrac{3}{\sqrt{5}+\sqrt{2}} \cdot \dfrac{\sqrt{5}-\sqrt{2}}{\sqrt{5}-\sqrt{2}} = \dfrac{3(\sqrt{5}-\sqrt{2})}{5-2} = \sqrt{5}-\sqrt{2}$

(i) $\dfrac{1+\sqrt{2}}{1-\sqrt{2}} = \dfrac{1+\sqrt{2}}{1-\sqrt{2}} \cdot \dfrac{1+\sqrt{2}}{1+\sqrt{2}} = \dfrac{1+2\sqrt{2}+2}{1-2} = -(3+2\sqrt{2})$

(j) $\dfrac{1}{x-\sqrt{x^2-y^2}} - \dfrac{1}{x+\sqrt{x^2-y^2}} = \dfrac{(x+\sqrt{x^2-y^2})-(x-\sqrt{x^2-y^2})}{(x-\sqrt{x^2-y^2})(x+\sqrt{x^2-y^2})} = \dfrac{2\sqrt{x^2-y^2}}{y^2}$

(k) $\dfrac{3\sqrt{3}}{4\sqrt[3]{2}} = \dfrac{3\sqrt{3}}{4\sqrt[3]{2}} \cdot \dfrac{\sqrt[3]{4}}{\sqrt[3]{4}} = \dfrac{3(3^{3/6})(4^{2/6})}{4\sqrt[3]{8}} = \dfrac{3\sqrt[6]{3^3 \cdot 4^2}}{8} = \dfrac{3}{8}\sqrt[6]{432}$

(l) $\dfrac{\sqrt{x-1}-\sqrt{x+1}}{\sqrt{x-1}+\sqrt{x+1}} \cdot \dfrac{\sqrt{x-1}-\sqrt{x+1}}{\sqrt{x-1}-\sqrt{x+1}} = \dfrac{(x-1)-2\sqrt{(x-1)(x+1)}+(x+1)}{(x-1)-(x+1)} = \sqrt{x^2-1}-x$

(m) $\dfrac{x+\sqrt{x}}{1+\sqrt{x}+x} = \dfrac{x+\sqrt{x}}{1+x+\sqrt{x}} \cdot \dfrac{1+x-\sqrt{x}}{1+x-\sqrt{x}} = \dfrac{x^2+\sqrt{x}}{(1+x)^2-x} = \dfrac{x^2+\sqrt{x}}{1+x+x^2}$

(n) $\dfrac{1}{\sqrt[3]{3}+\sqrt[3]{4}} = \dfrac{1}{3^{1/3}+4^{1/3}}$ faça $x=3^{1/3}$, $y=4^{1/3}$. Então

$\dfrac{1}{x+y} \cdot \dfrac{x^2-xy+y^2}{x^2-xy+y^2} = \dfrac{x^2-xy+y^2}{x^3+y^3} = \dfrac{3^{2/3}-3^{1/3}4^{1/3}+4^{2/3}}{(3^{1/3})^3+(4^{1/3})^3} = \dfrac{\sqrt[3]{9}-\sqrt[3]{12}+2\sqrt[3]{2}}{7}$

(o) $\dfrac{1}{\sqrt[3]{x}-\sqrt[3]{y}} = \dfrac{1(\sqrt[3]{x^2}+\sqrt[3]{xy}+\sqrt[3]{y^2})}{(\sqrt[3]{x}-\sqrt[3]{y})(\sqrt[3]{x^2}+\sqrt[3]{xy}+\sqrt[3]{y^2})} = \dfrac{\sqrt[3]{x^2}+\sqrt[3]{xy}+\sqrt[3]{y^2}}{x-y}$

(p) $\dfrac{m+n}{\sqrt[3]{m}+\sqrt[3]{n}} = \dfrac{(m+n)(\sqrt[3]{m^2}-\sqrt[3]{mn}+\sqrt[3]{n^2})}{(\sqrt[3]{m}+\sqrt[3]{n})(\sqrt[3]{m^2}-\sqrt[3]{mn}+\sqrt[3]{n^2})} = \dfrac{(m+n)(\sqrt[3]{m^2}-\sqrt[3]{mn}+\sqrt[3]{n^2})}{(m+n)}$
$= \sqrt[3]{m^2}-\sqrt[3]{mn}+\sqrt[3]{n^2}$

Problemas Complementares

Mostre que:

8.11 (a) $\sqrt{72}=6\sqrt{2}$

(b) $\sqrt{27}=3\sqrt{3}$

(c) $3\sqrt{20}=6\sqrt{5}$

(d) $\dfrac{2}{5}\sqrt{50a^2}=2a\sqrt{2}$ (supondo $a \geq 0$)

(e) $\dfrac{a}{b}\sqrt{75a^3b^2}=5a^2\sqrt{3a}$

(f) $\dfrac{4}{ab}\sqrt{98a^2b^3}=28\sqrt{2b}$

(g) $\sqrt[3]{640}=4\sqrt[3]{10}$

(h) $\sqrt[3]{88x^3y^6z^5}=2xy^2z\sqrt[3]{11z^2}$

(i) $\sqrt{a/b}=\dfrac{\sqrt{ab}}{b}$

(j) $14\sqrt{2/7}=2\sqrt{14}$

(k) $3\sqrt[3]{2/3}=\sqrt[3]{18}$

(l) $\dfrac{3a}{4}\sqrt[3]{\dfrac{3}{2a}}=\dfrac{3}{8}\sqrt[3]{12a^2}$

(m) $xyz\sqrt{\dfrac{5}{2x^2yz}}=\dfrac{1}{2}\sqrt{10yz}$

(n) $60\sqrt{4/45}=8\sqrt{5}$

(o) $3\sqrt[4]{4/9}=\sqrt{6}$

8.12 (a) $\sqrt{27} + \sqrt{48} - \sqrt{12} = 5\sqrt{3}$　　(d) $5\sqrt{2} - 3\sqrt{50} + 7\sqrt{288} = 74\sqrt{2}$

　　(b) $5\sqrt{8} - 3\sqrt{18} = \sqrt{2}$　　(e) $\sqrt{16a^3 - 48a^2 b} = 4a\sqrt{a - 3b}$　　$(a \geq 0)$

　　(c) $2\sqrt{150} - 4\sqrt{54} + 6\sqrt{48} = 24\sqrt{3} - 2\sqrt{6}$　　(f) $3\sqrt[3]{16a^3} + 8\sqrt[3]{a^3/4} = 10a\sqrt[3]{2}$

　　(g) $\sqrt{\sqrt[3]{128}} = 2\sqrt[6]{2}$　　(k) $(x+1)\sqrt[3]{16x^2} - 4x\sqrt[3]{x^2/4} = 2\sqrt[3]{2x^2}$

　　(h) $\sqrt[n]{x^{n+1} y^{2n-1} z^{3n}} = xy^2 z^3 \sqrt[n]{x/y}$　　(l) $2\sqrt{54} - 6\sqrt{2/3} - \sqrt{96} = 0$

　　(i) $3\sqrt[4]{9} - 2\sqrt[6]{27} = \sqrt{3}$　　(m) $4\sqrt{x/y} + \dfrac{3}{\sqrt[4]{x^2 y^2}} - 5\sqrt[6]{y^3/x^3} = \dfrac{4x - 5y + 3}{xy}\sqrt{xy}$

　　(j) $6\sqrt{8a^3/3} - 2\sqrt{24ab^2} + a\sqrt{54a} = (7a - 4b)\sqrt{6a}$　　$a, b \geq 0$

8.13 (a) $(3\sqrt{8})(6\sqrt{5}) = 36\sqrt{10}$　　(l) $\sqrt{8 - 2\sqrt{7}}\sqrt{8 + 2\sqrt{7}} = 6$

　　(b) $\sqrt{48x^5}\sqrt{3x^3} = 12x^4$　　(m) $\dfrac{4 + \sqrt{8}}{2} = 2 + \sqrt{2}$

　　(c) $\sqrt[3]{2}\sqrt[3]{32} = 4$　　(n) $\dfrac{6 - \sqrt{18}}{3} = 2 - \sqrt{2}$

　　(d) $\sqrt{2}(\sqrt{2} + \sqrt{18}) = 8$　　(o) $\dfrac{3}{\sqrt{2}} - \sqrt{\dfrac{1}{2}} = \sqrt{2}$

　　(e) $(5 + \sqrt{2})(5 - \sqrt{2}) = 23$　　(p) $\dfrac{8 + 4\sqrt{48}}{8} = 1 + 2\sqrt{3}$

　　(f) $(x + \sqrt{y})(x + \sqrt{y}) = x^2 - y$　　(q) $\dfrac{36 - 2\sqrt[3]{81}}{6} = 6 - \sqrt[3]{3}$

　　(g) $(2\sqrt{3} - \sqrt{6})(3\sqrt{3} + 3\sqrt{6}) = 9\sqrt{2}$

　　(h) $(3\sqrt{2} - 2\sqrt{3})(4\sqrt{2} + 3\sqrt{3}) = 6 + \sqrt{6}$

　　(i) $(\sqrt{2} - \sqrt{3})^2 + (\sqrt{2} + \sqrt{3})^2 = 10$

　　(j) $(2\sqrt{a} + 5\sqrt{a-b})(\sqrt{a} + \sqrt{a-b}) = 7a - 5b + 7\sqrt{a^2 - ab}$

　　(k) $(\sqrt{3} + \sqrt{5} + \sqrt{7})(\sqrt{3} + \sqrt{5} - \sqrt{7}) = 1 + 2\sqrt{15}$

8.14 (a) $\dfrac{2\sqrt{24x^3}}{\sqrt{3x}} = 4x\sqrt{2}$　　$(x > 0)$　　(i) $\dfrac{\sqrt{2}}{\sqrt[3]{3}} = \dfrac{\sqrt{2}\sqrt[3]{9}}{3} = \dfrac{\sqrt[6]{648}}{3}$

　　(b) $\dfrac{a\sqrt{b}}{b\sqrt{a}} = \dfrac{\sqrt{ab}}{b}$　　(j) $\dfrac{\sqrt[3]{20} - \sqrt[3]{18}}{\sqrt[3]{12}} = \dfrac{1}{3}\sqrt[3]{45} - \dfrac{1}{2}\sqrt[3]{12}$

　　(c) $\dfrac{\sqrt{3} + \sqrt{2}}{\sqrt{2}} = 1 + \dfrac{1}{2}\sqrt{6}$　　(k) $\dfrac{1}{\sqrt{7} - 2} = \dfrac{\sqrt{7} + 2}{3}$

　　(d) $\dfrac{\sqrt{6} - \sqrt{10} - \sqrt{12}}{\sqrt{18}} = \dfrac{\sqrt{3} - \sqrt{5} - \sqrt{6}}{\sqrt{3}}$　　(l) $\dfrac{5}{3 + \sqrt{2}} = \dfrac{5}{7}(3 - \sqrt{2})$

　　(e) $\sqrt[3]{\dfrac{9V^2}{16\pi^2}} = \dfrac{1}{4\pi}\sqrt[3]{36\pi V^2}$　　(m) $\dfrac{-2}{2 - \sqrt{3}} = -4 - 2\sqrt{3}$

　　(f) $\dfrac{6a}{\sqrt[3]{12}} = a\sqrt[3]{18}$　　(n) $\dfrac{s\sqrt{3}}{\sqrt{3} - 1} = \dfrac{3s}{2} + \dfrac{s\sqrt{3}}{2}$

　　(g) $\dfrac{\sqrt[5]{3a^7 b^6 c^5}}{\sqrt[5]{24a^2 bc}} = \dfrac{ab}{2}\sqrt[5]{4c^4}$　　(o) $\dfrac{2\sqrt{3} - 1}{\sqrt{3} + 2} = 5\sqrt{3} - 8$

　　(h) $\sqrt[3]{\dfrac{x^{-2} y^{-3} z^{-1}}{4xyz^2}} = \dfrac{1}{2xy^2 z}\sqrt[3]{2y^2}$　　(p) $\dfrac{1 - \sqrt{x+1}}{1 + \sqrt{x+1}} = \dfrac{2\sqrt{x+1} - x - 2}{x}$

Capítulo 9

Operações Simples com Números Complexos

9.1 NÚMEROS COMPLEXOS

A unidade dos números imaginários é $\sqrt{-1}$ e é designada pela letra i. Muitas regras que valem para números reais se aplicam também para números imaginários.

Desta maneira, $\sqrt{-4} = \sqrt{(4)(-1)} = 2\sqrt{-1} = 2i$, $\sqrt{-18} = \sqrt{(18)(-1)} = \sqrt{18}\sqrt{-1} = 3\sqrt{2}i$. Devido a $i = \sqrt{-1}$, também temos $i^2 = -1$, $i^3 = i^2 \cdot i = (-1)i = -i$, $i^4 = (i^2)^2 = (-1)^2 = 1$, $i^5 = i^4 \cdot i = 1 \cdot i = i$, e resultados análogos para qualquer potência inteira de i.

Nota. Devemos ter muito cuidado ao aplicar algumas das regras que valem para números reais. Por exemplo, podemos ficar tentados a escrever

$$\sqrt{-4}\sqrt{-4} = \sqrt{(-4)(-4)} = \sqrt{16} = 4, \text{ que está incorreto.}$$

Para evitar tais dificuldades, sempre expresse $\sqrt{-m}$, onde m é um número positivo, como $\sqrt{m}i$; use $i^2 = -1$ sempre que aparecer. Assim:

$$\sqrt{-4}\sqrt{-4} = (2i)(2i) = 4i^2 = -4, \text{ que está correto.}$$

Um número complexo é uma expressão da forma $a + bi$, onde a e b são números reais e $i = \sqrt{-1}$.* No número complexo $a + bi$, a é chamado a *parte real* e bi a *parte imaginária*. Quando $a = 0$, o número complexo é chamado de *imaginário puro*. Se $b = 0$, o número complexo se reduz ao número real a. Portanto, os números complexos incluem todos os números reais e imaginários puros.

Dois números complexos $a + bi$ e $c + di$ são *iguais* se, e somente se, $a = c$ e $b = d$. Desta forma, $a + bi = 0$ se, e somente se, $a = 0$, $b = 0$. Caso $c + di = 3$, então $c = 3$, $d = 0$.

O conjugado de um número complexo $a + bi$ é $a - bi$ e vale a recíproca. Logo, $5 - 3i$ e $5 + 3i$ são conjugados.

9.2 REPRESENTAÇÃO GRÁFICA DE NÚMEROS COMPLEXOS

Empregando eixos de coordenadas retangulares, o número complexo $x + yi$ corresponde, ou é representado, pelo ponto cujas coordenadas são (x, y). Ver Fig. 9-1.

---

* N. de R. T.: A rigor, esta é a notação mais usual. Um número complexo pode ser definido, por exemplo, como um par ordenado (a, b) de números reais tal que $(a, b) + (c, d) = (a + c, b + d)$ e $(a, b) \cdot (c, d) = (ac - bd, ad + bc)$, sendo c e d números reais. Neste caso, a unidade imaginária é o par ordenado $(0, 1)$. Assim é fácil provar que $(a, b) = (1, 0)(a, 0) + (0, 1)(b, 0)$, abreviadamente denotado por $a + bi$.

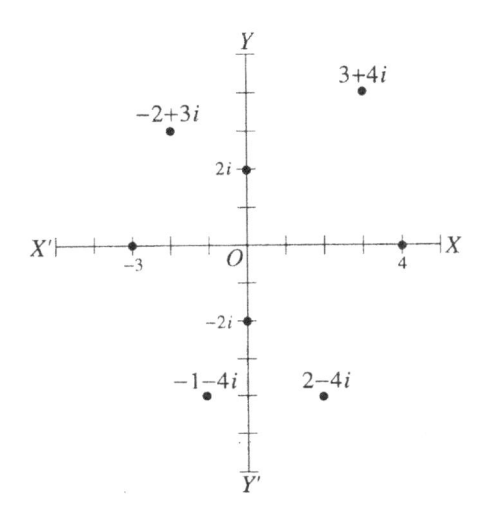

Figura 9-1

Para representar o número complexo $3 + 4i$, medimos 3 unidades de distância ao longo de $X'X$ para a direita de O e então subimos 4 unidades de distância.

Para representar o número $-2 + 3i$, medimos 2 unidades de distância ao longo de $X'X$ para a esquerda de O e então subimos 4 unidades de distância.

Para representar o número $-1 - 4i$ medimos 1 unidade de distância ao longo de $X'X$ para a esquerda de O e então descemos 4 unidades.

Para representar $2 - 4i$, medimos 2 unidades ao longo de $X'X$ para a direita de O e então descemos 4 unidades.

Números imaginários puros (como $2i$ e $-2i$) são representados por pontos no segmento de reta $Y'Y$. Números reais (como 4 e -3) são representados por pontos no segmento $X'X$.

9.3 OPERAÇÕES ALGÉBRICAS COM NÚMEROS COMPLEXOS

Para *adicionar* dois números complexos, adicione as partes reais e imaginárias separadamente. Assim,

$$(a + bi) + (c + di) = (a + c) + (b + d)i$$
$$(5 + 4i) + (3 + 2i) = (5 + 3) + (4 + 2)i = 8 + 6i$$
$$(-6 + 2i) + (4 - 5i) = (-6 + 4) + (2 - 5)i = -2 - 3i.$$

Para *subtrair* dois números complexos, subtraia as partes reais e imaginárias separadamente. Desta maneira,

$$(a + bi) - (c + di) = (a - c) + (b - d)i$$
$$(3 + 2i) - (5 - 3i) = (3 - 5) + (2 + 3)i = -2 + 5i$$
$$(-1 + i) - (-3 + 2i) = (-1 + 3) + (1 - 2)i = 2 - i.$$

Para *multiplicar* dois números complexos, considere os números como simples binômios e substitua -1 por i^2. Então,

$$(a + bi)(c + di) = ac + adi + bci + bdi^2 = (ac - bd) + (ad + bc)i$$
$$(5 + 3i)(2 - 2i) = 10 - 10i + 6i - 6i^2 = 10 - 4i - 6(-1) = 16 - 4i.$$

Para *dividir* dois números complexos, multiplique numerador e denominador da fração pelo conjugado do denominador, substituindo i^2 por -1. Logo,

$$\frac{2+i}{3-4i} = \frac{2+i}{3-4i} \cdot \frac{3+4i}{3+4i} = \frac{6+8i+3i+4i^2}{9-16i^2} = \frac{2+11i}{25} = \frac{2}{25} + \frac{11}{25}i.$$

Problemas Resolvidos

9.1 Expresse cada número a seguir em termos de i.

(a) $\sqrt{-25} = \sqrt{(25)(-1)} = \sqrt{25}\sqrt{-1} = 5i$

(b) $3\sqrt{-36} = 3\sqrt{36}\sqrt{-1} = 3 \cdot 6 \cdot i = 18i$

(c) $-4\sqrt{-81} = -4\sqrt{81}\sqrt{-1} = -4 \cdot 9 \cdot i = -36i$

(d) $\sqrt{-\frac{1}{2}} = \sqrt{\frac{1}{2}}\sqrt{-1} = \sqrt{\frac{2}{4}}i = \frac{\sqrt{2}}{2}i$

(e) $2\sqrt{\frac{-16}{25}} - 3\sqrt{\frac{-49}{100}} = 2 \cdot \frac{4}{5}i - 3 \cdot \frac{7}{10}i = \frac{8}{5}i - \frac{21}{10}i = \frac{16}{10}i - \frac{21}{10}i = -\frac{1}{2}i$

(f) $\sqrt{-12} - \sqrt{-3} = \sqrt{12}i - \sqrt{3}i = 2\sqrt{3}i - \sqrt{3}i = \sqrt{3}i$

(g) $3\sqrt{-50} + 5\sqrt{-18} - 6\sqrt{-200} = 15\sqrt{2}i + 15\sqrt{2}i - 60\sqrt{2}i = -30\sqrt{2}i$

(h) $-2 + \sqrt{-4} = -2 + \sqrt{4}i = -2 + 2i$

(i) $6 - \sqrt{-50} = 6 - \sqrt{50}i = 6 - 5\sqrt{2}i$

(j) $\sqrt{8} + \sqrt{-8} = \sqrt{8} + \sqrt{8}i = 2\sqrt{2} + 2\sqrt{2}i$

(k) $\frac{1}{5}(-10 + \sqrt{-125}) = \frac{1}{5}(-10 + 5\sqrt{5}i) = -2 + \sqrt{5}i$

(l) $\frac{1}{4}(\sqrt{32} + \sqrt{-128}) = \frac{1}{4}(4\sqrt{2} + 8\sqrt{2}i) = \sqrt{2} + 2\sqrt{2}i$

(m) $\frac{\sqrt[3]{-8} + \sqrt{-8}}{2} = \frac{-2 + 2\sqrt{2}i}{2} = -1 + \sqrt{2}i$

9.2 Realize as operações indicadas algébrica e graficamente:

(a) $(2 + 6i) + (5 + 3i)$, (b) $(-4 + 2i) - (3 + 5i)$.

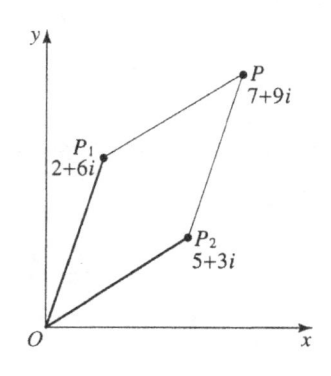

Figura 9-2 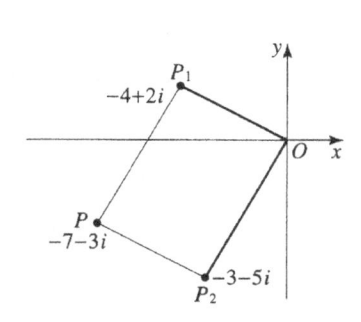   *Figura 9-3*

Solução

(*a*) Algebricamente: $(2+6i)+(5+3i)=7+9i$

Graficamente: represente os dois números complexos pelos pontos P_1 e P_2, respectivamente, como indicado na Fig. 9-2. Ligue P_1 e P_2 com a origem O. Complete o paralelogramo com lados adjacentes OP_1 e OP_2. O vértice P (ponto $7+9i$) representa a soma dos dois números complexos dados.

(*b*) Algebricamente: $(-4+2i)-(3+5i)=-7-3i$

Graficamente: $(-4+2i)-(3+5i)=(-4+2i)+(-3-5i)$. Agora adicionamos $(-4+2i)$ a $(-3-5i)$. Represente os dois números complexos $(-4+2i)$ e $(-3-5i)$ pelos pontos P_1 e P_2, respectivamente, como mostra a Fig. 9-3. Ligue P_1 e P_2 com a origem O. Complete o paralelogramo com lados adjacentes OP_1 e OP_2. O vértice P (ponto $-7-3i$) representa a subtração $(-4+2i)-(3+5i)$.

9.3 Efetue as operações indicadas e simplifique.

(*a*) $(5-2i)+(6+3i)=11+i$

(*b*) $(6+3i)-(4-2i)=6+3i-4+2i=2+5i$

(*c*) $(5-3i)-(-2+5i)=5-3i+2-5i=7-8i$

(*d*) $\left(\dfrac{3}{2}+\dfrac{5}{8}i\right)+\left(-\dfrac{1}{4}+\dfrac{1}{4}i\right)=\dfrac{3}{2}-\dfrac{1}{4}+\left(\dfrac{5}{8}+\dfrac{1}{4}\right)i=\dfrac{5}{4}+\dfrac{7}{8}i$

(*e*) $(a+bi)+(a-bi)=2a$

(*f*) $(a+bi)-(a-bi)=a+bi-a+bi=2bi$

(*g*) $(5-\sqrt{-125})-(4-\sqrt{-20})=(5-5\sqrt{5}i)-(4-2\sqrt{5}i)=1-3\sqrt{5}i$

9.4 (*a*) $\sqrt{-2}\sqrt{-32}=(\sqrt{2}i)(\sqrt{32}i)=\sqrt{2}\sqrt{32}i^2=\sqrt{64}(-1)=-8$

(*b*) $-3\sqrt{-5}\sqrt{-20}=-3(\sqrt{5}i)(\sqrt{20}i)=-3(\sqrt{5}\sqrt{20})i^2=-3\sqrt{100}(-1)=30$

(*c*) $(4i)(-3i)=-12i^2=12$

(*d*) $(6i)^2=36i^2=-36$

(*e*) $(2\sqrt{-1})^3=(2i)^3=8i^3=8i(i^2)=-8i$

(*f*) $3i(i+2)=3i^2+6i=-3+6i$

(*g*) $(3-2i)(4+i)=3\cdot 4+3\cdot i-(2i)4-(2i)i=12+3i-8i+2=14-5i$

(*h*) $(5-3i)(i+2)=5i+10-3i^2-6i=5i+10+3-6i=13-i$

(*i*) $(5+3i)^2=5^2+2(5)3i+(3i)^2=25+30i+9i^2=16+30i$

(*j*) $(2-i)(3+2i)(1-4i)=(6+4i-3i-2i^2)(1-4i)=(8+i)(1-4i)$
$=8-32i+i-4i^2=12-31i$

(*k*) $\left(\dfrac{\sqrt{2}}{2}+\dfrac{\sqrt{2}}{2}i\right)^2=\left(\dfrac{\sqrt{2}}{2}\right)^2+2\left(\dfrac{\sqrt{2}}{2}\right)\left(\dfrac{\sqrt{2}}{2}i\right)+\left(\dfrac{\sqrt{2}}{2}i\right)^2=\dfrac{1}{2}+i-\dfrac{1}{2}=i$

(*l*) $(1+i)^3=1+3i+3i^2+i^3=1+3i-3-i=-2+2i$

(*m*) $(3-2i)^3=3^3+3(3^2)(-2i)+3(3)(-2i)^2+(-2i)^3$
$=27+3(9)(-2i)+3(3)(4i^2)-8i^3=27-54i-36+8i=-9-46i$

(*n*) $(3+2i)^3=3^3+3(3^2)(2i)+3(3)(2i)^2+(2i)^3$
$=27+54i+36i^2+8i^3=27+54i-36-8i=-9+46i$

(*o*) $(1+2i)^4=[(1+2i)^2]^2=(1+4i+4i^2)^2=(-3+4i)^2=9-24i+16i^2=-7-24i$

(*p*) $(-1+i)^8=[(-1+i)^2]^4=(1-2i+i^2)^4=(-2i)^4=16i^4=16$

9.5 (a) $\dfrac{1+i}{3-i} = \dfrac{1+i}{3-i} \cdot \dfrac{3+i}{3+i} = \dfrac{3+3i+i+i^2}{3^2-i^2} = \dfrac{2+4i}{10} = \dfrac{1}{5} + \dfrac{2}{5}i$

(b) $\dfrac{1}{i} = \dfrac{1}{i}\left(\dfrac{-i}{-i}\right) = \dfrac{-i}{-i^2} = \dfrac{-i}{1} = -i$

(c) $\dfrac{2\sqrt{3}+\sqrt{2}i}{3\sqrt{2}-4\sqrt{3}i} = \dfrac{2\sqrt{3}+\sqrt{2}i}{3\sqrt{2}-4\sqrt{3}i} \cdot \dfrac{3\sqrt{2}+4\sqrt{3}i}{3\sqrt{2}+4\sqrt{3}i} = \dfrac{(2\sqrt{3}+\sqrt{2}i)(3\sqrt{2}+4\sqrt{3}i)}{(3\sqrt{2})^2 - (4\sqrt{3})^2 i^2}$

$= \dfrac{6\sqrt{6}+8\sqrt{9}i+3\sqrt{4}i+4\sqrt{6}i^2}{18+48} = \dfrac{2\sqrt{6}+30i}{66} = \dfrac{\sqrt{6}}{33} + \dfrac{5}{11}i$

Problemas Complementares

9.6 Expresse os seguintes números em termos de i.

(a) $2\sqrt{-49}$ (d) $4\sqrt{-1/8}$ (g) $\dfrac{-4+\sqrt{-4}}{2}$ (i) $4\sqrt{-81} - 3\sqrt{-36} + 4\sqrt{25}$

(b) $-4\sqrt{-64}$ (e) $3\sqrt{-25} - 5\sqrt{-100}$ (h) $\dfrac{1}{6}(-12 - \sqrt{-288})$ (j) $3\sqrt{12} - 3\sqrt{-12}$

(c) $6\sqrt{-1/9}$ (f) $2\sqrt{-72} + 3\sqrt{-32}$

9.7 Realize as operações indicadas algébrica e graficamente.

(a) $(3 + 2i) + (2 + 3i)$ (c) $(4 - 3i) - (-2 + i)$

(b) $(2 - i) + (-4 + 5i)$ (d) $(-2 + 2i) - (-2 - i)$

9.8 Efetue cada operação indicada e simplifique.

(a) $(3 + 4i) + (-1 - 6i)$ (g) $(2i)^4$ (m) $(3 - 4i)^2$

(b) $(-2 + 5i) - (3 - 2i)$ (h) $(\tfrac{1}{2}\sqrt{-3})^6$ (n) $(1 + i)(2 + 2i)(3 - i)$

(c) $\left(\dfrac{2}{3} - \dfrac{1}{2}i\right) - \left(-\dfrac{1}{3} + \dfrac{1}{2}i\right)$ (i) $5i(2 - i)$ (o) $(i - 1)^3$

(d) $(3 + \sqrt{-8}) - (2 - \sqrt{-32})$ (j) $(2 + i)(2 - i)$ (p) $(2 + 3i)^3$

(e) $\sqrt{-3}\sqrt{-12}$ (k) $(-3 + 4i)(-3 - 4i)$ (q) $(1 - i)^4$

(f) $(-i\sqrt{2})(i\sqrt{2})$ (l) $(2 - 5i)(3 + 2i)$ (r) $(i + 2)^5$

9.9 (a) $\dfrac{2-5i}{4+3i}$ (d) $\dfrac{3-\sqrt{2}i}{\sqrt{2}i}$ (g) $\dfrac{i+i^2+i^3+i^4}{1+i}$

(b) $\dfrac{-1}{2-2i}$ (e) $\dfrac{1}{1-2i} + \dfrac{3}{1+4i}$ (h) $\dfrac{i^{26}-i}{i-1}$

(c) $\dfrac{3\sqrt{2}+2\sqrt{3}i}{3\sqrt{2}-2\sqrt{3}i}$ (f) $\dfrac{5}{3-4i} + \dfrac{10}{4+3i}$ (i) $\left(\dfrac{4i^{11}-i}{1+2i}\right)^2$

Respostas dos Problemas Complementares

9.6 (a) $14i$ (c) $2i$ (e) $-35i$ (g) $-2+i$ (i) $18i+20$

(b) $-32i$ (d) $\sqrt{2}i$ (f) $24\sqrt{2}i$ (h) $-2 - 2\sqrt{2}i$ (j) $6\sqrt{3} - 6\sqrt{3}i$

9.7 (a) $5 + 5i$ e Fig. 9-4   (c) $6 - 4i$ e Fig. 9-6

(b) $-2 + 4i$ e Fig. 9-5   (d) $3i$ e Fig. 9-7

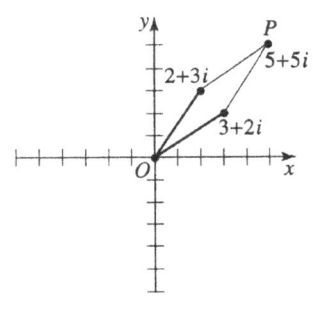

Figura 9-4

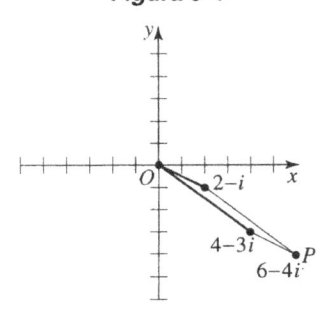

Figura 9-5

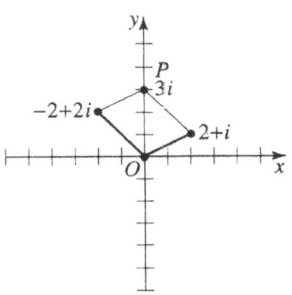

Figura 9-6

Figura 9-7

9.8 (a) $2 - 2i$ (d) $1 + 6\sqrt{2}i$ (g) 16 (j) 5 (m) $-7 - 24i$ (p) $-46 + 9i$
    (b) $-5 + 7i$ (e) -6 (h) $-27/64$ (k) 25 (n) $4 + 12i$ (q) -4
    (c) $1 - i$ (f) 2 (i) $5 + 10i$ (l) $16 - 11i$ (o) $2 + 2i$ (r) $-38 + 41i$

9.9 (a) $-\dfrac{7}{25} - \dfrac{26}{25}i$ (c) $\dfrac{1}{5} + \dfrac{2}{5}\sqrt{6}i$ (e) $\dfrac{32}{85} - \dfrac{26}{85}i$ (g) 0 (i) $3 + 4i$

    (b) $-\dfrac{1}{4} - \dfrac{1}{4}i$ (d) $-1 - \dfrac{3}{2}\sqrt{2}i$ (f) $\dfrac{11}{5} - \dfrac{2}{5}i$ (h) i

Capítulo 10

Equações em Geral

10.1 EQUAÇÕES

Uma equação é uma igualdade entre duas expressões denominadas membros.

Uma equação que é verdadeira para apenas alguns valores das variáveis envolvidas (às vezes chamadas de indeterminadas) é dita uma *equação condicional* ou simplesmente uma equação.

Uma equação que é verdadeira para todos os valores permitidos das variáveis envolvidas (ou indeterminadas) é denominada *identidade*. Por valores permitidos, entende-se os valores para os quais os membros estão definidos.

Exemplo 10.1 $x + 5 = 8$ é verdadeira apenas para $x = 3$; é uma equação condicional.

Exemplo 10.2 $x^2 - y^2 = (x - y)(x + y)$ é verdadeira para todos os valores de x e y; é uma identidade.

Exemplo 10.3

$$\frac{1}{x-2} + \frac{1}{x-3} = \frac{2x-5}{(x-2)(x-3)}$$

é verdadeira para todos os valores, exceto os não admissíveis $x = 2$, $x = 3$; estes números excluídos resultam em divisão por zero, que não é permitida. Uma vez que a equação é verdadeira para todos os valores admissíveis de x, é uma identidade.

O símbolo $\equiv$ é utilizado às vezes para identidades em vez de $=$.

As soluções de uma equação condicional são aqueles valores das indeterminadas que tornam os dois membros iguais. Dizemos que tais soluções satisfazem a equação. Se há apenas uma variável, as soluções também são chamadas *raízes*. Resolver uma equação significa encontrar todas as soluções.

Desta maneira, $x = 2$ é uma solução ou raiz de $2x + 3 = 7$, uma vez que se substituirmos $x = 2$ na equação obtemos $2(2) + 3 = 7$ e ambos os membros são iguais, i.e., a equação é satisfeita. De maneira análoga, três (das muitas) soluções de $2x + y = 4$ são: $x = 0, y = 4$; $x = 1, y = 2$; $x = 5, y = -6$.

10.2 OPERAÇÕES UTILIZADAS PARA TRANSFORMAR EQUAÇÕES

A. Se valores iguais são adicionados a valores iguais os resultados são iguais.
   Assim, se $x - y = z$, podemos adicionar y a ambos os membros e obter $x = y + z$.
B. Se valores iguais são subtraídos de valores iguais, os resultados são iguais.
   Logo, se $x + 2 = 5$, podemos subtrair 2 de ambos os membros para obter $x = 3$.

Nota. Decorre das regras A e B que podemos transpor qualquer termo de um membro da equação ao outro membro simplesmente trocando seu sinal. Assim, se $3x + 2y - 5 = x - 3y + 2$, então $3x - x + 2y + 3y = 5 + 2$ ou $2x + 5y = 7$.

C. Se valores iguais são multiplicados por valores iguais, os resultados são iguais.

Desta maneira, se ambos os membros de $\frac{1}{4}y = 2x^2$ forem multiplicados por 4 o resultado é $y = 8x^2$.

De forma similar, caso os dois membros de $\frac{9}{5}C = F - 32$ sejam multiplicados por $\frac{5}{9}$ o resultado é $C = \frac{5}{9}(F - 32)$.

D. Se valores iguais são divididos por valores iguais, os resultados são iguais, desde que não ocorra divisão por zero.

Portanto, se $-4x = -12$ podemos dividir ambos os membros por -4 para obter $x = 3$.

De forma similar, caso $E = IR$, podemos dividir os dois lados por $R \neq 0$ para obter $I = E/R$.

E. Mesmas potências de valores iguais são iguais.

Assim, se $T = 2\pi\sqrt{l/g}$ então $T^2 = (2\pi\sqrt{l/g})^2 = 4\pi^2 l/g$.

F. Mesmas raízes de valores iguais são iguais. Portanto:

$$\text{se } r^3 = \frac{3V}{4\pi}, \quad \text{então} \quad r = \sqrt[3]{\frac{3V}{4\pi}}.$$

G. Inversos de iguais são iguais, desde que não ocorra o inverso de zero.

Logo, se $1/x = 1/3$, então $x = 3$. Analogamente,

$$\text{se } \frac{1}{R} = \frac{R_1 + R_2}{R_1 R_2} \quad \text{então} \quad R = \frac{R_1 R_2}{R_1 + R_2}.$$

As operações em A-F são às vezes denominadas axiomas da igualdade.

10.3 EQUAÇÕES EQUIVALENTES

Equações equivalentes são equações com as mesmas soluções.

Assim, $x - 2 = 0$ e $2x = 4$ possuem a mesma solução $x = 2$ e, portanto, são equivalentes. Contudo, $x - 2 = 0$ e $x^2 - 2x = 0$ não são equivalentes, já que $x^2 - 2x = 0$ possui a solução adicional $x = 0$.

As operações acima, utilizadas para transformar equações, podem nem sempre resultar em equações equivalentes às originais. O uso de tais operações pode fornecer equações derivadas com mais ou menos soluções que a original.

Se as operações resultam em uma equação com mais soluções que a original, as soluções extras são denominadas *extrínsecas* e as equações derivadas são ditas *redundantes* em relação à equação original. Se a operação fornece uma uma equação com menos soluções que a original, a equação derivada é dita *defeituosa* em relação à equação original.

As operações A e B sempre resultam em equações equivalentes. As operações C e E podem gerar equações reduntantes e soluções extrínsecas. As operações D e F podem levar a equações defeituosas.

10.4 FÓRMULAS

Uma fórmula é uma equação que expressa um fato, uma regra ou um princípio geral.

Por exemplo, na geometria a fórmula $A = \pi r^2$ dá a área A de um círculo em termos de seu raio r.

Na física, a fórmula $s = \frac{1}{2}gt^2$, onde g é aproximadamente 32,2 pés/s^2, dá a relação entre a distância s, em pés, que um objeto em queda livre vai percorrer a partir do repouso durante um tempo t, em segundos.

Resolver uma fórmula para uma das variáveis envolvidas é efetuar as mesmas operações nos dois membros da fórmula até a variável desejada aparecer em um lado da equação e não no outro.

Desta forma, se $F = ma$, podemos dividir por m para obter $a = F/m$ e a fórmula é resolvida para a em termos das variáveis F e m. Para checar o resultado, substitua $a = F/m$ na equação original para obter $F = m(F/m)$, que é uma identidade.

10.5 EQUAÇÕES POLINOMIAIS

Um monômio em um número de indeterminadas $x, y, z,...$ tem a forma $ax^p y^q z^r \cdots$ onde os expoentes $p, q, r,...$ são ou inteiros positivos ou zero e o coeficiente a é independente das variáveis. A soma dos expoentes $p + q + r + \cdots$ é denominada o *grau* do termo nas indeterminadas $x, y, z,...$

Exemplos 10.4 $3x^2z^3, \frac{1}{2}x^4, 6$ são monômios.

$3x^2z^3$ é de grau 2 em x, 3 em z e 5 em x e z.
$\frac{1}{2}x^4$ é de quarto grau. 6 é de grau zero.
$4y/x = 4yx^{-1}$ não é inteiro em x; $3x\sqrt{y}z^3$ não é racional em y.

Quando se faz referência ao grau sem especificação das variáveis que estão sendo consideradas, fica implícito o grau em todas elas.

Um polinômio em várias indeterminadas consiste em termos racionais e inteiros. O grau de um polinômio é definido como o mais elevado dos graus de seus termos.

Exemplo 10.5 $3x^3y^4z + xy^2z^5 - 8x + 3$ é um polinômio de grau 3 em x, 4 em y, 5 em z, 7 em x e y, 7 em y e z, 6 em x e z e 8 em x, y e z.

Uma equação polinomial é uma declaração de igualdade entre dois polinômios. O grau de uma equação é o mais alto grau dos termos presentes na equação.

Exemplo 10.6 $xyz^2 + 3xz = 2x^3y + 3z^2$ é de grau 3 em x, 1 em y, 2 em z, 4 em x e y, 3 em y e z, 3 em x e z e 4 em x, y e z.

Subentende-se que termos semelhantes na equação foram combinados. Assim, $4x^3y + x^2z - xy^2 = 4x^3y + z$ deve ser escrito $x^2z - xy^2 = z$.

Uma equação é dita *linear* se é de grau 1 e *quadrática* se é de grau 2. De forma similar, as palavras *cúbica*, *quártica* e *quíntica* referem-se a equações de graus 3, 4 e 5, respectivamente.

Exemplos 10.7 $2x + 3y = 7z$ é uma equação linear em x, y e z.

$x^2 - 4xy + 5y^2 = 10$ é uma equação quadrática em x e y.
$x^3 + 3x^2 - 4x - 6 = 0$ é uma equação cúbica em x.

Uma equação polinomial de grau n na variável x, pode ser escrita

$$a_0 x^n + a_1 x^{n-1} + a_2 x^{n-2} + \cdots + a_{n-1} x + a_n = 0 \quad a_0 \neq 0$$

onde $a_0, a_1, ..., a_n$ são constantes dadas e n um inteiro positivo.
Como casos especiais, vemos que

$a_0 x + a_1 = 0$ ou $ax + b = 0$	é de grau 1 (equação linear)*
$a_0 x^2 + a_1 x + a_2 = 0$ ou $ax^2 + bx + c = 0$	é de grau 2 (equação quadrática)*
$a_0 x^3 + a_1 x^2 + a_2 x + a_3 = 0$	é de grau 3 (equação cúbica)*
$a_0 x^4 + a_1 x^3 + a_2 x^2 + a_3 x + a_4 = 0$	é de grau 4 (equação quártica)*

Problemas Resolvidos

10.1 Quais das equações a seguir são condicionais e quais são identidades?

(a) $3x - (x + 4) = 2(x - 2)$, $2x - 4 = 2x - 4$; identidade.

---

* N. de R. T.: Se $a^0 \neq 0$.

(b) $(x-1)(x+1) = (x-1)^2, x^2 - 1 = x^2 - 2x + 1$; equação condicional.

(c) $(y-3)^2 + 3(2y-3) = y(y+1) - y, y^2 - 6y + 9 + 6y - 9 = y^2 + y - y, y^2 = y^2$; identidade.

(d) $x + 3y - 5 = 2(x + 2y) + 3, x + 3y - 5 = 2x + 4y + 3$; equação condicional.

10.2 Verifique cada uma das seguintes equações para a solução ou soluções indicadas.

(a) $\dfrac{x}{2} + \dfrac{x}{3} = 10; x = 12$. $\dfrac{12}{2} + \dfrac{12}{3} = 10, 6 + 4 = 10$ e $x = 12$ é uma solução.

(b) $\dfrac{x^2 + 6x}{x + 2} = 3x - 2; x = 2, x = -1$. $\dfrac{2^2 + 6(2)}{2 + 2} = 3(2) - 2,\ \dfrac{16}{4} = 4$ e $x = 2$ é uma solução.

$\dfrac{(-1)^2 + 6(-1)}{-1 + 2} = 3(-1) - 2, \dfrac{-5}{1} = -5$ e $x = -1$ é uma solução.

(c) $x^2 - xy + y^2 = 19; x = -2, y = 3; x = 4, y = 2 + \sqrt{7}; x = 2, y = -1$.

$x = -2, y = 3$: $(-2)^2 - (-2)3 + 3^2 = 19, 19 = 19$ e $x = -2, y = 3$ é a solução.

$x = 4, y = 2 + \sqrt{7}$: $4^2 - 4(2 + \sqrt{7}) + (2 + \sqrt{7})^2 = 19, 16 - 8 - 4\sqrt{7} + (4 + 4\sqrt{7} + 7) = 19, 19 = 19$ e $x = 4, y = 2 + \sqrt{7}$ é a solução.

$x = 2, y = -1$: $2^2 - 2(-1) + (-1)^2 = 19, 7 = 19$ e $x = 2, y = -1$ não é uma solução.

10.3 Use os axiomas da igualdade para resolver cada equação.

(a) $2(x + 3) = 3(x - 1), 2x + 6 = 3x - 3$.

Transpondo termos: $2x - 3x = -6 - 3, -x = -9$. Multiplicando por -1: $x = 9$.

Verificação: $2(9 + 3) = 3(9 - 1), 24 = 24$.

(b) $\dfrac{x}{3} + \dfrac{x}{6} = 1$.

Multiplicando por 6: $2x + x = 6, 3x = 6$. Dividindo por 3: $x = 2$.

Verificação: $2/3 + 2/6 = 1, 1 = 1$.

(c) $3y - 2(y - 1) = 4(y + 2), 3y - 2y + 2 = 4y + 8, y + 2 = 4y + 8$.

Transpondo: $y - 4y = 8 - 2, -3y = 6$. Dividindo por -3: $y = 6/(-3) = -2$.

Verificação: $3(-2) - 2(-2 - 1) = 4(-2 + 2), 0 = 0$.

(d) $\dfrac{2x - 3}{x - 1} = \dfrac{4x - 5}{x - 1}$. Multiplicando por $x - 1$, $2x - 3 = 4x - 5$ ou $x - 1$.

Verificação: substituindo $x = 1$ na equação dada encontramos $-1/0 = -1/0$. Esta expressão não tem qualquer significado pois a divisão por zero é uma operação excluída e a equação dada não tem solução. Note que

(i) $\dfrac{2x - 3}{x - 1} = \dfrac{4x - 5}{x - 1}$ e   (ii) $2x - 3 = 4x - 5$

não são equações equivalentes. Quando (i) é multiplicado por $x - 1$ uma *solução extrínseca* $x = 1$ é introduzida e (ii) é *redundante* em relação à equação (i).

(e) $x(x - 3) = 2(x - 3)$. Dividir cada membro por $x - 3$ resulta na solução $x = 2$.

Porém, $x - 3 = 0$ ou $x = 3$ também é uma solução da equação dada que foi perdida na divisão. As raízes procuradas são $x = 2$ e $x = 3$.

A equação $x = 2$ é *defeituosa* em relação à equação dada.

(f) $\sqrt{x+2} = -1$. Elevando ao quadrado os dois lados, obtemos $x + 2 = 1$ ou $x = -1$.

Verificação: substituindo $x = -1$ na equação dada, $\sqrt{1} = -1$ ou $1 = -1$, que é falso. Portanto, $x = -1$ é uma *solução extrínseca*. A equação dada não tem solução.

(g) $\sqrt{2x-4} = 6$. Elevando os dois lados ao quadrado, encontramos $2x - 4 = 36$ ou $x = 20$.

Verificação: se $x = 20$, $\sqrt{2(20)-4} = 6$ ou $\sqrt{36} = 6$ que é verdade.

Logo, $x = 20$ é uma solução. Neste caso nenhuma raiz extrínseca foi introduzida.

10.4 Em cada fórmula a seguir resolva para a variável indicada.

(a) $E = IR$ para R. Dividindo os dois lados por $I \neq 0$, obtemos $R = E/I$.

(b) $s = v_0 t + \frac{1}{2}at^2$, para a.

Transpondo, $\frac{1}{2}at^2 = s - v_0 t$. Multiplicando por 2, $at^2 = 2(s - v_0 t)$. Dividindo por $t^2 \neq 0$,

$$a = \frac{2(s - v_0 t)}{t^2}.$$

(c) $\frac{1}{f} = \frac{1}{p} + \frac{1}{q}$, para p. Transpondo,

$$\frac{1}{p} = \frac{1}{f} - \frac{1}{q} = \frac{q-f}{fq}.$$

Tomando os inversos,

$$p = \frac{fq}{q-f} \quad (\text{supondo } q \neq f).$$

(d) $T = 2\pi\sqrt{l/g}$, para g. Elevando os dois lados ao quadrado,

$$T^2 = \frac{4\pi^2 l}{g}.$$

Multiplicando por g, $gT^2 = 4\pi^2 l$. Dividindo por $T^2 \neq 0$, $g = 4\pi^2 l/T^2$.

10.5 Nas seguintes fórmulas, encontre o valor da variável indicada, dados os valores das demais.

(a) $F = \frac{9}{5}C + 32$, $F = 68$; encontre C. $68 = \frac{9}{5}C + 32$, $36 = \frac{9}{5}C$, $C = \frac{5}{9}(36) = 20$.

Método alternativo: $\frac{9}{5}C = F - 32$, $C = \frac{5}{9}(F - 32) = \frac{5}{9}(68 - 32) = \frac{5}{9}(36) = 20$.

(b) $\frac{1}{R} = \frac{1}{R_1} + \frac{1}{R_2}$, $R = 6$, $R_1 = 15$; encontre R_2. $\frac{1}{6} = \frac{1}{15} + \frac{1}{R_2}$, $\frac{1}{R_2} = \frac{1}{6} - \frac{1}{15} = \frac{5-2}{30} = \frac{1}{10}$, $R_2 = 10$.

Método alternativo:

$$\frac{1}{R_2} = \frac{1}{R} - \frac{1}{R_1} = \frac{R_1 - R}{RR_1}, \quad R_2 = \frac{RR_1}{R_1 - R} = \frac{6(15)}{15 - 6} = 10.$$

(c) $V = \frac{4}{3}\pi r^3$, $V = 288\pi$; encontre r. $288\pi = \frac{4}{3}\pi r^3$, $r^3 = \frac{288\pi}{4\pi/3} = 216$, $r = 6$.

Método alternativo:

$$3V = 4\pi r^3, \quad r^3 = \frac{3V}{4\pi}, \quad r = \sqrt[3]{\frac{3V}{4\pi}} = \sqrt[3]{\frac{3(288\pi)}{4\pi}} = \sqrt[3]{216} = 6.$$

10.6 Determine o grau de cada equação a seguir nas indeterminadas que estão indicadas.

(a) $2x^2 + xy - 3 = 0$: x; y; x e y.

Grau 2 em x, 1 em y, 2 em x e y.

(b) $3xy^2 - 4y^2z + 5x - 3y = x^4 + 2$: x; z; y e z; x, y e z.

Grau 4 em x, 1 em z, 3 em y e z, 4 em x, y e z.

(c) $x^2 = \dfrac{3}{y+z}$: x; x e z; x, y e z.

Da forma que está a equação não é polinomial. Entretanto, ela pode ser transformada em uma multiplicando-se por $y + z$ para se obter $x^2(y + z) = 3$ ou $x^2y + x^2z = 3$. A equação derivada é polinomial de grau 2 em x, 3 em x e z e 3 em x, y e z.

(d) $\sqrt{x+3} = x + y$: y; x e y.

A equação não é polinomial como foi dada, mas pode ser transformada em uma elevando-se ao quadrado os dois lados. Assim, obtemos $x + 3 = x^2 + 2xy + y^2$, que é de grau 2 em y e 2 em x e y.

Cabe ser mencionado, todavia, que as equações não são equivalentes, já que $x^2 + 2xy + y^2 = x + 3$ inclui $\sqrt{x+3} = x + y$ e $-\sqrt{x+3} = x + y$.

10.7 Encontre todos os valores de x para os quais (a) $x^2 = 81$, (b) $(x - 1)^2 = 4$.

Solução

(a) Não há qualquer indicação de que x deva ser um número positivo ou negativo, então vamos supor que ambos são possíveis. Tomando a raiz quadrada dos dois lados da equação, obtemos $\sqrt{x^2} = \sqrt{81} = 9$. Mas $\sqrt{x^2}$ representa um número positivo (ou zero) se x é real. Portanto temos $\sqrt{x^2} = x$ caso x seja positivo e $\sqrt{x^2} = -x$ caso x seja negativo. Assim, ao escrevermos $\sqrt{x^2}$, devemos considerar que pode ser tanto x (se $x > 0$) ou $-x$ (se $x < 0$). Por conseguinte, a equação $\sqrt{x^2} = 9$ pode ser escrita tanto $x = 9$ quanto $-x = 9$ (i.e., $x = -9$). As duas soluções podem ser representadas por $x = \pm 9$.

(b) $(x - 1)^2 = 4$, $\pm(x - 1) = 2$ ou $(x - 1) = \pm 2$ e as duas raízes são $x = 3$ e $x = -1$.

10.8 Explique o raciocínio errado na seguinte sequência de passos.

(a) Seja $x = y$: $x = y$

(b) Multiplique ambos os lados por x: $x^2 = xy$

(c) Subtraia y^2 dos dois lados: $x^2 - y^2 = xy - y^2$

(d) Escreva como: $(x - y)(x + y) = y(x - y)$

(e) Divida por $x - y$: $x + y = y$

(f) Substitua x por seu igual, y: $y + y = y$

(g) Portanto: $2y = y$

(h) Divida por y: $2 = 1$.

Solução

Nada está errado nos passos (a), (b), (c) e (d).

Entretanto, em (e), dividimos por $x - y$, que, devido à suposição original, é zero. Como divisão por zero não está definida, tudo que segue a partir de (e) deve ser desconsiderado.

10.9 Mostre que $\sqrt{2}$ é um número irracional, i.e., não pode ser o quociente de dois inteiros.

Solução

Suponha que $\sqrt{2} = p/q$, onde p e q são inteiros sem fatores comuns exceto ± 1, i.e., p/q está em sua forma irredutível. Elevando ao quadrado, temos $p^2/q^2 = 2$ ou $p^2 = 2q^2$. Já que $2q^2$ é um número par, p^2 deve ser par, de onde p é par (se p fosse ímpar, p^2 seria ímpar); logo, $p = 2k$, onde k é um inteiro. Assim, $p^2 = 2q^2$ fica $(2k)^2 = 2q^2$ ou $q^2 = 2k^2$; portanto q^2 é par e q é par. Mas se ambos p e q são pares eles teriam um fator comum 2, contradizendo a hipótese de que eles não possuem fatores comuns exceto ± 1. Desta maneira, $\sqrt{2}$ é irracional.

Problemas Complementares

10.10 Estabeleça quais das seguintes equações são condicionais e quais são identidades.

(a) $2x + 3 - (2 - x) = 4x - 1$

(b) $(2y - 1)^2 + (2y + 1)^2 = (2y)^2 + 6$

(c) $2\{x + 4 - 3(2x - 1)\} = 3(4 - 3x) + 2 - x$

(d) $(x + 2y)(x - 2y) - (x - 2y)^2 + 4y(2y - x) = 0$

(e) $\dfrac{9x^2 - 4y^2}{3x - 2y} = 2x + 3y$

(f) $(x - 3)(x^2 + 3x + 9) = x^3 - 27$

(g) $\dfrac{x^2}{4} + \dfrac{x^2}{12} = x^2$

(h) $(x^2 - y^2)^2 + (2xy)^2 = (x^2 + y^2)^2$

10.11 Verifique cada equação a seguir para a solução ou soluções indicadas.

(a) $\dfrac{y^2 - 4}{y - 2} = 2y - 1; y = 3$

(b) $x^2 - 3x = 4; -1, -4$

(c) $\sqrt{3x - 2} - \sqrt{x + 2} = 4; 34, 2$

(d) $x^3 - 6x^2 + 11x - 6 = 0; 1, 2, 3$

(e) $\dfrac{1}{x} + \dfrac{1}{2x} = \dfrac{1}{x - 1}; x = 3$

(f) $y^3 + y^2 - 5y - 5 = 0; \pm\sqrt{5}, -1$

(g) $x^2 - 2y = 3y^2; x = 4, y = 2; x = 1, y = -1$

(h) $(x + y)^2 + (x - y)^2 = 2(x^2 + y^2)$; para todos os valores de x e y

10.12 Utilize os axiomas da igualdade para resolver cada equação. Verifique as soluções obtidas.

(a) $5(x - 4) = 2(x + 1) - 7$

(b) $\dfrac{2y}{3} - \dfrac{y}{6} = 2$

(c) $\dfrac{1}{y} = 8 - \dfrac{3}{y}$

(d) $\dfrac{x + 1}{x - 1} = \dfrac{x - 1}{x - 2}$

(e) $\dfrac{3x - 2}{x - 2} = \dfrac{x + 2}{x - 2}$

(f) $\sqrt{3x - 2} = 4$

(g) $\sqrt{2x + 1} + 5 = 0$

(h) $\sqrt[3]{2x - 3} + 1 = 0$

(i) $(y + 1)^2 = 16$

(j) $(2x + 1)^2 + (2x - 1)^2 = 34$

10.13 Em cada fórmula, resolva para a variável indicada.

(a) $\dfrac{P_1 V_1}{T_1} = \dfrac{P_2 V_2}{T_2}; T_2$

(b) $t = \sqrt{\dfrac{2s}{g}}; s$

(c) $m = \dfrac{1}{2}\sqrt{2a^2 + 2b^2 - c^2}; c$

(d) $v^2 = v_0^2 + 2as; a$

(e) $T = 2\pi\sqrt{\dfrac{m}{k}}; k$

(f) $S = \dfrac{n}{2}[2a + (n - 1)d]; d$

10.14 Em cada fórmula, encontre o valor da variável indicada correspondente aos valores dados para as demais.

(a) $v = v_0 + at$; encontre a caso $v = 20, v_0 = 30, t = 5$.

(b) $S = \dfrac{n}{2}(a + d)$; encontre d caso $S = 570, n = 20, a = 40$.

(c) $\dfrac{1}{f} = \dfrac{1}{p} + \dfrac{1}{q}$; encontre q caso $f = 30, p = 10$.

(d) $Fs = \dfrac{1}{2}mv^2$; encontre v caso $F = 100, s = 5, m = 2{,}5$.

(e) $f = \dfrac{1}{2\pi\sqrt{LC}}$; encontre C até quatro casas decimais, caso $f = 1000, L = 4 \cdot 10^{-6}$.

10.15 Determine o grau das equações nas indeterminadas indicadas.

(a) $x^3 - 3x + 2 = 0: x$

(b) $x^2 + xy + 3y^4 = = 6: x; y; x$ e y

(c) $2xy^3 - 3x^2y^2 + 4xy = 2x^3: x; y; x$ e y

(d) $xy + yz + xz + z^2x = y^4: x; y; z; x$ e $z; y$ e $z; x, y$ e z

10.16 Classifique se cada equação é (ou pode ser transformada em) linear, quadrática, cúbica, quártica ou quíntica em todas as indeterminadas presentes.

(a) $2x^4 + 3x^3 - x - 5 = 0$

(b) $x - 2y = 4$

(c) $2x^2 + 3xy + y^2 = 10$

(d) $x^2y^3 - 2xyz = 4 + y^5$

(e) $\sqrt{x^2 + y^2 - 1} = x + y$

(f) $\dfrac{2x + y}{x - 3y} = 4$

(g) $3y^2 - 4y + 2 = 2(y - 3)^2$

(h) $(z + 1)^2(z - 2) = 0$

10.17 A equação $\sqrt{(x + 4)^2} = x + 4$ é uma identidade? Explique.

10.18 Demonstre que $\sqrt{3}$ é irracional.

Respostas dos Problemas Complementares

10.10 (a) Equação condicional (d) Identidade (g) Equação condicional
(b) Equação condicional (e) Equação condicional (h) Identidade
(c) Identidade (f) Identidade

10.11 (a) $y = 3$ é uma solução.
(b) $x = -1$ é uma solução, $x = -4$ não é.
(c) $x = 34$ é uma solução, $x = 2$ não é.
(d) $x = 1, 2, 3$ são todas soluções.
(e) $x = 3$ é uma solução.
(f) $y = \pm\sqrt{5}, -1$ são todas soluções.
(g) $x = 4, y = 2; x = 1, y = -1$ são soluções.
(h) A equação é uma identidade, logo quaisquer valores de x e y são soluções.

10.12 (a) $x = 5$ (c) $y = 1/2$ (e) sem solução (g) sem solução (i) $y = 3, -5$
(b) $y = 4$ (d) $x = 3$ (f) $x = 6$ (h) $x = 1$ (j) $x = \pm 2$

10.13 (a) $T_2 = \dfrac{P_2 V_2 T_1}{P_1 V_1}$ (c) $c = \pm\sqrt{2a^2 + 2b^2 - 4m^2}$ (e) $k = \dfrac{4\pi^2 m}{T^2}$

(b) $s = \tfrac{1}{2}gt^2$ (d) $a = \dfrac{v^2 - v_0^2}{2s}$ (f) $d = \dfrac{2S - 2an}{n(n - 1)}$

10.14 (a) $a = -2$ (b) $d = 17$ (c) $q = -15$ (d) $v = \pm 20$ (e) $C = 0{,}0063$

10.15 (a) 3 (b) 2, 4, 4 (c) 3, 3, 4 (d) 1, 4, 2, 3, 4, 4

10.16 (a) quártica (b) linear (c) quadrática (d) quíntica (e) quadrática (f) linear (g) quadrática (h) cúbica

10.17 $\sqrt{(x + 4)^2} = x + 4$ somente se $x + 4 \geq 0$; $\sqrt{(x + 4)^2} = -(x + 4)$ se $x + 4 \leq 0$.
A equação dada não é uma identidade.

10.18 Suponha que $\sqrt{3} = p/q$, onde p e q são inteiros sem fatores comuns exceto ± 1. Elevando ao quadrado, temos $p^2/q^2 = 3$ ou $p^2 = 3q^2$. Logo p^2 é um múltiplo de 3, ou $p = 3k$, onde k é um inteiro (se $p = 3k + 1$ ou $p = 3k + 2$, então p^2 não seria múltiplo de 3). Assim, $p^2 = 3q^2$ fica $(3k)^2 = 3q^2$ ou $q^2 = 3k^2$. Como q^2 é um múltiplo de 3, q é um múltiplo de 3. Mas se ambos p e q são múltiplos de 3 eles teriam um fator comum 3. Isto contradiz a hipótese de que eles não possuem fatores comuns exceto ± 1. Desta maneira, $\sqrt{3}$ é irracional.

Capítulo 11

Razão, Proporção e Variação

11.1 RAZÃO

A razão entre dois números a e b, que escrevemos $a{:}b$, é a fração a/b, desde que $b \neq 0$.
Assim, $a : b = a/b, b \neq 0$. Caso $a = b \neq 0$, a razão é $1 : 1$ ou $1/1 = 1$.

Exemplos 11.1

(1) A razão de 4 para $6 = 4 : 6 = \dfrac{4}{6} = \dfrac{2}{3}$.

(2) $\dfrac{2}{3} : \dfrac{4}{5} = \dfrac{2/3}{4/5} = \dfrac{5}{6}$

(3) $5x : \dfrac{3y}{4} = \dfrac{5x}{3y/4} = \dfrac{20x}{3y}$

11.2 PROPORÇÃO

Uma proporção é uma igualdade de duas razões. Assim, $a : b = c : d$, ou $a/b = c/d$, é uma proporção na qual a e d são denominados os *extremos* e b e c os *meios*, enquanto d é dita a *quarta proporcional* de a, b e c.

Na proporção $a : b = b : c$, c é chamada a *terceira proporcional* de a e b e b é a *média proporcional* entre a e c.

Proporções são equações e podem ser transformadas com os mesmos procedimentos para equações. Frequentemente utilizamos algumas das equações transformadas que denominamos as regras da proporção. Se $a/b = c/d$, então

(1) $ad = bc$

(2) $\dfrac{b}{a} = \dfrac{d}{c}$

(3) $\dfrac{a}{c} = \dfrac{b}{d}$

(4) $\dfrac{a+b}{b} = \dfrac{c+d}{d}$

(5) $\dfrac{a-b}{b} = \dfrac{c-d}{d}$

(6) $\dfrac{a+b}{a-b} = \dfrac{c+d}{c-d}$.

11.3 VARIAÇÃO

Na literatura científica, é comum encontrarmos afirmações como "A pressão de um gás isolado varia diretamente com a temperatura". Esta sentença e outras semelhantes possuem significado matemático preciso e representam uma classe específica de funções chamadas funções de variação. Os três tipos gerais de funções de variação são direta, inversa e conjunta.

(1) Se x varia *diretamente* com y, então $x = ky$ ou $x/y = k$, onde k é chamada a constante de proporcionalidade, ou de variação.
(2) Se x varia *diretamente* com y^2, então $x = ky^2$.
(3) Se x varia *inversamente* com y, então $x = k/y$.
(4) Se x varia *inversamente* com y^2, então $x = k/y^2$.
(5) Se x varia *conjuntamente* com y e z, então $x = kyz$.
(6) Se x varia *diretamente* com y^2 e *inversamente* com z, então $x = ky^2/z$.

A constante k pode ser determinada se um conjunto de valores das variáveis é conhecido.

11.4 PREÇO UNITÁRIO

Ao fazermos compras, percebemos que muitos itens são vendidos em diferentes tamanhos. Para comparar os preços, precisamos calcular o preço por unidade de medida para cada tamanho do item.

Exemplos 11.2 Qual é o preço unitário para cada item?

(*a*) Um vidro com 3 onças de azeitonas custando 87¢*

$$\frac{x¢}{87¢} = \frac{1 \text{ oz}}{3 \text{ oz}} \qquad x = \frac{87}{3} = 29 \qquad 29¢ \text{ por onça}$$

(*b*) Uma caixa com 12 onças de cereal custando $1,32

$$\frac{x¢}{132¢} = \frac{1 \text{ oz}}{12 \text{ oz}} \qquad x = \frac{132}{12} = 11 \qquad 11¢ \text{ por onça}$$

Exemplos 11.3 Qual é o preço unitário para cada item até a dezena de centavo mais próxima?

(*a*) Uma lata com 6,5 onças de atum, custando $1,09

$$\frac{x¢}{109¢} = \frac{1 \text{ oz}}{6,5 \text{ oz}} \qquad x = \frac{109}{6,5} = 16,8 \qquad 16,8¢ \text{ por onça}$$

(*b*) Uma lata com 14 onças de salmão custando $1,95

$$\frac{x¢}{195¢} = \frac{1 \text{ oz}}{14 \text{ oz}} \qquad x = \frac{195}{14} = 13,9 \qquad 13,9¢ \text{ por onça}$$

11.5 MELHOR COMPRA

Para determinar a melhor compra, comparamos o preço unitário para cada tamanho do item e aquele com menor preço unitário é a melhor compra. Neste caso, estamos fazendo duas suposições – um tamanho maior não vai resultar em perda e o comprador pode pagar o preço total para qualquer um dos tamanhos do item. O preço unitário é frequentemente arredondado à dezena de centavo mais próxima quando se procura a melhor compra.

Exemplo 11.4 Qual é a melhor compra para uma garrafa de óleo vegetal quando 1 galão (128 onças) custa $5,99, 16 onças custam 89¢ e 24 onças custam $1,29?

$$\frac{a¢}{599¢} = \frac{1 \text{ oz}}{128 \text{ oz}} \qquad a = \frac{599}{128} = 4,7 \qquad 4,7¢ \text{ por onça}$$

$$\frac{b¢}{89¢} = \frac{1 \text{ oz}}{16 \text{ oz}} \qquad b = \frac{89}{16} = 5,6 \qquad 5,6¢ \text{ por onça}$$

$$\frac{c¢}{129¢} = \frac{1 \text{ oz}}{24 \text{ oz}} \qquad c = \frac{129}{24} = 5,4 \qquad 5,4¢ \text{ por onça}$$

A melhor compra é um galão de óleo vegetal por $5,99.

---

* N. de T.: Nesta obra, adotamos o símbolo de ¢ para representar centavos.

Problemas Resolvidos

Razão e proporção

11.1 Expresse cada razão a seguir como uma fração simplificada.

(a) $96:128 = \dfrac{96}{128} = \dfrac{3}{4}$ (b) $\dfrac{2}{3}:\dfrac{3}{4} = \dfrac{2/3}{3/4} = \dfrac{8}{9}$ (c) $xy^2 : x^2y = \dfrac{xy^2}{x^2y} = \dfrac{y}{x}$

(d) $(xy^2 - x^2y):(x-y)^2 = \dfrac{xy^2 - x^2y}{(x-y)^2} = \dfrac{xy(y-x)}{(y-x)^2} = \dfrac{xy}{y-x}$

11.2 Encontre a razão das seguintes quantidades.

(a) 6 libras para 12 onças.

Costuma-se expressar as quantidades nas mesmas unidades.

Portanto, a razão de 96 onças para 12 onças é $96:12 = 8:1$.

(b) 3 quartos para 2 galões.

A razão requerida é 3 quartos para 8 quartos ou $3:8$.

(c) 3 jardas quadradas para 6 pés quadrados.

Como 1 jarda quadrada = 9 pés quadrados, a razão pedida é 27 pés² $: 6$ pés² $= 9:2$.

11.3 Nas proporções a seguir, determine o valor de x.

(a) $(3-x):(x+1) = 2:1$, $\dfrac{3-x}{x+1} = \dfrac{2}{1}$ e $x = \dfrac{1}{3}$.

(b) $(x+3):10 = (3x-2):8$, $\dfrac{x+3}{10} = \dfrac{3x-2}{8}$ e $x = 2$.

(c) $(x-1):(x+1) = (2x-4):(x+4)$, $\dfrac{x-1}{x+1} = \dfrac{2x-4}{x+4}$, $x^2 - 5x = 0$,

$x(x-5) = 0$ e $x = 0, 5$.

11.4 Encontre a quarta proporcional para os seguintes conjuntos de números. Em cada caso, denote por x a quarta proporcional.

(a) 2, 3, 6. Aqui $2:3 = 6:x$, $\dfrac{2}{3} = \dfrac{6}{x}$ e $x = 9$.

(b) 4, -5, 10. Aqui $4:-5 = 10:x$ e $x = -\dfrac{25}{2}$.

(c) a^2, ab, 2. Aqui $a^2:ab = 2:x$, $a^2x = 2ab$ e $x = \dfrac{2b}{a}$.

11.5 Encontre a terceira proporcional dos seguintes pares de números. Em cada caso considere x a terceira proporcional.

(a) 2, 3. Aqui $2:3 = 3:x$ e $x = 9/2$.

(b) $-2, \dfrac{8}{3}$. Aqui $-2:\dfrac{8}{3} = \dfrac{8}{3}:x$ e $x = -\dfrac{32}{9}$.

11.6 Encontre a média proporcional entre 2 e 8.

Solução

Seja x a média proporcional que buscamos. Então $2 : x = x : 8$, $x^2 = 16$ e $x = \pm 4$.

11.7 Um segmento de reta com 30 polegadas de extensão é dividido em duas partes cujos comprimentos possuem razão 2:3. Encontre os comprimentos das partes.

Solução

Sejam os comprimentos procurados x e $30 - x$. Então

$$\frac{x}{30-x} = \frac{2}{3} \quad \text{e} \quad x = 12 \text{ polegadas}, \quad 30 - x = 18 \text{ polegadas}.$$

11.8 Dois irmãos têm 5 e 8 anos de idade respectivamente. Em quantos anos (x) a razão de suas idades será 3:4?

Solução

Em x anos, suas idades serão $5 + x$ e $8 + x$, respectivamente.

Logo, $(5 + x) : (8 + x) = 3 : 4$, $4(5 + x) = 3(8 + x)$ e $x = 4$.

11.9 Divida 253 em quatro partes proporcionais a 2, 5, 7 e 9.

Solução

Sejam as quatro partes $2k$, $5k$, $7k$ e $9k$.

Então, $2k + 5k + 7k + 9k = 253$ e $k = 11$. Assim as quatro partes são 22, 55, 77 e 99.

11.10 Caso $x : y : z = 2 : -5 : 4$ e $x - 3y + z = 63$, encontre x, y e z.

Solução

Sejam $x = 2k$, $y = -5k$, $z = 4k$.

Substitua estes valores em $x - 3y + z = 63$ para obter $2k - 3(-5k) + 4k = 63$, ou $k = 3$.

Portanto, $x = 2k = 6$, $y = -5k = -15$, $z = 4k = 12$.

Variação

11.11 Escreva uma equação para cada afirmação a seguir, empregando k como a constante de proporcionalidade.

(a) A circunferência C de um círculo varia com seu diâmetro d. Resp. $C = kd$

(b) O período T de vibração de um pêndulo simples a uma dada posição é proporcional à raiz quadrada de seu comprimento l. Resp. $T = k\sqrt{l}$

(c) A taxa de emissão de energia E irradiada por unidade de área em um radiador perfeito é proporcional à quarta potência de sua temperatura absoluta T. Resp. $E = kT^4$

(d) O calor H, em calorias, desenvolvido em um condutor de resistência R ohms, quando se usa uma corrente de I ampères, varia conjuntamente ao quadrado da corrente, à resistência do condutor e ao tempo t durante o qual passa a corrente pelo condutor. Resp. $H = kI^2Rt$

(e) A intensidade I de uma onda sonora varia conjuntamente com o quadrado da sua frequência n, o quadrado de sua amplitude r, a velocidade do som v e a densidade d do meio não perturbado. Resp. $I = kn^2r^2vd$

(f) A força de atração F entre duas massas m_1 e m_2 varia diretamente com o produto das massas e inversamente com o quadrado da distância r entre elas. Resp. $F = km_1m_2/r^2$

(g) À temperatura constante, o volume V de uma dada massa de um gás ideal varia inversamente com a pressão p à qual está sujeito. *Resp.* $V = k/p$

(h) Uma força não equilibrada F atuando em um corpo produz nele uma aceleração a que é diretamente proporcional à força e inversamente proporcional à massa m do corpo. *Resp.* $a = kF/m$

11.12 A energia cinética E de um corpo é proporcional ao seu peso W e ao quadrado de sua velocidade v. Um corpo com 8 libras movendo-se a 4 pés/s tem 2 pés-lb de energia cinética. Encontre a energia cinética de um caminhão de 3 toneladas (6000 lb) com velocidade 60 milhas por hora (88 pés/s).

Solução

Para encontrar k : $E = kWv^2$ ou $k = \dfrac{E}{Wv^2} = \dfrac{2}{8(4^2)} = \dfrac{1}{64}$.

Assim, a energia cinética do caminhão é $E = \dfrac{Wv^2}{64} = \dfrac{6000(88)^2}{64} = 726\,000$ pés-lb.

11.13 A pressão p de uma dada massa de gás ideal varia inversamente com o volume V e diretamente com a temperatura absoluta T. A qual pressão podemos submeter um gás composto de hélio que possui 100 pés cúbicos à pressão de 1 atmosfera e 253° de temperatura para comprimi-lo a 50 pés cúbicos quando a temperatura é 313°?

Solução

Para encontrar k : $p = k\dfrac{T}{V}$ ou $k = \dfrac{pV}{T} = \dfrac{1(100)}{253} = \dfrac{100}{253}$.

Desta maneira, a pressão desejada é $p = \dfrac{100}{253}\dfrac{T}{V} = \dfrac{100}{253}\left(\dfrac{313}{50}\right) = 2{,}47$ atmosferas.

Método alternativo: sejam os subíndices 1 e 2 referentes às condições inicial e final do gás, respectivamente.

Então, $k = \dfrac{p_1 V_1}{T_1} = \dfrac{p_2 V_2}{T_2}$, $\dfrac{p_1 V_1}{T_1} = \dfrac{p_2 V_2}{T_2}$, $\dfrac{1(100)}{253} = \dfrac{p_2(50)}{313}$ e $p_2 = 2{,}47$ atm.

11.14 Se 8 homens levam 12 dias para montar 16 máquinas, quantos dias levarão 15 homens para montar 50 máquinas?

Solução

O número de dias (x) varia diretamente com o número de máquinas (y) e inversamente com o número de homens (z).

Logo, $x = \dfrac{ky}{z}$, onde $k = \dfrac{xz}{y} = \dfrac{12(8)}{16} = 6$.

Portanto, o número de dias procurado é $x = \dfrac{6y}{z} = \dfrac{6(50)}{15} = 20$ dias.

Preço unitário e melhor compra

11.15 Qual é o preço unitário para 12 laranjas custando 99¢?

Solução

$$\dfrac{x\text{¢}}{99\text{¢}} = \dfrac{1 \text{ laranja}}{12 \text{ laranjas}} \qquad x = \dfrac{99}{12} = 8{,}25 \qquad 8{,}25\text{¢ por laranja}$$

11.16 Qual é o preço unitário para sacolas de lixo quando 20 sacolas custam $2,50?

Solução

$$\dfrac{x\text{¢}}{250\text{¢}} = \dfrac{1 \text{ sacola}}{20 \text{ sacolas}} \qquad x = \dfrac{250}{20} = 12{,}5 \qquad 12{,}5\text{¢ por sacola}$$

11.17 Qual é a melhor compra quando 7 latas de sopa custam $2,25 e 3 latas de sopa custam 95¢?

Solução

$$\frac{a¢}{225¢} = \frac{1 \text{ lata}}{7 \text{ latas}} \qquad a = \frac{225}{7} = 32,1 \qquad 32,1¢ \text{ por lata}$$

$$\frac{b¢}{95¢} = \frac{1 \text{ lata}}{3 \text{ latas}} \qquad b = \frac{95}{3} = 31,7 \qquad 31,7¢ \text{ por lata}$$

A melhor compra é 3 latas de sopa custando 95¢.

11.18 Qual é a melhor compra quando um pacote com 3 onças de requeijão custa 43¢ e um pacote com 8 onças de requeijão custa 87¢?

Solução

$$\frac{a¢}{43¢} = \frac{1 \text{ oz}}{3 \text{ oz}} \qquad a = \frac{43}{3} = 14,3 \qquad 14,3¢ \text{ por onça}$$

$$\frac{b¢}{87¢} = \frac{1 \text{ oz}}{8 \text{ oz}} \qquad b = \frac{87}{8} = 10,9 \qquad 10,9¢ \text{ por onça}$$

A melhor compra é o pacote com 8 onças de requeijão custando 87¢.

Problemas Complementares

11.19 Expresse cada razão como uma fração simplificada.

(a) 40 : 64 (b) 4/5 : 8/3 (c) $x^2y^3 : 3xy^4$ (d) $(a^2b + ab^2) : (a^2b^3 + a^3b^2)$

11.20 Encontre a razão das seguintes quantidades.

(a) 20 jardas para 40 pés

(b) 128 onças para 5 quartos

(c) 2 pés quadrados para 96 polegadas quadradas

(d) 6 galões para 480 onças

11.21 Em cada proporção determine o valor de x.

(a) $(x + 3) : (x - 2) = 3:2$

(b) $(x + 4) : 1 = (2 - x):2$

(c) $(x + 1) : 4 = (x + 6) : 2x$

(d) $(2x + 1) : (x + 1) = 5x : (x + 4)$

11.22 Encontre a quarta proporcional para os conjuntos de números.

(a) 3, 4, 12

(b) $-2, 5, 6$

(c) a, b, c

(d) $m + 2, m - 2, 3$

11.23 Encontre a terceira proporcional para os pares de números.

(a) 3, 5 (b) $-2, 4$ (c) a, b (d) $ab, \sqrt{ab}$

11.24 Encontre a média proporcional entre cada par de números.

(a) 3, 27 (b) $-4, -8$ (c) $3\sqrt{2}$ e $6\sqrt{2}$ (d) $m + 2$ e $m + 1$

11.25 Se $(x + y) : (x - y) = 5 : 2$, encontre $x : y$.

11.26 Dois números possuem razão 3 : 4. Caso 4 seja adicionado a cada um deles, a razão resultante será 4 : 5. Encontre os números.

11.27 Um segmento de reta com 1290 polegadas de extensão é dividido em três partes cujos comprimentos são proporcionais a 3, 4 e 5. Encontre os comprimentos das partes.

11.28 Se $x : y : z = 4 : -3 : 2$ e $2x + 4y - 3z = 20$, encontre x, y e z.

11.29 (a) Se x varia diretamente com y e se $x = 8$ quando $y = 5$, encontre y quando $x = 20$.

(b) Se x varia diretamente com y^2 e se $x = 4$ quando $y = 3$, encontre x quando $y = 6$.

(c) Se x varia inversamente com y e se $x = 8$ quando $y = 3$, encontre y quando $x = 2$.

11.30 A distância percorrida por um objeto em queda livre a partir do repouso varia diretamente com o quadrado do tempo de queda. Se um objeto cai 144 pés em 3 segundos, quanto cairá em 10 segundos?

11.31 A força do vento sobre uma vela varia conjuntamente com a área da vela e com o quadrado da velocidade do vento. Em um pé quadrado de vela, a força é 1 lb quando a velocidade do vento é 15 milhas por hora. Encontre a força do vento a 45 milhas por hora numa vela de 20 jardas quadradas de área.

11.32 Se 2 homens conseguem arar 6 acres de terra em 4 horas, quantos homens são necessários para arar 18 acres em 8 horas?

11.33 Qual é o preço unitário, arredondado ao décimo de centavo mais próximo, para cada item?

(a) Uma lata com 1,36 litros de suco de fruta custando $1,09

(b) Um vidro com 283 gramas de geleia custando 79¢

(c) Um vidro com 10,4 onças de creme facial custando $3,73

(d) Uma dúzia de latas de ervilhas custando $4,20

(e) 25 libras de semente de grama custando $27,75

(f) 3 rosquinhas custando 49¢

11.34 Qual é a melhor compra?

(a) 100 cartelas de aspirina por $1,75 ou 200 cartelas de aspirina por $2,69?

(b) Um vidro com 6 onças de geleia de amendoim por 85¢ ou um vidro com 12 onças de geleia de amendoim por $1,59?

(c) Um frasco com 14 onças de enxaguante bucal por $1,15 ou um frasco com 20 onças de enxaguante bucal por $1,69?

(d) Um vidro de mostarda com 9 onças por 35¢ ou um vidro de mostarda com 24 onças por 89¢?

(e) Uma caixa de biscoitos com 454 gramas por $1,05 ou uma caixa de biscoitos com 340 gramas por 93¢?

(f) Uma garrafa de amaciante com 0,94 litro por 99¢ ou uma garrafa de amaciante com 2,76 litros por $2,65?

Respostas dos Problemas Complementares

11.19 (a) 5/8   (b) 3/10   (c) $x/3y$ (d) $1/ab$

11.20 (a) 3 : 2   (b) 4 : 5   (c) 3 : 1   (d) 8 : 5

11.21 (a) 12   (b) -2 (c) 4, -3 (d) 2, $-2/3$

11.22 (a) 16   (b) -15 (c) bc/a (d) $3(m-2)/(m+2)$

11.23 (a) 25/3   (b) -8 (c) b^2/a (d) 1

11.24 (a) ± 9 (b) $\pm 4\sqrt{2}$ (c) ± 6 (d) $\pm \sqrt{m^2 + 3m + 2}$

11.25 7/3

11.26 12, 16

11.27 30, 40, 50 polegadas

11.28 $-8, 6, -4$

11.29 (a) $12\frac{1}{2}$ (b) 16 (c) 12

11.30 1600 pés

11.31 1620 lb

11.32 3 homens

11.33 (a) 80,1¢ por litro
(b) 0,3¢ por grama
(c) 35,9¢ por onça
(d) 35¢ por lata
(e) 111¢ por libra
(f) 16,3¢ por rosquinha

11.34 (a) 200 cartelas de aspirina por $2,69
(b) vidro com 12 onças por $1,59
(c) frasco com 14 onças por $1,15
(d) vidro com 24 onças por 89¢
(e) caixa com 454 gramas por $1,05
(f) garrafa com 2,76 litros por $2,65

Capítulo 12

Funções e Gráficos

12.1 VARIÁVEIS

Uma variável é um símbolo que pode assumir qualquer valor dentro de um conjunto durante uma discussão. Uma *constante* é um símbolo que representa apenas um valor particular durante a discussão.

Letras ao final do alfabeto, como x, y, z, u, v e w, são frequentemente empregadas para representar variáveis, e letras no começo do alfabeto, como a, b e c, são utilizadas como constantes.

12.2 RELAÇÕES

Uma relação é um conjunto de pares ordenados. A relação pode ser especificada por uma equação, uma regra ou uma tabela. O conjunto das primeiras componentes dos pares ordenados denomina-se o domínio da relação. O conjunto das segundas componentes é chamado de imagem da relação. Neste capítulo, vamos considerar apenas relações que possuem conjuntos de números reais para seu domínio e imagem.

Exemplo 12.1 Qual é o domínio e imagem da relação $\{(1, 3), (2, 6), (3, 9), (4, 12)\}$?

$$\text{domínio} = \{1, 2, 3, 4\} \quad \text{imagem} = \{3, 6, 9, 12\}$$

12.3 FUNÇÕES

Uma função é uma relação tal que cada elemento no domínio está em um par com exatamente um elemento na imagem.

Exemplos 12.2 Quais relações são funções?

(*a*) $\{(1, 2), (2, 3), (3, 4), (4, 5)\}$
função – cada primeiro elemento está em par com exatamente um segundo elemento
(*b*) $\{(1, 2), (1, 3), (2, 8), (3, 9)\}$
não é função – 1 está em par com 2 e com 3
(*c*) $\{(1, 3), (2, 3), (4, 3), (9, 3)\}$
função – cada primeiro elemento está em par com exatamente um segundo elemento

Normalmente, funções e relações são apresentadas como equações. Quando o domínio não é especificado, determinamos o maior subconjunto de números reais para o qual a equação está definida e este será o domínio. Uma vez que o domínio tenha sido estabelecido, determinamos a imagem encontrando o valor da equação para cada valor do domínio. A variável associada ao domínio é dita independente e a variável associada à imagem é denominada dependente. Em equações com as variáveis x e y, geralmente supomos que x é a variável independente e que y é a variável dependente.

Exemplo 12.3 Quais são o domínio e a imagem de $y = x^2 + 2$?

O domínio é o conjunto de todos os reais, pois o quadrado de qualquer número real é um número real e adicionado a 2 continua sendo um número real. Domínio = {todos os números reais}

A imagem é o conjunto dos números reais maiores ou iguais a 2, já que o quadrado de um número real é no mínimo zero e, quando cada valor é adicionado a 2, temos os reais maiores ou iguais a 2. Imagem = {todos os números reais ≥ 2}

Exemplo 12.4 Quais são o domínio e a imagem de $y = 1/(x - 3)$?

A equação não está definida quando $x = 3$, logo o domínio é o conjunto de todos os números reais diferentes de 3. Domínio = {números reais $\neq 3$}

Uma fração pode ser zero apenas quando o numerador pode ser zero. Como o numerador desta fração é sempre 1, a fração nunca pode ser igual a zero. Assim, a imagem é o conjunto de todos os números reais diferentes de 0. Imagem = {números reais $\neq 0$}

12.4 NOTAÇÃO PARA FUNÇÃO

A notação $y = f(x)$, lê-se "y é igual a f de x" e é utilizada para indicar que y é uma função de x. Com esta notação, $f(a)$ representa o valor da variável dependente y quando $x = a$ (caso este valor exista).

Portanto, $y = x^2 - 5x + 2$ pode ser escrito $f(x) = x^2 - 5x + 2$. Então, $f(2)$, i.e., o valor de $f(x)$ ou y quando $x = 2$, é $f(2) = 2^2 - 5(2) + 2 = -4$. De forma similar, $f(-1)^2 - 5(-1) + 2 = 8$.

Qualquer letra pode ser usada na notação de função; assim $g(x), h(x), F(x)$ etc., podem representar funções de x.

12.5 SISTEMA DE COORDENADAS RETANGULARES

Um sistema de coordenadas retangulares é utilizado para obtermos uma visualização da relação entre duas variáveis.

Considere duas retas mutuamente perpendiculares $X'X$ e $Y'Y$ intersectando-se no ponto O, como mostra a Fig. 12-1.

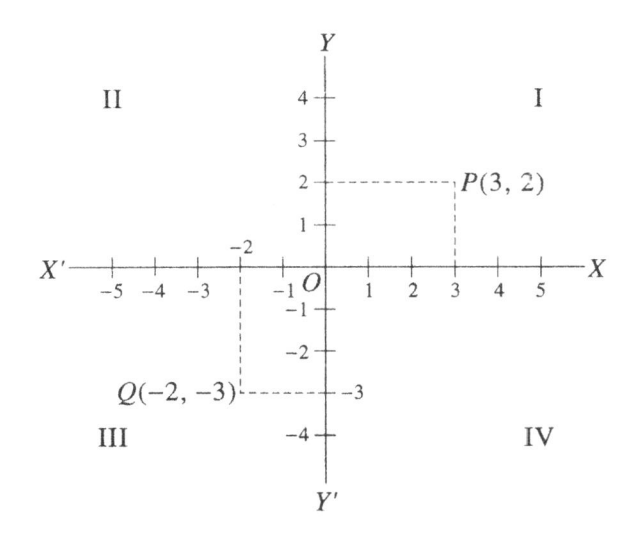

Figura 12-1

A reta $X'X$, chamada de eixo x, é geralmente horizontal.
A reta $Y'Y$, chamada de eixo y, é geralmente vertical.
O ponto O é denominado a origem.

Usando uma unidade de comprimento conveniente, marque pontos no eixo x a unidades sucessivas à direita e à esquerda da origem O, denotando os da direita por 1, 2, 3, 4,... e os da esquerda por $-1, -2, -3, -4,...$ Aqui escolhemos arbitrariamente OX como a direção positiva; isto é comum, mas não é necessário.

Faça o mesmo no eixo y, escolhendo OY como a direção positiva. Costuma-se (embora não seja necessário) usar as mesmas unidades de comprimento nos dois eixos.

Os eixos x e y dividem o plano em 4 partes conhecidas como *quadrantes*, que são denominados I, II, III e IV, como na Fig. 12-1.

Dado um ponto P neste plano xy, trace perpendiculares a partir de P aos eixos x e y. Os valores de x e y nos pontos que estas perpendiculares encontram os eixos x e y determinam, respectivamente, a *coordenada x* (ou abscissa) do ponto e a *coordenada y* (ou ordenada) do ponto P. Estas coordenadas são indicadas pelo símbolo (x, y).

Reciprocamente, dadas as coordenadas de um ponto, podemos localizar o ponto no plano xy.

Por exemplo, o ponto P na Fig. 12-1 tem coordenadas $(3, 2)$; o ponto com coordenadas $(-2, -3)$ é Q.

O gráfico de uma função $y = f(x)$ é o conjunto de todos os pontos (x, y) que satisfazem a equação $y = f(x)$.

12.6 FUNÇÃO DE DUAS VARIÁVEIS

Dizemos que a variável z é uma função das variáveis x e y se existe uma relação tal que para cada par de valores de x e y corresponde um ou mais valores de z. Aqui x e y são variáveis independentes e z é a variável dependente.

A notação para função utilizada neste caso é $z = f(x, y)$: que se lê "z é igual a f de x e y". Então $f(a, b)$ denota o valor de z quando $x = a$ e $y = b$, caso a função esteja definida para estes valores.

Assim, se $f(x, y) = x^3 + xy^2 - 2x$, então $f(2, 3) = 2^3 + 2 \cdot 3^2 - 2 \cdot 3 = 20$.

De maneira similar, podemos definir funções com mais de duas variáveis independentes.

12.7 SIMETRIA

Quando a metade esquerda do gráfico é uma imagem espelhada da metade direita, dizemos que o gráfico é simétrico em relação ao eixo y (ver Fig. 12-2). Esta simetria ocorre porque, para qualquer valor de x, tanto x quanto $-x$ resultam no mesmo valor de y, isto é, $f(x) = f(-x)$. A equação pode ser ou não uma função para y em termos de x.

Alguns gráficos têm uma metade de baixo que é uma imagem espelhada da metade de cima e dizemos que estes gráficos são simétricos em relação ao eixo x. Simetria em relação ao eixo x acontece quando, para cada y, ambos y e $-y$ resultam no mesmo valor de x (ver Fig. 12-3). Nestes casos, não temos uma função para y em termos de x.

Se substituir x por $-x$ e y por $-y$ em uma equação resulta uma equação equivalente, dizemos que o gráfico é simétrico em relação à origem (ver Fig. 12-4). Estas equações representam relações que nem sempre são funções.

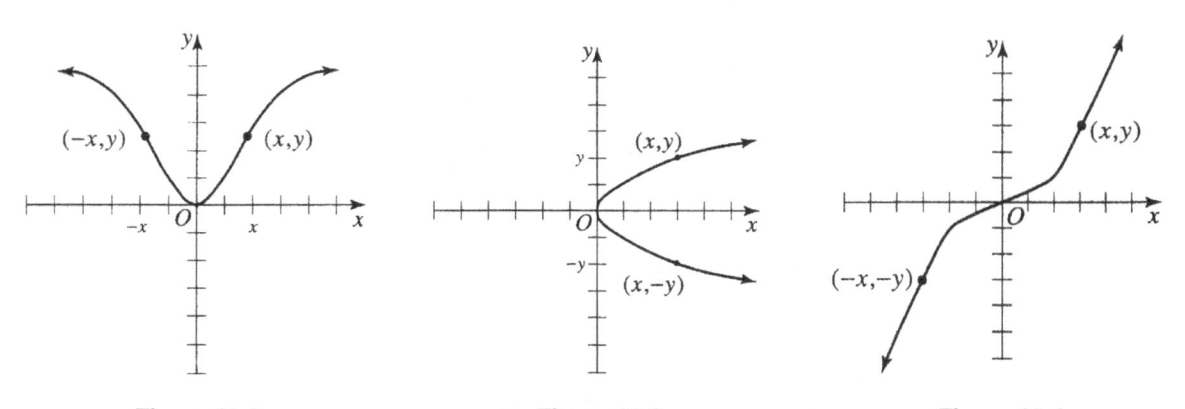

Figura 12-2

Figura 12-3

Figura 12-4

Simetrias podem ser utilizadas para fazermos esboços dos gráficos de relações e funções com facilidade. Uma vez determinado o tipo da simetria, caso exista, e a forma de metade do gráfico, a outra metade pode ser esboçada fazendo uso desta simetria. A maioria dos gráficos não são simétricos em relação ao eixo y, x ou à origem. Entretanto, muitos dos gráficos frequentemente utilizados apresentam uma destas simetrias e, utilizá-las ao se esboçar relações, simplifica o processo de construção do gráfico.

Exemplo 12.5 Teste as simetrias da relação $y = 1/x$.

Substituindo x por $-x$ obtemos $y = -1/x$, então o gráfico não é simétrico em relação ao eixo y.

Substituindo y por $-y$ obtemos $-y = 1/x$, logo o gráfico não é simétrico em relação ao eixo x.

Substituindo x por $-x$ e y por $-y$ obtemos $-y = -1/x$ que é equivalente a $y = 1/x$, portanto o gráfico é simétrico em relação à origem.

12.8 TRANSLAÇÕES

O gráfico de $y = f(x)$ pode ser transladado para cima adicionando-se uma constante positiva para cada valor de y no gráfico. Ele é transladado para baixo adicionando-se uma constante negativa para cada valor de y no gráfico $y = f(x)$. Assim, o gráfico de $y = f(x) + b$ difere do gráfico de $y = f(x)$ por uma translação vertical de $|b|$ unidades. A translação é para cima, caso $b > 0$, e para baixo, caso $b < 0$.

Exemplos 12.6 Como os gráficos de $y = x^2 + 2$ e $y = x^2 - 3$ diferem do gráfico de $y = x^2$?

O gráfico de $y = x^2$ é transladado 2 unidades para cima, resultando no gráfico de $y = x^2 + 2$ (ver Figs. 12-5(a) e (b)).

O gráfico de $y = x^2$ é transladado 3 unidades para baixo, resultando no gráfico de $y = x^2 - 3$ (ver Figs. 12-5(a) e (c)).

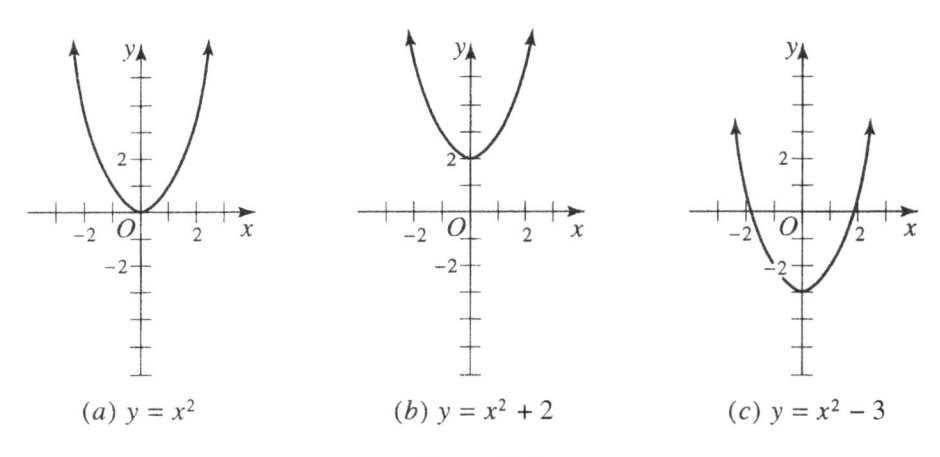

(a) $y = x^2$ (b) $y = x^2 + 2$ (c) $y = x^2 - 3$

Figura 12-5

O gráfico de $y = f(x)$ é transladado para a direita quando um número positivo é subtraído de todos os valores de x. Ele é transladado para a esquerda quando um número negativo é subtraído dos valores de x. Desta maneira, o gráfico de $y = f(x - a)$ difere do gráfico de $y = f(x)$ por uma translação horizontal de $|a|$ unidades. A translação é para a direita, caso $a > 0$, e para a esquerda, caso $a < 0$.

Exemplos 12.7 Como os gráficos de $y = (x + 1)^2$ e $y = (x - 2)^2$ diferem do gráfico de $y = x^2$?

O gráfico de $y = x^2$ é transladado 1 unidade para a esquerda, resultando no gráfico de $y = (x + 1)^2$, já que $x + 1 = x - (-1)$ (ver Figs. 12-6(a) e (b)).

O gráfico de $y = x^2$ é transladado 2 unidades para a direita, resultando no gráfico de $y = (x - 2)^2$ (ver Figs. 12-6(a) e (c)).

$(a)\ y = x^2$ $\qquad\qquad (b)\ y = (x+1)^2 \qquad\qquad (c)\ y = (x-2)^2$

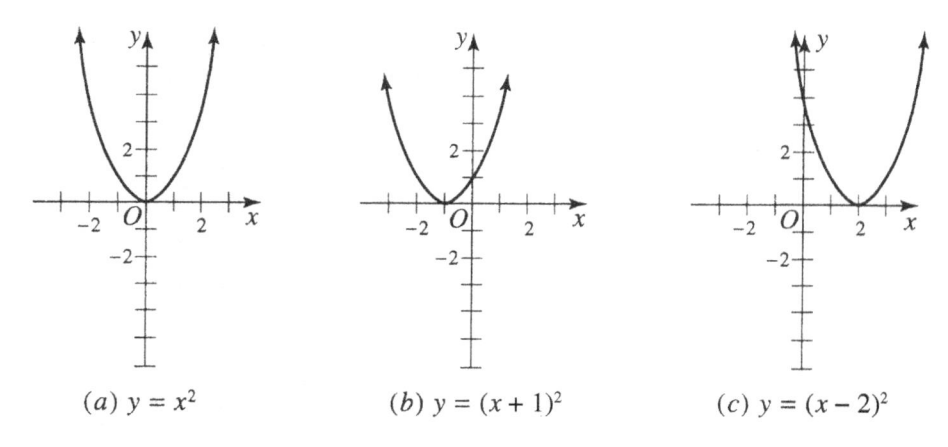

Figura 12-6

12.9 ESCALA

Se cada valor de y for multiplicado por um número positivo maior do que 1, a taxa de variação de y ficará maior que a taxa de variação dos valores de y para $y = f(x)$. Contudo, se cada valor de y for multiplicado por um número positivo entre 0 e 1, a taxa de variação de y ficará menor do que a taxa de variação dos valores de y para $y = f(x)$. Logo, o gráfico de $y = cf(x)$, onde c é uma constante positiva, difere do gráfico de $y = f(x)$ pela taxa de crescimento em y. Se $c > 1$ a taxa de variação em y aumenta e se $0 < c < 1$ ela diminui.

O gráfico de $y = f(x)$ é refletido pelo eixo x quando cada valor de y é multiplicado por um número negativo. Então, o gráfico de $y = cf(x)$, onde $c < 0$, é o reflexo de $y = |c|f(x)$ pelo eixo x.

Exemplo 12.8 Como os gráficos de $y = -|x|$, $y = 3|x|$ e $y = 1/2|x|$ diferem do gráfico de $y = |x|$?

O gráfico de $y = |x|$ é refletido pelo eixo x, resultando em $y = -|x|$ (ver Figs. 12-7(a) e (b)).

O gráfico de $y = |x|$ tem o valor de y multiplicado por 3 para cada valor de x, resultando no gráfico de $y = 3|x|$ (ver Figs. 12-7(a) e (c)).

O gráfico de $y = |x|$ tem o valor de y multiplicado por 1/2 para cada x, resultando no gráfico de $y = 1/2|x|$ (ver Figs. 12-7(a) e (d)).

12.10 UTILIZANDO UMA CALCULADORA GRÁFICA

Na discussão sobre calculadoras gráficas a informação dada será geral. Mas a máquina utilizada para verificar os procedimentos foi uma Texas Instruments TI-84. A maioria das calculadoras gráficas opera de maneira similar, mas é necessário fazer o uso do manual de sua calculadora para ver como realizar estas operações nesse modelo específico.

Uma calculadora gráfica permite esboçar funções com facilidade. O segredo é configurar a janela gráfica apropriadamente. Para fazer isso, você precisa utilizar o domínio da função para estabelecer os valores máximo e mínimo de x e a imagem para determinar os valores máximo e mínimo de y. Quando o domínio ou a imagem é um intervalo grande, pode ser necessário usar a escala para x ou y e diminuir o gráfico, aumentando o tamanho das unidades ao longo dos dois eixos. Ocasionalmente, pode ser preciso observar o gráfico em partes de seu domínio ou imagem para ver como o gráfico realmente se parece.

Para comparar os gráficos de $y = x^2$, $y = x^2 + 2$ e $y = x^2 - 3$ numa calculadora gráfica, insira cada função no menu $y=$. Sejam $y_1 = x^2$, $y_2 = x^2 + 2$ e $y_3 = x^2 - 3$. Desative as funções y_2 e y_3 e regule a janela gráfica para as configurações padrão. Ao pressionar a tecla de gráfico, você verá uma curva como mostrado na Fig 12-5(a). Desative a função y_1 e ligue a função y_2, pressionando em seguida a tecla de gráfico. O gráfico apresentado deve ser a Fig. 12-5(b). Agora desative a função y_2 e ligue a função y_3. Pressiona a tecla de gráfico e você verá a Fig. 12-5(c).

Ao ativar as funções y_1, y_2 e y_3 e pressionar a tecla de gráfico você verá as três funções exibidas no mesmo conjunto de eixos (ver Fig. 12-8). O gráfico de $y_2 = x^2 + 2$ está duas unidades acima do gráfico de $y_1 = x^2$, enquanto o gráfico de $y_3 = x^2 - 3$ está 3 unidades abaixo de y_1.

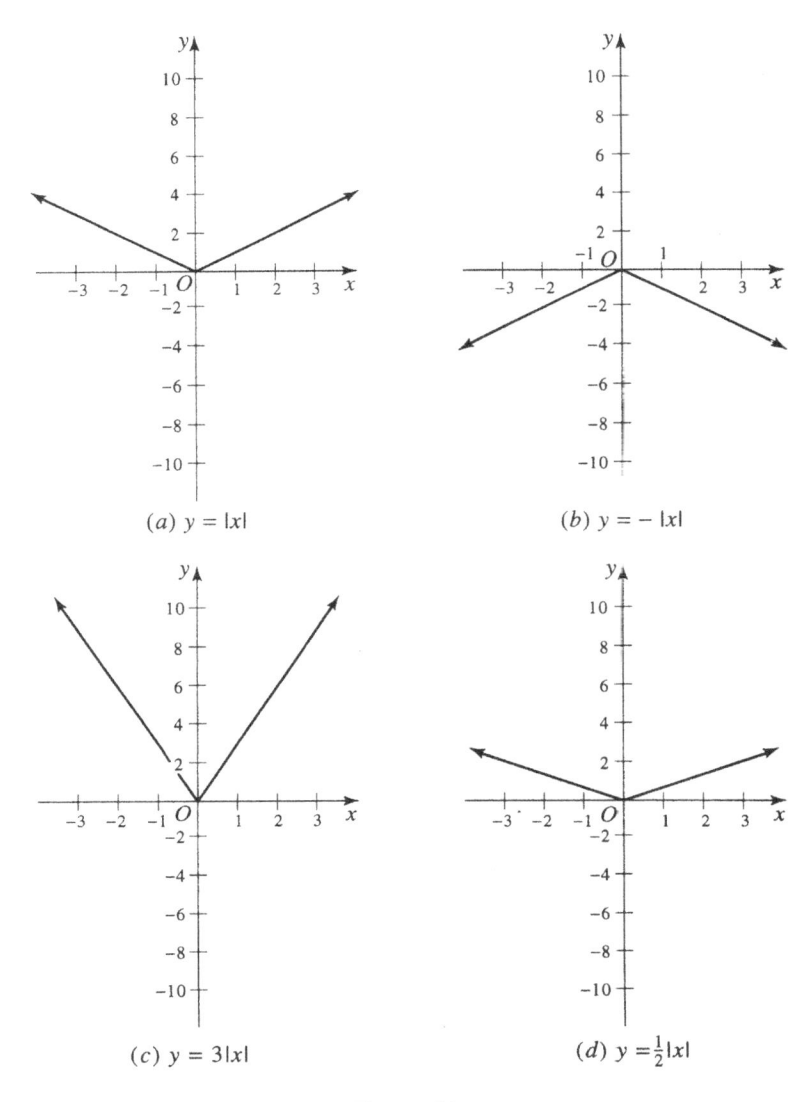

(a) $y = |x|$

(b) $y = -|x|$

(c) $y = 3|x|$

(d) $y = \frac{1}{2}|x|$

Figura 12-7

De maneira similar, você pode comparar o gráfico de $y_1 = f(x)$ e $y_2 = f(x) + b$ para qualquer função $f(x)$. Perceba que quando $b > 0$, o gráfico de y_2 está b unidades acima do gráfico de y_1. Quando $b < 0$, o gráfico de y_2 está $|b|$ unidades abaixo do gráfico de y_1.

Considere os gráficos de $y = x^2$, $y = (x + 1)^2$ e $y = (x - 2)^2$. Para comparar estes gráficos com uma calculadora, precisamos inserir $y_1 = x^2$, $y_2 = (x + 1)^2$ e $y_3 = (x - 2)^2$. Utilizando a janela padrão e exibindo as três funções simultaneamente, vemos que $y_2 = (x + 1)^2$ está 1 unidade à esquerda do gráfico de $y_1 = x^2$. Além disso, o gráfico de $y_3 = (x - 2)^2$ está 2 unidades à direita do gráfico de y_1 (ver Fig. 12-9).

No geral, para comparar os gráficos de $y_1 = f(x)$ e $y_2 = f(x - a)$ para qualquer função $f(x)$, notamos que o gráfico de $y_2 = f(x - a)$ está a unidades à direita de $y_1 = f(x)$ quando $a > 0$. Caso $a < 0$, o gráfico de y_2 está $|a|$ unidades à esquerda de y_1.

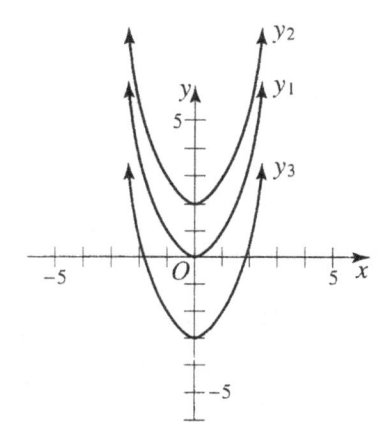

Figura 12-8

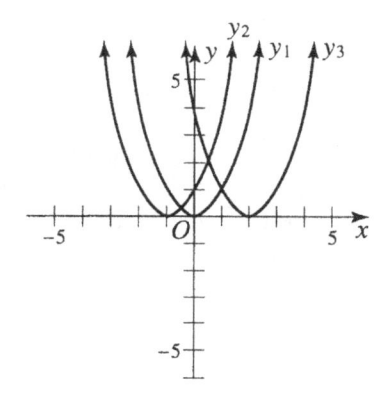

Figura 12-9

Exemplo 12.9 Represente graficamente $x^2 + y^2 = 9$.

Para esboçar o gráfico de $x^2 + y^2 = 9$ numa calculadora, primeiro resolvemos a equação para y, obtendo $y = \pm\sqrt{9 - x^2}$. Defina $y_1 = +\sqrt{9 - x^2}$ e $y_2 = -\sqrt{9 - x^2}$ e represente-as no mesmo conjunto de eixos. Utilizando a janela padrão obtemos uma visão distorcida deste gráfico, pois a escala no eixo y não é igual a escala em x. Multiplicando por um fator de 0,67 (para a TI-84), podemos ajustar o intervalo y e obter uma exibição mais adequada do gráfico. Assim, utilizando o domínio $[-10, 10]$ e a imagem $[-6,7, 6,7]$, obtemos o gráfico de um círculo (ver Fig. 12-10).

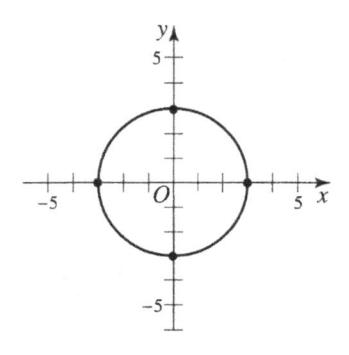

Figura 12-10

Problemas Resolvidos

12.1 Expresse a área A de um quadrado como função de seu (a) lado x, (b) perímetro P e (c) diagonal D (ver Fig. 12-11).

Solução

(a) $A = x^2$

(b) $P = 4x$ ou $x = \dfrac{P}{4}$. Então $A = x^2 = \left(\dfrac{P}{4}\right)^2$ ou $A = \dfrac{P^2}{16}$.

(c) $D = \sqrt{x^2 + x^2} = x\sqrt{2}$ ou $x = \dfrac{D}{\sqrt{2}}$. Então $A = x^2 = \left(\dfrac{D}{\sqrt{2}}\right)^2$ ou $A = \dfrac{D^2}{2}$.

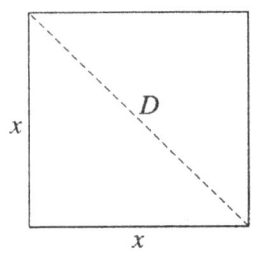

Figura 12-11

12.2 Expresse (a) a área A, (b) o perímetro P e (c) a diagonal D de um retângulo em função de seus lados x e y. Tome por referência a Fig. 12-12.

Solução

(a) $A = xy$,   (b) $P = 2x + 2y$,   (c) $D = \sqrt{x^2 + y^2}$

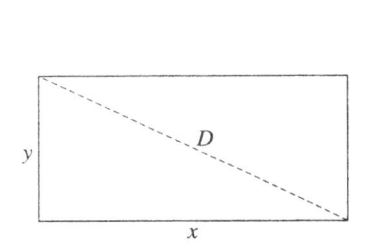

Figura 12-12 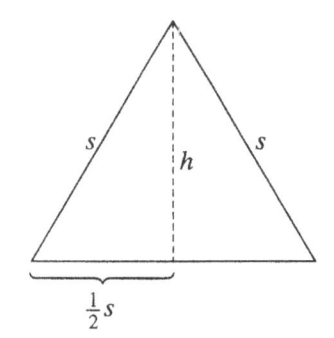   **Figura 12-13**

12.3 Expresse (a) a altura h e (b) a área A de um triângulo equilátero como função de seu lado s. Tome por referência a Fig. 12-13.

Solução

(a) $h = \sqrt{s^2 - \left(\dfrac{1}{2}s\right)^2} = \sqrt{\dfrac{3}{4}s^2} = \dfrac{s\sqrt{3}}{2}$ (b) $A = \dfrac{1}{2}hs = \dfrac{1}{2}\left(\dfrac{s\sqrt{3}}{2}\right)s = \dfrac{s^2\sqrt{3}}{4}$

12.4 A área da superfície S e o volume V de uma esfera de raio r são dados por $S = 4\pi r^2$ e $V = \frac{4}{3}\pi r^3$. Expresse (a) r como função de S e também como função de V, (b) V como função de S e (c) S como função de V.

Solução

(a) De $S = 4\pi r^2$ obtenha

$$r = \sqrt{\frac{S}{4\pi}} = \frac{1}{2}\sqrt{\frac{S}{\pi}}.$$

De $V = \frac{4}{3}\pi r^3$ obtenha

$$r = \sqrt[3]{\frac{3V}{4\pi}}.$$

(b) Insira

$$r = \frac{1}{2}\sqrt{\frac{S}{\pi}}$$

em $V = \frac{4}{3}\pi r^3$ para obter

$$V = \frac{4}{3}\pi\left(\frac{1}{2}\sqrt{\frac{S}{\pi}}\right)^3 = \frac{S}{6}\sqrt{\frac{S}{\pi}}.$$

(c) Insira

$$r = \sqrt[3]{\frac{3V}{4\pi}}$$

em $S = 4\pi r^2$ e obtenha

$$S = 4\pi\sqrt[3]{\left(\frac{3V}{4\pi}\right)^2} = 4\pi\sqrt[3]{\frac{9V^2}{16\pi^2} \cdot \frac{4\pi}{4\pi}} = \sqrt[3]{36\pi V^2}.$$

12.5 Dado $y = 3x^2 - 4x + 1$, encontre os valores de y correspondentes a $x = -2, -1, 0, 1, 2$.

Solução

Para $x = -2$, $y = 3(-2)^2 - 4(-2) + 1 = 21$; para $x = -1$, $y = 3(-1)^2 - 4(-1) + 1 = 8$; para $x = 0$, $y = 3(0)^2 - 4(0) + 1 = 1$; para $x = 1$, $y = 3(1)^2 - 4(1) + 1 = 0$; para $x = 2$, $y = 3(2)^2 - 4(2) + 1 = 5$. Estes valores de x e y estão convenientemente listados na seguinte tabela.

x	-2	-1	0	1	2
y	21	8	1	0	5

12.6 Estenda a tabela de valores no Problema 12.5 encontrando valores de y correspondentes a $x = -3/2, -1/2, 1/2, 3/2$.

Solução

Para $x = -3/2$, $y = 3(-3/2)^2 - 4(-3/2) + 1 = 13\frac{3}{4}$; etc. A seguinte tabela de valores resume os resultados.

x	-2	$-\frac{3}{2}$	-1	$-\frac{1}{2}$	0	$\frac{1}{2}$	1	$\frac{3}{2}$	2
y	21	$13\frac{3}{4}$	8	$3\frac{3}{4}$	1	$-\frac{1}{4}$	0	$1\frac{3}{4}$	5

12.7 Estabeleça o domínio e a imagem de cada relação.

(a) $y = 3 - x^2$ (b) $y = x^3 + 1$ (c) $y = \sqrt{x+2}$ (d) $y = \sqrt[3]{x}$

Solução

(a) Domínio = {todos os números reais} Como qualquer número real pode ser elevado ao quadrado, $3 - x^2$ está definido para todos os números reais.

Imagem = {todos os números reais ≤ 3} Já que x^2 é não negativo para todos os números reais, $3 - x^2$ não excede 3.

(b) Domínio = {todos os números reais} Como qualquer número real pode ser elevado ao cubo, $x^3 + 1$ está definido para todos os números reais.

Imagem = {todos os números reais} Já que x^3 resulta em todos os números reais, $x^3 + 1$ também resulta em todos os reais.

(c) Domínio = {todos os números reais ≥ −2} Como a raiz quadrada resulta em números reais apenas para reais não negativos, x deve ser pelo menos -2.

Imagem = {todos os números reais ≥ 0} Já que queremos a raiz quadrada principal, os valores serão números não negativos.

(d) Domínio = {todos os números reais} Como a raiz cúbica resulta em um número real para qualquer número real, x pode assumir qualquer valor real.

Imagem = {todos os números reais} Já que qualquer número real pode ser a raiz cúbica de outro número real, obtemos todos os reais.

12.8 Em quais destas equações y é uma função de x?

(a) $y = 3x^3$ (c) $xy = 1$ (e) $y = \sqrt{4x}$
(b) $y^2 = x$ (d) $y = 2x + 5$ (f) $y^3 = 8x$

Solução

(a) Função — Para cada valor de x, $3x^3$ resulta em exatamente um valor.

(b) Não é função — Para $x = 4$, y pode ser 2 ou -2.

(c) Função — $y = 1/x$. Para cada número real não nulo, $1/x$ resulta em exatamente um valor.

(d) Função — Para cada valor de x, $2x + 5$ resulta em exatamente um valor.

(e) Função — Para cada valor de $x \geq 0$, $\sqrt{4x}$ resulta na raiz quadrada principal.

(f) Função — Para cada número real, $8x$ é um número real e cada número real tem exatamente uma raiz cúbica real.

12.9 Para $f(x) = x^3 - 5x - 2$, encontre $f(-2), f(-3/2), f(-1), f(0), f(1), f(2)$.

Solução

$f(-2) = (-2)^3 - 5(-2) - 2 = 0$ $f(0) = 0^3 - 5(0) - 2 = -2$
$f(-3/2) = (-3/2)^3 - 5(-3/2) - 2 = 17/8$ $f(1) = 1^3 - 5(1) - 2 = -6$
$f(-1) = (-1)^3 - 5(-1) - 2 = 2$ $f(2) = 2^3 - 5(2) - 2 = -4$

Podemos organizar estes valores numa tabela

x	-2	$-3/2$	-1	0	1	2
$f(x)$	0	17/8	2	-2	-6	-4

12.10 Sendo $F(t) = \dfrac{t^3 + 2t}{t - 1}$, calcule $F(-2), F(x), F(-x)$.

Solução

$$F(-2) = \frac{(-2)^3 + 2(-2)}{-2-1} = \frac{-8-4}{-3} = 4$$

$$F(x) = \frac{x^3 + 2x}{x-1}$$

$$F(-x) = \frac{(-x)^3 + 2(-x)}{-x-1} = \frac{-x^3 - 2x}{-x-1} = \frac{x^3 + 2x}{x+1}$$

12.11 Dado $R(x) = (3x-1)/(4x+2)$, encontre

(a) $R\left(\dfrac{x-1}{x+2}\right)$, (b) $\dfrac{R(x+h) - R(x)}{h}$, (c) $R[R(x)]$.

Solução

(a) $R\left(\dfrac{x-1}{x+2}\right) = \dfrac{3\left(\dfrac{x-1}{x+2}\right) - 1}{4\left(\dfrac{x-1}{x+2}\right) + 2} = \dfrac{\left(\dfrac{2x-5}{x+2}\right)}{\left(\dfrac{6x}{x+2}\right)} = \dfrac{2x-5}{6x}$

(b) $\dfrac{R(x+h) - R(x)}{h} = \dfrac{1}{h}\{R(x+h) - R(x)\} = \dfrac{1}{h}\left(\dfrac{3(x+h) - 1}{4(x+h) + 2} - \dfrac{3x-1}{4x+2}\right)$

$= \dfrac{1}{h}\left(\dfrac{[3(x+h) - 1][4x+2] - [3x-1][4(x+h) + 2]}{[4(x+h) + 2][4x+2]}\right) = \dfrac{5}{2(2x+2h+1)(2x+1)}$

(c) $R[R(x)] = R\left(\dfrac{3x-1}{4x+2}\right) = \dfrac{3\left(\dfrac{3x-1}{4x+2}\right) - 1}{4\left(\dfrac{3x-1}{4x+2}\right) + 2} = \dfrac{5x-5}{20x} = \dfrac{x-1}{4x}$

12.12 Para $F(x, y) = x^3 - 3xy + y^2$, encontre

(a) $F(2, 3)$, (b) $F(-3, 0)$, (c) $\dfrac{F(x, y+k) - F(x, y)}{k}$.

Solução

(a) $F(2, 3) = 2^3 - 3(2)(3) + 3^2 = -1$

(b) $F(-3, 0) = (-3)^3 - 3(-3)(0) + 0^2 = -27$

(c) $\dfrac{F(x, y+k) - F(x, y)}{k} = \dfrac{x^3 - 3x(y+k) + (y+k)^2 - [x^3 - 3xy + y^2]}{k} = -3x + 2y + k$

12.13 Esboce os seguintes pontos em um sistema de coordenadas retangulares: $(2, 1)$, $(4, 3)$, $(-2, 4)$, $(-4, 2)$, $(-4, -2)$, $(-5/2, -9/2)$, $(4, -3)$, $(2, -\sqrt{2})$.

Solução

Ver Fig. 12-14.

12.14 Dado que $y = 2x - 1$, obtenha os valores de y correspondentes a $x = -3, -2, -1, 0, 1, 2, 3$ e represente os pontos (x, y) assim obtidos.

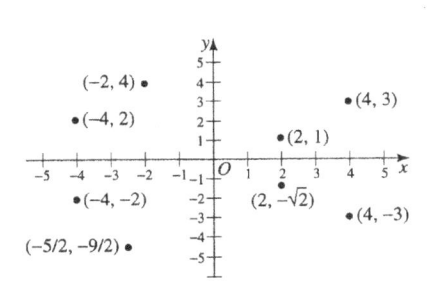

Figura 12-14 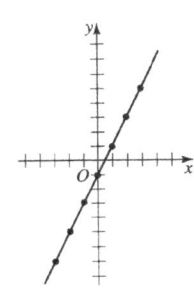   Figura 12-15 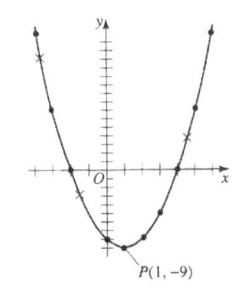   Figura 12-16

Solução

A seguinte tabela lista os valores de y correspondentes aos valores dados de x.

x	-3	-2	-1	0	1	2	3
y	-7	-5	-3	-1	1	3	5

Os pontos $(-3, -7)$, $(-2, -5)$, $(-1, -3)$, $(0, -1)$, $(1, 1)$, $(2, 3)$, $(3, 5)$ estão representados na Fig. 12-15.

Observe que todos os pontos satisfazendo $y = 2x - 1$ pertencem a uma linha reta. No geral, o gráfico de $y = ax + b$, onde a e b são constantes, é uma linha reta; portanto, $y = ax + b$ ou $f(x) = ax + b$ é chamado de *função linear*. Já que dois pontos determinam uma reta, apenas dois pontos são necessários para desenhar a linha que os conecta.

12.15 Obtenha o gráfico da função definida por $y = x^2 - 2x - 8x$ ou $f(x) = x^2 - 2x - 8$.

Solução

A seguinte tabela apresenta os valores de y ou $f(x)$ para diversos valores de x.

x	-4	-3	-2	-1	0	1	2	3	4	5	6
y ou $f(x)$	16	7	0	-5	-8	-9	-8	-5	0	7	16

Desta maneira, os seguintes pontos pertencem ao gráfico: $(-4, 16)$, $(-3, 7)$, $(-2, 0)$, $(-1, -5)$ etc.

Ao representar estes pontos, é conveniente utilizar diferentes escalas nos eixos x e y, como mostra a Fig. 12-16. Os pontos marcados com $\times$ foram adicionados aos já obtidos para resultar em um desenho mais preciso.

A curva assim obtida é chamada de *parábola*. O ponto mais abaixo P, denominado ponto de mínimo, é o *vértice* da parábola.

12.16 Esboce o gráfico da função definida por $y = 3 - 2x - x^2$.

Solução

x	-5	-4	-3	-2	-1	0	1	2	3	4
y	-12	-5	0	3	4	3	0	-5	-12	-21

A curva obtida é uma parábola, como mostra a Fig. 12-17. $Q(-1, 4)$, o vértice da parábola, é um ponto de máximo. No caso geral, $y = ax^2 + bx + c$ representa uma parábola cujo vértice é um ponto de máximo ou de mínimo, dependendo se a é $-$ ou $+$, respectivamente. A função $f(x) = ax^2 + bx + c$ é, às vezes, chamada de função quadrática.

12.17 Obtenha o gráfico de $y = x^3 + 2x^2 - 7x - 3$.

Solução

x	−4	−3	−2	−1	0	1	2	3
y	−7	9	11	5	−3	−7	−1	21

O gráfico aparece na Fig. 12-18. Pontos marcados com × não estão listados na tabela; eles foram adicionados para aprimorar a exatidão do gráfico.

O ponto A é denominado *ponto de máximo relativo*; não é o ponto mais alto na curva toda, mas há pontos mais baixos de cada um de seus lados. O ponto B é denominado *ponto de mínimo relativo*. O cálculo diferencial e integral nos permite determinar tais pontos de máximo e mínimo relativos.

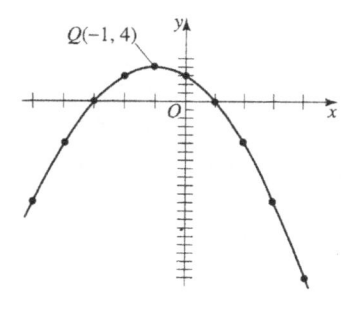

Figura 12-17 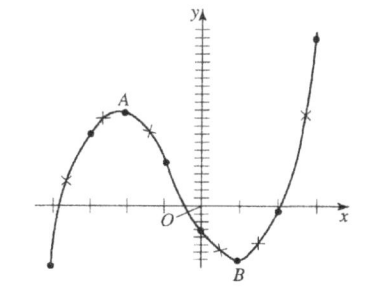   **Figura 12-18**

12.18 Obtenha o gráfico de $x^2 + y^2 = 36$.

Solução

Podemos escrever $y^2 = 36 - x^2$ ou $y = \pm\sqrt{36 - x^2}$. Note que x deve ser um valor entre -6 e $+6$ para y ser um número real.

x	−6	−5	−4	−3	−2	−1	0	1	2	3	4	5	6
y	0	$\pm\sqrt{11}$	$\pm\sqrt{20}$	$\pm\sqrt{27}$	$\pm\sqrt{32}$	$\pm\sqrt{35}$	± 6	$\pm\sqrt{35}$	$\pm\sqrt{32}$	$\pm\sqrt{27}$	$\pm\sqrt{20}$	$\pm\sqrt{11}$	0

Os pontos a ser representados são $(-6, 0), (-5, \sqrt{11}), (-5, -\sqrt{11}), (-4, \sqrt{20}), (-4, -\sqrt{20})$ etc.

A Fig. 12-19 mostra o gráfico, um círculo de raio 6.

No caso geral, o gráfico de $x^2 + y^2 = a^2$ é um círculo com centro na origem e raio a.

Deve ser observado que se as unidades não tivessem sido consideradas as mesmas nos eixos x e y, o gráfico não se pareceria com um círculo.

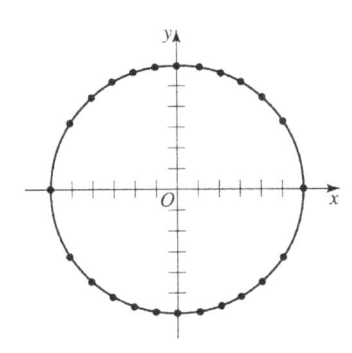

Figura 12-19

12.19 Determine se o gráfico é simétrico em relação ao eixo x, ao eixo y e à origem.

(a) $y = 4x$
(b) $x^2 + y^2 = 8$
(c) $xy^2 = 1$
(d) $x = y^2 + 1$
(e) $y = x^3$
(f) $y = \sqrt{x}$

Solução

(a) Origem   Pois $-y = 4(-x)$ é equivalente a $y = 4x$.

(b) Eixo y Pois $(-x)^2 + y^2 = 8$ é equivalente a $x^2 + y^2 = 8$.

    Eixo x Pois $x^2 + (-y)^2 = 8$ é equivalente a $x^2 + y^2 = 8$.

    Origem   Pois $(-x)^2 + (-y)^2 = 8$ é equivalente a $x^2 + y^2 = 8$.

(c) Eixo x Pois $x(-y)^2 = 1$ é equivalente a $xy^2 = 1$.

(d) Eixo x Pois $x = (-y)^2 + 1$ é equivalente a $x = y^2 + 1$.

(e) Origem   Pois $(-y) = (-x)^3$ é equivalente a $y = x^3$.

(f) Nenhuma

12.20 Utilize o gráfico de $y = x^3$ para esboçar o gráfico de $y = x^3 + 1$.

Solução

O gráfico de $y = x^3$ está representado na Fig. 12-20. O gráfico de $y = x^3 + 1$ é o gráfico de $y = x^3$ 1 unidade para cima, como mostra a Fig. 12-21.

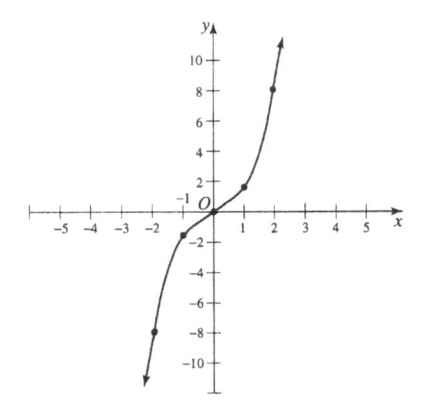

Figura 12-20

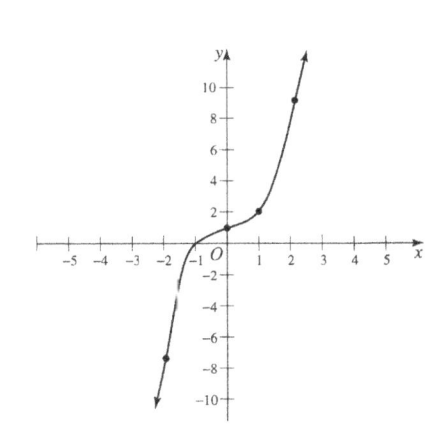

Figura 12-21

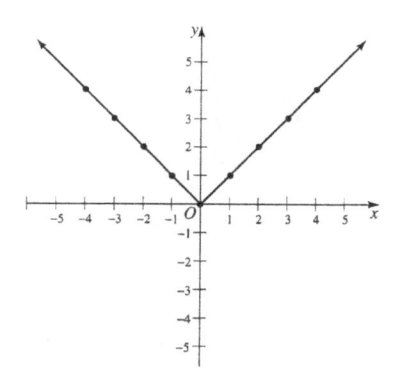

Figura 12-22

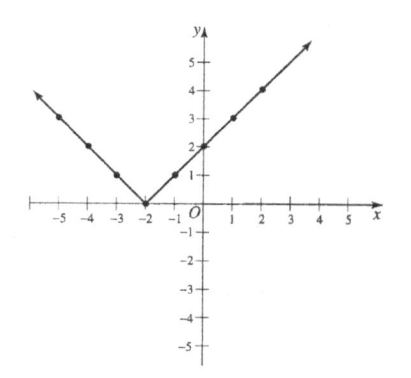

Figura 12-23

12.21 Faça o uso do gráfico de $y = |x|$ para desenhar o gráfico de $y = |x + 2|$.

Solução

O gráfico de $y = |x|$ está representado na Fig.12-22. O gráfico de $y = |x + 2|$ tem a mesma forma que o de $y = |x|$ mas transladado 2 unidades para a esquerda, já que $|x + 2| = |x - (-2)|$, como aparece na Fig. 12-23.

12.22 A partir do gráfico de $y = x^2$, esboce o gráfico de $y = -x^2$.

Solução

O gráfico de $y = x^2$ é o que mostra a Fig. 12-24. O gráfico de $y = -x^2$ é o mesmo de $y = x^2$ refletido pelo eixo x e está esboçado na Fig. 12-25.

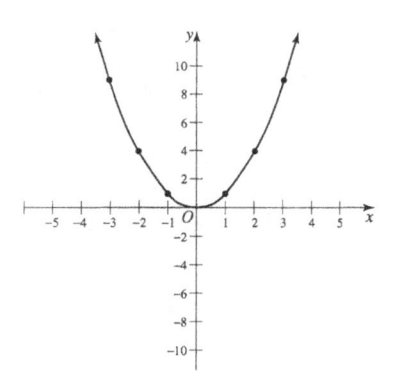

Figura 12-24

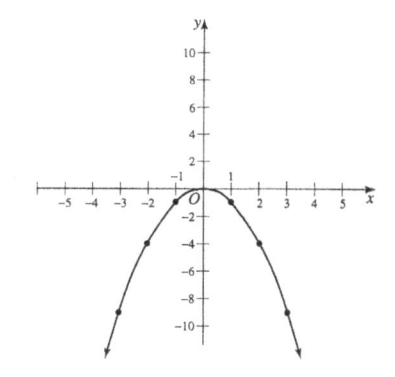

Figura 12-25

12.23 Um homem possui 40 pés de arame que será usado para cercar um jardim retangular. A cerca deve ser utilizada em apenas três lados do jardim, sendo o quarto lado fornecido pela sua casa. Determine a área máxima que pode ser coberta.

Solução

Seja $x =$ o comprimento de cada um dos dois lados do retângulo; então $40 - 2x =$ o comprimento do terceiro lado.

A área A do jardim é $A = x(40 - 2x) = 40x - 2x^2$. Queremos encontrar o maior valor de A. Construímos uma tabela de valores e o gráfico de A esboçado contra x. É claro que x deve ter um valor entre 0 e 20 pés para que A seja positivo.

x	0	5	8	10	12	15	20
A	0	150	192	200	192	150	0

Do gráfico na Fig. 12-26 o ponto de máximo P tem coordenadas (10, 200), de forma que as dimensões do jardim são 10 pés por 20 pés e a área é 200 pés².

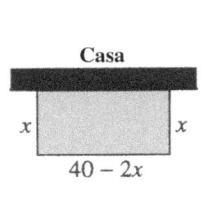

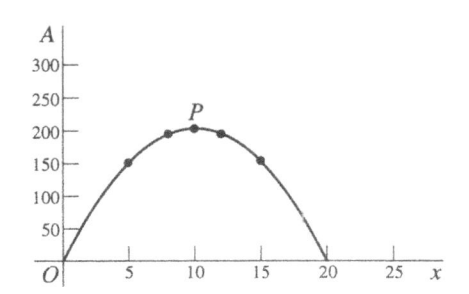

Figura 12-26

12.24 Uma peça retangular de lata tem dimensões 12 polegadas por 18 polegadas. Deseja-se fazer uma caixa aberta deste material cortando-se quadrados iguais dos cantos e então colando os lados. Quais são as dimensões dos quadrados cortados que fazem o volume da caixa ser o maior possível?

Solução

Seja x o comprimento do lado do quadrado cortado de cada canto. O volume V da caixa assim obtida é $V = x(12 - 2x)(18 - 2x)$. É claro que x deve estar entre 0 e 6 polegadas para que exista uma caixa (ver Fig. 12-27).

x	0	1	2	$2\frac{1}{2}$	3	$3\frac{1}{2}$	4	5	6
V	0	160	224	$227\frac{1}{2}$	216	$192\frac{1}{2}$	160	80	0

A partir do gráfico, o valor de x correspondente ao máximo de V está entre 2 e 2,5 polegadas. Marcando mais pontos vemos que é aproximadamente $x = 2,4$ polegadas.

Problemas como este e o Problema 12.23 podem frequentemente ser resolvidos de forma exata por métodos de cálculo diferencial e integral.

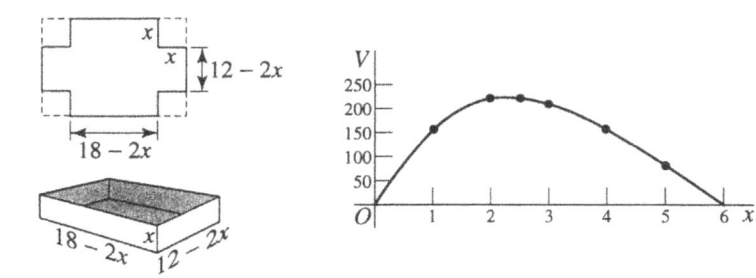

Figura 12-27

12.25 Uma lata cilíndrica deve ter um volume de 200 polegadas cúbicas. Encontre as dimensões da lata que é feita da menor quantidade de material.

Solução

Sejam x o raio e y a altura do cilindro.

A área da tampa ou do fundo da lata é πx^2 e a área lateral é $2\pi xy$; então a área total é $S = \pi x^2 + 2\pi xy$. O volume do cilindro é $\pi x^2 y$, logo $\pi x^2 y = 200$ e $y = 200/\pi x^2$. Portanto,

$$S = 2\pi x^2 + 2\pi x \left(\frac{200}{\pi x^2}\right) \quad \text{ou} \quad S = 2\pi x^2 + \frac{400}{x}.$$

Uma tabela de valores e o gráfico de S contra x (Fig. 12-28) são exibidos. Aplicamos o valor aproximado $\pi = 3{,}14$.

x	1	2	3	3,2	3,5	4	4,5	5	6	7	8
S	406	225	190	189	191	200	216	237	293	365	452

Do gráfico na Fig. 12-28, o mínimo $S = 189$ pol^2 ocorre quando $x = 3{,}2$ polegadas aproximadamente; e como $y = 200/\pi x^2$ temos $y = 6{,}2$ polegadas, aproximadamente.

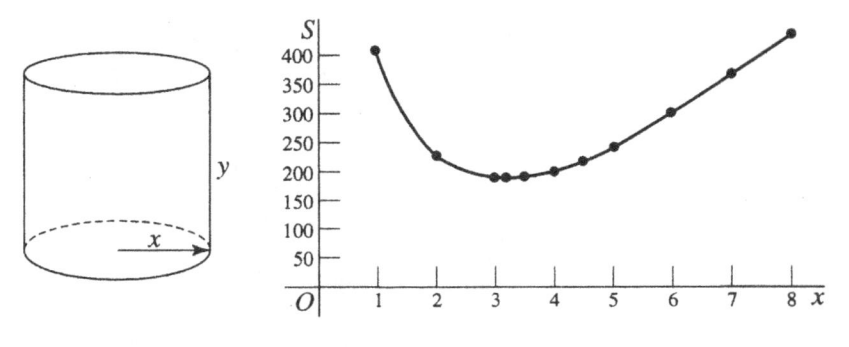

Figura 12-28

12.26 Encontre os valores aproximados de x para os quais $x^3 + 2x^2 - 7x - 3 = 0$.

Solução

Considere $y = x^3 + 2x^2 - 7x - 3$. Precisamos encontrar valores de x, para os quais $y = 0$.

Do gráfico de $y = x^3 + 2x^2 - 7x - 3$, que está representado na Fig. 12-18, é claro que existem três valores reais de x para os quais $y = 0$ (os valores de x onde a curva intersecta o eixo x). Estes valores são $x = -3{,}7$, $x = -0{,}4$ e $x = 2{,}1$ aproximadamente. Valores mais exatos podem ser obtidos com técnicas avançadas.

12.27 A tabela a seguir mostra a população dos Estados Unidos (em milhões) nos anos 1840, 1850,..., 1950. Esboce estes dados em um gráfico.

Ano	1840	1850	1860	1870	1880	1890	1900	1910	1920	1930	1940	1950
População (milhões)	17,1	23,2	31,4	39,8	50,2	62,9	76,0	92,0	105,7	122,8	131,7	150,7

Solução

Ver Fig. 12-29.

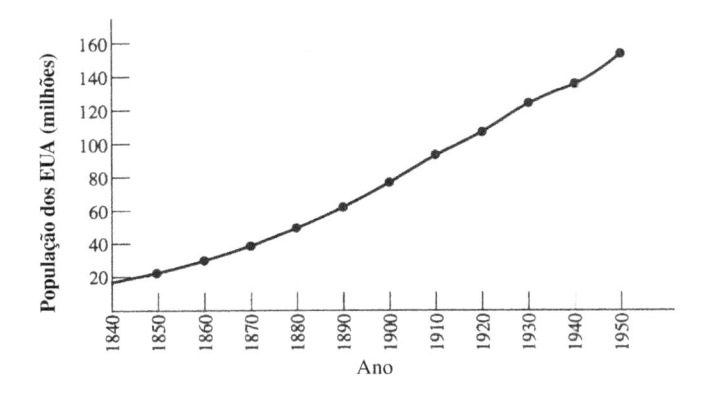

Figura 12-29

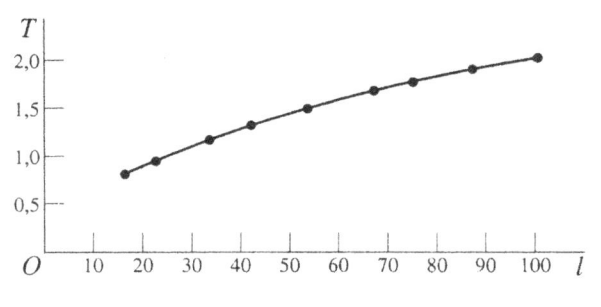

Figura 12-30

12.28 O tempo T (em segundos) necessário para uma vibração completa de um pêndulo simples de comprimento l (em centímetros) é dado pelas seguintes observações obtidas em um laboratório de física. Exiba graficamente T como uma função de l.

l	16,2	22,2	33,8	42,0	53,4	66,7	74,5	86,6	100,0
T	0,81	0,95	1,17	1,30	1,47	1,65	1,74	1,87	2,01

Solução

Os pontos observados são conectados por uma curva suave (Fig. 12-30) como é usualmente realizado em ciência e engenharia.

Problemas Complementares

12.29 Um retângulo tem lados com comprimentos x e $2x$. Expresse a área A do retângulo como função de (a) seu lado x, (b) seu perímetro P e (c) sua diagonal D.

12.30 Expresse a área A de um círculo em termos de (a) seu raio r, (b) seu diâmetro d e (c) sua circunferência C.

12.31 Expresse a área A de um triângulo isóceles como função de x e y, onde x é o comprimento dos dois lados iguais e y é o comprimento do terceiro lado.

12.32 A aresta de um cubo tem comprimento x. Expresse (a) x como função do volume V do cubo, (b) a área S da superfície do cubo como função de x e (c) o volume V como função da área S.

12.33 Dado $y = 5 + 3x - 2x^2$, encontre os valores de y correspondentes a $x = -3, -2, -1, 0, 1, 2, 3$.

12.34 Estenda a tabela de valores do problema 12.33 encontrando os valores de y que correspondem a $x = -5/2, -3/2, -1/2, 1/2, 3/2, 5/2$.

12.35 Apresente o domínio e a imagem de cada equação.
(a) $y = -2x + 3$ (d) $y = 5 - 2x^2$ (g) $y = \sqrt[3]{1 - 2x}$
(b) $y = x^2 - 5$ (e) $y = \dfrac{2}{x+6}$ (h) $y = \dfrac{x}{x+1}$
(c) $y = x^3 - 4$ (f) $y = \sqrt{x-5}$ (i) $y = \dfrac{4}{x}$

12.36 Para quais destas relações y é uma função de x?
(a) $y = x^3 + 2$ (d) $y = x^2 - 5$ (g) $x = |y|$
(b) $x = y^3 + 2$ (e) $x^2 + y^2 = 5$ (h) $y = \sqrt[3]{x+1}$
(c) $x = y^2 + 4$ (f) $y = \pm\sqrt{x-7}$ (i) $y = \sqrt{5+x}$

12.37 Sendo $f(x) = 2x^2 + 6x - 1$, calcule $f(-3), f(-2), f(0), f(1/2), f(3)$.

12.38 Caso $F(u) = \dfrac{u^2 - 2u}{1 + u}$, encontre (a) $F(1)$, (b) $F(2)$, (c) $F(x)$, (d) $F(-x)$.

12.39 Se $G(x) = \dfrac{x-1}{x+1}$, ache
(a) $G\left(\dfrac{x}{x+1}\right)$,   (b) $\dfrac{G(x+h) - G(x)}{h}$,   (c) $G(x^2 + 1)$.

12.40 Para $F(x, y) = 2x^2 + 4xy - y^2$, calcule (a) $F(1, 2)$,   (b) $F(-2, -3)$,   (c) $F(x+1, y-1)$.

12.41 Represente os seguintes pontos num sistema de coordenadas retangulares:
(a) $(1, 3)$,   (b) $(-2, 1)$,   (c) $(-1/2, -2)$,   (d) $(-3, 2/3)$,   (e) $(-\sqrt{3}, 3)$.

12.42 Sendo $y = 3x + 2$, (a) obtenha os valores de y correspondentes a $x = -2, -1, 0, 1, 2$ e (b) represente os pontos (x, y) assim obtidos.

12.43 Determine se o gráfico de cada igualdade é simétrico em relação ao eixo y, ao eixo x ou à origem.
(a) $y = 2x^4 + 3$ (d) $y = 3$ (g) $y^2 = x + 2$
(b) $y = (x - 3)^3$ (e) $y = -5x^3$ (h) $y = 3x - 1$
(c) $y = -\sqrt{9 - x}$ (f) $y = 7x^2 + 4$ (i) $y = 5x$

12.44 Estabeleça a relação entre os gráficos da primeira e da segunda equação.
(a) $y = -x^4$ e $y = x^4$ (f) $y = |x| + 1$ e $y = |x|$
(b) $y = 3x$ e $y = x$ (g) $y = |x + 5|$ e $y = |x|$
(c) $y = x^2 + 10$ e $y = x^2$ (h) $y = -x^3$ e $y = x^3$
(d) $y = (x - 1)^3$ e $y = x^3$ (i) $y = x^2/6$ e $y = x^2$
(e) $y = x^2 - 7$ e $y = x^2$ (j) $y = (x + 8)^2$ e $y = x^2$

12.45 Esboce o gráfico das funções (a) $f(x) = 1 - 2x$, (b) $f(x) = x^2 - 4x + 3$, (c) $f(x) = 4 - 3x - x^2$.

12.46 Represente graficamente $y = x^3 - 6x^2 + 11x - 6$.

12.47 Apresente o gráfico de (a) $x^2 + y^2 = 16$, (b) $x^2 + 4y^2 = 16$.

12.48 Temos disponíveis 120 pés de arame para cercar dois jardins retangulares A e B, como mostra a Fig. 12-31. Se nenhum arame for utilizado ao longo dos lados formados pela casa, determine a maior área conjunta dos jardins.

12.49 Encontre a área do maior retângulo que pode ser inscrito num triângulo retângulo cujos catetos têm 6 e 8 polegadas, respectivamente (ver Fig. 12-32).

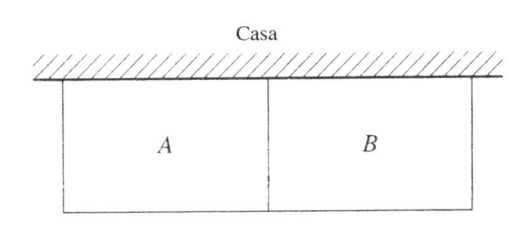

Figura 12-31

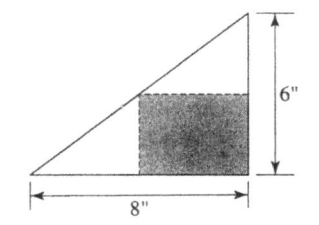

Figura 12-32

12.50 Obtenha os valores de máximo e mínimo relativos da função $f(x) = 2x^3 - 15x^2 + 36x - 23$.

12.51 A partir do gráfico de $y = x^3 - 7x + 6$, obtenha as raízes da equação $x^3 - 7x + 6 = 0$.

12.52 Mostre que a equação $x^3 - x^2 + 2x - 3 = 0$ possui apenas uma raiz real.

12.53 Mostre que $x^4 - x^2 + 1 = 0$ não pode ter raízes reais.

12.54 A porcentagem de trabalhadores nos Estados Unidos empregados na agricultura durante os anos 1860, 1870,..., 1950 está dada na seguinte tabela. Esboce o gráfico dos dados.

Ano	1860	1870	1880	1890	1900	1910	1920	1930	1940	1950
% de todos os trabalhadores na agricultura	58,9	53,0	49,4	42,6	37,5	31,0	27,0	21,4	18,0	12,8

12.55 O tempo total necessário para parar um automóvel após se perceber algum perigo é composto do *tempo de reação* (o tempo entre o reconhecimento do perigo e a aplicação do freio) mais o *tempo de freada* (tempo para parar após a aplicação do freio). A tabela a seguir apresenta as distâncias até a parada d (em pés) de um automóvel viajando a velocidade v (em milhas por hora) no instante que o perigo foi avistado. Esboce o gráfico de d contra v.

Velocidade v (mi/h)	20	30	40	50	60	70
Distância até a parada d (pés)	54	90	138	206	292	396

12.56 O tempo t que um objeto leva para cair do repouso em queda livre a partir de várias alturas h está dado na seguinte tabela.

Tempo t (segundos)	1	2	3	4	5	6
Altura h (pés)	16	64	144	256	400	576

(a) Esboce o gráfico de h contra t.

(b) Quanto tempo levaria para um objeto cair livremente a partir do repouso por uma altura de 48 pés? E 300 pés?

(c) Por qual distância cai um objeto livremente a partir do repouso em 3,6 segundos?

Respostas dos Problemas Complementares

12.29 $A = 2x^2$, $A = \dfrac{P^2}{18}$, $A = \dfrac{2D^2}{5}$

12.30 $A = \pi r^2$, $A = \dfrac{\pi d^2}{4}$, $A = \dfrac{C^2}{4\pi}$

12.31 $A = \dfrac{y}{2}\sqrt{x^2 - y^2/4} = \dfrac{y}{4}\sqrt{4x^2 - y^2}$

12.32 $x = \sqrt[3]{V}$, $S = 6x^2$, $V = \sqrt{\dfrac{S^3}{216}} = \dfrac{S}{36}\sqrt{6S}$

12.33

x	−3	−2	−1	0	1	2	3
y	−22	−9	0	5	6	3	−4

12.34

x	−5/2	−3/2	−1/2	1/2	3/2	5/2
y	−15	−4	3	6	5	0

12.35 (a) Domínio = {todos os números reais}; imagem = {todos os números reais}

(b) Domínio = {todos os números reais}; imagem = {todos os números reais ≥ −5}

(c) Domínio = {todos os números reais}; imagem = {todos os números reais}

(d) Domínio = {todos os números reais}; imagem = {todos os números reais ≤5}

(e) Domínio = {todos os números reais ≠ −6}; imagem = {todos os números reais ≠0}

(f) Domínio = {todos os números reais ≥5}; imagem = {todos os números reais ≥0}

(g) Domínio = {todos os números reais}; imagem = {todos os números reais}

(h) Domínio = {todos os números reais ≠ −1}; imagem = {todos os números reais ≠1}

(i) Domínio = {todos os números reais ≠0}; imagem = {todos os números reais ≠0}

12.36 (a) Função (d) Função (g) Não é função

(b) Função (e) Não é função (h) Função

(c) Não é função (f) Não é função (i) Função

12.37 $f(-3) = -1, f(-2) = -5, f(0) = -1, f(1/2) = 5/2, f(3) = 35$

12.38 (a) $-1/2$, (b) 0, (c) $\dfrac{x^2 - 2x}{1 + x}$, (d) $\dfrac{x^2 + 2x}{1 - x}$

12.39 (a) $\dfrac{-1}{2x+1}$, (b) $\dfrac{2}{(x+1)(x+h+1)}$, (c) $\dfrac{x^2}{x^2+2}$

12.40 (a) 6, (b) 23, (c) $2x^2 + 4xy - y^2 + 6y - 3$

12.41 Ver Fig. 12-33

12.42 (a) $-4, -1, 2, 5, 8$ (b) Ver Fig. 12-34.

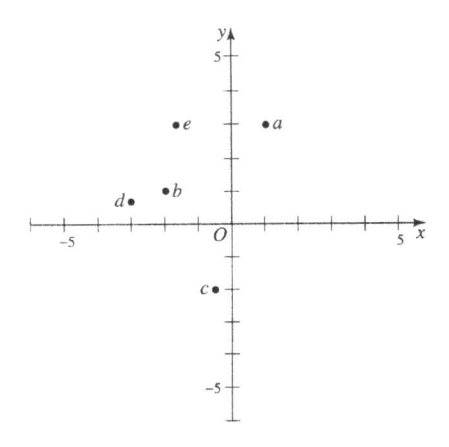

Figura 12-33

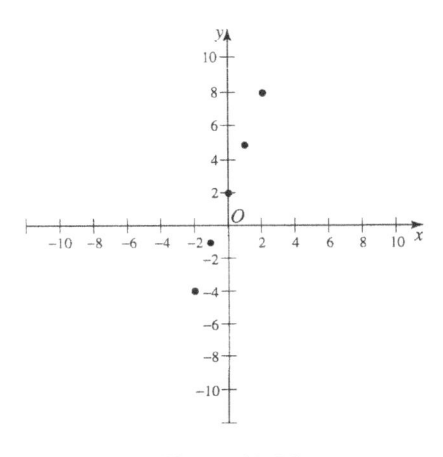

Figura 12-34

12.43 (a) Eixo y (d) Eixo y (g) Eixo x
   (b) Origem   (e) Origem   (h) Nenhum
   (c) Nenhum   (f) Eixo y (i) Origem

12.44 (a) Refletido pelo eixo x
   (b) y cresce 3 vezes mais rápido
   (c) Transladado 10 unidades para cima
   (d) Transladado 1 unidade para a direita
   (e) Transladado 7 unidades para baixo
   (f) Transladado 1 unidades para cima
   (g) Transladado 5 unidades para a esquerda
   (h) Refletido pelo eixo x
   (i) y cresce 1/6 mais rápido
   (j) Transladado 8 unidades para a esquerda

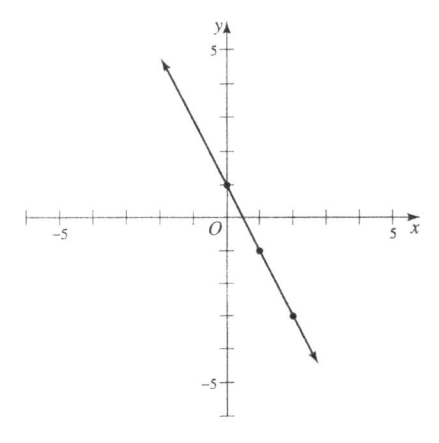

Figura 12-35

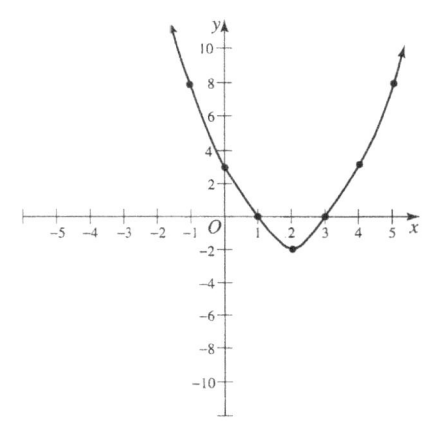

Figura 12-36

12.45 (a) Ver Fig. 12-35. (b) Ver Fig. 12-36. (c) Ver Fig. 12-37.

12.46 Ver Fig. 12-38.

12.47 (a) Ver Fig. 12-39. (b) Ver Fig. 12-40.

12.48 1200 pés²

12.49 12 pol.²

12.50 O valor máximo de $f(x)$ é 5 (em $x = 2$); o valor mínimo de $f(x)$ é 4 (em $x = 3$).

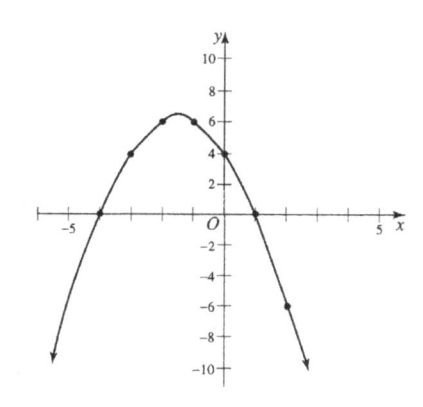

Figura 12-37

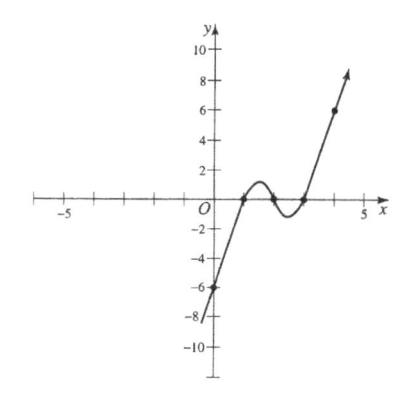

Figura 12-38

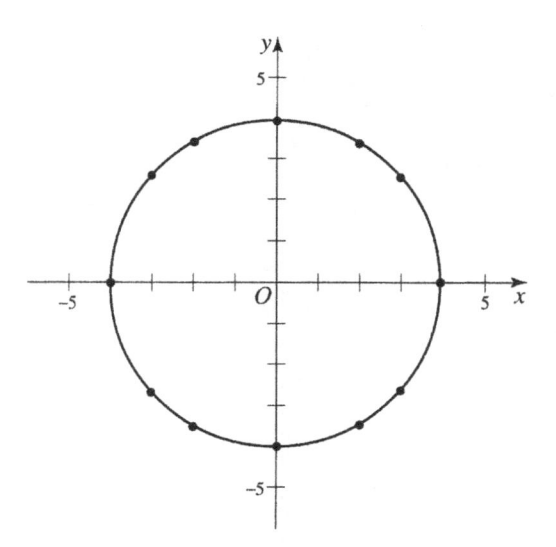

Figura 12-39

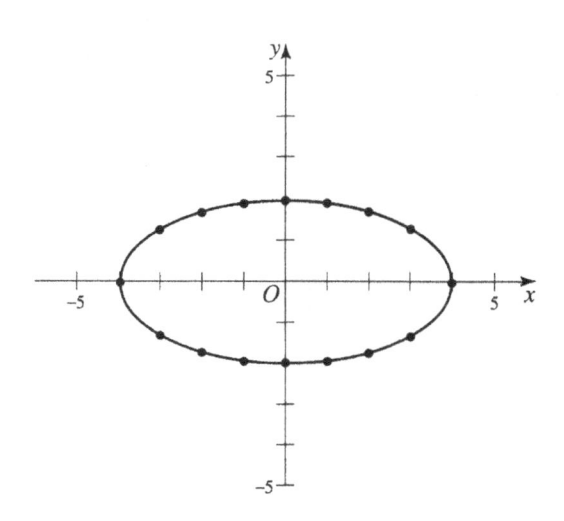

Figura 12-40

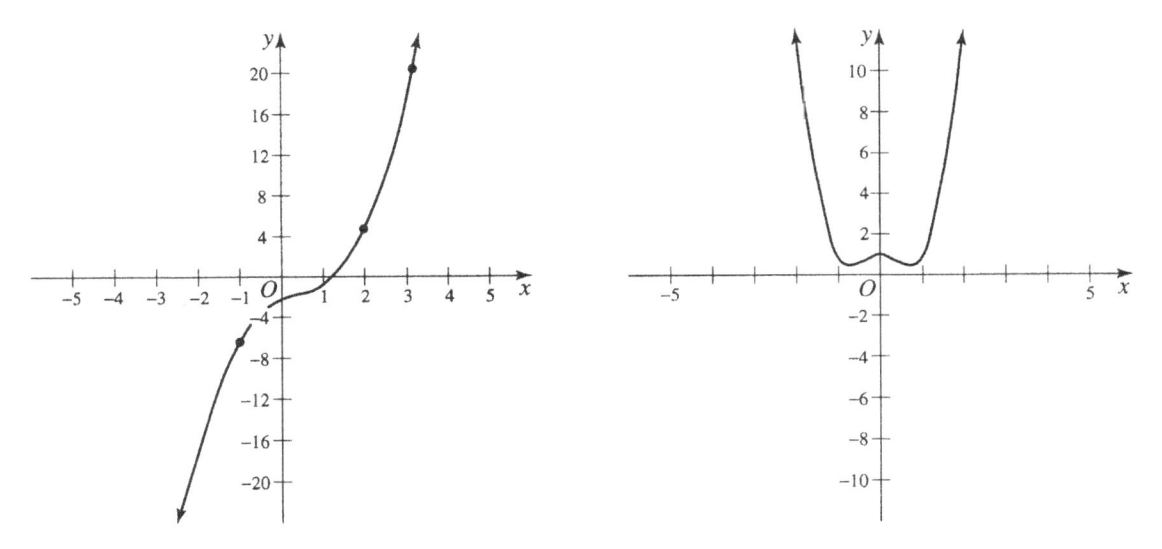

Figura 12-41

Figura 12-42

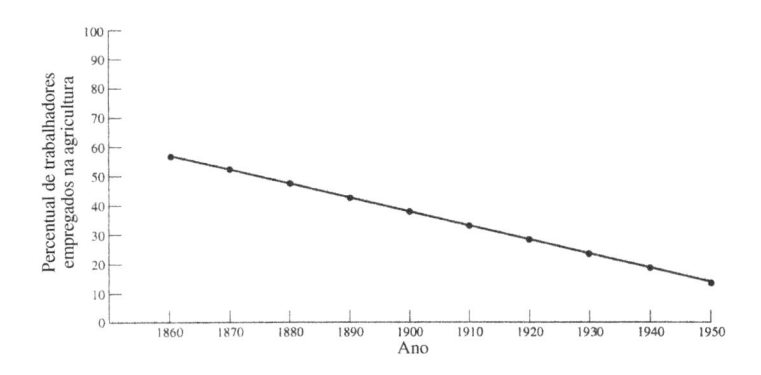

Figura 12-43

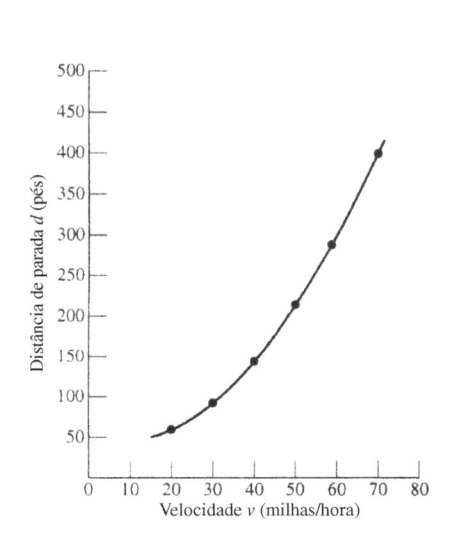

Figura 12-44

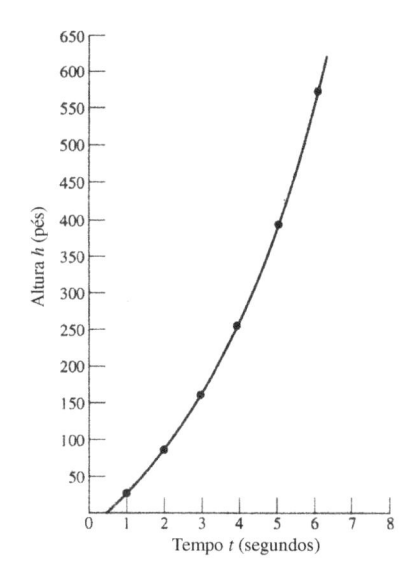

Figura 12-45

12.51 As raízes são $x = -3, x = 1, x = 2$.

12.52 Ver Fig.12-41.

12.53 Ver Fig.12-42.

12.54 Ver Fig.12-43.

12.55 Ver Fig.12-44.

12.56 (*a*) Ver Fig.12-45; (*b*) 1,7 segundos, 4,3 segundos; (*c*) 207 pés

Capítulo 13

Equações Lineares a Uma Variável

13.1 EQUAÇÕES LINEARES

Uma equação linear a uma variável tem a forma $ax + b = 0$, onde $a \neq 0$ e b são constantes. A solução desta equação é dada por $x = -b/a$.

Quando uma equação linear não está na forma $ax + b = 0$, simplificamos a equação multiplicando cada termo pelo menor denominador comum para todas as frações, removendo parênteses ou combinando termos semelhantes. Em algumas equações realizamos mais de um destes procedimentos.

Exemplo 13.1 Resolva a equação $x + 8 - 2(x + 1) = 3x - 6$ para x.

$x + 8 - 2(x + 1) = 3x - 6$	Primeiro, removemos os parênteses.
$x + 8 - 2x - 2 = 3x - 6$	Agora combinamos os termos semelhantes.
$-x + 6 = 3x - 6$	Aqui agrupamos os termos com variáveis em um lado da equação
$-x + 6 - 3x = 3x - 6 - 3x$	subtraindo $3x$ dos dois lados.
$-4x + 6 = -6$	Agora subtraímos 6 de cada lado da equação para obter apenas o termo
$-4x + 6 - 6 = -6 - 6$	com a variável em um lado.
$-4x = -12$	Finalmente, dividimos os dois lados pelo coeficiente da variável, que é -4.
$\dfrac{-4x}{-4} = \dfrac{-12}{-4}$	
$x = 3$	Resta verificar a solução na equação original.

Verificação:

$3 + 8 - 2(3 + 1) ? 3(3) - 6$	O ponto de interrogação indica que não sabemos ainda se as duas quantidades são iguais.
$11 - 2(4) ? 9 - 6$	
$11 - 8 ? 3$	
$3 = 3$	A solução confere.

13.2 EQUAÇÕES LITERAIS

A maioria das equações literais que encontramos são fórmulas. Frequentemente, queremos determinar, através da fórmula, um valor que não corresponde à variável usual. Para tanto, consideramos todas as indeterminadas, exceto aquela na qual estamos interessados, como constantes, e resolvemos a equação para a variável desejada.

Exemplo 13.2 Resolva $p = 2(l + w)$ para l.

$p = 2(l + w)$	Primeiro, remova os parênteses.
$p = 2l + 2w$	Subtraia $2w$ de cada lado da equação.
$p - 2w = 2l$	Divida por 2, o coeficiente de l.
$(p - 2w)/2 = l$	Reescreva a equação.
$l = (p - 2w)/2$	Agora temos uma fórmula que pode ser utilizada para determinar l.

13.3 PROBLEMAS LITERAIS

Para resolver um problema literal, o primeiro passo é decidir o que deve ser encontrado. O passo seguinte é traduzir as condições especificadas no problema em uma equação ou estabelecer uma fórmula que expresse as condições do problema. A solução da equação é o passo seguinte.

Exemplo 13.3 Se o perímetro de um retângulo é 68 metros e o comprimento é 14 metros a mais do que a largura, quais são as dimensões do retângulo?

Seja $w =$ o número de metros na largura e $w + 14 =$ o número de metros no comprimento.

$$2[(w + 14) + w] = 68$$
$$2w + 28 + 2w = 68$$
$$4w + 28 = 68$$
$$4w = 40$$
$$w = 10$$
$$w + 14 = 24$$

O retângulo tem 24 metros de comprimento por 10 metros de largura.

Exemplo 13.4 A soma de dois números é -4 e sua diferença é 6. Quais são os números?

Seja $n =$ o menor número e $n + 6 =$ o maior.

$$n + (n + 6) = -4$$
$$n + n + 6 = -4$$
$$2n + 6 = -4$$
$$2n = -10$$
$$n = -5$$
$$n + 6 = 1$$

Os dois números são -5 e 1.

Exemplo 13.5 Se uma bomba pode encher uma piscina em 16 horas e duas bombas podem completá-la em 6 horas, quão rápido a segunda bomba preenche a piscina?

Seja $h =$ o número de horas para a segunda bomba preencher a piscina.

$$\frac{1}{h} + \frac{1}{16} = \frac{1}{6}$$
$$48h\left(\frac{1}{h} + \frac{1}{16}\right) = 48h\left(\frac{1}{6}\right)$$
$$48 + 3h = 8h$$
$$48 = 5h$$
$$9{,}6 = h$$

A segunda bomba leva 9,6 horas (ou 9 horas e 36 minutos) para encher a piscina.

Exemplo 13.6 Quantos litros de álcool puro devem ser adicionados a 15 litros de uma solução de álcool a 60% para obter uma solução de álcool a 80%?

Seja $n = $ o número de litros de álcool puro a ser adicionado.

$$n + 0{,}60(15) = 0{,}80(n + 15) \qquad \text{(A soma das quantidades de álcool em cada volume é igual à quantidade de álcool na mistura.)}$$

$$n + 9 = 0{,}8n + 12$$
$$0{,}2n = 3$$
$$n = 15$$

Quinze litros de álcool puro devem ser adicionados.

Problemas Resolvidos

13.1 Resolva cada uma das seguintes equações.

(a) $x + 1 = 5, x = 5 - 1, x = 4$.

  Verificação: Coloque $x = 4$ na equação original e obtenha $4 + 1 ? 5, 5 = 5$.

(b) $3x - 7 = 14, 3x = 14 + 7, 3x = 21, x = 7$.

  Verificação: $3(7) - 7 ? 14, 14 = 14$.

(c) $3x + 2 = 6x - 4, 3x - 6x = -4 - 2, -3x = -6, x = 2$.

(d) $x + 3(x - 2) = 2x - 4, x + 3x - 6 = 2x - 4, 4x - 2x = 6 - 4, 2x = 2, x = 1$.

(e) $3x - 2 = 7 - 2x, 3x + 2x = 7 + 2, 5x = 9, x = 9/5$.

(f) $2(t + 3) = 5(t - 1) - 7(t - 3), 2t + 6 = 5t - 5 - 7t + 21, 4t = 10, t = 10/4 = 5/2$.

(g) $3x + 4(x - 2) = x - 5 + 3(2x - 1), 3x + 4x - 8 = x - 5 + 6x - 3, 7x - 8 = 7x - 8$.

  Esta é uma identidade, sendo verdadeira para todos os valores de x.

(h) $\dfrac{x-3}{2} = \dfrac{2x+4}{5}, 5(x - 3) = 2(2x + 4), 5x - 15 = 4x + 8, x = 23$.

(i) $3 + 2[y - (2y + 2)] = 2[y + (3y - 1)], 3 + 2[y - 2y - 2] = 2[y + 3y - 1]$,

  $3 + 2y - 4y - 4 = 2y + 6y - 2, -2y - 1 = 8y - 2, -10y = -1, y = 1/10$.

(j) $(s + 3)^2 = (s - 2)^2 - 5, s^2 + 6s + 9 = s^2 - 4s + 4 - 5, 6s + 4s = -9 - 1, s = -1$.

(k) $\dfrac{x-2}{x+2} = \dfrac{x-4}{x+4}, (x - 2)(x + 4) = (x - 4)(x + 2), x^2 + 2x - 8 = x^2 - 2x - 8, 4x = 0, x = 0$.

  Verificação: $\dfrac{0-2}{0+2} ? \dfrac{0-4}{0+4}, \quad -1 = -1$.

(l) $\dfrac{3x+1}{x+2} = \dfrac{3x-2}{x+1}, (x + 1)(3x + 1) = (x + 2)(3x - 2), 3x^2 + 4x - 1 = 3x^2 + 4x - 4$ ou $1 = -4$.

  Não existe valor de x que satisfaça esta equação.

(m) $\dfrac{5}{x} + \dfrac{5}{2x} = 6$. Multiplicando por $2x$, $5(2) + 5 = 12x, 12x = 15, x = 5/4$.

(n) $\dfrac{x+3}{2x} + \dfrac{5}{x-1} = \dfrac{1}{2}$. Multiplicando por $2x(x - 1)$, o menor denominador comum das frações,

  $(x + 3)(x - 1) + 5(2x) = x(x - 1), x^2 + 2x - 3 + 10x = x^2 - x, 13x = 3, x = 3/13$.

(o) $\dfrac{2}{x-3} - \dfrac{4}{x+3} = \dfrac{16}{x^2-9}$. Multiplicando por $(x-3)(x+3)$ ou x^2-9,

$2(x+3) - 4(x-3) = 16$, $2x + 6 - 4x + 12 = 16$, $-2x = -2$, $x = 1$.

(p) $\dfrac{1}{y} - \dfrac{1}{y+3} = \dfrac{1}{y+2} - \dfrac{1}{y+5}$, $\dfrac{(y+3)-y}{y(y+3)} = \dfrac{(y+5)-(y+2)}{(y+2)(y+5)}$, $\dfrac{3}{y(y+3)} = \dfrac{3}{(y+2)(y+5)}$,

$(y+2)(y+5) = y(y+3)$, $y^2 + 7y + 10 = y^2 + 3y$, $4y = -10$, $y = -5/2$.

(q) $\dfrac{3}{x^2-4x} - \dfrac{2}{2x^2-5x-12} = \dfrac{9}{2x^2+3x}$ ou $\dfrac{3}{x(x-4)} - \dfrac{2}{(2x+3)(x-4)} = \dfrac{9}{x(2x+3)}$.

Multiplicando por $x(x-4)(2x+3)$, o menor denominador comum das frações,

$3(2x+3) - 2x = 9(x-4)$, $6x + 9 - 2x = 9x - 36$, $45 = 5x$, $x = 9$.

13.2 Resolva para x.

(a) $2x - 4p = 3x + 2p$, $2x - 3x = 2p + 4p$, $-x = 6p$, $x = -6p$.

(b) $ax + a = bx + b$, $ax - bx = b - a$, $x(a-b) = b - a$, $x = \dfrac{b-a}{a-b} = -1$ desde que $a \neq b$.

Caso $a = b$, a equação é uma identidade, logo verdadeira para todos os valores de x.

(c) $2cx + 4d = 3ax - 4b$, $2cx - 3ax = -4b - 4d$, $x = \dfrac{-4b-4d}{2c-3a} = \dfrac{4b+4d}{3a-2c}$ desde que $3a \neq 2c$.

Se $3a = 2c$, não existe solução a menos que $d = -b$, neste caso a equação original é uma identidade.

(d) $\dfrac{3x+a}{b} = \dfrac{4x+b}{a}$, $3ax + a^2 = 4bx + b^2$, $3ax - 4bx = b^2 - a^2$, $x = \dfrac{b^2-a^2}{3a-4b}$ (desde que $3a \neq 4b$).

13.3 Expresse cada sentença em termos de símbolos algébricos.

(a) Um a mais do que o dobro de um certo número.

Seja $x = $ o número. Então $2x = $ o dobro do número e um a mais que seu dobro $= 2x + 1$.

(b) Três a menos do que cinco vezes um certo número.

Seja $x = $ o número. Então três a menos que cinco vezes o número $= 5x - 3$.

(c) Cada um dos dois números cuja soma é 100.

Se $x = $ um dos números, então $100 - x = $ o outro número.

(d) Três inteiros consecutivos (por exemplo, 5, 6 e 7).

Se x é o menor inteiro, então $(x+1)$ e $(x+2)$ são os outros dois.

(e) Cada um dos dois números cuja diferença é 10.

Seja $x = $ o menor número; então $(x + 10) = $ o maior número.

(f) A quantidade pela qual 100 excede três vezes um dado número.

Seja $x = $ o dado número. Então o excesso de 100 sobre $3x$ é $(100 - 3x)$.

(g) Qualquer inteiro ímpar.

Seja $x = $ um inteiro. Então $2x$ é sempre um inteiro par e $(2x + 1)$ é sempre inteiro ímpar.

(h) Quatro inteiros ímpares consecutivos (por exemplo, 1, 3, 5, 7; 17, 19, 21, 23).

A diferença entre dois inteiros ímpares consecutivos é 2.

Seja $2x + 1 = $ o menor dos inteiros ímpares. Então os números procurados são $2x + 1$, $2x + 3$, $2x + 5$, $2x + 7$.

(i) O número de centavos em x dólares.

Como 1 dólar $= 100$ centavos, x dólares $= 100x$ centavos.

(j) João tem o dobro da idade de Maria e Maria é três vezes mais velha que Beto. Expresse cada uma de suas idades em termos de uma única variável.

Seja $x =$ idade do Beto. Então a idade da Maria é $3x$ e a do João é $2(3x) = 6x$.

Método alternativo. Seja $y =$ idade do João. Então a idade da Maria $= \frac{1}{2}y$ e a idade de Beto $= \frac{1}{3}\left(\frac{1}{2}y\right) = \frac{1}{6}y$.

(k) Os três ângulos A, B e C de um triângulo se o ângulo A tem $10°$ a mais que o dobro do número de graus no ângulo C.

Seja $C = x°$; então $A = (2x + 10)°$. Como $A + B + C = 180°$, $B = 180° - (A + C) = (170 - 3x)°$.

(l) O tempo que leva um bote viajando à velocidade de 20 milhas por hora para cobrir uma distância de x milhas.

Distância = velocidade × tempo. Então

$$\text{tempo} = \frac{\text{distância}}{\text{velocidade}} = \frac{x\,\text{mi}}{20\,\text{mi/h}} = \frac{x}{20}\,\text{h}.$$

(m) O perímetro e a área de um retângulo se um dos lados é 4 pés mais comprido que o dobro do outro lado.

Seja x pés = o comprimento do menor lado; então, $(2x + 4)$ pés = o comprimento do maior lado. O perímetro $= 2(x) + 2(2x + 4) = (6x + 8)$ pés e a área $= x(2x + 4)$ pés^2.

(n) A fração cujo numerador é 3 a menos que 4 vezes seu denominador.

Seja $x =$ o denominador; então o numerador $= 4x - 3$. A fração é $(4x - 3)/x$.

(o) O número de quartos de álcool contidos num tanque mantendo x galões de uma mistura que é 40% de álcool por volume.

Em x galões da mistura, existem $0{,}40x$ galões de álcool ou $4(0{,}40x) = 1{,}6x$ quartos de álcool.

13.4 A soma de dois números é 21 e um deles é o dobro do outro. Encontre os números.

Solução

Denote por x e $2x$ os dois números. Então $x + 2x = 21$ ou $x = 7$, e os números procurados são $x = 7$ e $2x = 14$.

Verificação: $7 + 14 = 21$ e $14 = 2(7)$, como queríamos.

13.5 Dez a menos que quatro vezes um certo número é 14. Determine o número.

Solução

Seja $x =$ o número pedido. Logo, $4x - 10 = 14$, $4x = 24$ e $x = 6$.

Verificação: Dez a menos que quatro vezes 6 é $4(6) - 10 = 14$, como desejado.

13.6 A soma de três inteiros consecutivos é 24. Encontre os inteiros.

Solução

Defina os três inteiros consecutivos como x, $x + 1$, $x + 2$. Assim, $x + (x + 1) + (x + 2) = 24$ ou $x = 7$ e os inteiros procurados são 7, 8 e 9.

13.7 A soma de dois números é 37. Se o maior é dividido pelo menor, o quociente é 3 e o resto 5. Encontre os números.

Solução

Seja $x =$ o número menor, $37 - x =$ o número maior.

Portanto, $\dfrac{\text{número maior}}{\text{número menor}} = 3 + \dfrac{5}{\text{número menor}}$ ou $\dfrac{37 - x}{x} = 3 + \dfrac{5}{x}$.

Resolvendo, $37 - x = 3x + 5$, $4x = 32$, $x = 8$. Os números que buscamos são 8, 29.

13.8 Um homem tem 41 anos de idade e seu filho tem 9. Em quantos anos o pai terá três vezes a idade do filho?

Solução

Seja $x =$ o número de anos procurado.

$$\text{Idade do pai em } x \text{ anos} = 3(\text{idade do filho em } x \text{ anos})$$
$$41 + x = 3(9 + x) \text{ e } x = 7 \text{ anos.}$$

13.9 Dez anos atrás, Jane era quatro vezes mais velha que Bianca. Agora ela tem apenas o dobro da idade de Bianca. Encontre suas idades atuais.

Solução

Se $x =$ a idade atual de Bianca; então $2x =$ a idade atual de Jane.

$$\text{Idade de Jane há 10 anos} = 4(\text{idade de Bianca há dez anos})$$
$$2x - 10 = 4(x - 10) \text{ e } x = 15 \text{ anos.}$$

Consequentemente, a idade atual de Bianca é $x = 15$ anos e a idade de Jane é $2x = 30$ anos.

Verificação: Dez anos atrás Bianca tinha 5 anos e Jane 20, i.e., Jane era quatro vezes mais velha que Bianca.

13.10 Roberto tem 50 moedas, todas em moedas de cinco e dez centavos, somando a quantia de $3,50. Quantas moedas de cinco ele possui?

Solução

Seja $x =$ o número de moedas de cinco centavos; então $50 - x =$ o número de dez centavos.

$$\text{Quantidade de moedas de cinco} + \text{quantidade de moedas de dez} = 350¢$$
$$5x¢ \quad + 10(50 - x)¢ \text{ de onde} \quad x = 30 \text{ moedas de cinco.}$$

13.11 Em uma bolsa, encontram-se moedas de cinco, dez e vinte e cinco centavos, totalizando $1,85. Há o dobro de moedas de dez centavos do que de vinte e cinco centavos, e o número de moedas de cinco centavos é dois a menos que o dobro do número de moedas de dez centavos. Determine o número de moedas de cada tipo.

Solução

Denote por $x =$ o número de moedas de vinte e cinco centavos; então $2x =$ o número de moedas de dez centavos e $2(2x) - 2 = 4x - 2 =$ o número de moedas de cinco centavos.

Quantidade de moedas de vinte e cinco centavos + número de moedas de dez centavos + quantia de moedas de cinco centavos = 185¢

$$25(x)¢ \quad + \quad 10(2x)¢ \quad + \quad 5(4x - 2)¢ \quad = 185¢ \quad \text{de onde } x = 3.$$

Portanto, há $x = 3$ moedas de vinte e cinco centavos, $2x = 6$ moedas de dez centavos e $4x - 2 = 10$ moedas de cinco centavos.

Verificação: 3 moedas de vinte e cinco centavos = 75¢, 6 moedas de dez centavos = 60¢, 10 moedas de cinco centavos = 50¢ e sua soma = $1,85.

13.12 O dígito das dezenas de um certo número de dois dígitos excede o das unidades por 4 e é 1 a menos que o dobro do dígito das unidades. Encontre o número de dois dígitos.

Solução

Seja $x =$ o dígito das unidades; então $x + 4$ o dígito das dezenas.

Como o dígito das dezenas = 2(dígito das unidades) -1, temos que $x + 4 = 2(x)$ ou $x = 5$.
Assim, $x = 5$, $x + 4 = 9$, e o número procurado é 95.

13.13 A soma dos dígitos de um número de dois dígitos é 12. Caso os dígitos sejam trocados, o novo número é 4/7 vezes o número original. Determine o número original.

Solução

Defina x = o dígito das unidades; $12 - x$ = o dígito das dezenas.

O número original = $10(12 - x) + x$; trocando os dígitos, o novo número $10x + (12 - x)$. Então

$$\text{novo número} = \frac{4}{7}(\text{número original}) \text{ ou } 10x + (12 - x) = \frac{4}{7}[10(12 - x) + x].$$

Resolvendo, $x = 4$, $12 - x = 8$ e o número original é 84.

13.14 Um homem tem $4000,00 investidos, parte a 5% de juros simples e o restante a 3%. A renda total anual destes investimentos é $168. Quanto ele investiu a cada taxa?

Solução

Seja x = a quantidade investida a 5%: $4000 $- x$ a quantidade a 3%.

$$\text{Juro para o investimento a 5\%} + \text{Juro para o investimento a 3\%} = \$168$$
$$0{,}05x + 0{,}03(4000 - x) = 168.$$

Resolvendo, $x = \$2400$ a 5%, $\$4000 - x = \$1600$ a 3%.

13.15 Quanto deve receber um empregado como bônus para que reste $500,00 após a dedução de 30% em impostos?

Solução

Denote x = a quantidade desejada.

Então quantidade desejada – impostos = $500

ou $\qquad x - 0{,}30x = \$500$ e $x = \$714{,}29$.

13.16 A qual preço um comerciante deve avaliar um sofá que custa $120 de forma que possa ser vendido com um desconto de 20% sobre o preço determinado e ainda obtenha lucro de 25% na venda?

Solução

Seja x = o preço determinado; logo o preço da venda = $x - 0{,}20x = 0{,}80x$.

Como o lucro = 25% do preço de venda, então o custo = 75% do preço da venda. Portanto,

$$\text{custo} = 0{,}75(\text{preço de venda})$$
$$\$120 = 0{,}75(0{,}8x), \$120 = 0{,}6x \text{ e } x = \$200.$$

13.17 Quando cada lado de um quadrado aumenta 4 pés a área aumenta 64 pés quadrados. Determine as dimensões do quadrado original.

Solução

Denote x = o lado do quadrado dado; $x + 4$ = o lado do novo quadrado.

$$\text{Nova área} = \text{antiga área} + 64$$
$$(x + 4)^2 = x^2 + 64 \text{ de onde } x = 6 \text{ pés}.$$

13.18 Um dos catetos de um triângulo retângulo tem 20 polegadas e a hipotenusa é 10 polegadas mais longa que o outro cateto. Encontre os comprimentos dos lados desconhecidos.

Solução

Seja x = o comprimento do cateto desconhecido; $x + 10$ = o comprimento da hipotenusa.

Quadrado da hipotenusa = soma dos quadrados dos catetos

$$(x + 10)^2 = x^2 + (20)^2 \quad \text{de onde } x = 15 \text{ polegadas.}$$

Os lados requeridos são $x = 15$ polegadas e $x + 10 = 25$ polegadas.

13.19 Temperatura em Fahrenheit = $\frac{9}{5}$ (temperatura em Celsius) + 32. A que temperatura as escalas Fahrenheit e Celsius têm o mesmo valor?

Solução

Seja x = temperatura desejada = temperatura em Fahrenheit = temperatura em Celsius.
Então $x = \frac{9}{5}x + 32$ ou $x = -40°$. Assim, $-40°F = -40°C$.

13.20 Uma mistura de 40 lb de doce custando 60¢ a libra deve ser feita com doces por 45¢ a libra e outros por 85¢ a libra. Quantas libras de cada um devem ser pegas?

Solução

Defina x = o peso do doce a 45¢; $40 - x$ = o peso do doce a 85¢.

Valor do doce a 45¢/lb + valor do doce a 85¢/lb = valor da mistura

ou $\qquad x(45\text{¢}) + (40 - x)(85\text{¢}) = 40(60\text{¢}).$

Resolvendo, $x = 25$ lb de doce a 45¢/lb; $40 - x = 15$ lb de doce a 85¢/lb.

13.21 Um tanque contém 20 galões de uma mistura de álcool e água com 40% de álcool por volume. Quanto da mistura deve ser removido e substituído por um volume igual de água para que a solução resultante tenha 25% de álcool por volume?

Solução

Seja x = o volume da solução a 40% a ser removido.

Volume de álcool na solução final = volume de álcool em 20 galões da solução a 25%

ou $\qquad 0,40(20 - x) = 0,25(20)$ de onde $x = 7,5$ galões.

13.22 Qual peso de água deve ser evaporado de 40 lb de uma solução salina a 20% para produzir uma solução a 50%? Todas as porcentagens são referentes ao peso.

Solução

Seja x = o peso de água a ser evaporada.

Peso de sal na solução a 20% = peso de sal na solução a 50%

ou $\qquad 0,20(40 \text{ lb}) = 0,50(40 \text{ lb} - x)$ de onde $x = 24$ lb.

13.23 Quantos quartos de uma solução de álcool a 60% devem ser adicionados a 40 quartos de uma solução de álcool a 20% para se obter uma mistura a 30%? Todas as porcentagens referem-se ao volume.

Solução

Denote x = o número de quartos de álcool 60% a ser adicionado.

Álcool na solução a 60% + álcool na solução a 20% = álcool na solução a 30%

ou $\quad 0{,}60x \quad + \quad 0{,}20(40) \quad = 0{,}30(x + 40) \quad$ e $\quad x = 13\frac{1}{3}$ qt.

13.24 Dois minérios de manganês (Mn) contêm 40% e 25% de manganês, respectivamente. Quantas toneladas de cada devem ser misturadas para resultar em 100 toneladas de um minério contendo 35% de manganês? Todas as porcentagens são por peso.

Solução

Seja x = o peso necessário do minério com 40%; $100 - x$ = o peso necessário do minério com 25%.

Mn do minério a 40% + Mn do minério a 25% = Mn total em 100 toneladas da mistura

$$0{,}40x \quad + \quad 0{,}25(100 - x) = 0{,}35(100)$$

de onde $x = 66\frac{2}{3}$ toneladas de minério com 40% e $100 - x = 33\frac{1}{3}$ toneladas de minério a 25%.

13.25 Dois carros A e B com velocidades médias de 30 e 40 mi/h, respectivamente, estão separados por uma distância de 280 milhas. Eles começam a mover-se um em direção ao outro às 15h. Em qual horário e qual lugar eles se encontrarão?

Solução

Seja t = o tempo em horas que cada carro viaja antes de seu encontro. Distância = velocidade × tempo.

Distância percorrida por A + distância percorrida por B = 280 milhas

$$30t \quad + \quad 40t \quad = 280 \text{ de onde } t = 4 \text{ horas.}$$

Eles se encontram às 19h à distância de $30t = 120$ milhas da posição inicial de A ou à distância $40t = 160$ milhas da posição inicial de B.

13.26 A e B partem de um dado ponto e viajam numa estrada em linha reta a velocidades médias de 30 e 50 mi/h, respectivamente. Se B começa 3 horas após A, encontre (*a*) o tempo e (*b*) a distância que eles viajam até se encontrarem.

Solução

Sejam t e $(t - 3)$ os números de horas que A e B viajaram, respectivamente, até seu encontro.

(*a*) Distância em milhas = velocidade média em mi/h × tempo em horas. Quando eles encontram-se,

distância percorrida por A = distância percorrida por B

$$30t = 50(t - 3) \text{ de onde } t = 7\tfrac{1}{2} \text{ horas.}$$

Portanto A desloca-se por $t = 7\frac{1}{2}$ horas e B por $(t - 3) = 4\frac{1}{2}$ horas.

(*b*) Distância $= 30t = 30(7\frac{1}{2}) = 225$ milhas ou distância $= 50(t - 3) = 50(4\frac{1}{2}) = 225$ milhas.

13.27 A e B podem percorrer uma trajetória circular de uma milha em 6 e 10 minutos, respectivamente. Se eles começam no mesmo instante a partir da mesma posição, em quantos minutos passarão um pelo outro caso se desloquem ao redor da pista (*a*) na mesma direção, (*b*) em direções opostas?

Solução

Denote t = o tempo procurado em minutos.

(*a*) Eles passarão um pelo outro quando A tiver percorrido 1 milha a mais que B. As velocidades de A e B são 1/6 e 1/10 mi/min respectivamente. Então, como distância = velocidade × tempo:

Distância por A − distância por B = 1 milha

$$\frac{1}{6}t - \frac{1}{10}t = 1 \quad \text{e} \quad t = 15 \text{ minutos.}$$

(b) Distância por A + distância por B = 1 milha

$$\frac{1}{6}t + \frac{1}{10}t = 1 \quad \text{e} \quad t = 15/4 \text{ minutos.}$$

13.28 Um barco, impulsionado a 25 mi/h em águas paradas, percorre 4,2 milhas contra a correnteza do rio no mesmo tempo que pode viajar 5,8 milhas a favor da correnteza. Encontre a velocidade da correnteza.

Solução

Seja v = a velocidade da correnteza. Então, como tempo = distância/velocidade,

tempo contra a correnteza = tempo na direção da correnteza

ou $\quad \dfrac{4{,}2 \text{ mi}}{(25-v) \text{ mi/h}} = \dfrac{5{,}8 \text{ mi}}{(25+v) \text{ mi/h}} \quad$ e $\quad v = 4 \text{ mi/h}$.

13.29 A consegue realizar um trabalho em 3 dias enquanto B leva 6 dias para concluir o mesmo trabalho. Quanto tempo eles levariam se trabalhassem juntos?

Solução

Defina n = o número de dias que os dois trabalhando juntos levarão.
    Em 1 dia A realiza 1/3 do trabalho enquanto B faz 1/6 do trabalho, completando 1/n do trabalho (em 1 dia). Logo,

$$\frac{1}{3} + \frac{1}{6} = \frac{1}{n} \quad \text{de onde } n = 2 \text{ dias.}$$

Método alternativo. Em n dias, A e B completam juntos

$$n\left(\frac{1}{3} + \frac{1}{6}\right) = 1 \text{ trabalho completo. Resolvendo, } n = 2 \text{ dias.}$$

13.30 Um tanque pode ser preenchido por três canos separadamente em 20, 30 e 60 minutos, respectivamente. Em quantos minutos pode ser preenchido pelos três canos agindo juntos?

Solução

Seja t = o tempo procurado, em minutos.
    Em 1 minuto, três canos juntos completam ($\frac{1}{20} + \frac{1}{30} + \frac{1}{60}$) do tanque. Então em t minutos eles preenchem

$$t\left(\frac{1}{20} + \frac{1}{30} + \frac{1}{60}\right) = 1 \text{ tanque completo. Resolvendo, } t = 10 \text{ minutos.}$$

13.31 A e B trabalhando juntos completam um serviço em 6 dias. A trabalha duas vezes mais rápido que B. Quantos dias cada um deles levaria para terminar o serviço, trabalhando sozinhos?

Solução

Sejam n, $2n$ = os números de dias para A e B realizarem o serviço respectivamente, trabalhando sozinhos.
    Em 1 dia, A completa 1/n do trabalho enquanto B faz 1/2n do trabalho. Então, em 6 dias eles conseguem fazer

$$6\left(\frac{1}{n} + \frac{1}{2n}\right) = 1 \text{ trabalho completo. Resolvendo, } n = 9 \text{ dias}, 2n = 18 \text{ dias.}$$

13.32 A taxa de realização de trabalho de A é o triplo da de B. Em um dia A e B trabalham juntos por 4 horas; então B é retirado do serviço e A completa o restante em 2 horas. Quanto tempo teria levado para B completar o trabalho sozinho?

Solução

Defina t, $3t$ = os tempos, em horas, para A e B completarem sozinhos o serviço, respectivamente.
Em 1 hora, A realiza $1/t$ do trabalho enquanto B faz $1/3t$ do trabalho. Portanto,

$$4\left(\frac{1}{t}+\frac{1}{3t}\right)+2\left(\frac{1}{t}\right) = 1 \text{ serviço completo. Resolvendo, } 3t = 22 \text{ horas.}$$

13.33 Um homem recebe $18,00 por dia de trabalho e é descontado $3,00 para cada dia de ausência. Se ao fim de 40 dias ele acumula $531,00, quantos dias ele faltou ao trabalho?

Solução

Seja x = o número de dias ausente; $40 - x$ = o número de dias de trabalho.
Quantidade recebida − quantidade perdida = $531
ou $18(40 − x)   −   3x   = $531 e $x = 9$ dias de ausência.

Problemas Complementares

13.34 Resolva cada equação a seguir.

(a) $3x - 2 = 7$

(b) $y + 3(y - 4) = 4$

(c) $4x - 3 = 5 - 2x$

(d) $x - 3 - 2(6 - 2x) = 2(2x - 5)$

(e) $\dfrac{2t - 9}{3} = \dfrac{3t + 4}{2}$

(f) $\dfrac{2x + 3}{2x - 4} = \dfrac{x - 1}{x + 1}$

(g) $(x - 3)^2 + (x + 1)^2 = (x - 2)^2 + (x + 3)^2$

(h) $(2x + 1)^2 = (x - 1)^2 + 3x(x + 2)$

(i) $\dfrac{3}{z} - \dfrac{4}{5z} = \dfrac{1}{10}$

(j) $\dfrac{2x + 1}{x} + \dfrac{x - 4}{x + 1} = 3$

(k) $\dfrac{5}{y - 1} - \dfrac{5}{y + 1} = \dfrac{2}{y - 2} - \dfrac{2}{y + 3}$

(l) $\dfrac{7}{x^2 - 4} + \dfrac{2}{x^2 - 3x + 2} = \dfrac{4}{x^2 + x - 2}$

13.35 Resolva para a variável indicada.

(a) $2(x - p) = 3(6p - x) : x$

(b) $2by - 2a = ay - 4b : y$

(c) $\dfrac{2x - a}{b} = \dfrac{2x - b}{a} : x$

(d) $\dfrac{x - a}{x - b} = \dfrac{x - c}{x - d} : x$

(e) $\dfrac{1}{ay} + \dfrac{1}{by} = \dfrac{1}{c} : y$

13.36 Expresse cada sentença em termos de símbolos algébricos.

(a) Dois a mais que cinco vezes um certo número.

(b) Seis a menos que o dobro de um certo número.

(c) Quaisquer dois números cuja diferença seja 25.

(d) Os quadrados de três inteiros consecutivos.

(e) A quantidade pela qual cinco vezes um certo número excede 40.

(f) A raiz de um inteiro ímpar qualquer.

(g) O quanto o quadrado de um número excede seu dobro.

(*h*) O número de *pints* em *x* galões. Oberve que um galão tem oito *pints*.

(*i*) A diferença entre os quadrados de dois inteiros pares consecutivos.

(*j*) Luís é seis anos mais velho que Jane que tem a metade da idade de Júlio. Expresse suas idades em termos de apenas uma indeterminada.

(*k*) Os três ângulos *A*, *B* e *C* de um triângulo *ABC* quando o ângulo *A* ultrapassa o dobro de *B* por 20°.

(*l*) O perímetro e a área de um retângulo se um dos lados é 3 pés mais curto que o triplo do outro.

(*m*) A fração cujo denominador é 4 a mais que duas vezes o quadrado do numerador.

(*n*) A quantidade de sal em um tanque contendo *x* quartos de água se a concentração é 2 lb de sal por galão.

13.37 (*a*) A metade de um certo número é 10 a mais que um sexto dele. Determine o número.

(*b*) A diferença entre dois números é 20 e sua soma é 48. Descubra os números.

(*c*) Encontre dois inteiros pares consecutivos tais que o dobro do menor ultrapassa o maior por 18.

(*d*) A soma de dois números é 36. Se o maior for dividido pelo menor, o quociente fica 2 e o resto 3. Encontre os números.

(*e*) Encontre dois inteiros ímpares positivos consecutivos tais que a diferença de seus quadrados é 64.

(*f*) O primeiro de três números excede o dobro do segundo por 4, enquanto o terceiro é o dobro do primeiro. Determine os números, caso sua soma seja 54.

13.38 (*a*) Um pai é 24 anos mais velho que seu filho. Em 8 anos ele terá o dobro da idade de seu filho. Determine suas idades atuais.

(*b*) Maria é 15 anos mais velha que sua irmã Jane. Há seis anos, Maria tinha 6 vezes a idade de Jane. Encontre suas idades atuais.

(*c*) Lúcio tem o dobro da idade de João agora. Cinco anos atrás Lúcio era três vezes mais velho que João. Encontre suas idades atuais.

13.39 (*a*) Em uma bolsa tem $3,05 em moedas de cinco e dez centavos, 19 moedas de dez centavos a mais que moedas de cinco centavos. Há quantas moedas de cada tipo?

(*b*) Ricardo tem duas vezes mais moedas de dez centavos do que moedas de vinte e cinco centavos, contabilizando no total $6,75. Quantas moedas ele possui?

(*c*) Os ingressos para um teatro custam 60¢ para adultos e 25¢ para crianças. Os recibos do dia mostraram que 280 pessoas assistiram e $140 foram coletados. Quantas crianças assistiram naquele dia?

13.40 (*a*) O dígito das dezenas de um certo número de dois dígitos excede o das unidades por 3. A soma dos dígitos é 1/7 do número. Encontre-o.

(*b*) A soma dos dígitos de um certo número de dois dígitos é 10. Se os dígitos forem trocados, o novo número formado é um a menos que o dobro do número original. Determine o número original.

(*c*) O dígito das dezenas de um número de dois dígitos é 1/3 do dígito das unidades. Quando os dígitos são trocados, o novo número excede o dobro do original por 2 a mais que a soma dos dígitos. Encontre o número original.

13.41 (*a*) Mercadorias custam a um comerciante $72. Que preço deve ser estipulado para que ele possa vendê-las com um desconto de 10% a partir do valor estabelecido e ainda obter lucro de 20% no preço da venda?

(*b*) Uma mulher recebe $20 por dia de trabalho e perde $5 por dia de ausência. Ao fim de 25 dias ela acumulou $450. Quantos dias ela trabalhou?

(*c*) Um relatório de trabalho declara que em uma fábrica o total de 400 homens e mulheres são empregados. O salário médio por dia é $16 para um homem e $12 para uma mulher. Se a folha de pagamento é $5720 por dia, quantas mulheres estão empregadas?

(*d*) Uma mulher tem $450,00 investidos, parte a 2% de juros simples e o restante a 3%. Quanto foi investido à cada taxa se o rendimento anual destes investimentos é $11?

(*e*) Um homem possui $2000,00 investidos a 7% de juros simples e $5000,00 a 4%. Qual soma adicional ele deve investir a 6% para obter um retorno total de 5%?

13.42 (a) O perímetro de um retângulo possui 110 pés. Encontre suas dimensões caso o comprimento seja 5 pés mais curto que o dobro da largura.

(b) O comprimento de um piso retangular tem 8 pés a mais que sua largura. Se cada dimensão for aumentada por 2 pés, a área aumenta 60 pés^2. Encontre as dimensões do piso.

(c) A área de um quadrado ultrapassa a área de um retângulo por 3 pol^2. A largura do retângulo é 3 polegadas mais curta e o comprimento 4 polegadas mais comprido que o lado do quadrado. Encontre o lado do quadrado.

(d) Um pedaço de arame com 40 pol de comprimento é dobrado na forma de um triângulo retângulo com um cateto possuindo 15 pol. Determine o comprimento dos lados restantes.

(e) O comprimento de uma piscina retangular é o dobro de sua largura. A piscina é cercada por uma calçada de cimento com 4 pés de largura. Se a área da calçada é 784 pés^2, determine as dimensões da piscina.

13.43 (a) Um óleo lubrificante custando 28 centavos/quarto deve ser misturado a um óleo custando 33 centavos/quarto para fazer 45 quartos de uma mistura a ser vendida por 30 centavos/quarto. Qual volume de cada tipo deve ser utilizado?

(b) Qual peso de água deve ser adicionado a 50 lb de uma solução de ácido sulfúrico a 36% para resultar em uma solução a 20%? Todas as porcentagens são referentes ao peso.

(c) Quantos quartos de álcool puro devem ser adicionados a 10 quartos de uma solução a 15% para obter uma mistura que possui 25% de álcool? Todas as porcentagens são referentes ao volume.

(d) Há disponível 60 galões de uma solução de glicerina e água a 50%. Qual volume de água deve ser adicionado à solução para reduzir a concentração de glicerina a 12%? Todas as porcentagens são por volume.

(e) A capacidade do radiador de um jipe é de 4 galões. Ele é preenchido com uma solução anticongelante de água com 10% de glicol. Qual o volume da mistura deve ser retirado e substituído por glicol para se obter uma solução a 25%? Todas as porcentagens são para o volume.

(f) Mil quartos de leite possuem teor de gordura 4% que deve ser reduzido a 3%. Quantos quartos de creme com 23% de gordura devem ser separados do leite para produzir o resultado desejado? As porcentagens referem-se ao volume.

(g) Tem-se disponível 10 toneladas de carvão contendo 2,5% de enxofre e também abastecimento de carvão contendo 0,80% e 1,10% de enxofre, respectivamente. Quantas toneladas de cada devem ser misturadas às 10 toneladas originais para resultar em 20 toneladas contendo 1,7% de enxofre?

13.44 (a) Dois motoristas começam a se mover um em direção ao outro às 16:30h de cidades separadas por 255 milhas. Caso suas velocidades médias sejam 40 e 45 mi/h, que horas eles se encontram?

(b) Dois aviões partem de Chicago no mesmo instante e voam em direções opostas, um deles em média 40 mi/h mais rápido que o outro. Se eles estão a 2000 milhas de distância após 5 horas, quais suas velocidades médias?

(c) A que velocidade o motorista A deve viajar para ultrapassar o motorista B que está se deslocando 20 mi/h mais devagar, sendo que A começou duas horas após B e deseja ultrapassá-lo em 4 horas?

(d) Um motorista parte da cidade A às 14:00h e viaja para a cidade B com velocidade média 30 mi/h. Após descansar em B por uma hora, ele retorna pela mesma trajetória com velocidade média 40 mi/h e chega em A aquela noite às 18:30h. Determine a distância entre A e B.

(e) Tom percorre uma distância de 265 milhas. Ele dirige a 40 mi/h durante a primeira parte da trajetória e a 35 mi/h no restante. Caso ele realize a viagem em 7 horas, por quanto tempo ele viajou a 40 mi/h?

(f) Um barco pode se mover a 8 mi/h em água parada. Se ele consegue deslocar-se 20 milhas rio abaixo no mesmo tempo que viaja 12 milhas rio acima, determine a velocidade da corrente.

(g) A velocidade de um avião é 120 mi/h na calmaria. A favor do vento ele consegue cobrir uma certa distância em 4 horas, mas contra o vento percorre apenas 3/5 desta distância no mesmo tempo. Encontre a velocidade do vento.

13.45 (a) Um fazendeiro consegue lavrar certo campo três vezes mais rápido que seu filho. Trabalhando juntos, levariam 6 horas para lavrar todo o campo. Quanto tempo levaria para cada um fazê-lo sozinho?

(b) Um pintor pode realizar um trabalho em 6 horas. Seu assistente pode fazer o mesmo trabalho em 10 horas. O pintor começa o trabalho e após 2 horas seu assistente une-se a ele. Em quantas horas eles completarão o trabalho?

(c) Um grupo de trabalhadores executa um serviço em 8 dias. Após este grupo trabalhar 3 dias, outro se une a ele e, juntos, completam o trabalho em mais 3 dias. Em quanto tempo o segundo grupo teria realizado o serviço sozinho?

(d) Um tanque pode ser preenchido por dois canos separadamente em 10 e 15 minutos, respectivamente. Quando um terceiro cano é utilizado simultaneamente aos dois primeiros, o tanque fica cheio em 4 minutos. Quanto tempo levaria para o terceiro cano completar o tanque sozinho?

Respostas dos Problemas Complementares

13.34 (a) $x = 3$ (d) $x = 5$ (g) $x = -1/2$ (j) $x = 1/4$
       (b) $y = 4$ (e) $t = -6$ (h) todos os valores de x (identidade)   (k) $y = 5$
       (c) $x = 4/3$ (f) $x = 1/11$ (l) $x = -1$
                                                         (i) $z = 22$

13.35 (a) $x = 4p$ (c) $x = \dfrac{a+b}{2}$ se $a \neq b$ (d) $x = \dfrac{bc - ad}{b + c - a - d}$ (e) $y = \dfrac{ac + bc}{ab}$
       (b) $y = -2$ se $a \neq 2b$

13.36 (a) $5x + 2$
       (b) $2x - 6$
       (c) $x + 25, x$
       (d) $x^2, (x+1)^2, (x+2)^2$
       (e) $5x - 40$
       (f) $(2x + 1)^2$ onde x = inteiro
       (g) $x^2 - 2x$
       (h) $8x$
       (i) $(2x + 2)^2 - (2x)^2$, x = inteiro
       (j) Idade de Jane x, idade de Luís $x + 6$, idade de Júlio $2x$
       (k) $B = x°$, $A = (2x + 20)°$, $C = (160 - 3x)°$
       (l) Um lado é x, o lado adjacente é $3x - 3$. Perímetro $= 8x - 6$, área $= 3x^2 - 3x$
       (m) $\dfrac{x}{2x^2 + 4}$
       (n) $\dfrac{x}{2}$ lb de sal

13.37 (a) 30   (b) 34,14   (c) 20,22   (d) 25,11   (e) 15,17   (f) 16, 6, 32

13.38 (a) Pai 40, filho 16   (b) Maria 24, Jane 9   (c) Lúcio 20, João 10

13.39 (a) 14 moedas de dez, 33 moedas de cinco   (b) 15 moedas de vinte e cinco, 30 moedas de dez
       (c) 200 adultos, 80 crianças

13.40 (a) 63   (b) 37   (c) 26

13.41 (a) $100   (b) 23 dias   (c) 170 mulheres   (d) $200 a 3%, $250 a 2%   (e) $1000

13.42 (a) largura 20 pés, comprimento 35 pés   (d) outro cateto 8 pés, hipotenusa 17 pés
       (b) largura 10 pés, comprimento 18 pés   (e) 30 pés por 60 pés
       (c) 9 polegadas

13.43 (a) 18 qt a 33¢, 27 qt a 28¢   (e) 2/3 gal
       (b) 40 lb   (f) 50 qt
       (c) 4/3 qt   (g) 6,7 toneladas a 0,80%, 3,3 toneladas a 1,10%
       (d) 190 gal

13.44 (a) 19:30h   (c) 60 mi/h   (e) 4h   (g) 30 mi/h
       (b) 180, 220 mi/h   (d) 60 mi   (f) 2 mi/h

13.45 (a) Pai 8h, filho 24h   (b) $2\tfrac{1}{2}$ h   (c) 12 dias   (d) 12 minutos

Capítulo 14

Equações de Retas

14.1 INCLINAÇÃO DE UMA RETA

A equação $ax + by = c$, onde a, b e c são números reais e a e b não são simultaneamente 0 é a forma padrão (ou geral) da equação de uma reta.

A inclinação de uma reta é a razão entre a variação em y comparada com a variação em x.

$$\text{inclinação} = \frac{\text{variação em } y}{\text{variação em } x}$$

Se (x_1, y_1) e (x_2, y_2) são dois pontos numa reta e m é a inclinação da reta, então

$$m = \frac{y_2 - y_1}{x_2 - x_1} \quad \text{quando} \quad x_2 \neq x_1.$$

Exemplo 14.1 Qual é a inclinação da reta passando pelos pontos $(5, -8)$ e $(6, 2)$?

$$m = \frac{y_2 - y_1}{x_2 - x_1} = \frac{2 - (-8)}{5 - 6} = \frac{10}{-1} = -10$$

A inclinação da reta pelos pontos $(5, -8)$ e $(6, 2)$ é -10.

Exemplo 14.2 Qual é a inclinação da reta $3x - 4y = 12$?

Primeiramente, precisamos encontrar dois pontos que satisfaçam a equação da reta $3x - 4y = 12$. Caso $x = 0$, então $3(0) - 4y = 12$ e $y = -3$. Assim, um ponto é $(0, -3)$. Quando $x = -4$, então $3(-4) - 4y = 12$ e $y = -6$. Logo, $(-4, -6)$ é outro ponto na reta.

$$m = \frac{y_2 - y_1}{x_2 - x_1} = \frac{-3 - (-6)}{0 - (-4)} = \frac{3}{4}$$

A inclinação da reta $3x - 4y = 12$ é $3/4$.

No Exemplo 14.1, a inclinação da reta é negativa. Isto significa que, vendo o gráfico da esquerda para a direita, conforme x aumenta, y diminui (ver Fig. 14-1). No Exemplo 14.2, a inclinação é positiva, ou seja, conforme x aumenta, y também cresce (ver Fig. 14-2).

Uma reta horizontal $y = k$, onde k é uma constante, tem inclinação zero. Como todos os valores de y são iguais, $y_2 - y_1 = 0$.

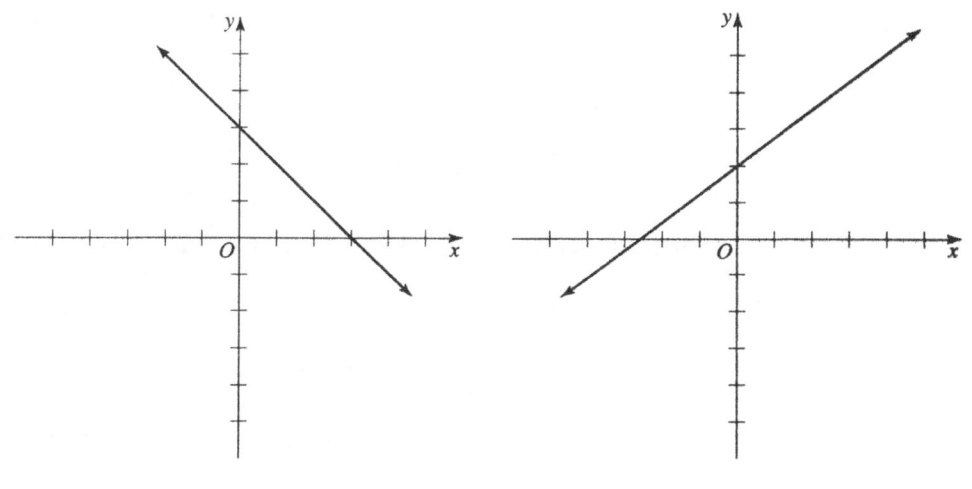

Figura 14-1   *Figura 14-2*

Uma reta vertical $x = k$, onde k é uma constante, não tem inclinação, isto é, a inclinação não está definida. Como todos os valores de x são os mesmos, $x_2 - x_1 = 0$ e divisão por zero não está definida.

14.2 RETAS PARALELAS E PERPENDICULARES

Duas retas não verticais são paralelas se, e somente se, suas inclinações são iguais.

Exemplo 14.3 Mostre que a figura *PQRS* com vértices $P(0, -2)$, $Q(-2, 3)$, $R(3, 5)$ e $S(5, 0)$ é um paralelogramo. O quadrilátero *PQRS* será um paralelogramo se $\overline{PQ}$ e $\overline{RS}$ forem paralelos e $\overline{PS}$ e $\overline{QR}$ forem paralelos.

$$\text{inclinação } (\overline{PQ}) = \frac{3-(-2)}{-2-0} = \frac{5}{-2} = -\frac{5}{2} \quad \text{e} \quad \text{inclinação } (\overline{RS}) = \frac{0-5}{5-3} = -\frac{5}{2}$$

$$\text{inclinação } (\overline{PS}) = \frac{0-(-2)}{5-0} = \frac{2}{5} \quad \text{e} \quad \text{inclinação } (\overline{QR}) = \frac{5-3}{3-(-2)} = \frac{2}{5}$$

Uma vez que $\overline{PQ}$ e $\overline{RS}$ possuem a mesma inclinação, eles são paralelos, e como $\overline{PS}$ e $\overline{QR}$ têm a mesma inclinação eles também são paralelos. Assim, os lados opostos de *PQRS* são paralelos e, portanto, *PQRS* é um paralelogramo.

Exemplo 14.4 Mostre que os pontos $A(0, 4)$, $B(2, 3)$ e $C(4, 2)$ são colineares, isto é, pertencem à mesma reta.
Os pontos *A*, *B* e *C* serão colineares caso as inclinações das retas por quaisquer dois pares dos pontos forem as mesmas.

$$\text{inclinação } (\overline{AB}) = \frac{3-4}{2-0} = -\frac{1}{2} \quad \text{e} \quad \text{inclinação } (\overline{BC}) = \frac{2-3}{4-2} = -\frac{1}{2}$$

As retas *AB* e *BC* possuem a mesma inclinação e compartilham um ponto em comum, *B*, logo estas retas são a mesma. Assim, os pontos *A*, *B* e *C* são colineares.

Duas retas não verticais são perpendiculares se, e somente se, o produto de suas inclinações é -1. A inclinação de cada reta é o simétrico do inverso da outra.

Exemplo 14.5 Mostre que a reta pelos pontos $A(3, 3)$ e $B(6, -3)$ é perpendicular à reta por $C(4, 2)$ e $D(8, 4)$.

$$\text{inclinação } (\overline{AB}) = \frac{-3-3}{6-3} = \frac{-6}{3} = -2 \quad \text{e} \quad \text{inclinação } (\overline{CD}) = \frac{4-2}{8-4} = \frac{2}{4} = \frac{1}{2}$$

Como $(-2)(1/2) = -1$, as retas AB e CD são perpendiculares.

14.3 FORMA INCLINAÇÃO-INTERCEPTO DA EQUAÇÃO DE UMA RETA

Se uma reta tem inclinação m e intercepto y $(0,b)$, então para qualquer ponto (x, y), onde $x \neq 0$, nesta reta temos

$$m = \frac{y-b}{x-0} \quad \text{e} \quad y = mx + b.$$

A forma inclinação-intercepto da equação de uma reta com inclinação m e intercepto y b é $y = mx + b$.

Exemplo 14.6 Determine a inclinação e o intercepto y da reta $3x + 2y = 12$.
Resolvemos a equação $3x + 2y = 12$ para y obtendo $y = -\frac{3}{2}x + 6$. A inclinação da reta é $-\frac{3}{2}$ e o intercepto y é 6.

Exemplo 14.7 Encontre a equação da reta com inclinação -4 e intercepto y 6.
A inclinação da reta é -4, então $m = -4$ e o intercepto y é 6, então $b = 6$. Substituindo em $y = mx + b$, obtemos $y = -4x + 6$ para a equação da reta.

14.4 FORMA PONTO-INCLINAÇÃO DA EQUAÇÃO DE UMA RETA

Se uma reta tem inclinação m e passa pelo ponto (x_1, y_1), então para qualquer outro ponto (x, y) na reta teremos $m = (y - y_1)/(x - x_1)$ e $y - y_1 = m(x - x_1)$.

A forma ponto-inclinação da equação de uma reta é $y - y_1 = m(x - x_1)$.

Exemplo 14.8 Escreva a equação da reta passando pelo ponto $(1, -2)$ com inclinação $-2/3$.
Uma vez que $(x_1, y_1) = (1, -2)$ e $m = -2/3$, substituímos em $y - y_1 = m(x - x_1)$ para obter $y + 2 = -2/3(x - 1)$. Simplificando chegamos a $3(y + 2) = -2(x - 1)$ e, finalmente, $2x + 3y = -4$.
A equação da reta por $(1, -2)$ com inclinação $-2/3$ é $2x + 3y = -4$.

14.5 EQUAÇÃO DA RETA QUE PASSA POR DOIS PONTOS

Se uma reta passa pelos pontos (x_1, y_1) e (x_2, y_2), ela tem inclinação $m = (y_2 - y_1)/(x_2 - x_1)$, caso $x_2 \neq x_1$. Substituindo na equação $y - y_1 = m(x - x_1)$, obtemos

$$y - y_1 = \frac{y_2 - y_1}{x_2 - x_1}(x - x_1).$$

A forma da equação da reta que passa por dois pontos é

$$y - y_1 = \frac{y_2 - y_1}{x_2 - x_1}(x - x_1) \quad \text{se } x_2 \neq x_1.$$

Quando $x_2 = x_1$, obtemos a reta vertical $x = x_1$. Se $y_2 = y_1$, temos a reta horizontal $y = y_1$.

Exemplo 14.9 Escreva a equação da reta passando por (3, 6) e (−4, 4).
Defina $(x_1, y_1) = (3, 6)$ e $(x_2, y_2) = (-4, 4)$ e substitua em

$$y - y_1 = \frac{y_2 - y_1}{x_2 - x_1}(x - x_1).$$

$$y - 6 = \frac{4 - 6}{-4 - 3}(x - 3)$$

$$-7(y - 6) = -2(x - 3)$$

$$-7y + 42 = -2x + 6$$

$$2x - 7y = -36$$

A equação da reta passando pelos pontos (3, 6) e (−4, 4) é $2x - 7y = -36$.

14.6 FORMA INTERCEPTOS DA EQUAÇÃO DE UMA RETA

Se uma reta tem intercepto x a e intercepto y b, ela passa pelos pontos $(a, 0)$ e $(b, 0)$. A equação desta reta é

$$y - b = \frac{0 - b}{a - 0}(x - 0) \quad \text{se} \quad a \neq 0,$$

que pode ser simplificada para $bx + ay = ab$. Se ambos a e b não são zero obtemos $x/a + y/b = 1$.
Se uma reta tem intercepto x a e intercepto y b, ambos não nulos, a equação da reta é

$$\frac{x}{a} + \frac{y}{b} = 1.$$

Exemplo 14.10 Encontre os interceptos da reta $4x - 3y = 12$.
Dividimos a equação $4x - 3y = 12$ por 12 para obter

$$\frac{x}{3} + \frac{y}{-4} = 1.$$

O intercepto x é 3 e o intercepto y é −4 para a reta $4x - 3y = 12$.

Exemplo 14.11 Escreva a equação para a reta que tem intercepto x igual a 2 e cujo intercepto y é 5.
Temos $a = 2$ e $b = 5$ para a equação

$$\frac{x}{a} + \frac{y}{b} = 1.$$

Substituindo, obtemos $$\frac{x}{2} + \frac{y}{5} = 1.$$

Simplificando, ficamos com $$5x + 2y = 10.$$

A reta com intercepto x 2 e intercepto y 5 é $5x + 2y = 10$.

Problemas Resolvidos

14.1 Qual é a inclinação da reta passando por cada par de pontos?

(a) (4, 1) e (7, 6) (b) (3, 9) e (7, 4) (c) (−4, 1) e (−4, 3) (d) (−3, 2) e (2, 2)

Solução

(a) $m = \dfrac{6-1}{7-4} = \dfrac{5}{3}$ \qquad A inclinação da reta é 5/3.

(b) $m = \dfrac{4-9}{7-3} = -\dfrac{5}{4}$ \qquad A inclinação da reta é $-5/4$.

(c) $m = \dfrac{3-1}{-4-(-4)} = \dfrac{2}{0}$ \qquad A inclinação desta reta não está definida.

(d) $m = \dfrac{2-2}{2-(-3)} = \dfrac{0}{5} = 0$ \qquad A inclinação da reta é 0.

14.2 Determine se a reta contendo os pontos A e B é paralela ou perpendicular à reta contendo os pontos C e D ou nenhuma das duas opções.

(a) $A(2, 4)$, $B(3, 8)$, $C(5, 1)$ e $D(4, -3)$

(b) $A(2, -3)$, $B(-4, 5)$, $C(0, -1,)$ e $D(-4, -4)$

(c) $A(1, 9)$, $B(-4, 0)$, $C(0, 6)$ e $D(5, 3)$

(d) $A(8, -1)$, $B(2, 3)$, $C(5, 1)$ e $D(2, -1)$

Solução

(a) inclinação $(\overline{AB}) = \dfrac{8-4}{3-2} = \dfrac{4}{1} = 4$; inclinação $(\overline{CD}) = \dfrac{-3-1}{4-5} = \dfrac{-4}{-1} = 4$

Como as duas inclinações são iguais, as retas AB e CD são paralelas.

(b) inclinação $(\overline{AB}) = \dfrac{5-(-3)}{-4-2} = \dfrac{8}{-6} = -\dfrac{4}{3}$; inclinação $(\overline{CD}) = \dfrac{-4-(-1)}{-4-0} = \dfrac{-3}{-4} = \dfrac{3}{4}$

Como $(-4/3)(3/4) = -1$, as retas AB e CD são perpendiculares.

(c) inclinação $(\overline{AB}) = \dfrac{0-9}{4-1} = \dfrac{-9}{3} = -3$; inclinação $(\overline{CD}) = \dfrac{3-6}{5-0} = -\dfrac{3}{5}$

Como as inclinações não são iguais e seu produto não é -1, as retas AB e CD não são paralelas nem perpendiculares.

(d) inclinação $(\overline{AB}) = \dfrac{3-(-1)}{2-8} = \dfrac{4}{-6} = -\dfrac{2}{3}$; inclinação $(\overline{CD}) = \dfrac{-1-1}{2-5} = \dfrac{-2}{-3} = \dfrac{2}{3}$

Como as inclinações não são iguais e seu produto não é -1, as retas AB e CD não são paralelas nem perpendiculares.

14.3 Determine se os três pontos dados são colineares ou não.

(a) $(0, 3)$, $(1, 1)$ e $(2, -1)$ \qquad (b) $(1, 5)$, $(-2, -1)$ e $(-3, -4)$

Solução

(a) $m_1 = \dfrac{1-3}{1-0} = \dfrac{-2}{1} = -2$ \qquad e \qquad $m_2 = \dfrac{-1-1}{2-1} = \dfrac{-2}{1} = -2$

Já que a reta contendo $(0, 3)$ e $(1, 1)$ e a reta contendo $(1, 1)$ e $(2, -1)$ possuem a mesma inclinação, os pontos $(0, 3)$, $(1, 1)$ e $(2, -1)$ são colineares.

(b) $m_1 = \dfrac{-1-5}{-2-1} = \dfrac{-6}{-3} = 2$ \qquad e \qquad $m_2 = \dfrac{-4-(-1)}{-3-(-2)} = \dfrac{-3}{-1} = 3$

Já que a inclinação da reta contendo $(1, 5)$ e $(-2, -1)$ e a inclinação da reta contendo $(-2, -1)$ e $(-3, -4)$ são diferentes, os pontos $(1, 5)$, $(-2, -1)$ e $(-3, -4)$ não são colineares.

14.4 Escreva a equação da reta com inclinação m e intercepto y b.

(a) $m = -2/3, b = 6$ \qquad (b) $m = -3, b = -4$ \qquad (c) $m = 0, b = 8$ \qquad (d) $m = 3, b = 0$

Solução

(a) $y = mx + b = -2/3x + 6$ $2x + 3y = 18$

(b) $y = mx + b = -3x - 4$ $3x + y = -4$

(c) $y = mx + b = 0x + 8$ $y = 8$

(d) $y = mx + b = 3x + 0$ $3x - y = 0$

14.5 Escreva a equação da reta que contém o ponto P e cuja inclinação é m.

(a) $P(2, 5), m = 4$ (b) $P(1, 4), m = 0$ (c) $P(-1, -6), m = 1/4$ (d) $P(2, -3), m = -3/7$

Solução

Utilizamos a fórmula $y - y_1 = m(x - x_1)$.

(a) $y - 5 = 4(x - 2)$ $4x - y = 3$

(b) $y - 4 = 0(x - 1)$ $y = 4$

(c) $y - (-6) = 1/4(x - (-1))$ $x - 4y = 23$

(d) $y - (-3) = -3/7(x - 2)$ $3x + 7y = -15$

14.6 Escreva a equação da reta passando pelos pontos P e Q.

(a) $P(1, -4), Q(2, 3)$

(b) $P(6, -1), Q(0, 2)$

(c) $P(-1, 4), Q(3, 4)$

(d) $P(1, 5), Q(-2, 3)$

(e) $P(7, 1), Q(8, 3)$

(f) $P(4, -1), Q(4, 3)$

Solução

(a) $y - 3 = \dfrac{3 - (-4)}{2 - 1}(x - 2)$ $y - 3 = 7(x - 2)$ $7x - y = 11$

(b) $y - 2 = \dfrac{2 - (-1)}{0 - 6}(x - 0)$ $y - 2 = -1/2x$ $x + 2y = 4$

(c) $y - 4 = \dfrac{4 - 4}{3 - (-1)}(x - 3)$ $y - 4 = 0(x - 3)$ $y = 4$

(d) $y - 3 = \dfrac{3 - 5}{-2 - 1}(x - (-2))$ $y - 3 = 2/3(x + 2)$ $2x - 3y = -13$

(e) $y - 3 = \dfrac{3 - 1}{8 - 7}(x - 8)$ $y - 3 = 2(x - 8)$ $2x - y = 13$

(f) Como P e Q possuem o mesmo valor de x, a inclinação não está definida. Entretanto, a reta passando por P e Q deve ter coordenada x valendo 4 em todos os pontos. Assim, a reta é $x = 4$.

14.7 Escreva a equação da reta com intercepto $x - 3$ e intercepto y 4.

Solução

$$\frac{x}{a} + \frac{y}{b} = 1 \quad \text{então} \quad \frac{x}{-3} + \frac{y}{4} = 1 \quad 4x - 3y = -12$$

14.8 Escreva a equação da reta por $(-5, 6)$ que é paralela à reta $3x - 4y = 5$.

Solução

Escrevemos a equação $3x - 4y = 5$ na forma inclinação-intercepto para identificar sua inclinação, $y = 3/4x - 5/4$. Como esta forma é $y = mx + b$, $m = 3/4$. Retas paralelas possuem a mesma inclinação, então a reta que buscamos tem inclinação 3/4.

    Agora que temos a inclinação e um ponto pelo qual a reta passa, podemos escrever a equação utilizando a forma ponto-inclinação: $y - y_1 = m(x - x_1)$. Substituindo, obtemos $y - 6 = 3/4(x + 5)$. Simplificando, ficamos com $4y - 24 = 3x + 15$ e finalmente $3x - 4y = -39$. A equação desejada é $3x - 4y = -39$.

14.9 Escreva a equação da reta por (4, 6) e que é perpendicular à reta $2x - y = 8$.

Solução

A forma inclinação-intercepto da reta dada é $y = 2x - 8$. Sua inclinação é 2, logo a inclinação de uma reta perpendicular é o simétrico do inverso de 2, que é $-1/2$. Queremos escrever a equação para a reta com inclinação $-1/2$ e passando por (4, 6). Portanto, $y - 6 = -1/2(x - 4)$, então $2y - 12 = -x + 4$ e finalmente $x + 2y = 16$. A reta procurada é $x + 2y = 16$.

Problemas Complementares

14.10 Qual é a inclinação da reta passando por cada par de pontos?

(a) $(-1, 2), (4, -3)$ (c) $(5, 4), (5, -2)$ (e) $(-1, 5), (-2, 3)$

(b) $(3, 4), (-4, -3)$ (d) $(-5, 3), (2, 3)$ (f) $(7, 3), (8, -3)$

14.11 Determine se a reta contendo os pontos P e Q é paralela, perpendicular ou nenhuma das duas, à reta contendo os pontos R e S.

(a) $P(4, 2), Q(8, 3), R(-2, 8)$ e $S(1, -4)$

(b) $P(0, -5), Q(15, 0), R(1, 2)$ e $S(0, 5)$

(c) $P(-7, 8), Q(8, -7), R(-8, 10)$ e $S(6, -4)$

(d) $P(8, -2), Q(2, 8), R(-2, -8)$ e $S(-8, -2)$

14.12 Encontre uma constante real k de forma que as retas AB e CD sejam (1) paralelas e (2) perpendiculares.

(a) $A(2, 1), B(6, 3), C(4, k)$ e $D(3, 1)$

(b) $A(1, k), B(2, 3), C(1, 7)$ e $D(3, 6)$

(c) $A(9, 4), B(k, 10), C(11, -2)$ e $D(-2, 4)$

(d) $A(1, 2), B(4, 0), C(k, 2)$ e $D(1, -3)$

14.13 Determine se os três pontos dados são colineares ou não.

(a) $(-3, 1), (-11, -1)$ e $(-15, -2)$ (b) $(1, 1), (4, 2)$ e $(2, 3)$

14.14 Escreva a equação da reta com inclinação m e intercepto y b.

(a) $m = -3, b = 4$ (c) $m = 2/3, b = -2$ (e) $m = -1/2, b = 3$

(b) $m = 0, b = -3$ (d) $m = 4, b = 0$ (f) $m = -5/6, b = 1/6$

14.15 Escreva a equação da reta passando pelo ponto P com inclinação m.

(a) $P(-5, 2), m = -1$ (c) $P(4, -1), m = 2/3$ (e) $P(2, 6), m = -5$

(b) $P(-4, -3), m = 4$ (d) $P(0, 4), m = -4/3$ (f) $P(-1, 6), m = 0$

14.16 Escreva a equação da reta pelos pontos P e Q.

(a) $P(1, 2), Q(2, 4)$ (d) $P(10, 2), Q(5, 2)$ (g) $P(-1, 3), Q(0, 6)$

(b) $P(1,6, 3), Q(0,3, 1,4)$ (e) $P(3, 6), Q(-3, 8)$ (h) $P(0, 0), Q(-3, 6)$

(c) $P(0,7, 3), Q(0,7, -3)$ (f) $P(-4, 2), Q(2, 4)$

14.17 Escreva a equação da reta que possui intercepto x a e intercepto y b.

(a) $a = -2, b = -2$ (b) $a = 6, b = -3$ (c) $a = -1/2, b = 4$ (d) $a = 6, b = 1/3$

14.18 Escreva a equação da reta passando pelo ponto P paralelamente à reta l.

(a) $P(2, -4)$, reta l: $y = 4x - 6$ (c) $P(-1, -1)$, reta l: $4x + 5y = 5$

(b) $P(1, 0)$, reta l: $y = 3x + 1$ (d) $P(3, 5)$, reta l: $3x - 2y = 18$

14.19 Escreva a equação da reta pelo ponto P e perpendicular à reta l.

(a) $P(2, -1)$, reta l: $x = 4y$

(b) $P(0, 6)$, reta l: $2x + 3y = 5$

(c) $P(1, 1)$, reta l: $3x - 2y = 4$

(d) $P(1, -2)$, reta l: $4x + y = 7$

14.20 Determine se o triângulo com vértices A, B e C é retângulo.

(a) $A(4, 0)$, $B(7, -7)$ e $C(2, -5)$

(b) $A(5, 8)$, $B(-2, 1)$ e $C(2, -3)$

(c) $A(2, 1)$, $B(3, -1)$ e $C(1, -2)$

(d) $A(-6, 3)$, $B(3, -5)$ e $C(-1, 5)$

14.21 Mostre, fazendo uso das inclinações, que as diagonais $\overline{PR}$ e $\overline{QS}$ do quadrilátero $PQRS$ são perpendiculares.

(a) $P(0, 0)$, $Q(5, 0)$, $R(8, 4)$ e $S(3, 4)$ (b) $P(-3, 0)$, $Q(6, -3)$, $R(7, 5)$ e $S(3, 3)$

14.22 Mostre que os pontos P, Q, R e S são os vértices de um paralelogramo $PQRS$.

(a) $P(5, 0)$, $Q(8, 2)$, $R(6, 5)$ e $S(3, 3)$ (b) $P(-9, 0)$, $Q(-10, -6)$, $R(4, 8)$ e $S(5, 14)$

14.23 Escreva a equação para a reta por $(7, 3)$ que é paralela ao eixo x.

14.24 Determine a equação da reta horizontal passando pelo ponto $(-2, -3)$.

14.25 Escreva a equação para a reta vertical pelo ponto $(2, 4)$.

14.26 Determine a equação da reta por $(5, 8)$ que é perpendicular ao eixo x.

Respostas dos Problemas Complementares

14.10 (a) -1 (b) 1 (c) não definida   (d) 0 (e) 2 (f) -6

14.11 (a) perpendiculares, inclinações $1/4$ e -4

(b) perpendiculares, inclinações $1/3$ e -3

(c) paralelas, inclinações -1 e -1

(d) nenhuma, inclinações $-5/3$ e -1

14.12 (a) (1) $3/2$ (2) -1

(b) (1) $7/2$ (2) 1

(c) (1) -4 (2) $153/13$

(d) (1) $-13/2$ (2) $13/3$

14.13 (a) sim: $m = 1/4$ (b) não: as inclinações são diferentes

14.14 (a) $y = -3x + 4$

(b) $y = -3$

(c) $2x - 3y = 6$

(d) $y = 4x$

(e) $x + 2y = 6$

(f) $5x + 6y = 1$

14.15 (a) $x + y = -3$

(b) $4x - y = -13$

(c) $2x - 3y = 11$

(d) $4x + 3y = 12$

(e) $5x + y = 16$

(f) $y = 6$

14.16 (a) $y = 2x$

(b) $80x - 65y = -67$

(c) $10x = 7$

(d) $y = 2$

(e) $x + 3y = 21$

(f) $x - 3y = -10$

(g) $3x - y = -6$

(h) $y = -2x$

14.17 (a) $x + y = -2$ (b) $x - 2y = 6$ (c) $8x - y = -4$ (d) $x + 18y = 6$

14.18 (a) $y = 4x - 12$ (b) $y = 3x - 3$ (c) $4x + 5y = -9$ (d) $3x - 2y = -1$

14.19 (a) $4x + y = 7$ (b) $3x - 2y = -12$ (c) $2x + 3y = 5$ (d) $x - 4y = 9$

14.20 (a) sim $\overline{AC} \perp \overline{BC}$ (b) sim $\overline{AB} \perp \overline{BC}$ (c) sim $\overline{AB} \perp \overline{BC}$ (d) sim $\overline{AC} \perp \overline{BC}$

14.21 (a) sim: as inclinações são $1/2$ e -2 (b) sim: as inclinações são $1/2$ e -2

14.22 (a) sim: $\overline{PQ} \parallel \overline{RS}$ e $\overline{QR} \parallel \overline{SP}$ (b) sim: $\overline{PQ} \parallel \overline{RS}$ e $\overline{QR} \parallel \overline{SP}$

14.23 $y = 3$

14.24 $y = -3$

14.25 $x = 2$

14.26 $x = 5$

Capítulo 15

Equações Lineares Simultâneas

15.1 SISTEMAS DE DUAS EQUAÇÕES LINEARES

Uma equação linear em duas variáveis x e y é da forma $ax + by = c$ onde a, b e c são constantes e a e b não são simultaneamente nulas. Ao considerarmos duas destas equações

$$a_1x + b_1y = c_1$$
$$a_2x + b_2y = c_2$$

dizemos possuir duas equações lineares simultâneas em duas indeterminadas, ou um sistema de duas equações lineares em duas indeterminadas. Um par de valores para x e y (x,y) que satisfaz as duas equações é chamado de *solução simultânea* das equações dadas.

Assim, a solução simultânea de $x + y = 7$ e $x - y = 3$ é $(5, 2)$.

Três métodos para resolver estes sistemas de equações lineares são ilustrados aqui.

A. Solução por adição ou subtração. Se necessário, multiplique as equações dadas por números que tornarão os coeficientes de uma indeterminada nas equações resultantes numericamente iguais. Caso os sinais dos coeficientes sejam distintos, adicione as equações resultantes; se forem o mesmo, subtraia-as. Considere

$$(1)\ 2x - y = 4$$
$$(2)\ x + 2y = -3.$$

Para eliminar y, multiplique (1) por 2 e adicione a (2) para obter

$$2\times(1):\ 4x - 2y = 8$$
$$(2):\ \underline{x + 2y = -3}$$
$$\text{Adição: } 5x = 5 \text{ ou } x = 1.$$

Substitua $x = 1$ em (1) e obtenha $2 - y = 4$ ou $y = -2$. Logo, a solução simultânea de (1) e (2) é $(1, 2)$.
Verificação: insira $x = 1$, $y = -2$ em (2) e obtenha $1 + 2(-2)$? -3, -3, $= -3$.

B. Solução por substituição. Encontre o valor de uma indeterminada em qualquer equação e o substitua na outra equação.

Por exemplo, considere o sistema (1), (2) acima. A partir de (1) obtenha $y = 2x - 4$ e substitua este valor em (2) para obter $x + 2(2x - 4) = -3$, que se reduz a $x = 1$. Então coloque $x = 1$ em (1) ou (2), obtendo $y = -2$. A solução é $(1, -2)$.

C. Solução gráfica. Esboce os gráficos das duas equações, obtendo duas retas. A solução simultânea é dada pelas coordenadas (x, y) do ponto de intersecção destas retas. Fig. 15-1 mostra que a solução simultânea de (1) $2x - y = 4$ e (2) $x + 2y = -3$ é $x = 1, y = -2$, que também podemos escrever como $(1, -2)$.

Se as retas são paralelas, as equações são *inconsistentes* e não possuem solução simultânea. Por exemplo, (3) $x + y = 2$ e (4) $2x + 2y = 8$ são inconsistentes, como indica a Fig. 15-2. Observe que se a equação (3) for multiplicada por 2 obtemos $2x + 2y = 4$, que é claramente inconsistente com (4).

Equações *dependentes* são representadas pela mesma reta. Portanto, cada ponto na reta representa uma solução. Como existe uma quantidade infinita de pontos, há um conjunto infinito de soluções simultâneas. Por exemplo, (5) $x + y = 1$ e (6) $4x + 4y = 4$ são equações dependentes, como indica a Fig. 15-3. Perceba que caso (5) seja multiplicado por 4, o resultado é (6).

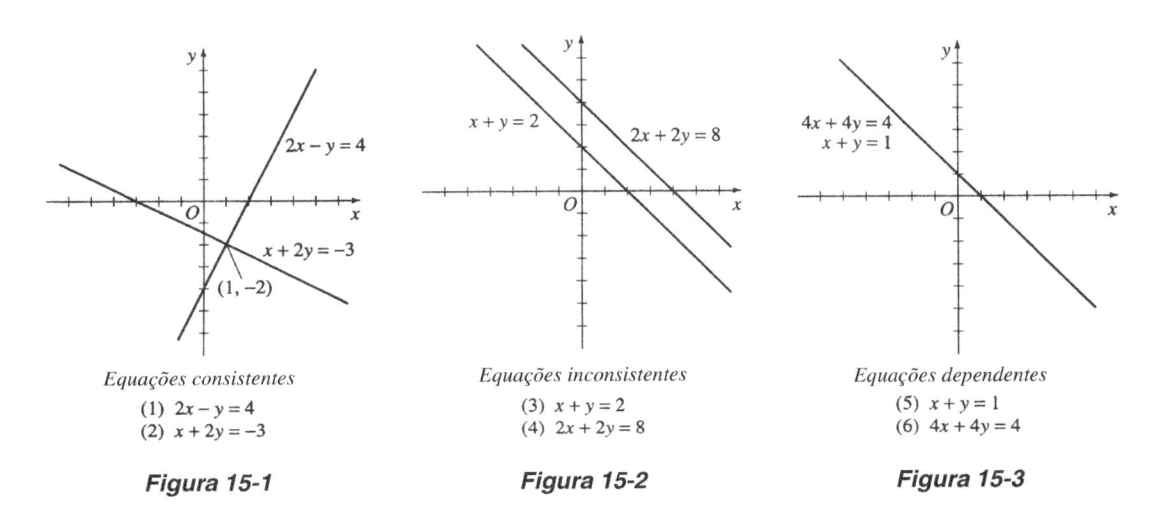

Equações consistentes
(1) $2x - y = 4$
(2) $x + 2y = -3$

Figura 15-1

Equações inconsistentes
(3) $x + y = 2$
(4) $2x + 2y = 8$

Figura 15-2

Equações dependentes
(5) $x + y = 1$
(6) $4x + 4y = 4$

Figura 15-3

15.2 SISTEMAS DE TRÊS EQUAÇÕES LINEARES

Um sistema de três equações lineares a três variáveis é resolvido eliminando-se uma indeterminada de qualquer par de equações e depois eliminando-se a mesma variável de outro par de equações.

Equações lineares a três variáveis representam planos e podem resultar em dois ou mais planos paralelos, que serão, assim, inconsistentes, não possuindo solução. Os três planos podem coincidir, ou interseccionar em uma reta comum e ser dependentes. Os três planos podem interseccionar em apenas um ponto, como o teto e duas paredes, ao formarem um canto, sendo consistentes.

Equações lineares a três variáves, x, y e z são da forma $ax + by + cz = d$, onde a, b, c e d são números reais e a, b e c não são simultaneamente nulos. Se considerarmos três destas equações

$$a_1 x + b_1 y + c_1 z = d_1$$
$$a_2 x + b_2 y + c_2 z = d_2$$
$$a_3 x + b_3 y + c_3 z = d_3$$

e encontrarmos um valor (x, y, z) que satisfaça as três equações, dizemos ter uma solução simultânea para o sistema de equações.

Exemplo 15.1 Resolva o sistema de equações $2x + 5y + 4z = 4$, $x + 4y + 3z = 1$ e $x - 3y - 2z = 5$.

$$(1)\ 2x + 5y + 4z = 4$$
$$(2)\ x + 4y + 3z = 1$$
$$(3)\ x - 3y - 2z = 5$$

Primeiramente, eliminamos x de (1) e (2) e de (2) e (3).

$$\begin{array}{r} 2x + 5y + 4z = 4 \\ -2x - 8y - 6z = -2 \\ \hline (4)\quad -3y - 2z = 2 \end{array} \qquad \begin{array}{r} x + 4y + 3z = 1 \\ -x + 3y + 2z = -5 \\ \hline (5)\quad 7y + 5z = -4 \end{array}$$

Agora eliminamos z das equações (4) e (5).

$$\begin{array}{r} -15y - 10z = 10 \\ 14y + 10z = -8 \\ \hline (6)\quad -y\ \ \ \ \ = 2 \end{array}$$

Resolvemos (6) obtendo $y = -2$.

Substituindo em (4) ou (5), resolvemos para z.

$$(4)\quad -3(-2) - 2z = 2$$
$$+6 - 2z = 2$$
$$-2z = -4$$
$$z = 2$$

Substituindo em (1), (2) ou (3), resolvemos para x.

$$(1)\quad 2x + 5(-2) + 4(2) = 4$$
$$2x - 10 + 8 = 4$$
$$2x - 2 = 4$$
$$2x = 6$$
$$x = 3$$

A solução do sistema de equações é $(3, -2, 2)$.

Verificamos a solução substituindo o ponto $(3, -2, 2)$ nas equações (1), (2) e (3).

$$\begin{array}{lll} (1)\ \ 2(3) + 5(-2) + 4(2)\ ?\ 4 & (2)\ \ 3 + 4(-2) + 3(2)\ ?\ 1 & (3)\ \ 3 - 3(-2) - 2(2)\ ?\ 5 \\ \ \ \ \ \ \ 6 - 10 + 8\ ?\ 4 & \ \ \ \ \ \ 3 - 8 + 6\ ?\ 1 & \ \ \ \ \ \ 3 + 6 - 4\ ?\ 5 \\ \ \ \ \ \ \ \ \ \ \ \ \ \ \ \ \ \ \ 4 = 4 & \ \ \ \ \ \ \ \ \ \ \ \ \ \ \ \ \ \ 1 = 1 & \ \ \ \ \ \ \ \ \ \ \ \ \ \ \ \ \ \ 5 = 5 \end{array}$$

Assim, $(3, -2, 2)$ satisfaz cada uma das equações dadas e é a resposta do problema.

Problemas Resolvidos

Resolva os seguintes sistemas.

15.1 (1) $2x - y = 4$
(2) $x + y = 5$

Solução

Adicione (1) e (2) para obter $3x = 9$, $x = 3$.
Agora insira $x = 3$ em (1) ou (2) de onde $y = 2$. A solução é $x = 3$, $y = 2$ ou $(3, 2)$.

Método alternativo. De (1) obtenha $y = 2x - 4$ e substitua este valor na equação (2) para ficar com $x + 2x - 4 = 5$, $3x = 9$, $x = 3$. Agora coloque $x = 3$ em (1) ou (2) e obtenha $y = 2$.

Verificação: $2x - y = 2(3) - 2 = 4$ e $x + y = 3 + 2 = 5$.

Solução gráfica. O gráfico de uma equação linear é uma reta. Como uma reta é determinada por um par de pontos, precisamos marcar apenas dois pontos para cada equação. Entretanto, para assegurar exatidão, marcaremos três pontos para cada reta.

Para $2x - y = 4$:

x	-1	0	1
y	-6	-4	-2

Para $x + y = 5$:

x	-1	0	1
y	6	5	4

A solução simultânea é o ponto de intersecção $(3, 2)$ das retas (ver Fig. 15-4).

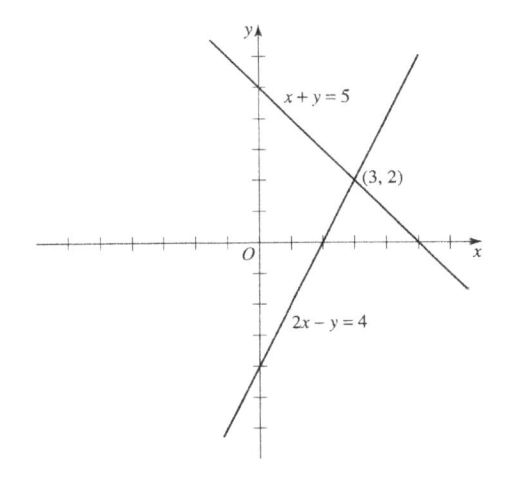

Figura 15-4

15.2 (1) $5x + 2y = 3$
(2) $2x + 3y = -1$

Solução

Para eliminar y, multiplique (1) por 3 e (2) por 2 e subtraia os resultados.

$$3 \times (1): 15x + 6y = 9$$
$$2 \times (2): 4x + 6y = -2$$
$$\text{Subtração:} \quad 11x = 11 \quad \text{ou} \quad x = 1.$$

Agora coloque $x = 1$ em (1) ou (2) e obtenha $y = -1$. A solução simultânea é $(1, -1)$.

15.3 (1) $2x + 3y = 3$
(2) $6y - 6x = 1$

Solução

Reorganizando (2),

(1) $2x + 3y = 3$
(2) $-6x + 6y = 1$

Para cancelar x, multiplique (1) por 3 e adicione o resultado a (2) para obter

$$3 \times (1): \quad 6x + 9y = 9$$
$$(2): \quad -6x + 6y = 1$$
$$15y = 10 \quad \text{ou} \quad y = 2/3.$$

Agora substitua $y = 2/3$ em (1) ou (2) e obtenha $x = 1/2$. A solução é (1/2, 2/3).

15.4 (1) $5y = 3 - 2x$
(2) $3x = 2y + 1$

Solução

Resolva por substituição.

Por (1), $$y = \frac{3 - 2x}{5}.$$

Coloque este valor em (2) e obtenha

$$3x = 2\left(\frac{3 - 2x}{5}\right) + 1 \quad \text{ou} \quad x = \frac{11}{19}.$$

Então, $$y = \frac{3 - 2x}{5} = \frac{3 - 2(11/19)}{5} = \frac{7}{19}$$

e a solução é $\left(\dfrac{11}{19}, \dfrac{7}{19}\right)$.

15.5 (1) $\dfrac{x - 2}{3} + \dfrac{y + 1}{6} = 2$
(2) $\dfrac{x + 3}{4} - \dfrac{2y - 1}{2} = 1$

Solução

Para eliminar frações, multiplique (1) por 6 e (2) por 4 e simplifique, para obter

$(1_1)\ 2x + y = 15$
$(2_1)\ x - 4y = -1$

Resolvendo, encontramos

$$x = \frac{59}{9}, \quad y = \frac{17}{9} \quad \text{e a solução é} \quad \left(\frac{59}{9}, \frac{17}{9}\right).$$

15.6 (1) $x - 3y = 2a$
(2) $2x + y = 5a$

Solução

Para cancelar x, multiplique (1) por 2 e subtraia (2); então $y = a/7$.
Para eliminar y, multiplique (2) por 3 e adicione a (1); então $x = 17a/7$.

A solução é $\left(\dfrac{17a}{7}, \dfrac{a}{7}\right)$.

15.7 (1) $3u + 2v = 7r + s$
(2) $2u - v = 3s$

Resolva para u e v em termos de r e s.

Solução

Para eliminar v, multiplique (2) por 2 e adicione a (1); então $7u = 7r + 7s$ ou $u = r + s$.
Para cancelar u, multiplique (1) por 2, (2) por -3 e adicione os resultados; portanto $v = 2r - s$.
A solução é $(r + s, 2r - s)$.

15.8 (1) $ax + by = 2a^2 - 3b^2$
(2) $x + 2y = 2a - 6b$

Solução

Multiplique (2) por a e subtraia de (1); logo $by - 2ay = 6ab - 3b^2$, $y(b - 2a) = 3b(2a - b)$, e

$$y = \frac{3b(2a - b)}{(b - 2a)} = \frac{-3b(b - 2a)}{b - 2a} = -3b, \text{ desde que } b - 2a \neq 0.$$

Analogamente, obtemos $x = 2a$ desde que $b - 2a \neq 0$.
Verificação: (1) $a(2a) + b(-3b) = 2a^2 - 3b^2$, (2) $2a + 2(-3b) = 2a - 6b$.
Nota. Se $b - 2a = 0$ ou $b = 2a$, as equações dadas ficam

$$(1_1)\ ax + 2ay = -10a^2$$
$$(2_1)\ x + 2y = -10a$$

que são dependentes, uma vez que (1_1) pode ser obtida multiplicando (2_1) por a. Assim, caso $b = 2a$, o sistema possui um número infinito de soluções, i.e., quaisquer valores de x e y que satisfaçam $x + 2y = -10a$.

15.9 A soma de dois números é 28 e sua diferença é 12. Encontre os números.

Solução

Sejam x e y os dois números. Então (1) $x + y = 28$ e (2) $x - y = 12$.
Adicione (1) a (2) para obter $2x = 40$, $x = 20$. Subtraia (2) de (1) para obter $2y = 16$, $y = 8$.
Nota. É claro que este problema pode ser facilmente resolvido utilizando-se uma variável. Denotando os números n e $28 - n$. Então $n - (28 - n) = 12$ ou $n = 20$ e $28 - n = 8$.

15.10 Se o numerador de uma certa fração é acrescido de 2 unidades e o denominador diminuído por 1, a fração resultante é igual a 1/2. Entretanto, caso o numerador aumente 1 unidade e o denominador diminua por 2, a fração resultante é igual a 3/5. Encontre a fração.

Solução

Denotando $x = $ o numerador, $y = $ o denominador e $x/y = $ a fração procurada. Então,

$$(1)\ \frac{x+2}{y+1} = \frac{1}{2} \quad \text{ou} \quad 2x - y = -3 \quad \text{e} \quad (2)\ \frac{x+1}{y-2} = \frac{3}{5} \quad \text{ou} \quad 5x - 3y = -11.$$

Resolva (1) e (2) simultaneamente e obtenha $x = 2$, $y = 7$. A fração requerida é 2/7.

15.11 Dois anos atrás, um homem era seis vezes mais velho que sua filha. Em 18 anos ele terá o dobro da idade dela. Determine suas idades atuais.

Solução

Sejam $x = $ a idade atual do pai em anos e $y = $ a idade atual da filha em anos.

Equação para a condição há 2 anos: (1) $(x - 2) = 6(y - 2)$.
Equação para a condição daqui a 18 anos: (2) $(x + 18) = 2(y + 18)$.

Resolva (1) e (2) para obter a solução simultânea $x = 32$, $y = 7$.

15.12 Encontre o número de dois dígitos satisfazendo as duas condições a seguir. (1) Quatro vezes o dígito das unidades é 6 a menos que o dobro do dígito das dezenas. (2) O número é nove a menos que três vezes o número obtido trocando os dígitos.

Solução

Definindo $t = $ o dígito das dezenas e $u = $ o dígito das unidades.
O número procurado é $= 10t + u$; trocando os dígitos, o novo número é $= 10u + t$. Portanto

$$(1)\ 4u = 2t - 6 \quad \text{e} \quad (2)\ 10t + u = 3(10u + t) - 9.$$

Resolvendo (1) e (2) simultaneamente, $t = 7$, $u = 2$ e o número requerido é 72.

15.13 Cinco mesas e oito cadeiras custam \$115,00; três mesas e cinco cadeiras custam \$70,00. Determine o custo de cada mesa e cada cadeira.

Solução

Sejam $x = $ o custo de uma mesa e $y = $ o custo de uma cadeira. Então

$$(1)\ 5x + 8y = \$115 \quad \text{e} \quad (2)\ 3x + 5y = \$70.$$

Resolva (1) e (2), obtendo a solução simultânea $x = \$15$, $y = \$5$.

15.14 Um comerciante vende todo seu estoque de camisas e gravatas por \$1000,00, as camisas pelo preço de 3 por \$10,00 e as gravatas custando \$2,00 cada. Se ele tivesse vendido apenas 1/2 das camisetas e 2/3 das gravatas ele teria recebido \$600,00. Quantas de cada ele vendeu?

Solução

Denotando $s = $ o número de camisas vendidas, $t = $ o número de gravatas vendidas. Assim,

$$(1)\ \frac{10}{3}s + 2t = 1000 \quad \text{e} \quad (2)\ \frac{10}{3}\left(\frac{1}{2}s\right) + 2\left(\frac{2}{3}t\right) = 600.$$

Resolvendo (1) e (2) simultaneamente, $s = 120$, $t = 300$.

15.15 Um investidor tem uma renda anual de \$1100,00 por aplicações a 4% e 5%. Se as quantias a 4% e 5% fossem trocadas ele receberia \$50,00 a mais por ano. Encontre a soma total investida.

Solução

Sejam $x = $ a quantidade investida a 4% e $y = $ a quantidade a 5%. Então

$$(1)\ 0{,}04x + 0{,}05y = 1100 \quad \text{e} \quad (2)\ 0{,}05x + 0{,}04y = 1150.$$

Resolvendo (1) e (2) obtemos $x = \$15\ 000$, $y = \$10\ 000$, e sua soma é \$25 000.

15.16 O tanque A contém uma mistura com 10 galões de água e 5 galões de álcool puro. O tanque B possui 12 galões de água e 3 galões de álcool. Quantos galões de cada devem ser pegos e combinados para se obter uma solução com 8 galões contendo 25% de álcool por volume?

Solução

Em 8 galões da mistura procurada estão 0,25(8) = 2 galões de álcool.

Definindo x, y os volumes retirados dos tanques A e B, respectivamente; então (1) $x + y = 8$.

A fração de álcool no tanque $A = \dfrac{5}{10+5} = \dfrac{1}{3}$ e no tanque $B = \dfrac{3}{12+3} = \dfrac{1}{5}$.

Assim, em x galões de A existem $x/3$ galões de álcool e em y galões de B há $y/5$ galões de álcool; Portanto, (2) $x/3 + y/5 = 2$.

Resolvendo (1) e (2) simultaneamente, $x = 3$ galões, $y = 5$ galões.

Método alternativo, utilizando apenas uma variável. Sejam $x =$ o volume retirado do tanque A e $8 - x =$ o volume pego do tanque B.

Então $\frac{1}{3}x + \frac{1}{5}(8-x) = 2$ de onde $x = 3$ galões, $8 - x = 5$ galões.

15.17 Certa liga contém 20% de cobre e 5% de estanho. Quantas libras de cobre e estanho devem ser fundidas com 100 lb da liga dada para produzir outra liga possuindo 30% de cobre e 10% de estanho? As porcentagens referem-se ao peso.

Solução

Denote $x, y =$ os números de libras de cobre e estanho a serem adicionados, respectivamente.

Em 100 lb da liga dada há 20 lb de cobre e 5 lb de estanho. Então, na nova liga,

fração de cobre $= \dfrac{\text{libras de cobre}}{\text{libras da liga}}$ ou (1) $0,30 = \dfrac{20 + x}{100 + x + y}$

fração de estanho $= \dfrac{\text{libras de estanho}}{\text{libras da liga}}$ ou (2) $0,10 = \dfrac{5 + y}{100 + x + y}$.

A solução simultânea de (1) e (2) é $x = 17,5$ lb de cobre e $y = 7,5$ lb de estanho.

15.18 Determine a velocidade de uma remadora em águas paradas e a velocidade da correnteza do rio, sabendo que ela demora 2 horas para remar 9 milhas a favor da correnteza e 6 horas para retornar contra a correnteza.

Solução

Sejam $x =$ a velocidade da remadora em água parada e $y =$ a velocidade da correnteza.

A favor da correnteza: $2h \times (x+y)$mi/h $= 9$mi ou (1) $2x + 2y = 9$.
Contra a correnteza: $6h \times (x-y)$mi/h $= 9$mi ou (2) $6x - 6y = 9$.

Resolvendo (1) e (2), obtemos $x = 3$mi/h, $y = 3/2$ mi/h.

15.19 Duas partículas movem-se a velocidades distintas, porém constantes, ao redor de um círculo de circunferência 276 pés. Começando ao mesmo instante na mesma posição, quando elas se movem em direções contrárias, ultrapassam uma à outra a cada 6 segundos, e quando se movem na mesma direção as ultrapassagens ocorrem a cada 23 segundos. Determine suas velocidades.

Solução

Denotando $x, y =$ suas respectivas velocidades em pés/s.

Direções opostas: $6s \times (x+y)$ pés/s $= 276$ ou (1) $6x + 6y = 276$.
Mesma direção: $23s \times (x-y)$ pés/s $= 276$ ou (2) $23x - 23y = 276$.

A solução simultânea de (1) e (2) é $x = 29$ pés/s, $y = 17$ pés/s.

15.20 A temperatura em Fahrenheit = m(temperatura em Celsius) + n, ou $F = mC + n$, onde m e n são constantes. À pressão de uma atmosfera, o ponto de ebulição da água é 212°F ou 100°C, e o ponto de congelamento da água é 32°F ou 0°C. (*a*) Encontre m e n. (*b*) Qual temperatura Fahrenheit corresponde a −273°C, a menor temperatura atingível?

Solução

(*a*) (1) $212 = m(100) + n$ e (2) $32 = m(0) + n$. Resolvendo, $m = 9/5, n = 32$.

(b) $F = \frac{9}{5}C + 32 = \frac{9}{5}(-273) + 32 = -491,4 + 32 = -459°F$, até o grau mais próximo.

15.21 Resolva os seguintes sistemas.

(1) $2x - y + z = 3$
(2) $x + 3y - 2z = 11$
(3) $3x - 2y + 4z = 1$

Solução

Para eliminar y entre (1) e (2) multiplique (1) por 3 e adicione a (2) para obter

$$(1_1)\ 7x + z = 20.$$

Para eliminar y entre (2) e (3) multiplique (2) por 2, (3) por 3 e adicione os resultados para obter

$$(2_1)\ 11x + 8z = 25.$$

Resolvendo (1_1) e (2_1), simultaneamente, encontramos $x = 3, z = -1$. Substituindo estes valores em qualquer uma das equações dadas, encontramos $y = 2$.

Assim, a solução é $(3, 2, -1)$.

15.22 (1) $\dfrac{x}{3} + \dfrac{y}{2} - \dfrac{z}{4} = 2$, (2) $\dfrac{x}{4} + \dfrac{y}{3} - \dfrac{z}{2} = \dfrac{1}{6}$, (3) $\dfrac{x}{2} - \dfrac{y}{4} + \dfrac{z}{3} = \dfrac{23}{6}$.

Solução

Para remover as frações, multiplique as equações por 12, obtendo o sistema

$$(1_1)\ 4x + 6y - 3z = 24$$
$$(2_1)\ 3x + 4y - 6z = 2$$
$$(3_1)\ 6x - 3y + 4z = 46.$$

Para eliminar x entre (1_1) e (2_1), multiplique (1_1) por 3, (2_1) por −4 e adicione os resultados para obter

$$(1_2)\ 2y + 15z = 64.$$

Para eliminar x das equações (2_1) e (3_1), multiplique (2_1) por 2 e subtraia (3_1), obtendo

$$(2_2)\ 11y - 16z = -42.$$

A solução simultânea de (1_2) e (2_2) é $y = 2, z = 4$. Substituindo estes valores de y e z em qualquer uma das equações dadas, encontramos $x = 6$.

Logo, a solução simultânea das três equações dadas é $(6, 2, 4)$.

15.23 (1) $\dfrac{1}{x} - \dfrac{2}{y} - \dfrac{2}{z} = 0$, (2) $\dfrac{2}{x} + \dfrac{3}{y} + \dfrac{1}{z} = 1$, (3) $\dfrac{3}{x} - \dfrac{1}{y} - \dfrac{3}{z} = 3$.

Solução

Defina $\dfrac{1}{x} = u$, $\dfrac{1}{y} = v$, $\dfrac{1}{z} = w$

de maneira que as três equações dadas podem ser escritas como

$$(1_1)\ u - 2v - 2w = 0$$
$$(2_1)\ 2u + 3v + w = 1$$
$$(3_1)\ 3u - v - 3w = 3$$

de onde encontramos $u = -2, v = 3, w = -4$.

Portanto, $\dfrac{1}{x} = -2$ ou $x = -1/2$, $\quad \dfrac{1}{y} = 3$ ou $y = 1/3$, $\quad \dfrac{1}{z} = -4$ ou $z = -1/4$.

A solução é $(-1/2, 1/3, -1/4)$.

Verificação: (1) $\dfrac{1}{-1/2} - \dfrac{2}{1/3} - \dfrac{2}{-1/4} = 0$, $\quad$ (2) $\dfrac{2}{-1/2} + \dfrac{3}{1/3} + \dfrac{1}{-1/4} = 1$, $\quad$ (3) $\dfrac{3}{-1/2} - \dfrac{1}{1/3} - \dfrac{3}{-1/4} = 3$.

15.24 (1) $3x + y - z = 4$, $\quad$ (2) $x + y + 4z = 3$, $\quad$ (3) $9x + 5y + 10z = 8$.

Solução

Subtraindo (2) de (1), obtemos $(1_1) 2x - 5z = 1$.

Multiplicando (2) por 5 e subtraindo (3), ficamos com $(2_1) -4x + 10z = 7$.

Mas (1_1) e (2_1) são inconsistentes, uma vez que (1_1) multiplicado por -2 resulta em $-4x + 10z = -2$, contradizendo assim (2_1). Isto indica que o sistema original é inconsistente, portanto não possui solução simultânea.

15.25 A e B trabalhando juntos realizam um serviço em 4 dias, B e C juntos podem completar o trabalho em 3 dias e A e C concluem o trabalho em 2,4 dias. Em quantos dias cada um consegue terminar trabalhando sozinho?

Solução

Sejam a, b, c = os números de dias necessários para cada um concluir o trabalho sozinho, respectivamente. Então $1/a$, $1/b$, $1/c$ = as frações de trabalho realizadas por eles em 1 dia. Logo,

(1) $\dfrac{1}{a} + \dfrac{1}{b} = \dfrac{1}{4}$, $\quad$ (2) $\dfrac{1}{b} + \dfrac{1}{c} = \dfrac{1}{3}$, $\quad$ (3) $\dfrac{1}{a} + \dfrac{1}{c} = \dfrac{1}{2,4}$.

Resolvendo (1), (2) e (3), simultaneamente, encontramos $a = 6, b = 12, c = 4$ dias.

Problemas Complementares

15.26 Resolva cada par de equações simultâneas pelos métodos indicados.

(a) $\begin{cases} 2x - 3y = 7 \\ 3x + y = 5 \end{cases}$ Resolva (1) por adição e (2) por substituição.

(b) $\begin{cases} 3x - y = -6 \\ 2x + 3y = 7 \end{cases}$ Resolva (1) graficamente e (2) por adição ou subtração.

(c) $\begin{cases} 4x + 2y = 5 \\ 5x - 3y = -2 \end{cases}$ Resolva (1) graficamente, (2) por adição ou subtração e (3) por substituição.

15.27 Solucione cada par de equações simultâneas por qualquer método.

(a) $\begin{cases} 2x - 5y = 10 \\ 4x + 3y = 7 \end{cases}$
(e) $\begin{cases} 2x - 3y = 9t \\ 4x - y = 8t \end{cases}$

(b) $\begin{cases} 2y - x = 1 \\ 2x + y = 8 \end{cases}$
(f) $\begin{cases} 2x + y + 1 = 0 \\ 3x - 2y + 5 = 0 \end{cases}$

(c) $\begin{cases} \dfrac{2x}{3} + \dfrac{y}{5} = 6 \\ \dfrac{x}{6} - \dfrac{y}{2} = -4 \end{cases}$
(g) $\begin{cases} 2u - v = -5s \\ 3u + 2v = 7r - 4s \end{cases}$ Encontre u e v em termos de r e s.

(h) $\begin{cases} 5/x - 3/y = 1 \\ 2/x + 1/y = 7 \end{cases}$

(d) $\begin{cases} \dfrac{2x-1}{3} + \dfrac{y+2}{4} = 4 \\ \dfrac{x+3}{2} - \dfrac{x-y}{3} = 3 \end{cases}$
(i) $\begin{cases} ax - by = a^2 + b^2 \\ 2bx - ay = 2b^2 + 3ab - a^2 \end{cases}$ Encontre x e y em termos de a e b.

15.28 Indique quais dos seguintes sistemas são (1) consistentes, (2) dependentes e (3) inconsistentes.

(a) $\begin{cases} x + 3y = 4 \\ 2x - y = 1 \end{cases}$
(c) $\begin{cases} 3x = 2y + 3 \\ x - 2y/3 = 1 \end{cases}$
(e) $\begin{cases} 2x - y = 1 \\ 2y - x = 1 \end{cases}$

(b) $\begin{cases} 2x - y = 5 \\ 2y = 7 + 4x \end{cases}$
(d) $\begin{cases} (x+3)/4 = (2y-1)/6 \\ 3x - 4y = 2 \end{cases}$
(f) $\begin{cases} (x+2)/4 - (y-2)/12 = 5/4 \\ y = 3x - 7 \end{cases}$

15.29 (a) Quando o primeiro de dois números é adicionado ao dobro do segundo, o resultado é 21, mas quando o segundo número é adicionado ao dobro do primeiro, o resultado é 18. Encontre os dois números.

(b) Se o numerador e o denominador de uma certa fração são ambos aumentados por 3, a fração resultante fica igual a 2/3. Se, contudo, o numerador e o denominador forem ambos decrescidos por 2, a fração resultante fica igual a 1/2. Determine a fração.

(c) O dobro da soma de dois números excede três vezes sua diferença por 8, enquanto a metade da sua soma é um a mais que sua diferença. Quais são os números?

(d) Se três vezes o maior entre dois números for dividido pelo menor, o quociente é 6 e o resto é 6. Se cinco vezes o menor for dividido pelo menor, o quociente é 2 e o resto 3. Encontre os números.

15.30 (a) Seis anos atrás, Pedro era quatro vezes mais velho que Maria. Em quatro anos ele terá o dobro da idade dela. Quais são suas idades agora?

(b) A é onze vezes mais velho que B. Em um certo número de anos, A será cinco vezes mais velho que B e cinco anos depois disto ele terá três vezes a idade de B. Quais são suas idades atuais?

15.31 (a) Três vezes o dígito das dezenas de um certo número de dois dígitos é dois a mais que quatro vezes o dígito das unidades. A diferença entre o número dado e o número obtido trocando-se os dois dígitos é dois a menos que o dobro da soma dos dígitos. Determine o número.

(b) Quando um certo número de dois dígitos é dividido pelo número obtido trocando-se os dígitos, o quociente é 2 e o resto é 7. Caso o número seja dividido pela soma de seus dígitos, o quociente é 7 e o resto 6. Encontre o número.

15.32 (a) Duas libras de café e 3 libras de manteiga custam $4,20. Um mês depois, o preço do café subiu 10% e o da manteiga 20%, fazendo o custo total da mesma quantia $4,86. Determine o custo original de uma libra de cada.

(b) Se 3 galões de óleo Grau A são misturados com 7 galões de óleo Grau B, a mistura resultante custa 43¢/galão. Entretanto, se 3 galões de óleo Grau A são misturados com 2 galões de óleo Grau B, a mistura resultante custa 46¢/galão. Determine o preço por galão de cada grau.

(c) Um investidor possui renda anual de $116,00 de títulos a 3% e 5% de juros. Então ele compra 25% a mais de títulos a 3% e 40% a mais de títulos a 5%, aumentando assim sua renda anual em $41,00. Encontre seu investimento inicial em cada tipo de título.

15.33 (a) O tanque A contém 32 galões de uma solução que possui 25% de álcool por volume. O tanque B tem 50 galões de uma solução que possui 40% de álcool por volume. Qual volume deve ser retirado de cada tanque e combinado para se produzir 40 galões de uma solução contendo 30% de álcool por volume?

(b) O tanque A retém 40 galões de uma solução salina contendo 80 lb de sal dissolvido. O tanque B contém 120 galões de uma solução com 60 lb de sal dissolvido. Qual volume deve ser retirado de cada tanque e combinado para se fazer 30 galões de uma solução com concentração salina de 1,5 lb/gal?

(c) Certa liga contém 10% de zinco e 20% de cobre. Quantas libras de zinco e cobre devem ser fundidas com 1000 lb da liga dada para produzir outra contendo 20% de zinco e 24% de cobre? As porcentagens são referentes ao peso.

(d) Uma liga pesando 600 lb é composta de 100 lb de cobre e 50 lb de estanho. Outra pesando 1000 lb é composta de 300 lb de cobre e 150 lb de estanho. Quais pesos de cobre e estanho devem ser fundidos com as duas ligas dadas para produzir uma terceira liga contendo 32% de cobre e 28% de estanho? As porcentagens referem-se aos pesos.

15.34 (a) Determine a velocidade de uma lancha em águas paradas e a velocidade da correnteza do rio sabendo que leva 3 horas para viajar uma distância de 45 milhas rio acima e 2 horas para viajar 50 milhas rio abaixo.

(b) Quando dois carros correm ao redor de uma pista circular começando no mesmo ponto e ao mesmo instante, eles passam um pelo outro a cada 18 segundos deslocando-se em direções opostas e a cada 90 segundos movendo-se na mesma direção. Encontre suas velocidades em mi/h.

(c) Um passageiro na frente do trem A observa que ele passa por todo o comprimento do trem B em 33 segundos viajando na mesma direção que B e em 3 segundos viajando na direção oposta. Se B possui 330 pés de comprimento, encontre as velocidades dos dois trens.

15.35 Resolva os seguintes sistemas de equações.

(a) $\begin{cases} 2x - y + 2z = -8 \\ x + 2y - 3z = 9 \\ 3x - y - 4z = 3 \end{cases}$
(c) $\begin{cases} \dfrac{x}{3} + \dfrac{y}{2} - z = 7 \\ \dfrac{x}{4} - \dfrac{3y}{2} + \dfrac{z}{2} = -6 \\ \dfrac{x}{6} - \dfrac{y}{4} - \dfrac{z}{3} = 1 \end{cases}$
(d) $\begin{cases} \dfrac{1}{x} + \dfrac{1}{y} + \dfrac{1}{z} = 5 \\ \dfrac{2}{x} - \dfrac{3}{y} - \dfrac{4}{z} = -11 \\ \dfrac{3}{x} + \dfrac{2}{y} - \dfrac{1}{z} = -6 \end{cases}$

(b) $\begin{cases} x = y - 2z \\ 2y = x + 3z + 1 \\ z = 2y - 2x - 3 \end{cases}$

15.36 Indique quais dos sistemas são (1) consistentes, (2) dependentes e (3) inconsistentes.

(a) $\begin{cases} x + y - z = 2 \\ x - 3y + 2z = 1 \\ 3x - 5y + 3z = 4 \end{cases}$
(b) $\begin{cases} 2x - y + z = 1 \\ x + 2y - 3z = -2 \\ 3x - 4y + 5z = 1 \end{cases}$
(c) $\begin{cases} x + y + 2z = 3 \\ 3x - y + z = 1 \\ 2x + 3y - 4z = 8 \end{cases}$

15.37 O primeiro de três números ultrapassa o terceiro pela metade do segundo. A soma do segundo com o terceiro número é um a mais que o primeiro. Se o segundo número for subtraído da soma do primeiro com o terceiro o resultado é 5. Determine os números.

15.38 Quando um certo número de três dígitos é dividido pelo número que tem os mesmos dígitos em ordem contrária, o quociente é 2 e o resto 25. O dígito das dezenas é um a menos que o dobro da soma do dígito das centenas com o das unidades. Se o dígito das unidades for subtraído do dígito das dezenas, o resultado é o dobro do dígito das centenas. Encontre o número.

Respostas dos Problemas Complementares

15.26 (a) $x = 2, y = -1$ (b) $x = -1, y = 3$ (c) $x = 1/2, y = 3/2$

15.27 (a) $x = 5/2, y = -1$ (d) $x = 5, y = 2$ (g) $u = r - 2s, v = 2r + s$

(b) $x = 3, y = 2$ (e) $x = 3t/2, y = -2t$,   (h) $x = 1/2, y = 1/3$

(c) $x = 6, y = 10$ (f) $x = -1, y = 1$ (i) $x = a + b, y = a - b$ se $a^2 \neq 2b^2$

15.28 (a) Consistente (c) Dependente (e) Consistente
(b) Inconsistente (d) Inconsistente (f) Dependente

15.29 (a) 5, 8 (b) 7/12 (c) 7, 3 (d) 16, 7

15.30 (a) Maria 11 anos, Pedro 26 anos (b) A tem 22 anos, B tem 2 anos.

15.31 (a) 64 (b) 83

15.32 (a) Café 90¢/lb, manteiga 80¢/lb (b) Grau A 50¢/gal, Grau B 40¢/gal
(c) $1200,00 a 3%, $1600 a 5%

15.33 (a) 26 2/3 gal de A (b) 20 gal de A (c) 150 lb de zinco (d) 400 lb de cobre
13 1/3 gal de B 10 gal de B 100 lb de cobre 500 lb de estanho

15.34 (a) Lancha a 20 mi/h, correnteza 5 mi/h (b) 120 mi/h, 80 mi/h (c) 60 pés/s, 50 pés/s

15.35 (a) $x = -1, y = 2, z = -2$ (c) $x = 6, y = 4, z = -3$
(b) $x = 0, y = 2, z = 1$ (d) $x = 1/2, y = -1/3, z = 1/6$

15.36 (a) Dependente (b) Inconsistente (c) Consistente

15.37 4, 2, 3

15.38 371

Capítulo 16

Equações Quadráticas a Uma Variável

16.1 EQUAÇÕES QUADRÁTICAS

Uma equação quadrática na variável x tem a forma $ax^2 + bx + c = 0$, onde a, b e c são constantes e $a \neq 0$.

Assim, $x^2 - 6x + 5 = 0$, $2x^2 + x - 6 = 0$, $x^2 + 3x = 0$, e $3x^2 - 5 = 0$ são equações quadráticas a uma variável. As duas últimas equações podem ser divididas por 2 e 4, respectivamente, para obtermos $x^2 + \frac{1}{2}x - 3 = 0$ e $x^2 - \frac{5}{3} = 0$, onde os coeficientes em x^2 é 1 nos dois casos.

Uma equação quadrática incompleta é aquela na qual $b = 0$ ou $c = 0$, por exemplo, $4x^2 - 5 = 0$, $7x^2 - 2x = 0$ e $3x^2 = 0$.

Resolver uma equação quadrática $ax^2 + bx + c = 0$ é encontrar valores de x que satisfaçam a equação. Estes valores de x são chamados de *zeros* ou *raízes* da equação.

16.2 MÉTODOS DE RESOLUÇÃO DE EQUAÇÕES QUADRÁTICAS

A. Solução por raiz quadrada

Exemplos 16.1 Resolva cada equação quadrática para x.

(a) $x^2 - 4 = 0$ (b) $2x^2 - 21 = 0$ (c) $x^2 + 9 = 0$

(a) $x^2 - 4 = 0$. Então, $x^2 = 4$, $x = \pm 2$ e as raízes são $x = 2, -2$.
(b) $2x^2 - 21 = 0$. Logo, $x^2 = 21/2$ e as raízes são $x = \pm\sqrt{21/2} = \pm\frac{1}{2}\sqrt{42}$.
(c) $x^2 + 9 = 0$. Portanto, $x^2 = -9$ e as raízes são $x = \pm\sqrt{-9} = \pm 3i$.

B. Solução por fatoração

Exemplos 16.2 Solucione cada equação quadrática para x.

(a) $7x^2 - 5x = 0$ (b) $x^2 - 5x + 6 = 0$ (c) $3x^2 + 2x - 5 = 0$ (d) $x^2 - 4x + 4 = 0$

(a) $7x^2 - 5x = 0$ pode ser escrito como $x(7x - 5) = 0$. Uma vez que o produto de dois fatores é zero, igualamos cada fator a 0 e resolvemos as equações lineares resultantes, $x = 0$ e $7x - 5 = 0$. Logo, $x = 0$ e $x = 5/7$ são as raízes da equação.

(b) $x^2 - 5x + 6 = 0$ pode ser escrita na forma $(x - 3)(x - 2) = 0$. Já que o produto é igual a 0, igualamos cada fator a 0 e resolvemos as equações lineares resultantes, $x - 3 = 0$ e $x - 2 = 0$. Então $x = 3$ e $x = 2$ são as raízes da equação.

(c) Podemos escrever $3x^2 + 2x - 5 = 0$ da maneira $(3x + 5)(x - 1) = 0$. Assim, $3x + 5 = 0$ ou $x - 1 = 0$ e as raízes da equação são $x = -5/3$ e $x = 1$.

(d) $x^2 - 4x + 4 = 0$ pode ser escrita como $(x - 2)(x - 2) = 0$. Portanto, x $-$ 2 = 0 e a equação tem uma raiz dupla $x = 2$.

C. Solução por completamento de quadrado

Exemplo 16.3 Solucione $x^2 - 6x - 2 = 0$.

Escreva as variáveis em um lado e o termo constante no outro; então

$$x^2 - 6x = 2.$$

Adicione 9 a ambos os lados, tornando assim o lado esquerdo um quadrado perfeito; logo

$$x^2 - 6x + 9 = 2 + 9 \text{ ou } (x - 3)^2 = 11.$$

Portanto, $x - 3 = \pm \sqrt{11}$ e as raízes procuradas são $x = 3 \pm \sqrt{11}$.

Nota. No método de completamento de quadrado (1) o coeficiente do termo x^2 deve ser 1 e (2) o número adicionado aos dois lados é o quadrado da metade do coeficiente de x.

Exemplo 16.4 Solucione $3x^2 - 5x + 1 = 0$.

Dividindo por 3, $\qquad x^2 - \dfrac{5x}{3} = -\dfrac{1}{3}.$

Adicionando $\left[\dfrac{1}{2}\left(-\dfrac{5}{3}\right)\right]^2 = \dfrac{25}{36}$ aos dois lados,

$$x^2 - \frac{5}{3}x + \frac{25}{36} = -\frac{1}{3} + \frac{25}{36} = \frac{13}{36}, \qquad \left(x - \frac{5}{6}\right)^2 = \frac{13}{36},$$

$$x - \frac{5}{6} = \pm \frac{\sqrt{13}}{6} \qquad \text{e} \qquad x = \frac{5}{6} \pm \frac{\sqrt{13}}{6}.$$

D. Solução pela fórmula quadrática.

As soluções da equação quadrática $ax^2 + bx + c = 0$ são dadas pela fórmula

$$x = \frac{-b \pm \sqrt{b^2 - 4ac}}{2a}$$

onde $b^2 - 4ac$ é denominado o *discriminante* da equação quadrática.

Para uma demonstração da fórmula quadrática veja o Problema 16.5.

Exemplo 16.5 Solucione $3x^2 - 5x + 1 = 0$. Aqui $a = 3$, $b = -5$, $c = 1$ de maneira que

$$x = \frac{-(-5) \pm \sqrt{(-5)^2 - 4(3)(1)}}{2(3)} = \frac{5 \pm \sqrt{13}}{6} \qquad \text{como no Exemplo 16.4.}$$

Exemplo 16.6 Solucione $4x^2 - 6x + 3 = 0$.

Aqui $a = 4$, $b = -6$ e $c = 3$.

$$x = \frac{-(-6) \pm \sqrt{(-6)^2 - 4(4)(3)}}{2(4)} = \frac{6 \pm \sqrt{-12}}{8} = \frac{6 \pm 2i\sqrt{3}}{8} = \frac{2(3 \pm i\sqrt{3})}{8}$$

$$x = \frac{3 \pm i\sqrt{3}}{4}$$

E. Solução gráfica

As raízes reais, ou zeros, de $ax^2 + bx + c = 0$ são os valores de x correspondentes a $y = 0$ no gráfico da parábola $y = ax^2 + bx + c$. Assim, as soluções são as abscissas dos pontos onde a parábola intersecta o eixo x. Se o gráfico não intersecta o eixo x, as raízes não são reais.

16.3 SOMA E PRODUTO DAS RAÍZES

A soma S e o produto P das raízes da equação quadrática $ax^2 + bx + c = 0$ são dados por $S = -b/a$ e $P = c/a$.

Assim, em $2x^2 + 7x - 6 = 0$ temos $a = 2$, $b = 7$, $c = -6$ de modo que $S = -7/2$ e $P = -6/2 = -3$.

Segue que uma equação quadrática cujas raízes são r_1, r_2 é dada por $x^2 - Sx + P = 0$, onde $S = r_1 + r_2$ e $P = r_1 r_2$. Portanto, uma equação quadrática cujas raízes são $x = 2$ e $x = -5$ é $x^2 - (2 - 5)x + 2(-5) = 0$ ou $x^2 + 3x - 10 = 0$.

16.4 NATUREZA DAS RAÍZES

A natureza das raízes da equação quadrática $ax^2 + bx + c = 0$ é determinada pelo discriminante $b^2 - 4ac$. Quando as raízes envolvem a unidade imaginária i, dizemos que elas não são reais.

Supondo que a, b e c são *números reais*, então

(1) se $b^2 - 4ac > 0$, as raízes são *reais* e *distintas*,
(2) se $b^2 - 4ac = 0$, as raízes são *reais* e *iguais*,
(3) se $b^2 - 4ac < 0$, as raízes *não são reais*.

Supondo que a, b e c são *números racionais*, então

(1) se $b^2 - 4ac$ é um quadrado perfeito $\neq 0$, as raízes são reais, racionais e distintas,
(2) se $b^2 - 4ac = 0$, as raízes são reais, racionais e iguais,
(3) se $b^2 - 4ac > 0$ mas não é um quadrado perfeito, as raízes são reais, irracionais e distintas,
(4) se $b^2 - 4ac < 0$, as raízes não são reais.

Assim, $2x^2 + 7x - 6 = 0$, com discriminante $b^2 - 4ac = 7^2 - 4(2)(-6) = 97$, tem raízes que são reais, irracionais e distintas.

16.5 EQUAÇÕES RADICAIS

Uma equação radical é uma equação com uma ou mais variáveis sob um radical.

Assim, $\sqrt{x+3} - \sqrt{x} = 1$ e $\sqrt[3]{y} = \sqrt{y-4}$ são equações radicais.

Para resolver uma equação radical, isole um dos termos radicais de um lado da equação e transponha todos os demais termos para o outro lado. Se os dois membros da equação forem elevados à mesma potência que o índice do radical isolado, o radical será removido. Este processo deve ser continuado até não haver mais radicais.

Exemplo 16.7 Solucione $\sqrt{x+3} - \sqrt{x} = 1$.

   Transpondo, $\sqrt{x+3} = \sqrt{x} + 1$.
   Elevando ao quadrado, $x + 3 = x + 2\sqrt{x} + 1$ ou $\sqrt{x} = 1$.
   Finalmente, elevando ao quadrado os dois lados de $\sqrt{x} = 1$ resulta em $x = 1$.
   Verificação. $\sqrt{1+3} - \sqrt{1} ? 1$, $2 - 1 = 1$.

É muito importante verificar os valores obtidos, pois este método frequentemente introduz raízes extrínsecas que devem ser descartadas.

16.6 EQUAÇÕES TIPO QUADRÁTICA

Uma equação de tipo quadrática tem a forma $az^{2n} + bz^n + c = 0$, onde $a \neq 0$, b, c e $n \neq 0$ são constantes e z depende de x. Fazendo $z^n = u$, esta equação se transforma em $au^2 + bu + c = 0$, que pode ser resolvida para u. Estes valores de u podem ser utilizados para se obter z, de onde é possível encontrar x.

Exemplo 16.8 Solucione $x^4 - 3x^2 - 10 = 0$.

Fazendo $u = x^2$ e substituindo	$u^2 - 3u - 10 = 0$
Fatorando	$(u - 5)(u - 2) = 0$
Resolvendo para u	$u = 5$ ou $u = -2$
Substituindo $x^2 = u$	$x^2 = 5$ ou $x^2 = -2$
Resolvendo para x	$x = \pm\sqrt{5}$ ou $x = \pm i\sqrt{2}$

Exemplo 16.9 Solucione $(2x - 1)^2 + 7(2x - 1) + 12 = 0$.

Definindo $u = 2x - 1$ e substituindo	$u^2 + 7u + 12 = 0$
Fatorando	$(u + 4)(u + 3) = 0$
Resolvendo para u	$u = -4$ ou $u = -3$
Substituindo $2x - 1 = u$	$2x - 1 = -4$ ou $2x - 1 = -3$
Resolvendo para x	$x = -3/2$ ou $x = -1$

Problemas Resolvidos

16.1 Solucione

(a) $x^2 - 16 = 0$ Então $x^2 = 16$, $x = \pm 4$.

(b) $4t^2 - 9 = 0$ Então $4t^2 = 9$, $t^2 = 9/4$, $t = \pm 3/2$.

(c) $3 - x^2 = 2x^2 + 1$ Então $3x^2 = 2$, $x^2 = 2/3$, $x \pm \sqrt{2/3} = \pm\frac{1}{3}\sqrt{6}$.

(d) $4x^2 + 9 = 0$ Então $x^2 = -9/4$, $x = \pm\sqrt{-9/4} = \pm\frac{3}{2}i$.

(e) $\dfrac{2x^2 - 1}{x - 3} = x + 3 + \dfrac{17}{x - 3}$.   Então $2x^2 - 1 = (x + 3)(x - 3) + 17$, $2x^2 - 1 = x^2 - 9 + 17$, $x^2 = 9$ e $x = \pm 3$.

Verificação. Se $x = 3$ for substituído na equação original, teremos divisão por zero que não é permitida. Portanto, $x = 3$ não é uma solução.

Caso $x = -3$, $\dfrac{2(-3)^2 - 1}{-3 - 3} ? -3 + 3 + \dfrac{17}{-3 - 3}$ ou $\dfrac{17}{-6} = \dfrac{17}{-6}$ de onde $x = -3$ é uma solução.

16.2 Resolva por fatoração.

(a) $x^2 + 5x - 6 = 0$, $\quad (x + 6)(x - 1) = 0$, $\quad x = -6, 1$.

(b) $t^2 = 4t$, $\quad t^2 - 4t = 0$, $\quad t(t - 4) = 0$, $\quad t = 0, 4$.

(c) $x^2 + 3x = 28$, $\quad x^2 + 3x - 28 = 0$, $\quad (x + 7)(x - 4) = 0$, $\quad x = -7, 4$.

(d) $5x - 2x^2 = 2$, $\quad 2x^2 - 5x + 2 = 0$, $\quad (2x - 1)(x - 2) = 0$, $\quad x = 1/2, 2$.

(e) $\dfrac{1}{t - 1} + \dfrac{1}{t - 4} = \dfrac{5}{4}$. $\quad$ Multiplicando por $4(t - 1)(t - 4)$,

$\quad 4(t - 4) + 4(t - 1) = 5(t - 1)(t - 4)$, $\quad 5t^2 - 33t + 40 = 0$, $\quad (t - 5)(5t - 8) = 0$, $\quad t = 5, 8/5$.

(f) $\dfrac{y}{2p} = \dfrac{3p}{6y - 5p}$, $\quad 6y^2 - 5py - 6p^2 = 0$, $\quad (3y + 2p)(2y - 3p) = 0$, $\quad y = -2p/3, 3p/2$.

16.3 Qual termo deve ser adicionado a cada uma das seguintes expressões para torná-las trinômios quadrados perfeitos?

(a) $x^2 - 2x$. $\quad$ Adicione $\left[\tfrac{1}{2}(\text{coeficiente de } x)\right]^2 = \left[\tfrac{1}{2}(-2)\right]^2 = 1$. $\quad$ *Verificação:* $x^2 - 2x + 1 = (x - 1)^2$.

(b) $x^2 + 4x$. $\quad$ Adicione $\left[\tfrac{1}{2}(\text{coeficiente de } x)\right]^2 = \left[\tfrac{1}{2}(4)\right]^2 = 4$. $\quad$ *Verificação:* $x^2 + 4x + 4 = (x + 2)^2$.

(c) $u^2 + \dfrac{5}{4}u$. $\quad$ Adicione $\left[\dfrac{1}{2}\left(\dfrac{5}{4}\right)\right]^2 = \dfrac{25}{64}$. $\quad$ *Verificação:* $u^2 + \dfrac{5}{4}u + \dfrac{25}{64} = \left(u + \dfrac{5}{8}\right)^2$.

(d) $x^4 + px^2$. $\quad$ Adicione $\left[\tfrac{1}{2}(p)\right]^2 = p^2/4$. $\quad$ *Verificação:* $x^4 + px^2 + p^2/4 = (x^2 + p/2)^2$.

16.4 Solucione por completamento de quadrado.

(a) $x^2 - 6x + 8 = 0$. Então $x^2 - 6x = -8$, $\quad x^2 - 6x + 9 = -8 + 9, (x - 3)^2 = 1$

Portanto, $x - 3 = \pm 1, x = 3 \pm 1$, e as raízes são $x = 4$ e $x = 2$.

Verificação: Para $x = 4, 4^2 - 6(4) + 8$? $0, 0 = 0$. Para $x = 2, 2^2 - 6(2) + 8$? $0, 0 = 0$.

(b) $t^2 = 4 - 3t$. Então $t^2 + 3t = 4$, $\quad t^2 + 3t + \left(\dfrac{3}{2}\right)^2 = 4 + \left(\dfrac{3}{2}\right)^2$, $\quad \left(t + \dfrac{3}{2}\right)^2 = \dfrac{25}{4}$.

Portanto, $t + \dfrac{3}{2} = \pm \dfrac{5}{2}$, $\quad t = -\dfrac{3}{2} \pm \dfrac{5}{2}$, e as raízes são $t = 1, -4$.

(c) $3x^2 + 8x + 5 = 0$. Então $x^2 + \dfrac{8}{3}x = -\dfrac{5}{3}$, $\quad x^2 + \dfrac{8}{3}x + \left(\dfrac{4}{3}\right)^2 = -\dfrac{5}{3} + \left(\dfrac{4}{3}\right)^2$, $\quad \left(x + \dfrac{4}{3}\right)^2 = \dfrac{1}{9}$.

Portanto, $x + \dfrac{4}{3} = \pm \dfrac{1}{3}$, $\quad x = -\dfrac{4}{3} \pm \dfrac{1}{3}$, e as raízes são $x = -1, -5/3$.

(d) $x^2 + 4x + 1 = 0$. Então $x^2 + 4x = -1, x^2 + 4x + 4 = 3, (x + 2)^2 = 3$.

Portanto, $x + 2 = \pm \sqrt{3}$, e as raízes são $x = -2 \pm \sqrt{3}$.

Verificação: Para $x = -2 + \sqrt{3}$, $(-2 + \sqrt{3})^2 + 4(-2 + \sqrt{3}) + 1 = (4 - 4\sqrt{3} + 3) - 8 + 4\sqrt{3} + 1 = 0$.

Para $x = -2 - \sqrt{3}$, $(-2 - \sqrt{3})^2 + 4(-2 - \sqrt{3}) + 1 = (4 + 4\sqrt{3} + 3) - 8 - 4\sqrt{3} + 1 = 0$.

(e) $5x^2 - 6x + 5 = 0$. Então $5x^2 - 6x = -5, x^2 - \dfrac{6x}{5} + \left(\dfrac{3}{5}\right)^2 = -1 + \left(\dfrac{3}{5}\right)^2$, $\quad \left(x - \dfrac{3}{5}\right)^2 = -\dfrac{16}{25}$.

Portanto, $x - 3/5 = \pm \sqrt{-16/25}$, e as raízes são $x = \dfrac{3}{5} \pm \dfrac{4}{5}i$.

16.5 Resolva a equação $ax^2 + bx + c = 0, a \neq 0$ pelo método de completamento de quadrado.

Solução

Dividindo os dois lados por a, $\quad x^2 + \dfrac{b}{a}x + \dfrac{c}{a} = 0 \quad$ ou $\quad x^2 + \dfrac{b}{a}x = -\dfrac{c}{a}$.

Adicionando $\left[\dfrac{1}{2}\left(\dfrac{b}{a}\right)\right]^2 = \dfrac{b^2}{4a^2}$ aos dois lados, $\quad x^2 + \dfrac{b}{a}x + \dfrac{b^2}{4a^2} = -\dfrac{c}{a} + \dfrac{b^2}{4a^2} = \dfrac{b^2 - 4ac}{4a^2}$.

Logo, $\left(x + \dfrac{b}{2a}\right)^2 = \dfrac{b^2 - 4ac}{4a^2}$, $\quad x + \dfrac{b}{2a} = \pm\dfrac{\sqrt{b^2 - 4ac}}{2a} \quad$ e $\quad x = \dfrac{-b \pm \sqrt{b^2 - 4ac}}{2a}$.

16.6 Solucione pela fórmula quadrática.

(a) $x^2 - 3x + 2 = 0$. Aqui $a = 1, b = -3, c = 2$. Então

$$x = \frac{-b \pm \sqrt{b^2 - 4ac}}{2a} = \frac{-(-3) \pm \sqrt{(-3)^2 - 4(1)(2)}}{2(1)} = \frac{3 \pm 1}{2} \quad \text{ou} \quad x = 1, 2.$$

(b) $4t^2 + 12t + 9 = 0$. Aqui $a = 4, b = 12, c = 9$. Então

$$t = \frac{-12 \pm \sqrt{(12)^2 - 4(4)(9)}}{2(4)} = \frac{-12 \pm 0}{8} = -\frac{3}{2} \quad \text{e} \quad t = -\frac{3}{2} \text{ é uma raiz dupla.}$$

(c) $9x^2 + 18x - 17 = 0$. Aqui $a = 9, b = 18, c = -17$. Então

$$x = \frac{-18 \pm \sqrt{(18)^2 - 4(9)(-17)}}{2(9)} = \frac{-18 \pm \sqrt{936}}{18} = \frac{-18 \pm 6\sqrt{26}}{18} = \frac{-3 \pm \sqrt{26}}{3}.$$

(d) $6u(2 - u) = 7$. Então $6u^2 - 12u + 7 = 0$ e

$$u = \frac{-(-12) \pm \sqrt{(-12)^2 - 4(6)(7)}}{2(6)} = \frac{12 \pm \sqrt{-24}}{12} = \frac{12 \pm 2\sqrt{6}i}{12} = 1 \pm \frac{\sqrt{6}}{6}i.$$

16.7 Resolva graficamente:

(a) $2x^2 + 3x - 5 = 0$,

(b) $4x^2 - 12x + 9 = 0$,

(c) $4x^2 - 4x + 5 = 0$.

Solução

(a) $y = 2x^2 + 3x - 5$

x	-3	-2	-1	0	1	2
y	4	-3	-6	-5	0	9

O gráfico de $2x^2 + 3x - 5$ indica que, quando $y = 0$, $x = 1$ e $-2{,}5$.

Assim, as raízes de $2x^2 + 3x - 5$ são $x = 1$ e $-2{,}5$ (ver Fig. 16-1(a)).

(b) $y = 4x^2 - 12x + 9$

x	-1	0	1	2	3	4
y	25	9	1	1	9	25

O gráfico de $y = 4x^2 - 12x + 9$ é tangente ao eixo x em $x = 1{,}5$, i.e., quando $y = 0$, $x = 1{,}5$.

Logo, $4x^2 - 12x + 9 = 0$ possui as raízes iguais $x = 1{,}5$ (ver Fig. 16-1(b)).

(c) $y = 4x^2 - 4x + 5$

x	-2	-1	0	1	2	3
y	29	13	5	5	13	29

O gráfico de $y = 4x^2 - 4x + 5$ não intersecta o eixo x, i.e., não existe valor real de x para o qual $y = 0$.

Portanto, as raízes de $4x^2 - 4x + 5 = 0$ não são reais (ver Fig. 16-1(c)).

(Pela fórmula quadrática, as raízes são $x = \frac{1}{2} \pm i$.)

Raízes reais distintas
(a)

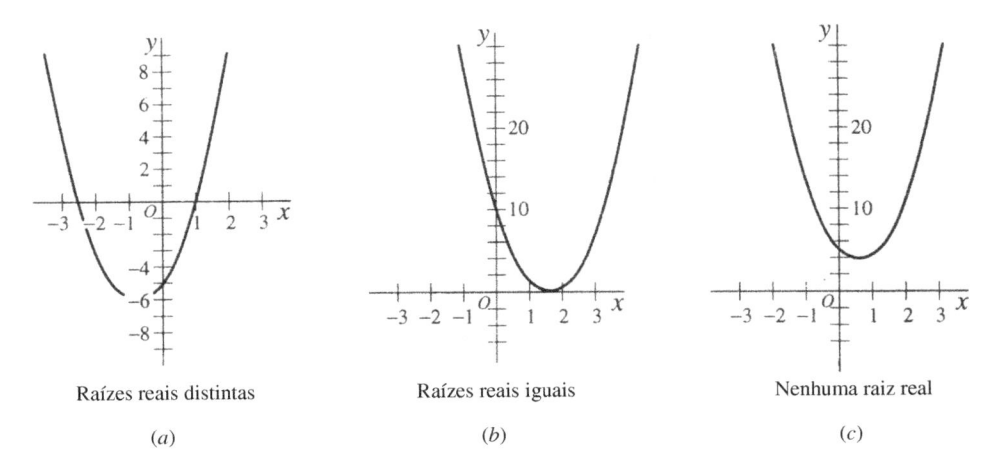

Raízes reais iguais
(b)

Nenhuma raiz real
(c)

Figura 16-01

16.8 Prove que a soma S e o produto P das raízes da equação quadrática $ax^2 + bx + c = 0$ são $S = -b/a$ e $P = c/a$.

Solução

Pela fórmula quadrática, as raízes são

$$\frac{-b + \sqrt{b^2 - 4ac}}{2a} \quad \text{e} \quad \frac{-b - \sqrt{b^2 - 4ac}}{2a}.$$

A soma das raízes é

$$S = \frac{-2b}{2a} = -\frac{b}{a}.$$

O produto das raízes é

$$P = \left(\frac{-b + \sqrt{b^2 - 4ac}}{2a}\right)\left(\frac{-b - \sqrt{b^2 - 4ac}}{2a}\right) = \frac{(-b)^2 - (b^2 - 4ac)}{4a^2} = \frac{c}{a}.$$

16.9 Sem resolver, encontre a soma S e o produto P das raízes.

(a) $x^2 - 7x + 6 = 0$. Aqui $a = 1, b = -7, c = 6$; então $S = -\dfrac{b}{a} = 7, \quad P = \dfrac{c}{a} = 6$.

(b) $2x^2 + 6x - 3 = 0$. Aqui $a = 2, b = 6, c = -3$; então $S = -\dfrac{6}{2} = -3, \quad P = \dfrac{-3}{2}$.

(c) $x + 3x^2 + 5 = 0$. Escreva como $3x^2 + x + 5 = 0$. Então $S = -\dfrac{1}{3}, \quad P = \dfrac{5}{3}$.

(d) $3x^2 - 5x = 0$. Aqui $a = 3, b = -5, c = 0$; Então $S = \dfrac{5}{3}, \quad P = 0$.

(e) $2x^2 + 3 = 0$. Aqui $a = 2, b = 0, c = 3$; Então $S = 0, \quad P = \dfrac{3}{2}$.

(f) $mnx^2 + (m^2 + n^2)x + mn = 0$. Então $S = -\dfrac{m^2 + n^2}{mn}, \quad P = \dfrac{mn}{mn} = 1$.

(g) $0{,}3x^2 - 0{,}01x + 4 = 0$. Então $-\dfrac{-0{,}01}{0{,}3} = \dfrac{1}{30}, \quad P = \dfrac{4}{0{,}3} = \dfrac{40}{3}$.

16.10 Encontre o discriminante $b^2 - 4ac$ das equações a seguir e, assim, determine a natureza de suas raízes.

(a) $x^2 - 8x + 12 = 0$. $b^2 - 4ac = (-8)^2 - 4(1)(12) = 16$; as raízes são reais, racionais e distintas.

(b) $3y^2 + 2y - 4 = 0$. $b^2 - 4ac = 52$; as raízes são reais, irracionais e distintas.

(c) $2x^2 - x + 4 = 0$. $b^2 - 4ac = -31$; as raízes são conjugadas e não reais.

(d) $4z^2 - 12z + 9 = 0$. $b^2 - 4ac = 0$; as raízes são reais, racionais e iguais.

(e) $2x - 4x^2 = 1$ ou $4x^2 - 2x + 1 = 0$. $b^2 - 4ac = -12$; as raízes são conjugadas e não reais.

(f) $\sqrt{2}x^2 - 4\sqrt{3}x + 4\sqrt{2} = 0$. Aqui os coeficientes são números reais mas não racionais. $b^2 - 4ac = 16$; as raízes são reais e distintas.

16.11 Encontre uma equação quadrática com coeficientes inteiros tendo como raízes o par dado. (S = soma das raízes, P = produto das raízes.)

(a) 1,2

Método 1. $S = 1 + 2 = 3, P = 2$; portanto, $x^2 - 3x + 2 = 0$.

Método 2. $(x - 1)$ e $(x - 2)$ devem ser fatores da expressão quadrática. Então $(x - 1)(x - 2) = 0$ ou $x^2 - 3x + 2 = 0$.

(b) $-3, 2$

Método 1. $S = -1, P = -6$; portanto, $x^2 + x - 6 = 0$.

Método 2. $[x - (-3)]$ e $(x - 2)$ são fatores da expressão quadrática. Então $(x + 3)(x - 2) = 0$ ou $x^2 + x - 6 = 0$.

(c) $\dfrac{4}{3}, -\dfrac{3}{5}$. $S = \dfrac{11}{15}, P = -\dfrac{4}{5}$; portanto, $x^2 - \dfrac{11}{15}x - \dfrac{4}{5} = 0$ ou $15x^2 - 11x - 12 = 0$.

(d) $2 + \sqrt{2}, 2 - \sqrt{2}$

Método 1. $S = 4, P = (2 + \sqrt{2})(2 - \sqrt{2}) = 2$; portanto, $x^2 - 4x + 2 = 0$.

Método 2. $[x - (2 + \sqrt{2})]$ e $[x - (2 - \sqrt{2})]$ são fatores da expressão quadrática.
Então $[x - (2 + \sqrt{2})][x - (2 - \sqrt{2})] = [(x - 2) - \sqrt{2}][(x - 2) + \sqrt{2}] = 0$,
$(x - 2)^2 - 2 = 0$ ou $x^2 - 4x + 2 = 0$.

Método 3. Como $x = 2 \pm \sqrt{2}$, $x - 2 = \pm\sqrt{2}$. Elevando ao quadrado, $(x - 2)^2 = 2$ ou $x^2 - 4x + 2 = 0$.

(e) $-3 + 2i, -3 - 2i$

Método 1. $S = -6, P = (-3 + 2i)(-3 - 2i) = 13$; portanto, $x^2 + 6x + 13 = 0$.

Método 2. $[x - (-3 + 2i)]$ e $[x - (-3 - 2i)]$ são fatores da expressão quadrática.
Então $[(x + 3) - 2i][(x + 3) + 2i] = 0$, $(x + 3)^2 + 4 = 0$ ou $x^2 + 6x + 13 = 0$.

16.12 Em cada equação quadrática encontre o valor da constante p sujeita à condição dada.

(a) $2x^2 - px + 4 = 0$ possui uma raiz igual a -3.

Como $x = -3$ é uma raiz, deve satisfazer a equação dada.

Então $2(-3)^2 - p(-3) + 4 = 0$ e $p = -22/3$.

(b) $(p + 2)x^2 + 5x + 2p = 0$ tem o produto de suas raízes igual a 2/3.

O produto das raízes é

$$\dfrac{2p}{p + 2}; \quad \text{então} \quad \dfrac{2p}{p + 2} = \dfrac{2}{3} \quad \text{e} \quad p = 1.$$

(c) $2px^2 + px + 2x = x^2 + 7p + 1$ tem a soma de suas raízes igual a $-4/3$.

Então a soma das raízes é

$$-\frac{p+2}{2p-1} = -\frac{4}{3} \quad \text{e} \quad p = 2.$$

(d) $3x^2 + (p + 1) + 24 = 0$ possui uma raiz igual ao dobro da outra. Sejam as raízes, r e $2r$.

O produto das raízes é $r(2r) = 8$; então $r^2 = 4$ e $r = \pm 2$.

A soma das raízes é $3r = -(p + 1)/3$. Substitua $r = 2$ e $r = -2$ nesta equação e obtenha $p = -19$ e $p = 17$, respectivamente.

(e) $2x^2 - 12x + p + 2 = 0$ tem a diferença de suas raízes igual a 2.

Denotando as raízes por r e s; então (1)$r - s = 2$. A soma das raízes é 6; portanto, (2)$r + s = 6$. A solução simultânea de (1) e (2) é $r = 4, s = 2$.

Agora insira $x = 2$ ou $x = 4$ na equação dada para obter $p = 14$.

16.13 Encontre as raízes de cada equação quadrática sujeita às condições dadas.

(a) $(2k + 2)x^2 + (4 - 4k)x + k - 2 = 0$ possui raízes que são inversas uma da outra.

Sejam r e $1/r$ as raízes, seu produto sendo 1.

O produto das raízes é $\frac{k-2}{2k+2} = 1$, de onde $k = -4$.

Substitua $k = -4$ na equação dada; então $3x^2 - 10x + 3 = 0$ e as raízes são $1/3, 3$.

(b) $kx^2 - (1 + k)x + 3k + 2 = 0$ tem a soma de suas raízes igual ao dobro do produto de suas raízes.

Soma das raízes = 2(produto das raízes); então

$$\frac{1+k}{k} = 2\left(\frac{3k+2}{k}\right) \quad \text{e} \quad k = -\frac{3}{5}.$$

Substitua $k = -3/5$ na equação dada; portanto $3x^2 + 2x - 1 = 0$ e as raízes são $-1, 1/3$.

(c) $(x + k)^2 = 2 - 3k$ possui raízes iguais.

Escreva a equação como $x^2 + 2kx + (k^2 + 3k - 2) = 0$, onde $a = 1, b = 2k, c = k^2 + 3k - 2$.

As raízes serão iguais caso o discriminante $(b^2 - 4ac) = 0$.

Então, a partir de $b^2 - 4ac = (2k)^2 - 4(1)(k^2 + 3k - 2) = 0$, obtemos $k = 2/3$.

Insira $k = 2/3$ na equação dada e resolva para obter a raiz dupla $-2/3$.

16.14 Solucione

(a) $\sqrt{2x + 1} = 3$. Elevando os dois lados ao quadrado, $2x + 1 = 9$ e $x = 4$.

Verificação. $\sqrt{2(4) + 1} ? 3, 3 = 3$.

(b) $\sqrt{5 + 2x} = x + 1$. Elevando os dois lados ao quadrado, $5 + 2x = x^2 + 2x + 1, x^2 = 4$ e $x = \pm 2$.

Verificação. Para $x = 2$, $\sqrt{5 + 2(2)} ? 2 + 1$ ou $3 = 3$.

Para $x = -2$, $\sqrt{5 + 2(-2)} ? -2 + 1$ ou $\sqrt{1} = -1$ que não é verdade, uma vez que $\sqrt{1} = 1$.

Assim, $x = 2$ é a única solução; $x = -2$ é uma raiz extrínseca.

(c) $\sqrt{3x - 5} = x - 1$. Elevando ao quadrado, $3x - 5 = x^2 - 2x + 1, x^2 - 5x + 6 = 0$ e $x = 3, 2$.

Verificação. Para $x = 3$, $\sqrt{3(3) - 5} ? 3 - 1$ ou $2 = 2$. Para $x = 2$, $\sqrt{3(2) - 5} ? 2 - 1$ ou $1 = 1$.

Assim, ambas $x = 3$ e $x = 2$ são soluções da equação dada.

(d) $\sqrt[3]{x^2 - x + 6} - 2 = 0$. Então, $\sqrt[3]{x^2 - x + 6} = 2$, $x^2 - x + 6 = 8$, $x^2 - x - 2 = 0$ e $x = 2, -1$.

Verificação. Para $x = 2$, $\sqrt[3]{2^2 - 2 + 6} - 2 ? 0$ ou $2 - 2 = 0$.

Para $x = -1$, $\sqrt[3]{(-1)^2 - (-1) + 6} - 2 ? 0$ ou $2 - 2 = 0$.

16.15 Resolva

(a) $\sqrt{2x + 1} - \sqrt{x} = 1$. Reorganizando, (1) $\sqrt{2x + 1} = \sqrt{x} + 1$.

Elevando ao quadrado os dois lados de (1), $2x + 1 = x + 2\sqrt{x} + 1$ ou (2) $x = 2\sqrt{x}$.

Elevando ao quadrado (2), $x^2 = 4x$; então $x(x - 4) = 0$ e $x = 0, 4$.

Verificação. Para $x = 0$, $\sqrt{2(0) + 1} - \sqrt{0} ? 1$, $1 = 1$. Para $x = 4$, $\sqrt{2(4) + 1} - \sqrt{4} ? 1$, $1 = 1$.

(b) $\sqrt{4x - 1} + \sqrt{2x + 3} = 1$. Reorganizando, (1) $\sqrt{4x - 1} = 1 - \sqrt{2x + 3}$.

Elevando ao quadrado (1), $4x - 1 = 1 - 2\sqrt{2x + 3} + 2x + 3$ ou (2) $2\sqrt{2x + 3} = 5 - 2x$.

Elevando ao quadrado (2), $4(2x + 3) = 25 - 20x + 4x^2$, $4x^2 - 28x + 13 = 0$ e $x = 1/2, 13/2$.

Verificação. Para $x = 1/2$, $\sqrt{4(1/2) - 1} + \sqrt{2(1/2) + 3} ? 1$ ou $3 = 1$ que não é verdade.

Para $x = 13/2$, $\sqrt{4(13/2) - 1} + \sqrt{2(13/2) + 3} ? 1$ ou $9 = 1$ que não é verdade.

Portanto $x = 1/2$ e $x = 13/2$ são raízes extrínsecas; a equação não possui solução.

(c) $\sqrt{\sqrt{x + 16} - \sqrt{x}} = 2$. Elevando ao quadrado $\sqrt{x + 16} - \sqrt{x} = 4$ ou (1) $\sqrt{x + 16} = \sqrt{x} + 4$.

Elevando ao quadrado (1), $x + 16 = x + 8\sqrt{x} + 16$, $8\sqrt{x} = 0$ e $x = 0$ é uma solução.

16.16 Solucione

(a) $\sqrt{x^2 + 6x} = x + \sqrt{2x}$.

Elevando ao quadrado, $x^2 + 6x = x^2 + 2x\sqrt{2x} + 2x$, $2x\sqrt{2x} = 4x$, $x(\sqrt{2x} - 2) = 0$.

Então $x = 0$; e de $\sqrt{2x} - 2 = 0$, $\sqrt{2x} = 2$, $2x = 4$, $x = 2$.

Tanto $x = 0$ quanto $x = 2$ satisfazem a equação dada.

(b) $\sqrt{x} - \dfrac{2}{\sqrt{x}} = 1$. Multiplique por $\sqrt{x}$ e obtenha (1) $x - 2 = \sqrt{x}$.

Elevando (1) ao quadrado, $x^2 - 4x + 4 = x$, $x^2 - 5x + 4 = 0$, $(x - 1)(x - 4) = 0$ e $x = 1, 4$.

Apenas $x = 4$ satisfaz a equação dada; $x = 1$ é extrínseca.

16.17 Resolva a equação $x^2 - 6x - \sqrt{x^2 - 6x - 3} = 5$.

Solução

Fazendo $x^2 - 6x = u$; então $u - \sqrt{u - 3} = 5$ ou (1) $\sqrt{u - 3} = u - 5$.

Elevando (1) ao quadrado, $u - 3 = u^2 - 10u + 25$, $u^2 - 11u + 28 = 0$ e $u = 7, 4$.

Como apenas $u = 7$ satisfaz (1), substitua $u = 7$ em $x^2 - 6x = u$, obtendo

$x^2 - 6x - 7 = 0$, $(x - 7)(x + 1) = 0$ e $x = 7, -1$.

Tanto $x = 7$ quanto $x = -1$ satisfazem a equação original, sendo, portanto, soluções.

Nota. Se escrevermos a equação dada como $\sqrt{x^2 - 6x - 3} = x^2 - 6x - 5$ e elevarmos os dois lados ao quadrado, a equação de quarto grau resultante seria difícil de se resolver.

16.18 Solucione a equação

$$\dfrac{4 - x}{\sqrt{x^2 - 8x + 32}} = \dfrac{3}{5}.$$

Solução

Elevando ao quadrado,

$$\frac{16 - 8x + x^2}{x^2 - 8x + 32} = \frac{9}{25};$$

então $25(16 - 8x + x^2) = 9(x^2 - 8x + 32)$, $x^2 - 8x + 7 = 0$ e $x = 7, 1$. A única solução é $x = 1$; descarte $x = 7$, uma solução extrínseca.

16.19 Resolva

(a) $x^4 - 10x^2 + 9 = 0$. Seja $x^2 = u$; então $u^2 - 10u + 9 = 0$ e $u = 1, 9$.

Para $u = 1$, $x^2 = 1$ e $x = \pm 1$; para $u = 9$, $x^2 = 9$ e $x = \pm 3$.

As quatro soluções são $x = \pm 1, \pm 3$; todas satisfazem a equação dada.

(b) $2x^4 + x^2 - 1 = 0$. Seja $x^2 = u$; então $2u^2 + u - 1 = 0$ e $u = \frac{1}{2}, -1$.

Se $u = \frac{1}{2}$, $x^2 = \frac{1}{2}$ e $x = \pm \frac{1}{2}\sqrt{2}$; se $u = -1$, $x^2 = -1$ e $x = \pm i$.

As quatro soluções são $x = \pm \frac{1}{2}\sqrt{2}, \pm i$.

(c) $\sqrt{x} - \sqrt[4]{x} - 2 = 0$. Seja $\sqrt[4]{x} = u$; então $u^2 - u - 2 = 0$ e $u = 2, -1$.

Caso $u = 2$, $\sqrt[4]{x} = 2$ e $x = 2^4 = 16$. Caso $\sqrt[4]{x}$ seja positivo, não pode ser igual a -1.

Portanto, $x = 16$ é a única solução da equação dada.

(d) $2\left(x + \frac{1}{x}\right)^2 - 7\left(x + \frac{1}{x}\right) + 5 = 0$.

Seja $x + \frac{1}{x} = u$; então $2u^2 - 7u + 5 = 0$ e $u = 5/2, 1$.

Para $u = \frac{5}{2}$, $x + \frac{1}{x} = \frac{5}{2}$, $2x^2 - 5x + 2 = 0$ e $x = 2, \frac{1}{2}$.

Para $u = 1$, $x + \frac{1}{x} = 1$, $x^2 - x + 1 = 0$ e $x = \frac{1}{2} \pm \frac{1}{2}\sqrt{3}i$.

As quatro soluções são $x = 2, \frac{1}{2}, \frac{1}{2} \pm \frac{1}{2}\sqrt{3}i$.

(e) $9(x + 2)^{-4} + 17(x + 2)^{-2} - 2 = 0$. Seja $(x + 2)^{-2} = u$; então $9u^2 + 17u - 2 = 0$ e $u = 1/9, -2$.

Se $(x + 2)^{-2} = 1/9$, $(x + 2)^2 = 9$, $(x + 2) = \pm 3$ e $x = 1, -5$.

Se $(x + 2)^{-2} = -2$, $(x + 2)^2 = -\frac{1}{2}$, $(x + 2) = \pm \frac{1}{2}\sqrt{2}i$ e $x = -2 \pm \frac{1}{2}\sqrt{2}i$.

As quatro soluções são $x = 1, -5, -2 \pm \frac{1}{2}\sqrt{2}i$.

16.20 Encontre os valores de x que satisfazem cada uma das equações a seguir.

(a) $16\left(\frac{x}{x+1}\right)^4 - 25\left(\frac{x}{x+1}\right)^2 + 9 = 0$.

Denote $\left(\frac{x}{x+1}\right)^2 = u$; então $16u^2 - 25u + 9 = 0$ e $u = 1, 9/16$.

Se $u = 1$, $\left(\frac{x}{x+1}\right)^2 = 1$ ou $\frac{x}{x+1} = \pm 1$.

A equação $\frac{x}{x+1} = 1$

não possui solução; a equação $\frac{x}{x+1} = -1$

tem solução $x = -1/2$.

Se $u = 9/16$,

$$\left(\frac{x}{x+1}\right)^2 = \frac{9}{16} \quad \text{ou} \quad \frac{x}{x+1} = \pm\frac{3}{4} \text{ de maneira que } x = 3, -3/7.$$

As soluções procuradas são $x = -1/2, -3/7, 3$.

(b) $(x^2 + 3x + 2)^2 - 8(x^2 + 3x) = 4$. Defina $x^2 + 3x = u$; então $(u+2)^2 - 8u = 4$ e $u = 0, 4$.

Caso $u = 0$, $x^2 + 3x = 0$ e $x = 0, -3$; caso $u = 4$, $x^2 + 3x = 4$ e $x = -4, 1$.

As soluções são $x = -4, -3, 0, 1$.

16.21 Um número positivo excede três vezes outro número positivo por 5. O produto dos dois números é 68. Encontre-os.

Solução

Seja $x =$ o menor número; então $3x + 5 =$ o maior número.

Portanto, $x(3x + 5) = 68$, $3x^2 + 5x - 68 = 0$, $(3x + 17)(x - 4) = 0$ e $x = 4, -17/3$.

Excluímos $-17/3$, pois o problema estabelece que os números são positivos.

Os números procurados são $x = 4$ e $3x + 5 = 17$.

16.22 Quando três vezes um certo número é adicionado ao dobro de seu inverso, o resultado é 5. Encontre o número.

Solução

Denote $x =$ o número buscado e $1/x =$ seu inverso.

Então $3x + 2(1/x) = 5$, $3x^2 - 5x + 2 = 0$, $(3x - 2)(x - 1) = 0$ e $x = 1, 2/3$.

Verificação. Para $x = 1$, $3(1) + 2(1/1) = 5$; para $x = 2/3$, $3(2/3) + 2(3/2) = 5$.

16.23 Determine as dimensões do retângulo com perímetro 50 pés e área 150 pés quadrados.

Solução

A soma dos quatro lados = 50 pés; portanto, a soma de dois lados adjacentes = 25 pés (ver Fig. 16-2). Sejam x e $25 - x$ os comprimentos de dois lados adjacentes.

A área é $x(25 - x) = 150$; então $x^2 - 25x + 150 = 0$, $(x - 10)(x - 15) = 0$ e $x = 10, 15$.

Logo, $25 - x = 15, 10$ e o retângulo possui dimensões 10 pés por 15 pés.

16.24 A hipotenusa de um triângulo retângulo é 34 polegadas. Encontre os comprimentos dos dois catetos caso um deles seja 14 polegadas maior que o outro.

Solução

Defina por x e $x + 14$ os comprimentos dos catetos (ver Fig. 16-3).

Então $x^2 + (x + 14)^2 = (34)^2$, $x^2 + 14x - 480 = 0$, $(x + 30)(x - 16) = 0$ e $x = -30, 16$.

Como $x = -30$ não possui significado físico, temos $x = 16$ polegadas e $x + 14 = 30$ polegadas.

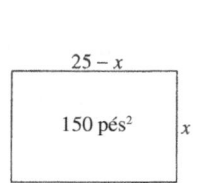

Figura 16-2 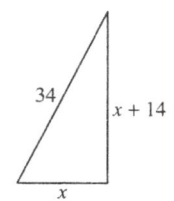 *Figura 16-3* 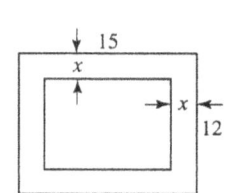 *Figura 16-4*

16.25 A moldura de um retrato com largura uniforme possui dimensões externas 12 pol. por 15 pol. Encontre a largura da moldura (*a*) se a área exposta do retrato é de 88 polegadas quadradas, (*b*) se a área do retrato é de 100 polegadas quadradas.

Solução

Seja x = a largura da moldura; então as dimensões do retrato são $(15 - 2x)$, $(12 - 2x)$ (ver Fig. 16-4).

(*a*) Área do retrato = $(15 - 2x)(12 - 2x) = 88$; então $2x^2 - 27x + 46 = 0$, $(x - 2)(2x - 23) = 0$ e $x = 2, 11\frac{1}{2}$. Claramente, a largura não pode ser $11\frac{1}{2}$ polegadas. Portanto, a largura da moldura é 2 pol.

Verificação. A área da figura é $(15 - 4)(12 - 4) = 88$ pol.², como dado.

(*b*) Aqui $(15 - 2x)(12 - 2x) = 100$, $2x^2 - 27x + 40 = 0$ e, pela fórmula quadrática,

$$x = \frac{-b \pm \sqrt{b^2 - 4ac}}{2a} = \frac{27 \pm \sqrt{409}}{4} \text{ ou } x = 11{,}8;\ 1{,}7 \text{ (aproximadamente)}.$$

Descarte $x = 11{,}8$ pol., que não pode ser a largura. A largura procurada é 1,7 pol.

16.26 Um piloto voa uma distância de 600 milhas. Ele poderia percorrer a mesma distância em 30 minutos a menos aumentando sua velocidade média em 40 mi/h. Encontre sua velocidade média.

Solução

Considere x = a velocidade média em mi/h.

$$\text{Tempo em horas} = \frac{\text{distância em milhas}}{\text{velocidade em mi/h}}.$$

Tempo para voar 600 milhas a x mi/h – tempo para voar 600 milhas a $(x + 40)$ mi/h = $\frac{1}{2}$ h.

Então
$$\frac{600}{x} - \frac{600}{x + 40} = \frac{1}{2}.$$

Resolvendo, a velocidade procurada é $x = 200$ mi/h.

16.27 Um revendedor comprou várias camisas por $180,00 e vendeu todas, exceto 6, com lucro de $2,00 por camisa. Com a quantia total recebida, ele pode comprar 30 camisas a mais que antes. Encontre o custo por camisa.

Solução

Seja x = o custo por camisa em dólares; $180/x$ o número de camisas compradas.

Então
$$\left(\frac{180}{x} - 6\right)(x + 2) = x\left(\frac{180}{x} + 30\right).$$

Resolvendo, $x = \$3{,}00$ por camisa.

16.28 A e B trabalhando juntos conseguem realizar um serviço em 10 dias. Quando trabalham sozinhos, A leva 5 dias a mais que B para completar o serviço. Quantos dias levaria para cada um realizar o trabalho sozinho?

Solução

Denotando n, $n - 5$ = o número de dias necessários para A e B, sozinhos, concluírem o serviço, respectivamente.

Em 1 dia, A faz $1/n$ do trabalho e B $1/(n - 5)$ do trabalho. Assim, em 10 dias, eles realizam juntos

$$10\left(\frac{1}{n} + \frac{1}{n - 5}\right) = 1 \text{ trabalho completo}.$$

Então $10(2n - 5) = n(n - 5)$, $n^2 - 25n + 50 = 0$ e

$$n = \frac{25 \pm \sqrt{625 - 200}}{2} = 22{,}8;\ 2{,}2.$$

Descartando $n = 2,2$, a solução procurada é $n = 22,8$ dias, $n - 5 = 17,8$ dias.

16.29 Uma bola projetada verticalmente para cima com velocidade inicial v_0 pés/s está, no instante t segundos, à distância s pés do ponto de projeção, como determinado pela fórmula $s = v_0 t - 16t^2$. Se a bola recebe uma velocidade inicial para cima de 128 pés/s, em quais instantes estará 100 pés acima do ponto de projeção?

Solução

$$s = v_0 t - 16t^2, \; 100 = 128t - 16t^2, \; 4t^2 - 32t + 25 = 0 \text{ e } t = \frac{32 \pm \sqrt{624}}{8} = 7,12; \, 0,88.$$

Em $t = 0,88$ segundos, $s = 100$ pés e a bola está subindo; em $t = 7,12$ segundos, $s = 100$ pés e a bola está caindo. Isto se vê no gráfico de s contra t (ver Fig. 16-5).

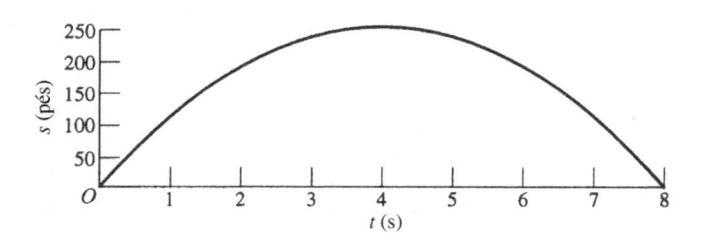

Figura 16-5

Problemas Complementares

16.30 Resolva cada equação.

(a) $x^2 - 40 = 9$
(b) $2x^2 - 400 = 0$
(c) $x^2 + 36 = 9 - 2x^2$
(d) $\dfrac{x}{16} = \dfrac{4}{x}$
(e) $\dfrac{y^2}{3} = \dfrac{y^2}{6} + 2$
(f) $\dfrac{1 - 2x}{3 - x} = \dfrac{x - 2}{3x - 1}$
(g) $\dfrac{1}{2x - 1} - \dfrac{1}{2x + 1} = \dfrac{1}{4}$
(h) $x - \dfrac{2x}{x + 1} = \dfrac{5}{x + 1} - 1$

16.31 Solucione as equações por fatoração.

(a) $x^2 - 7x = -12$
(b) $x^2 + x = 6$
(c) $x^2 = 5x + 24$
(d) $2x^2 + 2 = 5x$
(e) $9x^2 = 9x - 2$
(f) $4x - 5x^2 = -12$
(g) $\dfrac{x}{2a} = \dfrac{4a}{x + 2a}$
(h) $\dfrac{1}{4 - x} - \dfrac{1}{2 + x} = \dfrac{1}{4}$
(i) $\dfrac{2x - 1}{x + 2} + \dfrac{x + 2}{2x - 1} = \dfrac{10}{3}$
(j) $\dfrac{2c - 3y}{y - c} - \dfrac{y}{2y - c} = \dfrac{2}{3}$

16.32 Encontre as soluções por completamento de quadrado.

(a) $x^2 + 4x - 5 = 0$
(b) $x(x - 3) = 4$
(c) $2x^2 = x + 1$
(d) $3x^2 - 2 = 5x$
(e) $4x^2 = 12x - 7$
(f) $6y^2 = 19y - 15$
(g) $2x^2 + 3a^2 = 7ax$
(h) $12x - 9x^2 = 5$

16.33 Resolva as equações pela fórmula quadrática.

(a) $x^2 - 5x = 6$
(b) $x^2 - 6 = x$
(c) $3x^2 - 2x = 8$
(d) $16x^2 - 8x + 1 = 0$
(e) $x(5x - 4) = 2$
(f) $9x^2 + 6x = -4$
(g) $\dfrac{5x^2 - 2p^2}{x} = \dfrac{p}{3}$
(h) $\dfrac{2x + 3}{4x - 1} = \dfrac{3x - 2}{3x + 2}$

16.34 Solucione graficamente cada equação.

(a) $2x^2 + x - 3 = 0$
(b) $4x^2 - 8x + 4 = 0$
(c) $x^2 - 2x = 2$
(d) $2x^2 + 2 = 3x$
(e) $6x^2 - 7x - 5 = 0$
(f) $2x^2 + 8x + 3 = 0$

16.35 Sem resolver, determine a soma S e o produto P das raízes de cada equação.

(a) $2x^2 + 3x + 1 = 0$
(b) $x - x^2 = 2$
(c) $2x(x + 3) = 1$
(d) $2x^2 + 6x - 5 = 0$
(e) $3x^2 - 4 = 0$
(f) $4x^2 + 3x = 0$
(g) $2x^2 + 5kx + 3k^2 = 0$
(h) $0{,}2x^2 - 0{,}1x + 0{,}03 = 0$
(i) $\sqrt{2}x^2 - \sqrt{3}x + 1 = 0$

16.36 Encontre o discriminante $b^2 - 4ac$ e assim determine a natureza das raízes.

(a) $2x^2 - 7x + 4 = 0$
(b) $3x^2 = 5x - 2$
(c) $3x - x^2 = 4$
(d) $x(4x + 3) = 5$
(e) $2x^2 = 5 + 3x$
(f) $4x\sqrt{3} = 4x^2 + 3$
(g) $1 + 2x = 2x^2 = 0$
(h) $3x + 25/3x = 10$

16.37 Encontre uma equação quadrática com coeficientes inteiros (se possível) cujas raízes são dadas.

(a) $2, -3$
(b) $-3, 0$
(c) $8, -4$
(d) $-2, -5$
(e) $-1/3, 1/2$
(f) $2 + \sqrt{3}, 2 - \sqrt{3}$
(g) $-1 + i, -1 - i$
(h) $-2 - \sqrt{6}, -2 + \sqrt{6}$
(i) $2 + \frac{3}{2}i, 2 - \frac{3}{2}i$
(j) $\sqrt{3} - \sqrt{2}, \sqrt{3} + \sqrt{2}$
(k) $a + bi, a - bi \quad a, b$ inteiros
(l) $\frac{m + \sqrt{n}}{2}, \frac{m - \sqrt{n}}{2} \quad m, n$ inteiros

16.38 Em cada equação quadrática, avalie a constante p sujeita à condição dada.

(a) $px^2 - x + 5 - 3p = 0$ possui uma raiz igual a 2.
(b) $(2p + 1)x^2 + px + p = 4(px + 2)$ tem a soma de suas raízes igual ao produto.
(c) $3x^2 + p(x - 2) + 1 = 0$ possui raízes que são inversas uma da outra.
(d) $4x^2 - 8x + 2p - 1 = 0$ possui uma raiz igual a três vezes a outra.
(e) $4x^2 - 20x + p^2 - 4 = 0$ possui uma raiz igual a dois a mais que a outra.
(f) $x^2 = 5x - 3p + 3$ tem a diferença entre suas raízes igual a 11.

16.39 Encontre as raízes de cada equação sujeita à condição dada.

(a) $2px^2 - 4px + 5p = 3x^2 + x - 8$ tem o produto de suas raízes igual ao dobro de sua soma.
(b) $x^2 - 3(x - p) - 2 = 0$ possui uma raiz igual a 3 a menos que o dobro da outra.
(c) $p(x^2 + 3x - 9) = x - x^2$ possui uma raiz igual ao negativo da outra.
(d) $(m + 3)x^2 + 2m(x + 1) + 3 = 0$ possui uma raiz igual à metade do inverso da outra.
(e) $(2m + 1)x^2 - 4mx = 1 - 3m$ possui raízes iguais.

16.40 Resolva cada equação.

(a) $\sqrt{x^2 - x + 2} = 2$
(b) $\sqrt{2x - 2} = x - 1$
(c) $\sqrt{4x + 1} = 3 - 3x$
(d) $2 - \sqrt[3]{x^2 + 2x} = 0$
(e) $\sqrt{2x + 7} = \sqrt{x} + 2$
(f) $\sqrt{2x^2 - 7} - x = 3$
(g) $\sqrt{2 + x} - 4 + \sqrt{10 - 3x} = 0$
(h) $2\sqrt{x} - \sqrt{4x - 3} = \dfrac{1}{\sqrt{4x - 3}}$
(i) $\sqrt{x^2 - \sqrt{2x + 1}} = 2 - x$
(j) $\sqrt{2x - 10} + \sqrt{x + 9} = 2$
(k) $\sqrt{2x + 8} + \sqrt{2x + 5} = \sqrt{8x + 25}$
(l) $\sqrt[3]{2x - 1} = \sqrt[6]{x + 1}$

16.41 Solucione as equações.

(a) $x^4 - 13x^2 + 36 = 0$
(b) $x^4 - 3x^2 - 10 = 0$
(c) $4x^{-4} - 17x^{-2} + 4 = 0$
(d) $x^{-4/3} - 5x^{-2/3} + 4 = 0$
(e) $(x^2 - 6x)^2 - 2(x^2 - 6x) = 35$
(f) $x^2 + x = 7\sqrt{x^2 + x + 2} - 12$
(g) $\left(x + \dfrac{1}{x}\right)^2 - \dfrac{7}{2}\left(x + \dfrac{1}{x}\right) = 2$
(h) $\sqrt{x + 2} - \sqrt[4]{x + 2} = 6$
(i) $x^3 - 7x^{3/2} - 8 = 0$
(j) $\dfrac{x^2 + 2}{x} + \dfrac{8x}{x^2 + 2} = 6$

16.42 (a) A soma dos quadrados de dois números é 34, o primeiro número sendo um a menos que o dobro do segundo. Determine os números.

(b) A soma dos quadrados de três inteiros consecutivos é 110. Encontre os números.

(c) A diferença entre dois números positivos é 3 e a soma de seus inversos é 1/2. Determine os números.

(d) Um número ultrapassa o dobro de sua raiz quadrada por 3. Encontre-o.

16.43 (a) O comprimento de um retângulo é três vezes sua largura. Caso a largura seja diminuída por 1 pé e o comprimento aumente por 3 pés, a área será 72 pés². Encontre as dimensões do retângulo original.

(b) Um pedaço de arame com 60 polegadas de comprimento é dobrado na forma de um triângulo retângulo com hipotenusa 25 polegadas. Encontre os dois outros lados do triângulo.

(c) Uma fotografia de dimensões 8 pol. por 12 pol. é colocada em uma moldura de largura uniforme. Caso a área da moldura seja igual a área da fotografia, encontre a largura da moldura.

(d) Uma caixa aberta com área da base 60 pol.² deve ser feita a partir de um pedaço retangular de estanho com dimensões 9 polegadas por 12 polegadas cortando-se quadrados iguais dos quatro cantos e então dobrando-se os lados. Encontre, com a precisão de décimos de polegadas, o comprimento do lado do quadrado cortado.

16.44 (a) O dígito das dezenas de um certo número de dois dígitos é o dobro do dígito das unidades. Se o número for multiplicado pela soma dos dígitos, o produto é 63. Encontre o número.

(b) Encontre um número com dois dígitos tal que o dígito das dezenas exceda o das unidades por 3 e o número seja 4 a menos que a soma dos quadrados dos seus dígitos.

16.45 (a) Dois homens partem ao mesmo tempo do mesmo local e percorrem estradas que são perpendiculares. Um homem desloca-se 4 mi/h mais rápido que o outro e, ao fim de 2 horas, eles estão a 40 milhas de distância. Determine suas velocidades.

(b) Aumentando sua velocidade média por 10 mi/h um motorista consegue reduzir em 36 minutos a viagem por uma distância de 120 milhas. Encontre sua velocidade média.

(c) Uma mulher viaja 36 milhas rio abaixo e volta em 8 horas. Caso a velocidade de seu barco em águas paradas seja 12 mi/h, qual é a velocidade da correnteza do rio?

16.46 (a) Um comerciante adquiriu certo número de casacos, todos ao mesmo preço, por um total de $720,00. Ele vendeu-os a $40,00 cada, obtendo um lucro igual ao custo de 8 casacos. Quantos casacos ele comprou?

(b) Um comerciante comprou certa quantia de latas de milho por $14,40. Depois disto, o preço aumentou 2 centavos por lata e, consequentemente, ele recebeu 24 latas a menos pelo mesmo valor. Havia quantas latas na sua primeira compra e qual o custo por lata?

16.47 (a) B leva 6 horas a mais que A para montar uma máquina. Juntos eles conseguem fazê-lo em 4 horas. Quanto tempo levaria para cada um sozinho concluir o trabalho?

(b) O cano A preenche certo tanque em 4 horas. Se o cano B funcionar sozinho, o tanque demora 3 horas a mais para ser preenchido do que levaria se os canos A e B agissem juntos. Em quanto tempo o cano B completa o tanque sozinho?

16.48 Uma bola projetada verticalmente para cima encontra-se a uma distância s pés do ponto de lançamento após t segundos, onde $s = 64t - 16t^2$.

(a) Em quais instantes a bola estará 40 pés acima do chão?

(b) Em algum momento a bola estará 80 pés acima do chão?

(c) Qual é a altura máxima atingida?

Respostas dos Problemas Complementares

16.30 (a) $x = \pm 7$ (c) $x = \pm 3i$ (e) $y = \pm 2\sqrt{3}$ (g) $x = \pm 3/2$
(b) $x = \pm 10\sqrt{2}$ (d) $x = \pm 8$ (f) $x = \pm 1$ (h) $x = \pm 2$

16.31 (a) 3, 4   (c) 8, −3   (e) 1/3, 2/3   (g) $2a, -4a$ (i) 1, −7
(b) 2, −3   (d) 2, 1/2   (f) 2, −6/5   (h) 2, −8   (j) $2c/5, 4c/5$

16.32 (a) 1, −5   (c) 1, −1/2   (e) $\dfrac{3 \pm \sqrt{2}}{2}$ (f) 3/2, 5/3   (h) $\dfrac{2}{3} \pm \dfrac{i}{3}$
(b) 4, −1   (d) 2, −1/3   (g) $3a, a/2$

16.33 (a) 6, −1 (c) 2, −4/3 (e) $\dfrac{2 \pm \sqrt{14}}{5}$ (f) $\dfrac{-1 \pm i\sqrt{3}}{5}$ (g) $\dfrac{2p}{3}, -\dfrac{3p}{5}$ (h) $\dfrac{6 \pm \sqrt{42}}{3}$

(b) 3, −2 (d) 1/4, 1/4

16.34 (a) $x = -3/2$ e $x = 1$ (ver Fig. 16-6).

(b) Raiz dupla em $x = 1$ (ver Fig. 16-7).

(c) Zeros reais entre −1 e 0 e entre 2 e 3 (ver Fig. 16-8).

(d) Sem zeros reais (ver Fig. 16-9).

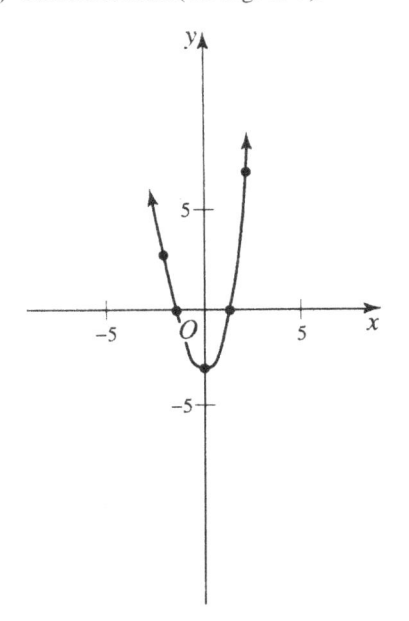

Figura 16-6

Figura 16-7

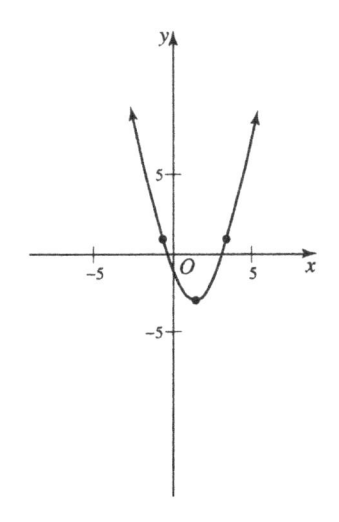

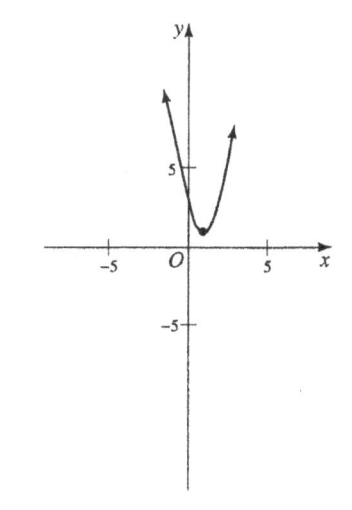

Figura 16-8

Figura 16-9

(e) Zeros reais entre −1 e 0 e entre 1 e 2 (ver Fig. 16-10).

(f) Zeros reais entre −4 e −3 e entre −1 e 0 (ver Fig. 16-11).

16.35 (a) $S = -3/2, P = 1/2$ (d) $S = -3, P = -5/2$ (g) $S = -5k/2, P = 3k^2/2$
(b) $S = 1, P = 2$ (e) $S = 0, P = -4/3$ (h) $S = 0{,}5, P = 0{,}15$
(c) $S = -3, P = -1/2$ (f) $S = -3/4, P = 0$ (i) $S = \tfrac{1}{2}\sqrt{6}, P = \tfrac{1}{2}\sqrt{2}$

16.36 (a) 17; reais, irracionais, distintas   (e) 49; real, racionais, distintas
(b) 1; reais, racionais, distintas   (f) 0; reais, iguais
(c) -7; não reais   (g) -4; não reais
(d) 89; reais, irracionais, distintas   (h) 0; reais, racionais, iguais

16.37 (a) $x^2 + x - 6 = 0$ (e) $6x^2 - x - 1 = 0$ (i) $4x^2 - 16x + 25 = 0$
(b) $x^2 + 3x = 0$ (f) $x^2 - 4x + 1 = 0$ (j) não é possível $(x^2 - 2\sqrt{3}x + 1 = 0)$
(c) $x^2 - 4x - 32 = 0$ (g) $x^2 + 2x + 2 = 0$ (k) $x^2 - 2ax + a^2 + b^2 = 0$
(d) $x^2 + 7x + 10 = 0$ (h) $x^2 + 4x - 2 = 0$ (l) $4x^2 - 4mx + m^2 - n = 0$

16.38 (a) $p = -3$ (b) $p = -4$ (c) $p = -1$ (d) $p = 2$ (e) $p = \pm 5$ (f) $p = -7$

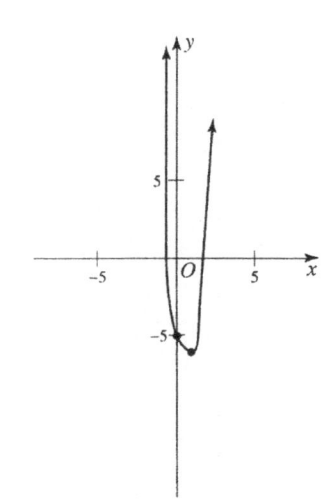

Figura 16-10   *Figura 16-11*

16.39 (a) 3, 6   (b) 1, 2   (c) $\pm 3/2$ (d) $1/2 \pm i/2$
(e) Caso $m = -1$, as raízes são 2, 2; caso $m = 1/2$, as raízes são 1/2, 1/2.

16.40 (a) $2, -1$ (c) $4/9$ (e) $9, 1$ (g) ± 2 (i) $3/2$ (k) -2
(b) $1, 3$ (d) $-4, 2$ (f) $8, -2$ (h) 1 (j) sem solução   (l) $5/4$

16.41 (a) $\pm 2, \pm 3$ (d) $\pm 1, \pm 1/8$ (g) $2 \pm \sqrt{3}, -1/4 \pm i\sqrt{15}/4$ (j) $1 \pm i, 2 \pm \sqrt{2}$
(b) $\pm \sqrt{5}, \pm i\sqrt{2}$ (e) $7, 5, \pm 1$ (h) 79
(c) $\pm 2, \pm 1/2$ (f) $1, -2, (-1 \pm \sqrt{93})/2$ (i) 4

16.42 (a) 5, 3 ou $-27/5, -11{,}5$ (b) 5, 6, 7 ou $-7, -6, -5$ (c) 3, 6   (d) 9

16.43 (a) 5; 15 pés   (b) 15; 20 polegadas   (c) 2 polegadas   (d) 1,3 polegadas

16.44 (*a*) 21   (*b*) 85

16.45 (*a*) 12,16 mi/h   (*b*) 40 mi/h   (*c*) 6 mi/h

16.46 (*a*) 24   (*b*) 144, 10¢

16.47 (*a*) *A*, 6 horas; *B* 12 horas   (*b*) aproximadamente 5,3 horas

16.48 (*a*) 0,78 e 3,22 segundos após o lançamento   (*b*) Não   (*c*) 64 pés

Capítulo 17

Seções Cônicas

17.1 EQUAÇÕES QUADRÁTICAS GERAIS

A equação quadrática geral em duas variáveis x e y tem a forma

$$ax^2 + bxy + cy^2 + dx + ey + f = 0 \qquad (1)$$

onde a, b, c, d, e, f são constantes dadas e a, b e c não são todos nulos.

Assim, $3x^2 + 5xy = 2$, $x^2 - xy + y^2 + 2x + 3y = 0$, $y^2 = 4x$, $xy = 4$ são equações quadráticas em x e y.
O gráfico da equação (1), caso a, b, c, d, e e f sejam reais, depende do valor de $b^2 - 4ac$.

(1) Se $b^2 - 4ac < 0$, o gráfico é, em geral, uma elipse. Entretanto, se $b = 0$ e $a = c$, o gráfico pode ser um círculo, um ponto ou não existir. As situações do ponto e da não existência são denominados casos degenerados.
(2) Se $b^2 - 4ac = 0$, o gráfico é uma parábola, duas retas paralelas ou coincidentes, ou não existe. As situações das retas paralelas ou coincidentes e da não existência são chamados de casos degenerados.
(3) Se $b^2 - 4ac > 0$, o gráfico é uma hipérbole ou duas retas concorrentes. A situação das duas retas concorrentes é chamada de o caso degenerado.

Estes gráficos são intersecções de um plano com um cone circular reto e, por este motivo, são denominados seções cônicas.

Exemplos 17.1 Identifique o tipo de seção cônica descrita pelas equações.

(a) $x^2 + xy = 6$
(b) $x^2 + 5xy - 4y^2 = 10$
(c) $2x^2 - y^2 = 7$
(d) $3x^2 + 2y^2 = 14$
(e) $3x^2 + 3y^2 - 4x + 3y + 10 = 0$
(f) $y^2 + 4x + 3y + 4 = 0$

(a) $a = 1, b = 1, c = 0 \quad b^2 - 4ac = 1 - 4 < 0$
Logo, a figura é uma elipse, ou um caso degenerado.
(b) $a = 1, b = 5, c = -4 \quad b^2 - 4ac = 25 + 16 > 0$
Então, a figura é uma hipérbole, ou um caso degenerado.
(c) $a = 2, b = 0, c = -1 \quad b^2 - 4ac = 0 + 8 > 0$
Logo, a figura é uma hipérbole, ou um caso degenerado.
(d) $a = 3, b = 0, c = 2 \quad b^2 - 4ac = 0 - 24 < 0$
Assim, a figura é uma elipse, ou um caso degenerado.
(e) $a = 3, b = 0, c = 3 \quad b^2 - 4ac = 0 - 36 < 0$
Logo, a figura é um círculo, ou um caso degenerado, já que $a = c$ e $b = 0$.
(f) $a = 0, b = 0, c = 1 \quad b^2 - 4ac = 0 - 0 = 0$
Portanto, a figura é uma parábola, ou um caso degenerado.

17.2 SEÇÕES CÔNICAS

Cada seção cônica é o conjunto de todos os pontos em um plano que satisfazem uma série de condições dadas. O conjunto de pontos pode ser descrito por uma equação. Quando posicionada ao redor da origem, a figura é chamada de seção cônica central. Uma equação geral utilizada para descrever certa seção cônica é chamada de equação padrão, que pode ter mais de uma forma para dada seção cônica. As seções cônicas são o círculo, a parábola, a elipse e a hipérbole. Vamos considerar apenas seções cônicas nas quais $b = 0$, tornando a equação quadrática geral em $Ax^2 + Cy^2 + Dx + Ey + F = 0$. É necessário trigonometria para discutir completamente equações quadráticas gerais nas quais $b \neq 0$.

17.3 CÍRCULOS

Um círculo é a coleção de todos os pontos que estão a uma distância fixa de um ponto dado no plano. Este ponto é o centro do círculo e a distância fixa é o raio do círculo.

Quando o centro é a origem, $(0, 0)$, e o raio é r, a forma padrão da equação do círculo é $x^2 + y^2 = r^2$. Se o centro é o ponto (h, k) e o raio é r, a forma padrão da equação do círculo é $(x - h)^2 + (y - k)^2 = r^2$. Se $r^2 = 0$, temos o caso degenerado de um único ponto, que é, às vezes, denominado círculo pontual. Se $r^2 < 0$, temos o caso degenerado não existente, às vezes denominado círculo imaginário, uma vez que o raio deveria ser um número imaginário.

O gráfico do círculo $(x - 2)^2 + (y + 3)^2 = 9$ tem seu centro em $(2, -3)$ e raio 3 (ver Fig. 17-1).

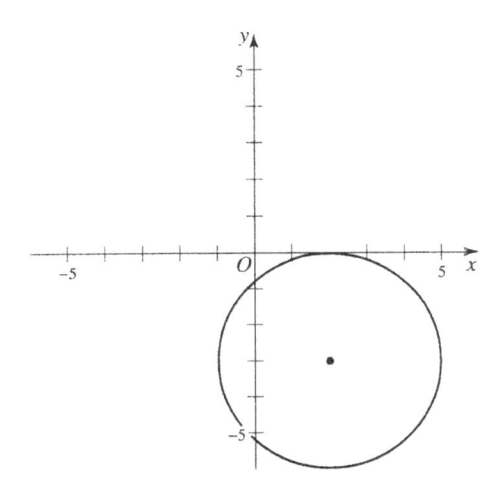

Figura 17-1

Exemplos 17.2 Para cada círculo, determine o centro e o raio.

(a) $x^2 + y^2 = 5$ (b) $x^2 + y^2 = 28$ (c) $(x + 2)^2 + (y - 4)^2 = 81$

(a) $C(0, 0)$, $r = \sqrt{5}$
(b) $C(0, 0)$, $r = \sqrt{28} = \sqrt{4}\sqrt{7} = 2\sqrt{7}$
(c) $(x + 2)^2 + (y - 4)^2 = 81$, então $(x - (-2))^2 + (y - 4)^2 = 9^2$ $C(-2, 4)$, $r = 9$

Exemplos 17.3 Escreva a equação de todos os círculos na forma padrão.

(a) $x^2 + y^2 - 8x + 12y - 48 = 0$ (b) $x^2 + y^2 - 4x + 6y + 100 = 0$

(a) $x^2 + y^2 - 8x + 12y - 48 = 0$
$(x^2 - 8x) + (y^2 + 12y) = 48$ reorganizando os termos
$(x^2 - 8x + 16) + (y^2 + 12y + 36) = 48 + 16 + 36$ completando os quadrados para x e y
$(x - 4)^2 + (y + 6)^2 = 100$ forma padrão (1)

(b) $x^2 + y^2 - 4x + 6y + 100 = 0$
$(x^2 - 4x) + (y^2 + 6y) = -100$ reorganizando os termos
$(x^2 - 4x + 4) + (y^2 + 6y + 9) = -100 + 4 + 9$ completando os quadrados para x e y
$(x - 2)^2 + (y + 3) = -87$ forma padrão (2)

Nota. Em (1) $r^2 = 100$, logo temos um círculo, mas em (2) $r^2 = -87$, então temos o caso degenerado.

Exemplo 17.4 Escreva a equação do círculo passando pelos pontos $P(2, -1)$, $Q(-3, 0)$ e $R(1, 4)$.

Substituindo os pontos P, Q e R na forma geral de um círculo, $x^2 + y^2 + Dx + Ey + F = 0$, obtemos um sistema de três equações lineares.

para $P(2, -1)$ $2^2 + (-1)^2 + 2D - E + F = 0$ então (1) $2D - E + F = -5$
para $Q(-3, 0)$ $(-3)^2 + 0^2 - 3D + 0E + F = 0$ então (2) $-3D + F = -9$
para $R(1, 4)$ $1^2 + 4^2 + D + 4E + F = 0$ então (3) $D + 4E + F = -17$

Eliminando F entre (1) e (2) e entre (1) e (3), resulta em

$$(4)\ 5D - E = 4 \text{ e } (5)\ D - 5E = 12$$

Resolvendo (4) e (5) ficamos com $D = 1/3$ e $E = -7/3$ e, substituindo D e E em (1), temos $F = -8$.

A equação do círculo é $x^2 + y^2 + 1/3x - 7/3y - 8 = 0$ ou $3x^2 + 3y^2 + x - 7y - 24 = 0$.

17.4 PARÁBOLAS

Uma parábola é a coleção dos pontos de um plano equidistantes a uma reta fixa, a diretriz, e um ponto fixo, o foco.

Parábolas centrais têm seu vértice na origem, foco em um dos eixos e a diretriz paralela ao outro eixo. Denotamos a distância do foco ao vértice por $|p|$. A distância da diretriz ao vértice também é $|p|$. As equações de parábolas centrais são (1) e (2) abaixo.

$$(1)\ y^2 = 4px \quad \text{e} \quad (2)\ x^2 = 4py$$

Em (1), o foco está no eixo x e a diretriz é paralela ao outro eixo. Se p é positivo, a curva abre-se para a direita, e se p é negativo, abre-se para a esquerda (ver Fig. 17-2). Em (2), o foco encontra-se no eixo y e a diretriz é paralela ao eixo x. Se p é positivo, a curva abre-se para cima e se p é negativo, abre-se para baixo (ver Fig. 17-3).

A reta que passa pelo vértice e pelo foco é o eixo da parábola e o gráfico é simétrico em relação a essa reta.

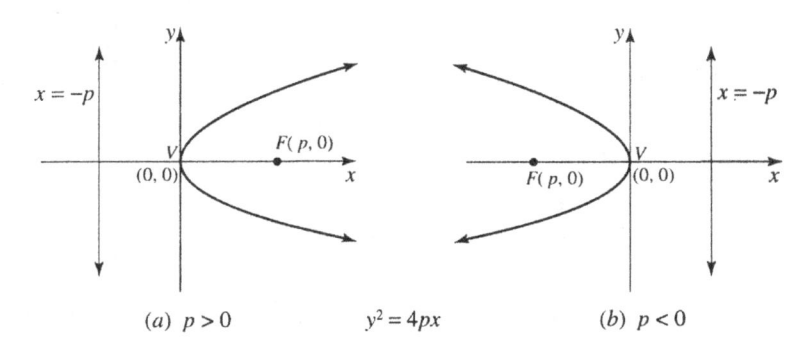

Figura 17-2

(a) $p > 0$ $\qquad x^2 = 4py \qquad$ *(b)* $p < 0$

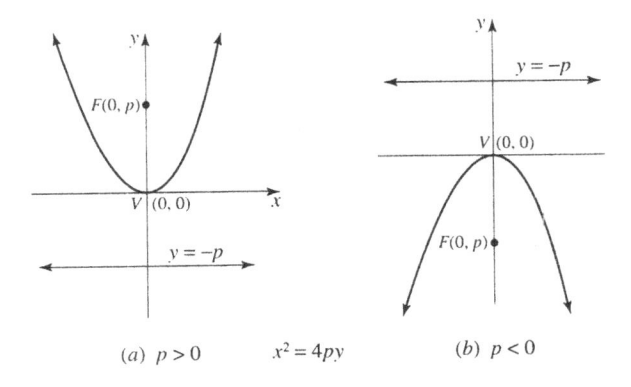

Figura 17-3

As parábolas com vértices no ponto (h, k) e com as diretrizes paralelas aos eixos y e x têm sua forma padrão dadas por (3) e (4) abaixo.

$$(3)\ (y - k)^2 = 4p(x - h) \quad \text{e} \quad (4)\ (x - h)^2 = 4p(y - k)$$

Em (3), o foco é $F(h + p, k)$, a diretriz é $x = h - p$ e o eixo é $y = k$ (ver Fig. 17-4). Entretanto, em (4), o foco é $F(h, k + p)$, a diretriz é $y = k - p$ e o eixo é $x = h$ (ver Fig. 17-5).

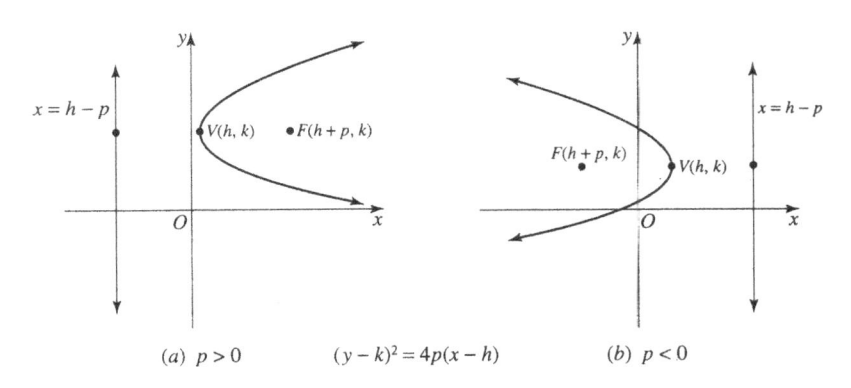

(a) $p > 0$ $\qquad (y - k)^2 = 4p(x - h) \qquad$ *(b)* $p < 0$

Figura 17-4

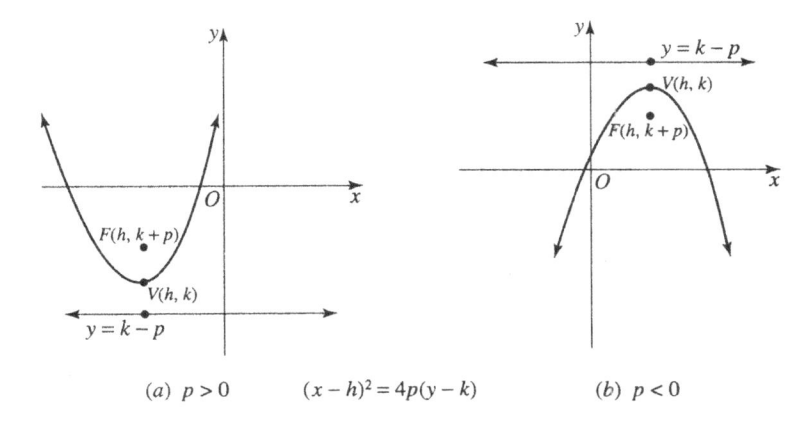

(a) $p > 0$ $\qquad (x - h)^2 = 4p(y - k) \qquad$ *(b)* $p < 0$

Figura 17-5

Exemplos 17.5 Determine o vértice, o foco, a diretriz e o eixo de cada parábola.

(a) $y^2 = -8x$ (b) $x^2 = 6y$ (c) $(y - 3)^2 = 5(x + 7)$ (d) $(x - 1)^2 = -4(y + 4)$

(a) $y^2 = -8x$: vértice $(h, k) = (0, 0)$, $4p = -8$, logo $p = -2$, foco $(p, 0) = (-2, 0)$, e a diretiz é $x = -p$, então $x = -(-2) = 2$, o eixo é $y = 0$.

(b) $x^2 = 6y$: vértice $(h, k) = (0, 0)$, $4p = 6$, logo $p = 3/2$, foco $(0, p) = (0, 3/2)$ e a diretiz é $y = -p$, então $y = -3/2$, o eixo é $y = 0$.

(c) $(y - 3)^2 = 5(x + 7)$: vértice $(h, k) = (-7, 3)$, $4p = 5$, logo $p = 5/4$, foco $(h + p, k) = (-7 + 5/4, 3) = (-23/4, 3)$ e a diretiz é $x = h - p$, então $x = -7 - 5/4 = -33/4$, eixo $y = k$, portanto $y = 3$.

(d) $(x - 1)^2 = -4(y + 4)$: vértice $(h, k) = (1, -4)$, $4p = -4$, logo $p = -1$, foco $(h, k + p) = (1, -4 + (-1)) = (1, -5)$ e a diretiz é $y = k - p$, então $y = -4 - (-1) = -3$, o eixo é $x = h$, portanto $x = 1$.

Exemplos 17.6 Escreva a equação da parábola com as características dadas.

(a) vértice $(4, 6)$ e foco $(4, 8)$ (b) foco $(3, 5)$ e diretriz $y = 3$

(a) Uma vez que o vértice $(4, 6)$ e o foco $(4, 8)$ encontram-se na reta $x = 4$ (ver Fig. 17-5), temos uma parábola da forma $(x - h)^2 = 4p(y - k)$.
Como o vértice é $(4, 6)$, temos $h = 4$ e $k = 6$.
O foco é $(h, k + p)$, logo $k + p = 8$ e $6 + p = 8$, então $p = 2$.
A equação da parábola é $(x - 4)^2 = 8(y - 6)$.

(b) Como a diretriz é $y = 3$ (ver Fig. 17-5), a parábola tem a forma $(x - h)^2 = 4p(y - k)$.
O foco $(3, 5)$ está 2 unidades acima da diretriz $y = 3$, logo $p > 0$. A distância do foco à diretriz é $2|p|$, então $2p = 2$ e $p = 1$.
O foco é $(h, p + k)$, assim $h = 3$ e $k + p = 5$. Como $p = 1$, $k = 4$.
A equação da parábola é $(x - 3)^2 = 4(y - 4)$.

Exemplos 17.7 Escreva a equação de cada parábola na forma padrão.

(a) $x^2 - 4x - 12y - 32 = 0$ (b) $y^2 + 3x - 6y = 0$

(a) $x^2 - 4x - 12y - 32 = 0$
$x^2 - 4x = 12y + 32$ reorganize os termos
$x^2 - 4x + 4 = 12y + 32 + 4$ complete o quadrado para x
$(x - 2)^2 = 12y + 36$ fatore o lado direito da equação
$(x - 2)^2 = 12(y + 3)$ forma padrão

(b) $y^2 + 3x - 6y = 0$
$y^2 - 6y = -3x$ reorganize os termos
$y^2 - 6y + 9 = -3x + 9$ complete o quadrado para y
$(y - 3)^2 = -3(x - 3)$ forma padrão

17.5 ELIPSES

Uma elipse é a região de todos os pontos em um plano tais que a soma das distâncias de dois pontos fixos, os focos, a qualquer ponto na elipse é constante.

Elipses centrais possuem seu centro na origem, vértices e focos em um eixo e os covértices no outro eixo. Denotamos a distância de um vértice ao centro por a, a distância de um covértice ao centro por b e a distância de um foco ao centro por c. Para uma elipse, os valores a, b e c estão relacionados por $a^2 = b^2 + c^2$ e $a > b$. Denominamos eixo maior o segmento de reta entre os vértices e eixo menor o segmento de reta entre os covértices.

As formas padrão para elipses centrais são:

$$(1)\ \frac{x^2}{a^2} + \frac{y^2}{b^2} = 1 \qquad \text{e} \qquad (2)\ \frac{y^2}{a^2} + \frac{x^2}{b^2} = 1$$

O maior denominador é sempre a^2 para uma elipse. Caso o numerador para a^2 seja x^2, então o eixo maior encontra-se no eixo x. Em (1) as coordenadas dos vértices são $V(a, 0)$ e $V'(-a, 0)$, os focos possuem coordenadas $F(c, 0)$ e $F'(-c, 0)$ e os covértices são $B(0, b)$ e $B'(0, -b)$ (ver Fig. 17-6). Caso o numerador para a^2 seja y^2, então o eixo maior encontra-se no eixo y. Em (2) os vértices encontram-se em $V(0, a)$ e $V'(0, -a)$, os focos estão em $F(0, c)$ e $F'(0, -c)$ e os covértices em $B(b, 0)$ e $B'(-b, 0)$ (ver Fig. 17-7).

As formas padrão para elipses com centro $C(h, k)$ são:

$$(3) \quad \frac{(x-h)^2}{a^2} + \frac{(y-k)^2}{b^2} = 1 \qquad \text{e} \qquad (4) \quad \frac{(y-k)^2}{a^2} + \frac{(x-h)^2}{b^2} = 1$$

Em (3) o eixo maior é paralelo ao eixo x e o eixo menor é paralelo ao eixo y. As coordenadas dos focos são $F(h + c, k)$ e $F'(h - c, k)$, os vértices encontram-se em $V(h + a, k)$ e $V'(h - a, k)$ e os covértices são $B(h, k + b)$ e $B'(h, k - b)$ (ver Fig. 17-8). Em (4) o eixo maior é paralelo ao eixo y e o menor é paralelo ao eixo x. Os focos são $F(h, k$

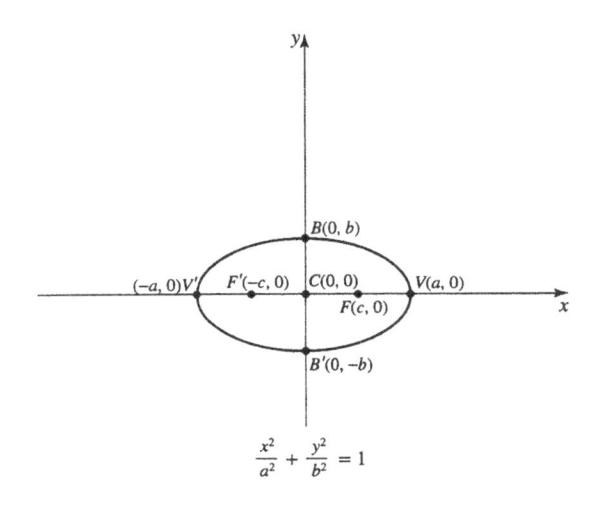

Figura 17-6

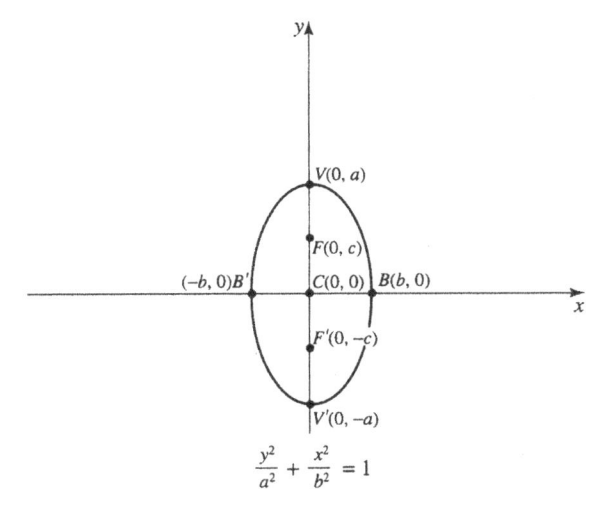

Figura 17-7

$+ c)$ e $F'(h, k - c)$, os vértices têm coordenadas $V(h, k + a)$ e $V'(h, k - a)$ e os covértices $B(h + b, k)$ e $B'(h - b, k)$ (ver Fig. 17-9).

Exemplos 17.8 Determine o centro, o foco, os vértices e os covértices de cada elipse.

(a) $\dfrac{x^2}{25} + \dfrac{y^2}{9} = 1$ (c) $\dfrac{(x-3)^2}{225} + \dfrac{(y-4)^2}{289} = 1$

(b) $\dfrac{x^2}{3} + \dfrac{y^2}{10} = 1$ (d) $\dfrac{(x+1)^2}{100} + \dfrac{(y-2)^2}{64} = 1$

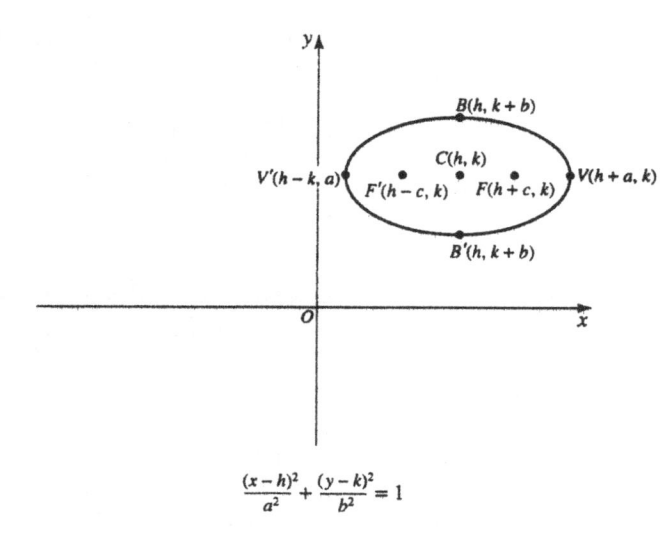

(a) $\dfrac{x^2}{25} + \dfrac{y^2}{9} = 1$

$$\frac{(x-h)^2}{a^2} + \frac{(y-k)^2}{b^2} = 1$$

Figura 17-8

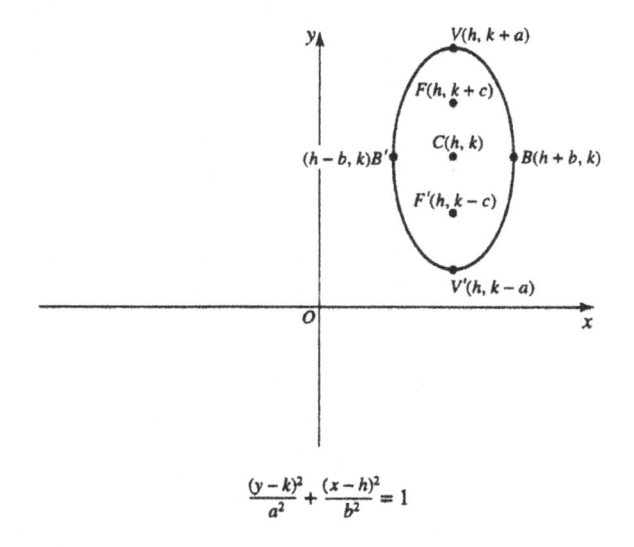

$$\frac{(y-k)^2}{a^2} + \frac{(x-h)^2}{b^2} = 1$$

Figura 17-9

ÁLGEBRA

Como a^2 é o maior denominador, $a^2 = 25$ e $b^2 = 9$, logo $a = 5$ e $b = 3$. A partir de $a^2 = b^2 + c^2$, obtemos $25 = 9 + c^2$ e $c = 4$. O centro está em $(0, 0)$. Os vértices são $(a, 0)$ e $(-a, 0)$, então $V(5, 0)$ e $V'(-5, 0)$. Os focos encontram-se em $(c, 0)$ e $(-c, 0)$, portanto $F(4,0)$ e $F(-4,0)$. Os covértices são $(0, b)$ e $(0, -b)$, assim $B(0, 3)$ e $B'(0, -3)$.

(b) $\dfrac{y^2}{10} + \dfrac{x^2}{3} = 1$

$a^2 = 10$ e $b^2 = 3$, logo $a = \sqrt{10}$, $b = \sqrt{3}$ e como $a^2 = b^2 + c^2$, $c = \sqrt{7}$.

Já que y^2 está sobre o maior denominador, os vértices e focos estão sobre o eixo y. O centro é $(0, 0)$.

vértices $(0, a)$ e $(0, -a)$	$V(0, \sqrt{10})$, $V'(0, -\sqrt{10})$
focos $(0, c)$ e $(0, -c)$	$F(0, \sqrt{7})$, $F'(0, -\sqrt{7})$
covértices $(b, 0)$ e $(-b, 0)$	$B(\sqrt{3}, 0)$, $B'(-\sqrt{3}, 0)$

(c) $\dfrac{(y-4)^2}{289} + \dfrac{(x-3)^2}{225} = 1$

$a^2 = 289$ e $b^2 = 225$, assim, $a = 17$ e $b = 15$ e de $a^2 = b^2 + c^2$, $c = 8$. Já que $(y - 4)^2$ está sobre a^2, os vértices e focos encontram-se em uma reta paralela ao eixo y.

centro $(h, k) = (3, 4)$	
vértices $(h, k + a)$ e $(h, k - a)$	$V(3, 21)$, $V'(3, -13)$
focos $(h, k + c)$ e $(h, k - c)$	$F(3, 12)$, $F'(3, -4)$
covértices $(h + b, k)$ e $(h - b, k)$	$B(18, 4)$, $B'(-12, 4)$

(d) $\dfrac{(x+1)^2}{100} + \dfrac{(y-2)^2}{64} = 1$

$a^2 = 100$, $b^2 = 64$, portanto $a = 10$ e $b = 8$. A partir de $a^2 = b^2 + c^2$, obtemos $c = 6$. Como $(x + 1)^2$ está sobre a^2, os vértices e focos estão em uma reta paralela ao eixo x.

centro $(h, k) = (-1, 2)$	
vértices $(h + a, k)$ e $(h - a, k)$	$V(9, 2)$, $V'(-11, 2)$
focos $(h + c, k)$ e $(h - c, k)$	$F(5, 2)$, $F'(-7, 2)$
covértices $(h, k + b)$ e $(h, k - b)$	$B(-1, 10)$, $B'(-1, -6)$

Exemplos 17.9 Escreva a equação da elipse com as características dadas.

(a) elipse central, focos em $(\pm 4, 0)$ e vértices em $(\pm 5, 0)$

(b) centro $(0, 3)$, eixo maior de comprimento 12, focos em $(0, 6)$ e $(0, 0)$

(a) Uma elipse central tem seu centro na origem, logo $(h, k) = (0, 0)$. Como os vértices encontram-se no eixo x e o centro é $(0, 0)$, a forma da elipse é

$$\dfrac{x^2}{a^2} + \dfrac{y^2}{b^2} = 1$$

Do vértice em $(5, 0)$ e centro $(0, 0)$, obtemos $a = 5$.
Do foco em $(4, 0)$ e centro $(0, 0)$, obtemos $c = 4$.
Como $a^2 = b^2 + c^2$, $25 = b^2 + 16$, então $b^2 = 9$ e $b = 3$.
A equação da elipse é $\dfrac{x^2}{25} + \dfrac{y^2}{9} = 1$

(b) Já que o centro é $(0, 3)$, $h = 0$ e $k = 3$. Como os focos estão no eixo y, a forma da equação da elipse é

$$\dfrac{(y-k)^2}{a^2} + \dfrac{(x-h)^2}{b^2} = 1$$

Os focos são $(h, k + c)$ e $(h, k - c)$, portanto $(0, 6) = (h, k + c)$ e $3 + c = 6$ e $c = 3$.
O comprimento do eixo maior é 12, então sabemos que $2a = 12$ e $a = 6$.

De $a^2 = b^2 + c^2$, obtemos $36 = b^2 + 9$ e $b^2 = 27$.

A equação da elipse é $\dfrac{(y-3)^2}{36} + \dfrac{x^2}{27} = 1$

Exemplo 17.10 Escreva a equação da elipse $18x^2 + 12y^2 - 144x + 48y + 120 = 0$ na forma padrão.

$18x^2 + 12y^2 - 144x + 48y + 120 = 0$

$(18x^2 - 144x) + (12y^2 + 48y) = -120$ \hfill reorganize os termos

$18(x^2 - 8x) + 12(y^2 + 4y) = -120$ \hfill fatore para obter x^2 e y^2

$18(x^2 - 8x + 16) + 12(y^2 + 4y + 4) = -120 + 18(16) + 12(4)$ \hfill complete os quadrados em x e y

$18(x-4)^2 + 12(y+2)^2 = 216$ \hfill simplifique

$\dfrac{18(x-4)^2}{216} + \dfrac{12(y+2)^2}{216} = 1$ \hfill divida por 216

$\dfrac{(x-4)^2}{12} + \dfrac{(y+2)^2}{18} = 1$ \hfill forma padrão

17.6 HIPÉRBOLES

A hipérbole é a região do plano formada pelos pontos tais que a diferença entre as distâncias a dois pontos fixos, os focos, é uma constante.

Hipérboles centrais têm seu centro na origem e seus vértices e focos em um eixo, sendo simétricas em relação ao outro eixo. A forma padrão das equações para hipérboles centrais são:

$$(1) \quad \frac{x^2}{a^2} - \frac{y^2}{b^2} = 1 \qquad \text{e} \qquad (2) \quad \frac{y^2}{a^2} - \frac{x^2}{b^2} = 1$$

A distância do centro a um vértice é denotada por a e a distância do centro a um foco é c. Para uma hipérbole, $c^2 = a^2 + b^2$, onde b é um número positivo. O segmento de reta entre os vértices é denominado eixo transverso. O denominador da fração positiva na forma padrão é sempre a^2.

Em (1), o eixo transverso $\overline{VV'}$ encontra-se no eixo x, os vértices são $V(a, 0)$ e $V'(-a, 0)$ e os focos estão em $F(c, 0)$ e $F'(-c, 0)$ (ver Fig. 17-10). Em (2), o eixo transverso $\overline{VV'}$ pertence ao eixo y, os vértices estão em $V(0, a)$ e $V'(0, -a)$ e os focos são $F(0, c)$ e $F'(0, -c)$ (ver Fig. 17-11). Quando retas são traçadas pelos pontos R e C, e pelos pontos S e C, temos as assíntotas da hipérbole. A assíntota é a reta da qual o gráfico da hipérbole se aproxima, mas nunca a toca.

Se o centro da hipérbole é (h, k), as formas padrão são (3) e (4):

$$(3) \quad \frac{(x-h)^2}{a^2} - \frac{(y-k)^2}{b^2} = 1 \qquad \text{e} \qquad (4) \quad \frac{(y-k)^2}{a^2} - \frac{(x-h)^2}{b^2} = 1$$

Em (3), o eixo transverso é paralelo ao eixo x, os vértices têm coordenadas $V(h + a, k)$ e $V'(h - a, k)$, os focos são $F(h + c, k)$ e $F'(h - c, k)$ e as coordenadas dos pontos R e S são $R(h + a, k + b)$ e $S(h + a, k - b)$. As retas por R e C e por S e C são as assíntotas da hipérbole (ver Fig. 17-12). Na equação (4), o eixo transverso é paralelo ao eixo y, os vértices encontram-se em $V(h, k + a)$ e $V'(h, k - a)$, os focos são $F(h, k + c)$ e $F'(h, k - c)$ e os pontos R e S têm coordenadas $R(h + b, k + a)$ e $S(h - b, k + a)$ (ver Fig. 17-13).

Exemplos 17.11 Encontre as coordenadas do centro, dos vértices e dos focos de cada hipérbole.

(a) $\dfrac{(x-4)^2}{9} - \dfrac{(y-5)^2}{16} = 1$ \qquad (b) $\dfrac{(y+5)^2}{25} - \dfrac{(x+9)^2}{144} = 1$ \qquad (c) $\dfrac{(x+3)^2}{225} - \dfrac{(y-4)^2}{64} = 1$

ÁLGEBRA

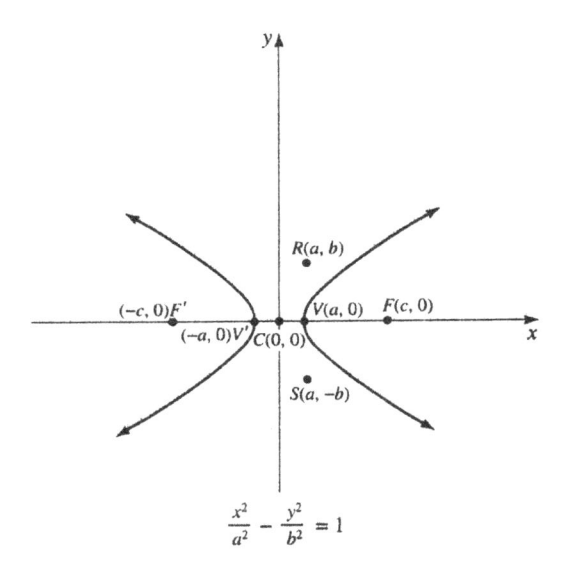

Figura 17-10

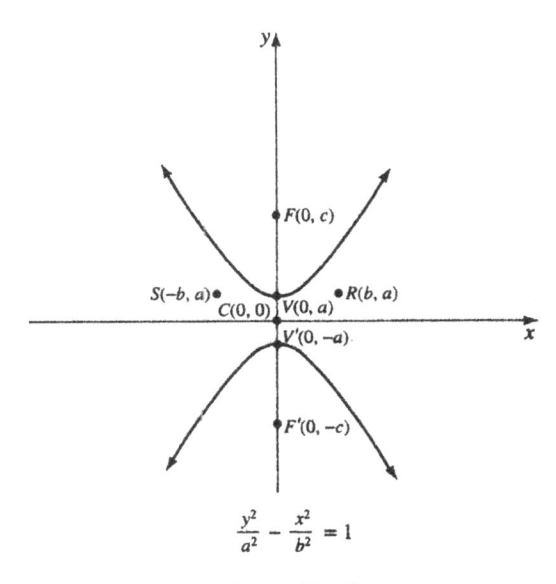

$$\frac{x^2}{a^2} - \frac{y^2}{b^2} = 1$$

Figura 17-11

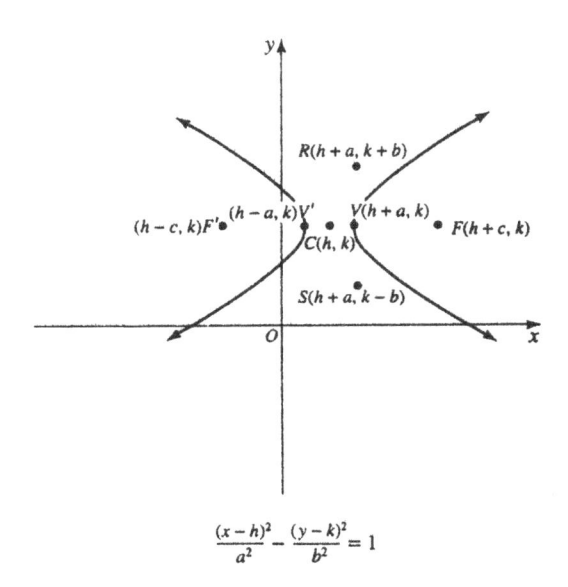

$$\frac{y^2}{a^2} - \frac{x^2}{b^2} = 1$$

Figura 17-12

$$\frac{(x-h)^2}{a^2} - \frac{(y-k)^2}{b^2} = 1$$

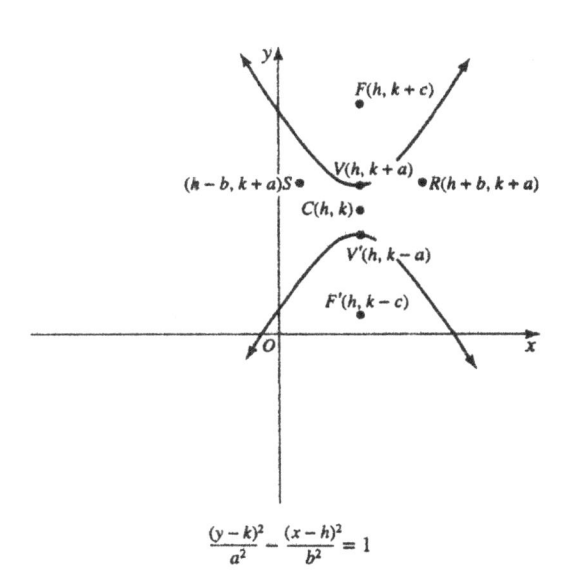

Figura 17-13

$$\frac{(y-k)^2}{a^2} - \frac{(x-h)^2}{b^2} = 1$$

(a) $\dfrac{(x-4)^2}{9} - \dfrac{(y-5)^2}{16} = 1$

Por $a^2 = 9$ e $b^2 = 16$, vale $a = 3$ e $b = 4$.
  De $c^2 = a^2 + b^2$ obtemos $c = 5$.
o centro é $(h, k) = (4, 5)$
os vértices são $V(h + a, k)$ e $V'(h - a, k)$ $V(7, 5)$ e $V'(1, 5)$
os focos são $F(h + c, k)$ e $F'(h - c, k)$ $F(9, 5)$ e $F'(-1, 5)$

(b) $\dfrac{(y+5)^2}{25} - \dfrac{(x+9)^2}{144} = 1$

Já que $a^2 = 25$ e $b^2 = 144$, $a = 5$ e $b = 12$.
  De $c^2 = a^2 + b^2$, temos que $c = 13$.

centro $C(h, k) = (-9, -5)$
os vértices são $V(h, k + a)$ e $V'(h, k - a)$ $V(-9, 0)$ e $V'(-9, -10)$
os focos são $F(h, k + c)$ e $F'(h, k - c)$ $F(-9, 8)$ e $F'(-9, -18)$

(c) $\dfrac{(x+3)^2}{225} - \dfrac{(y-4)^2}{64} = 1$

Como $a^2 = 225$ e $b^2 = 64$, segue que $a = 15$ e $b = 8$.
De $c^2 = a^2 + b^2$, obtemos $c = 17$.
centro $C(h, k) = (-3, 4)$
vértices $V(h + a, k)$ e $V'(h - a, k)$ $V(12, 4)$ e $V'(-18, 4)$
focos $F(h + c, k)$ e $F'(h - c, k)$ $F(14, 4)$ e $F'(-20, 4)$

Exemplos 17.12 Escreva a equação da hipérbole com as características dadas.

(a) Focos em $(2, 5)$ e $(-4, 5)$ e eixo transverso tem comprimento 4.
(b) Centro em $(1, -3)$, um foco em $(1, 2)$ e um vértice em $(1, 1)$.

(a) Os focos estão em uma reta paralela ao eixo x, logo a forma é

$$\dfrac{(x-h)^2}{a^2} - \dfrac{(y-k)^2}{b^2} = 1$$

O centro está no ponto médio entre os focos, assim $c = 3$ e o centro é $C(-1, 5)$.
O eixo transverso liga os vértices, então seu comprimento é $2a$, logo $2a = 4$ e $a = 2$.
Como $c^2 = a^2 + b^2$, $c = 3$ e $a = 2$, portanto $b^2 = 5$.
A equação da hipérbole é

$$\dfrac{(x+1)^2}{4} - \dfrac{(y-5)^2}{5} = 1$$

(b) A distância do vértice $(1, 1)$ ao centro $(1, -3)$ é a, assim $a = 4$.
A distância do foco $(1, 2)$ ao centro $(1, -3)$ é c, logo $c = 5$.
De $c^2 = a^2 + b^2$, $a = 4$ e $c = 5$, $b^2 = 9$.
Como o centro, o vértice e o foco pertencem a uma reta paralela ao eixo y, a hipérbole tem a forma

$$\dfrac{(y-k)^2}{a^2} - \dfrac{(x-h)^2}{b^2} = 1$$

O centro é $(1, -3)$, portanto $h = 1$ e $k = -3$.
A equação da hipérbole é

$$\dfrac{(y+3)^2}{16} - \dfrac{(x-1)^2}{9} = 1$$

Exemplos 17.13 Escreva a equação de cada hipérbole na forma padrão.

(a) $25x^2 - 9y^2 - 100x - 72y - 269 = 0$ (b) $4x^2 - 9y^2 - 24x - 90y - 153 = 0$

(a) $25x^2 - 9y^2 - 100x - 72y - 269 = 0$
$(25x^2 - 100x) + (-9y^2 - 72y) = 269$ reorganize os termos
$25(x^2 - 4x) - 9(y^2 + 8y) = 269$ fatore para obter x^2 e y^2
$25(x^2 - 4x + 4) - 9(y^2 + 8y + 16) = 269 + 25(4) - 9(16)$ complete os quadrados para x e y
$25(x - 2)^2 - 9(y + 4)^2 = 225$ simplifique e divida por 225
$\dfrac{(x-2)^2}{9} - \dfrac{(y+4)^2}{25} = 1$ forma padrão

(b) $4x^2 - 9y^2 - 24x - 90y - 153 = 0$
$(4x^2 - 24x) + (-9y^2 - 90y) = 153$ reorganize os termos
$4(x^2 - 6x) - 9(y^2 + 10y) = 153$ fatore para obter x^2 e y^2
$4(x^2 - 6x + 9) - 9(y^2 + 10y + 25) = 153 + 4(9) - 9(25)$ complete os quadrados para x e y
$4(x - 3)^2 - 9(y + 5)^2 = -36$ simplifique e então divida por -36
$\dfrac{(x-3)^2}{-9} - \dfrac{(y+5)^2}{-4} = 1$ simplifique os sinais
$\dfrac{(y+5)^2}{4} - \dfrac{(x-3)^2}{9} = 1$ forma padrão

17.7 CONSTRUINDO GRÁFICOS DE SEÇÕES CÔNICAS COM UMA CALCULADORA

Como a maioria das seções cônicas não são funções, um passo importante é resolver a equação na forma padrão para y. Se y for igual a uma expressão envolvendo x que contenha $\pm$ uma quantidade, precisamos separar a expressão em duas partes: $y_1 =$ a expressão utilizando a quantidade com $+$ e $y_2 =$ a expressão usando a quantidade com $-$. Caso contrário, defina $y_1 =$ a expressão. Construa o gráfico de y_1 ou y_1 e y_2 simultaneamente. Possivelmente a janela deva ser ajustada para corrigir a distorção causada por escalas distintas utilizadas nos eixos x e y na janela padrão de muitas calculadoras. Fazer a escala y igual a 0,67 frequentemente corrige essa distorção.

Para círculo, elipse e hipérbole, geralmente é necessário centralizar a janela gráfica no ponto (h, k), o centro da seção cônica. Entretanto, a parábola é melhor visualizada caso o vértice (h, k) esteja na borda da tela.

Problemas Resolvidos

17.1 Esboce o gráfico das seguintes equações:

(a) $4x^2 + 9y^2 = 36$,   (b) $4x^2 - 9y^2 = 36$,   (c) $4x + 9y^2 = 36$.

Solução

(a) $4x^2 + 9y^2 = 36$, $y^2 = \dfrac{4}{9}(9 - x^2)$, $y = \pm\dfrac{2}{3}\sqrt{9 - x^2}$.

Perceba que y é real quando $9 - x^2 \geq 0$, i.e., quando $-3 \leq x \leq 3$. Portanto, valores de x maiores que 3 ou menores que -3 não serão considerados.

x	-3	-2	-1	0	1	2	3
y	0	$\pm 1{,}49$	$\pm 1{,}89$	± 2	$\pm 1{,}89$	$\pm 1{,}49$	0

O gráfico é uma elipse com centro na origem (ver Fig. 17-14(a)).

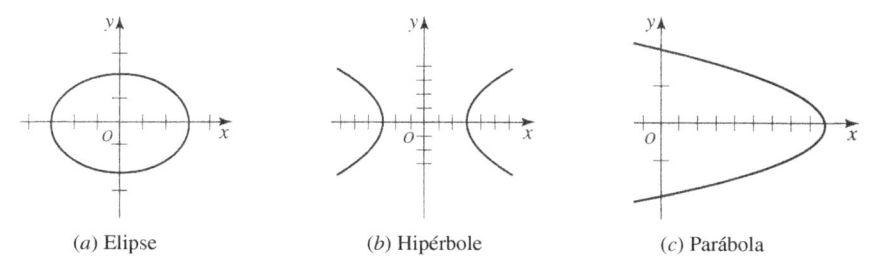

(a) Elipse   (b) Hipérbole   (c) Parábola

Figura 17-14

(b) $4x^2 - 9y^2 = 36$, $\quad y^2 = \dfrac{4}{9}(x^2 - 9)$, $\quad y = \pm\dfrac{2}{3}\sqrt{x^2 - 9}$.

Observe que x não pode ter um valor entre -3 e 3 para que y seja real.

x	6	5	4	3	-3	-4	-5	-6
y	$\pm 3{,}46$	$\pm 2{,}67$	$\pm 1{,}76$	0	0	$\pm 1{,}76$	$\pm 2{,}67$	$\pm 3{,}46$

O gráfico é constituído por dois ramos e é uma hipérbole (ver Fig. 17-14(b)).

(c) $4x + 9y^2 = 36$, $\quad y^2 = \dfrac{4}{9}(9 - x)$, $\quad y = \pm\dfrac{2}{3}\sqrt{9 - x}$.

Note que se x for maior do que 9, y será imaginário.

x	-1	0	1	5	8	9
y	$\pm 2{,}11$	± 2	$\pm 1{,}89$	$\pm 1{,}33$	$\pm 0{,}67$	0

O gráfico é uma parábola (ver Fig. 17-14(c)).

17.2 Trace o gráfico das seguintes equações:

(a) $xy = 8$, (b) $2x^2 - 3xy + y^2 + x - 2y - 3 = 0$, (c) $x^2 + y^2 - 4x + 8y + 25 = 0$.

Solução

(a) $xy = 8$, $y = 8/x$. Observe que se x é um número real diferente de zero, y é real. O gráfico é uma hipérbole (ver Fig. 17-15(a)).

x	4	2	1	$\frac{1}{2}$	$-\frac{1}{2}$	-1	-2	-4
y	2	4	8	16	-16	-8	-4	-2

(a) Hipérbole   (b) Duas retas concorrentes

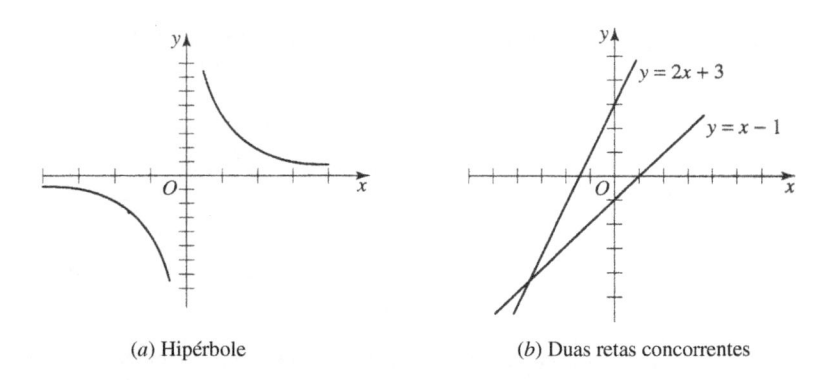

Figura 17-15

(b) $2x^2 - 3xy + y^2 + x - 2y - 3 = 0$. Escreva como $y^2 - (3x + 2)y + (2x^2 + x - 3) = 0$ e resolva pela fórmula quadrática para obter

$$y = \frac{3x + 2 \pm \sqrt{x^2 + 8x + 16}}{2} = \frac{(3x + 2) \pm (x + 4)}{2} \quad \text{ou} \quad y = 2x + 3,\ y = x - 1$$

A equação dada é equivalente a duas equações lineares, o que pode ser visto escrevendo-a na forma $(2x - y + 3)(x - y - 1) = 0$. O gráfico é constituído por duas retas concorrentes (ver Fig. 17-15(b)).

(c) Escreva como $y^2 + 8y + (x^2 - 4x + 25) = 0$; resolvendo,

$$y = \frac{-4 \pm \sqrt{-4(x^2 - 4x + 9)}}{2}.$$

Uma vez que $x^2 - 4x + 9 = x^2 - 4x + 4 + 5 = (x - 2)^2 + 5$ é sempre positivo, a quantidade dentro do radical é negativa. Assim, y é imaginário para todos os valores reais de x e o gráfico não existe.

17.3 Escreva cada equação de círculo na forma padrão e determine seu centro e raio.

(a) $x^2 + y^2 - 8x + 10y - 4 = 0$ (b) $4x^2 + 4y^2 + 28y + 13 = 0$

Solução

(a) $x^2 + y^2 - 8x + 10y - 4 = 0$

$(x^2 - 8x + 16) + (y^2 + 10y + 25) = 4 + 16 + 25$

$(x - 4)^2 + (y + 5)^2 = 45$ forma padrão

centro: $C(4, -5)$ raio: $r = \sqrt{45} = 3\sqrt{5}$

(b) $4x^2 + 4y^2 + 28y + 13 = 0$

$x^2 + y^2 + 7y = -13/4$

$x^2 + (y^2 + 7y + 49/4) = -13/4 + 49/4$

$x^2 + (y + 7/2)^2 = 9$ forma padrão

centro: $C(0, -7/2)$ raio: $r = 3$

17.4 Escreva as equações dos círculos com as seguintes propriedades.

(a) centro na origem e passa por (2, 6)

(b) extremidades de um diâmetro em $(-7, 2)$ e $(5, 4)$

Solução

(a) A forma padrão de um círculo centrado na origem é $x^2 + y^2 = r^2$. Como o círculo passa por (2, 6), substituímos $x = 2$ e $y = 6$ para determinar r^2. Assim, $r^2 = 2^2 + 6^2 = 40$. A forma padrão do círculo é $x^2 + y^2 = 40$.

(b) O centro do círculo é o ponto médio do diâmetro. O ponto médio M do segmento de reta com extremidades (x_1, y_1) e (x_2, y_2) é

$$M = \left(\frac{x_1 + x_2}{2}, \frac{y_1 + y_2}{2}\right).$$

Então, o centro é

$$C\left(\frac{-7 + 5}{2}, \frac{2 + 4}{2}\right) = C\left(\frac{-2}{2}, \frac{6}{2}\right) = C(-1, 3).$$

O raio de um círculo é a distância do centro a uma extremidade do diâmetro. A distância, d, entre dois pontos (x_1, y_1) e (x_2, y_2) é $d = \sqrt{(x_2 - x_1)^2 + (y_2 - y_1)^2}$. Portanto, a distância do centro $C(-1, 3)$ a $(5, 4)$ é $r = \sqrt{(5 - (-1))^2 + (4 - 3)^2} = \sqrt{6^2 + 1^2} = \sqrt{37}$.

A equação do círculo é $(x + 1)^2 + (y - 3)^2 = 37$.

17.5 Escreva a equação do círculo passando pelos três pontos (3, 2), $(-1, 4)$ e (2, 3).

Solução

A forma geral da equação de um círculo é $x^2 + y^2 + Dx + Ey + F = 0$, logo devemos substituir os pontos dados nesta equação para obter um sistema de equações em D, E e F.

Para (3, 2), $3^2 + 2^2 + D(3) + E(2) + F = 0$, então (1) $3D + 2E + F = -13$

Para (−1, 4), $(-1)^2 + 4^2 + D(-1) + E(4) + F = 0$, então (2) $-D + 4E + F = -17$

Para (2, 3), $2^2 + 3^2 + D(2) + E(3) + F = 0$, então (3) $2D + 3E + F = -13$

Cancelamos F de (1) e (2) e de (1) e (3) para obter

$$(4)\ 4D - 2E = 4 \text{ e } (5)\ D - E = 0$$

Resolvemos o sistema dado por (4) e (5), ficando com $D = 2$ e $E = 2$ e substituindo em (1) resulta em $F = -23$.
A equação do círculo é $x^2 + y^2 + 2x + 2y - 23 = 0$.

17.6 Escreva a equação da parábola na forma padrão e determine o vértice, o foco, a diretriz e o eixo.

(a) $y^2 - 4x + 10y + 13 = 0$ (b) $3x^2 + 18x + 11y + 5 = 0$

Solução

(a) $y^2 - 4x + 10y + 13 = 0$

$y^2 + 10y = 4x - 13$ reorganize os termos

$y^2 + 10y + 25 = 4x + 12$ complete o quadrado para y

$(y + 5)^2 = 4(x + 3)$ forma padrão

vértice $(h, k) = (-3, -5)$ $4p = 4$, então $p = 1$

foco $(h + p, k) = (-3 + 1, -5) = (-2, -5)$

diretriz: $x = h - p = -4$ eixo: $y = k = -5$

(b) $3x^2 + 18x + 11y + 5 = 0$

$x^2 + 6x = -11/3 y - 5/3$

$x^2 + 6x + 9 = -11/3 y + 22/3$

$(x + 3)^2 = -11/3(y - 2)$ forma padrão

vértice $(h, k) = (-3, +2)$ $4p = -11/3\ p = -11/12$

foco $(h, k + p) = (-3, +2 + (-11/12)) = (-3, 13/12)$

diretriz $= k - p = +2 - (-11/12) = 35/12$ eixo: $x = h = -3$

17.7 Escreva a equação da parábola com as características dadas.

(a) vértice na origem e diretriz $y = 2$ (b) vértice $(-1, -3)$ e foco $(-3, -3)$

Solução

(a) Como o vértice está na origem, temos a forma $y^2 = 4px$ ou $x^2 = 4py$. Entretanto, devido à diretriz ser $y = 2$, a forma é $x^2 = 4py$.

O vértice é $(0, 0)$ e a diretriz é $y = k - p$. Como $y = 2$ e $k = 0$, temos $p = -2$.

A equação da parábola é $x^2 = -8y$.

(b) O vértice é $(-1, -3)$ e o foco é $(-3, -3)$, como eles pertencem a uma reta paralela ao eixo x, a forma padrão é $(y - k)^2 = 4p(x - h)$.

Do vértice obtemos $h = -1$ e $k = -3$ e como o foco é $(h + p, k)$, $h + p = -3$ e $-1 + p = -3$, resultando em $p = -2$.

Assim, a forma padrão da parábola é $(y + 3)^2 = -8(x + 1)$.

17.8 Escreva a equação da elipse na forma padrão e determine seu centro, vértices, focos e covértices.

(a) $64x^2 + 81y^2 = 64$ (b) $9x^2 + 5y^2 + 36x + 10y - 4 = 0$

Solução

(a) $64x^2 + 81y^2 = 64$

$x^2 + \dfrac{81y^2}{64} = 1$ dividida por 64

$\dfrac{x^2}{1} + \dfrac{y^2}{\left(\dfrac{64}{81}\right)} = 1$ divida o numerador e o denominador por 81

forma padrão

centro na origem $(0, 0)$ $a^2 = 1$ e $b^2 = 64/81$, logo $a = 1$ e $b = 8/9$

Para uma elipse, $a^2 = b^2 + c^2$, assim, $1 = 64/81 + c^2 = 17/81$ e $c^2 = 17/81$, resultando em $c = \sqrt{17}/9$.

Os vértices são $(a, 0)$ e $(-a, 0)$, então $V(1, 0)$ e $V'(-1, 0)$.

Os focos são $(c, 0)$ e $(-c, 0)$, portanto $F(\sqrt{17}/9, 0)$ e $F'(-\sqrt{17}/9, 0)$.

Os covértices são $(0, b)$ e $(0, -b)$, de onde $B(0, 8/9)$ e $B'(0, -8/9)$.

(b) $9x^2 + 5y^2 + 36x + 10y - 4 = 0$

$9(x^2 + 4x + 4) + 5(y^2 + 2y + 1) = 4 + 36 + 5$

$9(x + 2)^2 + 5(y + 1)^2 = 45$

$\dfrac{(x+2)^2}{5} + \dfrac{(y+1)^2}{9} = 1$ forma padrão

centro $(h, k) = (-2, -1)$ $a^2 = 9$, $b^2 = 5$, então $a = 3$ e $b = \sqrt{5}$

Como $a^2 = b^2 + c^2$, $c^2 = 4$ e $c = 2$.

Os vértices são $(h, k + a)$ e $(h, k - a)$, logo $V(-2, 2)$ e $V'(-2, -4)$.

Os focos são $(h, k + c)$ e $(h, k - c)$, assim, $F(-2, 1)$ e $F'(-2, -3)$.

Os covértices são $(h + b, k)$ e $(h - b, k)$, portanto $B(-2 + \sqrt{5}, -1)$ e $B'(-2 - \sqrt{5}, -1)$.

17.9 Escreva a equação da elipse com estas características.

(a) focos são $(1, 0)$ e $(-1, 0)$ e o comprimento do eixo menor é $2\sqrt{2}$.

(b) vértices são $(5, -1)$ e $(-3, -1)$ e $c = 3$.

Solução

(a) O ponto médio do segmento de reta ligando os focos é o centro, portanto ele é $C(0, 0)$ e temos uma elipse central. A forma padrão é

$$\dfrac{x^2}{a^2} + \dfrac{y^2}{b^2} = 1 \quad \text{ou} \quad \dfrac{y^2}{a^2} + \dfrac{x^2}{b^2} = 1$$

Os focos são $(c, 0)$ e $(-c, 0)$, logo $(c, 0) = (1, 0)$ e $c = 1$.

O eixo menor tem comprimento $2\sqrt{2}$, então $2b = 2\sqrt{2}$ e $b = \sqrt{2}$ e $b^2 = 2$.

Para a elipse, $a^2 = b^2 + c^2$ e $a^2 = 1 + 2 = 3$.

Como os focos pertencem ao eixo x, a forma padrão é

$$\dfrac{x^2}{a^2} + \dfrac{y^2}{b^2} = 1$$

A equação da elipse é

$$\dfrac{x^2}{3} + \dfrac{y^2}{2} = 1.$$

(b) o ponto médio do segmento de reta ligando os vértices é o centro, logo o centro é

$$C\left(\frac{5-3}{2}, \frac{-1-1}{2}\right) = (1, -1).$$

Temos uma elipse cujo centro é (h, k), onde $h = 1$ e $k = -1$.

A forma padrão da elipse é

$$\frac{(x-h)^2}{a^2} + \frac{(y-k)^2}{b^2} = 1 \quad \text{ou} \quad \frac{(y-k)^2}{a^2} + \frac{(x-h)^2}{b^2} = 1.$$

Os vértices são $(h + a, k)$ e $(h - a, k)$, então $(h + a, k) = (1 + a, -1) = (5, -1)$. Assim, $1 + a = 5$ e $a = 4$.

Para a elipse, $a^2 = b^2 + c^2$, c é dado igual a 3 e encontramos que a vale 4. Portanto, $a^2 = 4^2 = 16$ e $c^2 = 3^2 = 9$. Consequentemente, $a^2 = b^2 + c^2$ resulta em $16 = b^2 + 9$ e $b^2 = 7$.

Como os vértices pertencem a uma reta paralela ao eixo x, a forma padrão é

$$\frac{(x-h)^2}{a^2} + \frac{(y-k)^2}{b^2} = 1.$$

A equação da elipse é

$$\frac{(x-1)^2}{16} + \frac{(y+1)^2}{7} = 1.$$

17.10 Para cada hipérbole, escreva a equação na forma padrão e determine seu centro, vértices e focos.

(a) $16x^2 - 9y^2 + 144 = 0$ (b) $9x^2 - 16y^2 + 90x + 64y + 17 = 0$

Solução

(a) $16x^2 - 9y^2 + 144 = 0$

$16x^2 - 9y^2 = -144$

$\dfrac{x^2}{-9} - \dfrac{y^2}{-16} = 1$

$\dfrac{y^2}{16} - \dfrac{x^2}{9} = 1$ \quad forma padrão

centro (h, k) \quad $a^2 = 16$ e $b^2 = 9$, logo $a = 4$ e $b = 3$

Como $c^2 = a^2 + b^2$ para uma hipérbole, $c^2 = 16 + 9 = 25$ e $c = 5$.

Os focos são $(0, c)$ e $(0, -c)$, então $F(0, 5)$ e $F'(0, -5)$.

Os vértices são $(0, a)$ e $(0, -a)$, portanto $V(0, 4)$ e $V'(0, -4)$.

(b) $9x^2 - 16y^2 + 90x + 64y + 17 = 0$

$9(x^2 + 10x + 25) - 16(y^2 - 4y + 4) = -17 + 225 - 64$

$9(x + 5)^2 - 16(y - 2)^2 = 144$

$9(x + 5)^2 - 16(y - 2)^2 = 144$

$\dfrac{(x+5)^2}{16} - \dfrac{(y-2)^2}{9} = 1$ \quad forma padrão

centro $(h, k) = (-5, 2)$ \quad $a^2 = 16$ e $b^2 = 9$, logo $a = 4$ e $b = 3$

Como $c^2 = a^2 + b^2$, $c^2 = 16 + 9 = 25$ e $c = 5$.

Os focos são $(h + c, k)$ e $(h - c, k)$, então $F(0, 2)$ e $F'(-10, 2)$.

Os vértices são $(h + a, k)$ e $(h - a, k)$, assim, $V(-1, 2)$ e $V'(-9, 2)$.

17.11 Escreva a equação da hipérbole com as características dadas.

(a) vértices em $(0, \pm 2)$ e focos em $(0, \pm 3)$

(b) focos $(1, 2)$ e $(-11, 2)$ e o eixo transverso tem comprimento 4.

Solução

(a) Já que os vértices são (0, ±2), o centro está em (0, 0). E por eles estarem numa reta vertical, a forma padrão é

$$\frac{y^2}{a^2} - \frac{x^2}{b^2} = 1$$

Os vértices encontram-se em (0, ±a), logo $a = 2$ e os focos são (0, ±3), então $c = 3$.

Segue de $c^2 = a^2 + b^2$, $9 = 4 + b^2$, de onde $b^2 = 5$.

A equação da hipérbole é

$$\frac{y^2}{4} - \frac{x^2}{5} = 1$$

(b) Como os focos são (1, 2) e (−11, 2), eles pertencem a uma reta paralela ao eixo x, então a forma é

$$\frac{(x-h)^2}{a^2} - \frac{(y-k)^2}{b^2} = 1$$

O ponto médio do segmento de reta entre os focos (1, 2) e (−11, 2) é o centro. Logo $C(h, k) = (−5, 2)$.

Os focos encontram-se em $(h + c, k)$ e $(h − c, k)$, assim $(h + c, k) = (1, 2)$ e $−5 + c = 1$, com $c = 6$. O eixo transverso tem comprimento 4, portanto $2a = 4$ e $a = 2$. A partir de $c^2 = a^2 + b^2$, obtemos $36 = 4 + b^2$ e $b^2 = 32$.

A equação da hipérbole é

$$\frac{(x+5)^2}{4} - \frac{(y-2)^2}{32} = 1$$

Problemas Complementares

17.12 Esboce o gráfico das seguintes equações.

(a) $x^2 + y^2 = 9$
(b) $xy = −4$
(c) $4x^2 + y^2 = 16$
(d) $x^2 − 4y^2 = 36$
(e) $y^2 = 4x$
(f) $x^2 + 3y^2 − 1 = 0$
(g) $x^2 + 3xy + y^2 = 16$
(h) $x^2 + 4y = 4$
(i) $x^2 + y^2 − 2x + 2y + 2 = 0$
(j) $2x^2 − xy − y^2 − 7x − 2y + 3 = 0$

17.13 Determine a equação do círculo com as características dadas.

(a) centro (4, 1) e raio 3
(b) centro (5, −3) e raio 6
(c) passa por (0, 0), (−4, 0) e (0, 6)
(d) passa por (2, 3), (−1, 7) e (1, 5)

17.14 Escreva a equação do círculo na forma padrão e estabeleça seu centro e raio.

(a) $x^2 + y^2 + 6x − 12y − 20 = 0$
(b) $x^2 + y^2 + 12x − 4y − 5 = 0$
(c) $x^2 + y^2 + 7x + 3y − 10 = 0$
(d) $2x^2 + 2y^2 − 5x − 9y + 11 = 0$

17.15 Encontre a equação da parábola com as características dadas.

(a) vértice (3, −2) e diretriz $x = −5$
(b) vértice (3, 5) e foco (3, 10)
(c) passa por (5, 10), o vértice encontra-se na origem e o eixo é o x
(d) vértice (5, 4) e foco (2, 4)

17.16 Escreva a equação da parábola na forma padrão e determine seu vértice, foco, diretriz e eixo.

(a) $y^2 + 4x − 8y + 28 = 0$
(b) $x^2 − 4x + 8y + 36 = 0$
(c) $y^2 − 24x + 6y − 15 = 0$
(d) $5x^2 + 20x − 9y + 47 = 0$

17.17 Determine a equação da elipse com as seguintes características.

(a) vértices ($\pm 4, 0$), focos ($\pm 2\sqrt{3}, 0$)

(b) covértices ($\pm 3, 0$), eixo maior com comprimento 10

(c) centro ($-3, 2$), vértice ($2, 2$), $c = 4$

(d) vértices ($3, 2$) e ($3, -6$), covértices ($1, -2$) e ($5, -2$).

17.18 Escreva a equação da elipse na forma padrão e determine seu centro, vértices, focos e covértices.

(a) $3x^2 + 4y^2 - 30x - 8y + 67 = 0$ (c) $9x^2 + 8y^2 + 54x + 80y + 209 = 0$

(b) $16x^2 + 7y^2 - 64x + 28y - 20 = 0$ (d) $4x^2 + 5y^2 - 24x - 10y + 21 = 0$

17.19 Estabeleça as equações das hipérboles com as características dadas.

(a) vértices ($\pm 3, 0$), focos ($\pm 5, 0$)

(b) vértices ($0, \pm 8$), focos ($0, \pm 10$)

(c) focos ($4, -1$) e ($4, 5$), comprimento do eixo transverso é 2

(d) vértices ($-1, -1$) e ($-1, 5$), $b = 5$

17.20 Escreva a equação da hipérbole na forma padrão e determine seu centro, vértices e focos.

(a) $4x^2 - 5y^2 - 8x - 30y - 21 = 0$ (c) $3x^2 - y^2 - 18x + 10y - 10 = 0$

(b) $5x^2 - 4y^2 - 10x - 24y - 51 = 0$ (d) $4x^2 - y^2 + 8x + 6y + 11 = 0$

Respostas dos Problemas Complementares

17.12 (a) círculo, Fig. 17-16   (f) elipse, Fig. 17-21

(b) hipérbole, Fig. 17-17   (g) hipérbole, Fig. 17-22

(c) elipse, Fig. 17-18   (h) parábola, Fig. 17-23

(d) hipérbole, Fig. 17-19   (i) ponto ($1, -1$)

(e) parábola, Fig. 17-20   (j) duas retas concorrentes, Fig. 17-24 ($y = x - 3$ e $y = -2x + 1$)

17.13 (a) $(x - 4)^2 + (y - 1)^2 = 9$ (c) $x^2 + y^2 + 4x - 6y = 0$

(b) $(x - 5)^2 + (y - 3)^2 = 36$ (d) $x^2 + y^2 + 11y - y - 32 = 0$

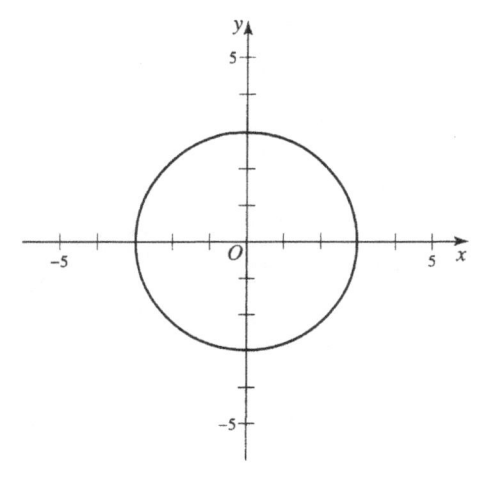

Figura 17-16 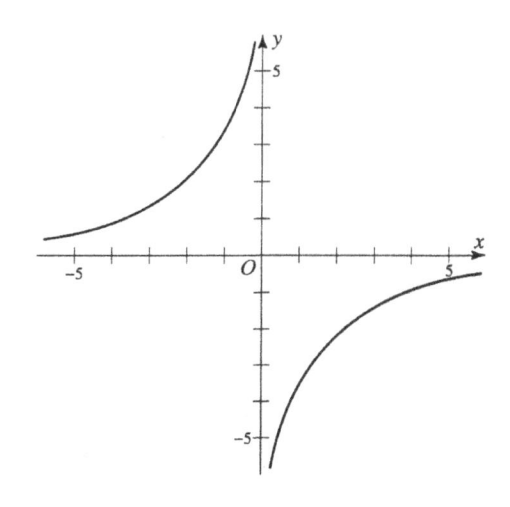   *Figura 17-17*

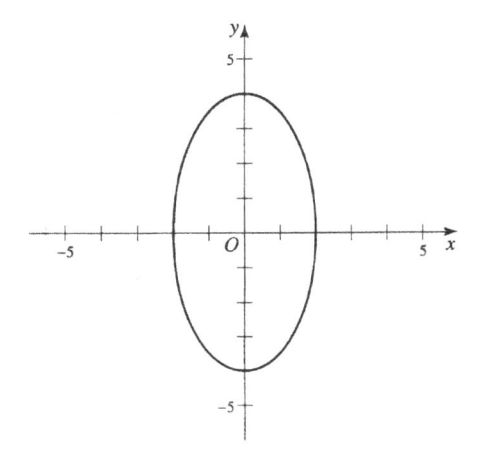

Figura 17-18

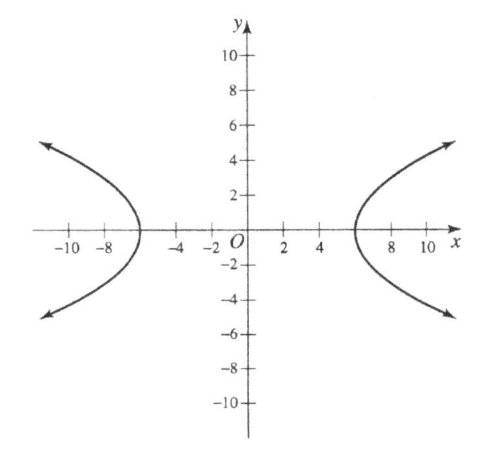

Figura 17-19

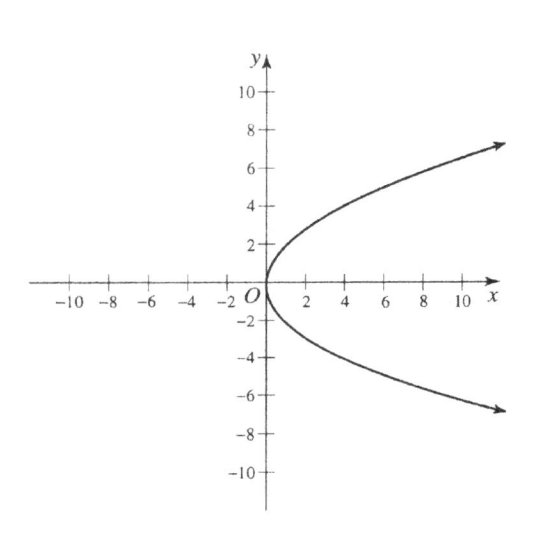

Figura 17-20

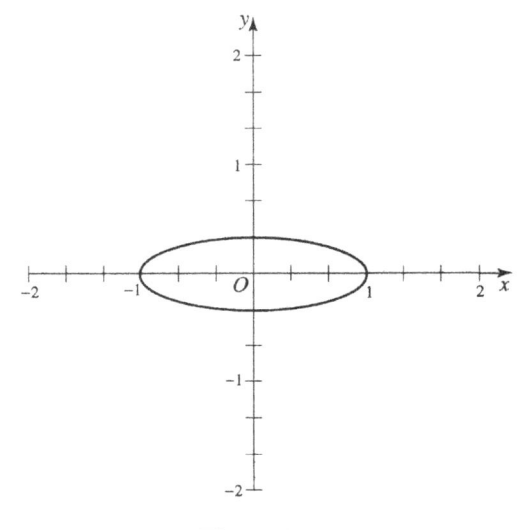

Figura 17-21

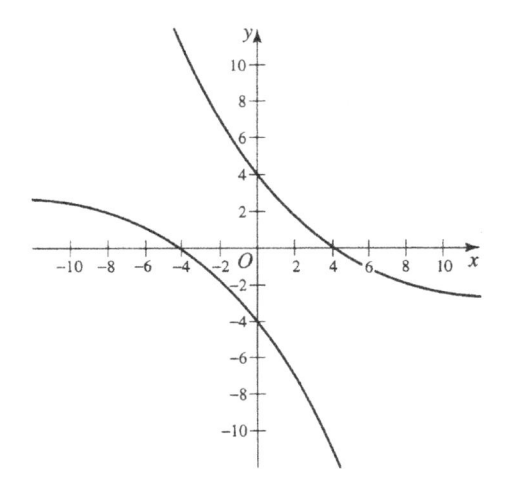

Figura 17-22

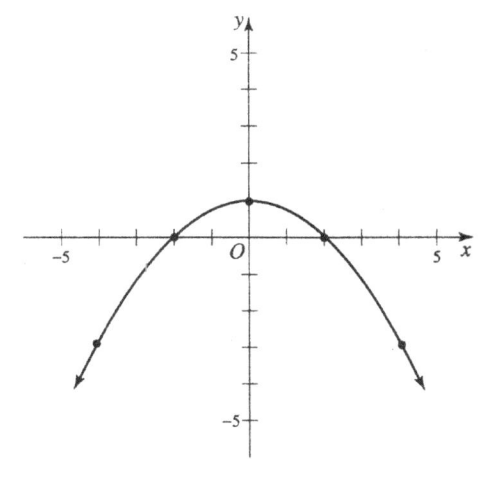

Figura 17-23

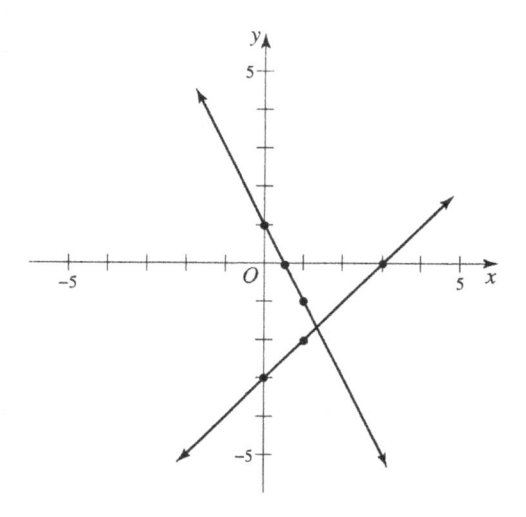

Figura 17-24

17.14 (a) $(x+3)^2 + (y-6)^2 = 65$, $C(-3, 6)$, $r = \sqrt{65}$
(b) $(x+6)^2 + (y-2)^2 = 45$, $C(-6, 2)$, $r = 3\sqrt{5}$
(c) $(x+7/2)^2 + (y+3/2)^2 = 49/2$, $C(-7/2, -3/2)$, $r = 7\sqrt{2}/2$
(d) $(x-5/4)^2 + (y-9/4)^2 = 9/8$, $C(5/4, 9/4)$, $r = 3\sqrt{2}/4$

17.15 (a) $(y+2)^2 = 32(x-3)$ (b) $(x-3)^2 = 20(y-5)$ (c) $y^2 = 20x$ (d) $(x-5)^2 = -12(y-4)$

17.16 (a) $(y-4)^2 = -4(x+3)$, $V(-3, 4)$, $F(-4, 4)$, diretriz: $x = -2$, eixo: $y = 4$
(b) $(x-2)^2 = -8(y+4)$, $V(2, -4)$, $F(2, -6)$, diretriz: $y = -2$, eixo: $x = 2$
(c) $(y+3)^2 = 24(x+1)$, $V(-1, -3)$, $F(5, -3)$, diretriz: $x = -7$, eixo: $y = -3$
(d) $(x+2)^2 = 9(y-3)/5$, $V(-2, 3)$, $F(-2, 69/20)$, diretriz: $y = 51/20$, eixo: $x = -2$

17.17 (a) $\dfrac{x^2}{16} + \dfrac{y^2}{4} = 1$ (c) $\dfrac{(x+3)^2}{25} + \dfrac{(y-2)^2}{9} = 1$
(b) $\dfrac{y^2}{25} + \dfrac{x^2}{9} = 1$ (d) $\dfrac{(y+2)^2}{16} + \dfrac{(x-3)^2}{4} = 1$

17.18 (a) $\dfrac{(x-5)^2}{4} + \dfrac{(y-1)^2}{3} = 1$, centro $(5, 1)$, vértices $(7, 1)$ e $(3, 1)$, focos $(6, 1)$ e $(4, 1)$, covértices $(5, 1+\sqrt{3})$ e $(5, 1-\sqrt{3})$
(b) $\dfrac{(y+2)^2}{16} + \dfrac{(x-2)^2}{7} = 1$, centro $(2, -2)$, vértices $(2, 2)$ e $(2, -6)$, focos $(2, 1)$ e $(2, -5)$, covértices $(2+\sqrt{7}, -2)$ e $(2-\sqrt{7}, -2)$
(c) $\dfrac{(y+5)^2}{9} + \dfrac{(x+3)^2}{8} = 1$, centro $(-3, -5)$, vértices $(-3, -2)$ e $(-3, -8)$, focos $(-3, -4)$ e $(-3, -6)$, covértices $(-3+2\sqrt{2}, -5)$ e $(-3-2\sqrt{2}, -5)$
(d) $\dfrac{(x-3)^2}{5} + \dfrac{(y-1)^2}{4} = 1$, centro $(3, 1)$, vértices $(3+\sqrt{5}, 1)$ e $(3-\sqrt{5}, 1)$, focos $(4, 1)$ e $(2, 1)$, covértices $(3, 3)$ e $(3, -1)$

17.19 (a) $\dfrac{x^2}{9} - \dfrac{y^2}{16} = 1$ (c) $\dfrac{(y-2)^2}{1} - \dfrac{(x-4)^2}{8} = 1$
(b) $\dfrac{y^2}{64} - \dfrac{x^2}{36} = 1$ (d) $\dfrac{(y-2)^2}{9} - \dfrac{(x+1)^2}{25} = 1$

17.20 (a) $\dfrac{(y+3)^2}{4} - \dfrac{(x-1)^2}{5} = 1$, centro $(1, -3)$, vértices $(1, -1)$ e $(1, -5)$, focos $(1, 0)$ e $(1, -8)$

(b) $\dfrac{(x-1)^2}{4} - \dfrac{(y-3)^2}{5} = 1$, centro $(1, 3)$, vértices $(-1, 3)$ e $(3, 3)$, focos $(4, 3)$ e $(-2, 3)$

(c) $\dfrac{(x-3)^2}{4} - \dfrac{(y+5)^2}{12} = 1$, centro $(3, -5)$, vértices $(5, -5)$ e $(1, -5)$, focos $(7, -5)$ e $(-1, -5)$

(d) $\dfrac{(y-3)^2}{16} - \dfrac{(x+1)^2}{4} = 1$, centro $(-1, 3)$, vértices $(-1, 7)$ e $(-1, -1)$, focos $(1, 3 + 2\sqrt{5})$ e $(1, 3 - 2\sqrt{5})$

Capítulo 18

Sistemas Envolvendo Equações Quadráticas

18.1 SOLUÇÃO GRÁFICA

As soluções simultâneas reais de duas equações quadráticas em x e y são os valores de x e y correspondentes aos pontos de intersecção dos gráficos das duas equações. Caso os gráficos não tenham interseção, as soluções simultâneas são imaginárias.

18.2 SOLUÇÃO ALGÉBRICA

A. Uma equação linear e uma quadrática
Resolva a equação linear para uma das variáveis e substitua na equação quadrática.

Exemplo 18.1 Solucione o sistema

(1) $x + y = 7$
(2) $x^2 + y^2 = 25$

Resolvendo (1) para y, $y = 7 - x$. Susbstitua em (2) e obtenha $x^2 + (7 - x)^2 = 25$, $x^2 - 7x + 12 = 0$, $(x - 3)(x - 4) = 0$ e $x = 3, 4$. Quando $x = 3$, $y = 7 - x = 4$; se $x = 4$, $y = 7 - x = 3$. Assim, as soluções simultâneas são (3, 4) e (4, 3).

B. Duas equações da forma $ax^2 + by^2 = c$
Utilize o método de adição ou subtração.

Exemplo 18.2 Resolva o sistema

(1) $2x^2 - y^2 = 7$
(2) $3x^2 + 2y^2 = 14$

Para eliminar y, multiplique (1) por 2 e adicione a (2); então

$$7x^2 = 28, \quad x^2 = 4 \text{ e } x = \pm 2.$$

Agora insira $x = 2$ ou $x = -2$ em (1) e obtenha $y = \pm 1$.

As quatro soluções são:

$$(2, 1); \quad (-2, 1); \quad (2, -1); \quad (-2, -1)$$

C. Duas equações da forma $ax^2 + bxy + cy^2 = d$

Exemplo 18.3 Solucione o sistema

(1) $x^2 + xy = 6$
(2) $x^2 + 5xy - 4y^2 = 10$

Método 1.
Elimine o termo constante entre as duas equações. Multiplique (1) por 5, (2) por 3 e subtraia; então

$$x^2 - 5xy + 6y^2 = 0, (x - 2y)(x - 3y) = 0, x = 2y \text{ e } x = 3y.$$

Agora coloque $x = 2y$ em (1) ou (2), obtendo $y^2 = 1$, $y = \pm 1$.

Quando $y = 1$, $x = 2y = 2$; para $y = -1$, $x = 2y = -2$. Assim, duas soluções são: $x = 2$, $y = 1$; $x = -2$, $y = -1$.

Colocando $x = 3y$ em (1) ou (2), resulta em

$$y^2 = \frac{1}{2}, \quad y = \pm\frac{\sqrt{2}}{2}.$$

Quando

$$y = \frac{\sqrt{2}}{2}, \quad x = 3y = \frac{3\sqrt{2}}{2};$$

se

$$y = -\frac{\sqrt{2}}{2}, \quad x = -\frac{3\sqrt{2}}{2}.$$

Assim, as quatro soluções são:

$$(2, 1); \quad (-2, -1); \quad \left(\frac{3\sqrt{2}}{2}, \frac{\sqrt{2}}{2}\right); \quad \left(-\frac{3\sqrt{2}}{2}, -\frac{\sqrt{2}}{2}\right)$$

Método 2.
Substitua $y = mx$ nas duas equações.

De (1): $x^2 + mx^2 = 6$, $x^2 = \dfrac{6}{1 + m}$.

De (2): $x^2 + 5mx^2 - 4m^2x^2 = 10$, $x^2 = \dfrac{10}{1 + 5m - 4m^2}$.

Então

$$\frac{6}{1 + m} = \frac{10}{1 + 5m - 4m^2}$$

de onde segue que $m = \frac{1}{2}, \frac{1}{3}$; portanto $y = x/2$, $y = x/3$. A solução decorre do Método 1.

D. Métodos diversos

(1) Podemos resolver alguns sistemas de equações substituindo-os por sistemas equivalentes mais simples (ver Problemas 18.8–18.10).

(2) Uma equação é denominada simétrica em x e y se a troca de uma por outra não modifica a equação. Assim, $x^2 + y^2 - 3xy + 4x + 4y = 8$ é simétrica em x e y. Sistemas de equações simétricas geralmente podem ser resolvidos pelas substituições $x = u + v$, $y = u - v$ (ver Problemas 18.11–18.12).

Problemas Resolvidos

18.1 Resolva graficamente os seguintes sistemas:

(a) $\begin{array}{l} x^2 + y^2 = 25 \\ x + 2y = 10 \end{array}$, (b) $\begin{array}{l} x^2 + 4y^2 = 16 \\ xy = 4 \end{array}$, (c) $\begin{array}{l} x^2 + 2y = 9 \\ 2x^2 - 3y^2 = 1 \end{array}$

Solução
Ver Fig. 18-1.

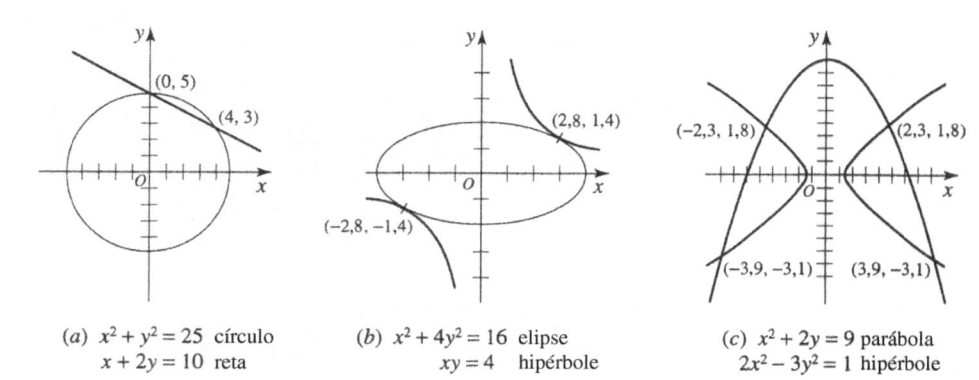

(a) $x^2 + y^2 = 25$ círculo
  $x + 2y = 10$ reta

(b) $x^2 + 4y^2 = 16$ elipse
  $xy = 4$ hipérbole

(c) $x^2 + 2y = 9$ parábola
  $2x^2 - 3y^2 = 1$ hipérbole

Figura 18-1

18.2 Solucione os sistemas a seguir:
(a) $x + 2y = 4$
  $y^2 - xy = 7$

(b) $3x - 1 + 2y = 0$
  $3x^2 - y^2 + 4 = 0$

Solução

(a) Resolvendo a equação linear para x, obtemos $x = 4 - 2y$. Substituindo na equação quadrática, resulta

$$y^2 - y(4 - 2y) = 7, \; 3y^2 - 4y - 7 = 0, \; (y+1)(3y-7) = 0 \text{ e } y = -1, 7/3.$$

Caso $y = -1$, $x = 4 - 2y = 6$; se $y = 7/3$, $x = 4 - 2y = -2/3$.

As soluções são $(6, -1)$ e $(-2/3, 7/3)$.

(b) Resolvendo a equação linear para y, $y = \frac{1}{2}(1 - 3x)$. Substituindo na equação quadrática,

$$3x^2 - [\tfrac{1}{2}(1-3x)]^2 + 4 = 0, \quad x^2 + 2x + 5 = 0 \quad \text{e} \quad x = \frac{-2 \pm \sqrt{2^2 - 4(1)(5)}}{2(1)} = -1 \pm 2i.$$

Se $x = -1 + 2i$, $y = \frac{1}{2}(1-3x) = \frac{1}{2}[1 - 3(-1+2i)] = \frac{1}{2}(4 - 6i) = 2 - 3i$.
Se $x = -1 - 2i$, $y = \frac{1}{2}(1-3x) = \frac{1}{2}[1 - 3(-1-2i)] = \frac{1}{2}(4 + 6i) = 2 + 3i$.
As soluções são $(-1 + 2i, 2 - 3i)$ e $(-1 - 2i, 2 + 3i)$.

18.3 Solucione o sistema: (1) $2x^2 - 3y^2 = 6$, (2) $3x^2 + 2y^2 = 35$.

Solução

Para eliminar y, multiplique (1) por 2, (2) por 3 e adicione; então $13x^2 = 117$, $x^2 = 9$, $x = \pm 3$.

Agora substitua $x = 3$ ou $x = -3$ em (1), obtendo $y = \pm 2$.

As soluções são: $(3, 2); (-3, 2); (3, -2); (-3, -2)$.

18.4 Resolva o sistema:

(1) $\dfrac{8}{x^2} - \dfrac{3}{y^2} = 5$, (2) $\dfrac{5}{x^2} + \dfrac{2}{y^2} = 38$.

Solução

As equações são quadráticas em $\frac{1}{x}$ e $\frac{1}{y}$. Substituindo $u = \frac{1}{x}$ e $v = \frac{1}{y}$, obtemos

$$8u^2 - 3v^2 = 5 \text{ e } 5u^2 + 2v^2 = 38.$$

Resolvendo simultaneamente, $u^2 = 4$, $v^2 = 9$ ou $x^2 = 1/4$, $y^2 = 1/9$; então $x = \pm 1/2$, $y = \pm 1/3$.

As soluções são:

$$\left(\frac{1}{2}, \frac{1}{3}\right); \quad \left(-\frac{1}{2}, \frac{1}{3}\right), \quad \left(\frac{1}{2}, -\frac{1}{3}\right); \quad \left(-\frac{1}{2}, -\frac{1}{3}\right).$$

18.5 Solucione o sistema

(1) $5x^2 + 4y^2 = 48$
(2) $x^2 + 2xy = 16$

eliminando o termo constante.

Solução

Multiplique (2) por 3 e subtraia de (1) para obter

$$2x^2 - 6xy + 4y^2 = 0, \quad x^2 - 3xy + 2y^2 = 0, \quad (x - y)(x - 2y) = 0 \quad \text{e} \quad x = y, x = 2y.$$

Substituindo $x = y$ em (1) ou (2), temos $y^2 = \frac{16}{3}$ e $y = \pm \frac{4}{3}\sqrt{3}$.

Substituindo $x = 2y$ em (1) ou (2), resulta em $y^2 = 2$ e $y = \pm\sqrt{2}$.

As quatro soluções são:

$$\left(\frac{4\sqrt{3}}{3}, \frac{4\sqrt{3}}{3}\right); \quad \left(-\frac{4\sqrt{3}}{3}, -\frac{4\sqrt{3}}{3}\right); \quad (2\sqrt{2}, \sqrt{2}); \quad (-2\sqrt{2}, -\sqrt{2}).$$

18.6 Resolva o sistema

(1) $3x^2 - 4xy = 4$
(2) $x^2 - 2y^2 = 2$

utilizando a substituição $y = mx$.

Solução

Introduza $y = mx$ em (1); então $3x^2 - 4mx^2 = 4$ e $x^2 = \frac{4}{3 - 4m}$.

Substitua $y = mx$ em (2); então $x^2 - 2m^2x^2 = 2$ e $x^2 = \frac{2}{1 - 2m^2}$.

Assim, $\frac{4}{3 - 4m} = \frac{2}{1 - 2m^2}$, $4m^2 - 4m + 1 = 0$, $(2m - 1)^2 = 0$ e $m = \frac{1}{2}, \frac{1}{2}$.

Agora substitua $y = mx = \frac{1}{2}x$ em (1) ou (2) para obter $x^2 = 4$, $x = \pm 2$.

As soluções são $(2, 1)$ e $(-2, -1)$.

18.7 Encontre a solução do sistema: (1) $x^2 + y^2 = 40$, (2) $xy = 12$.

Solução

De (2), $y = 12/x$; substituindo em (1), temos

$$x^2 + \frac{144}{x^2} = 40, \quad x^4 - 40x^2 + 144 = 0, \quad (x^2 - 36)(x^2 - 4) = 0 \quad \text{e} \quad x = \pm 6, \quad x = \pm 2.$$

Para $x = \pm 6$, $y = 12/x = \pm 2$; quando $x = \pm 2$, $y = \pm 6$.

As quatro soluções são: $(6, 2); (-6, -2); (2, 6); (-2, -6)$.

Nota. A equação (2) indica que as soluções para as quais o produto xy é negativo (por exemplo $x = 2$, $y = -6$) são extrínsecas.

18.8 Resolva o sistema: (1) $x^2 + y^2 + 2x - y = 14$, (2) $x^2 + y^2 + x - 2y = 9$.

Solução

Subtraia (2) de (1): $x + y = 5$ ou $y = 5 - x$.

Substitua $y = 5 - x$ em (1) ou (2): $2x^2 - 7x + 6 = 0$, $(2x - 3)(x - 2) = 0$ e $x = 3/2, 2$.

As soluções são $(\frac{3}{2}, \frac{7}{2})$ e $(2, 3)$.

18.9 Solucione o sistema: (1) $x^3 + y^3 = 35$, (2) $x + y = 5$.

Solução

Dividindo (1) por (2),

$$\frac{x^3 + y^3}{x + y} = \frac{35}{5} \quad \text{e} \quad (3) \, x^2 - xy + y^2 = 7.$$

De (2), $y = 5 - x$; substituindo em (3), temos

$x^2 - x(5 - x) + (5 - x)^2 = 7$, $x^2 - 5x + 6 = 0$, $(x - 3)(x - 2) = 0$ e $x = 3, 2$.

As soluções são $(3, 2)$ e $(2, 3)$.

18.10 Resolva o sistema: (1) $x^2 + 3xy + 2y^2 = 3$, (2) $x^2 + 5xy + 6y^2 = 15$.

Solução

Dividindo (1) por (2),

$$\frac{x^2 + 3xy + 2y^2}{x^2 + 5xy + 6y^2} = \frac{(x + y)(x + 2y)}{(x + 3y)(x + 2y)} = \frac{x + y}{x + 3y} = \frac{1}{5}.$$

A partir de $\frac{x + y}{x + 3y} = \frac{1}{5}$, $y = -2x$. Substituindo $y = -2x$ em (1) ou (2), $x^2 = 1$ e $x = \pm 1$.

As soluções são $(1, -2)$ e $(-1, 2)$.

18.11 Determine a solução do sistema: (1) $x^2 + y^2 + 2x + 2y = 32$, (2) $x + y + 2xy = 22$.

Solução

As equações são simétricas em x e y, pois trocar x e y resulta nas mesmas equações. Substituindo $x = u + v$, $y = u - v$ em (1) e (2), obtemos

$$(3) \, u^2 + v^2 + 2u = 16 \text{ e } (4) \, u^2 - v^2 + u = 11.$$

Adicionando (3) a (4), decorre $2u^2 + 3u - 27 = 0$, $(u - 3)(2u + 9) = 0$ e $u = 3, -9/2$.

Quando $u = 3$, $v^2 = 1$ e $v = \pm 1$; se $u = -9/2$, $v^2 = 19/4$ e $v = \pm \sqrt{19}/2$. Assim, as soluções de (3) e (4) são: $u = 3$, $v = 1$; $u = 3$, $v = -1$; $u = -9/2, v = \sqrt{19}/2$; $u = -9/2, v = -\sqrt{19}/2$.

Então, como $x = u + v$, $y = u - v$, as quatro soluções de (1) e (2) são:

$$(4, 2); \quad (2, 4); \quad \left(\frac{-9 + \sqrt{19}}{2}, \frac{-9 - \sqrt{19}}{2}\right); \quad \left(\frac{-9 - \sqrt{19}}{2}, \frac{-9 + \sqrt{19}}{2}\right).$$

18.12 Resolva o sistema:
(1) $x^2 + y^2 = 180$, (2) $\frac{1}{x} + \frac{1}{y} = \frac{1}{4}$.

Solução

A partir de (2), obtemos (3) $4x + 4y - xy = 0$. Como (1) e (3) são simétricas em x e y, substituímos $x = u + v$, $y = u - v$ em (1) e (3) resultando em

$$(4) \, u^2 + v^2 = 90 \text{ e } (5) \, 8u - u^2 + v^2 = 0.$$

Subtraindo (5) de (4), temos $u^2 - 4u - 45 = 0$, $(u - 9)(u + 5) = 0$ e $u = 9, -5$.

Quando $u = 9$, $v = \pm 3$; caso $u = -5$, $v = \pm\sqrt{65}$. Assim, as soluções de (4) e (5) são:

$u = 9, v = 3; u = 9, v = -3; u = -5, v = \sqrt{65}, u = -5, v = -\sqrt{65}$.

Portanto, as quatro soluções de (1) e (2) são:

$$(12, 6); \quad (6, 12); \quad (-5 + \sqrt{65}, -5 - \sqrt{65}); \quad (-5 - \sqrt{65}, -5 + \sqrt{65}).$$

18.13 A soma de dois números é 25 e seu produto é 144. Quais são os números?

Solução

Denote os números por x e y. Então (1) $x + y = 25$ e (2) $xy = 144$.

As soluções simultâneas de (1) e (2) são $x = 9, y = 16$ e $x = 16, y = 9$. Portanto, os números procurados são 9, 16.

18.14 A diferença entre dois números positivos é 3 e a soma de seus quadrados é 65. Encontre os números.

Solução

Sejam p e q os números. Então (1) $p - q = 3$ e (2) $p^2 + q^2 = 65$.

As soluções simultâneas de (1) e (2) são $p = 7, q = 4$ e $p = -4, q = -7$. Portanto, os números (positivos) requeridos são 7 e 4.

18.15 Um retângulo tem perímetro 60 pés e área 216 pés². Encontre suas dimensões.

Solução

Representando os lados do retângulo por x e y, segue que (1) $2x + 2y = 60$ e (2) $xy = 216$.

Resolvendo (1) e (2), os lados do retângulo possuem 12 e 18 pés.

18.16 A hipotenusa de um triângulo retângulo tem 41 pés de comprimento e a área do triângulo é 180 pés². Encontre os comprimentos dos dois catetos.

Solução

Sejam x e y os comprimentos dos catetos. Então (1) $x^2 + y^2 = (41)^2$ e (2) $\frac{1}{2}(xy) = 180$.

Resolvendo (1) e (2), encontramos que os comprimentos dos catetos são 9 e 40 pés.

Problemas Complementares

18.17 Resolva os seguintes sistemas graficamente.

(a) $x^2 + y^2 = 20, 3x - y = 2$

(b) $x^2 + 4y^2 = 25, x^2 - y^2 = 5$

(c) $y^2 = x, x^2 + 2y^2 = 24$

(d) $x^2 + 1 = 4y, 3x - 2y = 2$

18.18 Solucione algebricamente os sistemas a seguir.

(a) $2x^2 - y^2 = 14, x - y = 1$

(b) $xy + x^2 = 24, y - 3x + 4 = 0$

(c) $3xy - 10x = y, 2 - y + x = 0$

(d) $4x + 5y = 6, xy = -2$

(e) $2x^2 - y^2 = 5, 3x^2 + 4y^2 = 57$

(f) $9/x^2 + 16/y^2 = 5, 18/x^2 - 12/y^2 = -1$

(g) $x^2 - xy = 12, xy - y^2 = 3$

(h) $x^2 + 3xy = 18, x^2 - 5y^2 = 4$

(i) $x^2 + 2xy = 16, 3x^2 - 4xy + 2y^2 = 6$

(j) $x^2 - xy + y^2 = 7, x^2 + y^2 = 10$

(k) $x^2 - 3y^2 + 10y = 19, x^2 - 3y^2 + 5x = 9$

(l) $x^3 - y^3 = 9, x - y = 3$

(m) $x^3 - y^3 = 19, x^2y - xy^2 = 6$

(n) $1/x^3 + 1/y^3 = 35, 1/x^2 - 1/xy + 1/y^2 = 7$

18.19 O quadrado de um certo número excede o dobro do quadrado de outro número por 16. Encontre-os, caso a soma de seus quadrados seja 208.

18.20 A diagonal de um retângulo tem 85 pés. Se o lado menor for aumentado por 11 pés e o maior decrescer 7 pés, o comprimento da diagonal permanece o mesmo. Encontre as dimensões do retângulo original.

Respostas dos Problemas Complementares

18.17 (a) $(2, 4), (-0,8, -4,4)$ Ver Fig. 18-2
      (b) $(3, 2), (-3, 2), (3, -2), (-3, -2)$ Ver Fig. 18-3
      (c) $(4, 2), (4, -2)$ Ver Fig. 18-4
      (d) $(1, 0, 5), (5, 6, 5)$ Ver Fig. 18-5

18.18 (a) $(3, 2), (-5, -6)$ (h) $(3, 1), (-3, -1), \left(3i\sqrt{5}, \dfrac{-7i\sqrt{5}}{5}\right), \left(-3i\sqrt{5}, \dfrac{7i\sqrt{5}}{5}\right)$
      (b) $(3, 5), (-2, -10)$ (i) $(2, 3), (-2, -3)$
      (c) $(2, 4), (-1/3, 5/3)$ (j) $(1, 3), (-1, -3), (3, 1), (-3, -1)$
      (d) $(-1, 2), (5/2, -4/5)$ (k) $(-12, -5), (4, 3)$
      (e) $(\sqrt{7}, 3), (\sqrt{7}, -3), (-\sqrt{7}, 3), (-\sqrt{7}, -3)$ (l) $(1, -2), (2, -1)$
      (f) $(3, 2), (3, -2), (-3, 2), (-3, -2)$ (m) $(-2, -3), (3, 2)$
      (g) $(4, 1), (-4, -1)$ (n) $(1/2, 1/3), (1/3, 1/2)$

18.19 $12, 8; -12, -8; 12, -8; -12, 8$

18.20 40 pés, 75 pés

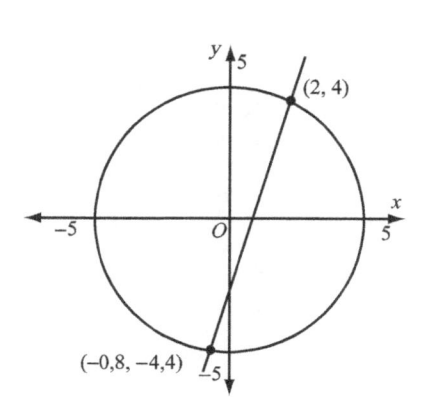

Figura 18-2

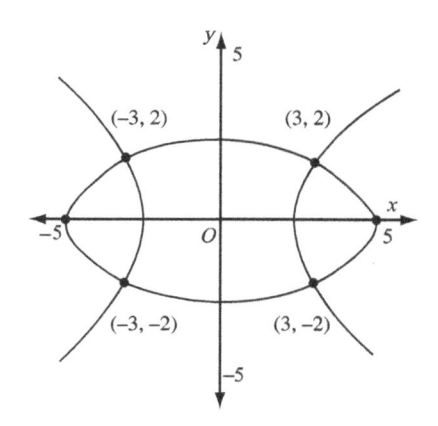

Figura 18-3

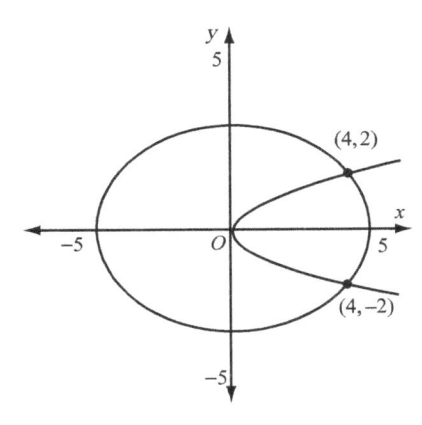

Figura 18-4

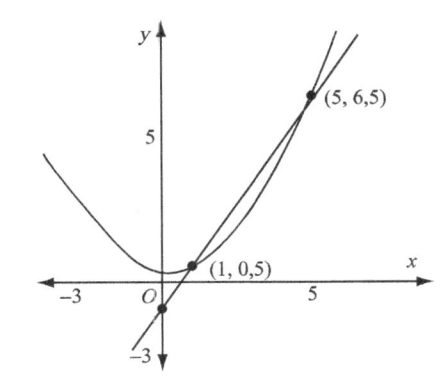

Figura 18-5

Capítulo 19

Desigualdades

19.1 DEFINIÇÕES

Uma desigualdade é a declaração que uma quantidade, ou expressão, real é maior ou menor que outra quantidade, ou expressão, real.

A seguir, os significados dos sinais de desigualdade.

(1) $a > b$ significa "a é maior que b" (ou $a - b$ é um número positivo).
(2) $a < b$ significa "a é menor que b" (ou $a - b$ é um número negativo).
(3) $a \geq b$ significa "a é maior ou igual a b".
(4) $a \leq b$ significa "a é menor ou igual a b".
(5) $0 < a < 2$ significa "a é maior que zero mas menor que 2".
(6) $-2 \leq x < 2$ significa "x é maior ou igual a -2 mas menor que 2".

Uma *desigualdade absoluta* é verdadeira para todos os valores reais das variáveis envolvidas. Por exemplo, $(a - b)^2 > -1$ vale para todos os valores de a e b, já que o quadrado de qualquer número real é positivo ou zero.

Uma *desigualdade condicional* vale apenas para valores particulares das variáveis envolvidas. Assim, $x - 5 > 3$ é verdade apenas quando x é maior que 8.

As desigualdades $a > b$ e $c > d$ têm o *mesmo sentido*. As desigualdades $a > b$ e $x < y$ têm *sentidos opostos*.

19.2 PRINCÍPIOS DAS DESIGUALDADES

(1) O sentido de uma desigualdade permanece o mesmo se cada lado for incrementado ou reduzido pelo mesmo número real. Segue-se que qualquer termo pode ser transposto de um lado da desigualdade para outro, desde que o sinal do termo seja trocado.

Assim, se $a > b$, então $a + c > b + c$, $a - c > b - c$ e $a - b > 0$.

(2) O sentido de uma desigualdade não muda se cada lado for multiplicado ou dividido pelo mesmo número positivo.

Assim, se $a > b$ e $k > 0$, então

$$ka > kb \quad \text{e} \quad \frac{a}{k} > \frac{b}{k}.$$

(3) O sentido de uma desigualdade é invertido se cada lado for multiplicado ou dividido pelo mesmo número negativo.

Assim, se $a > b$ e $k < 0$, então

$$ka < kb \quad \text{e} \quad \frac{a}{k} < \frac{b}{k}.$$

(4) Se $a > b$ e a, b e n são positivos, então $a^n > b^n$, mas $a^{-n} < b^{-n}$.

Exemplos 19.1

$$5 > 4; \text{ portanto } 5^3 > 4^3, \quad \text{ou} \quad 125 > 64, \text{ mas } 5^{-3} < 4^{-3} \quad \text{ou} \quad \frac{1}{125} < \frac{1}{64}.$$

$$16 > 9; \text{ logo } 16^{1/2} > 9^{1/2}, \quad \text{ou} \quad 4 > 3, \text{ mas } 16^{-1/2} < 9^{-1/2} \quad \text{ou} \quad \frac{1}{4} < \frac{1}{3}.$$

(5) Se $a > b$ e $c > d$, então $(a + c) > (b + d)$.
(6) Se $a > b > 0$ e $c > d > 0$, então $ac > bd$.

19.3 DESIGUALDADES COM VALOR ABSOLUTO

O valor absoluto de uma quantidade representa a distância que o valor da expressão está de zero em uma reta numérica. Logo, $|x - a| = b$, onde $b > 0$, diz que a quantidade $x - a$ está a b unidades de zero, podendo estar b unidades à direita ou à esquerda de 0. Quando dizemos $|x - a| > b$, $b > 0$, então $x - a$ está a uma distância de 0 maior que b. Assim, $x - a > b$ ou $x - a < -b$. Do mesmo modo, se $|x - a| < b$, $b > 0$, então $x - a$ está a uma distância de 0 menor que b. Portanto, $x - a$ está entre b unidades abaixo de 0, $-b$ e b unidades acima de 0.

Exemplos 19.2 Resolva cada uma das desigualdades para x.

(a) $|x - 3| > 4$ (b) $|x + 4| < 7$ (c) $|x - 5| < -3$ (d) $|x + 3| > -5$

(a) $|x - 3| > 4$, então $x - 3 > 4$ ou $x - 3 < -4$. Assim, $x > 7$ ou $x < -1$. O intervalo de solução é $(-\infty, -1) \cup (7, \infty)$, (onde $\cup$ representa a união dos dois intervalos).
(b) $|x + 4| < 7$, então $-7 < x + 4 < 7$. Assim, $-11 < x < 3$. O intervalo de solução é $(-11, 3)$.
(c) $|x - 5| < -3$. Como o valor absoluto de um número é sempre maior ou igual a zero, não há valores para os quais ele será menor que -3. Assim, não há solução e podemos escrever $\emptyset$ para o intervalo de solução.
(d) $|x + 3| > -5$. Como o valor absoluto de um número é sempre no mínimo zero, decorre que é sempre maior do que -5. Assim, a solução é qualquer número real e para o intervalo de solução escrevemos $(-\infty, \infty)$.

19.4 DESIGUALDADES COM GRAU MAIS ALTO

Resolver desigualdades com grau mais alto é similar a resolver equações com grau mais alto: precisamos sempre comparar a expressão a zero. Se $f(x) > 0$, então estamos interessados nos valores de x que produzirão um produto e/ou quociente de fatores positivo, já no caso $f(x) < 0$, desejamos encontrar os valores de x que vão produzir um produto e/ou quociente que seja negativo.

Se $f(x)$ é uma expressão quadrática, temos apenas dois fatores a considerar e podemos fazer isso examinando casos, a partir dos possíveis sinais dos dois fatores que vão produzir o sinal desejado para a expressão (ver Problemas 19.3(c) e 19.14). Quando o número de fatores em $f(x)$ aumenta em um, o número de casos a considerar dobra. Assim, para uma expressão com 2 fatores há 4 casos, com 3 fatores há 8 casos e com 4 fatores há 16 casos. Em cada circunstância, metade dos casos vai produzir uma expressão positiva e metade uma negativa. Assim, o procedimento por casos se torna muito longo rapidamente. Um procedimento alternativo ao método de casos é a tabela de sinais.

Exemplo 19.3 Resolva a desigualdade $x^2 + 15 < 8x$.
A desigualdade $x^2 + 15 < 8x$ é equivalente a $x^2 - 8x + 15 < 0$ e a $(x - 3)(x - 5) < 0$ e será verdadeira quando o produto de $x - 3$ por $x - 5$ for negativo. Os valores críticos do produto são aqueles que tornam esses fatores iguais a 0, porque eles representam onde o produto pode mudar de sinal.

Os valores críticos de x, 3 e 5 são posicionados numa reta numérica, dividindo-a em três intervalos. Precisamos encontrar o sinal do produto entre $x - 3$ e $x - 5$ em cada um desses intervalos para achar a solução (ver Fig. 19-1). Retas verticais são desenhadas passando pelos valores críticos. Uma reta tracejada indica que o valor crítico não está na solução e uma reta sólida indica que o valor crítico está na solução.

Os sinais acima da reta numérica são os sinais dos fatores e podem ser encontrados selecionando-se um valor arbitrário no intervalo como valor de teste e determinando se cada fator é positivo ou negativo para o valor de teste.

Para o intervalo à esquerda de 3, escolhemos o valor teste 1, substituímos em $x - 3$ e vemos que o valor é -2, logo registramos um sinal –, e, para $x - 5$, o valor é -4 e novamente registramos um sinal –. Para o intervalo entre 3 e 5, escolhemos qualquer valor, como 3,5, e determinamos que $x - 3$ é positivo e $x - 5$ é negativo. Finalmente, para o intervalo à direita de 5, escolhemos o valor 12 e vemos que tanto $x - 3$ quanto $x - 5$ são positivos. O sinal para o problema, escrito abaixo da reta, está determinado em cada intervalo pelo sinal dos fatores naquele intervalo. Se um número par de fatores em um produto ou quociente é negativo, o produto ou quociente é positivo. Se um número ímpar de fatores é negativo, o produto ou quociente é negativo.

		3		5	
$x - 3$	–		+		+
$x - 5$	–		–		+
Problema	+		–		+

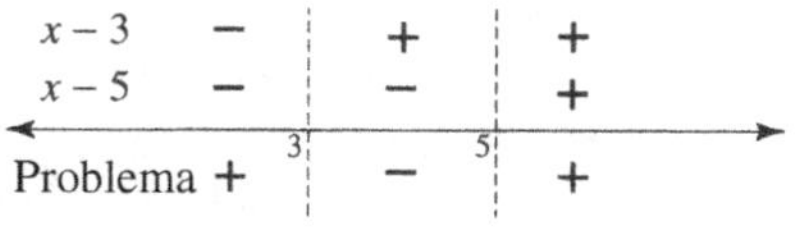

Figura 19-1

Finalmente, selecionamos os intervalos que satisfazem nosso problema $(x - 3)(x - 5) < 0$, logo selecionamos os intervalos que são negativos na tabela de sinais. No intervalo entre 3 e 5 o problema é negativo (ver Fig. 19-1), logo a solução é o intervalo (3, 5). Os parênteses significam que 3 e 5 não estão inclusos no intervalo, e sabemos disso, pois as linhas de fronteira estão tracejadas. Se eles estivessem na solução, teríamos usado um colchete em vez de um parêntese no fim do intervalo ao lado do 3.

A solução para $x^2 + 15 < 8x$ é o intervalo (3, 5).

Exemplo 19.4 Resolva a desigualdade

$$\frac{x - 3}{x(x + 4)} \geq 0.$$

A desigualdade é comparada a 0 e tanto o numerador quanto o denominador estão fatorados, logo podemos ver que os valores críticos para o problema são as soluções de $x = 0$, $x - 3 = 0$ e $x + 4 = 0$. Assim, os valores críticos são $x = 0$, $x = 3$ e $x = -4$. Visto que existem três valores críticos, a reta numérica é dividida em 4 intervalos distintos, como mostrado na Fig. 19-2.

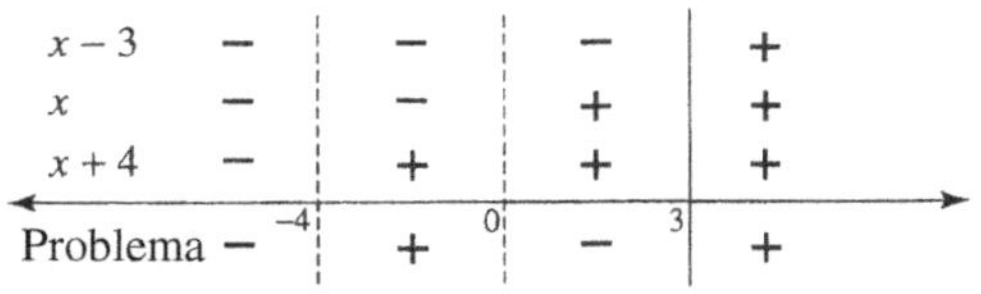

		–4		0		3	
$x - 3$	–		–		–		+
x	–		–		+		+
$x + 4$	–		+		+		+
Problema	–		+		–		+

Figura 19-2

Os sinais acima da reta são os dos fatores em cada intervalo. O sinal abaixo é o sinal para o problema e é + quando um número par de fatores é negativo e – quando um número ímpar de fatores é negativo. Como o problema usa o sinal $\geq$, valores que zeram o numerador são soluções, logo uma linha sólida é desenhada passando por 3. Já que 0 e -4 zeram o denominador da fração, eles não são soluções e linhas tracejadas são desenhadas por 0 e -4 (ver Fig. 19-2).

Como o problema

$$\frac{x - 3}{x(x + 4)} \geq 0$$

indica que um valor positivo ou zero é procurado, queremos as regiões com um sinal + na tabela de sinais. Assim, as soluções são os intervalos $(-4, 0)$ e $[3, \infty)$ e a solução se escreve $(-4, 0) \cup [3, \infty)$. O símbolo $\cup$ indica que precisamos da união dos dois intervalos. Note que o colchete, [, é utilizado porque o valor crítico 3 está na solução e um parêntese,), é sempre usado para o lado do infinito (∞) de um intervalo.

19.5 DESIGUALDADES LINEARES A DUAS VARIÁVEIS

A solução de uma desigualdade linear a duas variáveis x e y consiste em todos os pontos (x, y) que satisfazem a desigualdade. Como uma equação linear representa uma reta, uma desigualdade linear pode ser vista como o conjunto de pontos de um lado da reta. Os pontos na reta são incluídos quando o sinal $\geq$ ou $\leq$ é utilizado na declaração da desigualdade. As soluções de desigualdades lineares são geralmente determinadas por métodos gráficos.

Exemplo 19.5 Encontre a solução de $2x - y \leq 3$.

Esboçamos a reta relacionada à desigualdade $2x - y \leq 3$, que é $2x - y = 3$. Como o símbolo $\leq$ é empregado, a reta é parte da solução, e traçamos uma linha sólida para indicar isto (ver Fig. 19-3). Se a reta não faz parte da solução, utilizamos uma linha tracejada para representar este fato. Hachuramos a região do lado da reta onde os pontos são soluções da desigualdade. A região solução pode ser determinada selecionando-se um ponto teste que não está na reta. Se o ponto teste satisfizer a desigualdade, então todos os pontos daquele lado da reta estarão na solução. Se o ponto teste não satisfizer a desigualdade, nenhum ponto do seu lado da reta estará na solução. Portanto, os pontos da solução estão no lado da reta oposto ao lado do ponto teste.

O ponto $P(2, 4)$ não está na reta $2x - y = 3$, então pode ser usado como ponto teste. Quando substituímos (2, 4) na desigualdade $2x - y \leq 3$, obtemos $2(2) - 4 \leq 3$, que é verdade, pois $0 \leq 3$. Hachuramos o lado da reta que contém o ponto teste $(2, 4)$ para indicar a região solução. Caso tivéssemos selecionado $Q(5, -2)$ e substituído em $2x - y \leq 3$, obteríamos $12 \leq 3$, que é falso, e teríamos hachurado o lado da reta oposto a Q. Esta é a mesma região que encontramos utilizando o ponto teste P.

A solução para $2x - y \leq 3$ é apresentada na Fig. 19-3 e consiste na região hachurada e na reta.

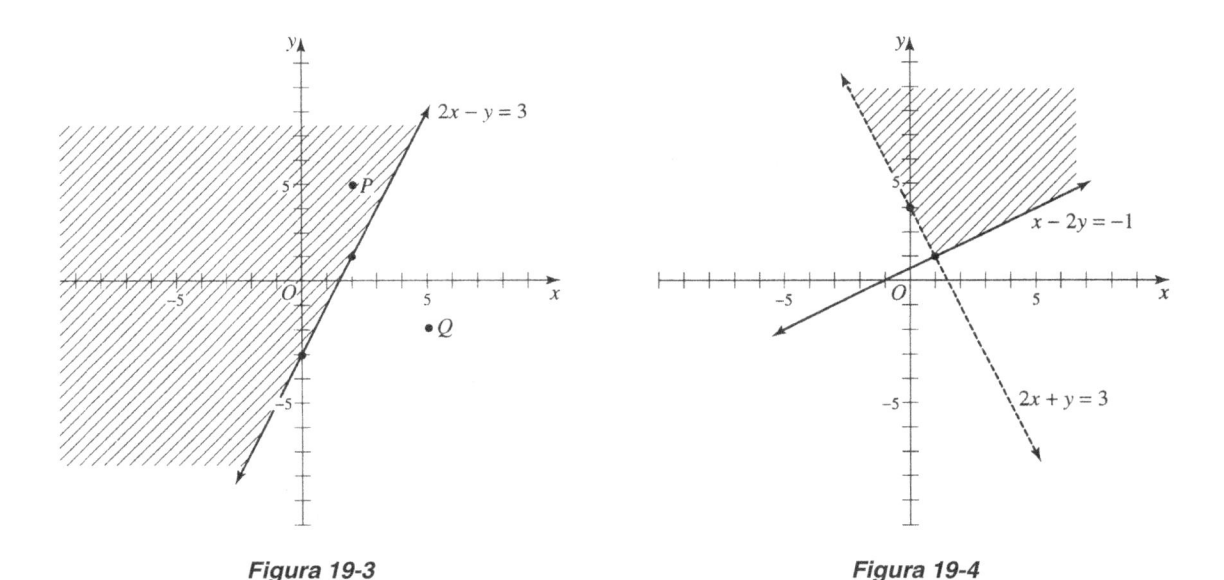

Figura 19-3

Figura 19-4

19.6 SISTEMAS DE DESIGUALDADES LINEARES

Se tivermos duas ou mais desigualdades lineares em duas variáveis, dizemos ter um sistema de desigualdades lineares, e a solução do sistema é a intersecção, ou região comum, das regiões soluções das desigualdades.

Um sistema com duas desigualdades cujas equações associadas interceptam-se possui uma região solução. Caso as equações associadas sejam paralelas, o sistema pode ter ou não solução. Sistemas com três ou mais desigualdades podem ter ou não solução.

Exemplo 19.6 Resolva o sistema de desigualdades $2x + y > 3$ e $x - 2y \leq -1$.

Esboçamos o gráfico das equações associadas $2x + y = 3$ e $x - 2y = -1$ no mesmo sistema de eixos. A reta $2x + y = 3$ é tracejada, pois não está inclusa em $2x + y > 3$, mas a reta $x - 2y = -1$ é sólida, porque está inclusa em $x - 2y \leq -1$.

Agora, selecionamos um teste, como (0, 5) que não está em nenhuma reta, determinamos qual lado de cada reta deve ser hachurado e hachuramos apenas a região em comum. Já que $2(0) + 5 > 3$ é verdadeira, a região solução está à direita e acima da reta $2x + y = 3$. Como $0 - 2(5) \leq -1$ é verdadeira, a região solução está a esquerda e acima da reta $x - 2y = -1$.

A região solução de $2x + y > 3$ e $x - 2y \leq -1$ é a região hachurada da Fig. 19-4, que inclui a parte da reta sólida que a está contornando.

19.7 PROGRAMAÇÃO LINEAR

Muitos problemas práticos na área de negócios envolvem uma função (objetivo) que deve ser maximizada ou minimizada sujeita a um conjunto de condições (restrições). Se o objetivo é uma função linear e as restrições são desigualdades lineares, os valores, caso existam, que maximizam ou minimizam o objetivo, ocorrem nos vértices da região determinada pelas restrições.

Exemplo 19.7 A Companhia Verde utiliza três tipos de papel reciclado, denominados tipo A, B e C, produzidos a partir do papel de sucata que ela coleta. Empresas que produzem esses tipos de papel reciclado fazem isso como resultado de uma única operação, de forma que a proporção de cada tipo de papel esteja fixada para qualquer firma. O processo da Companhia Ecologia produz 1 unidade de tipo A, 2 unidades de tipo B e 3 unidades do tipo C para cada tonelada de papel processado e cobra $300,00 pelo processamento. O processo da Companhia Ambiente produz 1 unidade de tipo A, 5 unidades de tipo B e 1 unidade de tipo C para cada tonelada de papel processado e cobra $500,00 pelo processamento. A Companhia Verde precisa de pelo menos 100 unidades de papel tipo A, 260 unidades de papel tipo B e 180 unidades de papel tipo C. Como a empresa deve realizar seus pedidos para que os custos sejam minimizados?

Se x representa o número de toneladas de papel a ser reciclado pela Companhia Ecologia e y denota o número de toneladas de papel a ser processado pela Companhia Ambiente, então a função objetivo é $C(x, y) = 300x + 500y$ e queremos minimizar $C(x, y)$.

As restrições estabelecidas em termos de x e y são, para o tipo A: $1x + 1y \geq 100$; para o tipo B: $2x + 5y \geq 260$; e para o tipo C: $3x + 1y \geq 180$. Como uma companhia não pode processar uma quantidade negativa de toneladas de papel, $x \geq 0$ e $y \geq 0$. Estas duas últimas restrições são denominadas naturais ou implícitas porque são verdadeiras por si, não precisando ser expressas no problema.

Esboçamos as desigualdades determinadas pelas restrições (ver Fig. 19-5). Os vértices da região são $A(0, 180)$, $B(40, 60)$, $C(80, 20)$ e $D(130, 0)$.

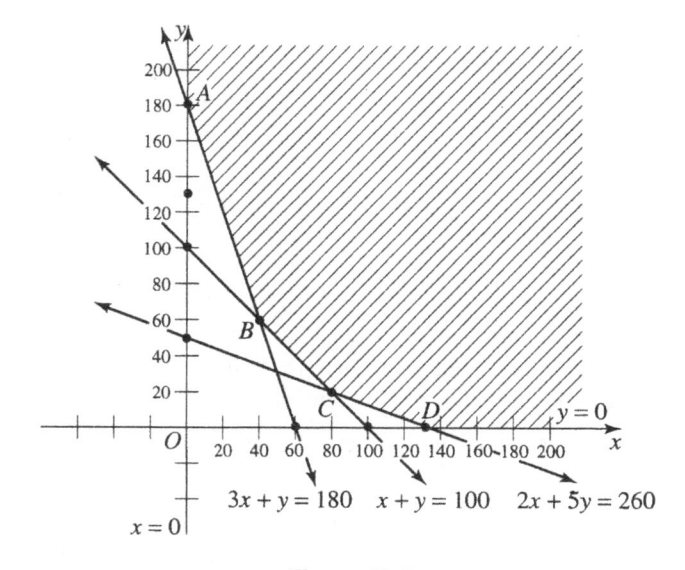

Figura 19-5

O mínimo para $C(x, y)$, se existir, vai ocorrer no ponto A, B, C, ou D, logo avaliamos a função objetivo nestes pontos.

$$C(0, 180) = 300(0) + 500(180) = 0 + 90\,000 = 90\,000$$
$$C(40, 60) = 300(40) + 500(60) = 12\,000 + 30\,000 = 42\,000$$
$$C(80, 20) = 300(80) + 500(20) = 24\,000 + 10\,000 = 34\,000$$
$$C(130, 0) = 300(130) + 500(0) = 39\,000 + 0 = 39\,000$$

A Companhia Verde pode minimizar o custo de papel reciclado a $34.000,00 mandando 80 toneladas de papel para ser processado pela Companhia Ecologia e 20 toneladas de papel pela Companhia Ambiente.

Problemas Resolvidos

19.1 Se $a > b$ e $c > d$, demonstre que $a + c > b + d$.

Solução

Como $(a - b)$ e $(c - d)$ são positivos, $(a - b) + (c - d)$ é positivo.

Portanto, $(a - b) + (c - d) > 0$, $(a + c) - (b + d) > 0$ e $(a + c) > (b + d)$.

19.2 Encontre o erro.

(a) Sejam $a = 3$, $b = 5$; então $\quad a < b$

(b) Multiplique por a: $\quad a^2 < ab$

(c) Subtraia b^2: $\quad a^2 - b^2 < ab - b^2$

(d) Fatore: $\quad (a + b)(a - b) < b(a - b)$

(e) Divida por $a - b$: $\quad a + b < b$

(f) Substitua $a = 3$, $b = 5$: $\quad 8 < 5$

Solução

Não há nada errado com os passos (a), (b), (c) e (d). O erro acontece no passo (e), onde a desigualdade é dividida por $a - b$, um número negativo, sem alterar o sinal da desigualdade.

19.3 Encontre os valores de x para os quais cada desigualdade vale.

(a) $4x + 5 > 2x + 9$. Temos $4x - 2x > 9 - 5$, $2x > 4$ e $x > 2$.

(b) $\dfrac{x}{2} - \dfrac{1}{3} < \dfrac{2x}{3} + \dfrac{1}{2}$. Multiplicando por 6, obtemos

$$3x - 2 < 4x + 3,\ 3x - 4x < 2 + 3,\ -x < 5,\ x > -5.$$

(c) $x^2 < 16$.

Método 1. $x^2 - 16 < 0$, $(x - 4)(x + 4) < 0$. O produto dos fatores $(x - 4)$ e $(x + 4)$ é negativo. Dois casos são possíveis.

(1) $x - 4 > 0$ e $x + 4 < 0$, simultaneamente. Assim, $x > 4$ e $x < -4$. Isto é impossível, pois x não pode ser maior que 4 e menor que -4 ao mesmo tempo.

(2) $x - 4 < 0$ e $x + 4 > 0$, simultaneamente. Assim, $x < 4$ e $x > -4$. Isto é possível se, e somente se, $-4 < x < 4$. Portanto $-4 < x < 4$.

Método 2. $(x^2)^{1/2} < (16)^{1/2}$. Agora, $(x^2)^{1/2} = x$ se $x \geq 0$ e $(x^2)^{1/2} = -x$ se $x \leq 0$.

Caso $x \geq 0$, $(x^2)^{1/2} < (16)^{1/2}$ pode ser escrito $x < 4$. Portanto, $0 \leq x < 4$.

Caso $x \leq 0$, $(x^2)^{1/2} < (16)^{1/2}$ pode ser escrito $-x < 4$ ou $x > -4$. Portanto, $-4 < x \leq 0$.

Assim, $0 \leq x < 4$ e $-4 < x \leq 0$, ou $-4 < x < 4$.

19.4 Prove que $a^2 + b^2 > 2ab$ se a e b são números reais e distintos.

Solução

Se $a^2 + b^2 > 2ab$, então $a^2 - 2ab + b^2 > 0$ ou $(a - b)^2 > 0$. Esta última afirmação é verdadeira, pois o quadrado de qualquer número real diferente de zero é positivo.

O que foi desenvolvido acima fornece uma dica para o método de prova. Começando com $(a - b)^2 > 0$, que sabemos ser verdade se $a \neq b$, obtemos $a^2 - 2ab + b^2 > 0$ ou $a^2 + b^2 > 2ab$.

Perceba que a prova é essencialmente uma inversão dos passos no primeiro parágrafo.

19.5 Demonstre que a soma de qualquer número positivo com seu inverso nunca é menor que 2.

Solução

Devemos provar que $(a + 1/a) \geq 2$ para $a > 0$.

Se $(a + 1/a) \geq 2$, então $a^2 + 1 \geq 2a$, $a^2 - 2a + 1 \geq 0$, e $(a - 1)^2 \geq 0$, que é verdade.

Para demonstrar o teorema, começamos por $(a - 1)^2 \geq 0$, que se sabe ser verdade.

Então $a^2 - 2a + 1 \geq 0$, $a^2 + 1 \geq 2a$ e $a + 1/a \geq 2$, pela divisão por a.

19.6 Mostre que $a^2 + b^2 + c^2 > ab + bc + ca$ para todos os valores reais de a, b e c, a menos que $a = b = c$.

Solução

Como $a^2 + b^2 > 2ab$, $b^2 + c^2 > 2bc$, $c^2 + a^2 > 2ca$ (ver Problema 19.4), temos, por adição

$2(a^2 + b^2 + c^2) > 2(ab + bc + ca)$ ou $a^2 + b^2 + c^2 > ab + bc + ca$.

(Se $a = b = c$, então $a^2 + b^2 + c^2 = ab + bc + ca$.)

19.7 Se $a^2 + b^2 = 1$ e $c^2 + d^2 = 1$, mostre que $ac + bd \leq 1$.

Solução

$a^2 + c^2 > 2ac$ e $b^2 + d^2 > 2bd$; portanto, por adição

$$(a^2 + b^2) + (c^2 + d^2) > 2ac + 2bd \text{ ou } 2 > 2ac + 2bd, \text{ i.e., } 1 > ac + bd.$$

19.8 Prove que $x^3 + y^3 > x^2y + y^2x$, se x e y são números reais, positivos e distintos.

Solução

Se $x^3 + y^3 > x^2y + y^2x$, então $(x + y)(x^2 - xy + y^2) > xy(x + y)$. Dividindo por $x + y$, que é positivo, $x^2 - xy + y^2 > xy$ ou $x^2 - 2xy + y^2 > 0$, i.e., $(x - y)^2 > 0$ que é verdade caso $x \neq y$.

Os passos são inversíveis e fornecem a prova. Começando com $(x - y)^2 > 0$, $x \neq y$, obtemos

$$x^2 - xy + y^2 > xy.$$

Multiplicando ambos os lados por $x + y$, temos $(x + y)(x^2 - xy + y^2) > xy(x + y)$ ou $x^3 + y^3 > x^2y + y^2x$.

19.9 Demonstre que $a^n + b^n > a^{n-1}b + ab^{n-1}$, desde que a e b sejam positivos e distintos e $n > 1$.

Solução

Se $a^n + b^n > a^{n-1}b + ab^{n-1}$, então $(a^n - a^{n-1}b) - (ab^{n-1} - b^n) > 0$ ou

$$a^{n-1}(a - b) - b^{n-1}(a - b) > 0, \text{ i.e., } (a^{n-1} - b^{n-1})(a - b) > 0.$$

Isto é verdadeiro, pois os fatores são ambos positivos ou ambos negativos.

Invertendo os passos, que são inversíveis, resulta a demonstração.

19.10 Prove que

$$a^3 + \frac{1}{a^3} > a^2 + \frac{1}{a^2} \quad \text{se} \quad a > 0 \quad \text{e} \quad a \neq 1.$$

Solução

Multiplicando os dois lados da desigualdade por a^3 (que é positivo, pois $a > 0$), temos

$$a^6 + 1 > a^5 + a, \, a^6 - a^5 - a + 1 > 0 \text{ e } (a^5 - 1)(a - 1) > 0.$$

Caso $a > 1$, ambos os fatores são positivos, enquanto para $0 < a < 1$, os dois fatores são negativos. Em qualquer caso, o produto é positivo (se $a = 1$, o produto é zero).

Invertendo os passos segue-se a prova.

19.11 Se a, b, c e d são números positivos e

$$\frac{a}{b} > \frac{c}{d},$$

demonstre que

$$\frac{a+c}{b+d} > \frac{c}{d}.$$

Solução

Método 1. Se

$$\frac{a+c}{b+d} > \frac{c}{d},$$

então, multiplicando por $d(b + d)$ obtemos

$$(a + c)d > c(b + d), \, ad + cd > bc + cd, \, ad > bc$$

e, dividindo por bd,

$$\frac{a}{b} > \frac{c}{d},$$

que é dada como verdadeira. O inverso dos passos resulta na prova.

Método 2. Como

$$\frac{a}{b} > \frac{c}{d},$$

então

$$\frac{a}{b} + \frac{c}{b} > \frac{c}{d} + \frac{c}{b}, \quad \frac{a+c}{b} > \frac{c(b+d)}{bd} \quad \text{e} \quad \frac{a+c}{b+d} > \frac{c}{d}.$$

19.12 Prove:

(a) $x^2 - y^2 > x - y$ se $x + y > 1$ e $x > y$
(b) $x^2 - y^2 < x - y$ se $x + y > 1$ e $x < y$

Solução

(a) Como $x > y$, $x - y > 0$. Multiplicando os dois lados de $x + y > 1$ pelo número positivo $x - y$,

$$(x + y)(x - y) > (x - y) \text{ ou } x^2 - y^2 > x - y.$$

(b) Uma vez que $x < y$, $x - y < 0$. Multiplicando ambos os lados de $x + y > 1$ pelo número negativo $x - y$ inverte o sentido da desigualdade; assim

$$(x + y)(x - y) < (x - y) \text{ ou } x^2 - y^2 < x - y.$$

19.13 A média aritmética entre dois números a e b é $(a + b)/2$, a média geométrica é $\sqrt{ab}$ e a média harmônica é $2ab/(a + b)$. Demonstre que

$$\frac{a + b}{2} > \sqrt{ab} > \frac{2ab}{a + b}$$

se a e b são positivos e distintos.

Solução

(a) Se $(a + b)/2 > \sqrt{ab}$, então $(a + b)^2 > (2\sqrt{ab})^2$, $a^2 + 2ab + b^2 > 4ab$, $a^2 - 2ab + b^2 > 0$ e $(a - b)^2 > 0$, que é verdade para $a \neq b$. Invertendo os passos, temos $(a + b)/2 > \sqrt{ab}$.

(b) Se $\sqrt{ab} > \dfrac{2ab}{a + b}$,

então

$$ab > \frac{4a^2b^2}{(a + b)^2}, \qquad (a + b)^2 > 4ab \qquad \text{e} \qquad (a - b)^2 > 0,$$

que é verdade caso $a \neq b$. Invertendo os passos, temos $\sqrt{ab} > 2ab/(a + b)$.

De (a) e (b),

$$\frac{a + b}{2} > \sqrt{ab} > \frac{2ab}{a + b}.$$

19.14 Encontre os valores de x para os quais (a) $x^2 - 7x + 12 = 0$, (b) $x^2 - 7x + 12 > 0$, (c) $x^2 - 7x + 12 < 0$.

Solução

(a) $x^2 - 7x + 12 = (x - 3)(x - 4) = 0$ quando $x = 3$ ou 4.

(b) $x^2 - 7x + 12 > 0$ ou $(x - 3)(x - 4) > 0$ quando $(x - 3) > 0$ e $(x - 4) > 0$ simultaneamente, ou quando $(x - 3) < 0$ e $(x - 4) < 0$ simultaneamente.

$(x - 3) > 0$ e $(x - 4) > 0$ ao mesmo tempo se $x > 3$ e $x > 4$, i.e., quando $x > 4$.

$(x - 3) < 0$ e $(x - 4) < 0$ ao mesmo tempo se $x < 3$ e $x < 4$, i.e., quando $x < 3$.

Portanto, $x^2 - 7x + 12 > 0$ é satisfeita se $x > 4$ ou $x < 3$.

(c) $x^2 - 7x + 12 < 0$ ou $(x - 3)(x - 4) < 0$ quando $(x - 3) > 0$ e $(x - 4) < 0$ simultaneamente, ou quando $(x - 3) < 0$ e $(x - 4) > 0$ simultaneamente.

$(x - 3) > 0$ e $(x - 4) < 0$ ao mesmo tempo se $x > 3$ e $x < 4$, i.e., quando $3 < x < 4$.

$(x - 3) < 0$ e $(x - 4) > 0$ ao mesmo tempo se $x < 3$ e $x > 4$, que é um absurdo.

Portanto, $x^2 - 7x + 12 < 0$ é satisfeita quando $3 < x < 4$.

19.15 Determine graficamente a imagem dos valores de x definida por

(a) $x^2 + 2x - 3 = 0$

(b) $x^2 + 2x - 3 > 0$

(c) $x^2 + 2x - 3 < 0$

Solução

A Fig. 19-6 mostra o gráfico da função definida por $y = x^2 + 2x - 3$. A partir do gráfico, fica claro que

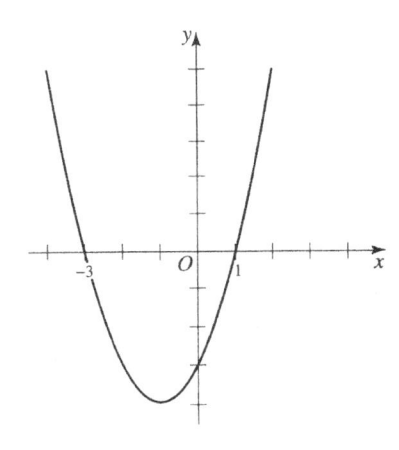

Figura 19-6

(a) $y = 0$ quando $x = 1, x = -3$

(b) $y > 0$ quando $x > 1$ ou $x < -3$

(c) $y < 0$ quando $-3 < x < 1$

19.16 Resolva para x: (a) $|3x - 6| + 2 > 9$ (b) $|7x - 1| - 6 < 2$.

(a) $|3x - 6| + 2 > 9$

$$|3x - 6| > 7$$
$$3x - 6 > 7 \text{ ou } 3x - 6 < -7$$
$$3x > 13 \text{ ou } 3x < -1$$
$$x > 13/3 \text{ ou } x < -1/3$$

A solução de $|3x - 6| + 2 > 9$ é o intervalo $(-\infty, -1/3) \cup (13/3, \infty)$.

(b) $|7x - 1| - 6 < 2$

$$|7x - 1| < 8$$
$$-8 < 7x - 1 < 8$$
$$-7 < 7x < 9$$
$$-1 < x < 9/7$$

A solução de $|7x - 1| - 6 < 2$ é o intervalo $(-1, 9/7)$.

19.17 Resolva para x:

(a) $\dfrac{2x - 1}{x + 1} \leq 1$ (b) $\dfrac{x^2 - 10x + 21}{x^2 - 5x + 6} \leq 0$.

Solução

(a) $\dfrac{2x - 1}{x + 1} \leq 1$

$$\frac{2x - 1}{x + 1} - 1 \leq 0$$
$$\frac{2x - 1}{x + 1} - \frac{x + 1}{x + 1} \leq 0$$
$$\frac{x - 2}{x + 1} \leq 0$$

Os valores críticos são $x = -1$ e $x = 2$. Construímos uma tabela de sinais (ver Fig. 19-7), com uma reta sólida por $x = 2$, pois este valor anula a fração, e 0 está incluso na solução, e com uma reta tracejada por $x = -1$, pois torna a fração indefinida. A seguir, determinamos o sinal de cada fator nos três intervalos. Finalmente, nos intervalos onde um número par de fatores é negativo o problema é positivo e naqueles para os quais há um número ímpar de fatores negativos o problema é negativo. A solução de

$$\frac{2x - 1}{x + 1} \leq 1$$

é o intervalo $(-1, 2]$.

(b) $\dfrac{x^2 - 10x + 21}{x^2 - 5x + 6} \leq 0$

$$\frac{(x - 3)(x - 7)}{(x - 3)(x - 2)} \leq 0$$

Os pontos críticos são $x = 2$, $x = 3$ e $x = 7$. Construímos uma tabela de sinais (ver Fig. 19-8), com retas tracejadas passando por $x = 2$ e $x = 3$ e uma reta sólida por $x = 7$. Como $x = 3$ anula o denominador da fração, está excluído mesmo zerando também o numerador. Os sinais para os fatores são estabelecidos para cada intervalo e então usados para determinar o sinal do problema em cada intervalo. O fator $x - 3$ aparece um número par de vezes no problema e poderia ser omitido da tabela de sinais, já que qualquer fator elevado a uma potência positiva não é negativo.

A solução de

$$\frac{x^2 - 10x + 21}{x^2 - 5x + 6} \leq 0$$

é o intervalo $(2, 3) \cup (3, 7]$.

Nota 1. Se tivéssemos cancelado o fator comum $x - 3$, poderíamos ter negligenciado o fato do problema não estar definido para $x = 3$, não podendo estar no conjunto solução.

Nota 2. Quando um fator aparece no problema um número par de vezes, pode ser excluído da tabela de sinais e é frequentemente omitido. Se um fator aparece no problema um número ímpar de vezes, deve ser incluído na tabela de sinais um número ímpar de vezes e é geralmente incluído apenas uma vez.

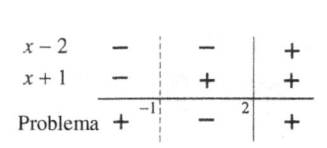

$x - 2$	$-$		$-$	$+$
$x + 1$	$-$		$+$	$+$
Problema	$+$	-1	$-$ $\;2\;$	$+$

Figura 19-7

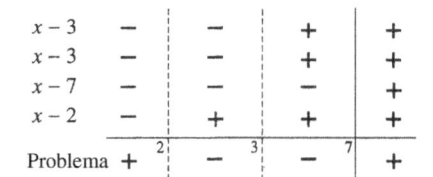

$x - 3$	$-$		$-$		$+$	$+$
$x - 3$	$-$		$-$		$+$	$+$
$x - 7$	$-$		$-$		$-$	$+$
$x - 2$	$-$		$+$		$+$	$+$
Problema	$+$	2	$-$	3	$-$	7 $+$

Figura 19-8

19.18 Encontre a solução para o sistema de desigualdades $-2x + y \geq 2$ e $2x - y \leq 6$.

Solução

Esboce o gráfico das equações associadas $-2x + y = 2$ e $2x - y = 6$. As duas retas são sólidas, pois fazem parte da solução.

Utilizando $(0, 0)$ como ponto teste, obtemos $-2(0) + 0 \geq 2$, que é falso e $2(0) - 0 \leq 6$, que é verdadeiro.

Já que o ponto teste $(0, 0)$ torna $-2x + y \leq 2$ falsa, a solução encontra-se no lado da reta $-2x + y = 2$ oposto ao ponto $(0, 0)$. Logo, hachuramos acima e à esquerda da reta $-2x + y = 2$.

Como o ponto teste $(0, 0)$ torna $2x - y \leq 6$ verdadeira, a solução está no mesmo lado da reta $2x - y = 6$ que o ponto $(0, 0)$. Assim, hachuramos acima e à esquerda da reta $2x - y = 6$.

A solução comum está acima e à esquerda de $-2x + y = 2$ e é a região hachurada na Fig. 19-9.

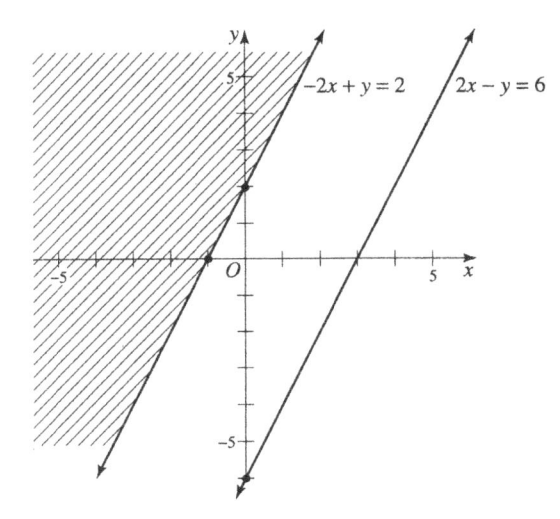

Figura 19-9

19.19 A Companhia Close Shave fabrica dois tipos de barbeador elétrico. Um barbeador é sem fio, requer 4 horas para ser produzido e é vendido por $40,00. O outro barbeador possui cabo, leva 2 horas para ser produzido e é vendido por $30,00. A empresa dispõe de apenas 800 horas de trabalho por dia destinadas à fabricação e o setor de expedição pode empacotar e despachar diariamente apenas 300 barbeadores. Quantos barbeadores de cada tipo a Companhia Close Shave deve produzir por dia para maximizar sua renda diária de vendas?

Solução

Seja x o número de barbeadores sem fio e y o número de barbeadores com fio produzidos por dia.

A função objetivo é $R(x, y) = 40x + 30y$.

As restrições estabelecidas são $4x + 2y \leq 800$ e $x + y \leq 300$.

As restrições naturais são $x \geq 0$ e $y \geq 0$.

A partir da Fig. 19-10, vemos que os vértices da região formada pelas restrições são $A(0, 0)$, $B(200, 0)$, $C(100, 200)$ e $D(0, 300)$.

$$R(0, 0) = 40(0) + 30(0) = 0 + 0 = 0$$
$$R(200, 0) = 40(200) + 30(0) = 8000 + 0 = 8000$$
$$R(100, 200) = 40(100) + 30(200) = 4000 + 6000 = 10\,000$$
$$R(0, 300) = 40(0) + 30(300) = 0 + 9000 = 9000.$$

A Companhia Close Shave alcança uma renda diária máxima das vendas de $10 000,00 produzindo 100 barbeadores sem fio e 200 com fio por dia.

Problemas Complementares

19.20 Se $a > b$, prove que $a - c > b - c$, onde c é qualquer número real.

19.21 Se $a > b$ e $k > 0$, demonstre que $ka > kb$.

19.22 Encontre os valores de x para os quais valem as seguintes desigualdades.

(a) $2(x + 3) > 3(x - 1) + 6$ (b) $\dfrac{x}{4} + \dfrac{2}{3} < \dfrac{2x}{3} - \dfrac{1}{6}$ (c) $\dfrac{1}{x} + \dfrac{3}{4x} > \dfrac{7}{8}$ (d) $x^2 > 9$

19.23 Para que valores de a vale $(a + 3) < 2(2a + 1)$?

19.24 Mostre que $\frac{1}{2}(a^2 + b^2) \geq ab$ para todos os valores reais de a e b, valendo a igualdade se, e somente se, $a = b$.

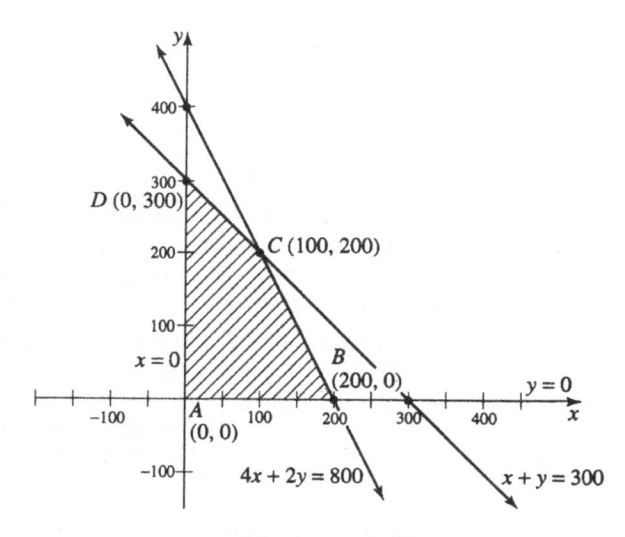

Figura 19-10

19.25 Prove que
$$\frac{1}{x}+\frac{1}{y} > \frac{2}{x+y}$$
se x e y são positivos e $x \neq y$.

19.26 Demonstre que
$$\frac{x^2+y^2}{x+y} < x+y \text{ se } x > 0, y > 0.$$

19.27 Prove que $xy + 1 \geq x + y$ caso $x \geq 1$ e $y \geq 1$ ou caso $x \leq 1$ e $y \leq 1$.

19.28 Se $a > 0$, $a \neq 1$ e n é qualquer inteiro positivo, demonstre que
$$a^{n+1} + \frac{1}{a^{n+1}} > a^n + \frac{1}{a^n}.$$

19.29 Mostre que $\sqrt{2} + \sqrt{6} < \sqrt{3} + \sqrt{5}$.

19.30 Determine os valores de x para os quais cada uma das seguintes desigualdades é verdadeira.
(a) $x^2 + 2x - 24 > 0$ (b) $x^2 - 6 < x$ (c) $3x^2 - 2x < 1$ (d) $3x + \frac{1}{x} > \frac{7}{2}$

19.31 Determine graficamente a imagem dos valores de x para os quais (a) $x^2 - 3x - 4 > 0$, (b) $2x^2 - 5x + 2 < 0$.

19.32 Escreva a solução de cada desigualdade em notação de intervalo.
(a) $|3x + 3| - 15 \geq -6$ (b) $|2x - 3| < 7$

19.33 Escreva a solução de cada desigualdade em notação de intervalo.
(a) $x^2 \geq 10x - 21$ (c) $(x-1)(x-2)(x+3) > 0$ (e) $\frac{x-5}{x+1} \leq 3$
(b) $\frac{(x+1)(x-1)}{x} < 0$ (d) $\frac{x-1}{x+2} \leq 0$ (f) $\frac{(x-6)(x-3)}{x+2} \geq 0$

19.34 Esboce o gráfico de cada desigualdade e hachure as regiões de solução.
(a) $4x - y \leq 5$ (b) $y - 3x > 2$

19.35 Esboce o gráfico dos sistemas de desigualdades e hachure a região solução.

(a) $x + 2y \le 20$ e $3x + 10y \le 80$

(b) $3x + y \ge 4, x + y \ge 2, -x + y \le 4$ e $x \le 5$

19.36 Utilize programação linear para resolver os problemas.

(a) Ramone constrói depósitos portáteis. Ele utiliza 10 chapas de compensado e 15 vigas em uma construção pequena e 15 chapas de compensado e 45 vigas em uma contrução grande. Ele possui 60 chapas de compensado e 135 vigas disponíveis para uso. Se Ramone obtém um lucro de $400,00 em uma construção pequena e de $500,00 em uma construção grande, quantas construções de cada tipo deve fazer para maximizar seu lucro?

(b) Jean e Walter produzem carrilhões de vento e casas de pássaros em sua loja de artesanato. Cada carrilhão de vento requer 3 horas de trabalho de Jean e 1 hora de trabalho de Walter. Cada casa de pássaro necessita de 4 horas de trabalho de Jean e 2 horas de trabalho de Walter. Jean não pode trabalhar mais do que 48 horas por semana e Walter não pode trabalhar mais do que 20 horas por semana. Se cada carrilhão de vento é vendido por $12,00 e cada casa de pássaro é vendida por $20,00, quantos itens de cada eles devem produzir para maximizar sua renda?

Respostas dos Problemas Complementares

19.22 (a) $x < 3$ (b) $x > 2$ (c) $0 < x < 2$ (d) $x < -3$ ou $x > 3$

19.23 $a > \dfrac{1}{3}$

19.30 (a) $x > 4$ ou $x < -6$ (b) $-2 < x < 3$ (c) $-\dfrac{1}{3} < x < 1$ (d) $x > \dfrac{2}{3}$ ou $0 < x < \dfrac{1}{2}$

19.31 (a) $x > 4$ ou $x < -1$ (b) $\dfrac{1}{2} < x < 2$

19.32 (a) $(-\infty, -4) \cup [2, \infty)$ (b) $(-2, 5)$

19.33 (a) $(-\infty, 3) \cup [7, \infty)$ (c) $(-3, 1) \cup (2, \infty)$ (e) $(-\infty, -4] \cup (-1, \infty)$

(b) $(-\infty, -1) \cup (0, 1)$ (d) $(-2, 1]$ (f) $(-2, 3) \cup [6, \infty)$

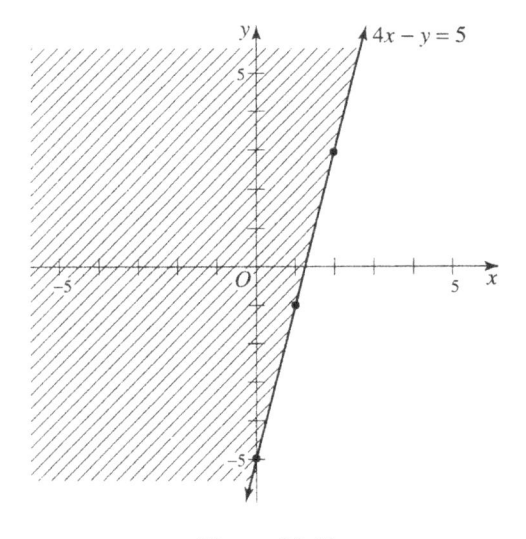

19.34 (a) Figura 19-11 (b) Figura 19-12

Figura 19-11

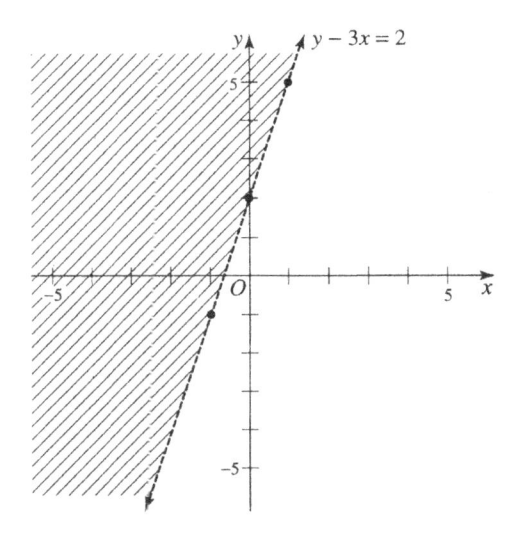

Figura 19-12

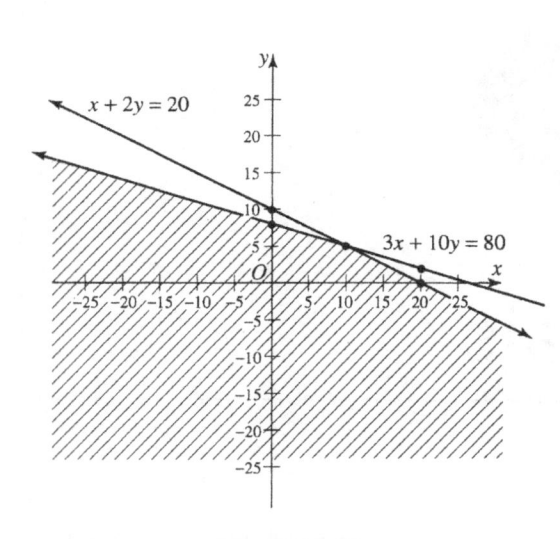

Figura 19-13

Figura 19-14

19.35 (*a*) Figura 19-13 (*b*) Figura 19-14

19.36 (*a*) Ramone maximiza seu lucro fazendo 6 construções pequenas e nenhuma grande.
(*b*) Jean e Walter maximizarão sua renda construíndo 6 carrilhões de vento e 8 casas de pássaros.

Capítulo 20

Funções Polinomiais

20.1 EQUAÇÕES POLINOMIAIS

Uma equação racional inteira de grau n na variável x é uma equação que pode ser escrita na forma

$$a_n x^n + a_{n-1} x^{n-1} + a_{n-2} x^{n-2} + \cdots + a_1 x + a_0 = 0, \quad a_n \neq 0$$

onde n é um inteiro positivo e $a_0, a_1, a_2, \ldots, a_{n-1}, a_n$ são constantes.

Assim, $4x^3 - 2x^2 + 3x - 5 = 0$, $x^2 - \sqrt{2}x + \frac{1}{4} = 0$ e $x^4 + \sqrt{-3}x - 8 = 0$ são equações racionais inteiras em x de graus 3, 2 e 4, respectivamente. Perceba que em cada equação os expoentes de x são positivos e inteiros e os coeficientes são constantes (números reais ou complexos).

O coeficiente do termo de maior grau é denominado o coeficiente líder e a_0 é chamado de termo constante.

Neste capítulo, apenas equações racionais inteiras são consideradas.

Um polinômio de grau n na variável x é uma função de x que pode ser escrita na forma

$$P(x) = a_n x^n + a_{n-1} x^{n-1} + a_{n-2} x^{n-2} + \cdots + a_1 x + a_0, \quad a_n \neq 0$$

onde n é um inteiro positivo e $a_0, a_1, a_2, \ldots, a_{n-1}, a_n$ são constantes. Então $P(x) = 0$ é uma equação inteira racional de grau n em x.

Se $P(x) = 3x^3 + x^2 + 5x - 6$, então $P(-2) = 3(-2)^3 + (-2)^2 + 5(-2) - 6 = -36$.

Se $P(x) = x^2 + 2x - 8$, então $P(\sqrt{5}) = 5 + 2\sqrt{5} - 8 = 2\sqrt{5} - 3$.

Qualquer valor de x que anule $P(x)$ é denominado uma *raiz* da equação $P(x) = 0$. Assim, 2 é uma raiz da equação $P(x) = 3x^3 - 2x^2 - 5x - 6 = 0$, pois $P(2) = 24 - 8 - 10 - 6 = 0$.

20.2 ZEROS DE EQUAÇÕES POLINOMIAIS

A. Teorema do resto: Se r é uma constante e se um polinômio $P(x)$ é dividido por $(x - r)$, o resto é $P(r)$.

Por exemplo, se $P(x) = 2x^3 - 3x^2 - x + 8$ for dividido por $x + 1$, então $r = -1$ e o resto $P(-1) = -2 - 3 + 1 + 8 = 4$. Isto é,

$$\frac{2x^3 - 3x^2 - x + 8}{x + 1} = Q(x) + \frac{4}{x + 1}, \quad \text{onde } Q(x) \text{ é um polinômio em } x.$$

B. Teorema do fator: Se r é uma raiz da equação $P(x) = 0$, i.e., caso $P(r) = 0$, então $(x - r)$ é um fator de $P(x)$. Reciprocamente, se $(x - r)$ for um fator de $P(x)$, então r é uma raiz de $P(x) = 0$, ou $P(r) = 0$.

Assim, 1, -2, -3 são as três raízes da equação $P(x) = x^3 + 4x^2 + x - 6 = 0$, pois $P(1) = P(-2) = P(-3) = 0$. Portanto, $(x - 1)$, $(x + 2)$ e $(x + 3)$ são fatores de $x^3 + 4x^2 + x - 6$.

C. Divisão sintética: A divisão sintética é um método simplificado de dividir um polinômio $P(x)$ por $x - r$, onde r é um valor estabelecido. Por este método, determinamos os valores dos coeficientes do quociente e o valor do resto pode ser facilmente encontrado.

Exemplo 20.1 Divida $(5x + x^4 - 14x^2)$ por $(x + 4)$ utilizando a divisão sintética.

Escreva os termos do dividendo em ordem decrescente das potências da variável e preencha com zeros nos lugares dos coeficientes dos termos faltantes; escreva o divisor na forma $x - a$.

$$(x^4 + 0x^3 - 14x^2 + 5x + 0) \div (x - (-4))$$

Escreva o termo constante a do divisor à esquerda do símbolo ⌋ e escreva os coeficientes do dividendo à direita deste símbolo.

$$-4 \rfloor \quad 1 + 0 - 14 + 5 + 0$$

Desça o primeiro termo do divisor para a terceira linha, deixando uma linha em branco.

$$\begin{array}{r} -4 \rfloor \quad 1 + 0 - 14 + 5 + 0 \\ \hline 1 \end{array}$$

Multiplique o termo na linha do quociente (a terceira) pelo divisor e escreva o produto na segunda linha abaixo do segundo termo na primeira linha. Some os números na coluna formada e escreva a soma como o segundo termo na linha do quociente.

$$\begin{array}{r} -4 \rfloor \quad 1 + 0 - 14 + 5 + 0 \\ -4 \\ \hline 1 - 4 \end{array}$$

Multiplique o último termo à direita na linha do quociente pelo divisor, escreva-o abaixo do próximo termo na linha do topo, some e escreva a soma na linha do quociente. Continue este processo até todos os termos da linha do topo terem um número abaixo deles.

$$\begin{array}{r} -4 \rfloor \quad 1 + 0 - 14 + 5 + 0 \\ -4 + 16 - 8 + 12 \\ \hline 1 - 4 + 2 - 3 + 12 \end{array}$$

A terceira linha é a do quociente, sendo que o último termo é o resto. O grau do polinômio quociente é um a menos que o grau do dividendo, porque estamos dividindo por um fator linear. Aqui, o grau do polinômio quociente é 3.

O quociente com resto para $(5x + x^4 - 14x^2) \div (x + 4)$ é

$$1x^3 - 4x^2 + 2x - 3 + \frac{12}{x + 4}$$

D. Teorema fundamental da álgebra: Toda equação polinomial $P(x) = 0$ tem pelo menos uma raiz, real ou complexa.

Assim, $x^7 - 3x^5 + 2 = 0$ possui pelo menos uma raiz.

Mas $f(x) = \sqrt{x} + 3 = 0$ não possui raiz, pois não existe um número r tal que $f(r) = 0$. Como esta equação não é racional, o teorema fundamental não se aplica.

E. Número de raízes de uma equação: Toda equação racional inteira $P(x) = 0$ de grau n possui exatamente n raízes. Logo, $2x^3 + 5x^2 - 14x - 8 = 0$ tem exatamente 3 raízes, a saber, $2, -\frac{1}{2}, -4$.

Algumas das n raízes podem ser iguais. Assim, a equação do sexto grau $(x - 2)^3(x - 5)^2(x + 4) = 0$ tem uma raiz tripla 2, uma raiz dupla 5 e uma raiz simples -4; i.e., as seis raízes são $2, 2, 2, 5, 5, -4$.

20.3 RESOLVENDO EQUAÇÕES POLINOMIAIS

A. Raízes complexas e irracionais
   (1) Se um número complexo $a + bi$ é uma raiz da equação racional inteira $P(x) = 0$ com *coeficientes reais*, então seu complexo conjugado $a - bi$ também é uma raiz.

   Segue-se que toda equação racional inteira de grau ímpar com coeficientes reais possui pelo menos uma raiz real.
   (2) Se a equação racional inteira $P(x) = 0$ com *coeficientes racionais* possui uma raiz $a + \sqrt{b}$, onde a e b são racionais e $\sqrt{b}$ é irracional, então $a - \sqrt{b}$ também é uma raiz.

B. Teorema da raiz racional
   Se b/c, uma fração racional irredutível, é raiz da equação

   $$a_n x^n + a_{n-1} x^{n-1} + a_{n-2} x^{n-2} + \cdots + a_1 x + a_0 = 0, \qquad a_n \neq 0$$

   com coeficientes inteiros, então b é um fator de a_0 e c é um fator de a_n.

   Assim, caso b/c seja uma raiz racional de $6x^3 + 5x^2 - 3x - 2 = 0$, os valores de b estão limitados aos fatores de 2, que são $\pm 1, \pm 2$; e os valores de c estão limitados aos fatores de 6, que são $\pm 1, \pm 2, \pm 3, \pm 6$. Portanto, as únicas raízes racionais possíveis são $\pm 1, \pm 2, \pm 1/2, \pm 1/3, \pm 1/6, \pm 2/3$.

C. Teorema da raiz inteira
   Decorre que se uma equação $P(x) = 0$ possui coeficientes inteiros e o coeficiente líder é 1:

   $$x^n + a_{n-1} x^{n-1} + a_{n-2} x^{n-2} + \cdots + a_1 x + a_0 = 0,$$

   então qualquer raiz racional de $P(x) = 0$ é um inteiro e um fator de a_0.

   Assim, as raízes racionais, se existirem, de $x^3 + 2x^2 - 11x - 12 = 0$ estão limitadas aos fatores inteiros de 12, que são $\pm 1, \pm 2, \pm 3, \pm 4, \pm 6, \pm 12$.

D. Teorema do valor intermediário
   Se $P(x) = 0$ é uma equação polinomial com coeficientes reais, então valores aproximados das raízes reais de $P(x) = 0$ podem ser encontrados a partir do gráfico de $y = P(x)$ determinando-se os valores de x nos pontos onde o gráfico intersecta o eixo x ($y = 0$). O fato fundamental neste procedimento é que se $P(a)$ e $P(b)$ possuem sinais opostos então $P(x) = 0$ possui no mínimo uma raiz entre $x = a$ e $x = b$. Este fato baseia-se na continuidade do gráfico de $y = P(x)$ quando $P(x)$ é um polinômio com coeficientes reais.

Exemplo 20.2 Isole cada zero real de $P(x) = 2x^3 - 5x^2 - 6x + 4$ entre dois inteiros consecutivos.

Como $P(x) = 2x^3 - 5x^2 - 6x + 4$ possui grau 3, existem no máximo 3 raízes reais. Vamos procurar pelos zeros reais no intervalo -5 a 5. O intervalo é arbitrário e pode ser necessário expandi-lo caso os zeros reais não sejam encontrados nele. Pela divisão sintética, encontramos o valor de $P(x)$ para cada inteiro no intervalo selecionado. Os restos das divisões são os valores de $P(x)$ e estão resumidos na tabela abaixo.

x	-5	-4	-3	-2	-1	0	1	2	3	4	5
$P(x)$	-341	-180	-77	-20	3	4	-5	-12	-5	28	99

Perceba que $P(-2) = -20$ e $P(-1) = 3$ têm sinais opostos, então, pelo Teorema do Valor Intermediário existe um zero real entre -2 e -1. Analogamente, como $P(0) = 4$ e $P(1) = -5$, existe um zero real entre 0 e 1 e devido a $P(3) = -5$ e $P(4) = 28$ existe um zero real entre 3 e 4. Três zeros reais foram isolados, então localizamos todos os zeros reais de $P(x)$.

Nem sempre é possível encontrar todos os zeros reais desta maneira, porque pode haver mais de um zero entre dois inteiros consecutivos. Quando há um número positivo de zeros entre dois inteiros consecutivos, o Teorema do Valor Intermediário não os revelará se utilizarmos apenas valores inteiros de x. O Teorema do Valor Intermediário não diz quantos zeros reais existem no intervalo, apenas que existe pelo menos um.

E. Cotas superiores e inferiores para as raízes reais

Um número a é denominado um *limite superior* ou *cota superior* para as raízes reais de $P(x) = 0$, se nenhuma raiz é maior que a. Um número b é chamado um *limite inferior* ou *cota inferior* para as raízes reais de $P(x) = 0$ se nenhuma raiz é menor que b. O seguinte teorema é útil para a determinação de cotas superiores e inferiores.

Seja $P(x) = a_n x^n + a_{n-1} x^{n-1} a_{n-2} x^{n-2} + \cdots + a_0 = 0$, onde $a_0, a_1, \ldots, a_n$ são reais e $a_n > 0$.
Então:

(1) Se na divisão sintética de $P(x)$ por $x - a$, onde $a \geq 0$, todos os números obtidos na terceira linha forem positivos ou nulos, então a é uma cota superior para todas as raízes reais de $P(x) = 0$.

(2) Se na divisão sintética de $P(x)$ por $x - b$, onde $b \leq 0$, todos os números obtidos na terceira linha (exceto b) forem alternadamente positivos e negativos (ou nulos), então b é uma cota inferior para todas as raízes reais de $P(x) = 0$.

Exemplo 20.3 Encontre um intervalo que contenha todos os zeros de $P(x) = 2x^3 - 5x^2 + 6$.

Encontraremos um inteiro b, que é a menor cota superior inteira para os zeros reais de $P(x)$ e o inteiro a, que é uma cota inferior para os zeros reais de $P(x)$. Todos os zeros reais estão no intervalo $[a, b]$. Para encontrar a e b utilizamos a divisão sintética em $P(x) = 2x^3 - 5x^2 + 6$.

```
1⌋  2 - 5 + 0 + 6        2⌋  2 - 5 + 0 + 6        3⌋  2 - 5 + 0 +  6
      + 2 - 3 - 3              + 4 - 2 - 4              + 6 + 3 +  9
    ─────────────            ─────────────            ───────────────
    2 - 3 - 3 + 3            2 - 1 - 2 + 2            2 + 1 + 3 + 15
```

Quando dividimos usando 3, a linha do quociente é toda positiva, então 3 é o menor inteiro que é uma cota superior para os zeros reais de $P(x)$. Assim, $b = 3$.

```
-1⌋  2 - 5 + 0 + 6
       - 2 + 7 - 7
     ─────────────
     2 - 7 + 7 - 1
```

Ao dividirmos utilizando -1, o sinal da linha quociente alterna-se, logo -1 é o maior inteiro que é uma cota inferior para os zeros reais de $P(x)$. Assim, $a = -1$.

Os zeros reais de $P(x) = 2x^3 - 5x^2 + 6$ estão no intervalo $(-1, 3)$ ou $-1 < x < 3$. Como $P(-1) \neq 0$ e $P(3) \neq 0$, utilizamos a notação de intervalo que indica que nenhum extremo é zero.

F. A Regra dos Sinais de Descartes

Se os termos de um polinômio $P(x)$ com coeficientes reais forem organizados em ordem decrescente das potências de x, dizemos que uma *variação de sinal* ocorre quando dois termos consecutivos diferem no sinal. Por exemplo, $x^3 - 2x^2 + 3x - 12$ possui 3 variações de sinal e $2x^7 - 6x^5 - 4x^4 + x^2 + 2x + 4$ possui 4 variações de sinal.

A Regra dos Sinais de Descartes diz que o número de raízes positivas de $P(x) = 0$ é ou igual ao número de variações de sinal de $P(x)$ ou é menor que esse número por um inteiro par. O número de raízes negativas de $P(x) = 0$ é ou igual ao número de variações de sinal de $P(-x)$ ou é menor que esse número por um inteiro par.

Assim, em $P(x) = x^9 - 2x^5 + 2x^2 - 3x + 12 = 0$, há 4 variações de sinal de $P(x)$; portanto, o número de raízes positivas de $P(x) = 0$ é 4, $(4 - 2)$ ou $(4 - 4)$. Como $P(-x) = (-x)^9 - 2(-x)^5 + 2(-x)^2 - 3(-x) + 12 =$

$-x^9 + 2x^5 + 2x^2 + 3x + 12 = 0$ possui uma variação de sinal, então $P(x) = 0$ tem exatamente uma raiz negativa. Portanto, existem 4, 2 ou 0 raízes positivas, 1 raiz negativa e pelo menos $9 - (4 + 1) = 4$ raízes complexas (existem 4, 6 ou 8 raízes complexas. Por quê?).

20.4 APROXIMANDO ZEROS REAIS

Ao resolvermos uma equação polinomial $P(x) = 0$, nem sempre é possível encontrarmos todos os zeros pelos métodos anteriores. Conseguimos determinar zeros irracionais e imaginários quando fomos capazes de encontrar fatores quadráticos que resolvemos utilizando a fórmula quadrática. Se não pudermos encontrar fatores quadráticos de $P(x) = 0$ não poderemos resolver para os zeros imaginários, mas geralmente conseguimos encontrar uma aproximação para alguns dos zeros reais.

Para aproximar um zero real de $P(x) = 0$, primeiramente precisamos encontrar um intervalo que contenha um zero real de $P(x) = 0$. Podemos fazer isto através do Teorema do Valor Intermediário para localizar números a e b tais que $P(a)$ e $P(b)$ tenham sinais opostos. Continuamos utilizando o Teorema do Valor Intermediário até isolarmos o zero real em um intervalo pequeno o bastante para que esteja determinado até o grau de precisão desejado.

Exemplo 20.4 Encontre um zero real de $x^3 + 3x + 8 = 0$ com a precisão de duas casas decimais.

Pela Regra dos Sinais de Descartes, $P(x) = x^3 + 3x + 8$ possui 1 zero real negativo e nenhum positivo.

Com a divisão sintética, encontramos $P(-2) = -6$ e $P(-1) = 4$, logo pelo Teorema do Valor Intermediário $P(x) = x^3 + 3x + 8$ tem um zero real entre -2 e -1.

Agora utilizamos a divisão sintética e o Teorema do Valor Intermediário para determinar os intervalos com décimos de comprimento contendo o zero. Os resultados estão resumidos na tabela abaixo.

x	$-1,0$	$-1,1$	$-1,2$	$-1,3$	$-1,4$	$-1,5$	$-1,6$	$-1,7$	$-1,8$	$-1,9$	$-2,0$
$P(x)$	4	3,37	2,67	1,90	1,06	0,13	$-0,90$	$-2,01$	$-3,23$	$-4,56$	-6

Podemos ver que $P(-1,5)$ é positivo e $P(-1,6)$ é negativo então o zero está entre $-1,6$ e $-1,5$.

Agora procuramos pelo dígito dos centésimos com a divisão sintética no intervalo entre $-1,6$ e $-1,5$. Não é necessário testar todos os centésimos, basta encontrar uma mudança de sinal entre dois valores consecutivos.

x	$-1,50$	$-1,51$	$-1,52$
$P(x)$	0,13	0,03	$-0,07$

Vemos que $P(-1,51)$ é positivo e $P(-1,52)$ é negativo, logo pelo Teorema do Valor Intermediário existe um zero real entre $-1,51$ e $-1,52$.

Como o zero real encontra-se entre $-1,51$ e $-1,52$, precisamos apenas determinar se está mais perto de $-1,51$ ou de $-1,52$. Para tanto, tomamos o valor $P(-1,515)$, que é aproximadamente $-0,02$. Este valor de $P(-1,515)$ é negativo e $P(-1,51)$ é positivo, então sabemos que o zero está entre $-1,515$ e $-1,510$ e todos os números neste intervalo, quando arredondados até duas casas decimais, resultam em $-1,51$.

Assim, até duas casas decimais a única raiz real de $x^3 + 3x + 8 = 0$ é $-1,51$.

Ao se utilizar uma calculadora gráfica para aproximar zeros reais de um polinômio, construímos o gráfico e utilizamos as ferramentas de traço e *zoom*. Após esboçar o gráfico, localizamos, com o recurso do traço, o intervalo que contém um zero real utilizando o Teorema do Valor Intermediário. Então, por meio da ferramenta de *zoom*, focalizamos este intervalo. Continuamos fazendo uso do traço e do *zoom* até encontrarmos dois valores de x que resultam no mesmo número quando arredondados até o grau de precisão desejado e onde os valores da função têm sinais opostos.

Problemas Resolvidos

20.1 Prove o teorema do resto: Se um polinômio $P(x)$ é dividido por $(x - r)$ o resto é $P(r)$.

Solução

Na divisão de $P(x)$ por $(x - r)$, seja $Q(x)$ o quociente e R, uma constante, o resto. Por definição, $P(x) = (x - r)Q(x) + R$, uma identidade para todos os valores de x. Fixando $x = r$, $P(r) = R$.

20.2 Determine o resto R das seguintes divisões.

(a) $(2x^3 + 3x^2 - 18x - 4) \div (x - 2)$. $\quad R = P(2) = 2(2^3) + 3(2^2) - 18(2) - 4 = -12$

(b) $(x^4 - 3x^3 + 5x + 8) \div (x + 1)$. $\quad R = P(-1) = (-1)^4 - 3(-1)^3 + 5(-1) + 8$
$= 1 + 3 - 5 + 8 = 7$

(c) $(4x^3 + 5x^2 - 1) \div \left(x + \dfrac{1}{2}\right)$. $\quad R = P\left(-\dfrac{1}{2}\right) = 4\left(-\dfrac{1}{2}\right)^3 + 5\left(-\dfrac{1}{2}\right)^2 - 1 = -\dfrac{1}{4}$

(d) $(x^3 - 2x^2 + x - 4) \div x$. $\quad R = P(0) = -4$

(e) $\left(\dfrac{8}{27}x^3 - \dfrac{4}{9}x^2 + x - \dfrac{3}{2}\right) \div (2x - 3)$. $\quad R = P\left(\dfrac{3}{2}\right) = \dfrac{8}{27}\left(\dfrac{3}{2}\right)^3 - \dfrac{4}{9}\left(\dfrac{3}{2}\right)^2 + \dfrac{3}{2} - \dfrac{3}{2} = 0$

(f) $(x^8 - x^5 - x^3 + 1) \div (x + \sqrt{-1})$. $\quad R = P(-i) = (-i)^8 - (-i)^5 - (-i)^3 + 1$
$= i^8 + i^5 + i^3 + 1 = 1 + i - i + 1 = 2$

20.3 Demonstre o teorema do fator: Se r é uma raiz da equação $P(x) = 0$, então $(x - r)$ é um fator de $P(x)$; reciprocamente, se $(x - r)$ é um fator de $P(x)$, então r é uma raiz de $P(x) = 0$.

Solução

Na divisão de $P(x)$ por $(x - r)$, denote $Q(x)$ o quociente e R, uma constante, o resto. Então $P(x) = (x - r)Q(x) + R$ ou $P(x) = (x - r)Q(x) + P(r)$ pelo teorema do resto.

Se r é uma raiz de $P(x) = 0$, então $P(r) = 0$. Portanto, $P(x) = (x - r)Q(x)$ ou $(x - r)$ é um fator de $P(x)$.

Reciprocamente, se $(x - r)$ for um fator de $P(x)$, então o resto na divisão de $P(x)$ por $(x - r)$ é zero. Portanto, $P(r) = 0$, i.e., r é uma raiz de $P(x) = 0$.

20.4 Mostre que $(x - 3)$ é um fator do polinômio $P(x) = x^4 - 4x^3 - 7x^2 + 22x + 24$.

Solução

$P(3) = 81 - 108 - 63 + 66 + 24 = 0$. Portanto, $(x - 3)$ é um fator de $P(x)$, 3 é um *zero* do polinômio $P(x)$ e 3 é uma *raiz* da equação $P(x) = 0$.

20.5 (a) -1 é uma raiz da equação $P(x) = x^3 - 7x - 6 = 0$?
(b) 2 é uma raiz da equação $P(y) = y^4 - 2y^2 - y + 7 = 0$?
(c) $2i$ é uma raiz da equação $P(z) = 2z^3 + 3z^2 + 8z + 12 = 0$?

Solução

(a) $P(-1) = -1 + 7 - 6 = 0$. Portanto, -1 é uma raiz da equação $P(x) = 0$ e $[x - (-1)] = x + 1$ é um fator do polinômio $P(x)$.

(b) $P(2) = 16 - 8 - 2 + 7 = 13$. Então 2 não é uma raiz de $P(y) = 0$ e $(y - 2)$ não é um fator de $y^4 - 2y^2 - y + 7$.

(c) $P(2i) = 2(2i)^3 + 3(2i)^2 + 8(2i) + 12 = -16i - 12 + 16i + 12 = 0$. Assim, $2i$ é uma raiz de $P(z) = 0$ e $(z - 2i)$ é um fator do polinômio $P(z)$.

20.6 Prove que $x - a$ é um fator de $x^n - a^n$, se n é um inteiro positivo qualquer.

Solução

$P(x) = x^n - a^n$; então $P(a) = a^n - a^n$. Como $P(a) = 0$, $x - a$ é um fator de $x^n - a^n$.

20.7 (*a*) Mostre que $x^5 + a^5$ é divisível de forma exata por $x + a$.
(*b*) Qual é o resto quando $y^6 + a^6$ é dividido por $y + a$?

Solução

(*a*) $P(x) = x^5 + a^5$; então $P(-a) = (-a)^5 + a^5 = -a^5 + a^5 = 0$. Como $P(-a) = 0$, $x^5 + a^5$ é exatamente divisível por $x + a$.

(*b*) $P(y) = y^6 + a^6$. Resto $= P(-a) = (-a)^6 + a^6 = a^6 + a^6 = 2a^6$.

20.8 Mostre que $x + a$ é um fator de $x^n - a^n$ quando n é um inteiro positivo par, mas não é um fator quando n é um inteiro positivo ímpar. Suponha que $a \neq 0$.

Solução

$$P(x) = x^n - a^n.$$

Quando n é par, $P(-a) = (-a)^n - a^n = a^n - a^n = 0$. Já que $P(-a) = 0$, $x + a$ é um fator de $x^n - a^n$ quando n é par.

Se n for ímpar, $P(-a) = (-a)^n - a^n = -a^n - a^n = -2a^n$. Como $P(-a) \neq 0$, $x^n - a^n$ não é exatamente divisível por $x + a$ quando n é ímpar (o resto sendo igual a $-2a^n$).

20.9 Encontre os valores de p para os quais

(*a*) $2x^3 - px^2 + 6x - 3p$ é divisível de forma exata por $x + 2$,

(*b*) $(x^4 - p^2x + 3 - p) \div (x - 3)$ tem resto 4.

Solução

(*a*) O resto é $2(-2)^3 - p(-2)^2 + 6(-2) - 3p = -16 - 4p - 12 - 3p = -28 - 7p = 0$. Então $p = -4$.

(*b*) O resto é $3^4 - p^2(3) + 3 - p = 84 - 3p^2 - p = 4$. Então $3p^2 + p - 80 = 0$, $(p - 5)(3p + 16) = 0$ e $p = 5, -16/3$.

20.10 Pela divisão sintética, determine o quociente e o resto na divisão.

$$(3x^5 - 4x^4 - 5x^3 - 8x + 25) \div (x - 2)$$

Solução

$$\underline{2\rfloor\ \ 3 - 4 - 5 + 0 - \ \ 8 + 25}$$
$$\ \ 6 + 4 - 2 - \ \ 4 - 24$$
$$\overline{3 + 2 - 1 - 2 - 12 + \ \ 1}$$

Quociente: $3x^4 + 2x^3 - x^2 - 2x - 12$
Resto: 1

A primeira linha dá os coeficientes do dividendo, com o coeficiente zero para a potência de x faltante x ($0x^2$). O 2 à esquerda é o segundo termo do divisor com o sinal trocado (já que o coeficeinte de x no divisor é 1).

O primeiro coeficiente na linha superior, 3, é escrito na terceira linha e então multiplicado pelo 2 do divisor. O produto 6 é escrito na segunda linha e somado com o -4 acima, resultando em 2, que é o próximo na terceira linha. Este 2 é multiplicado em seguida pelo 2 do divisor. O produto 4 é escrito na segunda linha e somado com o -5 acima dele, resultando no -1 da terceira linha etc. O último número na terceira linha é o resto, enquanto todos os números à sua esquerda formam os coeficientes do quociente.

Como o dividendo é de grau 5 e o divisor de grau 1, o quociente tem grau 4.

A resposta pode ser escrita:

$$3x^4 + 2x^3 - x^2 - 2x - 12 + \frac{1}{x-2}.$$

20.11 $(x^4 - 2x^3 - 24x^2 + 15x + 50) \div (x + 4)$

Solução

$$\begin{array}{r|l} -4 & 1 - 2 - 24 + 15 + 50 \\ & -4 + 24 - 0 - 60 \\ \hline & 1 - 6 + 0 + 15 - 10 \end{array}$$

Resposta: $x^3 - 6x^2 + 15 - \dfrac{10}{x+4}$

20.12 $(2x^4 - 17x^2 - 4) \div (x + 3)$

Solução

$$\begin{array}{r|l} -3 & 2 + 0 - 17 + 0 - 4 \\ & -6 + 18 - 3 + 9 \\ \hline & 2 - 6 + 1 - 3 + 5 \end{array}$$

Resposta: $2x^3 - 6x^2 + x - 3 + \dfrac{5}{x+3}$

20.13 $(4x^3 - 10x^2 + x - 1) \div (x - 1/2)$

Solução

$$\begin{array}{r|l} 1/2 & 4 - 10 + 1 - 1 \\ & + 2 - 4 - 3/2 \\ \hline & 4 - 8 - 3 - 5/2 \end{array}$$

Resposta: $4x^2 - 8x - 3 - \dfrac{5}{2x-1}$

20.14 Dado $P(x) = x^3 - 6x^2 - 2x + 40$, calcule (a) $P(-5)$ e (b) $P(4)$ utilizando a divisão sintética.

Solução

(a) $\begin{array}{r|l} -5 & 1 - 6 - 2 + 40 \\ & - 5 + 55 - 265 \\ \hline & 1 - 11 + 53 - 225 \\ & P(-5) = -225 \end{array}$

(b) $\begin{array}{r|l} 4 & 1 - 6 - 2 + 40 \\ & + 4 - 8 - 40 \\ \hline & 1 - 2 - 10 + 0 \\ & P(4) = 0 \end{array}$

20.15 Sabendo que uma raiz de $x^3 + 2x^2 - 23x - 60 = 0$ é 5, resolva a equação.

Solução

$$\begin{array}{r|l} 5 & 1 + 2 - 23 - 60 \\ & + 5 + 35 + 60 \\ \hline & 1 + 7 + 12 + 0 \end{array}$$

Divisão de $x^3 + 2x^2 - 23x - 60$ por $x - 5$.

A equação derivada é $x^2 + 7x + 12 = 0$, cujas raízes são $-3, -4$. As três raízes são $5, -3, -4$.

20.16 Duas raízes de $x^4 - 2x^2 - 3x - 2 = 0$ são -1 e 2. Solucione a equação.

Solução

$$\begin{array}{r|l} -1 & 1 + 0 - 2 - 3 - 2 \\ & - 1 + 1 + 1 + 2 \\ \hline & 1 - 1 - 1 - 2 + 0 \end{array}$$

Dividindo $x^4 - 2x^2 - 3x - 2$ por $x + 1$.

A primeira equação obtida é $x^3 - x^2 - x - 2 = 0$.

$$\underline{2|\ \ 1 - 1 - 1 - 2}$$
$$+2 + 2 + 2$$
$$\overline{1 + 1 + 1 + 0}$$

Dividindo $x^3 - x^2 - x - 2$ por $x - 2$.

A segunda equação obtida é $x^2 + x + 1 = 0$, cujas raízes são $-\frac{1}{2} \pm \frac{1}{2}i\sqrt{3}$.

As quatro raízes são $-1, 2, -\frac{1}{2} \pm \frac{1}{2}i\sqrt{3}$.

20.17 Determine as raízes das seguintes equações.

(a) $(x - 1)^2(x + 2)(x + 4) = 0$ \hspace{1em} Resp. 1 é uma raiz dupla, $-2, -4$.

(b) $(2x + 1)(3x - 2)^3(2x - 5) = 0$ \hspace{1em} $-1/2$, $2/3$ é uma raiz tripla e $5/2$.

(c) $x^3(x^2 - 2x - 15) = 0$ \hspace{1em} 0 é uma raiz tripla, $5, -3$.

(d) $(x + 1 + \sqrt{3})(x + 1 - \sqrt{3})(x - 6) = 0$ \hspace{1em} $(-1 - \sqrt{3}), (-1 + \sqrt{3}), 6$

(e) $[(x - i)(x + i)]^3(x + 1)^2 = 0$ \hspace{1em} $\pm i$ são raízes triplas e -1 é uma raiz dupla

(f) $3(x + m)^4(5x - n)^2 = 0$ \hspace{1em} $-m$ é uma raiz quádrupla e $n/5$ é uma raiz dupla

20.18 Escreva a equação com apenas as seguintes raízes.

(a) $5, 1, -3$; \hspace{1em} (b) $2, -1/4, -1/2$; \hspace{1em} (c) $\pm 2, 2 \pm \sqrt{3}$; \hspace{1em} (d) $0, 1 \pm 5i$.

Solução

(a) $(x - 5)(x - 1)(x + 3) = 0$ ou $x^3 - 3x^2 - 13x + 15 = 0$.

(b) $(x - 2)\left(x + \frac{1}{4}\right)\left(x + \frac{1}{2}\right) = 0$ ou $x^3 - \frac{5x^2}{4} - \frac{11x}{8} - \frac{1}{4} = 0$ ou $8x^3 - 10x^2 - 11x - 2 = 0$, que tem coeficientes inteiros.

(c) $(x - 2)(x + 2)[x - (2 - \sqrt{3})][x - (2 + \sqrt{3})] = (x^2 - 4)[(x - 2) + \sqrt{3}][(x - 2) - \sqrt{3}]$
$= (x^2 - 4)[(x - 2)^2 - 3] = (x^2 - 4)(x^2 - 4x + 1) = 0$, ou $x^4 - 4x^3 - 3x^2 + 16x - 4 = 0$.

(d) $x[x - (1 + 5i)][x - (1 - 5i)] = x[(x - 1) - 5i][(x - 1) + 5i] = x[(x - 1)^2 + 25]$
$= x(x^2 - 2x + 26) = 0$, ou $x^3 - 2x^2 + 26x = 0$.

20.19 Construa a equação com coeficientes inteiros que tem apenas as seguintes raízes.

(a) $1, \frac{1}{2}, -\frac{1}{3}$; \hspace{1em} (b) $0, \frac{3}{4}, \frac{2}{3}, -1$; \hspace{1em} (c) $\pm 3i, \pm\frac{1}{2}\sqrt{2}$; \hspace{1em} (d) 2 como uma raiz tripla e -1.

Solução

(a) $(x - 1)(2x - 1)(3x + 1) = 0$ ou $6x^3 - 7x^2 + 1 = 0$

(b) $x(4x - 3)(3x - 2)(x + 1) = 0$ ou $12x^4 - 5x^3 - 11x^2 + 6x = 0$

(c) $(x - 3i)(x + 3i)\left(x - \frac{1}{2}\sqrt{2}\right)\left(x - \frac{1}{2}\sqrt{2}\right) = (x^2 + 9)\left(x^2 - \frac{1}{2}\right) = 0$, \hspace{0.5em} $(x^2 + 9)(2x^2 - 1) = 0$,

ou $2x^4 + 17x^2 - 9 = 0$

(d) $(x - 2)^3(x + 1) = 0$ ou $x^4 - 5x^3 + 6x^2 + 4x - 8 = 0$

20.20 Cada número dado é uma raiz de uma equação polinomial com *coeficientes reais*. Qual outro número também é uma raiz?

(a) $2i$, \hspace{3em} (b) $-3 + 2i$, \hspace{3em} (c) $-3 - i\sqrt{2}$.

Solução

(a) $-2i$, \hspace{1em} (b) $-3 - 2i$, \hspace{1em} (c) $-3 + i\sqrt{2}$.

CAPÍTULO 20 • FUNÇÕES POLINOMIAIS

20.21 Cada número dado é uma raiz de uma equação polinomial com *coeficientes racionais*. Qual outro número também é uma raiz?

(a) $-\sqrt{7}$,   (b) $-4 + 2\sqrt{3}$,   (c) $5 - \frac{1}{2}\sqrt{2}$.

Solução

(a) $\sqrt{7}$,   (b) $-4 - 2\sqrt{3}$,   (c) $5 + \frac{1}{2}\sqrt{2}$.

20.22 Avalie a veracidade de cada uma das seguintes conclusões.

(a) $x^3 + 7x - 6i = 0$ tem uma raiz $x = 0$; portanto $x = -i$ é uma raiz.

(b) $x^3 + (1 - 2\sqrt{3})x^2 + (5 - 2\sqrt{3})x + 5 = 0$ possui a raiz $\sqrt{3} - i\sqrt{2}$; portanto, $\sqrt{3} + i\sqrt{2}$ é uma raiz.

(c) $x^4 + (1 - 2\sqrt{2})x^3 + (4 - 2\sqrt{2})x^2 + (3 - 4\sqrt{2})x + 1 = 0$ tem uma raiz $x = -1 + \sqrt{2}$; logo $x = -1 - \sqrt{2}$ é uma raiz.

Solução

(a) $x = -i$ não é necessariamente uma raiz, pois nem todos os coeficientes da equação dada são *reais*. Por substituição vemos que, de fato, $x = -i$ não é uma raiz.

(b) A conclusão é válida, pois a equação dada tem coeficientes reais.

(c) $x = -1 - 2\sqrt{2}$ não é necessariamente uma raiz, já que nem todos os coeficientes da equação dada são *racionais*. Substituindo descobre-se que $x = -1 - \sqrt{2}$ não é uma raiz.

20.23 Escreva a equação polinomial de menor grau com coeficientes reais tendo 2 e $1 - 3i$ como duas de suas raízes.

Solução

$$(x - 2)[x - (1 - 3i)][x - (1 + 3i)] = (x - 2)(x^2 - 2x + 10) = 0 \text{ ou } x^3 - 4x^2 + 14x - 20 = 0$$

20.24 Faça a equação polinomial de menor grau com coeficientes racionais com $-1 + \sqrt{5}$ e -6 sendo duas de suas raízes.

Solução

$$[x - (-1 + \sqrt{5})][x - (-1 - \sqrt{5})](x + 6) = (x^2 + 2x - 4)(x + 6) = 0 \text{ ou } x^3 + 8x^2 + 8x - 24 = 0$$

20.25 Construa a equação polinomial quártica com coeficientes racionais tendo como duas de suas raízes

(a) $-5i$ e $\sqrt{6}$,   (b) $2 + i$ e $1 - \sqrt{3}$.

Solução

(a) $(x + 5i)(x - 5i)(x - \sqrt{6})(x + \sqrt{6}) = (x^2 + 25) = 0$ ou $x^4 + 19x^2 - 150 = 0$

(b) $[x - (2 + i)][x - (2 - i)][x - (1 - \sqrt{3})][x - (1 + \sqrt{3})] = (x^2 - 4x + 5)(x^2 - 2x - 2) = 0$ ou $x^4 - 6x^3 + 11x^2 - 2x - 10 = 0$

20.26 Encontre as quatro raízes de $x^4 + 2x^2 + 1 = 0$.

Solução

$$x^4 + 2x^2 + 1 = (x^2 + 1)^2 = [(x + i)(x - i)]^2 = 0. \text{ As raízes são } i, i, -i, -i.$$

20.27 Resolva $x^4 - 3x^3 + 5x^2 - 27x - 36 = 0$, dado que uma raiz é um número imaginário puro da forma bi onde b é real.

Solução

Substituindo x por bi, $b^4 + 3b^3 i - 5b^2 - 27bi - 36 = 0$.

Igualando as partes real e imaginária a zero:

$$b^4 - 5b^2 - 36 = 0, (b^2 - 9)(b^2 + 4) = 0 \text{ e } b = \pm 3, \text{ pois } b \text{ é real};$$
$$3b^3 - 27b = 0, 3b(b^2 - 9) = 0 \text{ e } b = 0, \pm 3.$$

A solução em comum é $b = \pm 3$; portanto, duas raízes são $\pm 3i$ e $(x - 3i)(x + 3i) = x^2 + 9$ é um fator de $x^4 - 3x^3 + 5x^2 - 27x - 36$. Dividindo, o outro fator é $x^2 - 3x - 4 = (x-4)(x+1)$ e as duas outras raízes são $4, -1$.

As quatro raízes são $\pm 3i, 4, -1$.

20.28 Encontre a equação polinomial de menor grau com *coeficientes racionais*, tendo como uma de suas raízes
(a) $\sqrt{3} - \sqrt{2}$, (b) $\sqrt{2} + \sqrt{-1}$.

Solução

(a) Seja $x = \sqrt{3} - \sqrt{2}$.

Elevando os dois lados ao quadrado, $x^2 = 3 - 2\sqrt{6} + 2 = 5 - 2\sqrt{6}$ e $x^2 - 5 = -2\sqrt{6}$.

Elevando ao quadrado novamente, $x^4 - 10x^2 + 24 = 24$ e $x^4 - 10x^2 - 1 = 0$.

(b) Seja $x = \sqrt{2} + \sqrt{-1}$.

Elevando os dois lados ao quadrado, $x^2 = 2 + 2\sqrt{-2} - 1 = 1 + 2\sqrt{-2}$ e $x^2 - 1 = 2\sqrt{-2}$.

Elevando ao quadrado novamente, $x^4 - 2x^2 + 1 = -8$ e $x^4 - 2x^2 + 9 = 0$.

20.29 (a) Escreva a equação polinomial de menor grau com coeficientes *constantes* (reais ou complexos) tendo as raízes 2 e $1 - 3i$. Compare com o Problema 20.23.
(b) Escreva a equação polinomial de menor grau com coeficientes *reais* tendo as raízes -6 e $-1 + \sqrt{5}$. Compare com o Problema 20.24.

Solução

(a) $(x - 2)[x - (1 - 3i)] = 0$ ou $x^2 - 3(1 - i)x + 2 - 6i = 0$

(b) $(x + 6)[x - (-1 + \sqrt{5})] = 0$ ou $x^2 + (7 - \sqrt{5})x - 6(\sqrt{5} - 1) = 0$

20.30 Obtenha as raízes racionais, caso existam, de cada uma das seguintes equações polinomiais.

(a) $x^4 - 2x^2 - 3x - 2 = 0$

As raízes racionais estão restritas aos fatores inteiros de 2, que são $\pm 1, \pm 2$.

Testando estes valores para x, na ordem $+1, -1, +2, -2$, por divisão sintética ou por substituição, encontramos que as únicas raízes racionais são -1 e 2.

(b) $x^3 - x - 6 = 0$

As raízes racionais estão restritas aos fatores inteiros de 6, que são $\pm 1, \pm 2, \pm 3, \pm 6$.

Testando estes valores para x, na ordem $+1, -1, +2, -2, +3, -3, +6, -6$, a única raiz racional obtida é 2.

(c) $2x^3 + x^2 - 7x - 6 = 0$

Se b/c (na forma irredutível) é uma raiz racional, os únicos valores possíveis para b são $\pm 1, \pm 2, \pm 3, \pm 6$; e os únicos valores possíveis para c são $\pm 1, \pm 2$. Portanto, as raízes racionais possíveis estão restritas aos números: $\pm 1, \pm 2, \pm 3, \pm 6, \pm 1/2, \pm 3/2$.

Testando estes valores de x, obtemos $-1, 2, -3/2$ como as raízes racionais.

(d) $2x^4 + x^2 + 2x - 4 = 0$

Se b/c é uma raiz racional, os valores de b estão limitados aos números ± 1, ± 2, ± 4; e os valores de c limitados a ± 1, ± 2. Portanto, as raízes racionais possíveis estão restritas aos números ± 1, ± 2, ± 4, $\pm 1/2$.

Testando esses valores de x, descobrimos que não existem raízes racionais.

20.31 Resolva a equação polinomial $x^2 - 2x^2 - 31x + 20 = 0$.

Solução

Qualquer raiz racional desta equação é um fator inteiro de 20. Então as possibilidades para raízes racionais são: ± 1, ± 2, ± 4, ± 5, ± 10, ± 20.

Testando estes valores para x por divisão sintética, encontramos que -5 é uma raiz.

$$\underline{-5 |} \quad 1 - 2 - 31 + 20$$
$$ - 5 + 35 - 20$$
$$ 1 - 7 + 4 + 0$$

A equação obtida $x^2 - 7x^2 + 4 = 0$ tem as raízes irracionais $7/2 \pm \sqrt{33}/2$.

Portanto, as três raízes da equação dada são -5, $7/2 \pm \sqrt{33}/2$.

20.32 Resolva a equação polinomial $2x^4 - 3x^3 - 7x^2 - 8x + 6 = 0$.

Solução

Se b/c é uma raiz racional, os possíveis valores de b são ± 1, ± 2, ± 3, ± 6, e os únicos possíveis valores de c são ± 1, ± 2. Portanto, as possibilidades para raízes racionais são ± 1, ± 2, ± 3, ± 6, $\pm 1/2$, $\pm 3/2$.

Testando esses valores de x por divisão sintética, encontramos que 3 é uma raiz.

$$\underline{3 |} \quad 2 - 3 - 7 - 8 + 6$$
$$ + 6 + 9 + 6 - 6$$
$$ 2 + 3 + 2 - 2 + 0$$

A primeira obtida $2x^3 - 3x^2 - 2x - 2 = 0$ é testada e $1/2$ é obtida como uma raiz.

$$\underline{1/2 |} \quad 2 + 3 + 2 - 2$$
$$ + 1 + 2 + 2$$
$$ 2 + 4 + 4 + 0$$

A segunda equação derivada $2x^2 + 4x + 4 = 0$ ou $x^2 + 2x + 2 = 0$ possui as raízes não reais $-1 \pm i$.

As quatro raízes são 3, $1/2$, $-1 \pm i$.

20.33 Prove que $\sqrt{3} + \sqrt{2}$ é um número irracional.

Solução

Seja $x = \sqrt{3} + \sqrt{2}$; então $x^2 = (\sqrt{3} + \sqrt{2})^2 = 3 + 2\sqrt{6} + 2 = 5 + 2\sqrt{6}$ e $x^2 - 5 = 2\sqrt{6}$.

Elevando ao quadrado novamente, $x^4 - 10x^2 + 25 = 24$ ou $x^4 - 10x^2 + 1 = 0$. As únicas raízes racionais possíveis desta equação são ± 1. Testando estes valores, descobrimos que não existe raiz racional. Portanto, $x = \sqrt{3} + \sqrt{2}$ é irracional.

20.34 Esboce o gráfico de $P(x) = x^3 + x - 3$. A partir do gráfico, determine o número de raízes positivas, negativas e complexas de $x^3 + x - 3 = 0$.

Solução

x	-3	-2	-1	0	1	2	3	4
$P(x)$	-33	-13	-5	-3	-1	7	27	65

A partir do gráfico, podemos ver que existe uma raiz positiva e nenhuma negativa (ver Fig. 20-1). Portanto, existem duas raízes complexas conjugadas.

20.35 Encontre cotas superiores e inferiores para as raízes reais de
(a) $x^3 - 3x^2 + 5x + 4 = 0$,
(b) $x^3 + x^2 - 6 = 0$.

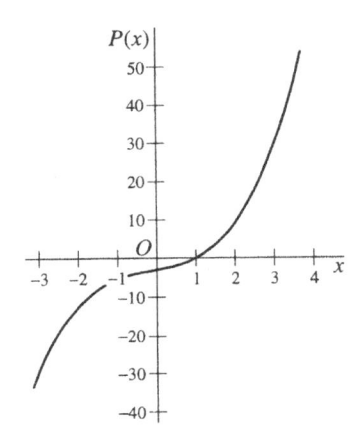

Figura 20-1

Solução

(a) As possíveis raízes racionais são $\pm 1, \pm 2, \pm 4$.

Teste para cota superior.

$$\underline{1\rfloor} \begin{array}{r} 1 - 3 + 5 + 4 \\ + 1 - 2 + 3 \\ \hline 1 - 2 + 3 + 7 \end{array} \qquad \underline{2\rfloor} \begin{array}{r} 1 - 3 + 5 + 4 \\ + 2 - 2 + 6 \\ \hline 1 - 1 + 3 + 10 \end{array} \qquad \underline{3\rfloor} \begin{array}{r} 1 - 3 + 5 + 4 \\ + 3 + 0 + 15 \\ \hline 1 + 0 + 5 + 19 \end{array}$$

Como todos os números na segunda linha da divisão sintética de $P(x)$ por $x - 3$ são positivos (ou nulos), uma cota superior para as raízes é 3, i.e., nenhuma raiz é maior do que 3.

Teste para cota inferior.

$$\underline{-1\rfloor} \begin{array}{r} 1 - 3 + 5 + 4 \\ - 1 + 4 - 9 \\ \hline 1 - 4 + 9 - 5 \end{array}$$

Como os números na terceira linha são alternadamente positivos e negativos, -1 é uma cota inferior para as raízes, i.e., nenhuma raiz é menor que -1.

(b) As possíveis raízes racionais são ±1, ±2, ±3, ±6.

Teste para cota superior.

$$\underline{1|} \quad 1 + 1 + 0 - 6 \qquad \underline{2|} \quad 1 + 1 + 0 - 6$$
$$\phantom{\underline{1|}} \quad + 1 + 2 + 2 \qquad \phantom{\underline{2|}} \quad + 2 + 6 + 12$$
$$\phantom{\underline{1|}} \quad \overline{1 + 2 + 2 - 4} \qquad \phantom{\underline{2|}} \quad \overline{1 + 3 + 6 + 6}$$

Portanto, 2 é uma cota superior para as raízes.

Teste para cota inferior.

$$\underline{-1|} \quad 1 + 1 + 0 - 6$$
$$\phantom{\underline{-1|}} \quad - 1 - 0 + 0$$
$$\phantom{\underline{-1|}} \quad \overline{1 + 0 + 0 - 6}$$

Como todos os números da terceira linha são alternadamente positivos e negativos (ou zero), uma cota inferior para as raízes é -1.

20.36 Determine as raízes racionais de $4x^3 + 15x - 36 = 0$ e então resolva a equação completamente.

Solução

As possíveis raízes racionais são ±1, ±2, ±3, ±4, ±6, ±9, ±12, ±18, ±36, ±1/2, ±3/2, ±9/2, ±1/4, ±3/4, ±9/4. Para evitar o teste de todas essas possibilidades, encontre uma cota superior e uma inferior para as raízes.

Teste para cota superior.

$$\underline{1|} \quad 4 + 0 + 15 - 36 \qquad \underline{2|} \quad 4 + 0 + 15 - 36$$
$$\phantom{\underline{1|}} \quad + 4 + 4 + 19 \qquad \phantom{\underline{2|}} \quad + 8 + 16 + 62$$
$$\phantom{\underline{1|}} \quad \overline{4 + 4 + 19 - 17} \qquad \phantom{\underline{2|}} \quad \overline{4 + 8 + 31 + 26}$$

Portanto, nenhuma raiz (real) é maior ou igual a 2.

Teste para cota inferior.

$$\underline{-1|} \quad 4 + 0 + 15 - 36$$
$$\phantom{\underline{-1|}} \quad - 4 + 4 - 19$$
$$\phantom{\underline{-1|}} \quad \overline{4 - 4 + 19 - 55}$$

Então, nenhuma raiz real é menor ou igual a -1.

As única possíveis raízes racionais maiores que -1 e menores que 2 são $+1$, ±1/2, ±3/2, ±1/4, ±3/4. Testando estas, verificamos que 3/2 é a única raiz racional.

$$\underline{3/2|} \quad 4 + 0 + 15 - 36$$
$$\phantom{\underline{3/2|}} \quad + 6 + 9 + 36$$
$$\phantom{\underline{3/2|}} \quad \overline{4 + 6 + 24 + 0}$$

As outras raízes são soluções de $4x^2 + 6x + 24 = 0$ ou $2x^2 + 3x + 12 = 0$, i.e., $x = -\dfrac{3}{4} \pm \dfrac{\sqrt{87}}{4}i$.

20.37 Empregando a Regra dos Sinais de Descartes, o que pode ser concluído quanto ao número de raízes positivas, negativas e complexas das seguintes equações?

(a) $2x^3 + 3x^2 - 13x + 6 = 0$
(b) $x^4 - 2x^2 - 3x - 2 = 0$
(c) $x^2 - 2x + 7 = 0$
(d) $2x^4 + 7x^2 + 6 = 0$
(e) $x^4 - 3x^2 - 4 = 0$
(f) $x^3 + 3x - 14 = 0$
(g) $x^6 + x^3 - 1 = 0$
(h) $x^6 - 3x^2 - 4x + 1 = 0$

Solução

(a) Existem duas variações de sinal em $P(x) = 2x^3 + 3x^2 - 13x + 6$. Há uma variação de sinal em $P(-x) = -2x^3 + 3x^2 + 13x + 6$. Portanto, existem no máximo duas raízes positivas e uma negativa.

As raízes podem ser: (1) duas positivas, uma negativa, 0 não reais; ou (2) 0 positiva, uma negativa, duas complexas (raízes complexas aparecem em pares conjugados).

(b) Há uma variação de sinal em $P(x) = x^4 - 2x^2 - 3x - 2$ e três em $P(-x) = x^4 - 2x^2 + 3x - 2$. Portanto, existem no máximo uma raiz positiva e três negativas.

As raízes podem ser: (1) uma positiva, três negativas, 0 não reais;
ou (2) uma positiva, uma negativa, duas complexas.

(c) Existem 2 variações de sinal em $P(x) = x^2 - 2x + 7$ e nenhuma em $P(-x) = x^2 + 2x + 7$.

Portanto, as raízes podem ser: (1) duas positivas, 0 negativas, 0 não reais;
ou (2) 0 positivas, 0 negativas, duas complexas.

(d) Nem $P(x) = 2x^4 + 7x^2 + 6$ ou $P(-x) = 2x^4 + 7x^2 + 6$ possuem variação de sinal. Logo, as quatro raízes são complexas, pois $P(0) \neq 0$.

(e) Há uma variação de sinal em $P(x) = x^4 - 3x^2 - 4 = 0$ e uma em $P(-x) = x^4 - 3x^2 - 4$.

Então as raízes são: uma positiva, uma negativa, duas complexas.

(f) Existe uma variação de sinal em $P(x) = x^3 + 3x - 14$ e nenhuma em $P(-x) = -x^3 - 3x - 14$.

Portanto, as raízes são: uma positiva, duas complexas.

(g) Há uma variação de sinal em $P(x) = x^6 + x^3 - 1$ e uma em $P(-x) = x^6 - x^3 - 1$.

Assim, as raízes são: uma positiva, uma negativa, quatro complexas.

(h) Existem duas variações de sinal em $P(x) = x^6 - 3x^2 - 4x + 1$ e duas em $P(-x) = x^6 - 3x^2 + 4x + 1$.

Portanto, as raízes podem ser:

(1) duas positivas, duas negativas, duas complexas;
(2) duas positivas, 0 negativa, quatro complexas;
(3) 0 positiva, duas negativas, quatro complexas;
(4) 0 positiva, 0 negativa, seis complexas;

20.38 Determine a natureza das raízes de $x^n - 1 = 0$ quando n é um inteiro positivo e (a) n é par, (b) n é ímpar.

Solução

(a) $P(x) = x^n - 1$ possui uma variação de sinal e $P(-x) = x^n - 1$ tem uma. Portanto, as raízes são: uma positiva, uma negativa, $(n - 2)$ complexas.

(b) $P(x) = x^n - 1$ possui uma variação de sinal e $P(-x) = -x^n - 1$ não tem. Então as raízes são: uma positiva, 0 negativa, $(n - 1)$ complexas.

20.39 Obtenha as raízes racionais, caso existam, de cada equação, utilizando a Regra dos Sinais de Descartes.

(a) $x^3 - x^2 + 3x - 27 = 0$,
(b) $x^3 + 2x + 12 = 0$,
(c) $2x^5 + x - 66 = 0$,
(d) $3x^4 + 7x^2 + 6 = 0$.

Solução

(a) Pela Regra dos Sinais de Descartes, a equação tem três ou uma raízes positivas e nenhuma raiz negativa. Portanto, as raízes racionais estão restritas aos fatores inteiros positivos de 27, que são 1, 3, 9, 27.

Testando estes valores de x, a única raiz racional obtida é 3.

(b) Pela regra dos sinais, a equação possui uma raiz negativa e nenhuma positiva. Portanto, as raízes racionais estão restritas aos fatores inteiros negativos de 12, i.e., a $-1, -2, -3, -4, -6, -12$.

Testando estes valores de x, obtemos -2 como a única raiz racional.

(c) Pela regra dos sinais, a equação tem uma raiz positiva e nenhuma negativa. Logo, as raízes racionais podem ser apenas números da forma b/c, onde b está restrito aos fatores inteiros de 66 e c está restrito aos fatores inteiros de 2. Então, as possíveis raízes racionais são 1, 2, 3, 6, 11, 22, 33, 66, 1/2, 3/2, 11/2, 33/2.

Testando estes valores de x, obtemos 2 como a única raiz racional.

(d) A equação não tem raiz real, pois nem $P(x) = 3x^4 + 7x^2 + 6$ ou $P(-x) = 3x^4 + 7x^2 + 6$ possuem uma variação de sinal e $P(0) \neq 0$.

Portanto, todas as quatro raízes são complexas.

20.40 Utilize o Teorema do Valor Intermediário para isolar cada um dos zeros reais de $P(x)$ entre dois inteiros consecutivos.

(a) $P(x) = 3x^3 - 8x^2 - 8x = 8$

(b) $P(x) = 5x^3 - 4x^2 - 10x + 8$

Solução

(a) Para $P(x) = 3x^3 - 8x^2 - 8x + 8$, encontramos as cotas superior e inferior dos zeros reais.

```
0| 3 - 8 - 8 + 8      1| 3 - 8 -  8 +  8     2| 3 - 8 -  8 +  8
    +0 + 0 + 0            +3 -  5 - 13           +6 -  4 - 24
   ─────────────         ──────────────         ───────────────
   3 - 8 - 8 + 8         3 - 5 - 13 -  5        3 - 2 - 12 - 16

3| 3 - 8 -  8 +  8     4| 3 -  8 -  8 +  8
    +9 +  3 - 15           +12 + 16 + 32
   ───────────────        ──────────────────
   3 + 1 -  5 -  7        3 +  4 +  8 + 40
```

Como a linha do quociente na divisão sintética com o 4 é toda positiva, a cota superior dos zeros reais de $P(x)$ é 4.

```
-1| 3 -  8 -  8 + 8     -2| 3 -  8 -  8 +  8
     -  3 + 11 - 3            -  6 + 28 - 40
    ──────────────────        ─────────────────
    3 - 11 +  3 + 5         3 - 14 + 14 - 32
```

Uma vez que a linha quociente na divisão sintética com -2 alterna os sinais, a cota inferior dos zeros reais de $P(x)$ é -2.

Examinamos agora o intervalo de -2 a 4 para isolar os zeros reais de $P(x)$ entre inteiros consecutivos.

Como $P(0) = 8$ e $P(1) = -5$, existe um zero real entre 0 e 1. Já que $P(3) = -7$ e $P(4) = 40$, existe um zero real entre 3 e 4. Devido ao fato que $P(-1) = 5$ e $P(-2) = -32$, existe um zero real entre -2 e -1.

Os zeros reais de $P(x) = 3x^3 - 8x^2 - 8x + 8$ estão entre -2 e -1, 0 e 1 e entre 3 e 4.

(b) Para $P(x) = 5x^3 - 4x^2 - 10x + 8$, encontramos as cotas superior e inferior dos zeros reais.

```
0| 5 - 4 - 10 + 8      1| 5 - 4 - 10 + 8     2| 5 -  4 - 10 +  8
    +0 +  0 + 0            +5 +  1 - 9           +10 + 12 +  4
   ──────────────        ──────────────        ────────────────
   5 - 4 - 10 + 8        5 + 1 -  9 - 1        5 +  6 +  2 + 12
```

A cota superior para os zeros de $P(x)$ é 2.

```
-1| 5 - 4 - 10 + 8      -2| 5 -  4 - 10 +  8
     -5 +  9 + 1              - 10 + 28 - 36
    ─────────────────         ─────────────────
    5 - 9 -  1 + 9          5 - 14 + 18 - 28
```

A cota inferior para os zeros de $P(x)$ é -2.

Agora examinamos o intervalo de -2 a 2 para isolar os zeros reais de $P(x)$. Como $P(0) = 8$ e $P(1) = -1$, existe um zero real entre 0 e 1. Já que $P(1) = -1$ e $P(2) = 12$, há um zero real entre 1 e 2. Devido a $P(-1) = 9$ e $P(-2) = -28$, existe um zero real entre -2 e -1.

Assim, os zeros reais de $P(x) = 5x^3 - 4x^2 - 10x + 8$ estão localizados entre -2 e -1, 0 e 1 e entre 1 e 2.

20.41 Aproxime um zero real de $P(x) = x^3 - x - 5$ até duas casas decimais.

Solução

Pela Regra dos Sinais de Descartes, $P(x) = x^3 - x - 5$ tem um zero real positivo e dois ou 0 zeros reais negativos.

Agora determinamos a cota superior para os zeros reais de $P(x)$.

$$
\begin{array}{r|l}
0 & 1 + 0 - 1 - 5 \\
 & + 0 + 0 + 0 \\ \hline
 & 1 + 0 - 1 - 5
\end{array}
\quad
\begin{array}{r|l}
1 & 1 + 0 - 1 - 5 \\
 & + 1 + 1 + 0 \\ \hline
 & 1 + 1 + 0 - 5
\end{array}
\quad
\begin{array}{r|l}
2 & 1 + 0 - 1 - 5 \\
 & + 2 + 4 + 6 \\ \hline
 & 1 + 2 + 3 + 1
\end{array}
$$

A cota superior dos zeros reais de $P(x)$ é 2.

Como $P(1) = -5$ e $P(2) = 1$, o zero positivo real está entre 1 e 2.

Agora determinamos o intervalo de décimos deste zero. Utilizando divisão sintética, determinamos os valores do polinômio a cada décimo até encontrarmos dois com sinais distintos. Devido a $P(2) = 1$ estar mais perto de 0 do que $P(1) = -5$, começamos com $x = 1,9$. Já que $P(1,9) = -0,041$ e $P(2,0) = 1$, o zero real está entre $1,9$ e $2,0$.

Como $P(1,90) = -0,41$ está mais perto de 0 do que $P(2,0) = 1$, procuramos pelo intervalo de centésimos começando com $x = 1,91$. $P(1,91) = 0,579$. Segue de $P(1,90) = -0,041$ e $P(1,91) = 0,058$ que existe um zero real entre $1,90$ e $1,91$.

Agora determinamos $P(1,905)$ para decidir se o zero está mais próximo de $1,90$ ou de $1,91$. $P(1,905) = 0,008$. Como $P(1,900)$ é negativo e $P(1,905)$ é positivo, o zero está entre $1,900$ e $1,905$. Quando arredondados a duas casas decimais, todos os números neste intervalo ficam iguais a $1,90$.

Assim, arredondado a duas casas decimais, uma raiz de $P(x) = x^3 - x - 5$ é $1,90$.

20.42 Aproxime $\sqrt[3]{3}$ a três casas decimais.

Solução

Seja $x = \sqrt[3]{3}$, logo $x^3 = 3$ e $P(x) = x^3 - 3 = 0$.

Pela Regra dos Sinais de Descartes, $P(x)$ possui um zero real positivo e nenhum zero negativo.

De $P(1) = -2$ e $P(2) = 5$, concluímos que o zero está entre 1 e 2.

Como $P(1)$ está mais perto de 0 do que $P(2)$, procuramos pelo intervalo de décimos avaliando $P(x)$ de $x = 1$ até $x = 2$, começando com $x = 1,1$. Assim que encontrarmos uma mudança no sinal de $P(x)$, interrompemos a busca.

x	1,0	1,1	1,2	1,3	1,4	1,5
$P(x)$	-2	$-1,669$	$-1,272$	$-0,803$	$-0,256$	$0,375$

Devido a $P(1,4)$ ser negativo e $P(1,5)$ ser positivo, o zero real está entre $1,4$ e $1,5$.

Agora determinaremos o intervalo de centésimos explorando os valores de $P(x)$ no intervalo de $x = 1,40$ a $x = 1,50$.

x	1,40	1,41	1,42	1,43	1,44	1,45
$P(x)$	$-0,256$	$-0,197$	$-0,137$	$-0,076$	$-0,014$	$0,049$

Como $P(1,44)$ é negativo e $P(1,45)$ é positivo, o zero está entre $1,44$ e $1,45$.

O próximo passo é determinar o intervalo de milésimos para o zero analisando os valores de $P(x)$ no intervalo entre $x = 1,440$ e $x = 1,450$.

x	1,440	1,441	1,442	1,443
$P(x)$	$-0,014$	$-0,008$	$-0,002$	$0,005$

Uma vez que $P(1,442)$ é negativo e $P(1,443)$ é positivo, o zero está entre 1,442 e 1,443.

Como $P(1,4425)$, o zero real está entre 1,4420 e 1,4425. Todos os valores neste intervalo, quando arredondados a três casas decimais, igualam-se a 1,442.

Consequentemente, $\sqrt[3]{3} = 1,442$ até três casas decimais.

Problemas Complementares

20.43 Caso $P(x) = 2x^3 - x^2 - x = 2$, encontre
 (a) $P(0)$, (b) $P(2)$, (c) $P(-1)$, (d) $P(\frac{1}{2})$, (e) $P(\sqrt{2})$.

20.44 Determine o resto em cada divisão.
 (a) $(2x^5 - 7) \div (x + 1)$ (d) $(4y^3 + y + 27) \div (2y + 3)$
 (b) $(x^3 + 3x^2 - 4x + 2) \div (x - 2)$ (e) $(x^{12} + x^6 + 1) \div (x - \sqrt{-1})$
 (c) $(3x^3 + 4x - 4) \div (x - \frac{1}{2})$ (f) $(2x^{33} + 35) \div (x + 1)$

20.45 Prove que $x + 3$ é um fator de $x^3 + 7x^2 + 10x - 6$ e que $x = -3$ é uma raiz da equação $x^3 + 7x^2 + 10x - 6 = 0$.

20.46 Determine quais dos seguintes números são raízes da equação $y^4 + 3y^3 + 12y - 16 = 0$:
 (a) 2, (b) -4, (c) 3, (d) 1, (e) $2i$.

20.47 Encontre os valores de k para os quais
 (a) $4x^3 + 3x^2 - kx + 6k$ é exatamente divisível por $x + 3$,
 (b) $x^5 + 4kx - 4k^2 = 0$ possui a raiz $x = 2$.

20.48 Por divisão sintética determine o quociente e o resto no que segue.
 (a) $(2x^3 + 3x^2 - 4x - 2) \div (x + 1)$ (c) $(y^6 - 3y^5 + 4y - 5) \div (y + 2)$
 (b) $(3x^5 + x^3 - 4) \div (x - 2)$ (d) $(4x^3 + 6x^2 - 2x + 3) \div (2x + 1)$

20.49 Se $P(x) = 2x^4 - 3x^3 + 4x - 4$, calcule $P(2)$ e $P(-3)$ utilizando a divisão sintética.

20.50 Dado que uma raiz de $x^3 - 7x - 6 = 0$ é -1, encontre as outras duas.

20.51 Mostre que $2x^4 - x^3 - 3x^2 - 31x - 15 = 0$ tem raízes 3, $-\frac{1}{2}$. Determine as outras raízes.

20.52 Encontre as raízes de cada equação.
 (a) $(x + 3)^2(x - 2)^3(x + 1) = 0$ (c) $(x^2 + 3x + 2)(x^2 - 4x + 5) = 0$
 (b) $4x^4(x + 2)^4(x - 1) = 0$ (d) $(y^2 + 4)^2(y + 1)^2 = 0$

20.53 Escreva equações com coeficientes inteiros tendo apenas as seguintes raízes.
 (a) 2, -3, $-\frac{1}{2}$ (b) 0, -4, 2/3, 1 (c) $\pm 3i$, raiz dupla 2 (d) $-1 \pm 2i$, $2 \pm i$

20.54 Faça uma equação cujas únicas raízes sejam $1 \pm \sqrt{2}$, $-1 \pm i\sqrt{3}$.

20.55 Escreva a equação de menor grau possível com coeficientes inteiros tendo as seguintes raízes.
 (a) 1, 0, i (b) $2 + i$ (c) $-1 \pm \sqrt{3}$, 1/3 (d) -2, $i\sqrt{3}$ (e) $\sqrt{2}$, i (f) $i/2$, 6/5

20.56 Na equação $x^3 + ax^2 + bx + a = 0$, a e b são números reais. Sabendo que $x = 2 + i$ é uma raiz da equação, encontre a e b.

20.57 Escreva uma equação de menor grau possível com coeficientes inteiros e $\sqrt{2} - 1$ como uma raiz dupla.

20.58 Escreva uma equação de menor grau possível com coeficientes inteiros e $\sqrt{3} + 2i$ como uma raiz.

20.59 Resolva cada equação, dada a raiz indicada.

(a) $x^4 + x^3 - 12x^2 + 32x - 40 = 0$; $1 - i\sqrt{3}$
(c) $x^3 - 5x^2 + 6 = 0$; $3 - \sqrt{3}$
(b) $6x^4 - 11x^3 + x^2 + 33x - 45 = 0$; $1 + i\sqrt{2}$
(d) $x^4 - 4x^3 + 6x^2 - 16x + 8 = 0$; $2i$

20.60 Obtenha as raízes racionais, se existirem, de cada equação.

(a) $x^4 + 2x^3 - 4x^2 - 5x - 6 = 0$
(c) $2x^4 - x^3 + 2x^2 - 2x - 4 = 0$
(b) $4x^3 - 3x + 1 = 0$
(d) $3x^3 + x^2 - 12x - 4 = 0$

20.61 Resolva cada equação

(a) $x^3 - x^2 - 9x + 9 = 0$
(d) $4x^4 + 8x^3 - 5x^2 - 2x + 1 = 0$
(b) $2x^3 - 3x^2 - 11x + 6 = 0$
(e) $5x^4 + 3x^3 + 8x^2 + 6x + 4 = 0$
(c) $3x^3 + 2x^2 + 2x - 1 = 0$
(f) $3x^5 + 2x^4 - 15x^3 - 10x^2 + 12x + 8 = 0$

20.62 Prove que (a) $\sqrt{5} - \sqrt{2}$ e (b) $\sqrt[5]{2}$ são números irracionais.

20.63 Sendo $P(x) = 2x^3 - 3x^2 + 12x - 16$, determine o número de raízes positivas, negativas e não reais.

20.64 Localize entre dois inteiros sucessivos as raízes reais de $x^4 - 3x^2 - 6x - 2 = 0$. Encontre a menor raiz positiva da equação, com a precisão de duas casas decimais.

20.65 Encontre cotas superior e inferior para as raízes reais de cada equação.

(a) $x^3 - 3x^2 + 2x - 4 = 0$
(b) $2x^4 + 5x^2 - 6x - 14 = 0$

20.66 Encontre as raízes racionais de $2x^3 - 5x^2 + 4x + 24 = 0$ e então solucione a equação completamente.

20.67 Utilizando a Regra dos Sinais de Descartes, o que pode ser concluído quanto ao número de raízes positivas, negativas e não reais das seguintes equações?

(a) $2x^3 + 3x^2 + 7 = 0$
(c) $x^5 + 4x^3 - 3x^2 - x + 12 = 0$
(b) $3x^3 - x^2 + 2x - 1 = 0$
(d) $x^5 - 3x - 2 = 0$

20.68 Dada a equação $3x^4 - x^3 + x^2 - 5 = 0$, determine (a) o número máximo de raízes positivas, (b) o número mínimo de raízes positivas, (c) o número exato de raízes negativas e (d) o número máximo de raízes complexas.

20.69 Dada a equação $5x^3 + 2x - 4 = 0$, quantas raízes são (a) negativas (b) reais?

20.70 Diga se a equação $x^6 + 4x^4 + 3x^2 + 16 = 0$ possui (a) quatro raízes complexas e duas reais, (b) quatro raízes reais e duas complexas, (c) seis raízes complexas ou (d) seis raízes reais.

20.71 (a) Quantas raízes positivas tem a equação $x^6 - 7x^2 - 11 = 0$?

(b) Quantas raízes complexas tem a equação $x^7 + x^4 - x^2 - 3 = 0$?

(c) Mostre que $x^6 + 2x^3 + 3x - 4 = 0$ tem exatamente quatro raízes não reais.

(d) Mostre que $x^4 + x^3 - x^2 - 1 = 0$ possui apenas uma raiz negativa.

20.72 Resolva completamente cada equação.

(a) $8x^3 - 20x^2 + 14x - 3 = 0$
(c) $4x^3 + 5x^2 + 2x - 6 = 0$
(b) $8x^4 - 14x^3 - 9x^2 + 11x - 2 = 0$
(d) $2x^4 - x^3 - 23x^2 + 18x + 18 = 0$

20.73 Aproxime a raiz indicada das equações ao grau de precisão especificado.

(a) $2x^3 + 3x^2 - 9x - 7 = 0$; raiz positiva, ao décimo mais próximo

(b) $x^3 + 9x^2 + 27x - 50 = 0$; raiz positiva, ao centésimo mais próximo

(c) $x^3 - 3x^2 - 3x + 18 = 0$; raiz negativa, ao décimo mais próximo

(d) $x^3 + 6x^2 + 9x + 17 = 0$; raiz negativa, ao décimo mais próximo

(e) $x^5 + x^4 - 27x^3 - 83x^2 + 50x + 162 = 0$; raiz entre 5 e 6, ao centésimo mais próximo

(f) $x^4 - 3x^3 + x^2 - 7x + 12 = 0$; raiz entre 1 e 2, ao centésimo mais próximo

20.74 Para determinar a deflexão máxima que um feixe de uma dada largura sofre carregado de certa maneira, é necessário resolver a equação $4x^3 - 150x^2 + 1500x - 2871 = 0$. Encontre a raiz da equação que se encontra entre 2 e 3, correta até a primeira casa decimal.

20.75 O comprimento de uma caixa retangular é o dobro de sua largura e sua altura é um pé maior que sua largura. Se o volume da caixa é 64 pés cúbicos, encontre sua largura em pés até o décimo mais próximo.

20.76 Encontre $\sqrt[3]{20}$ correta até a segunda casa decimal.

Respostas dos Problemas Complementares

20.43 (a) 2 (b) 12 (c) 0 (d) 3/2 (e) $3\sqrt{2}$

20.44 (a) -9 (b) 14 (c) $-13/8$ (d) 12 (e) 1 (f) 33

20.46 -4, 1 e $2i$ são raízes

20.47 (a) $k = 9$ (b) $k = 4, -2$

20.48 (a) $2x^2 + x - 5 + \dfrac{3}{x+1}$ (c) $y^5 - 5y^4 + 10y^3 - 20y^2 + 40y - 76 + \dfrac{147}{y+2}$

(b) $3x^4 + 6x^3 + 13x^2 + 26x + 52 + \dfrac{100}{x-2}$ (d) $2x^2 + 2x - 2 + \dfrac{5}{2x+1}$

20.49 12, 227

20.50 3, -2

20.51 $-1 \pm 2i$

20.52 (a) raiz dupla -3, raiz tripla 2, -1 (c) $-1, -2, 2 \pm i$

(b) raiz quádrupla 0, raiz quádrupla -2, 1 (d) raízes duplas $\pm 2i$, raiz dupla -1

20.53 (a) $2x^3 + 3x^2 - 11x - 6 = 0$ (c) $x^4 - 4x^3 + 13x^2 - 36x + 36 = 0$

(b) $3x^4 + 7x^3 - 18x^2 + 8x = 0$ (d) $x^4 - 2x^3 + 2x^2 + 10x + 25 = 0$

20.54 $x^4 - x^2 - 10x - 4 = 0$

20.55 (a) $x^4 - x^3 + x^2 - x = 0$ (d) $x^3 + 2x^2 + 3x + 6 = 0$

(b) $x^2 - 4x + 5 = 0$ (e) $x^4 - x^2 - 2 = 0$

(c) $3x^3 + 5x^2 - 8x + 2 = 0$ (f) $20x^3 - 24x^2 + 5x - 6 = 0$

20.56 $a = -5, b = 9$

20.57 $x^4 + 4x^3 + 2x^2 - 4x + 1 = 0$

20.58 $x^4 + 2x^2 + 49 = 0$

20.59 (a) $1 \pm i\sqrt{3}, -5, 2$ (b) $1 \pm i\sqrt{2}, -5/3, 3/2$ (c) $3 \pm \sqrt{3}, -1$ (d) $\pm 2i, 2 \pm \sqrt{2}$

20.60 (a) $-3, 2$ (b) $1/2, 1/2, -1$ (c) nenhuma raiz racional   (d) $-1/3, \pm 2$

20.61 (a) $1, \pm 3$ (d) $\pm \frac{1}{2}, -1 \pm \sqrt{2}$
      (b) $3, -2, 1/2$ (e) $-1, 2/5, \pm \sqrt{2}i$
      (c) $1/3, -\frac{1}{2} + \frac{1}{2}\sqrt{3}i$ (f) $\pm 1, \pm 2, -2/3$

20.63 Uma raiz positiva, 0 raízes negativas, duas raízes complexas.

20.64 Uma raiz positiva entre 2 e 3; uma raiz negativa entre -1 e 0; raiz positiva aproximadamente 2,41.

20.65 (a) Cota superior 3, cota inferior -1 (b) Cota superior 2, cota inferior -2

20.66 $-3/2, 2 \pm 2i$

20.67 (a) uma negativa, duas complexas
      (b) três positivas ou uma positiva, duas complexas
      (c) uma negativa, duas positivas, duas complexas ou uma negativa, quatro complexas
      (d) uma positiva, duas negativas, duas complexas ou uma positiva, quatro complexas

20.68 (a) 3   (b) 1   (c) 1   (d) 2

20.69 (a) nenhuma   (b) uma

20.70 (c)

20.71 (a) uma   (b) quatro ou seis

20.72 (a) $1/2, 1/2, 3/2$ (b) $2, -1, 1/4, 1/2$ (c) $3/4, -1 \pm i$ (d) $3, 3/2, -2 \pm \sqrt{2}$

20.73 (a) 1,9   (b) 1,25   (c) $-2,2$ (d) $-4,9$ (e) 5,77   (f) 1,38

20.74 2,5

20.75 2,9 pés

20.76 2,71

Capítulo 21

Funções Racionais

21.1 FUNÇÕES RACIONAIS

Uma função racional é a razão entre duas funções polinomiais. Se $P(x)$ e $Q(x)$ são polinômios, então uma função da forma $R(x) = P(x)/Q(x)$ é uma função racional, onde $Q(x) \neq 0$.

O domínio de $R(x)$ é a intersecção dos domínios de $P(x)$ e $Q(x)$.

21.2 ASSÍNTOTAS VERTICAIS

Se $R(x) = P(x)/Q(x)$, então os valores de x para os quais $Q(x) = 0$ originam assíntotas verticais, caso $P(x) \neq 0$. Contudo, se para algum valor $x = a$, $P(a) = 0$ e $Q(a) = 0$, então $P(x)$ e $Q(x)$ têm um fator comum de $x - a$. Se nestas condições $R(x)$ fica na sua forma irredutível, o gráfico de $R(x)$ tem um buraco no ponto para o qual $x = a$.

Uma assíntota vertical para $R(x)$ é uma reta vertical, $x = k$, k uma constante, da qual o gráfico de $R(x)$ se aproxima sem tocá-la. $R(k)$ não está definida porque $Q(k) = 0$ e $P(k) \neq 0$. O domínio de $R(x)$ fica separado em intervalos distintos pelas assíntotas verticais de $R(x)$.

Exemplo 21.1 Quais são as assíntotas verticais de

$$R(x) = \frac{2x-3}{x^2-4}?$$

Como

$$R(x) = \frac{2x-3}{x^2-4}$$

não está definida para $x^2 - 4 = 0$, $x = 2$ e $x = -2$ podem resultar em assíntotas verticais. Quando $x = 2$, $2x - 3 \neq 0$ e quando $x = -2$, $2x - 3 \neq 0$. Assim, o gráfico de $R(x)$ tem as assíntotas verticais $x = 2$ e $x = -2$.

21.3 ASSÍNTOTAS HORIZONTAIS

Uma função racional $R(x) = P(x)/Q(x)$ possui uma assíntota horizontal $y = a$ se, conforme $|x|$ cresce sem limite, $R(x)$ se aproxima de a. $R(x)$ tem no máximo uma assíntota horizontal. A assíntota horizontal de $R(x)$ pode ser encontrada por uma comparação do grau de $P(x)$ com o de $Q(x)$.

(1) Caso o grau de $P(x)$ seja menor que o de $Q(x)$, então $R(x)$ tem uma assíntota horizontal $y = 0$.
(2) Caso o grau de $P(x)$ seja igual ao de $Q(x)$, então $R(x)$ possui uma assíntota horizontal $y = a_n/b_n$, onde a_n é o coeficiente líder de $P(x)$ (coeficiente do termo com maior grau) e b_n é o coeficiente líder de $Q(x)$.
(3) Se o grau de $P(x)$ for maior que o de $Q(x)$, então $R(x)$ não possui uma assíntota horizontal.

O gráfico de $R(x)$ pode atravessar uma assíntota horizontal no interior de seu domínio. Isto é possível já que, ao determinarmos as assíntotas horizontais, só estamos preocupados com o comportamento de $R(x)$ conforme $|x|$ cresce arbitrariamente.

Exemplo 21.2 Quais são as assíntotas horizontais de cada função racional $R(x)$?

(a) $R(x) = \dfrac{3x^3}{x^2 - 1}$ (b) $R(x) = \dfrac{x}{x^2 - 4}$ (c) $R(x) = \dfrac{2x + 1}{3 + 5x}$

(a) Para
$$R(x) = \dfrac{3x^3}{x^2 - 1},$$
o grau do numerador $3x^3$ é 3 e o grau do denominador é 2. Como o numerador excede o grau do denominador, $R(x)$ não possui uma assíntota horizontal.

(b) O grau do numerador de
$$R(x) = \dfrac{x}{x^2 - 1}$$
é 1 e o grau de seu denominador é 2, logo $R(x)$ possui como assíntota horizontal $y = 0$.

(c) Tanto numerador quanto denominador de
$$R(x) = \dfrac{2x + 1}{3 + 5x}$$
têm grau 1. Já que o coeficiente líder do numerador é 2 e o coeficiente líder do denominador é 5, $R(x)$ possui a assíntota horizontal $y = \tfrac{2}{5}$.

21.4 ESBOÇANDO GRÁFICOS DE FUNÇÕES RACIONAIS

Para representar o gráfico de uma função racional $R(x) = P(x)/Q(x)$, primeiramente determinamos seus buracos: os valores de x para os quais tanto $P(x)$ quanto $Q(x)$ valem zero. Após ter encontrado os buracos, simplificamos $R(x)$ até sua forma irredutível. O valor da forma irredutível de $R(x)$ para um x que resulta em um buraco é a coordenada y do ponto correspondente ao buraco.

Uma vez que $R(x)$ esteja na forma irredutível, determinamos as assíntotas, a simetria, os zeros e o intercepto y, caso existam. Esboçamos o gráfico das assíntotas com retas tracejadas, marcamos os zeros, o intercepto y e diversos outros pontos para determinar como o gráfico se aproxima da assíntota. Finalmente, traçamos o gráfico através dos pontos estabelecidos e tendendo às assíntotas.

Exemplo 21.3 Esboce o gráfico de cada função racional $R(x)$.

(a) $R(x) = \dfrac{3}{x^2 - 1}$ (b) $R(x) = \dfrac{x^2}{4 - x^2}$

(a)
$$R(x) = \dfrac{3}{x^2 - 1}$$
possui as assíntotas verticais $x = 1$ e $x = -1$, uma assíntota horizontal $y = 0$ e nenhum buraco. Como o numerador de $R(x)$ é constante, não tem zero algum. Já que $R(0) = -3$, $R(x)$ possui um intercepto y $(0, -3)$.

Localizamos o intercepto y e representamos as assíntotas com retas tracejadas. Determinamos alguns valores de $R(x)$ em cada intervalo do domínio $(-\infty, -1)$, $(-1, 1)$ e $(1, \infty)$. $R(-x) = R(x)$, logo $R(x)$ é simétrico em relação ao eixo y.

$$R(2) = R(-2) = \frac{3}{2^2 - 1} = 1, \qquad R(0{,}5) = R(-0{,}5) = \frac{3}{(0{,}5)^2 - 1} = -4$$

Marcamos os pontos $(2, 1)$, $(-2, 1)$, $(0{,}5, -4)$ e $(-0{,}5, -4)$. Utilizando as assíntotas como limitantes, esboçamos o gráfico. O de

$$R(x) = \frac{3}{x^2 - 1}$$

está representado na Fig. 21-1.

(b) $$R(x) = \frac{x^2}{4 - x^2}$$

possui assíntotas verticais em $x = 2$ e $x = -2$, uma assíntota horizontal $y = -1$ e nenhum buraco. Os zeros de $R(x)$ ocorrem para $x = 0$. Já que para $x = 0$, $R(0)$ então $(0, 0)$ é o zero e o intercepto y. Marcamos o ponto $(0, 0)$ e as assíntotas verticais e horizontal.

Determinamos alguns valores de $R(x)$ em cada intervalo de seu domínio $(-\infty, -2)$, $(-2, 2)$ e $(2, \infty)$. Como $R(-x) = R(x)$, o gráfico é simétrico em relação ao eixo y.

$$R(3) = R(-3) = \frac{3^2}{4 - 3^2} = \frac{9}{-5} = \frac{-9}{5}; \qquad R(1) = R(-1) = \frac{1^2}{4 - 1^2} = \frac{1}{3}$$

Localize $(3, -9/5)$, $(-3, -9/5)$, $(1, 1/3)$ e $(1, -1/3)$.

Utilizando as assíntotas como limitantes, esboçamos o gráfico de $R(x)$.

O gráfico de

$$R(x) = \frac{x^2}{4 - x^2}$$

está apresentado na Fig. 21-2.

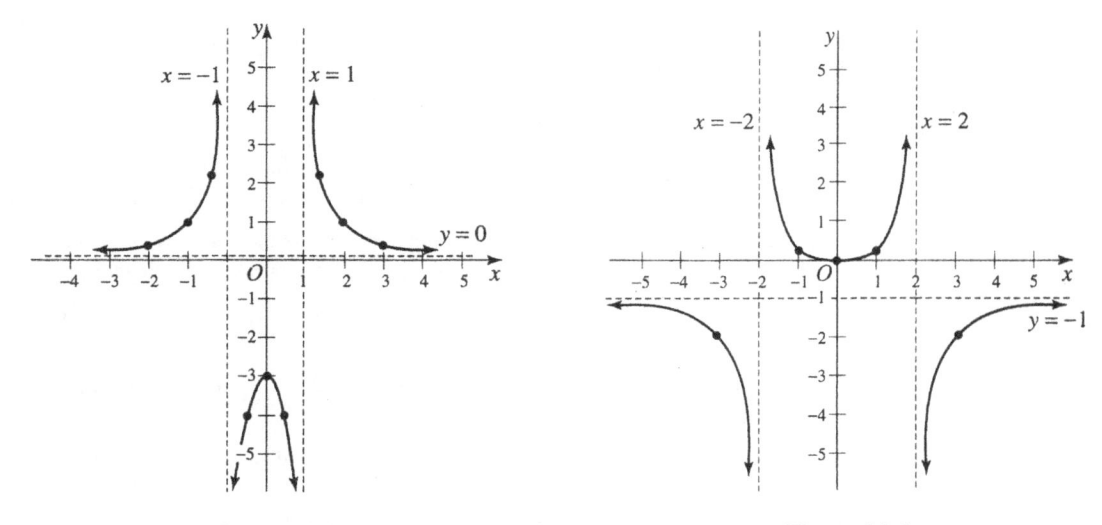

Figura 21-1

Figura 21-2

21.5 ESBOÇANDO GRÁFICOS DE FUNÇÕES RACIONAIS COM UMA CALCULADORA GRÁFICA

Os recursos de uma calculadora gráfica permitem fácil esboço de funções racionais. Entretanto, a menos que a calculadora represente explicitamente os valores de x para as assíntotas, ela ligará ramos distintos da função racional. É necessário determinar as assíntotas verticais e então regular a escala do eixo x para a janela gráfica de forma que os valores das assíntotas verticais sejam utilizados.

As assíntotas horizontais devem ser obtidas diretamente do gráfico, pois elas não são desenhadas ou indicadas e apenas aparecem como uma característica do gráfico na janela de exibição da calculadora.

Os buracos correspondem a fatores que podem ser cancelados na expressão da função racional. Estes são difíceis de se localizar na tela de uma calculadora gráfica.

No geral, ao se utilizar uma calculadora gráfica para ajudar na construção de um gráfico no papel, é uma boa prática não depender da calculadora para determinar assíntotas verticais, horizontais ou buracos de uma função racional. Determine estes valores sozinho e os represente no gráfico a ser construído. Utilize a visualização da calculadora gráfica para indicar a localização e a forma do gráfico e para guiá-lo no esboço.

Problemas Resolvidos

21.1 Estabeleça o domínio de cada função racional $R(x)$.

(a) $R(x) = \dfrac{3x}{x+2}$ (b) $R(x) = \dfrac{x^3 - 2x^2 - 3x}{x}$ (c) $R(x) = \dfrac{3x^2 - 1}{x^3 - x}$

Solução

(a) Para $R(x) = 3x = 3x/(x+2)$, escreva $x + 2 = 0$ e perceba que $R(x)$ não está definida para $x = -2$. O domínio de $R(x)$ é { todos os números reais exceto -2 } ou domínio $= (-\infty, -2) \cup (-2, \infty)$.

(b) Para $R(x) = (x^3 - 2x^2 - 3x)/x$, vemos que $R(x)$ não está definida em $x = 0$. Assim, o domínio de $R(x)$ é { todos os números reais exceto 0 } ou domínio $(-\infty, 0) \cup (0, \infty)$.

(c) Para $R(x) = (3x^2 - 1)/(x^3 - x)$, escrevemos a equação $x^3 - x = 0$ e determinamos que para $x = 0$, $x = 1$ e $x = -1$ $R(x)$ não está definida. O domínio de $R(x)$ é { todos os números reais exceto $-1, 0, 1$ } ou domínio $= (-\infty, -1) \cup (-1, 0) \cup (0, 1) \cup (1, \infty)$.

21.2 Determine as assíntotas verticais, horizontais e buracos das funções racionais $R(x)$.

(a) $R(x) = \dfrac{3x}{x+2}$ (b) $R(x) = \dfrac{x^3 - 2x^2 - 3x}{x}$ (c) $R(x) = \dfrac{3x^2 - 1}{x^3 - x}$

Solução

(a) Valores que anulam o denominador mas não o numerador geram assíntotas. Em $R(x) = 3x/(x+2)$, $x = -2$ torna o denominador $x + 2 = 0$ mas não faz o numerador $3x = 0$. Assim, $x = -2$ é uma assíntota vertical.

Como o grau do numerador $3x$ é 1 e o do denominador $x + 2$ é 1, $R(x)$ tem uma assíntota horizontal em $y = 3/1 = 3$, onde 3 é o coeficiente líder do numerador e 1 é o coeficiente líder do denominador.

Já que $x = 0$ é o único valor que torna o numerador 0 e $x = 0$ não zera o denominador, $R(x)$ não tem buracos em seu gráfico.

(b) Apenas $x = 0$ anula o denominador de $R(x) = (x^3 - 2x^2 - 3x)/x$. Como $x = 0$ também zera o denominador, $R(x)$ não possui assíntotas verticais.

Uma vez que o grau do numerador de $R(x)$ é 3 e o do denominador é 1, decorre que o grau do numerador excede o do denominador e não existe assíntota horizontal.

Como $x = 0$ anula tanto numerador quanto denominador de $R(x)$, existe um buraco no gráfico de $R(x)$ quando $x = 0$. A forma irredutível de $R(x)$ é $R(x) = x^2 - 2x - 3$ quando $x \neq 0$. O gráfico desta forma teria o valor de -3 se x fosse 0, então o gráfico de $R(x)$ tem um buraco em $(0, -3)$.

(c) Como $x^3 - x = 0$ tem as soluções $x = 0, x = 1$ e $x = -1$, as assíntotas verticais de $R(x) = (3x^2 - 1)/(x^3 - x)$ são $x = 0, x = 1$ e $x = -1$.

O grau do numerador de $R(x)$ é menor que o grau de seu denominador, logo $y = 0$ é a assíntota horizontal de $R(x)$.

O numerador não é zero para nenhum dos valores $x = -1, x = 0$ e $x = 1$, que anulam o denominador, portanto, o gráfico de $R(x)$ não tem buraco algum.

21.3 Quais são os zeros e intercepto y de cada função racional $R(x)$?

(a) $R(x) = \dfrac{3x}{x + 2}$ (b) $R(x) = \dfrac{x^3 - 2x^2 - 3x}{x}$ (c) $R(x) = \dfrac{3x^2 - 1}{x^3 - x}$

Solução

(a) para $R(x) = 3x/(x + 2)$, o numerador $3x$ é zero se $x = 0$. Como $x = 0$ não anula o denominador, há um zero quando $x = 0$. Assim, $(0, 0)$ é o zero de $R(x)$. O intercepto y é o valor de y quando $x = 0$. Então, $(0, 0)$ é o intercepto y.

(b) Em $R(x) = (x^3 - 2x^2 - 3x)/x$, o numerador $x^3 - 2x^2 - 3x$ é zero quando $x = 0, x = -1$ e $x = 3$. Entretanto, $x = 0$ anula o denominador, logo não resulta em um zero de $R(x)$. Os zeros de $R(x)$ são $(3, 0)$ e $(-1, 0)$.

Do Problema 21.1(b), sabemos que $x = 0$ não está no domínio de $R(x)$. Assim, $R(x)$ não tem um intercepto y.

(c) Para $R(x) = (3x^2 - 1)/(x^3 - x)$, o numerador $3x^2 - 1 = 0$ tem soluções $x = \sqrt{3}/3$ e $x = -\sqrt{3}/3$. Portanto, os zeros de $R(x)$ são $(\sqrt{3}/3, 0)$ e $(-\sqrt{3}/3, 0)$.

Do problema 21.1(c), sabemos que o domínio de $R(x)$ não contém $x = 0$, logo $R(x)$ não possui um intercepto y.

21.4 Esboce o gráfico das funções racionais $R(x)$.

(a) $R(x) = \dfrac{3x}{x + 2}$ (b) $R(x) = \dfrac{x^3 - 2x^2 - 3x}{x}$ (c) $R(x) = \dfrac{3x^2 - 1}{x^3 - x}$

Solução

Dos Problemas 21.1, 21.2 e 21.3, sabemos os domínios, as assíntotas verticais e horizontais, os buracos, zeros e interceptos y destas três funções racionais. Utilizamos esta informação ao construir o gráfico de cada uma das funções.

(a) $R(x) = 3x/(x + 2)$ tem uma assíntota vertical em $x = -2$, uma assíntota horizontal $y = 3$ e $(0, 0)$ é o ponto de zero e o intercepto y. Desenhamos retas tracejadas para as assíntotas e marcamos $(0, 0)$. Selecionamos alguns valores de x, determinamos os pontos associados e então representamos eles. Para $x = -4, -3, -1$ e 2, obtemos os pontos $(-4, 6), (-3, 9), (-1, -3)$ e $(2, 1,5)$. Agora esboçamos o gráfico de $R(x)$ passando pelos pontos determinados e se aproximando das assíntotas. Como o domínio de $R(x)$ está separado em duas partes, temos duas componentes do gráfico de $R(x)$. Ver Fig. 21-3.

(b) $R(x) = (x^3 - 2x^2 - 3x)/x = x^2 - 2x - 3$ quando $x \neq 0$ e há um buraco em $(0, -3)$. Não existem assíntotas para o gráfico de $R(x)$ nem intercepto y, mas existem zeros em $(3, 0)$ e $(-1, 0)$. Marcamos os zeros e indicamos com um círculo aberto O em torno do ponto $(0, -3)$ para apontar um buraco no gráfico. Agora selecionamos valores de x, determinamos os pontos correspondentes e os representamos no gráfico. Para $x = -2, 1, 2$ e 4, obtemos os pontos $(-2, 5), (1, -4), (2, 3)$ e $(4, 5)$. Como o domínio de $R(x)$ está separado em duas partes pelo valor de x no buraco de $R(x)$, o gráfico de $R(x)$ está separado em duas componentes pelo buraco em $(0, -3)$. Ver Fig. 21-4.

(c) $R(x) = (3x^2 - 1)/(x^3 - x)$ tem assíntotas verticais em $x = -1, x = 0$ e $x = 1$, uma assíntota horizontal em $y = 0$ e zeros em $(\sqrt{3}/3, 0)$ e $(-\sqrt{3}/3, 0)$. Aproximamos os zeros por $(0,6; 0)$ e $(-0,6; 0)$, marcamos estes pontos e representamos as assíntotas. Para ter certeza que desenhamos todas as partes de $R(x)$, selecionamos valores de x em cada intervalo do domínio. Para $x = -2; -1,5; -0,75; -0,25; 0,25; 0,75; 1,5$ e 2, obtemos os pontos $(-2, -1,8)$,

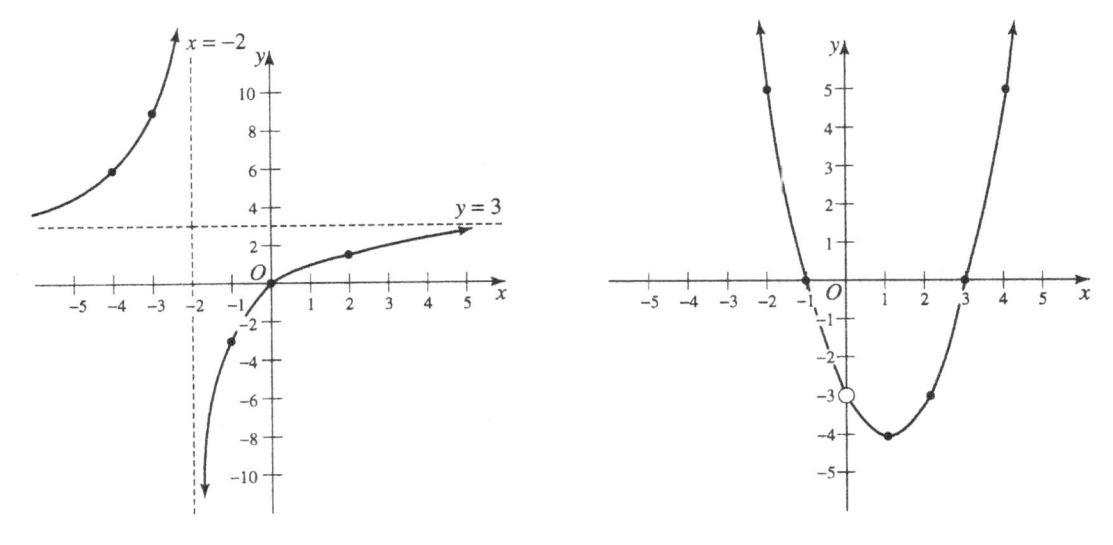

Figura 21-3

Figura 21-4

$(-1,5; -3,1)$, $(-0,75; 2,1)$, $(-0,25; -3,5)$, $(0,25; 3,5)$, $(0,75; -2,1)$, $(1,5; 3,1)$ e $(2; 1,8)$. Como o domínio de $R(x)$ está dividido em 4 partes, o gráfico de $R(x)$ possui quatro componentes distintas. Ver Fig. 21-5.

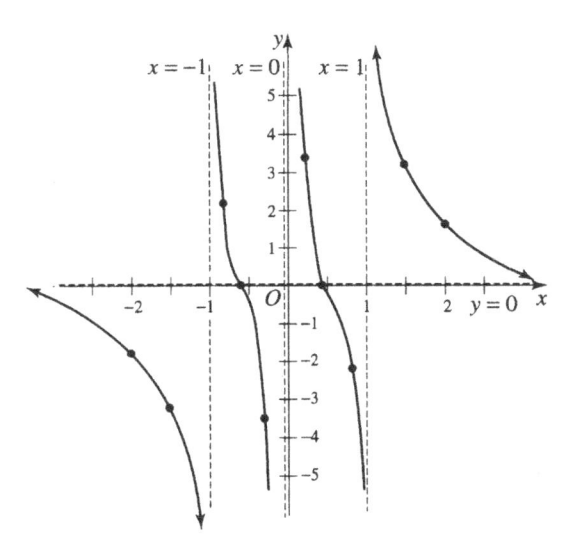

Figura 21-5

Problemas Complementares

21.5 Estabeleça o domínio de cada função racional.

(a) $R(x) = \dfrac{4}{x+2}$

(b) $R(x) = -\dfrac{1}{x-2}$

(c) $R(x) = -\dfrac{x}{x^2-4}$

(d) $R(x) = \dfrac{4}{x^2+x-2}$

(e) $R(x) = \dfrac{6-x}{x+3}$

(f) $R(x) = \dfrac{2x-5}{x+4}$

(g) $R(x) = \dfrac{x^3+2}{x^2}$

(h) $R(x) = \dfrac{x^2+4}{27x^3-3x}$

(i) $R(x) = \dfrac{-x^2+x}{x^2-5x+6}$

21.6 Determine as assíntotas das funções racionais.

(a) $R(x) = \dfrac{4}{x-3}$ (d) $R(x) = \dfrac{x^2 - 6x + 9}{x}$ (g) $R(x) = -\dfrac{3}{x+4}$

(b) $R(x) = \dfrac{x}{x^2 - 16}$ (e) $R(x) = \dfrac{2x^2 - 5}{x+2}$ (h) $R(x) = \dfrac{2}{x^2 - 7x + 10}$

(c) $R(x) = \dfrac{3x+6}{x-1}$ (f) $R(x) = \dfrac{-x^2 + 2x}{x+3}$ (i) $R(x) = \dfrac{x+5}{5-x}$

21.7 Determine os zeros e o intercepto y de cada função racional.

(a) $R(x) = \dfrac{3}{x+2}$ (d) $R(x) = \dfrac{x^3 - 27}{x^2}$ (g) $R(x) = \dfrac{x^2 - 5x + 6}{x^2 + 6x + 9}$

(b) $R(x) = -\dfrac{x}{x^2 - 4}$ (e) $R(x) = \dfrac{x^2}{x-3}$ (h) $R(x) = \dfrac{x^3 - 1}{x}$

(c) $R(x) = \dfrac{2x+8}{x+3}$ (f) $R(x) = \dfrac{x^2 - 4}{x^2 - 1}$ (i) $R(x) = \dfrac{x+3}{x^2 + 2x + 1}$

21.8 Esboce o gráfico das funções racionais.

(a) $R(x) = \dfrac{2}{x}$ (d) $R(x) = \dfrac{2x-6}{x+1}$ (g) $R(x) = \dfrac{4 - x^2}{x^2 - 9}$

(b) $R(x) = \dfrac{3}{x-2}$ (e) $R(x) = \dfrac{x+2}{x-3}$ (h) $R(x) = -\dfrac{x}{x^2 - 4}$

(c) $R(x) = -\dfrac{1}{x^2 - 1}$ (f) $R(x) = \dfrac{x}{x^2 - 9}$ (i) $R(x) = \dfrac{x^2 - 5x + 4}{x^2 + 7x + 6}$

21.9 Represente o gráfico de cada função racional.

(a) $R(x) = \dfrac{x+2}{x^2 - 4}$ (b) $R(x) = \dfrac{3x}{x^2 - 2x}$

21.10 Construa o gráfico das funções racionais.

(a) $R(x) = \dfrac{2}{x^2 + 4}$ (b) $R(x) = \dfrac{x^2 + 2}{x^3 - x}$

Respostas dos Problemas Complementares

21.5 (a) $(-\infty, -2) \cup (-2, \infty)$ (f) $(-\infty, -4) \cup (-4, \infty)$
  (b) $(-\infty, 2) \cup (2, \infty)$ (g) $(-\infty, 0) \cup (0, \infty)$
  (c) $(-\infty, -2) \cup (-2, 2) \cup (2, \infty)$ (h) $(-\infty, -1/3) \cup (-1/3, 0) \cup (0, 1/3) \cup (1/3, \infty)$
  (d) $(-\infty, -2) \cup (-2, 1) \cup (1, \infty)$ (i) $(-\infty, 2) \cup (2, 3) \cup (3, \infty)$
  (e) $(-\infty, -3) \cup (-3, \infty)$

21.6 Assíntotas verticais   Assíntotas horizontais
  (a) $x = 3$ $y = 0$
  (b) $x = 4, x = -4$ $y = 0$
  (c) $x = 1$ $y = 3$
  (d) $x = 0$ nenhuma
  (e) $x = -2$ nenhuma
  (f) $x = -3$ nenhuma
  (g) $x = -4$ $y = 0$
  (h) $x = 5, x = 2$ $y = 0$
  (i) $x = 5$ $y = -1$

21.7

	Zeros	Intercepto y
(a)	nenhum	(0, 3/2)
(b)	(0, 0)	(0, 0)
(c)	(−4, 0)	(0, 8/3)
(d)	(3, 0)	nenhum
(e)	(0, 0)	(0, 0)
(f)	(2, 0), (−2, 0)	(0, 4)
(g)	(3, 0), (2, 0)	(0, 2/3)
(h)	(1, 0)	nenhum
(i)	(−3, 0)	(0, 3)

21.8 (a) Fig. 21-6   (d) Fig. 21-9   (g) Fig. 21-12
     (b) Fig. 21-7   (e) Fig. 21-10   (h) Fig. 21-13
     (c) Fig. 21-8   (f) Fig. 21-11   (i) Fig. 21-14

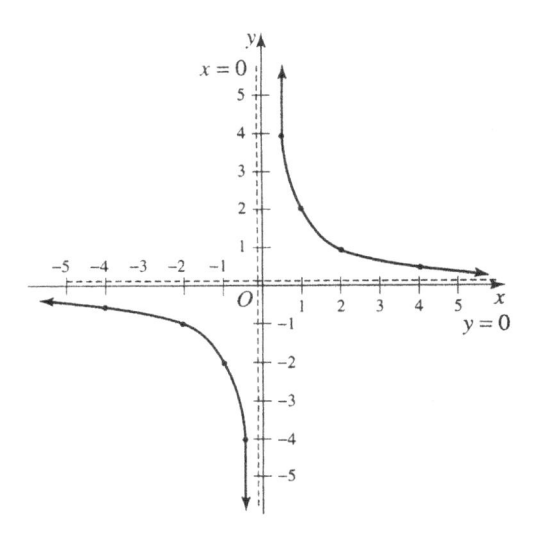

Figura 21-6

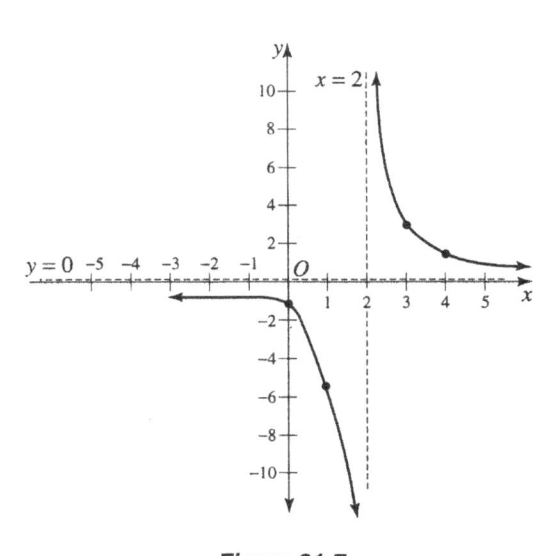

Figura 21-7

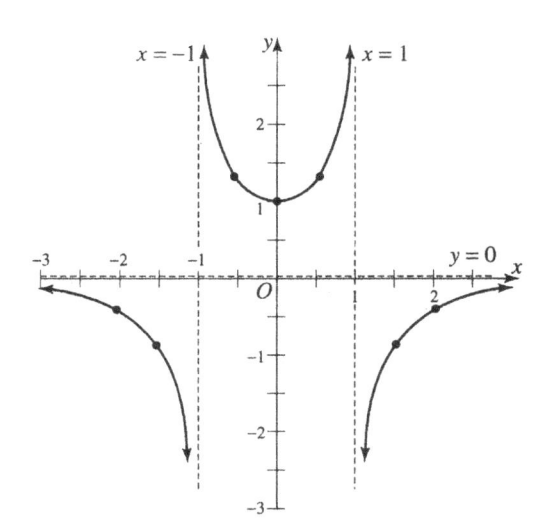

Figura 21-8

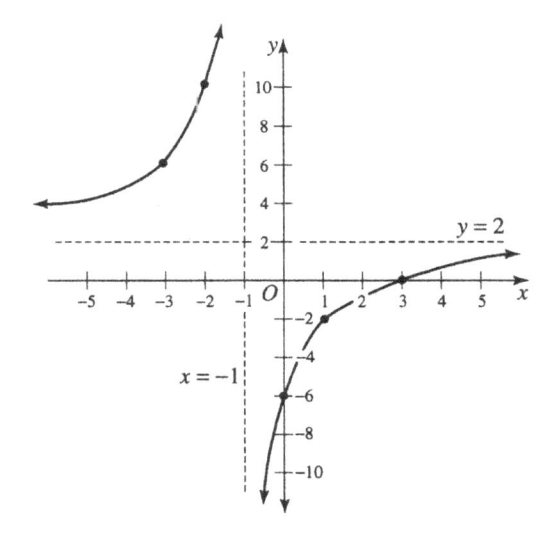

Figura 21-9

CAPÍTULO 21 • FUNÇÕES RACIONAIS

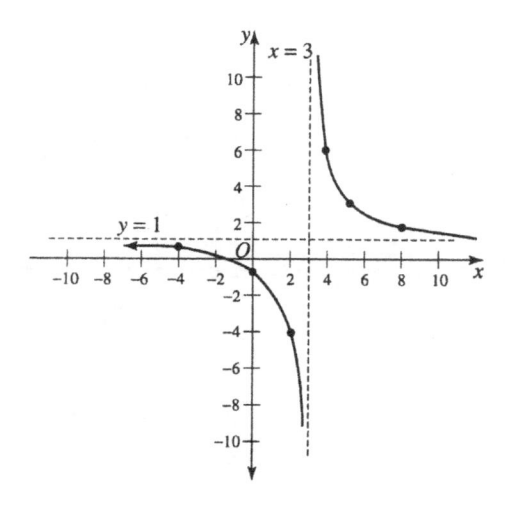

Figura 21-10

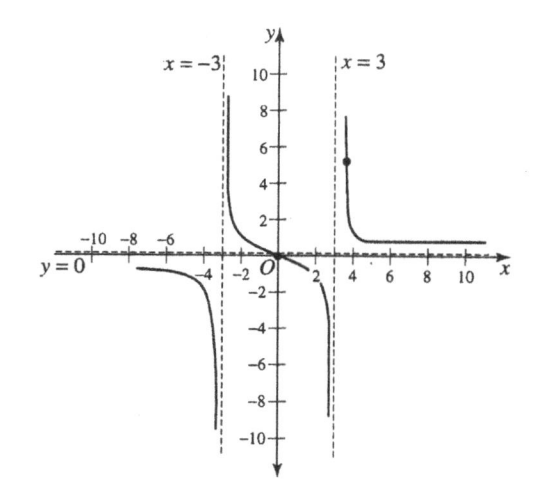

Figura 21-11

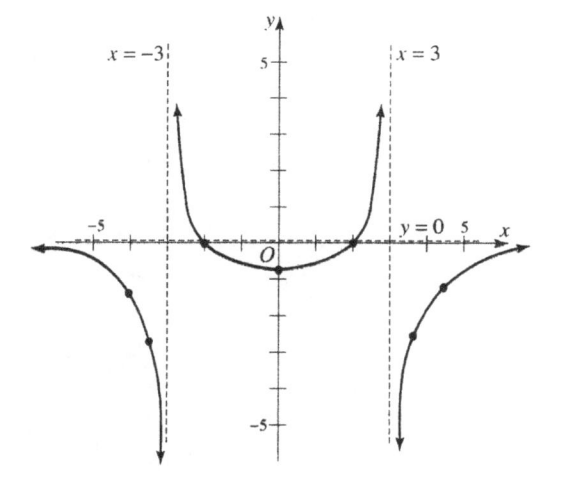

Figura 21-12

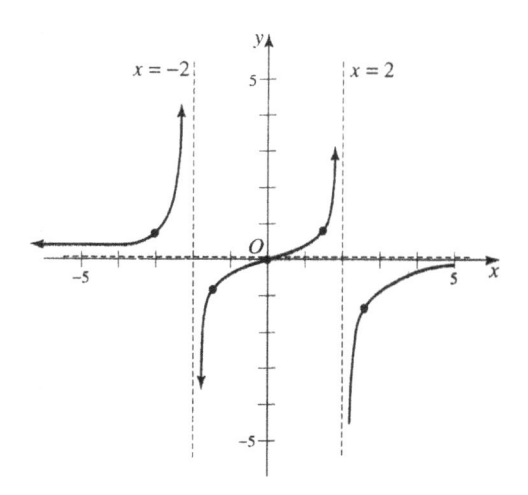

Figura 21-13

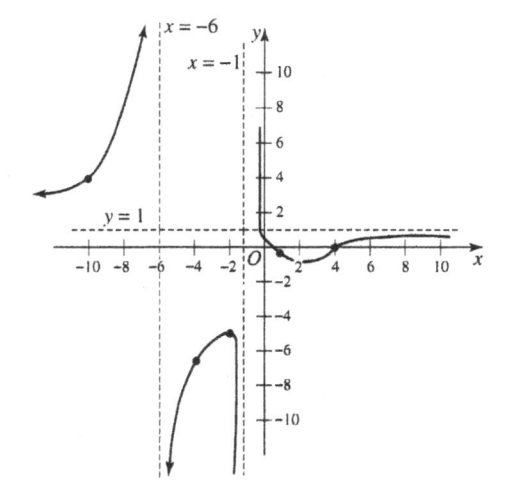

Figura 21-14

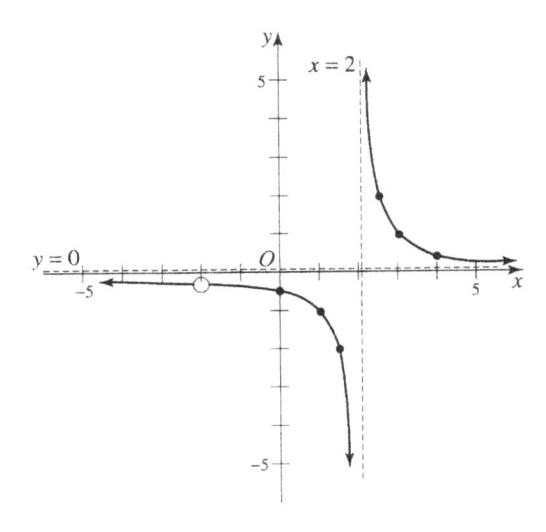

ÁLGEBRA

Figura 21-15

Figura 21-16

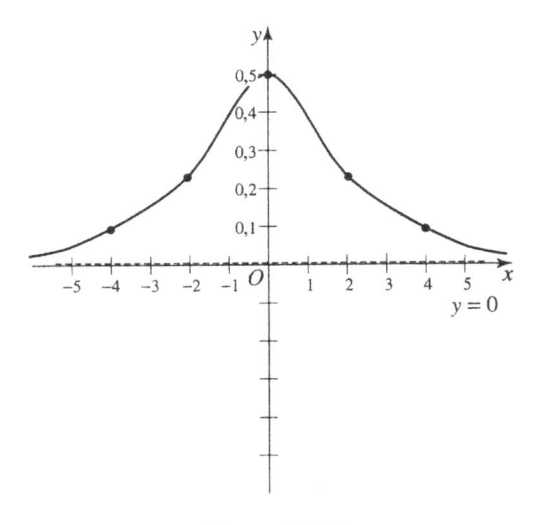

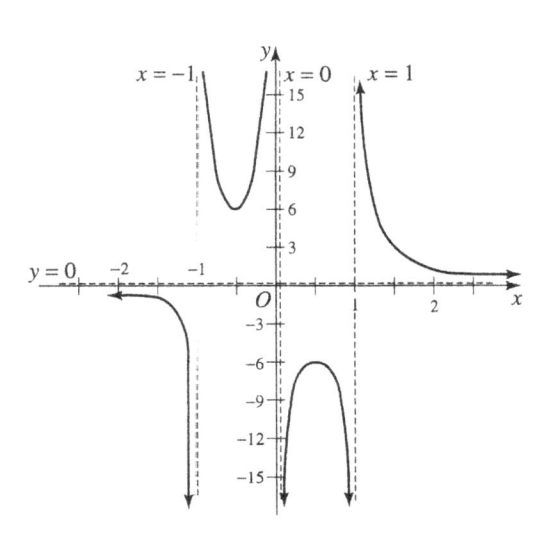

Figura 21-17

Figura 21-18

21.9 (*a*) Forma irredutível $R(x) = 1/(x-2)$ quando $x \neq -2$. Gráfico na Fig. 21-15.

(*b*) Forma irredutível $R(x) = 3/(x-2)$ quando $x \neq 0$. Gráfico na Fig. 21-16.

21.10 (*a*) Fig. 21-17   (*b*) Fig. 21-18

Capítulo 22

Sequências e Séries

22.1 SEQUÊNCIAS

Uma sequência numérica é uma função definida no conjunto dos inteiros positivos. Os números na sequência são denominados *termos*. Uma série é a soma dos termos de uma sequência.

22.2 PROGRESSÕES ARITMÉTICAS

A. *Uma progressão aritmética* é uma sequência de números, cada um dos quais, após o primeiro, é obtido adicionando-se ao número anterior uma constante denominada *diferença comum*.

Assim, 3, 7, 11, 15, 19,... é uma progressão aritmética porque cada termo é obtido adicionando-se 4 ao número anterior. Na progressão aritmética 50, 45, 40,... a diferença comum é $45 - 50 = 40 - 45 = -5$.

B. *Fórmulas para progressões aritméticas*
(1) O n-ésimo termo, ou último termo: $l = a + (n-1)d$
(2) A soma dos n primeiros termos: $S = \dfrac{n}{2}(a+l) = \dfrac{n}{2}[2a + (n-1)d]$
onde a = o primeiro termo da sequência; d = a diferença comum;
  n = o número de termos; l = o n-ésimo termo, ou último termo;
  S = a soma dos n primeiros termos.

Exemplo 22.1 Considere a progressão aritmética 3, 7, 11,... onde $a = 3$ e $d = 7 - 3 = 11 - 7 = 4$. O sexto termo é $l = a + (n-1)d = 3 + (6-1)4 = 23$.

A soma dois seis primeiros termos é

$$S = \frac{n}{2}(a+l) = \frac{6}{2}(3+23) = 78 \quad \text{ou} \quad S = \frac{n}{2}[2a + (n-1)d] = \frac{6}{2}[2(3) + (6-1)4] = 78.$$

22.3 PROGRESSÕES GEOMÉTRICAS

A. *Uma progressão geométrica* é uma sequência de números na qual cada um, após o primeiro, é obtido pela multiplicação do número anterior por uma constante denominada a *razão comum*.

Assim, 5, 10, 20, 40, 80,... é uma progressão geométrica porque cada número é obtido multiplicando-se o número precedente por 2. Na progressão geométrica $9, -3, 1 - \tfrac{1}{3}, \tfrac{1}{9}, \ldots$, a razão comum é

$$\frac{-3}{9} = \frac{1}{-3} = \frac{-1/3}{1} = \frac{1/9}{-1/3} = -\frac{1}{3}.$$

B. *Fórmulas para progressões geométricas.*
   (1) O *n*-ésimo termo, ou último termo: $l = ar^{n-1}$
   (2) A soma dos *n* primeiros termos: $S = \dfrac{a(r^n - 1)}{r - 1} = \dfrac{rl - a}{r - 1}, r \neq 1$

onde a = o primeiro termo; r = a razão comum; n = o número de termos; l = o *n*-ésimo termo, ou último termo; S = a soma dos *n* primeiros termos.

Exemplo 22.2 Considere a progressão geométrica 5, 10, 20,... onde $a = 5$ e

$$r = \frac{10}{5} = \frac{20}{10} = 2$$

O sétimo termo é $l = ar^{n-1} = 5(2^{7-1}) = 5(2^6) = 320$.

A soma dos 7 primeiros termos é

$$S = \frac{a(r^n - 1)}{r - 1} = \frac{5(2^7 - 1)}{2 - 1} = 635.$$

22.4 SÉRIES GEOMÉTRICAS INFINITAS

A soma até infinito (S_∞) de qualquer progressão geométrica na qual a razão comum r for numericamente menor do que 1 é dada por

$$S_\infty = \frac{a}{1 - r}, \qquad \text{onde } |r| < 1.$$

Exemplo 22.3 Considere a série geométrica infinita

$$1 - \frac{1}{2} + \frac{1}{4} - \frac{1}{8} + \cdots$$

onde $a = 1$ e $r = -\frac{1}{2}$. Sua soma até infinito é

$$S_\infty = \frac{a}{1 - r} = \frac{1}{1 - (-1/2)} = \frac{1}{3/2} = \frac{2}{3}.$$

22.5 SEQUÊNCIA HARMÔNICA

Uma *sequência harmônica* é uma sequência de números cujos inversos formam uma progressão aritmética.
   Assim,

$$\frac{1}{2}, \frac{1}{4}, \frac{1}{6}, \frac{1}{8}, \frac{1}{10}, \ldots$$

é uma sequência harmônica porque 2, 4, 6, 8, 10,... é uma progressão aritmética.

22.6 MÉDIAS

Os termos de uma sequência entre dois valores dados são denominados as *médias* entre estes *dois* termos.
   Assim, na progressão aritmética 3, 5, 7, 9, 11,... a média aritmética entre 3 e 7 é 5 e *quatro* médias aritméticas entre 3 e 13 são 5, 7, 9, 11.

Na progressão geométrica 2, −4, 8, −16,... *duas* médias geométricas entre 2 e −16 são −4, 8.
Na sequência harmônica

$$\frac{1}{2}, \frac{1}{3}, \frac{1}{4}, \frac{1}{5}, \frac{1}{6}, \ldots$$

a média harmônica entre $\frac{1}{2}$ e $\frac{1}{4}$ é $\frac{1}{3}$, e *três* médias harmônicas entre $\frac{1}{2}$ e $\frac{1}{6}$ são $\frac{1}{3}, \frac{1}{4}, \frac{1}{5}$.

Problemas Resolvidos

22.1 Quais das sequências a seguir são progressões aritméticas?

(a) 1, 6, 11, 16,...   Sim, pois $6 - 1 = 11 - 6 = 16 - 11 = 5$. ($d = 5$)

(b) $\frac{1}{3}, 1, \frac{5}{3}, \frac{7}{3}, \ldots$ Sim, pois $1 - \frac{1}{3} = \frac{5}{3} - 1 = \frac{7}{3} - \frac{5}{3} = \frac{2}{3}$. ($d = \frac{2}{3}$)

(c) 4, −1, −6, −11,...   Sim, pois $-1 - 4 = -6 - (-1) = -11 - (-6) = -5$. ($d = -5$)

(d) 9, 12, 16,...   Não, pois $12 - 9 \neq 16 - 12$.

(e) $\frac{1}{2}, \frac{1}{3}, \frac{1}{4}, \ldots$ Não, pois $\frac{1}{3} - \frac{1}{2} \neq \frac{1}{4} - \frac{1}{3}$.

(f) 7, 9 + 3p, 11 + 6p,...   Sim, com $d = 2 + 3p$.

22.2 Prove a fórmula $S = (n/2)(a + l)$ para a soma dos n primeiros termos de uma progressão aritmética.

Solução

A soma dos n primeiros termos de uma progressão aritmética pode ser escrita

$$S = a + (a + d) + (a + 2d) + \ldots + l \quad (n \text{ termos})$$

ou

$$S = l + (l - d) + (l + 2d) + \ldots + a \quad (n \text{ termos})$$

onde a soma está escrita em ordem inversa.

Adicionando, $2S = (a + l) + (a + l) + (a + l) + \ldots + (a + l)$ até n termos.

Portanto, $2S = n(a + l)$ e $S = \frac{n}{2}(a + l)$.

22.3 Encontre o 16º termo da progressão aritmética: 4, 7, 10,...

Solução

Neste caso $a = 4, n = 16, d = 7 - 4 = 10 - 7 = 3$ e $l = a + (n - 1)d = 4 + (16 - 1)3 = 49$.

22.4 Determine a soma dos 12 primeiros termos da progressão aritmética: 3, 8, 13,...

Solução

Aqui $a = 3, d = 8 - 3 = 13 - 8 = 5, n = 12$, e

$$S = \frac{n}{2}[2a + (n - 1)d] = \frac{12}{2}[2(3) + (12 - 1)5] = 366.$$

Alternativamente: $l = a + (n - 1)d = 3 + (12 - 1)5 = 58$ e

$$S = \frac{n}{2}(a + l) = \frac{12}{2}(3 + 58) = 366.$$

22.5 Encontre o 40º termo e a soma dos 40 primeiros termos da progressão aritmética: 10, 8, 6,...

Solução

Neste problema, $d = 8 - 10 = 6 - 8 = -2, a = 10, n = 40$.

Então
$$l = a + (n-1)d = 10 + (40-1)(-2) = -68 \text{ e}$$
$$S = \frac{n}{2}(a+l) = \frac{40}{2}(10-68) = -1160.$$

22.6 Qual termo da sequência 5, 14, 23,... é 239?

Solução

$$l = a + (n-1)d, \quad 239 = 5 + (n-1)9, \quad 9n = 243 \quad \text{e o termo procurado ocorre em } n = 27.$$

22.7 Calcule a soma dos 100 primeiros inteiros positivos exatamente divisíveis por 7.

Solução

A sequência é 7, 14, 21,... uma progressão aritmética na qual $a = 7, d = 7, n = 100$.

Portanto, $$S = \frac{n}{2}[2a + (n-1)d] = \frac{100}{2}[2(7) + (100-1)7] = 35\,350.$$

22.8 Quantos inteiros consecutivos, começando por 10, devem ser pegos para que sua soma seja igual a 2035?

Solução

A sequência é 10, 11, 12,... uma progressão aritmética na qual $a = 10, d = 1, s = 2035$.

Utilizando $$S = \frac{n}{2}[2a + (n-1)d],$$

obtemos $$2035 = \frac{n}{2}[20 + (n-1)1], \quad 2035 = \frac{n}{2}(n+19), \quad n^2 + 19n - 4070 = 0,$$
$$(n-55)(n+74) = 0, \quad n = 55, -74.$$

Portanto, devemos usar 55 inteiros.

22.9 Quanto tempo é necessário para pagar uma dívida de \$880,00 se \$25,00 é pago no primeiro mês, \$27,00 no segundo, \$29,00 no terceiro etc.?

Solução

De $$S = \frac{n}{2}[2a + (n-1)d],$$

obtemos $$880 = \frac{n}{2}[2(25) + (n-1)2], \quad 880 = 24n + n^2, \quad n^2 + 24n - 880 = 0,$$
$$(n-20)(n+44) = 0, n = 20, -44.$$

A dívida será quitada em 20 meses.

22.10 Quantos termos da progressão aritmética 24, 22, 20,... são necessários para sua soma resultar em 150? Escreva os termos.

Solução

$150 = \frac{n}{2}[48 + (n-1)(-2)], n^2 - 25n + 150 = 0, (n-10)(n-15) = 0, n = 10, 15$.

Para $n = 10$: 24, 22, 20, 18, 16, 14, 12, 10, 8, 6.

Para $n = 15$: 24, 22, 20, 18, 16, 14, 12, 10, 8, 6, 4, 2, 0, $-2, -4$.

22.11 Determine a progressão aritmética cuja soma de n termos é $n^2 + 2n$.

Solução

O n-ésimo termo = a soma de n termos − soma de $n − 1$ termos
$$= n^2 + 2n - [(n-1)^2 + 2(n-1)] = 2n + 1.$$

Assim, a progressão aritmética é 3, 5, 7, 9,...

22.12 Mostre que a soma de n inteiros ímpares consecutivos começando em 1 é igual a n^2.

Solução

Devemos encontrar a soma da progressão aritmética 1, 3, 5,... até n termos.
Então $a = 1, d = 2, n = n$ e $S = \frac{n}{2}[2a + (n-1)d] = \frac{n}{2}[2(1) + (n-1)2] = n^2$.

22.13 Encontre três números em progressão aritmética tais que a soma do primeiro com o terceiro seja 12 e o produto do primeiro pelo segundo seja 24.

Solução

Denote os números em progressão aritmética por $(a − d), a, (a + d)$. Então $(a − d) + (a + d) = 12$ ou $a = 6$.
Já que $(a − d)a = 24$, $(6 − d)6 = 24$ ou $d = 2$. Portanto, os números são 4, 6 e 8.

22.14 Encontre três números em progressão aritmética cuja soma seja 21 e cujo produto seja 280.

Solução

Denote os números por $(a − d), a, (a + d)$. Então $(a − d) + a + (a + d) = 21$ ou $a = 7$.
Como $(a − d)(a)(a + d) = 280$, $a(a^2 − d^2) = 7(49 − d^2) = 280$ e $d = \pm 3$.
Os números procurados são 4, 7 e 10 ou 10, 7 e 4.

22.15 Três números estão na razão 2: 5: 7. Se 7 for subtraído do segundo, os números resultantes formam uma progressão aritmética. Determine os números originais.

Solução

Escrevendo os números originais como $2x, 5x, 7x$. Os números resultantes em progressão aritmética são $2x, (5x − 7), 7x$.
Então $(5x − 7) − 2x = 7x − (5x − 7)$ ou $x = 14$. Portanto, os números originais são 28, 70, 98.

22.16 Calcule a soma de todos os inteiros entre 100 e 800 que são divisíveis por 3.

Solução

A progressão aritmética é 102, 105, 108,..., 798. Então $l = a + (n − 1)d$, $798 = 102 + (n − 1)3$, $n = 233$ e
$$S = \frac{n}{2}(a + l) = \frac{233}{2}(102 + 798) = 104\,850.$$

22.17 Uma rampa com inclinação constante deve ser construída numa superfície plana e deve ter 10 apoios equidistantes. As alturas do mais comprido e do mais curto serão $42\frac{1}{2}$ pés e 2 pés, respectivamente. Determine a altura necessária para cada apoio.

Solução

De $l = a + (n − 1)d$ temos $42\frac{1}{2} = 2 + (10 − 1)d$ e $d = 4\frac{1}{2}$ pés.
Assim, as alturas são $2, 6\frac{1}{2}, 11, 15\frac{1}{2}, 20, 24\frac{1}{2}, 29, 33\frac{1}{2}, 38, 42\frac{1}{2}$ pés, respectivamente.

22.18 Um corpo em queda livre partindo do repouso cai 16 pés durante o primeiro segundo, 48 pés durante o segundo seguinte, 80 pés durante o terceiro segundo etc. Calcule a distância que o corpo percorre durante o décimo quinto segundo e a distância total que cai nos 15 segundos a partir do repouso.

Solução

Aqui $d = 48 - 16 = 80 - 48 = 32$.

Durante o 15º segundo ele cai uma distância $l = a + (n - 1)d = 16 + (15 - 1)32 = 464$ pés.

A distância total percorrida durante os 15 segundos é $S = \frac{n}{2}(a + l) = \frac{15}{2}(16 + 464) = 3600$ pés.

22.19 Em uma corrida de batatas, 8 batatas são posicionadas 6 pés de distância uma da outra ao longo de uma linha reta, a primeira estando a 6 pés da cesta. Cada participante deve começar na cesta e colocar nela uma batata de cada vez, indo e voltando. Encontre a distância total que um participante deve correr para terminar a corrida.

Solução

Neste caso, $a = 2 \cdot 6 = 12$ pés e $l = 2(6 \cdot 8) = 96$ pés. Então $S = \frac{n}{2}(a + l) = \frac{8}{2}(12 + 96) = 432$ pés.

22.20 Mostre que se os lados de um triângulo retângulo estão em progressão aritmética, sua razão é 3 : 4 : 5.

Solução

Denote os lados por $(a - d), a, (a + d)$, onde a hipotenusa é $(a + d)$.

Então $(a + d)^2 = a^2 + (a - d)^2$ ou $a = 4d$. Portanto, $(a - d) : a : (a + d) = 3d : 4d : 5d = 3 : 4 : 5$.

22.21 Derive a fórmula da média aritmética (x) entre dois números p e q.

Solução

Como p, q e x estão em progressão aritmética, temos $x - p = q - x$ ou $x = \frac{1}{2}(p + q)$.

22.22 Encontre a média aritmética entre cada um dos seguintes pares de números.

(a) 4 e 56. Média aritmética $= \dfrac{4 + 56}{2} = 30$.

(b) $3\sqrt{2}$ e $-6\sqrt{2}$. Média aritmética $= \dfrac{3\sqrt{2} + (-6\sqrt{2})}{2} = -\dfrac{3\sqrt{2}}{2}$.

(c) $a + 5d$ e $a - 3d$. Média aritmética $= \dfrac{(a + 5d) + (a - 3d)}{2} = a + d$.

22.23 Insira 5 médias aritméticas entre 8 e 26.

Solução

Exigimos uma progressão aritmética da forma 8, —, —, —, —, —, 26; assim $a = 8, l = 26$ e $n = 7$.

Então $l = a + (n - 1)d, 26 = 8 + (7 - 1)d, d = 3$.

As cinco médias aritméticas são 11, 14, 17, 20 e 23.

22.24 Insira entre 1 e 36 uma quantidade de médias aritméticas tal que a soma da progressão aritmética resultante seja 148.

Solução

$$S = \tfrac{1}{2}n(a+l), \quad 148 = \tfrac{1}{2}n(1+36), \quad 37n = 296 \quad \text{e} \quad n = 8.$$
$$l = a + (n-1)d, \quad 36 = 1 + (8-1)d, \quad 7d = 35 \quad \text{e} \quad d = 5.$$

A progressão aritmética completa é 1, 6, 11, 16, 21, 26, 31, 36.

22.25 Quais das seguintes sequências são progressões geométricas?

(a) 3, 6, 12, ...   Sim, pois $\dfrac{6}{3} = \dfrac{12}{6} = 2.$ $(r = 2)$

(b) 16, 12, 9, ...   Sim, pois $\dfrac{12}{6} = \dfrac{9}{12} = \dfrac{3}{4}.$ $\left(r = \dfrac{3}{4}\right)$

(c) $-1, 3, -9, \ldots$ Sim, pois $\dfrac{3}{-1} = \dfrac{-9}{3} = -3.$ $(r = -3)$

(d) 1, 4, 9, ...   Não, pois $\dfrac{4}{1} \neq \dfrac{9}{4}.$

(e) $\dfrac{1}{2}, \dfrac{1}{3}, \dfrac{2}{9}, \ldots$ Sim, pois $\dfrac{1/3}{1/2} = \dfrac{2/9}{1/3} = \dfrac{2}{3}.$ $\left(r = \dfrac{2}{3}\right)$

(f) $2h, \dfrac{1}{h}, \dfrac{1}{2h^3}, \ldots$ Sim, pois $\dfrac{1/h}{2h} = \dfrac{1/2h^3}{1/h} = \dfrac{1}{2h^2}.$ $\left(r = \dfrac{1}{2h^2}\right)$

22.26 Prove a fórmula

$$S = \frac{a(r^n - 1)}{r - 1}$$

para a soma dos n primeiros termos de uma progressão geométrica.

Solução

A soma dos n primeiros termos de uma progressão geométrica pode ser escrita

$$(1)\ S = a + ar + ar^2 + ar^3 + \cdots + ar^{n-1} \ (n\ \text{termos}).$$

Multiplicando (1) por r, obtemos

$$(2)\ rS = ar + ar^2 + ar^3 + \cdots + ar^{n-1} + ar^n \ (n\ \text{termos}).$$

Subtraindo (1) de (2),

$$rS - S = ar^n - a,\ (r-1)S = a(r^n - 1) \text{ e } S = \frac{a(r^n - 1)}{r - 1}.$$

22.27 Encontre o 8º termo e a soma dos oito primeiros termos da sequência 4, 8, 16, ...

Solução

Aqui $a = 4$, $r = 8/4 = 16/8 = 2$, $n = 8$.

O 8º termo é $l = ar^{n-1} = 4(2)^{8-1} = 4(2^7) = 4(128) = 512.$

A soma dos oito primeiros termos é

$$S = \frac{a(r^n - 1)}{r - 1} = \frac{4(2^8 - 1)}{2 - 1} = \frac{4(256 - 1)}{1} = 1020.$$

22.28 Encontre o 7º termo e a soma dos sete primeiros termos da sequência 9. −6, 4,...

Solução

Neste problema $\qquad a = 9, \qquad r = \dfrac{-6}{9} = \dfrac{4}{-6} = -\dfrac{2}{3}.$

Então, o 7º termo é $\qquad l = ar^{n-1} = 9\left(-\dfrac{2}{3}\right)^{7-1} = \dfrac{64}{81}.$

$$S = \dfrac{a(r^n - 1)}{r - 1} = \dfrac{a(1 - r^n)}{1 - r} = \dfrac{9[1 - (-2/3)^7]}{1 - (-2/3)} = \dfrac{9[1 - (-128/2187)]}{5/3} = \dfrac{463}{81}$$

22.29 O segundo termo de uma progressão geométrica é 3 e o quinto é 81/8. Encontre o oitavo termo.

Solução

O 5º termo $ar^4 = \dfrac{81}{8}$, o 2º termo $= ar = 3$. Então $\dfrac{ar^4}{ar} = \dfrac{81/8}{3}$, $r^3 = \dfrac{27}{8}$ e $r = \dfrac{3}{2}$.

Portanto, o 8º termo $= ar^7 = (ar^4)\, r^3 = \dfrac{81}{8}\left(\dfrac{27}{8}\right) = \dfrac{2187}{64}.$

22.30 Encontre três números em progressão geométrica cuja soma seja 26 e cujo produto seja 216.

Solução

Denotando os números em sequência por $a/r, a, ar$. Então $(a/r)(a)(ar) = 216$, $a^3 = 216$ e $a = 6$.

Também temos que $a/r + a + ar = 26, 6/r + 6 + 6r = 26, 6r^2 - 20r + 6 = 0$ e $r = 1/3, 3$.

Para $r = 1/3$, os números são 18, 6 e 2; para $r = 3$, os números são 2, 6 e 18.

22.31 O primeiro termo de uma progressão geométrica é 375 e o quarto é 192. Encontre a razão comum e a soma dos quatro primeiros termos.

Solução

O 1º termo $= a = 375$, o 4º termo $= ar^3 = 192$. Então $375r^3 = 192$, $r^3 = 64/125$ e $r = 4/5$.

A soma dos quatro primeiros termos é

$$S = \dfrac{a(1 - r^n)}{1 - r} = \dfrac{375[1 - (4/5)^4]}{1 - 4/5} = 1107.$$

22.32 O primeiro termo de uma progressão geométrica é 160 e a razão comum é 3/2. Quantos termos consecutivos devem ser pegos para somarem 2110?

Solução

$$S = \dfrac{a(r^n - 1)}{1 - r}, \qquad 2110 = \dfrac{160[(3/2)^n - 1]}{3/2 - 1}, \qquad \left(\dfrac{3}{2}\right)^n - 1 = \dfrac{211}{32}, \qquad \left(\dfrac{3}{2}\right)^n = \dfrac{243}{32} = \left(\dfrac{3}{2}\right)^5, \qquad n = 5.$$

Os cinco termos consecutivos são 160, 240, 360, 540 e 810.

22.33 Em uma progressão geométrica formada por quatro termos na qual a razão é positiva, a soma dos dois primeiros é 8 e a soma dos dois últimos termos é 72. Encontre a sequência.

Solução

Os quatro termos são a, ar, ar^2, ar^3. Então $a + ar = 8$ e $ar^2 + ar^3 = 72$.

$$\text{Portanto, } \frac{ar^2 + ar^3}{a + ar} = \frac{ar^2(1+r)}{a(1+r)} = r^2 = \frac{72}{8} = 9, \quad \text{de forma que } r = 3.$$

Como $a + ar = 8$, $a = 2$ e a sequência é 2, 6, 18, 54.

22.34 Prove que $x, x + 3, x + 6$ não podem estar em progressão geométrica.

Solução

Se $x, x + 3, x + 6$ estão em progressão geométrica, então

$$r = \frac{x+3}{x} = \frac{x+6}{x+3}, \quad x^2 + 6x + 9 = x^2 + 6x \quad \text{ou} \quad 9 = 0.$$

Como esta igualdade nunca pode ser verdadeira, $x, x + 3, x + 6$ não estão em progressão geométrica.

22.35 Um menino concorda em trabalhar recebendo um centavo no primeiro dia, dois centavos no segundo dia, quatro centavos no terceiro dia, oito centavos no quarto dia etc. Quanto ele terá recebido ao fim de 12 dias?

Solução

Aqui $a = 1, r = 2, n = 12$.

$$S = \frac{a(r^n - 1)}{r - 1} = 2^{12} - 1 = 4096 - 1 = 40,95¢ = \$40,95.$$

22.36 Estima-se que a população de uma certa cidade vai aumentar 10% ao ano por quatro anos. Qual é o acréscimo porcentual na população após 4 anos?

Solução

Denote por p a população inicial. Após um ano a população é $1,10p$, após dois anos $(1,10)^2 p$, após três anos $(1,10)^3 p$, após quatro anos $(1,10)^4 p = 1,46p$. Assim a população aumentou 46%.

22.37 De um tanque com 240 galões de álcool, são retirados 60 galões e o tanque é preenchido com água. Então 60 galões da mistura são removidos e substituídos por água etc. Quantos galões de álcool permanecem no tanque após 5 retiradas de 60 galões cada?

Solução

Após a primeira retirada, $240 - 60 = 180$ galões de álcool permanecem no tanque.

Após a segunda retirada,

$$180\left(\frac{240-60}{240}\right) = 180\left(\frac{3}{4}\right) \text{ gal}$$

de álcool permanecem etc.

A sequência geométrica para o número de galões de álcool restantes no tanque após retiradas sucessivas é

$$180, 180\left(\frac{3}{4}\right), 180\left(\frac{3}{4}\right)^2, \ldots, \text{ onde } a = 180, r = \frac{3}{4}.$$

Após a 5ª retirada ($n = 5$):

$$l = ar^{n-1} = 180\left(\frac{3}{4}\right)^4 = 57 \text{ gal}$$

de álcool restam no tanque.

22.38 Uma quantia de $400,00 é investida hoje a uma taxa de 6% ao ano. Quanto será acumulado em cinco anos se os juros são compostos (*a*) anualmente, (*b*) semestralmente, (*c*) trimestralmente?

Solução

Sejam P = o capital inicial, i = a taxa de juros por período, S = o capital acumulado após n períodos.

Ao fim do 1º período: juro = Pi, novo capital = $P + Pi = P(1 + i)$.

Ao fim do 2º período: juro $P(1 + i)i$, novo capital $P(1 + i) + P(1 + i)i = P(1 + i)^2$.

O capital acumulado ao fim de n períodos é $S = P(1 + i)^n$.

(*a*) Como há uma taxa de juro por ano, $n = 5$ e $i = 0,06$.

$$S = P(1 + i)^n = 400(1 + 0,06)^5 = 400(1,3382) = \$535,28.$$

(*b*) Como há duas taxas de juros por ano, $n = 2(5) = 10$ e $i = \tfrac{1}{2}(0,06) = 0,03$.

$$S = P(1 + i)^n = 400(1 + 0,03)^{10} = 400(1,3439) = \$537,56.$$

(*c*) Como há 4 taxas de juros por ano, $n = 4(5) = 20$ e $i = \tfrac{1}{4}(0,06) = 0,015$.

$$S = P(1 + i)^n = 400(1 + 0,015)^{20} = 400(1,3469) = \$538,76.$$

22.39 Qual montante (P) deve ser investido com juros de 4% ao ano compostos semestralmente de forma que o capital acumulado (S) seja $500,00 ao fim de $3\tfrac{1}{2}$ anos?

Solução

Como há dois períodos para ajuste do juros por ano, $n = 2(3\tfrac{1}{2}) = 7$ (períodos) e a taxa de juros por período é $i = \tfrac{1}{2}(0,04) = 0,02$.

Então $S = P(1 + i)^n$ ou $P = S(1 + i)^{-n} = 500(1 + 0,02)^{-7} = 500(0,870\,56) = \$435,28$.

22.40 Derive a fórmula para a média geométrica, G, entre dois números p e q.

Solução

Como p, G e q estão em progressão geométrica, temos $G/p = q/G$, $G^2 = pq$ e $G = \pm\sqrt{pq}$.

Costuma-se tomar $\quad G = \sqrt{pq}$ se p e q são positivos

e $\quad G = -\sqrt{pq}$ se p e q são negativos.

22.41 Encontre a média geométrica dos seguintes pares de números.

(*a*) 4 e 9 $\qquad G = \sqrt{4(9)} = 6$

(*b*) -2 e -8 $\qquad G = -\sqrt{(-2)(-8)} = -4$

(*c*) $\sqrt{7} + \sqrt{3}$ e $\sqrt{7} - \sqrt{3}$. $\qquad G = \sqrt{(\sqrt{7} + \sqrt{3})(\sqrt{7} - \sqrt{3})} = \sqrt{7 - 3} = 2$

22.42 Mostre que a média aritmética A entre dois números positivos p e q é maior ou igual à sua média geométrica G.

Solução

A média aritmética de p e q é $A = \tfrac{1}{2}(p + q)$. A média geométrica de p e q é $G = \sqrt{pq}$.

Então $A - G = \frac{1}{2}(p+q) - \sqrt{pq} = \frac{1}{2}(p - 2\sqrt{pq} + q) = \frac{1}{2}(\sqrt{p} - \sqrt{q})^2$.

Mas $\frac{1}{2}(\sqrt{p} - \sqrt{q})^2$ é sempre positivo ou zero; portanto $A \geq G$. ($A = G$ se, e somente se, $p = q$.)

22.43 Introduza duas médias geométricas entre 686 e 2.

Solução

Buscamos uma progressão geométrica da forma 686, —, —, 2, onde $a = 686, l = 2, n = 4$.

Então, $l = ar^{n-1}$, $2 = 686r^3$, $r^3 = 1/343$ e $r = 1/7$.

Assim, a progressão geométrica é 686, 98, 14, 2 e as médias são 98, 14.

Nota. De fato, $r^3 = 1/343$ é satisfeita por três valores distintos de r, uma das raízes sendo real e duas complexas. Costuma-se desconsiderar progressões geométricas com números complexos.

22.44 Intercale 5 médias geométricas entre 9 e 576.

Solução

Procuramos uma progressão geométrica na forma 9, —, —, —, —, —, 576 onde $a = 9, l = 576, n = 7$.

Então, $l = ar^{n-1}$, $576 = 9r^6$, $r^6 = 64$, $r^3 = \pm 8$ e $r = \pm 2$.

Assim, as sequências são 9, 18, 36, 72, 144, 288, 576 e 9, −18, 36, −72, 144, −288, 576; e as médias correspondentes são 18, 36, 72, 144, 288 e −18, 36, −72, 144, −288.

22.45 Encontre a soma das séries geométricas infinitas.

(a) $2 + 1 + \dfrac{1}{2} + \dfrac{1}{4} + \cdots$ $S_\infty = \dfrac{a}{1-r} = \dfrac{2}{1-1/2} = 4$

(b) $\dfrac{1}{3} - \dfrac{2}{9} + \dfrac{4}{27} - \dfrac{8}{81} + \cdots$ $S_\infty = \dfrac{a}{1-r} = \dfrac{1/3}{1-(-2/3)} = \dfrac{1}{5}$

(c) $1 + \dfrac{1}{1{,}04} + \dfrac{1}{(1{,}04)^2} + \cdots$ $S_\infty = \dfrac{a}{1-r} = \dfrac{1}{1-1/1{,}04} = \dfrac{1{,}04}{1{,}04-1} = \dfrac{104}{4} = 26$

22.46 Expresse cada dízima periódica como uma fração racional.

(a) 0,444...   (b) 0,4272727...   (c) 6,305305...   (d) 0,78367836...

Solução

(a) $0{,}444\ldots = 0{,}4 + 0{,}04 + 0{,}004 + \ldots$, onde $a = 0{,}4, r = 0{,}1$.

$$S_\infty = \frac{a}{1-r} = \frac{0{,}4}{1-0{,}1} = \frac{0{,}4}{0{,}9} = \frac{4}{9}$$

(b) $0{,}4272727\ldots = 0{,}4 + 0{,}0272727\ldots$

$0{,}0272727\ldots = 0{,}027 + 0{,}00027 + 0{,}0000027 + \ldots$, onde $a = 0{,}027, r = 0{,}01$.

$$S_\infty = 0{,}4 + \frac{a}{1-r} = 0{,}4 + \frac{0{,}027}{1-0{,}01} = 0{,}4 + \frac{27}{990} = \frac{4}{10} + \frac{3}{110} = \frac{47}{110}$$

(c) $6{,}305305\ldots = 6 + 0{,}305305\ldots$

$0{,}305305\ldots = 0{,}305 + 0{,}000305 + \ldots$, onde $a = 0{,}305, r = 0{,}001$.

$$S_\infty = 6 + \frac{a}{1-r} = 6 + \frac{0{,}305}{1-0{,}001} = 6 + \frac{305}{999} = 6\frac{305}{999}$$

(d) $0{,}78367836\ldots = 0{,}7836 + 0{,}00007836 + \ldots$, onde $a = 0{,}7836$, $r = 0{,}0001$.

$$S_\infty = \frac{a}{1-r} = \frac{0{,}7836}{1-0{,}0001} = \frac{7836}{9999} = \frac{2612}{3333}$$

22.47 As distâncias percorridas por um certo pêndulo em oscilações consecutivas formam a progressão geométrica 16, 12, 9,... polegadas, respectivamente. Calcule a distância total percorrida pelo pêndulo antes de atingir o repouso.

Solução

$$S_\infty = \frac{a}{1-r} = \frac{16}{1-3/4} = \frac{16}{1/4} = 64 \text{ polegadas}$$

22.48 Encontre o menor número de termos que devem ser considerados na sequência $\frac{1}{3} + \frac{1}{6} + \frac{1}{12} + \cdots$ para que sua soma difira da soma até infinito por menos de 1/1000.

Solução

Seja S_∞ = a soma até infinito, S_n a soma até n termos. Então

$$S_\infty - S_n = \frac{a}{1-r} - \frac{a(1-r^n)}{1-r} = \frac{ar^n}{1-r}.$$

É exigido que

$$\frac{ar^n}{1-r} < \frac{1}{1000}, \quad \text{onde } a = 1/3, r = 1/2.$$

Então

$$\frac{(1/3)(1/2)^n}{1-1/2} < \frac{1}{1000}, \quad \frac{1}{3(2^n)} < \frac{1}{2000}, \quad 3(2^n) > 2000, \quad 2^n > 666\frac{2}{3}.$$

Quando $n = 9$, $2^n < 666\frac{2}{3}$; quando $n = 10$, $2^n > 666\frac{2}{3}$. Assim, pelo menos 10 termos devem ser considerados.

22.49 Quais das seguintes sequências são harmônicas?

(a) $\frac{1}{3}, \frac{1}{5}, \frac{1}{7}, \ldots$ é uma sequência harmônica pois, 3, 5, 7,... é uma progressão aritmética.

(b) 2, 4, 6,... não é uma sequência harmônica, pois $\frac{1}{2}, \frac{1}{4}, \frac{1}{6}, \ldots$ não é uma progressão aritmética.

(c) $\frac{1}{12}, \frac{2}{15}, \frac{1}{3}, \ldots$ é uma sequência harmônica pois 12, $\frac{15}{2}$, 3, ... é uma progressão aritmética.

22.50 Calcule o 15º termo da sequência harmônica $\frac{1}{4}, \frac{1}{7}, \frac{1}{10}, \ldots$.

Solução

A progressão aritmética correspondente é 4, 7, 10,...; seu 15º termo é $l = a + ((n-1)d = 4 + (15-1)3 = 46$. Portanto, o 15º termo da progressão aritmética é $\frac{1}{46}$.

22.51 Derive a fórmula para a média harmônica, H, entre dois números p e q.

Solução

Como p, H, q é uma sequência harmônica, $\frac{1}{p}, \frac{1}{H}, \frac{1}{q}$ é uma progressão aritmética.

Então $\dfrac{1}{H} - \dfrac{1}{p} = \dfrac{1}{q} - \dfrac{1}{H}$, $\quad \dfrac{2}{H} = \dfrac{1}{p} + \dfrac{1}{q} = \dfrac{p+q}{pq}$ e $H = \dfrac{2pq}{p+q}$.

Método alternativo.

A média harmônica entre p e q = o inverso da média aritmética entre $\dfrac{1}{p}$ e $\dfrac{1}{q}$.

A média aritmética entre $\dfrac{1}{p}$ e $\dfrac{1}{q} = \dfrac{1}{2}\left(\dfrac{1}{p}+\dfrac{1}{q}\right) = \dfrac{p+q}{2pq}$.

Portanto, a média harmônica entre p e $q = \dfrac{2pq}{p+q}$.

22.52 Qual é a média harmônica entre 3/8 e 4?

Solução

A média aritmética entre $\dfrac{8}{3}$ e $\dfrac{1}{4} = \dfrac{1}{2}\left(\dfrac{8}{3}+\dfrac{1}{4}\right) = \dfrac{35}{24}$.

Portanto, a média harmônica entre $\dfrac{3}{8}$ e $4 = 24/35$.

Ou, pela fórmula, a média harmônica $= \dfrac{2pq}{p+q} = \dfrac{2(3/8)(4)}{3/8+4} = \dfrac{24}{35}$.

22.53 Introduza quatro médias harmônicas entre 1/4 e 1/64.

Solução

Para inserir 4 médias aritméticas entre 4 e 64: $l = a + (n-1)d$, $64 = 4 + (6-1)d$, $d = 12$.

Assim, as quatro médias aritméticas entre 4 e 64 são 16, 28, 40 e 52.

Portanto, as quatro médias harmônicas entre $\dfrac{1}{4}$ e $\dfrac{1}{64}$ são $\dfrac{1}{16}, \dfrac{1}{28}, \dfrac{1}{40}, \dfrac{1}{52}$.

22.54 Introduza três médias harmônicas entre 10 e 20.

Solução

Para intercalar três médias aritméticas entre $\dfrac{1}{10}$ e $\dfrac{1}{20}$.

$$l = a + (n-1)d, \qquad \dfrac{1}{20} = \dfrac{1}{10} + (5-1)d, \qquad d = -\dfrac{1}{80}.$$

Assim, as três médias aritméticas entre $\dfrac{1}{10}$ e $\dfrac{1}{20}$ são $\dfrac{7}{80}, \dfrac{6}{80}, \dfrac{5}{80}$.

Portanto, as três médias harmônicas entre 10 e 20 são $\dfrac{80}{7}, \dfrac{40}{3}, 16$.

22.55 Determine se a sequência $-1, -4, 2$ é uma progressão aritmética ou geométrica ou uma sequência harmônica.

Solução

Já que $-4 - (-1) \neq 2 - (-4)$, não é uma progressão aritmética.

Devido a $\dfrac{-4}{-1} \neq \dfrac{2}{-4}$, não é uma progressão geométrica.

Como $\dfrac{1}{-1}, \dfrac{1}{-4}, \dfrac{1}{2}$ estão em progressão aritmética, i.e., $\dfrac{1}{-4} - (-1) = \dfrac{1}{2} - \left(\dfrac{1}{-4}\right)$, a sequência dada é harmônica.

Problemas Complementares

22.56 Encontre o n-ésimo termo e a soma dos n primeiros termos de cada progressão aritmética para o valor indicado de n.

(a) $1, 7, 13, \ldots n = 100$
(c) $-26, -24, -22, \ldots n = 40$
(e) $3, 4\frac{1}{2}, 6 \ldots n = 37$

(b) $2, 5\frac{1}{2}, 9, \ldots n = 23$
(d) $2, 6, 10, \ldots n = 16$
(f) $x - y, x, x + y, \ldots n = 30$

22.57 Determine a soma dos n primeiros termos das progressões aritméticas.

(a) $1, 2, 3, \ldots$
(b) $2, 8, 14, \ldots$
(c) $1\frac{1}{2}, 5, 8\frac{1}{2}, \ldots$

22.58 Uma progressão aritmética possui como primeiro termo 4 e, como último, 34. Se a soma de seus termos é 247, encontre o número de termos e sua diferença comum.

22.59 Uma progressão aritmética constituída por 49 termos possui 28 como último. Se a diferença comum é 1/2, encontre o primeiro termo e a soma de todos os termos.

22.60 Encontre a soma de todos os inteiros pares entre 17 e 99.

22.61 Determine a soma de todos os inteiros entre 84 e 719 que são exatamente divisíveis por 5.

22.62 Quantos termos da progressão aritmética $3, 7, 11, \ldots$ são necessários para resultar na soma 1275?

22.63 Encontre três números em progressão aritmética cuja soma seja 48 e tais que a soma de seus quadrados seja 800.

22.64 Uma bola partindo do repouso desce um plano inclinado e percorre 3 polegadas durante o 1º segundo, 5 pol. durante o 2º segundo, 7 pol. durante o 3º segundo etc. Em quanto tempo, a partir do repouso, ela percorrerá 120 polegadas?

22.65 Se 1¢ for colocado numa poupança no primeiro dia, 2¢ no segundo dia, 3¢ no terceiro dia etc., encontre a quantia acumulada ao fim de 365 dias.

22.66 A soma de 40 termos de uma certa progressão aritmética é 430, enquanto a soma de 60 termos é 945. Determine o n-ésimo termo da progressão aritmética.

22.67 Encontre uma progressão aritmética cuja soma dos n primeiros termos é igual a $2n^2 + 3n$.

22.68 Determine a média aritmética entre (a) 15 e 41, (b) -16 e 23, (c) $2 - \sqrt{3}$ e $4 + 3\sqrt{3}$, (d) $x - 3y$ e $5x + 2y$.

22.69 (a) Introduza quatro médias aritméticas entre 9 e 24.

(b) Intercale duas médias aritméticas entre -1 e 11.

(c) Insira três médias aritméticas entre $x + 2y$ e $x + 10y$.

(d) Introduza entre 5 e 26 o número de médias aritméticas tal que a soma da progressão aritmética resultante seja 124.

22.70 Estabeleça o n-ésimo termo e a soma dos n primeiros termos de cada progressão aritmética para o valor indicado de n.

(a) $2, 3, 9/2, \ldots n = 5$
(d) $1, 3, 9, \ldots n = 8$

(b) $6, -12, 24, \ldots n = 9$
(e) $8, 4, 2, \ldots n = 12$

(c) $1, 1/2, 1/4, \ldots n = 10$
(f) $\sqrt{3}, 3, 3\sqrt{3}, \ldots n = 8$

22.71 Encontre a soma dos n primeiros termos de cada progressão geométrica.

(a) $1, 1/3, 1/9, \ldots$
(b) $4/3, 2, 3, \ldots$
(c) $1, -2, 4, \ldots$

22.72 Uma progressão geométrica possui primeiro termo 3 e último 48. Se cada termo é o dobro do anterior, encontre o número de termos e a soma da progressão geométrica.

22.73 Prove que a soma S dos termos de uma progressão geométrica na qual o primeiro é a, o último é l e a razão comum é r vale

$$S = \frac{rl - a}{r - 1}.$$

22.74 Em uma progressão geométrica, o segundo termo passa do primeiro por 4 e a soma do segundo com o terceiro é 24. Mostre que existem duas possíveis progressões geométricas satisfazendo estas condições e encontre a soma dos 5 primeiros termos de cada uma.

22.75 Em uma progressão geométrica constituída por quatro termos, na qual a razão é positiva, a soma dos dois primeiros termos é 10 e a soma dos dois últimos é $22\frac{1}{2}$. Encontre a sequência.

22.76 Os dois primeiros termos de uma progressão geométrica são $b/(1+c)$ e $b/(1+c)^2$. Mostre que a soma de n termos desta sequência é dada pela fórmula

$$S = b\left(\frac{1 - (1+c)^{-n}}{c}\right)$$

22.77 Determine a soma dos n primeiros termos da progressão geométrica: $a - 2b, ab^2 - 2b^3, ab^4 - 2b^5, \ldots$

22.78 O terceiro termo de uma progressão geométrica é 6 e o quinto é 81 vezes o primeiro. Escreva os cinco primeiros termos da sequência, supondo que são todos positivos.

22.79 Encontre três números em progressão geométrica cuja soma é 42 e cujo produto é 512.

22.80 O terceiro termo de uma progressão geométrica é 144 e o sexto é 486. Encontre a soma dos cinco primeiros termos da progressão.

22.81 Um tanque contém uma solução salina na qual estão dissolvidas 972 lb de sal. Um terço da solução é retirado e o tanque é preenchido com água pura. Após agitar-se até tornar a solução uniforme, um terço da mistura é novamente retirado e o tanque preenchido com água. Se o processo for realizado quatro vezes, qual é o peso de sal que resta no tanque?

22.82 A soma dos três primeiros termos de uma progressão geométrica é 26 e a soma dos seis primeiros é 728. Qual é o n-ésimo termo da sequência?

22.83 A soma de três números em progressão geométrica é 14. Se os dois primeiros forem cada um aumentados por 1 e o terceiro diminuído por 1, os números resultantes estarão em progressão aritmética. Encontre a progressão geométrica.

22.84 Determine a média geométrica entre:

(a) 2 e 18   (b) 4 e 6   (c) -4 e -16 (d) $a + b$ e $4a + 4b$

22.85 (a) Introduza duas médias geométricas entre 3 e 192.

(b) Intercale 4 médias geométricas entre $\sqrt{2}$ e 8.

(c) A média geométrica de dois números é 8. Sabendo que um dos números é 6, encontre o outro.

22.86 O primeiro termo de uma progressão aritmética é 2; e o primeiro, terceiro e décimo primeiro termos são também os três primeiros termos de uma progressão geométrica. Encontre a soma dos 11 primeiros termos da progressão aritmética.

22.87 Quantos termos da progressão aritmética 9, 11, 13,... devem ser adicionados para que a soma seja igual à soma de nove termos da progressão geométrica 3, -6, 12, -24,...?

22.88 Em um conjunto de quatro números, os três primeiros estão em progressão geométrica e os três últimos estão em progressão aritmética com a diferença comum 6. Sabendo que o primeiro número é o mesmo que o quarto, encontre os quatro números.

ÁLGEBRA

22.89 Determine dois números cuja diferença seja 32 e cuja média aritmética exceda a média geométrica por 4.

22.90 Encontre a soma das séries geométricas infinitas.

(a) $3 + 1 + 1/3 + \ldots$ (c) $1 + 1/2^2 + 1/2^4 + \ldots$ (e) $4 - 8/3 + 16/9 - \ldots$

(b) $4 + 2 + 1 + \ldots$ (d) $6 - 2 + 2/3 - \ldots$ (f) $1 + 0,1 + 0,01 + \ldots$

22.91 A soma dos dois primeiros termos de uma série geométrica decrescente é 5/4 e a soma até infinito é 9/4. Escreva os três primeiros termos da série geométrica.

22.92 A soma de infinitos termos de uma série geométrica decrescente é 3 e a soma de seus quadrados também é 3. Escreva os três primeiros termos da série.

22.93 As distâncias sucessivas percorridas por um pêndulo são, respectivamente, 36, 24, 16,... polegadas. Encontre a distância total que o pêndulo percorrerá antes de atingir o repouso.

22.94 Expresse cada dízima periódica como uma fração racional.

(a) 0,121212...   (c) 0,270270...   (e) 0,1363636...

(b) 0,090909...   (d) 1,424242...   (f) 0,428571428571428...

22.95 (a) Encontre o 8º termo da sequência harmônica 2/3, 1/2, 2/5,...

(b) Estabeleça o 10º termo da sequência harmônica 5, 30/7, 15/4,...

(c) Qual é o n-ésimo termo da sequência harmônica 10/3, 2, 10/7,...?

22.96 Determine a média harmônica entre os pares de números.

(a) 3 e 6   (b) 1/2 e 1/3   (c) $\sqrt{3}$ e $\sqrt{2}$ (d) $a + b$ e $a - b$

22.97 (a) Introduza duas médias harmônicas entre 5 e 10.

(b) Intercale quatro médias harmônicas entre 3/2 e 3/7.

22.98 Um objeto move-se com velocidade uniforme a de A a B e então viaja com velocidade constante b de B para A. Mostre que a velocidade média para realizar a viagem completa é $2ab/(a + b)$, a média harmônica entre a e b. Calcule a velocidade média se $a = 30$ pés/s e $b = 60$ pés/s.

Respostas dos Problemas Complementares

22.56 (a) $l = 595, S = 29\,800$ (c) $l = 52, S = 520$ (e) $l = 57, S = 1110$

(b) $l = 19, S = 931\frac{1}{2}$ (d) $l = 62, S = 512$ (f) $l = x + 28y, S = 30x + 405y$

22.57 (a) $\dfrac{n(n+1)}{2}$ (b) $n(3n-1)$ (c) $\dfrac{n(7n-1)}{4}$

22.58 $n = 13, d = 5/2$

22.59 $a = 4, S = 784$

22.60 2378

22.61 50 800

22.62 25

22.63 12, 16, 20

22.64 10 segundos

22.65 $667,95

22.66 $\dfrac{n+1}{2}$

22.67 5, 9, 13, 17,... n-ésimo termo $= 4n + 1$

22.68 (a) 28, (b) 7/2, (c) $3 + \sqrt{3}$, (d) $3x - y/2$

22.69 (a) 12, 15, 18, 21 (c) $x + 4y, x + 6y, x + 8y$
(b) 3, 7 (d) A progressão aritmética é 5, 8, 11, 14, 17, 20, 23, 26

22.70 (a) $l = 81/8, S = 211/8$ (c) $l = 1/512, S = 1023/512$ (e) $l = 1/256, S = 4095/256$
(b) $l = 1536, S = 1026$ (d) $l = 2187, S = 3280$ (f) $l = 81, S = 120 + 40\sqrt{3}$

22.71 (a) $\dfrac{3}{2}\left[1 - \left(\dfrac{1}{3}\right)^n\right]$ (b) $\dfrac{8}{3}\left[\left(\dfrac{3}{2}\right)^n - 1\right]$ (c) $\dfrac{1 - (-2)^n}{3}$

22.72 $n = 5, S = 93$

22.74 2, 6, 18,... e $S = 242$; 4, 8, 16,... e $S = 124$

22.75 4, 6, 9, 27/2

22.77 $\dfrac{(a - 2b) + (b^{2n} - 1)}{b^2 - 1}$

22.78 2/3, 2, 6, 18, 54

22.79 2, 8, 32

22.80 844

22.81 192 lb

22.82 $2 \cdot 3^{n-1}$

22.83 2, 4, 8

22.84 (a) 6 (b) $2\sqrt{6}$ (c) -8 (d) $2a + 2b$

22.85 (a) 12, 48 (b) $2, 2\sqrt{2}, 4, 4\sqrt{2}$ (c) 32/3

22.86 187 ou 22

22.87 19

22.88 8, -4, 2, 8

22.89 18, 50

22.90 (a) 9/2 (b) 8 (c) 4/3 (d) 9/2 (e) 12/5 (f) 10/9

22.91 3/4, 1/2, 1/3

22.92 3/2, 3/4, 3/8

22.93 108 pol

22.94 (a) 4/33 (b) 1/11 (c) 10/37 (d) 47/33 (e) 3/22 (f) 3/7

22.95 (a) 1/5 (b) 2 (c) $\dfrac{10}{2n+1}$

22.96 (a) 4 (b) 2/5 (c) $6\sqrt{2} - 4\sqrt{3}$ (d) $\dfrac{a^2 - b^2}{a}$

22.97 (a) 6, 15/2 (b) 1, 3/4, 3/5, 1/2

22.98 40 pés/s

Capítulo 23

Logaritmos

23.1 DEFINIÇÃO DE UM LOGARITMO

Se $b^x = N$, onde N é um número positivo e b é um número positivo diferente de 1, então o expoente x é o logaritmo de N na base b, escrito como $x = \log_b N$.

Exemplo 23.1 Escreva $3^2 = 9$ usando a notação logarítmica.
Como $3^2 = 9$, então 2 é o logaritmo de 9 na base 3, i.e., $\log_3 9$.

Exemplo 23.2 Calcule $\log_2 8$.
$\log_2 8$ é o número x no qual a base 2 deve ser elevada de forma a resultar em 8, i.e., $2^x = 8$, $x = 3$. Portanto, $\log_2 8 = 3$.
Tanto $b^x = N$ quanto $x = \log_b N$ são relações equivalentes; $b^x = N$ é denominada a *forma exponencial* da relação e $x = \log_b N$ é a *forma logarítmica*. Como consequência, correspondendo às *regras para expoentes*, temos as *regras para logaritmos*.

23.2 REGRAS PARA LOGARITMOS

I. O logaritmo do produto de dois números positivos M e N é igual à soma dos logaritmos dos números, i.e.,

$$\log_b MN = \log_b M + \log_b N.$$

II. O logaritmo do quociente de dois números positivos M e N é igual à diferença dos logaritmos dos números, i.e.,

$$\log_b \frac{M}{N} = \log_b M - \log_b N.$$

III. O logaritmo da p-ésima potência de um número positivo M é igual a p multiplicado pelo logaritmo do número, i.e.,

$$\log_b M^p = p \log_b M.$$

Exemplos 23.3 Aplique as regras para logaritmos em cada expressão.
(a) $\log_2 3(5)$ (b) $\log_{10} \frac{17}{24}$ (c) $\log_7 5^3$ (d) $\log_{10} \sqrt[3]{2}$

(a) $\log_2 3(5) = \log_2 3 + \log_2 5$
(b) $\log_{10} \frac{17}{24} = \log_{10} 17 - \log_{10} 24$
(c) $\log_7 5^3 = 3 \log_7 5$
(d) $\log_{10} \sqrt[3]{2} = \log_{10} 2^{1/3} = \frac{1}{3} \log_7 2$

23.3 LOGARITMOS COMUNS

O sistema de logaritmos cuja base é 10, é denominado sistema logarítmico comum. Quando a base é omitida, subentende-se que a base 10 está sendo utilizada. Assim, $\log 25 = \log_{10} 25$.

Considere a seguinte tabela.

Número N	0,0001	0,001	0,01	0,1	1	10	100	1000	10 000
Forma exponencial de N	10^{-4}	10^{-3}	10^{-2}	10^{-1}	10^0	10^1	10^2	10^3	10^4
log N	−4	−3	−2	−1	0	1	2	3	4

É óbvio que $10^{1,5377}$ é um número maior do que 10 (que é 10^1) mas menor que 100 (que é 10^2). De fato, $10^{1,5377}$ = 34,49; portanto, log 34,49 = 1,5377.

Os dígitos anteriores à vírgula compõem a *característica* do logaritmo, e a parte decimal é a *mantissa* do logaritmo. No exemplo anterior, a característica é 1 e a mantissa é 0,5377.

A mantissa do logaritmo de um número é encontrada em tabelas, omitindo-se a vírgula. Fica subentendido que cada mantissa nas tabelas é precedida por uma vírgula e ela é sempre considerada positiva.

A característica é determinada por inspeção a partir do próprio número conforme as seguintes regras.

(1) Para um número maior que 1, a característica é positiva e é um *a menos* que o número de dígitos antes da vírgula. Por exemplo:

Número	5297	348	900	34,8	60	5,764	3
Característica	3	2	2	1	1	0	0

(2) Para um número menor que 1, a característica é negativa e é um *a mais* que o número de zeros imediatamente após a vírgula. O sinal negativo da característica se escreve em uma destas duas formas: (*a*) acima da característica, como $\overline{1}, \overline{2}$ etc.; (*b*) como 9 − 10, 8 − 10 etc. Assim, a característica de 0,3485 é $\overline{1}$ ou 9 − 10, a de 0,0513 é $\overline{2}$ ou 8 − 10 e a de 0,0024 é $\overline{3}$ ou 7 − 10.

23.4 UTILIZANDO UMA TABELA DE LOGARITMOS COMUNS

Para encontrar o logaritmo comum de um número positivo faça uso da tabela de logaritmos comuns no Apêndice A.

Suponha que se deseja encontrar o logaritmo do número 728. Na tabela de logaritmos comuns procure na coluna N pelo número 72, então olhe horizontalmente para a direita até a coluna 8 e anote o número 8621, que é a mantissa procurada. Como a característica é 2, log 728 = 2,8621 (isto significa que 728 = $10^{2,8621}$).

A mantissa para log 72,8; log 7,28; log 0,728; log 0,0728 etc., é 0,8621, mas as características são distintas. Assim:

$$\log 728 = 2{,}8621 \qquad \log 0{,}728 = \overline{1}{,}8621 \text{ ou } 9{,}8621 - 10$$
$$\log 72{,}8 = 1{,}8621 \qquad \log 0{,}0728 = \overline{2}{,}8621 \text{ ou } 8{,}8621 - 10$$
$$\log 7{,}28 = 0{,}8621 \qquad \log 0{,}00728 = \overline{3}{,}8621 \text{ ou } 7{,}8621 - 10$$

Quando o número contém quatro dígitos, interpole utilizando o método das partes proporcionais.

Exemplo 23.4 Encontre log 4,638.

A característica é 0. Determinamos a mantissa da seguinte maneira.

$$\text{Mantissa de log } 4640 = 0{,}6665$$
$$\underline{\text{Mantissa de log } 4630 = 0{,}6656}$$
$$\text{Diferença tabular} = 0{,}0009$$

0,8 × diferença tabular = 0,000 72 ou 0,0007 até quatro casas decimais.
A mantissa de log 4638 = 0,6656 + 0,0007 = 0,6663 até quatro casas decimais.
Portanto, log 4,638 = 0,6663.

A mantissa para log 4638; para log 463,8; log 46,38 etc., é 0,6663, mas as características são diferentes. Assim:

log 4638 = 3,6663	log 0,4638	= $\overline{1}$,6663 ou 9,6663 − 10
log 463,8 = 2,6663	log 0,046 38	= $\overline{2}$,6663 ou 8,6663 − 10
log 46,38 = 1,6663	log 0,004 638	= $\overline{3}$,6663 ou 7,6663 − 10
log 4,638 = 0,6663	log 0,000 463 8	= $\overline{4}$,6663 ou 6,6663 − 10

O antilogaritmo é o número correspondente a um logaritmo dado. "O antilogaritmo de 3" significa "o número cujo log é 3"; este número é obviamente 1000.

Exemplos 23.5 Encontre o valor de N.

(a) log N = 1,9058   (b) log N = 7,8657 − 10   (c) log N = 9,3842 − 10

(a) Na tabela, a mantissa 0,9058 corresponde ao número 805. Como a característica de log N é 1, o número deve ter dois dígitos antes da vírgula; portanto, N = 80,5 (ou antilog 1,9058 = 80,5).
(b) Na tabela, a mantissa 0,8657 corresponde ao número 734. Como a característica é 7 − 10, o número deve possuir dois zeros após a vírgula; assim N = 0,007 34 (ou antilog 7,8657 − 10 = 0,007 34).
(c) Como a mantissa 0,3842 não se encontra nas tabelas, devemos utilizar a interpolação.

Mantissa de log 2430 = 0,3856	Mantissa dada = 0,3842
Mantissa de log 2420 = 0,3838	Mantissa menor mais próxima = 0,3838
Diferença tabular = 0,0018	Diferença = 0,0004

Então 2420 + $\frac{4}{18}$ (2430 − 2420) = 2422 até quatro dígitos, e N = 0,2422.

23.5 LOGARITMOS NATURAIS

O sistema de logaritmos cuja base é a constante e é denominado o sistema logarítmico natural. Quando desejamos indicar que a base de um logaritmo é e escrevemos ln. Assim, ln 25 = $\log_e 25$.

A forma exponencial de $a = b$ é $e^b = a$. O número e é um irracional cuja expansão decimal é e = 2,718 281 828 450 45....

23.6 UTILIZANDO UMA TABELA DE LOGARITMOS NATURAIS

Para encontrar o logaritmo natural de um número positivo, utilize a tabela de logaritmos naturais do Apêndice B.

Para determinar o logaritmo natural de um número entre 1 e 10, como 5,26, localizamos na coluna N o número 5,2 e então buscamos para a direita a coluna 0,06 para obter o valor 1,6601. Assim, ln 5,26 = 1,6601. Isto significa que 5,26 = $e^{1,6601}$.

Se queremos encontrar o logaritmo natural de um número maior que 10 ou menor que 1, escrevemos o número em notação científica, aplicamos as regras para logaritmos e utilizamos a tabela de logaritmos naturais e o fato de que ln 10 = 2,3026.

Exemplos 23.6 Encontre o logaritmo natural de cada número.

(a) 346   (b) 0,0217

(a) ln 346 = ln(3,46 × 10^2)
= ln 3,46 + ln 10^2
= ln 3,46 + 2 ln 10
= 1,2413 + 2(2,3026)
= 1,2413 + 4,6052
ln 346 = 5,8465
(b) ln 0,0217 = ln(2,17 × 10^{-2})

$$= \ln 2{,}17 + \ln 10^{-2}$$
$$= \ln 2{,}17 - 2 \ln 10$$
$$= 0{,}7747 - 2(2{,}3026)$$
$$= 0{,}7747 - 4{,}6052$$
$$\ln 0{,}0217 = -3{,}8305$$

O valor de ln 4,638 não pode ser diretamente encontrado a partir da tabela de logaritmos naturais, pois tem quatro dígitos significativos, mas podemos fazer uso da interpolação para determiná-lo.

$$\ln 4{,}640 = 1{,}5347$$
$$\ln 4{,}630 = \underline{1{,}5326}$$
$$\text{Diferença tabular} = 0{,}0021$$

0,8 × diferença tabular = 0,8 × 0,0021 = 0,001 68 ou 0,0017 até quatro casas decimais.
Assim, ln 4,638 = ln 4,630 + 0,0017 = 1,5326 + 0,0017 = 1,5343.

O antilogaritmo de um logaritmo natural é o número que possui o logaritmo natural dado. O procedimento para encontrar o antilogaritmo de um logaritmo natural menor que 0 ou maior que 2,3026 exige adicionar ou subtrair múltiplos de ln 10 = 2,3026 para levar o logaritmo natural ao intervalo de 0 a 2,3026 onde poderá ser encontrado pela tabela do Apêndice B.

Exemplos 23.7 Encontre o valor de N.

(a) $\ln N = 2{,}1564$ (b) $\ln N = -4{,}9705$ (c) $\ln N = 1{,}8869$

(a) $\ln N = 2{,}1564$ está entre 0 e 2,3026, então procuramos na tabela de logaritmos naturais por 2,1564. Este valor está na tabela, portanto obtemos N da soma dos números correpondentes à linha e à coluna de 1,1564. Assim, N = antilogaritmo 2,1564 = 8,64.

(b) Como $\ln N = -4{,}9705$ é menor que 0, temos que reescrevê-lo como um número entre 0 e 2,3026 menos um múltiplo de 2,3026 = ln 10. Se adicionarmos 3 vezes 2,3026 a −4,9705, obtemos um número positivo entre 0 e 2,3026 então reescrevemos −4,9705 como 1,9373 − 3(2,3026).

$$\ln N = -4{,}9705$$
$$= 1{,}9373 - 3(2{,}3026)$$
$$= \ln 6{,}94 - 3 \ln 10 \qquad \text{Observação: } \ln 6{,}94 = 1{,}9373 \text{ e } \ln 10 = 2{,}3026$$
$$= \ln 6{,}94 + \ln 10^{3}$$
$$= \ln (6{,}94 \times 10^{-3})$$
$$\ln N = \ln 0{,}006\ 94$$
$$N = 0{,}006\ 94$$

(c) Como $\ln N = 1{,}8869$ está entre 0 e 2,3026, procuramos por 1,8869 na tabela de logaritmos naturais, mas este número não aparece lá. Utilizaremos interpolação para encontrar N.

$$\ln 6{,}600 = 1{,}8871 \qquad\qquad \ln N = 1{,}8869$$
$$\ln 6{,}590 = \underline{1{,}8856} \qquad\qquad \ln 6{,}590 = \underline{1{,}8856}$$
$$\text{diferença tabular} = 0{,}0015 \qquad \text{diferença} = 0{,}0013$$

$$N = 6{,}590 + \frac{13}{15}(6{,}600 - 6{,}590) = 6{,}590 + 0{,}009 = 6{,}599$$

23.7 DETERMINAÇÃO DE LOGARITMOS UTILIZANDO UMA CALCULADORA

Se o número cujo logaritmo queremos encontrar possui quatro ou mais dígitos significativos, podemos arredondá--lo até quatro dígitos significativos para utilizar a tabela de logaritmos e a interpolação ou podemos empregar uma calculadora científica ou gráfica para determinar o logaritmo do número dado. O uso da calculadora resultará num valor mais preciso.

Uma calculadora científica pode ser utilizada para encontrar logaritmos e antilogaritmos na base 10 ou na base e. Calculadoras científicas têm teclas para as funções log e ln e suas inversas que efetuam os antilogaritmos.

Muitas contas que eram realizadas por meio de logaritmos podem ser feitas diretamente em uma calculadora científica. A vantagem de se efetuar um problema na calculadora é que os números dificilmente precisam ser arredondados e o problema é desenvolvido mais rapidamente e com maior precisão.

Problemas Resolvidos

23.1 Expresse na forma logarítmica cada uma das equações dadas em forma exponencial:

(a) $p^q = r$, (b) $2^3 = 8$, (c) $4^2 = 16$, (d) $3^{-2} = \frac{1}{9}$, (e) $8^{-2/3} = \frac{1}{4}$.

Solução

(a) $q = \log_p r$, (b) $3 = \log_2 8$, (c) $2 = \log_4 16$, (d) $-2 = \log_3 \frac{1}{9}$, (e) $-\frac{2}{3} = \log_8 \frac{1}{4}$

23.2 Expresse cada uma das formas logarítmicas em forma exponencial:

(a) $\log_5 25 = 2$, (b) $\log_2 64 = 6$, (c) $\log_{1/4} \frac{1}{16} = 2$, (d) $\log_a a^3 = 3$, (e) $\log_r 1 = 0$.

Solução

(a) $5^2 = 25$, (b) $2^6 = 24$, (c) $\left(\frac{1}{4}\right)^2 = \frac{1}{16}$, (d) $a^3 = a^3$, (e) $r^0 = 1$.

23.3 Determine o valor das expressões a seguir.

(a) $\log_4 64$. Denotando $\log_4 64 = x$; então $4^x = 64 = 4^3$ e $x = 3$.

(b) $\log_3 81$. Denotando $\log_3 81 = x$; então $3^x = 81 = 3^4$ e $x = 4$.

(c) $\log_{1/2} 8$. Denotando $\log_{1/2} 8 = x$; então $\left(\frac{1}{2}\right)^x = 8, (2^{-1})^x = 2^3, 2^{-x} = 2^3$ e $x = -3$.

(d) $\log \sqrt[3]{10} = x$, $10^x = \sqrt[3]{10} = 10^{1/3}$, $x = 1/3$

(e) $\log_5 125\sqrt{5} = x$, $5^x = 125\sqrt{5} = 5^3 \cdot 5^{1/2} = 5^{7/2}$, $x = 7/2$

23.4 Resolva as seguintes equações.

(a) $\log_3 x = 2, 3^2 = x, x = 9$

(b) $\log_4 y = -\frac{3}{2}, 4^{-3/2} = y, y = \frac{1}{8}$

(c) $\log_x 25 = 2, x^2 = 25, x = \pm 5$. Como as bases são positivas, a solução é $x = 5$.

(d) $\log_y \frac{9}{4} = -\frac{2}{3}$, $y^{-2/3} = \frac{9}{4}$, $y^{2/3} = \frac{4}{9}$, $y = \left(\frac{4}{9}\right)^{3/2} = \frac{8}{27}$ é a solução procurada.

(e) $\log(3x^2 + 2x - 4) = 0, 10^0 = 3x^2 + 2x - 4, 3x^2 + 2x - 5 = 0, x = 1, -5/3$.

23.5 Prove as regras para logaritmos.

Solução

Sejam $M = b^x$ e $N = b^y$; então $x = \log_b M$ e $y = \log_b N$.

I. Como $MN = b^x \cdot b^y = b^{x+y}$, então $\log_b MN = x + y = \log_b M + \log_b N$.

II. Uma vez que $\frac{M}{N} = \frac{b^x}{b^y} = b^{x-y}$, então $\log_b \frac{M}{N} = x - y = \log_b M - \log_b N$.

III. Devido a $M^p = (b^x)^p = b^{px}$, então $\log_b M^p = px = p \log_b M$.

23.6 Escreva cada expressão como uma soma algébrica de logaritmos, utilizando as regras I, II e III.

(a) $\log_b UVW = \log_b (UV)W = \log_b UV + \log_b W = \log_b U + \log_b V + \log_b W$

(b) $\log_b \dfrac{UV}{W} = \log_b UV - \log_b W = \log_b U + \log_b V - \log_b W$

(c) $\log \dfrac{XYZ}{PQ} = \log XYZ - \log PQ = \log X + \log Y + \log Z - (\log P + \log Q)$
$= \log X + \log Y + \log Z - \log P - \log Q$

(d) $\log \dfrac{U^2}{V^3} = \log U^2 - \log V^3 = 2\log U - 3\log V$

(e) $\log \dfrac{U^2 V^3}{W^4} = \log U^2 V^3 - \log W^4 = \log U^2 + \log V^3 - \log W^4$
$= 2\log U + 3\log V - 4\log W$

(f) $\log \dfrac{U^{1/2}}{V^{2/3}} = \log U^{1/2} - \log V^{2/3} = \dfrac{1}{2}\log U - \dfrac{2}{3}\log V$

(g) $\log_e \dfrac{\sqrt{x^3}}{\sqrt[4]{y^3}} = \log_e \dfrac{x^{3/2}}{y^{3/4}} = \log_e x^{3/2} - \log_e y^{3/4} = \dfrac{3}{2}\log_e x - \dfrac{3}{4}\log_e y$

(h) $\log \sqrt[4]{a^2 b^{-3/4} c^{1/3}} = \dfrac{1}{4}\left\{ 2\log a - \dfrac{3}{4}\log b + \dfrac{1}{3}\log c \right\}$
$= \dfrac{1}{2}\log a - \dfrac{3}{16}\log b + \dfrac{1}{12}\log c$

23.7 Dado que $\log 2 = 0{,}3010$; $\log 3 = 0{,}4771$; $\log 5 = 0{,}6990$ e $\log 7 = 0{,}8451$ (todos em base 10) aproximados até a quarta casa decimal, calcule o seguinte.

(a) $\log 105 = \log(3 \cdot 5 \cdot 7) = \log 3 + \log 5 + \log 7 = 0{,}4771 + 0{,}6990 + 0{,}8451 = 2{,}0212$

(b) $\log 108 = \log(2^2 \cdot 3^3) = 2\log 2 + 3\log 3 = 2(0{,}3010) + 3(0{,}4771) = 2{,}0333$

(c) $\log \sqrt[3]{72} = \log \sqrt[3]{3^2 \cdot 2^3} = \log(3^{2/3} \cdot 2) = \dfrac{2}{3}\log 3 + \log 2 = 0{,}6191$

(d) $\log 2{,}4 = \log \dfrac{24}{10} = \log \dfrac{3 \cdot 2^3}{10} = \log 3 + 3\log 2 - \log 10$
$= 0{,}4771 + 3(0{,}3010) - 1 = 0{,}3801$

(e) $\log 0{,}0081 = \log \dfrac{81}{10^4} = \log 81 - \log 10^4 = \log 3^4 - \log 10^4$
$= 4\log 3 - 4\log 10 = 4(0{,}4771) - 4 = -2{,}0916$ ou $7{,}9084 - 10$

Nota. Na forma exponencial isto significa $10^{-2{,}0916} = 0{,}0081$.

23.8 Escreva cada expressão como um único logaritmo (a base é 10 a menos que indicado o contrário).

(a) $\log 2 - \log 3 + \log 5 = \log \dfrac{2}{3} + \log 5 = \log \dfrac{2}{3}(5) = \log \dfrac{10}{3}$

(b) $3\log 2 - 4\log 3 = \log 2^3 - \log 3^4 = \log \dfrac{2^3}{3^4} = \log \dfrac{8}{81}$

(c) $\dfrac{1}{2}\log 25 - \dfrac{1}{3}\log 64 + \dfrac{2}{3}\log 27 = \log 25^{1/2} - \log 64^{1/3} + \log 27^{2/3}$
$= \log 5 - \log 4 + \log 9 = \log \dfrac{5}{4} + \log 9 = \log \dfrac{5}{4}(9) = \log \dfrac{45}{4}$

(d) $\log 5 - 1 = \log 5 - \log 10 = \log \dfrac{5}{10} = \log \dfrac{1}{2}$

(e) $2\log 3 + 4\log 2 - 3 = \log 3^2 + \log 2^4 - 3\log 10 = \log 9 + \log 16 - \log 10^3$
$= \log(9 \cdot 16) - \log 10^3 = \log \dfrac{9 \cdot 16}{10^3} = \log 0{,}144$

(f) $3\log_a b - \dfrac{1}{2}\log_a c = \log_a b^3 + \log_a c^{-1/2} = \log_a(b^3 c^{-1/2})$

23.9 Resolva as seguintes equações para a variável indicada em termos das outras quantidades.

(a) $\log_2 x = y + c : x.$ $\quad x = 2^{y+c}$

(b) $\log_a = 2\log b : a.$ $\quad \log a = \log b^2, a = b^2$

(c) $\log_e I = \log_e I_0 - t : I.$ $\quad \log_e I = \log_e I_0 - t\log_e e = \log_e I_0 + \log_e e^{-t}$
$\qquad = \log_e I_0 e^{-t}, I = I_0 e^{-t}$

(d) $2\log x + 3\log y = 4\log z - 2 : y.$

Resolvendo para $\log y$, $3\log y = 4\log z - 2 - 2\log x$ e

$$\log y = \dfrac{4}{3}\log z - \dfrac{2}{3} - \dfrac{2}{3}\log x = \log z^{4/3} + \log 10^{-2/3} + \log x^{-2/3} = \log z^{4/3} 10^{-2/3} x^{-2/3}.$$

Portanto, $y = 10^{-2/3} x^{-2/3} z^{4/3}$.

(e) $\log(x+3) = \log x + \log 3 : x.$ $\quad \log(x+3) = \log 3x, \quad x + 3 = 3x, \quad x = 3/2$

23.10 Determine a característica do logaritmo comum de cada número.

(a) 57   (c) 5,63   (e) 982,5   (g) 186 000   (i) 0,7314   (k) 0,0071

(b) 57,4   (d) 35,63   (f) 7824   (h) 0,71   (j) 0,0325   (l) 0,0003

Solução

(a) 1   (c) 0   (e) 2   (g) 5   (i) $9 - 10$ (k) $7 - 10$

(b) 1   (d) 1   (f) 3   (h) $9 - 10$ (j) $8 - 10$ (l) $6 - 10$

23.11 Encontre cada logaritmo comum.

(a) log 87,2 $= 1{,}9405$ (h) log 6,753 $= 0{,}8295\ (8293 + 2)$

(b) log 37 300 $= 4{,}5717$ (i) log 183,2 $= 2{,}2630\ (2625 + 5)$

(c) log 753 $= 2{,}8768$ (j) log 43,15 $= 1{,}6350\ (6345 + 5)$

(d) log 9,21 $= 0{,}9643$ (k) log 876 400 $= 5{,}9427\ (9425 + 2)$

(e) log 0,382 $= 9{,}5821 - 10$ (l) log 0,2548 $= 9{,}4062 - 10\ (4048 + 14)$

(f) log 0,00 159 $= 7{,}2014 - 10$ (m) log 0,043 72 $= 8{,}6407 - 10\ (6405 + 2)$

(g) log 0,0256 $= 8{,}4082 - 10$ (n) log 0,009 848 $= 7{,}9933 - 10\ (9930 + 3)$

23.12 Verifique o seguinte.

(a) Antilog 3,8531 $= 7130$ (h) Antilog 2,6715 $= 469{,}3\ (3/9 \times 10\ = 3$ aprox.)

(b) Antilog 1,4997 $= 31{,}6$ (i) Antilog 4,1853 $= 15\,320\ (6/8 \times 10\ = 2$ aprox.)

(c) Antilog $9{,}8267 - 10 = 0{,}671$ (j) Antilog 0,9245 $= 8{,}404\ (2/5 \times 10\ = 4)$

(d) Antilog $7{,}7443 - 10 = 0{,}005\,55$ (k) Antilog $\overline{1}{,}6089 = 0{,}4064\ (4/11 \times 10\ = 4$ aprox.)

(e) Antilog 0,1875 $= 1{,}54$ (l) Antilog $8{,}8907 - 10 = 0{,}077\,75\ (3/6 \times 10\ = 5)$

(f) Antilog $\overline{2}{,}3927 = 0{,}0247$ (m) Antilog 1,2000 $= 15{,}85\ (13/27 \times 10\ = 5$ aprox.)

(g) Antilog 4,9360 $= 86\,300$ (n) Antilog $7{,}2409 - 10 = 0{,}001742\ (4/25 \times 10\ = 2$ aprox.)

23.13 Escreva cada número como uma potência de 10: (*a*) 893, (*b*) 0,358.

Solução

(*a*) Exigimos que x seja tal que $10^x = 893$. Então $x = \log 893 = 2{,}9509$ e $893 = 10^{2{,}9509}$.

(*b*) Buscamos x tal que $10^x = 0{,}358$.

Então $x = \log 0{,}358 = 9{,}5539 - 10 = -0{,}4461$ e $0{,}358 = 10^{-0{,}4461}$.

23.14 $P = 3{,}81 \times 43{,}4$

Solução

$$\log P = \log 3{,}81 + \log 43{,}4$$

$$\log 3{,}81 = 0{,}5809$$
$$(+) \quad \log 43{,}4 = 1{,}6375$$
$$\log P = 2{,}2184$$

Portanto, $P = \text{antilog } 2{,}2184 = 165{,}3$.

Observe a relevância exponencial da conta. Assim

$$3{,}81 \times 43{,}4 = 10^{0{,}5809} \times 10^{1{,}6375}$$
$$= 10^{0{,}5809 + 1{,}6375} = 10^{2{,}2184} = 165{,}3$$

23.15 $P = 73{,}42 \times 0{,}004\,62 \times 0{,}5143$

Solução

$$\log P = \log 73{,}42 + \log 0{,}004\,62 + \log 0{,}5143$$

$$\log 73{,}42 = 1{,}8658$$
$$(+) \log 0{,}004\,62 = 7{,}6646 - 10$$
$$(+) \log 0{,}5143 = 9{,}7112 - 10$$
$$\log P = 19{,}2416 - 20 = 9{,}2416 - 10.$$

Portanto, $P = 0{,}1744$.

23.16 $P = \dfrac{784{,}6 \times 0{,}0431}{28{,}23}$

Solução

$$\log P = \log 784{,}6 + \log 0{,}0431 - \log 28{,}23$$

$$\log 784{,}6 = 2{,}8947$$
$$(+) \log 0{,}0431 = 8{,}6345 - 10$$
$$11{,}5292 - 10$$
$$(-) \log 28{,}23 = 1{,}4507$$
$$\log P = 10{,}0785 - 10 = 0{,}0785$$
$$P = 1{,}198$$

23.17 $P = (7{,}284)^5$

Solução

$$\log P = 5 \log 7{,}284 = 5(0{,}8623) = 4{,}3115 \text{ e } P = 20\,490.$$

23.18 $P = \sqrt[5]{0,8532}$

Solução

$$\log P = \frac{1}{5} \log 0,8532 = \frac{1}{5}(9,9310 - 10) = \frac{1}{5}(49,9310 - 50) = 9,9862 \text{ e } P = 0,9687.$$

23.19 $P = \dfrac{(78,41)^3 \sqrt{142,3}}{\sqrt[4]{0,1562}}$

Solução

$$\log P = 3 \log 78,41 + \frac{1}{2} \log 142,3 - \frac{1}{4} \log 0,1562.$$

Numerador N	Denominador D
$3 \log 78,41 = 3(1,8944) = 5,6832$	$\frac{1}{4} \log 0,1562 = \frac{1}{4}(9,1937 - 10)$
$(+)\frac{1}{2} \log 142,3 = \frac{1}{2}(2,1532) = \underline{1,0766}$	$= \frac{1}{4}(39,1937 - 40)$
$\log N = 6,7598 = 16,7598 - 10$	$\log D = 9,7984 - 10$
$(-) \log D = \underline{9,7984 - 10}$	
$\log P = 6,9614$	
$P = 9\ 150\ 000 \quad \text{ou} \quad 9,15 \times 10^6$	

23.20 O período T de um pêndulo simples de comprimento l é dado pela fórmula $T = 2\pi \sqrt{l/g}$, onde g é a aceleração da gravidade. Encontre T (em segundos) se $l = 281,3$ cm e $g = 981,0$ cm/s². Considere $2\pi = 6,283$.

Solução

$$T = 2\pi \sqrt{\frac{l}{g}} = 6,283 \sqrt{\frac{281,3}{981,0}}$$

$$\log T = \log 6,283 + \frac{1}{2}(\log 281,3 - \log 981,0)$$

$$\log 6,283 = \qquad\qquad = 0,7982$$
$$(+)\tfrac{1}{2} \log 281,3 = \tfrac{1}{2}(2,4492) = \underline{1,2246}$$
$$2,0228$$
$$(-)\tfrac{1}{2} \log 981,0 = \tfrac{1}{2}(2,9917) = \underline{1,4959}$$
$$\log T = 0,5269$$

$$T = 3,365 \text{ segundos}$$

23.21 Resolva para x: $5^{2x+2} = 3^{5x-1}$.

Solução

Tomando os logaritmos, $(2x+2) \log 5 = (5x-1) \log 3$.

Então $2x \log 5 - 5x \log 3 = -\log 3 - 2 \log 5$,

$x(2 \log 5 - 5 \log 3) = -\log 3 - 2 \log 5$,

e $x = \dfrac{\log 3 + 2 \log 5}{5 \log 3 - 2 \log 5} = \dfrac{0,4771 + 2(0,6990)}{5(0,4771) - 2(0,6990)} = \dfrac{1,8751}{0,9875}.$

$$\log 1,875 = 10,2730 - 10$$
$$(-) \log 0,9875 = \underline{9,9946 - 10}$$
$$\log x = 0,2784$$
$$x = 1,898$$

23.22 Encontre o valor destes logaritmos naturais.

(*a*) ln 5,78   (*c*) ln 3,456   (*e*) ln 190   (*g*) ln 2839

(*b*) ln 8,62   (*d*) ln 4,643   (*f*) ln 0,0084   (*h*) ln 0,014 85

Solução

(*a*) ln 5,78 = 1,7544   da tabela de logaritmos naturais

(*b*) ln 8,62 = 2,1541   da tabela de logaritmos naturais

(*c*) ln 3,456 = ln 3,45 + 0,6(ln 3,46 − ln 3,45)
$$= 1,2384 + 0,6(1,2413 − 1,2384)$$
$$= 1,2384 + 0,6(0,0029)$$
$$= 1,2384 + 0,0017$$
ln 3,456 = 1,2401

(*d*) ln 4,643 = ln 4,64 + 0,3(ln 4,65 − ln 4,64)
$$= 1,5347 + 0,3(1,5369 − 1,5347)$$
$$= 1,5347 + 0,3(0,0022)$$
$$= 1,5347 + 0,0007$$
ln 4,643 = 1,5354

(*e*) ln 190 = ln (1,90 × 10^2)
$$= \ln 1,90 + \ln 10^2$$
$$= \ln 1,90 + 2 \ln 10$$
$$= 0,6419 + 2(2,3026)$$
$$= 0,6419 + 4,6052$$
ln 190 = 5,2471

(*f*) ln 0,0084 = ln (8,40 × 10^{-3})
$$= \ln 8,40 + \ln 10^{-3}$$
$$= \ln 8,40 − 3 \ln 10$$
$$= 2,1282 − 3(2,3026)$$
$$= 2,1282 − 6,9078$$
ln 0,0084 = −4,7796

(*g*) ln 2839 = ln (2,839 × 10^3)
$$= \ln 2,839 + \ln 10^3$$
$$= [\ln 2,83 + 0,9(\ln 2,84 − \ln 2,83)] + 3 \ln 10$$
$$= [1,0403 + 0,9 (1,0438 − 1,0403)] + 3(2,3026)$$
$$= [1,0403 + 0,9 (0,0035)] + 6,9078$$
$$= [1,0403 + 0,0032] + 6,9078$$
$$= 1,0435 + 6,9078$$
ln 2839 = 7,9513

(*h*) ln 0,014 85 = ln (1,485 × 10^{-2})
$$= \ln 1,485 + \ln 10^{-2}$$
$$= [\ln 1,48 + 0,5(\ln 1,49 − \ln 1,48)] − 2 \ln 10$$
$$= [0,3920 + 0,5(0,3988 − 0,3920)] − 2 (2,3026)$$
$$= [0,3920 + 0,5(0,0068)] − 4,6052$$
$$= [0,3920 + 0,0034)] − 4,6052$$
$$= 0,3954 − 4,6052$$
ln 0,014 85 = −4,2098

23.23 Encontre o valor de N.

(a) $\ln N = 2{,}4146$ (b) $\ln N = 0{,}9847$ (c) $\ln N = -1{,}7654$

Solução

(a) $\ln N = 2{,}4146$
$$= 0{,}1120 + 2{,}3026$$
$$= \ln\left(1{,}11 + \frac{0{,}1120 - 0{,}1044}{0{,}1133 - 0{,}1044}(1{,}12 - 1{,}11)\right) + \ln 10$$
$$= \ln\left(1{,}11 + \frac{0{,}0076}{0{,}0089}(0{,}01)\right) + \ln 10$$
$$= \ln(1{,}11 + 0{,}009) + \ln 10$$
$$= \ln 1{,}119 + \ln 10$$
$$= \ln(1{,}119 \times 10)$$
$\ln N = \ln 11{,}19$

$N = 11{,}19$

(b) $\ln N = 0{,}9847$
$$= \ln\left(2{,}67 + \frac{0{,}9847 - 0{,}9821}{0{,}9858 - 0{,}9821}(2{,}68 - 2{,}67)\right)$$
$$= \ln\left(2{,}67 + \frac{0{,}0026}{0{,}0037}(0{,}01)\right)$$
$$= \ln(2{,}67 + 0{,}007)$$
$\ln N = \ln 2{,}677$

$N = 2{,}677$

(c) $\ln N = 1{,}7654$
$$= 0{,}5372 - 2{,}3026$$
$$= \ln\left(1{,}71 + \frac{0{,}5372 - 0{,}5365}{0{,}5423 - 0{,}5365}(1{,}72 - 1{,}71)\right) - \ln 10$$
$$= \ln\left(1{,}71 + \frac{0{,}0007}{0{,}0058}(0{,}01)\right) - \ln 10^{-1}$$
$$= \ln(1{,}71 + 0{,}001) + \ln 10^{-1}$$
$$= \ln 1{,}711 + \ln 10^{-1}$$
$$= \ln(1{,}711 \times 10^{-1})$$
$\ln N = \ln 0{,}1711$

$N = 0{,}1711$

Problemas Complementares

23.24 Calcule: (a) $\log_2 32$, (b) $\log \sqrt[4]{10}$, (c) $\log_3 1/9$, (d) $\log_{1/4} 16$, (e) $\log_e e^x$, (f) $\log_8 4$.

23.25 Resolva cada equação para a variável.

(a) $\log_2 x = 3$ (c) $\log_x 8 = -3$ (e) $\log_4 x^3 = 3/2$

(b) $\log y = -2$ (d) $\log_3(2x + 1) = 1$ (f) $\log_{(x-1)}(4x - 4) = 2$

23.26 Expresse como uma soma algébrica de logaritmos.

(a) $\log \dfrac{U^3 V^2}{W^5}$ (b) $\log \sqrt{\dfrac{2x^3 y}{z^7}}$ (c) $\ln \sqrt[3]{x^{1/2} y^{-1/2}}$ (d) $\log \dfrac{xy^{-3/2} z^3}{a^2 b^{-4}}$

23.27 Resolva cada equação para a letra indicada em termos das outras quantidades.

(a) $2 \log x = \log 16$; x
(b) $3 \log y + 2 \log 2 = \log 32$; y
(c) $\log_3 F = \log_3 4 - 2 \log_3 x$; F
(d) $\ln(30 - U) = \ln 30 - 2t$; U

23.28 Prove que se a e b são positivos e $\neq 1$, $(\log_a b)(\log_b a) = 1$.

23.29 Demonstre que $10^{\log N} = N$, onde $N > 0$.

23.30 Determine a característica do logaritmo comum de cada número.

(a) 248
(b) 2,48
(c) 0,024
(d) 0,162
(e) 0,0006
(f) 18,36
(g) 1,06
(h) 6000
(i) 4
(j) 40,60
(k) 237,63
(l) 146,203
(m) 7 000 000
(n) 0,000 007

23.31 Encontre o logaritmo comum de cada número.

(a) 237
(b) 28,7
(c) 1,26
(d) 0,263
(e) 0,086
(f) 0,007
(g) 10 400
(h) 0,00 607
(i) 0,000 000 728
(j) 6 000 000
(k) 23,70
(l) 6,03
(m) 1
(n) 1000

23.32 Determine o antilogaritmo dos números a seguir.

(a) 2,8802
(b) 1,6590
(c) 0,6946
(d) $\overline{2}$,9042
(e) 8,3160 − 10
(f) 7,8549 − 10
(g) 4,6618
(h) 0,4216
(i) $\overline{1}$,9484
(j) 9,8344 − 10

23.33 Encontre o logaritmo comum por interpolação.

(a) 1463
(b) 810,6
(c) 86,27
(d) 8,106
(e) 0,6041
(f) 0,046 22
(g) 1,006
(h) 300,6
(i) 460,3
(j) 0,003 001

23.34 Estabeleça o antilogaritmo por interpolação.

(a) 2,9060
(b) $\overline{1}$,4860
(c) 1,6600
(d) $\overline{1}$,9840
(e) 3,7045
(f) 8,9266 − 10
(g) 2,2500
(h) 0,8003
(i) $\overline{1}$,4700
(j) 1,2925

23.35 Escreva cada número como uma potência de 10: (a) 45,4, (b) 0,005 278.

23.36 Calcule.

(a) $(42,8)(3,26)(8,10)$
(b) $\dfrac{(0,148)(47,6)}{284}$
(c) $\dfrac{(1,86)(86,7)}{(2,87)(1,88)}$
(d) $\dfrac{2453}{(67,2)(8,55)}$
(e) $\dfrac{5608}{(0,4536)(11\,000)}$
(f) $\dfrac{(3,92)^3(72,16)}{\sqrt[4]{654}}$
(g) $3,14\sqrt{11,65/32}$
(h) $\sqrt{\dfrac{906}{(3,142)(14,6)}}$
(i) $\sqrt{\dfrac{(1600)(310,6)^2}{(7290)}}$
(j) $\sqrt[3]{\dfrac{(5,52)(2610)}{(7,36)(3,142)}}$

23.37 Resolva a seguinte equação de hidráulica:

$$\frac{20,0}{14,7} = \left(\frac{0,0613}{x}\right)^{1,32}.$$

23.38 Resolva para x.

(a) $3^x = 243$
(b) $5^x = 1/125$
(c) $2^{x+2} = 64$
(d) $x^{-2} = 16$
(e) $x^{-3/4} = 8$
(f) $x^{-2/3} = 1/9$
(g) $7x^{-1/2} = 4$
(h) $3^x = 1$
(i) $5^{x-2} = 1$
(j) $2^{2x+3} = 1$

23.39 Resolva as equações exponenciais: (a) $4^{2x-1} = 5^{x+2}$, (b) $3^{x-1} = 4 \cdot 5^{1-3x}$.

23.40 Determine os logaritmos naturais.

(a) ln 2,367   (b) ln 8,532   (c) ln 4875   (d) ln 0,000 189 4

23.41 Encontre N, o antilogaritmo do número dado.

(a) ln N = 0,7642   (b) ln N = 1,8540   (c) ln N = 8,4731   (d) ln N = −6,2691

Respostas dos Problemas Complementares

23.24 (a) 5   (b) 1/4   (c) −2   (d) −2   (e) x   (f) 2/3

23.25 (a) 8   (b) 0,01   (c) 1/2   (d) 1   (e) 2   (f) 5

23.26 (a) $3\log U + 2\log V - 5\log W$ (c) $\dfrac{1}{6}\ln x - \dfrac{1}{6}\ln y$

(b) $\dfrac{1}{2}\log 2 + \dfrac{3}{2}\log x + \dfrac{1}{2}\log y - \dfrac{7}{2}\log z$ (d) $\log x - \dfrac{3}{2}\log y + 3\log z - 2\log a + 4\log b$

23.27 (a) 4   (b) 2   (c) $F = 4/x^2$ (d) $U = 30(1 - e^{-2t})$

23.30 (a) 2   (c) $\bar{2}$ (e) $\bar{4}$ (g) 0   (i) 0   (k) 2   (m) 6
       (b) 0   (d) $\bar{1}$ (f) 1   (h) 3   (j) 1   (l) 2   (n) $\bar{6}$

23.31 (a) 2,3747   (d) $\bar{1},4200$ (g) 4,0170   (j) 6,7782   (m) 0,0000

       (b) 1,4579   (e) $\bar{2},9345$ (h) $\bar{3},7832$ (k) 1,3747   (n) 3,0000

       (c) 0,1004   (f) 7,8451 − 10   (i) $\bar{7},8621$ (l) 0,7803

23.32 (a) 759   (c) 4,95   (e) 0,0207   (g) 45 900   (i) 0,888

       (b) 45,6   (d) 0,0802   (f) 0,007 16   (h) 2,64   (j) 0,683

23.33 (a) 3,1653   (c) 1,9359   (e) $\bar{1},7811$ (g) 0,0026   (i) 2,6631

       (b) 2,9088   (d) 0,9088   (f) 8,6648 − 10   (h) 2,4780   (j) 7,4773 − 10

23.34 (a) 805,4   (c) 45,71   (e) 5064   (g) 177,8   (i) 0,2951

       (b) 0,3062   (d) 0,9638   (f) 0,084 45   (h) 6,314   (j) 19,61

23.35 (a) $10^{1,6571}$ (b) $10^{-2,2776}$

23.36 (a) 1130   (c) 29,9   (e) 1,124   (g) 1,90   (i) 145,5

       (b) 0,0248   (d) 4,27   (f) 860   (h) 4,44   (j) 8,54

23.37 (a) 0,0486

23.38 (a) 5   (c) 4   (e) 1/16   (g) 49/16   (i) 2

       (b) −3   (d) ±1/4   (f) ±27   (h) 0   (j) −3/2

23.39 (a) 3,958   (b) 0,6907

23.40 (a) 0,8616   (b) 2,1438   (c) 8,4919   (d) −8,5717

23.41 (a) 2,147   (b) 6,385   (c) 4784   (d) 0,001 894

Capítulo 24

Aplicações de Logaritmos e Expoentes

24.1 INTRODUÇÃO

A principal utilidade dos logaritmos é resolver equações exponenciais e equações nas quais as variáveis estão relacionadas de forma logarítmica. Para resolver equações nas quais a variável está no expoente, geralmente começamos alterando a expressão da forma exponencial para a logarítmica.

24.2 JURO SIMPLES

Juro é o dinheiro pago para o uso de uma quantia denominada principal. Geralmente, o juro é pago ao fim de intervalos iguais de tempo estabelecidos, podendo ser mensal, trimestral, semestral ou anual. A soma do principal com o juro é chamada de montante.

O juro simples, I, sobre o principal, P, por um tempo t em anos, à uma taxa anual, r, é dado pela fórmula $I = Prt$ e o montante, A, é determinado por $A = P + Prt$ ou $A = P(1 + rt)$.

Exemplo 24.1 Se uma pessoa faz um empréstimo de \$800,00 a 8% ao ano por dois anos e meio, quanto de juro será pago pelo empréstimo?

$$I = Prt$$
$$I = \$800(0,08(2,5)$$
$$I = \$160$$

Exemplo 24.2 Se uma pessoa investe \$3000,00 a 6% ao ano por cinco anos, quanto valerá o investimento ao fim de cinco anos?

$$A = P + Prt$$
$$A = \$3000 + \$3000(0,06)(5)$$
$$A = \$3000 + \$900$$
$$A = \$3900$$

24.3 JURO COMPOSTO

Juro composto significa que o juro é pago periodicamente no prazo do empréstimo resultando em um novo principal ao fim de cada intervalo de tempo.

Se um principal P é investido por t anos a uma taxa de juros anual, r, composto n vezes ao ano, então o montante A, ou balanço final, é dado por:

$$A = P\left(1 + \frac{r}{n}\right)^{nt}$$

Exemplo 24.3 Encontre o montante de um investimento se $20 000,00 foram aplicados a 6% ao ano compostos mensalmente por três anos.

$$A = P\left(1 + \frac{r}{n}\right)^{nt}$$
$$A = 20\,000\left(1 + \frac{0{,}06}{12}\right)^{12(3)}$$
$$A = 20\,000(1 + 0{,}005)^{36}$$
$$A = 20\,000(1{,}005)^{36}$$
$$\log A = \log 20\,000(1{,}005)^{36}$$
$$\log A = \log 20\,000 + 36 \log 1{,}005$$
$$\log A = 4{,}3010 + 36(0{,}002\,15)$$
$$\log A = 4{,}3010 + 0{,}0774$$
$$\log A = 4{,}3784$$
$$A = \text{antilog } 4{,}3784$$
$$A = 2{,}39 \times 10^4 \qquad \log 2{,}39 = 0{,}3784 \text{ e } \log 10^4 = 4$$
$$A = \$23\,900$$

Quando o juro é composto com frequência maior, nos aproximamos a uma situação de juro composto continuamente. Se um principal, P, for investido por t anos a uma taxa de juro anual, r, composto continuamente, então o montante A, ou balanço final, é dado por:

$$A = Pe^{rt}$$

Exemplo 24.4 Encontre o montante de um investimento se $20 000,00 foram aplicados a 6% compostos continuamente por três anos.

$$A = Pe^{rt}$$
$$A = 20\,000e^{0{,}06(3)}$$
$$A = 20\,000e^{0{,}18}$$
$$\ln A = \ln 20\,000e^{0{,}18}$$
$$\ln A = \ln 20\,000 + \ln e^{0{,}18}$$
$$\ln A = \ln (2{,}00 \times 10^4) + 0{,}18 \ln e$$
$$\ln A = \ln 2{,}00 + 4 \ln 10 + 0{,}18(1) \qquad \ln e = 1$$
$$\ln A = 0{,}6931 + 4(2{,}3026) + 0{,}18 \qquad \ln 2{,}00 = 0{,}6931 \text{ e } \ln 10 = 2{,}3026$$
$$\ln A = 10{,}0835$$
$$\ln A = 0{,}8731 + 4(2{,}3026)$$

$$\ln\ A = \ln\left(2{,}39 + \frac{0{,}8731 - 0{,}8713}{0{,}8755 - 0{,}8713}(2{,}40 - 2{,}39)\right) + 4\ln 10$$

$$\ln\ A = \ln\left(2{,}39 + \frac{0{,}0018}{0{,}0042}(0{,}01)\right) + \ln 10^4$$

$$\ln\ A = \ln(2{,}39 + 0{,}004) + \ln 10^4$$

$$\ln\ A = \ln 2{,}394 + \ln 10^4$$

$$\ln\ A = \ln(2{,}394 \times 10^4)$$

$$\ln\ A = \ln 23\,940$$

$$A = \$23\,940$$

Na resolução dos Exemplos 24.3 e 24.4 determinamos as respostas até quatro dígitos significativos. Contudo, utilizar a tabela de logaritmos e realizar a interpolação resulta em algum erro. Também podemos ter um problema caso o juro seja composto diariamente porque ao dividir r por n o resultado poderia ser zero quando arredondado a milésimos. Para lidar com este problema e obter maior precisão, podemos empregar tabelas de logaritmos com cinco casas, calculadoras ou computadores. Geralmente, bancos e outras empresas utilizam computadores ou calculadoras para obter a precisão necessária.

Exemplo 24.5 Utilize uma calculadora científica ou gráfica para encontrar o montante de um investimento para o qual \$20 000,00 foram investidos a 6% compostos mensalmente por três anos.

$$A = P\left(1 + \frac{r}{n}\right)^{nt}$$

$$A = \$20\,000\left(1 + \frac{0{,}06}{12}\right)^{12(3)}$$

$$A = \$20\,000(1{,}005)^{36} \qquad \text{use a tecla de potência para calcular } (1{,}005)^{36}$$

$$A = \$23\,933{,}61$$

Com precisão de centavos, o montante fica maior que o encontrado no Exemplo 24.3 por \$33,61. Aqui foi possível calcular a resposta até o centavo mais próximo, enquanto no Exemplo 24.3 só conseguimos determinar o resultado até a dezena de dólar mais próxima.

Exemplo 24.6 Utilize uma calculadora gráfica ou científica para encontrar o montante de um investimento no qual \$20 000,00 foram investidos a 6% compostos continuamente por três anos.

$$A = Pe^{rt}$$
$$A = \$20\,000 e^{0{,}06(3)}$$
$$A = \$20\,000 e^{0{,}18} \qquad \text{use a inversa de } \ln x \text{ para calcular } e^{0{,}18}.$$
$$A = \$23\,944{,}35$$

Até o centavo mais próximo, o montante é maior que o encontrado no Exemplo 24.4 por \$4,35. Uma precisão maior foi possível porque a calculadora computa com mais casas decimais em cada operação e então a resposta é arredondada. Nos exemplos anteriores, arredondamos até centésimos porque centavos são a menor unidade de dinheiro geralmente utilizada. A maioria das calculadoras determina resultados com 8, 10 ou 12 dígitos significativos ao realizar as operações.

24.4 APLICAÇÕES DE LOGARITMOS

O nível sonoro, L, de um som (em decibéis) percebido pelo ouvido humano, depende da razão da intensidade, I, do som pelo limiar médio da audição humana.

$$L = 10 \log\left(\frac{I}{I_0}\right)$$

Exemplo 24.7 Encontre o nível sonoro de um som cuja intensidade é 10 000 vezes o limiar auditivo médio para o ouvido humano.

$$L = 10 \log\left(\frac{I}{I_0}\right)$$

$$L = 10 \log\left(\frac{10\,000 I_0}{I_0}\right)$$

$$L = 10 \log 10\,000$$

$$L = 10\,(4)$$

$$L = 40 \text{ decibéis}$$

Químicos utilizam o potencial hidrogeniônico, pH, de uma solução para medir sua acidez ou basicidade. O pH da água destilada é em torno de 7. Se o pH de uma solução excede 7, dizemos que ela é uma base, mas se o pH for menor que 7 a solução é um ácido. Denotando [H$^+$] a concentração de íons de hidrogênio em mols por litro, o pH é dado pela fórmula:

$$\text{pH} = -\log[\text{H}^+]$$

Exemplo 24.8 Encontre o pH da solução cuja concentração de íons de hidrogênio é $5{,}32 \times 10^{-5}$ mols por litro.

$$\text{pH} = -\log[\text{H}^+]$$
$$\text{pH} = -\log(5{,}32 \times 10^{-5})$$
$$\text{pH} = -[\log 5{,}32 + \log 10^{-5}]$$
$$\text{pH} = -\log 5{,}32 - (-5)\log 10 \qquad \log 10 = 1$$
$$\text{pH} = -\log 5{,}32 + 5(1)$$
$$\text{pH} = -0{,}7259 + 5$$
$$\text{pH} = 4{,}2741$$
$$\text{pH} = 4{,}3$$

Sismólogos usam a escala Richter para medir e relatar a magnitude de terremotos. A magnitude de um terremoto depende da razão entre a intensidade, I, do terremoto e a intensidade de referência, I_0, que corresponde ao menor movimento da terra possível de ser registrado em um sismógrafo. Números na escala Richter são frequentemente arredondados até o décimo ou centésimo mais próximo. A escala Richter é obtida pela fórmula:

$$R = \log\left(\frac{I}{I_0}\right)$$

Exemplo 24.9 Se a intensidade de um terremoto foi determinada como sendo 50 000 vezes o intensidade de referência, qual é a leitura na escala Richter?

$$R = \log\left(\frac{I}{I_0}\right)$$
$$R = \log\left(\frac{50\,000 I_0}{I_0}\right)$$
$$R = \log 50\,000$$
$$R = 4{,}6990$$
$$R = 4{,}70$$

24.5 APLICAÇÕES DE EXPONENCIAIS

O número *e* está envolvido em muitas funções que ocorrem na natureza. A curva de crescimento de muitos materiais pode ser descrita pela equação de crescimento exponencial:

$$A = A_0 e^{rt}$$

onde A_0 é a quantidade inicial do material, *r* é a taxa anual de crescimento, *t* é o tempo em anos e *A* é a quantidade de material no tempo final.

Exemplo 24.10 A população de um país era 2 400 000 em 1990 e teve uma taxa de crescimento anual de 3%. Sabendo que o crescimento foi exponencial, qual a sua população em 2000?

$$A = A_0 e^{rt}$$
$$A = 2\,400\,000 e^{(0,03)(10)}$$
$$A = 2\,400\,000 e^{0,3} \qquad N = e^{0,3}$$
$$A = 2\,400\,000(1,350) \qquad \ln N = 0,3 \ln e$$
$$A = 3\,240\,000 \qquad \ln N = 0,3$$
$$N = 1,350$$

A equação do decaimento ou declínio é similar a do crescimento, exceto pelo expoente ser negativo.

$$A = A_0 e^{-rt}$$

onde A_0 é a quantidade inicial, *r* é a taxa anual de decaimento, ou declínio, *t* é o tempo em anos e *A* é a quantidade final.

Exemplo 24.11 Descobre-se que um pedaço de madeira contém 100 gramas de carbono-14 quando removida de uma árvore. Se a taxa de decaimento do carbono-14 é 0,0124% ao ano, quanto carbono-14 restará na árvore após 200 anos?

$$A = A_0 e^{-rt}$$
$$A = 100 e^{-0,000\,124\,(200)} \qquad N = e^{-0,0248}$$
$$A = 100 e^{-0,0248} \qquad \ln N = -0,0248$$
$$A = 100(0,9755) \qquad \ln N = \ln 2,2778 - 2,3026$$
$$A = 97,55 \text{ gramas} \qquad \ln N = \ln 9,755 - \ln 10$$
$$\ln N = \ln (9,755 \times 10^{-1})$$
$$\ln N = \ln 0,9755$$
$$N = 0,9755$$

Problemas Resolvidos

24.1 Uma mulher faz um empréstimo de $400,00 por 2 anos a uma taxa de juro simples de 3%. Encontre o montante necessário para pagar o empréstimo ao fim dos 2 anos.

Solução

$$\text{Juro } I = Prt = 400(0,03)(2) = \$24. \text{ Montante } A = \text{principal } P + \text{juro } I = \$424.$$

24.2 Encontre o juro *I* e o montante *A* para

(*a*) $600,00 por 8 meses (2/3 ano) a 4%,

(*b*) $1562,60 por 3 anos, 4 meses (10/3 anos) a 3½%.

Solução

(a) $I = Prt = 600(0,04)(2/3) = \$16.$ $\qquad A = P + I = \$616$

(b) $I = Prt = 1562,60(0,035)(10/3) = \$182,30$ $\qquad A = P + I = \$1744,90.$

24.3 Qual principal deve ser investido a 4% por 5 anos para resultar em um montante de $1200,00?

Solução

$$A = P(1 + rt) \quad \text{ou} \quad P = \frac{A}{1 + rt} = \frac{1200}{1 + (0,04)(5)} = \frac{1200}{1,2} = \$1000.$$

O principal de $1000,00 é denominado o valor presente de $1200,00. Isto significa que $1200,00 a serem pagos *daqui a 5 anos* valem $1000,00 *agora* (com a taxa de juro sendo 4%).

24.4 Qual a taxa de juro resultará em $1000,00 em um principal de $800,00 em 5 anos?

Solução

$$A = P(1 + rt) \quad \text{ou} \quad r = \frac{A - P}{Pt} = \frac{1000 - 800}{800(5)} = 0,05 \quad \text{ou} \quad 5\%.$$

24.5 Um homem deseja fazer um empréstimo de $200,00. Ele vai ao banco onde lhe dizem que a taxa de juro é 5%, podendo ser pago adiantado, e que os $200,00 devem ser pagos ao final de um ano. Qual taxa de juro ele está realmente pagando?

Solução

O juro simples em $200,00 por 1 ano a 5% é $I = 200(0,05)(1) = \$10$. Assim, ele recebe $200 − \$10 = \$190$. Como ele deve pagar $200,00 após um ano, $P = \$190, A = \$200, t = 1$ ano. Assim,

$$r = \frac{A - P}{Pt} = \frac{200 - 190}{190(1)} = 0,0526,$$

i.e., a taxa de juro efetiva é 5,26%.

24.6 Um comerciante faz um empréstimo de $4000,00 sob a condição de pagar ao fim de cada 3 meses $200,00 do principal mais o juro simples de 6% sobre o principal pendente na data. Encontre o montante total que ele deverá pagar.

Solução

Como $4000,00 devem ser pagos (além dos juros) à taxa de $200,00 a cada 3 meses, ele levará 4000/200(4) = 5 anos pagando, i.e., 20 pagamentos.

Juro no 1º pagamento (pelos 3 primeiros meses)	$= 4000(0,06)\left(\frac{1}{4}\right) = \$60,00.$
Juro no 2º pagamento	$= 3800(0,06)\left(\frac{1}{4}\right) = \$57,00.$
Juro no 3º pagamento	$= 3600(0,06)\left(\frac{1}{4}\right) = \$54,00.$
$\vdots$	$\vdots$
Juro no 20º pagamento	$= 200(0,06)\left(\frac{1}{4}\right) = \$3,00.$

O juro total é $60 + 57 + 54 + \cdots + 9 + 6 + 3$: uma progressão aritmética cuja soma é dada por $S = (n/2)(a + l)$, onde a = primeiro termo, l = último termo, n = número de termos.

Então $S = (20/2)(60 + 3) = \$630$ e o montante total que ele deverá pagar é $4630,00.

24.7 Quanto renderá o depósito de $500,00 em um banco por 2 anos se o juro for composto semestralmente a 2% ao ano?

Solução

Método 1. Sem fórmula.

$$\text{Ao final do 1º semestre, juro} = 500(0,02)(\tfrac{1}{2}) = \$5,00$$
$$\text{Ao fim do 2º semestre, juro} = 505(0,02)(\tfrac{1}{2}) = \$5,05$$
$$\text{Ao fim do 3º semestre, juro} = 510,05(0,02)(\tfrac{1}{2}) = \$5,10$$
$$\text{Ao final do 4º semestre, juro} = 515,15(0,02)(\tfrac{1}{2}) = \$5,15.$$
$$\text{Juro total} = \$20,30. \quad \text{Montante total} = \$520,30.$$

Método 2. Utilizando a fórmula.

$P = \$500$, $i =$ juro por período $= 0,02/2 = 0,01$. $n =$ número de períodos $= 4$.

$$A = P(1 + i)^n = 500(1,01)^4 = 500(1,0406) = \$520,30.$$

Nota. $(1,01)^4$ pode ser calculado pela fórmula binomial, pelo logaritmo ou por tabelas.

24.8 Encontre o juro composto e o montante de $2800,00 em 8 anos a 5% anuais compostos trimestralmente.

Solução

$$A = P(1 + i)^n = 2800(1 + 0,05/4)^{32} = 2800(1,0125)^{32} = 2800(1,4884) = \$4166,68.$$
$$\text{Juro} = A - P = \$4166,68 - \$2800 = \$1366,68.$$

24.9 Qual taxa anual de juro composto equivale à taxa de juro de 6% composto semestralmente?

Solução

Montante relativo ao principal P em 1 ano à taxa $r = P(1 + r)$.

Montante relativo ao principal P em 1 ano à taxa de 6% composta semestralmente $= P(1 + 0,03)^2$.

Os montantes serão iguais se $P(1 + r) = P(1,03)^2$, $1 + r = (1,03)^2$, $r = 0,0609$ ou 6,09%.

A taxa de juro anual i composta certo número de vezes por ano é denominada *taxa nominal*. A taxa de juro r que, caso composta anualmente, resultaria no mesmo montante é denominada *taxa efetiva*. Neste exemplo, 6% composto semestralmente é a taxa nominal e 6,09% é a taxa efetiva.

24.10 Demonstre a fórmula para a taxa efetiva em termos da taxa nominal.

Solução

Sejam $r =$ a taxa de juro efetiva,

$i =$ a taxa de juro anual composta k vezes por ano, i.e., a taxa nominal.

Montante referente ao principal P em 1 ano à taxa $r = P(1 + r)$.

Montante para o principal P em 1 ano à taxa i composta k vezes ao ano $r = P(1 + i/k)^k$.

Os montantes são iguais se $P(1 + r) = P(1 + i/k)^k$.

Portanto, $r = P(1 + i/k)^k - 1$.

24.11 A população em um país cresce a uma taxa de 4% composta anualmente. Com esta velocidade, quanto tempo levará para que a população dobre?

Solução

$$A = P\left(1 + \frac{r}{n}\right)^{nt}$$

$$2P = P(1 + 0{,}04)^t \qquad n = 1$$

$$2 = (1{,}04)^t$$

$$\log 2 = t \log(1{,}04)$$

$$t = \frac{\log 2}{\log 1{,}04}$$

$$t = \frac{0{,}3010}{0{,}0170}$$

$$t = 17{,}7 \text{ anos}$$

24.12 Se $1000,00 forem investidos a 10% ao ano, compostos continuamente, quanto tempo levará para que o investimento triplique?

Solução

$$A = Pe^{rt}$$

$$3000 = 1000 e^{0{,}10t}$$

$$3 = e^{0{,}10t}$$

$$\ln 3 = 0{,}10t \qquad \ln e = 1$$

$$t = \frac{\ln 3}{0{,}10}$$

$$t = \frac{1{,}0986}{0{,}10}$$

$$t = 10{,}986$$

$$t = 11{,}0$$

24.13 Encontre o pH do sangue caso a concentração de íons de hidrogênio seja $3{,}98 \times 10^{-8}$.

Solução

$$\text{pH} = -\log[\text{H}^+]$$

$$\text{pH} = -\log(3{,}98 \times 10^{-8})$$

$$\text{pH} = -\log 3{,}98 - (-8) \log 10$$

$$\text{pH} = -0{,}5999 + 8$$

$$\text{pH} = 7{,}4001$$

$$\text{pH} = 7{,}40$$

24.14 Um terremoto ocorrido em São Francisco no ano 1989 foi registrado medindo 6,90 na escala Richter. Como a intensidade do terremoto está relacionada à intensidade de referência?

Solução

$$R = \log \frac{I}{I_0}$$

$$6{,}90 = \log \frac{I}{I_0}$$

$$\log \frac{I}{I_0} = 6{,}90$$

$$\frac{I}{I_0} = \text{antilog } 6{,}90 \qquad \text{antilog } 0{,}9000 = 7{,}94 + \frac{0{,}9000 - 0{,}8998}{0{,}9004 - 0{,}8998}(0{,}01)$$

$$I = (\text{antilog } 6{,}90)I_0 \qquad\qquad\qquad = 7{,}94 + \frac{0{,}0002}{0{,}0006}(0{,}01)$$

$$I = (7{,}943 \times 10^6)I_0 \qquad\qquad\qquad = 7{,}94 + 0{,}003$$

$$I = 7\,943\,000\,I_0 \qquad \text{antilog } 0{,}9000 = 7{,}943$$

$$\text{antilog } 6{,}9000 = 7{,}943 \times 10^6$$

24.15 A população mundial cresceu de 2,5 bilhões em 1950 para 5,0 bilhões em 1987. Se o crescimento foi exponencial, qual a taxa de crescimento anual?

Solução

$$A = A_0 e^{rt}$$
$$5{,}0 = 2{,}5 e^{r(37)}$$
$$2 = e^{37r}$$
$$\ln 2 = 37r \ln e$$
$$0{,}6931 = 37r(1)$$
$$0{,}6931 = 37r$$
$$0{,}01873 = r$$
$$r = 0{,}0187$$
$$r = 1{,}87\%$$

24.16 Na Nigéria, a taxa de desmatamento é de 5,25% ao ano. Se o decréscimo das florestas na Nigéria for exponencial, quanto tempo levará para que reste apenas 25% das florestas atuais?

Solução

$$A = A_0 e^{-rt}$$
$$0{,}25 A_0 = A_0 e^{-0{,}0525t}$$
$$0{,}25 = e^{-0{,}0525t}$$
$$\ln 0{,}25 = -0{,}0525t \ln e$$
$$\ln(2{,}5 \times 10^{-1}) = -0{,}0525t(1)$$
$$\ln 2{,}5 - \ln 10 = -0{,}0525t$$
$$0{,}9163 - 2{,}3026 = -0{,}0525t$$
$$-1{,}3863 = -0{,}0525t$$
$$26{,}405 = t$$
$$t = 26{,}41 \text{ anos}$$

Problemas Complementares

24.17 Se o juro de $5,13 foi adquirido em dois anos sobre um depósito de $95,00, então qual é a taxa de juro simples anual?

24.18 Se um empréstimo de $500,00 é feito por um mês e $525,00 devem ser pagos no final, qual é o juro simples anual?

24.19 Se $4000,00 são investidos em um banco que paga 8% de juro composto trimestralmente, quanto o investimento renderá em 6 anos?

24.20 Se $8000,00$ forem investidos em uma conta que paga 12% de juro composto mensalmente, quanto o investimento vale após 10 anos?

24.21 Um banco tentou atrair investimentos novos, maiores e mais duradouros pagando 9,75% de juro composto continuamente em investimentos de pelo menos $30\,000,00$ por 5 anos ou mais. Caso $30\,000,00$ sejam aplicados por 5 anos neste banco, quanto o investimento irá render ao final do período?

24.22 Qual juro será acumulado se $8000,00$ forem investidos por 4 anos a 10% anuais compostos semestralmente?

24.23 Qual juro irá lucrar um investimento de $3500,00$ por 5 anos a 8% anuais compostos trimestralmente?

24.24 Qual juro será recebido se $4000,00$ forem investidos por 6 anos a 8% anuais compostos continuamente?

24.25 Encontre o montante que resultará do investimento de $9000,00$ por 2 anos a 12% anuais compostos mensalmente.

24.26 Encontre o montante que resulta se $9000,00$ forem investidos por 2 anos a 12% compostos continuamente.

24.27 Em 1990 comentou-se que um terremoto no Irã teve 6 vezes a intensidade do terremoto de 1989 em São Francisco, que atingiu o valor de 6,90 na escala Richter. Qual o valor, na escala Richter, do terremoto iraniano?

24.28 Encontre o número, na escala Richter, de um terremoto cuja intensidade é $3\,160\,000$ vezes maior que a intensidade de referência.

24.29 Um terremoto no Alasca em 1964 atingiu 8,50 na escala Richter. Qual a intensidade deste terremoto comparada à intensidade de referência?

24.30 Encontre a intensidade do terremoto de São Francisco em 1906, em relação à intensidade de referência, sabendo que ele atingiu a marca de 8,25 na escala Richter.

24.31 Determine o valor na escala Richter de um terremoto cuja intensidade é $20\,000$ vezes maior que a intensidade de referência.

24.32 Encontre o pH de cada substância com a concentração de íons de hidrogênio dada.

    (*a*) cerveja: $[H^+] = 6{,}31 \times 10^{-5}$

    (*b*) suco de laranja: $[H^+] = 1{,}99 \times 10^{-4}$

    (*c*) vinagre: $[H^+] = 6{,}3 \times 10^{-3}$

    (*d*) suco de tomate: $[H^+] = 7{,}94 \times 10^{-5}$

24.33 Estabeleça a concentração de íons de hidrogênio aproximada, $[H^+]$, para as substâncias com o pH dado.

    (*a*) maçãs: pH = 3,0   (*b*) ovos: pH = 7,8

24.34 Se o suco gástrico no seu estômago tem uma concentração de íons de hidrogênio de $1{,}01 \times 10^{-1}$ mols por litro, qual é o pH do suco gástrico?

24.35 Um quarto relativamente silencioso tem um nível de ruído de fundo de 32 decibéis. Quantas vezes maior que o limiar auditivo é a intensidade de um quarto relativamente silencioso?

24.36 Se a intensidade de uma discussão é em torno de $3\,980\,000$ vezes o limiar auditivo, qual é o nível sonoro em decibéis da discussão?

24.37 A população mundial compõe-se continuamente. Se em 1987 a taxa de crescimento era 1,63 ao ano e a população era 5 bilhões de pessoas, qual seria a população mundial no ano de 2000?

24.38 Durante a Peste Negra, a população mundial diminuiu cerca de 1 milhão indo de 4,7 milhões até aproximadamente 3,7 milhões durante o período de 50 anos de 1350 até 1400. Se o declínio da população mundial foi exponencial, qual foi a taxa anual de decréscimo?

24.39 Se a população mundial cresceu exponencialmente de 1,6 bilhão em 1900 até 5,0 bilhões em 1987, qual foi a taxa anual de crescimento populacional?

24.40 Se o desmatamento em El Salvador continuar ocorrendo à mesma taxa que hoje por mais 20 anos, apenas 53% das florestas atuais restarão. Supondo que o declínio das florestas é exponencial, qual é a taxa anual de desmatamento em El Salvador?

24.41 A análise de um osso indica que ele contém 40% do carbono-14 que continha quando fazia parte de um animal vivo. Se o decaimento do carbono-14 for exponencial com uma taxa anual de decaimento de 0,0124%, há quantos anos o animal morreu?

24.42 O estrôncio-90, radioativo, é usado em reatores nucleares e decai exponencialmente com uma taxa anual de 2,48%. Quanto de 50 gramas de estrôncio-90 restará após 100 anos?

24.43 Quanto tempo leva para 12 gramas de carbono-14 decaírem a 10 gramas se o decaimento é exponencial e com a taxa anual de 0,0124%?

24.44 Quanto tempo leva para 10 gramas de estrôncio-90 decair a 8 gramas sabendo que o decaimento é exponencial com taxa anual de 2,48%?

Respostas dos Problemas Complementares

Nota. As tabelas nos Apêndices A e B foram utilizadas para calcular estas respostas. Se uma calculadora for empregada, suas respostas podem diferir.

24.17 2,7%

24.18 60%

24.19 $6437

24.20 $26 250

24.21 $48 850

24.22 $3820

24.23 $1701

24.24 $2464

24.25 $11 410

24.26 $11 440

24.27 7,68

24.28 6,50

24.29 316 200 000 I_0

24.30 177 800 000 I_0

24.31 4,30

24.32 (a) pH = 4,2   (b) pH = 3,7   (c) pH = 2,2   (d) pH = 4,1

24.33 (a) [H$^+$] = 0,001 ou $1,00 \times 10^{-3}$ (b) [H$^+$] = $1,585 \times 10^{-8}$

24.34 1,0

24.35 1585 I_0

24.36 66 decibéis

24.37 6,18 bilhões

24.38 0,48% por ano

24.39 1,31% por ano

24.40 3,17% por ano

24.41 7390 anos

24.42 4,2 gramas

24.43 1471 anos

24.44 8,998 anos

Capítulo 25

Permutações e Combinações

25.1 PRINCÍPIO FUNDAMENTAL DE CONTAGEM

Se uma coisa pode ser feita de m maneiras distintas e, quando feita em qualquer uma delas, uma segunda coisa pode ser feita em n maneiras distintas, então as duas em sucessão podem ser realizadas em mn formas distintas.

Por exemplo, se existem 3 candidatos para governador e 5 para prefeito, então os dois cargos podem ser preenchidos em $3 \cdot 5 = 15$ maneiras.

No geral, se a_1 pode ser realizado em x_1 modos, a_2 pode ser realizado em x_2 modos, a_3 pode ser realizado em x_3 modos,... e a_n pode ser realizado em x_n modos, então o evento $a_1 a_2 a_3 \cdots a_n$ pode ser feito em $x_1 \cdot x_2 \cdot x_3 \cdots x_n$ maneiras.

Exemplo 25.1 Um homem possui 3 jaquetas, 10 camisas e 5 calças. Se um traje consiste em uma jaqueta, uma camisa e uma calça, quantos trajes distintos ele pode fazer?

$$x_1 \cdot x_2 \cdot x_3 = 3 \cdot 10 \cdot 5 = 150 \text{ trajes}$$

25.2 PERMUTAÇÕES

Uma permutação é a organização de um número de coisas em uma ordem definida.

Por exemplo, as permutações das três letras, a, b e c tomadas todas de uma vez são abc, acb, bca, bac, cba, cab. As permutações das três letras a, b e c tomadas duas de cada vez são ab, ac, ba, bc, ca e cb.

Para um número natural n, o fatorial de n, denotado por ***n!***, é o produto dos n primeiros números naturais. Isto é, $n! = n \cdot (n-1) \cdot (n-2) \cdots 2 \cdot 1$. Também temos que $n! = n \cdot (n-1)!$

O fatorial de zero é definido como 1: $0! = 1$.

Exemplos 25.2 Calcule cada fatorial.

(a) 7!   (b) 5!   (c) 1!   (d) 2!   (e) 4!

(a) $7! = 7 \cdot 6 \cdot 5 \cdot 4 \cdot 3 \cdot 2 \cdot 1 = 5040$
(b) $5! = 5 \cdot 4 \cdot 3 \cdot 2 \cdot 1 = 120$
(c) $1! = 1$
(d) $2! = 2 \cdot 1 = 2$
(e) $4! = 4 \cdot 3 \cdot 2 \cdot 1 = 24$

O símbolo $_nP_r$, representa o número de permutações (ordens) de n objetos tomados r de cada vez.

Assim, $_8P_3$ denota o número de permutações de 8 objetos pegos 3 de cada vez e $_5P_5$ denota o número de permutações de 5 coisas, pegas 5 de cada vez.

Nota. O símbolo $P(n, r)$ com o mesmo significado de $_nP_r$ é utilizado algumas vezes.

A. Permutações de n coisas diferentes tomadas r por vez

$$_nP_r = n(n-1)(n-2)\cdots(n-r+1) = \frac{n!}{(n-r)!}$$

Quando $r = n$, $_nP_r = {_nP_n} = n(n-1)(n-2)\cdots 1 = n!$.

Exemplos 25.3

$$_5P_1 = 5, {_5P_2} = 5 \cdot 4 = 20, {_5P_3} = 5 \cdot 4 \cdot 3 = 60, {_5P_4} = 5 \cdot 4 \cdot 3 \cdot 2 = 120, {_5P_5} = 5! = 5 \cdot 4 \cdot 3 \cdot 2 \cdot 1 = 120,$$
$$_{10}P_7 = 10 \cdot 9 \cdot 8 \cdot 7 \cdot 6 \cdot 5 \cdot 4 = 604\,800.$$

O número de formas nas quais 4 pessoas podem escolher seus lugares em um táxi com 6 assentos é $_6P_4 = 6 \cdot 5 \cdot 4 \cdot 3 = 360$.

B. Permutações com algumas coisas iguais, tomadas ao mesmo tempo

O número de permutações P de n objetos, todos pegos ao mesmo tempo, dos quais n_1 são iguais entre si, outros n_2 são iguais entre si, outros n_3 são iguais entre si etc., é

$$P = \frac{n!}{n_1!\, n_2!\, n_3!\cdots} \qquad \text{onde } n_1 + n_2 + n_3 + \cdots = n.$$

Por exemplo, o número de maneiras que 3 moedas de dez centavos e 7 moedas de vinte e cinco centavos podem ser distribuídos entre 10 meninos, cada um devendo receber uma moeda, é

$$\frac{10!}{3!\,7!} = \frac{10 \cdot 9 \cdot 8}{1 \cdot 2 \cdot 3} = 120.$$

C. Permutações circulares

O número de maneiras de se organizar n objetos diferentes ao redor de um círculo é $(n - 1)!$.

Assim, 10 pessoas podem sentar-se ao redor de uma mesa redonda em $(10 - 1)! = 9!$ maneiras.

25.3 COMBINAÇÕES

Uma combinação é um agrupamento ou uma seleção de todas as coisas ou parte de um número de coisas sem importar o arranjo dos objetos selecionados.

Assim, as combinações de três letras, a, b e c tomadas duas de cada vez são ab, ac, bc. Observe que ab e ba são uma combinação, mas duas permutações das letras a, b.

O símbolo $_nC_r$ representa o número de combinações (seleções, agrupamentos) de n objetos tomados r de cada vez.

Assim, $_9C_4$ denota o número de combinações de 9 objetos tomados 4 de cada vez.

Nota. O símbolo $C(n, r)$ possui o mesmo significado que $_nC_r$ e é utilizado algumas vezes.

A. Combinações de n coisas diferentes tomadas r por vez

$$_nC_r = \frac{_nP_r}{r!} = \frac{n!}{r!(n-r)!} = \frac{n(n-1)(n-2)\cdots(n-r+1)}{r!}$$

Por exemplo, o número de apertos de mão que podem ser trocados em um grupo de 12 alunos, se cada um cumprimenta apenas uma vez cada um dos outros alunos, é

$$_{12}C_2 = \frac{12!}{2!(12-2)!} = \frac{12!}{2!10!} = \frac{12 \cdot 11}{1 \cdot 2} = 66.$$

A seguinte fórmula é muito útil para simplificar cálculos:

$$_nC_r = {_nC_{n-r}}.$$

Esta fórmula indica que o número de seleções de r dentre n coisas é o mesmo que o número de seleções de $n - r$ dentre n coisas.

Exemplos 25.4.

$$_5C_1 = \frac{5}{1} = 5, \qquad _5C_2 = \frac{5 \cdot 4}{1 \cdot 2} = 10, \qquad _5C_5 = \frac{5!}{5!} = 1$$

$$_9C_7 = {_9C_{9-7}} = {_9C_2} = \frac{9 \cdot 8}{1 \cdot 2} = 36, \qquad _{25}C_{22} = {_{25}C_3} = \frac{25 \cdot 24 \cdot 23}{1 \cdot 2 \cdot 3} = 2300$$

Observe que em cada caso o numerador e o denominador possuem o mesmo número de fatores.

B. Combinações de coisas diferentes tomadas em qualquer quantidade por vez
O número total de combinações C de n objetos distintos tomados 1, 2, 3,..., n a cada vez é

$$C = 2^n - 1.$$

Por exemplo, uma mulher tem em seu bolso uma moeda de 25 centavos, uma de 10, uma de 5 e uma de 1. O número total de formas que ela pode retirar uma quantia de dinheiro de seu bolso é $2^4 - 1 = 15$.

25.4 UTILIZANDO UMA CALCULADORA

Calculadoras científicas e gráficas possuem teclas para fatoriais, $n!$; permutações, $_nP_r$ e combinações, $_nC_r$. Conforme os fatoriais ficam maiores, os resultados passam a ser apresentados em notação científica. Muitas calculadoras têm apenas dois dígitos disponíveis para o expoente, o que limita o tamanho do fatorial que pode ser exibido. Assim, 69! pode aparecer e 70! não, pois 70! precisa de mais do que dois dígitos para o expoente em notação científica. Quando a calculadora consegue realizar uma operação mas não é capaz de apresentar o resultado, uma mensagem de erro aparece no lugar da resposta.

Os valores de $_nP_r$ e $_nC_r$ geralmente podem ser calculados mesmo quando $n!$ não pode ser exibido. Isto ocorre porque o procedimento interno não requer a exibição do resultado, apenas que ele seja utilizado.

Problemas Resolvidos

25.1 Calcule $_{20}P_2, {_8P_5}, {_7P_5}, {_7P_7}$.

Solução

$_{20}P_2 = 20 \cdot 19 = 380$ $_7P_5 = 7 \cdot 6 \cdot 5 \cdot 4 \cdot 3 = 2520$

$_8P_5 = 8 \cdot 7 \cdot 6 \cdot 5 \cdot 4 = 6720$ $_7P_7 = 7! = 7 \cdot 6 \cdot 5 \cdot 4 \cdot 3 \cdot 2 \cdot 1 = 5040$

25.2 Encontre n para que (a) $7 \cdot {_nP_3} = 6 \cdot {_{n+1}P_3}$, (b) $3 \cdot {_nP_4} = {_{n-1}P_5}$.

Solução

(a) $7n(n-1)(n-2) = 6(n+1)(n)(n-1)$.

Como $n \neq 0$, podemos dividir por $(n)(n-1)$ para obter $7(n-2) = 6(n+1)$, $n = 20$.

(b) $3n(n-1)(n-2)(n-3) = (n-1)(n-2)(n-3)(n-4)(n-5)$.

Como $n \neq 1, 2, 3$, podemos dividir por $(n-1)(n-2)(n-3)$ para obter

$$3n = (n-4)(n-5), \quad n^2 - 12n + 20 = 0, \quad (n-10)(n-2) = 0.$$

Assim, $n = 10$.

25.3 Um aluno pode escolher entre 5 línguas estrangeiras e 4 ciências. De quantas maneiras ele pode escolher uma língua e uma ciência?

Solução

Ele pode escolher uma língua em 5 maneiras e para cada uma destas existem 4 formas de escolher uma ciência.

Portanto, o número procurado $= 5 \cdot 4 = 20$ maneiras.

25.4 Em quantas maneiras 2 prêmios diferentes podem ser conferidos entre 10 concorrentes se ambos (a) não podem ser dados à mesma pessoa, (b) podem ser concedidos à mesma pessoa?

Solução

(a) O primeiro prêmio pode ser conferido em 10 maneiras distintas e, quando entregue, o segundo prêmio poderá ser dado em 9 maneiras, pois os dois não podem ser entregues para o mesmo concorrente.

Portanto, o número procurado $= 10 \cdot 9 = 90$ maneiras.

(b) O primeiro prêmio pode ser conferido em 10 maneiras e o segundo também, pois ambos podem ser dados ao mesmo concorrente.

Portanto, o número procurado $= 10 \cdot 10 = 100$ maneiras.

25.5 De quantas formas 5 cartas podem ser enviadas se há 3 caixas de correio disponíveis?

Solução

Cada uma das 5 cartas pode ser enviada em qualquer uma das 3 caixas de correio.

Portanto, o número requerido $= 3 \cdot 3 \cdot 3 \cdot 3 \cdot 3 = 3^5 = 243$ maneiras.

25.6 Existem 4 candidatos para presidente de um clube, 6 para vice-presidente e 2 para secretário. De quantas formas estes três cargos podem ser preenchidos?

Solução

Um presidente pode ser selecionado em 4 maneiras, um vice-presidente em 6 maneiras e um secretário em 2 maneiras. Portanto, o número procurado $= 4 \cdot 6 \cdot 2 = 48$ maneiras.

25.7 Em quantas ordens diferentes 5 pessoas podem sentar-se em uma fila?

Solução

A primeira pessoa pode escolher qualquer um dentre 5 assentos e após ela estar sentada, a segunda pessoa pode optar por qualquer um dentre 4 assentos etc. Portanto, o número procurado $= 5 \cdot 4 \cdot 3 \cdot 2 \cdot 1 = 120$ ordens.

Alternativamente. O número de ordens = o número de arranjos de 5 pessoas tomadas todas de uma vez

$$= {}_5P_5 = 5! = 5 \cdot 4 \cdot 3 \cdot 2 \cdot 1 = 120 \text{ ordens}.$$

25.8 De quantas formas 7 livros podem ser organizados em uma estante?

Solução

O número de maneiras = o número de permutações de 7 livros tomados ao mesmo tempo

$$= {}_7P_7 = 7! = 7 \cdot 6 \cdot 5 \cdot 4 \cdot 3 \cdot 2 \cdot 1 = 5040 \text{ maneiras.}$$

25.9 Doze retratos distintos estão disponíveis, dos quais 4 devem ser pendurados em um fio. De quantas formas isto pode ser feito?

Solução

O primeiro lugar pode ser ocupado por qualquer um dos 12 retratos, o segundo lugar por qualquer um de 11, o terceiro por qualquer um entre 10 e o quarto por qualquer um de 9.

Portanto, o número procurado = $12 \cdot 11 \cdot 10 \cdot 9$ = maneiras.

Alternativamente. O número de maneiras = o número de arranjos de 12 retratos tomados 4 de cada vez

$$= {}_{12}P_4 = 12 \cdot 11 \cdot 10 \cdot 9 = 11\,880 \text{ maneiras.}$$

25.10 5 homens e 4 mulheres devem sentar-se em uma fila de forma que as mulheres ocupem as posições pares. Quantas organizações deste tipo são possíveis?

Solução

Os homens podem sentar-se em ${}_5P_5$ maneiras e as mulheres em ${}_4P_4$ maneiras. Cada arranjo dos homens pode ser associado a uma organização das mulheres.

Portanto, o número de permutações = ${}_5P_5 \cdot {}_4P_4 = 5!4! = 120 \cdot 24 = 2880$.

25.11 Em quantas ordens 7 retratos distintos podem ser pendurados em um fio de maneira que 1 retrato específico esteja (*a*) no centro, (*b*) em uma das pontas?

Solução

(*a*) Como 1 certo retrato deve estar no centro, restam 6 retratos para ser organizados em uma linha. Portanto, o número de ordens = ${}_6P_6 = 6! = 720$.

(*b*) Após o retrato específico ter sido pendurado em qualquer uma das duas maneiras, os 6 restantes podem ser organizados em ${}_6P_6$ formas.

Portanto, o número de ordens = $2 \cdot {}_6P_6 = 1440$.

25.12 De quantas formas 9 livros distintos podem ser organizados em uma estante de forma que (*a*) 3 destes livros estejam sempre juntos, (*b*) 3 destes livros nunca estejam todos juntos?

Solução

(*a*) Os 3 livros especificados podem ser organizados entre si de ${}_3P_3$ formas. Como os 3 livros estão sempre juntos, eles podem ser considerados como 1 objeto. Então, junto aos outros 6 livros (coisas) temos um total de 7 coisas que podem ser organizadas em ${}_7P_7$ maneiras.

Número total = ${}_3P_3 \cdot {}_7P_7 = 3!7! = 6 \cdot 5040 = 30\,240$ maneiras.

(*b*) Número de maneiras que 9 livros podem ser organizados em uma estante sem restrições = $9! = 362\,880$ formas.

Número de maneiras nas quais 9 livros são organizados em uma estante quando 3 livros estão sempre juntos (do item (*a*) acima) $3!7! = 30\,240$ maneiras.

Portanto, o número de formas nas quais 9 livros podem ser arranjados em uma estante de forma que 3 livros específicos não estão todos juntos = $362\,880 - 30\,240 = 332\,640$ maneiras.

25.13 Em quantas formas n mulheres podem sentar-se em uma fila de forma que duas mulheres em particular não estejam uma ao lado da outra?

Solução

Sem restrições, n mulheres podem estar sentadas em uma fila de $_nP_n$ maneiras. Caso duas delas devam sentar-se uma ao lado da outra, o número de permutações $= 2!(_{n-1}P_{n-1})$.

Portanto, o número de maneiras que n mulheres podem sentar-se em uma fila de forma que duas mulheres em particular não se sentem uma ao lado da outra $= {_nP_n} - 2(_{n-1}P_{n-1}) = n! - 2(n-1)! = n(n-1)! - 2(n-1) = (n-2)\cdot(n-1)!$.

25.14 Seis livros de biologia distintos, cinco livros de química distintos e dois livros de física distintos devem ser organizados em uma estante de maneira que os livros de biologia fiquem juntos, os de química fiquem juntos e os de física também. Quantas organizações deste tipo são possíveis?

Solução

Os livros de biologia podem ser organizados entre si em 6! maneiras, os de química em 5! maneiras, os de física em 2! maneiras e os três grupos em 3! maneiras.

O número procurado de permutações $= 6!5!2!3! = 1\,036\,800$.

25.15 Determine o número de palavras distintas com 5 letras cada que podem ser formadas com as letras da palavra *problema* (a) se cada letra é utilizada no máximo uma vez, (b) se cada letra pode ser repetida em qualquer organização (estas palavras não precisam ter significado).

Solução

(a) Número de palavras = arranjos de 8 letras distintas tomadas 5 de cada vez $= {_8P_5} = 8\cdot 7\cdot 6\cdot 5\cdot 4 = 6720$ palavras.

(b) Número de palavras $= 8\cdot 8\cdot 8\cdot 8\cdot 8 = 8^5 = 32\,768$ palavras.

25.16 Quantos números podem ser formados utilizando-se 4 dentre os 5 dígitos 1, 2, 3, 4 e 5 (a) se os dígitos não podem ser repetidos em nenhum número, (b) se eles podem ser repetidos? Caso os dígitos não possam ser repetidos, quantos dos números de 4 dígitos (c) começam com 2, (d) terminam com 25?

Solução

(a) Números formados $= {_5P_4} = 5\cdot 4\cdot 3\cdot 2 = 120$ números.

(b) Números formados $= 5\cdot 5\cdot 5\cdot 5 = 5^4 = 625$ números.

(c) Como o primeiro dígito de cada número está especificado, restam 4 dígitos a ser organizados em três posições.

Números formados $= {_4P_3} = 4\cdot 3\cdot 2 = 24$ números.

(d) Como os dois últimos dígitos de cada número estão especificados, restam 3 dígitos a ser organizados em duas posições.

Números formados $= {_3P_2} = 3\cdot 2 = 6$ números.

25.17 Quantos números de 4 dígitos podem ser formados com os 10 dígitos 0, 1, 2, 3,..., 9 (a) se cada dígito deve ser utilizado apenas uma vez em cada número? (b) Quantos destes números são ímpares?

Solução

(a) O primeiro lugar pode ser preenchido por qualquer um dos 10 dígitos exceto 0, i.e., por qualquer um de 9 dígitos. Os 9 dígitos restantes podm ser organizados nas outras 3 posições em $_9P_3$ maneiras.

Números formados $= 9\cdot {_9P_3} = 9(9\cdot 8\cdot 7) = 4536$ números.

(b) O último lugar pode ser preenchido por qualquer um dos 5 dígitos ímpares, 1, 3, 5, 7, 9. O primeiro lugar deve ser preenchido por qualquer um dos 8 dígitos, i.e., pelos 4 ímpares restantes e pelos dígitos pares, 2, 4, 6, 8. Os 8 dígitos restantes podem ser organizados nas duas posições centrais em $_8P_2$ maneiras.

Números formados $= 5\cdot 8\cdot {_8P_2} = 5\cdot 8\cdot 8\cdot 7 = 2240$ números ímpares.

25.18 (*a*) Quantos números de 5 dígitos podem ser formados a partir dos 10 dígitos 0, 1, 2, 3,..., 9, com repetições permitidas? Quantos destes números (*b*) começam com 40, (*c*) são pares, (*d*) são divisíveis por 5?

Solução

(*a*) O primeiro lugar pode ser preenchido por qualquer um dos 9 dígitos (qualquer um dos 10 exceto o 0). Cada uma das outras 4 posições pode ser preenchida por qualquer um dos 10 dígitos de qualquer maneira.

Números formados = $9 \cdot 10 \cdot 10 \cdot 10 \cdot 10 = 9 \cdot 10^4 = 90\,000$ números.

(*b*) Os 2 primeiros lugares podem ser preenchidos de uma maneira, por 40. Os outros 3 lugares podem ser preenchidos por qualquer um dos 10 dígitos de qualquer forma.

Números formados = $1 \cdot 10 \cdot 10 \cdot 10 = 10^3 = 1000$ números.

(*c*) O primeiro lugar pode ser preenchido de 9 formas e o último em 5 maneiras (0, 2, 4, 6, 8). Cada uma das outras 3 posições pode ser preenchida por qualquer um dos 10 dígitos de qualquer forma.

Números pares = $9 \cdot 10 \cdot 10 \cdot 10 \cdot 5 = 45\,000$ números.

(*d*) O primeiro lugar pode ser ocupado de 9 maneiras, o último em duas maneiras (0, 5) e as outras 3 posições em 10 formas cada.

Números divisíveis por 5 = $9 \cdot 10 \cdot 10 \cdot 10 \cdot 2 = 18\,000$ números.

25.19 Quantos números entre 3000 e 5000 podem ser formados utilizando os 7 dígitos 0, 1, 2, 3, 4, 5, 6 se nenhuma repetição for permitida?

Solução

Como os números estão entre 3000 e 5000, eles possuem 4 dígitos. O primeiro lugar pode ser preenchido de duas maneiras, i.e., pelos dígitos 3 e 4. Então os 6 dígitos restantes podem ser organizados nas outras 3 posições em $_6P_3$ maneiras.

Números formados = $2 \cdot {_6P_3} = 2(6 \cdot 5 \cdot 4) = 240$ números.

25.20 A partir de 11 romances e 3 dicionários, 4 romances e 1 dicionário devem ser selecionados e organizados em uma estante de forma que o dicionário esteja sempre no meio. Quantos arranjos deste tipo são possíveis?

Solução

O dicionário pode ser escolhido de 3 formas. O número de organizações de 11 romances tomados 4 de cada vez é $_{11}P_4$. O número de arranjos = $3 \cdot {_{11}P_4} = 3(11 \cdot 10 \cdot 9 \cdot 8) = 23\,760$.

25.21 Quantos sinais podem ser feitos com 5 bandeiras diferentes erguendo-se qualquer quantidade delas a cada instante?

Solução

Os sinais podem ser feitos levantando-se as bandeiras 1, 2, 3, 4 e 5 a cada instante. Portanto, o número total de sinais é

$$_5P_1 + {_5P_2} + {_5P_3} + {_5P_4} + {_5P_5} = 5 + 20 + 60 + 120 + 120 = 325 \text{ sinais.}$$

25.22 Calcule a soma dos números de 4 dígitos que podem ser formados com os quatro dígitos 2, 5, 3, 8 se cada um deve ser utilizado apenas uma vez em cada arranjo.

Solução

O número de ordens é $_4P_4 = 4! = 4 \cdot 3 \cdot 2 \cdot 1 = 24$.

A soma dos dígitos = $2 + 5 + 3 + 8 = 18$ e cada dígito irá ocorrer $24/4 = 6$ vezes nas posições das unidades, dezenas, centenas e milhares. Portanto, a soma de todos os números formados é

$$1(6 \cdot 18) + 10(6 \cdot 18) + 100(6 \cdot 18) + 1000(6 \cdot 18) = 119\,988.$$

25.23 (*a*) Quantos arranjos podem ser feitos a partir das letras da palavra *cooperador* todas pegas de uma só vez? Quantas destas organizações (*b*) possuem os três *o*s juntos, (*c*) começam com os dois *r*s?

Solução

(a) A palavra *cooperador* é constituída por 10 letras: 3 *o*s, 2 *r*s e 5 letras distintas.

$$\text{Número de permutações} = \frac{10!}{3!2!} = \frac{10 \cdot 9 \cdot 8 \cdot 7 \cdot 6 \cdot 5 \cdot 4 \cdot 3 \cdot 2 \cdot 1}{(1 \cdot 2 \cdot 3)(1 \cdot 2)} = 302\,400.$$

(b) Considere os 3 *o*s como uma letra. Então temos 8 letras das quais 2 *r*s são iguais.

$$\text{Número de permutações} = \frac{8!}{2!} = 20\,160.$$

(c) O número de arranjos das 8 letras restantes, das quais 3 *o*s são iguais = $8!/3! = 6720$.

25.24 Existem 3 cópias para cada um de 4 livros distintos. Em quantas maneiras diferentes eles podem ser organizados em uma estante?

Solução

Existem $3 \cdot 4 = 12$ livros dos quais 3 são iguais, outros 3 são iguais etc.

$$\text{Número de permutações} = \frac{(3 \cdot 4)!}{3!3!3!3!} = \frac{12!}{(3!)^4} = 369\,600.$$

25.25 (a) Em quantas maneiras 5 pessoas podem sentar-se ao redor de uma mesa circular?
(b) De quantas formas 8 pessoas conseguem sentar-se ao redor de uma mesa circular se duas pessoas em particular sempre devem sentar juntas?

Solução

(a) Deixe uma pessoa sentada em qualquer lugar. Então as 4 pessoas restantes podem se distribuir em 4! maneiras. Portanto, existem $4! = 24$ maneiras de se organizar 5 pessoas em um círculo.

(b) Considere as duas pessoas em particular como uma só. Como existem 2! formas de se arranjar duas pessoas entre elas mesmas e 6! formas de se organizar 7 pessoas em um círculo, o número procurado = $2!6! = 2 \cdot 720 = 1440$ maneiras.

25.26 De quantas formas 4 homens e 4 mulheres podem sentar-se ao redor de uma mesa circular se cada mulher deve ficar entre dois homens?

Solução

Considere que os homens sentam-se antes. Então os homens podem ser organizados em 3! maneiras e as mulheres em 4! maneiras.

O número de arranjos circulares = $3!4! = 144$.

25.27 Quantas pulseiras distintas podem ser construídas colocando-se 9 contas coloridas no mesmo cordão?

Solução

Existem 8! organizações das contas na pulseira, mas metade destas pode ser obtida da outra metade simplesmente ao se virar a pulseira.

Portanto, existem $\frac{1}{2}(8!) = 20\,160$ diferentes pulseiras.

25.28 Em cada caso, encontre n: (a) $_nC_{n-2} = 10$, (b) $_nC_{15} = {_nC_{11}}$, (c) $_nP_4 = 30 \cdot {_nC_5}$.

Solução

(a) $_nC_{n-2} = {_nC_2} = \dfrac{n(n-1)}{2!} = \dfrac{n^2 - n}{2} = 10,$ $n^2 - n - 20 = 0,$ $n = 5$

(b) $_nC_r = {_nC_{n-r}},$ $_nC_{15} = {_nC_{n-11}},$ $15 = n - 11,$ $n = 26$

(c) $30 \cdot {}_nC_5 = 30\left(\dfrac{{}_nP_5}{5!}\right) = \dfrac{30 \cdot {}_nP_4 \cdot (n-4)}{5!}$

Então ${}_nP_4 = \dfrac{30 \cdot {}_nP_4 \cdot (n-4)}{5!}, \qquad 1 = \dfrac{30(n-4)}{120}, \qquad n = 8.$

25.29 Dados ${}_nP_r = 3024$ e ${}_nC_r = 126$, encontre r.

Solução

$${}_nP_r = r!({}_nC_r), \qquad r! = \dfrac{{}_nP_r}{{}_nC_r} = \dfrac{3024}{126} = 24, \qquad r = 4$$

25.30 Quantos conjuntos distintos de 4 alunos podem ser escolhidos a partir de 17 estudantes qualificados para representar uma escola em um campeonato de matemática?

Solução

O número de conjuntos = o número de combinações de 4 dentre 17 alunos

$$= {}_{17}C_4 = \dfrac{17 \cdot 16 \cdot 15 \cdot 14}{1 \cdot 2 \cdot 3 \cdot 4} = 2380 \text{ conjuntos de 4 alunos.}$$

25.31 De quantas maneiras 5 modelos podem ser escolhidos dentre 8?

Solução

O número de maneiras = o número de combinações de 5 dentre 8 modelos

$$= {}_8C_5 = {}_8C_3 = \dfrac{8 \cdot 7 \cdot 6}{1 \cdot 2 \cdot 3} = 56 \text{ maneiras.}$$

25.32 De quantas formas 12 livros podem ser divididos entre A e B para que um obtenha 9 livros e outro 3?

Solução

Em cada divisão de 12 livros em 9 e 3, A pode ficar com os 9 e B com os 3 ou vice-versa.

Portanto, o número de maneiras $= 2 \cdot {}_{12}C_9 = 2 \cdot {}_{12}C_3 = 2\left(\dfrac{12 \cdot 11 \cdot 10}{1 \cdot 2 \cdot 3}\right) = 440 \text{ formas.}$

25.33 Determine o número de triângulos distintos que podem ser formados ligando-se os seis vértices de um hexágono, com os vértices de cada triângulo pertencendo ao hexágono.

Solução

O número de triângulos = o número de combinações de 3 dentre 6 pontos

$$= {}_6C_3 = \dfrac{6 \cdot 5 \cdot 4}{1 \cdot 2 \cdot 3} = 20 \text{ triângulos.}$$

25.34 Quantos ângulos menores que $180°$ podem ser formados por 12 linhas retas que terminam em um ponto, sendo que nenhum par destas linhas pertence à mesma reta?

Solução

O número de ângulos = o número de combinações de duas entre 12 retas

$$= {}_{12}C_2 = \dfrac{12 \cdot 11}{1 \cdot 2} = 66 \text{ ângulos}$$

25.35 Quantas diagonais possui um octógono?

Solução

Quantidade de retas formadas = número de combinações de 2 entre 8 vértices (pontos) = $_8C_2 = \dfrac{8 \cdot 7}{2} = 28$.

Como 8 destas 28 linhas são os lados do octógono, o número de diagonais = 20.

25.36 Quantos paralelogramos são formados por um conjunto de 4 retas paralelas intersectando outro conjunto de 7 retas paralelas?

Solução

Cada combinação de duas retas dentre as 4 pode intersectar cada combinação de duas retas dentre as 7 para formar um paralelogramo.

O número de paralelogramos = $_4C_2 \cdot {}_7C_2 = 6 \cdot 21 = 126$.

25.37 Existem 10 pontos em um plano. Nenhum conjunto de três pontos está em uma reta, exceto 4 pontos que pertencem à mesma linha reta. Quantas retas podem ser formadas ligando-se os 10 pontos?

Solução

O número de retas formadas sem que conjuntos de 3 dos 10 pontos estejam em uma linha reta = $_{10}C_2 = \dfrac{10 \cdot 9}{2} = 45$.

O número de retas formadas por 4 pontos, sem que conjuntos de 3 sejam colineares = $_4C_2 = \dfrac{4 \cdot 3}{2} = 6$.

Como os 4 pontos são colineares, eles formam uma reta em vez de 6.

O número procurado = $45 - 6 + 1 = 40$ retas.

25.38 De quantas formas 3 mulheres podem ser selecionadas dentre 15 mulheres?

(*a*) se uma das mulheres deve ser incluída em todas as seleções,

(*b*) se duas das mulheres devem ser excluídas de cada seleção,

(*c*) se uma deve ser sempre incluída e duas sempre excluídas.

Solução

(*a*) Como uma está sempre incluída, devemos selecionar duas dentre 14 mulheres.

$$\text{Portanto, o número de maneiras} = {}_{14}C_2 = \dfrac{14 \cdot 13}{2} = 91.$$

(*b*) Como duas devem ser sempre excluídas, devemos selecionar 3 das 13 mulheres.

$$\text{Portanto, o número de maneiras} = {}_{13}C_3 = \dfrac{13 \cdot 12 \cdot 11}{3!} = 286.$$

(*c*) o número de formas = $_{15-1-2}C_{3-1} = {}_{12}C_2 = \dfrac{12 \cdot 11}{2} = 66$.

25.39 Uma organização tem 25 membros, dos quais 4 são doutores. De quantas maneiras um comitê composto por 3 membros pode ser selecionado de forma a incluir pelo menos um doutor?

Solução

Número total de formas de selecionar-se 3 dentre 25 = $_{25}C_3$.

Número de formas nas quais 3 podem ser selecionados sem que algum doutor seja incluído $_{25-4}C_3 = {}_{21}C_3$.

Então o número de maneiras nas quais 3 membros podem ser selecionados de forma que pelo menos um doutor seja incluído é

$$_{25}C_3 - {}_{21}C_3 = \dfrac{25 \cdot 24 \cdot 23}{3!} - \dfrac{21 \cdot 20 \cdot 19}{3!} = 970 \text{ maneiras.}$$

25.40 De um grupo de 6 químicos e 5 biólogos deve ser formado um comitê com 7 pessoas, de forma a incluir 4 químicos. De quantas maneiras isto pode ser feito?

Solução

Cada seleção de 4 dentre 6 químicos pode ser associada a cada seleção de 3 dentre 5 biólogos.

Portanto, o número de formas $= {}_6C_4 \cdot {}_5C_3 = {}_6C_2 \cdot {}_5C_2 = 15 \cdot 10 = 150$.

25.41 Dadas 8 consoantes e 4 vogais, quantas palavras com 5 letras podem ser formadas, cada uma constituída por 3 consoantes distintas e duas vogais diferentes?

Solução

As 3 consoantes distintas podem ser selecionadas em ${}_8C_3$ formas, as duas vogais distintas em ${}_4C_2$ formas e as 5 letras diferentes (3 consoantes e duas vogais) podem ser organizadas entre si em ${}_5P_5 = 5!$ maneiras.

Portanto, o número de palavras $= {}_8C_3 \cdot {}_4C_2 \cdot 5! = 56 \cdot 6 \cdot 120 = 40\,320$.

25.42 De um conjunto de 7 letras maiúsculas, 3 vogais e 5 consoantes quantas palavras de 4 letras podem ser formadas se cada palavra começa com uma maiúscula e contém pelo menos uma vogal, com todas as letras de cada palavra distintas entre si?

Solução

A primeira letra, ou maiúscula, pode ser selecionada de 7 maneiras.

As letras restantes podem ser

(*a*) Uma vogal e duas consoantes, que podem ser selecionadas de ${}_3C_1 \cdot {}_5C_2$ formas,

(*b*) Duas vogais e uma consoante, que podem ser selecionadas de ${}_3C_2 \cdot {}_5C_1$ formas e

(*c*) 3 vogais que podem ser selecionadas de ${}_3C_3 =$ uma forma.

Estas seleções de 3 letras podem ser organizadas entre si de ${}_3P_3 = 3!$ maneiras.

Portanto, o número de palavras $= 7 \cdot 3!({}_3C_1 \cdot {}_5C_2 + {}_3C_2 \cdot {}_5C_1 + 1) = 7 \cdot 6(3 \cdot 10 + 3 \cdot 5 + 1) = 1932$.

25.43 *A* possui 3 mapas enquanto *B* tem 9. Determine o número de maneiras na qual eles podem trocar os mapas se cada um deve continuar com a quantidade inicial de mapas.

Solução

A pode trocar 1 mapa com *B* em ${}_3C_1 \cdot {}_9C_1 = 3 \cdot 9 = 27$ maneiras.

A pode trocar 2 mapas com *B* em ${}_3C_2 \cdot {}_9C_2 = 3 \cdot 36 = 108$ maneiras.

A pode trocar 3 mapas com *B* em ${}_3C_3 \cdot {}_9C_3 = 1 \cdot 84 = 84$ maneiras.

Número total de maneiras $= 27 + 108 + 84 = 219$.

Método alternativo. Considere que *A* e *B* colocam seus mapas juntos. Então o problema é encontrar o número de formas que *A* pode selecionar 3 mapas dentre 12, sem incluir o caso em que *A* seleciona seus três mapas originais.

$$\text{Portanto, } {}_{12}C_3 - 1 = \frac{12 \cdot 11 \cdot 10}{1 \cdot 2 \cdot 3} - 1 = 219 \text{ maneiras.}$$

25.44 (*a*) De quantas formas 12 livros podem ser distribuídos entre 3 alunos de forma que cada um receba 4 livros?

(*b*) De quantas formas 12 livros podem ser distribuídos entre 3 grupos de 4 cada?

Solução

(a) O primeiro aluno pode selecionar 4 dentre 12 livros em $_{12}C_4$ maneiras.

O segundo aluno pode selecionar 4 dos 8 livros restantes em $_8C_4$ maneiras.

O terceiro aluno pode selecionar 4 dos 4 livros restantes de uma forma.

Número de maneiras = $_{12}C_4 \cdot {}_8C_4 \cdot 1 = 495 \cdot 70 \cdot 1 = 34\,650$.

(b) Os 3 grupos podem ser distribuídos entre os estudantes em $3! = 6$ maneiras.

Portanto, o número de grupos = $34\,650/3! = 5775$.

25.45 De quantas formas uma pessoa pode escolher 1 ou mais dentre 4 aparelhos eletrodomésticos?

Solução

Para cada aparelho existem duas possibilidades, ser escolhido ou não. Como para cada uma das duas possibilidades para um aparelho existem duas possibilidades para cada um dos outros, o número total de maneiras de se escolher dentre os 4 aparelhos é = $2 \cdot 2 \cdot 2 \cdot 2 = 2^4$. Mas 2^4 inclui o caso no qual nenhum aparelho é escolhido.

Assim, o número procurado é = $2^4 - 1 = 16 - 1 = 15$ maneiras.

Método alternativo. Os aparelhos podem ser selecionados separadamente, em duplas etc. Portanto o número de maneiras = $_4C_1 + {}_4C_2 + {}_4C_3 + {}_4C_4 = 4 + 6 + 4 + 1 = 15$.

25.46 Quantas diferentes quantias de dinheiro podem ser retiradas de uma carteira contendo uma nota de cada tipo 1, 2, 5, 10, 20 e 50 reais?

Solução

Número de quantias = $2^6 - 1 = 63$.

25.47 De quantas formas duas ou mais gravatas podem ser selecionadas dentre 8?

Solução

Uma ou mais gravatas podem ser selecionadas em $(2^8 - 1)$ maneiras. Mas como duas ou mais podem ser escolhidas, o número procurado é = $2^8 - 1 - 8 = 247$ maneiras.

Método alternativo. 2, 3, 4, 5, 6, 7 ou 8 gravatas podem ser selecionadas em

$$_8C_2 + {}_8C_3 + {}_8C_4 + {}_8C_5 + {}_8C_6 + {}_8C_7 + {}_8C_8 = {}_8C_2 + {}_8C_3 + {}_8C_4 + {}_8C_3 + {}_8C_2 + {}_8C_1 + 1$$
$$= 28 + 56 + 70 + 56 + 28 + 8 + 1 = 247 \text{ maneiras.}$$

25.48 Estão à disposição 5 corantes verdes distintos, 4 corantes azuis distintos e 3 corantes vermelhos distintos. Quantas seleções de corantes podem ser feitas, tomando-se pelo menos 1 corante verde e 1 azul?

Solução

Os corantes verdes podem ser escolhidos em $(2^5 - 1)$ maneiras, os azuis em $(2^4 - 1)$ maneiras e os vermelhos em 2^3 maneiras.

Número de seleções $(2^5 - 1)(2^4 - 1)(2^3) = 31 \cdot 15 \cdot 8 = 3720$.

Problemas Complementares

25.49 Calcule $_{16}P_3$, $_7P_4$, $_5P_5$, $_{12}P_1$.

25.50 Encontre n se (a) $10 \cdot {}_nP_2 = {}_{n+1}P_4$, (b) $3 \cdot {}_{2n+4}P_3 = 2 \cdot {}_{2n+4}P_4$.

25.51 Em quantas maneiras 6 pessoas podem sentar-se em um banco?

25.52 Com 4 bandeiras sinalizadoras possuindo cores diferentes, quantos sinais distintos podem ser feitos apresentando-se duas bandeiras, uma acima da outra?

25.53 Com seis bandeiras sinalizadoras de cores distintas, quantos sinais diferentes podem ser feitos apresentando-se 3 bandeiras uma sobre a outra?

25.54 De quantas formas um clube com 12 membros pode escolher um presidente, um secretário e um tesoureiro?

25.55 Se não há livros iguais, de quantas formas 2 livros vermelhos, 3 verdes e 4 azuis podem ser organizados em uma estante de forma que todos os de mesma cor fiquem juntos?

25.56 Há quatro ganchos na parede. De quantas formas 3 casacos podem ser pendurados neles, um por gancho?

25.57 Quantos números de dois dígitos podem ser formados a partir dos dígitos 0, 3, 5, 7 se nenhuma repetição é permitida?

25.58 Quantos números pares com dois dígitos distintos podem ser formados com os dígitos 3, 4, 5, 6, 8?

25.59 Quantos números de três dígitos podem ser formados a partir dos dígitos 1, 2, 3, 4, 5 se nenhum deles for repetido?

25.60 Quantos números de três dígitos podem ser escritos com os dígitos 1, 2,..., 9 se nenhum deles deve ser repetido em qualquer número?

25.61 Quantos números de três dígitos podem ser formados com os dígitos 3, 4, 5, 6, 7 se repetições são permitidas?

25.62 Quantos números ímpares de três dígitos podem ser formados, sem repetição de nenhum dígito, a partir de (*a*) 1, 2, 3, 4, (*b*) 1, 2, 4, 6, 8?

25.63 Quantos números pares de quatro dígitos distintos podem ser formados a partir dos dígitos 3, 5, 6, 7, 9?

25.64 Quantos números distintos de 5 dígitos podem ser formados a partir dos dígitos 2, 3, 5, 7, 9 sem repetições?

25.65 Quantos inteiros existem entre 100 e 1000 nos quais não há dígitos repetidos?

25.66 Quantos inteiros maiores que 300 e menores que 1000 podem ser feitos com os dígitos 1, 2, 3, 4, 5 sem nenhum deles repetido?

25.67 Quantos números entre 100 e 1000 podem ser escritos com os dígitos 0, 1, 2, 3, 4 sem repetições?

25.68 Quantos números de quatro dígitos maiores que 2000 podem ser formados com os dígitos 1, 2, 3, 4 se repetições (*a*) não são permitidas, (*b*) são permitidas?

25.69 Quantas organizações das letras na palavra *problemas* iniciam por uma vogal e terminam em uma consoante?

25.70 Em um sistema telefônico, quatro letras distintas, *P*, *R*, *S*, *T* e os quatro dígitos 3, 5, 7, 8 são utilizados. Encontre o número máximo de "números telefônicos" que o sistema pode ter se cada um é constituído por uma letra seguida por um número de quatro dígitos com repetições permitidas.

25.71 Em quantas maneiras 3 meninas e 3 meninos podem sentar-se em uma fila, sem que duas meninas ou dois meninos ocupem lugares adjacentes?

25.72 Quantos códigos de 4 caracteres podem ser feitos utilizando três pontos e dois traços?

25.73 De quantas maneiras três dados podem cair?

25.74 Quantas fraternidades podem ser nomeadas com as 24 letras do alfabeto grego se cada uma tem três letras, com nenhuma repetida?

25.75 Quantos sinais podem ser mostrados com 8 bandeiras das quais duas são vermelhas, 3 brancas e 3 azuis se todas forem erguidas em um mastro de uma só vez?

25.76 De quantas formas 4 homens e 4 mulheres podem sentar ao redor de uma mesa circular de maneira que não tenham dois homens sentados um ao lado do outro?

25.77 Quantos arranjos distintos são possíveis com os fatores do termo $a^2b^4c^5$ escrito por extenso?

25.78 De quantas formas 9 prêmios distintos podem ser concedidos a dois alunos de maneira que um receba 3 e o outro 6?

25.79 Quantas estações de rádio distintas podem ser nomeadas com 3 letras diferentes do alfabeto? Quantas com 4 letras diferentes nas quais *W* é a primeira?

25.80 Em cada caso encontre *n*: (*a*) $4 \cdot {}_nC_2 = {}_{n+2}C_3$, (*b*) ${}_{n+2}C_n = 45$, (*c*) ${}_nC_{12} = {}_nC_8$

25.81 Se $5 \cdot {}_nP_3 = 24 \cdot {}_nC_4$, encontre *n*.

25.82 Calcule (*a*) ${}_7C_7$, (*b*) ${}_5C_3$, (*c*) ${}_7C_2$, (*d*) ${}_7C_5$, (*e*) ${}_7C_6$, (*f*) ${}_8C_7$, (*g*) ${}_8C_5$, (*h*) ${}_{100}C_{98}$.

25.83 Quantas linhas retas são determinadas por (*a*) 6, (*b*) *n* pontos, tais que nenhum conjunto de três pontos pertence à mesma reta?

25.84 Quantas cordas ficam determinadas por sete pontos em um círculo?

25.85 Um aluno pode escolher 5 questões de 9. Em quantas maneiras ele pode fazer a escolha?

25.86 Quantas somas distintas de dinheiro podem ser formadas ao se retirar duas moedas dentre as seguintes: um centavo, cinco centavos, dez centavos, vinte e cinco centavos, cinquenta centavos?

25.87 Quantas somas distintas de dinheiro podem ser formadas pelas moedas do Problema 25.86?

25.88 Uma liga de beisebol é formada por 6 times. Se cada time deve jogar com cada um dos outros (*a*) duas vezes, (*b*) três vezes, quantos jogos irão ocorrer?

25.89 Quantos comitês diferentes de dois homens e uma mulher podem ser formados a partir de (*a*) 7 homens e 4 mulheres, (*b*) 5 homens e 3 mulheres?

25.90 De quantas formas 5 cores podem ser selecionadas dentre 8 cores diferentes incluindo vermelho, azul e verde

(*a*) se azul e verde sempre são incluídos,

(*b*) se vermelho é sempre excluído,

(*c*) se vemelho e azul são sempre incluídos mas verde é excluído?

25.91 A partir de 5 físicos, 4 químicos e 3 matemáticos uma comissão de 6 pessoas deve ser escolhida de forma a incluir 3 físicos, 2 químicos e 1 matemático. De quantas maneiras isto pode ser realizado?

25.92 No Problema 25.91, de quantas formas a comissão de 6 pode ser escolhida para que

(*a*) 2 membros da comissão sejam matemáticos.

(*b*) pelo menos 3 membros da comissão sejam físicos?

25.93 Quantas palavras de duas vogais e 3 consoantes podem ser formadas (considerando como palavra qualquer conjunto) a partir das letras da palavra (*a*) *stenographic*, (*b*) antecipou?

25.94 De quantas maneiras um retrato pode ser pintado se 7 cores distintas estão disponíveis para o uso?

25.95 De quantas formas 8 mulheres podem formar uma comissão se pelo menos 3 mulheres devem estar na comissão?

25.96 Uma caixa contém 7 cartas vermelhas, 6 brancas e 4 azuis. Quantas seleções de três cartas podem ser feitas de maneira que (*a*) as três sejam vermelhas, (*b*) nenhuma seja vermelha?

25.97 Quantos times com nove jogadores podem ser escolhidos a partir de 13 candidatos se A, B, C, D são os únicos candidatos a duas posições e não podem jogar em outra?

25.98 Quantas comissões distintas, incluindo 3 democratas e 2 republicanos, podem ser escolhidas a partir de 8 republicanos e 10 democratas?

25.99 Em uma reunião, após todos terem cumprimentado uns aos outros uma vez cada, descobriu-se que 45 apertos de mão foram trocados. Quantas pessoas havia na reunião?

Respostas dos Problemas Complementares

25.49 3360, 840, 120, 12	**25.68** (a) 18, (b) 192	**25.83** (a) 15, (b) $\dfrac{n(n-1)}{2}$
25.50 (a) 4, (b) 6	**25.69** 90 720	**25.84** 21
25.51 720	**25.70** 1024	**25.85** 126
25.52 12	**25.71** 72	**25.86** 10
25.53 120	**25.72** 10	**25.87** 31
25.54 1320	**25.73** 216	**25.88** (a) 30, (b) 45
25.55 1728	**25.74** 12 144	**25.89** (a) 84, (b) 30
25.56 24	**25.75** 560	**25.90** (a) 20, (b) 21, (c) 10
25.57 9	**25.76** 144	**25.91** 180
25.58 12	**25.77** 6930	**25.92** (a) 378, (b) 462
25.59 60	**25.78** 168	**25.93** (a) 40 320, (b) 4800
25.60 504	**25.79** 15 600; 13 800	**25.94** 127
25.61 125	**25.80** (a) 2, 7, (b) 8, (c) 20	**25.95** 219
25.62 (a) 12, (b) 12	**25.81** 8	**25.96** (a) 35, (b) 120
25.63 24	**25.82** (a) 1, (b) 10,	**25.97** 216
25.64 120	(c) 21, (d) 21,	**25.98** 3360
25.65 648	(e) 7, (f) 8,	**25.99** 10
25.66 36	(g) 56, (h) 4950	
25.67 48		

Capítulo 26

O Teorema Binomial

26.1 NOTAÇÃO COMBINATORIAL

O número de combinações de n objetos selecionados r a r, $_nC_r$, pode ser escrito na forma

$$\binom{n}{r}$$

que é denominada notação combinatorial.

$$_nC_r = \frac{n!}{(n-r)!r!} = \binom{n}{r},$$

onde n e r são inteiros e $r \leq n$.

Exemplos 26.1 Calcule cada expressão.

(a) $\binom{7}{3}$ (b) $\binom{8}{7}$ (c) $\binom{9}{9}$ (d) $\binom{5}{0}$

(a) $\binom{7}{3} = \frac{7!}{(7-3)!3!} = \frac{7!}{4!3!} = \frac{7 \cdot 6 \cdot 5 \cdot 4!}{4!3 \cdot 2 \cdot 1} = 7 \cdot 5 = 35$

(b) $\binom{8}{7} = \frac{8!}{(8-7)!7!} = \frac{8!}{1!7!} = \frac{8 \cdot 7!}{1 \cdot 17!} = 8$

(c) $\binom{9}{9} = \frac{9!}{(9-9)!9!} = \frac{9!}{0!9!} = \frac{1}{0!} = \frac{1}{1} = 1$

(d) $\binom{5}{0} = \frac{5!}{(5-0)!0!} = \frac{5!}{5!0!} = \frac{1}{0!} = \frac{1}{1} = 1$

26.2 EXPANSÃO DE $(a + x)^n$

Se n é um inteiro positivo, expandimos $(a + x)^n$ como mostrado abaixo:

$$(a+x)^n = a^n + na^{n-1}x + \frac{n(n-1)}{2!}a^{n-2}x^2 + \frac{n(n-1)(n-2)}{3!}a^{n-3}x^3$$
$$+ \cdots + \frac{n(n-1)(n-2)\cdots(n-r+2)}{(r-1)!}a^{n-r+1}x^{r-1} + \cdots + x^n$$

Esta equação é chamada de teorema binomial, ou fórmula binomial.

Existem outras formas do teorema binomial e algumas utilizam combinações para expressar os coeficientes. A relação entre os coeficientes e as combinações segue abaixo.

$$\frac{5 \cdot 4}{2!} = \frac{5 \cdot 4 \cdot 3 \cdot 2 \cdot 1}{3 \cdot 2 \cdot 1 \cdot 2!} = \frac{5!}{3!2!} = \frac{5!}{(5-2)!2!} = \binom{5}{2}$$

$$\frac{n(n-1)(n-2)}{3!} = \frac{n(n-1)(n-2)\cdots 2 \cdot 1}{(n-3)!3!} = \frac{n!}{(n-3)!3!} = \binom{n}{3}$$

Logo,

$$(a+x)^n = a^n + \frac{n!}{(n-1)!1!}a^{n-1}x + \frac{n!}{(n-2)!2!}a^{n-2}x^2 + \cdots$$
$$+ \frac{n!}{(n-[r-1])!(r-1)!}a^{n-r+1}x^{r-1} + \cdots + x^n$$

e $\quad (a+x)^n = a^n + \binom{n}{1}a^{n-1}x + \binom{n}{2}a^{n-2}x^2 + \cdots + \binom{n}{r-1}a^{n-r+1}x^{r-1} + \cdots + x^n$

O r-ésimo termo da expansão de $(a+x)^n$ é

$$r\text{-ésimo termo} = \frac{n(n-1)(n-2)\cdots(n-r+2)}{(r-1)!}a^{n-r+1}x^{r-1}.$$

A fórmula do r-ésimo termo para a expansão de $(a+x)^n$ pode ser expressa em termos de combinações.

$$r\text{-ésimo termo} = \frac{n(n-1)(n-2)\cdots(n-r+2)}{(r-1)!}a^{n-r+1}x^{r-1}$$
$$= \frac{n(n-1)(n-2)\cdots(n-r+2)(n-r+1)\cdots 2 \cdot 1}{(n-r+1)(n-r)\cdots 2 \cdot 1(r-1)!}a^{n-r+1}x^{r-1}$$

$$r\text{-ésimo termo} = \frac{n!}{(n-[r-1])!(r-1)!}a^{n-r+1}x^{r-1}$$

$$r\text{-ésimo termo} = \binom{n}{r-1}a^{n-r+1}x^{r-1}$$

Problemas Resolvidos

26.1 Calcule cada expressão.

(a) $\binom{10}{2}$ (b) $\binom{10}{8}$ (c) $\binom{12}{10}$ (d) $\binom{170}{170}$

Solução

(a) $\binom{10}{2} = \frac{10!}{(10-2)!2!} = \frac{10!}{8!2!} = \frac{10 \cdot 9 \cdot 8!}{8! \cdot 2 \cdot 1} = 45$

(b) $\binom{10}{8} = \frac{10!}{(10-8)!8!} = \frac{10!}{2!8!} = \frac{10 \cdot 9 \cdot 8!}{2 \cdot 1 \cdot 8!} = 45$

(c) $\binom{12}{10} = \frac{12!}{(12-10)!10!} = \frac{12!}{2! \cdot 10!} = \frac{12 \cdot 11 \cdot 10!}{2 \cdot 1 \cdot 10!} = 66$

(d) $\binom{170}{170} = \frac{170!}{(170-170)!170!} = \frac{170!}{0! \cdot 170!} = \frac{1}{0!} = \frac{1}{1} = 1$

Expanda pela fórmula binomial.

26.2 $(a+x)^3 = a^3 + 3a^2x + \dfrac{3\cdot 2}{1\cdot 2}ax^2 + \dfrac{3\cdot 2\cdot 1}{1\cdot 2\cdot 3}x^3 = a^3 + 3a^2x + 3ax^2 + x^3$

26.3 $(a+x)^4 = a^4 + 4a^3x + \dfrac{4\cdot 3}{1\cdot 2}a^2x^2 + \dfrac{4\cdot 3\cdot 2}{1\cdot 2\cdot 3}ax^3 + \dfrac{4\cdot 3\cdot 2\cdot 1}{1\cdot 2\cdot 3\cdot 4}x^4 = a^4 + 4a^3x + 6a^2x^2 + 4ax^3 + x^4$

26.4 $(a+x)^5 = a^5 + 5a^4x + \dfrac{5\cdot 4}{1\cdot 2}a^3x^2 + \dfrac{5\cdot 4\cdot 3}{1\cdot 2\cdot 3}a^2x^3 + \dfrac{5\cdot 4\cdot 3\cdot 2}{1\cdot 2\cdot 3\cdot 4}a^2x^4 + x^5 = a^5 + 5a^4x + 10a^3x^2 + 10a^2x^3 + 5ax^4 + x^5$

Observe que na expansão de $(a+x)^n$:
(1) O expoente de a + o expoente de $x = n$ (i.e., o grau de cada termo é n).
(2) O número de termos é $n+1$, quando n é um inteiro positivo.
(3) Existem *dois* termos médios quando n é um inteiro positivo ímpar.
(4) Existe apenas *um* termo médio quando n é um inteiro positivo par.
(5) Os coeficientes dos termos que são equidistantes das extremidades são os mesmos. É interessante notar que estes coeficientes podem ser organizados como segue.

$$
\begin{array}{ll}
(a+x)^0 & 1 \\
(a+x)^1 & 1\ \ 1 \\
(a+x)^2 & 1\ \ 2\ \ 1 \\
(a+x)^3 & 1\ \ 3\ \ 3\ \ 1 \\
(a+x)^4 & 1\ \ 4\ \ 6\ \ 4\ \ 1 \\
(a+x)^5 & 1\ \ 5\ \ 10\ \ 10\ \ 5\ \ 1 \\
(a+x)^6 & 1\ \ 6\ \ 15\ \ 20\ \ 15\ \ 6\ \ 1 \\
\text{etc.}
\end{array}
$$

Este arranjo de números é conhecido como *Triângulo de Pascal*. O primeiro e o último número de cada fileira são iguais a 1, enquanto os outros podem ser obtidos adicionando-se os dois números à sua direita e à sua esquerda na linha anterior.

26.5 $(x - y^2)^6 = x^6 + 6x^5(-y^2) + \dfrac{6\cdot 5}{1\cdot 2}x^4(-y^2)^2 + \dfrac{6\cdot 5\cdot 4}{1\cdot 2\cdot 3}x^3(-y^2)^3 + \dfrac{6\cdot 5\cdot 4\cdot 3}{1\cdot 2\cdot 3\cdot 4}x^2(-y^2)^4$
$\qquad + \dfrac{6\cdot 5\cdot 4\cdot 3\cdot 2}{1\cdot 2\cdot 3\cdot 4\cdot 5}x(-y^2)^5 + (-y^2)^6$
$\qquad = x^6 - 6x^5y^2 + 15x^4y^4 - 20x^3y^6 + 15x^2y^8 - 6xy^{10} + y^{12}$

Na expansão de um binômio da forma $(a-b)^n$, onde n é um inteiro positivo, os termos são alternadamente $+$ e $-$.

26.6 $(3a^3 - 2b)^4 = (3a^3)^4 + 4(3a^3)^3(-2b) + \dfrac{4\cdot 3}{1\cdot 2}(3a^3)^2(-2b)^2 + \dfrac{4\cdot 3\cdot 2}{1\cdot 2\cdot 3}(3a^3)(-2b)^3 + (-2b)^4$
$\qquad = 81a^{12} - 216a^9b + 216a^6b^2 - 96a^3b^3 + 16b^4$

26.7 $(x-1)^7 = x^7 + 7x^6(-1) + \dfrac{7\cdot 6}{1\cdot 2}x^5(-1)^2 + \dfrac{7\cdot 6\cdot 5}{1\cdot 2\cdot 3}x^4(-1)^3 + \dfrac{7\cdot 6\cdot 5\cdot 4}{1\cdot 2\cdot 3\cdot 4}x^3(-1)^4$
$\qquad + \dfrac{7\cdot 6\cdot 5\cdot 4\cdot 3}{1\cdot 2\cdot 3\cdot 4\cdot 5}x^2(-1)^5 + \dfrac{7\cdot 6\cdot 5\cdot 4\cdot 3\cdot 2}{1\cdot 2\cdot 3\cdot 4\cdot 5\cdot 6}x(-1)^6 + (-1)^7$
$\qquad = x^7 - 7x^6 + 21x^5 - 35x^4 + 35x^3 - 21x^2 + 7x - 1$

26.8 $\left(\dfrac{x}{3} + \dfrac{2}{y}\right)^4 = \left(\dfrac{x}{3}\right)^4 + 4\left(\dfrac{x}{3}\right)^3\left(\dfrac{2}{y}\right) + \dfrac{4\cdot 3}{1\cdot 2}\left(\dfrac{x}{3}\right)^2\left(\dfrac{2}{y}\right)^2 + \dfrac{4\cdot 3\cdot 2}{1\cdot 2\cdot 3}\left(\dfrac{x}{3}\right)\left(\dfrac{2}{y}\right)^3 + \left(\dfrac{2}{y}\right)^4$
$\qquad = \dfrac{x^4}{81} + \dfrac{8x^3}{27y} + \dfrac{8x^2}{3y^2} + \dfrac{32x}{3y^3} + \dfrac{16}{y^4}$

26.9 $(\sqrt{x} + \sqrt{y})^6 = (x^{1/2})^6 + 6(x^{1/2})^5(y^{1/2}) + \dfrac{6 \cdot 5}{1 \cdot 2}(x^{1/2})^4(y^{1/2})^2 + \dfrac{6 \cdot 5 \cdot 4}{1 \cdot 2 \cdot 3}(x^{1/2})^3(y^{1/2})^3$

$\quad\quad\quad + \dfrac{6 \cdot 5 \cdot 4 \cdot 3}{1 \cdot 2 \cdot 3 \cdot 4}(x^{1/2})^2(y^{1/2})^4 + \dfrac{6 \cdot 5 \cdot 4 \cdot 3 \cdot 2}{1 \cdot 2 \cdot 3 \cdot 4 \cdot 5}(x^{1/2})(y^{1/2})^5 + (y^{1/2})^6$

$\quad\quad = x^3 + 6x^{5/2}y^{1/2} + 15x^2y + 20x^{3/2}y^{3/2} + 15xy^2 + 6x^{1/2}y^{5/2} + y^3$

26.10 $(a^{-2} + b^{3/2})^4 = (a^{-2})^4 + 4(a^{-2})^3(b^{3/2}) + \dfrac{4 \cdot 3}{1 \cdot 2}(a^{-2})^2(b^{3/2})^2 + \dfrac{4 \cdot 3 \cdot 2}{1 \cdot 2 \cdot 3}(a^{-2})(b^{3/2})^3 + (b^{3/2})^4$

$\quad\quad = a^{-8} + 4a^{-6}b^{3/2} + 6a^{-4}b^3 + 4a^{-2}b^{9/2} + b^6$

26.11 $(e^x - e^{-x})^7 = (e^x)^7 + 7(e^x)^6(-e^{-x}) + \dfrac{7 \cdot 6}{1 \cdot 2}(e^x)^5(-e^{-x})^2 + \dfrac{7 \cdot 6 \cdot 5}{1 \cdot 2 \cdot 3}(e^x)^4(-e^{-x})^3$

$\quad\quad\quad + \dfrac{7 \cdot 6 \cdot 5 \cdot 4}{1 \cdot 2 \cdot 3 \cdot 4}(e^x)^3(-e^{-x})^4 + \dfrac{7 \cdot 6 \cdot 5 \cdot 4 \cdot 3}{1 \cdot 2 \cdot 3 \cdot 4 \cdot 5}(e^x)^2(-e^{-x})^5$

$\quad\quad\quad + \dfrac{7 \cdot 6 \cdot 5 \cdot 4 \cdot 3 \cdot 2}{1 \cdot 2 \cdot 3 \cdot 4 \cdot 5 \cdot 6}(e^x)(-e^{-x})^6 + (-e^{-x})^7$

$\quad\quad = e^{7x} - 7e^{5x} + 21e^{3x} - 35e^x + 35e^{-x} - 21e^{-3x} + 7e^{-5x} - e^{-7x}$

26.12 $(a + b - c)^3 = [(a+b) - c]^3 = (a+b)^3 + 3(a+b)^2(-c) + \dfrac{3 \cdot 2}{1 \cdot 2}(a-b)(-c)^2 + (-c)^3$

$\quad\quad = a^3 + 3a^2b + 3ab^2 + b^3 - 3a^2c - 6abc - 3b^2c + 3ac^2 + 3bc^2 - c^3$

26.13 $(x^2 + x - 3)^3 = [x^2 + (x-3)]^3 = (x^2)^3 + 3(x^2)^2(x-3) + \dfrac{3 \cdot 2}{1 \cdot 2}(x^2)(x-3)^2 + (x-3)^3$

$\quad\quad = x^6 + (3x^5 - 9x^4) + (3x^4 - 18x^3 + 27x^2) + (x^3 - 9x^2 + 27x - 27)$

$\quad\quad = x^6 + 3x^5 - 6x^4 - 17x^3 + 18x^2 + 27x - 27$

Nos Problemas 26.14–26.18, escreva o termo indicado de cada expansão utilizando a fórmula

$$r\text{-ésimo termo de } (a+x)^n = \dfrac{n(n-1)(n-2)\cdots(n-r+2)}{(r-1)!}a^{n-r+1}x^{r-1}.$$

26.14 O sexto termo de $(x + y)^{15}$.

Solução

$$n = 15, r = 6, n - r + 2 = 11, r - 1 = 5, n - r + 1 = 10$$

$$6°\text{ termo} = \dfrac{15 \cdot 14 \cdot 13 \cdot 12 \cdot 11}{1 \cdot 2 \cdot 3 \cdot 4 \cdot 5}x^{10}y^5 = 3003x^{10}y^5$$

26.15 O quinto termo de $(a - \sqrt{b})^9$.

Solução

$$n = 9, r = 5, n - r + 2 = 6, r - 1 = 4, n - r - 1 = 5$$

$$5°\text{ termo } \dfrac{9 \cdot 8 \cdot 7 \cdot 6}{1 \cdot 2 \cdot 3 \cdot 4}a^5(-\sqrt{b})^4 = 126a^5b^2$$

26.16 O quarto termo de $(x^2 - y^2)^{11}$.

Solução

$$n = 11, r = 4, n - r + 2 = 9, r - 1 = 3, n - r + 1 = 8$$

$$4°\text{ termo } \frac{11 \cdot 10 \cdot 9}{1 \cdot 2 \cdot 3}(x^2)^8(-y^2)^3 = -165x^{16}y^6$$

26.17 O nono termo de $\left(\dfrac{x}{2} + \dfrac{1}{x}\right)^{12}$.

Solução

$$n = 12, r = 9, n - r + 2 = 5, r - 1 = 8, n - r + 1 = 4$$

$$9°\text{ termo } \frac{12 \cdot 11 \cdot 10 \cdot 9 \cdot 8 \cdot 7 \cdot 6 \cdot 5}{1 \cdot 2 \cdot 3 \cdot 4 \cdot 5 \cdot 6 \cdot 7 \cdot 8}\left(\frac{x}{2}\right)^4\left(\frac{1}{x}\right)^8 = \frac{495}{16x^4}$$

26.18 O décimo oitavo termo de $\left(1 - \dfrac{1}{x}\right)^{20}$.

Solução

$$n = 20, r = 18, n - r + 2 = 4, r - 1 = 17, n - r + 1 = 3$$

$$18°\text{ termo } \frac{20 \cdot 19 \cdot 18 \cdot 17 \cdots 4}{1 \cdot 2 \cdot 3 \cdot 4 \cdots 17}\left(-\frac{1}{x}\right)^{17} = -\frac{20 \cdot 19 \cdot 18}{1 \cdot 2 \cdot 3 x^{17}} = -\frac{1140}{x^{17}}$$

26.19 Encontre o termo envolvendo x^2 na expansão de

$$\left(x^3 + \frac{a}{x}\right)^{10}.$$

Solução

De $(x^3)^{10-r+1}(x^{-1})^{r-1} = x^2$ obtemos $3(10 - r + 1) - 1(r - 1) = 2$ ou $r = 8$.

Para o 8° termo: $n = 10, r = 8, n - r + 2 = 4, r - 1 = 7, n - r + 1 = 3$.

$$8°\text{ termo } \frac{10 \cdot 9 \cdot 8 \cdot 7 \cdot 6 \cdot 5 \cdot 4}{1 \cdot 2 \cdot 3 \cdot 4 \cdot 5 \cdot 6 \cdot 7}(x^3)^3\left(\frac{a}{x}\right)^7 = 120a^7x^2$$

26.20 Determine o termo independente de x na expansão de

$$\left(x^2 - \frac{1}{x}\right)^9.$$

Solução

De $(x^2)^{9-r+1}(x^{-1})^{r-1} = x^0$ obtemos $2(9 - r + 1) - 1(r - 1) = 0$ ou $r = 7$.

Para o 7° termo: $n = 9, r = 7, n - r + 2 = 4, r - 1 = 6, n - r + 1 = 3$.

$$7°\text{ termo } \frac{9 \cdot 8 \cdot 7 \cdot 6 \cdot 5 \cdot 4}{1 \cdot 2 \cdot 3 \cdot 4 \cdot 5 \cdot 6}(x^2)^3(-x^{-1})^6 = 84$$

26.21 Calcule $(1{,}03)^{10}$ até cinco dígitos significativos.

Solução

$$(1{,}03)^{10} = (1 + 0{,}03)^{10} = 1 + 10(0{,}03) + \frac{10 \cdot 9}{1 \cdot 2}(0{,}03)^2 + \frac{10 \cdot 9 \cdot 8}{1 \cdot 2 \cdot 3}(0{,}03)^3 + \frac{10 \cdot 9 \cdot 8 \cdot 7}{1 \cdot 2 \cdot 3 \cdot 4}(0{,}03)^4 + \cdots$$
$$= 1 + 0{,}3 + 0{,}0405 + 0{,}003\ 24 + 0{,}000\ 17 + \cdots = 1{,}3439$$

Observe que os 11 termos da expansão de $(0{,}03 + 1)^{10}$ seriam necessários para calcular $(1{,}03)^{10}$.

26.22 Calcule $(0{,}99)^{15}$ até quatro casas decimais.

Solução

$$(0{,}99)^{15} = (1 - 0{,}01)^{15} = 1 + 15(-0{,}01) + \frac{15 \cdot 14}{1 \cdot 2}(-0{,}01)^2 + \frac{15 \cdot 14 \cdot 13}{1 \cdot 2 \cdot 3}(-0{,}01)^3$$
$$+ \frac{15 \cdot 14 \cdot 13 \cdot 12}{1 \cdot 2 \cdot 3 \cdot 4} + (-0{,}01)^4 + \cdots$$
$$= 1 - 0{,}15 + 0{,}0105 - 0{,}000\ 455 + 0{,}000\ 014 - \cdots = 0{,}8601$$

26.23 Encontre a soma dos coeficientes na expansão de (a) $(1 + x)^{10}$, (b) $(1 - x)^{10}$.

Solução

(a) Se $1, c_1, c_2, \ldots, c_{10}$ são os coeficientes, temos a identidade

$$(1 + x)^{10} = 1 + c_1 x + c_2 x^2 + \cdots + c_{10} x^{10}. \text{ Seja } x = 1.$$

Então $(1 + 1)^{10} = 1 + c_1 + c_2 + \cdots + c_{10} =$ a soma dos coeficientes $= 2^{10} = 1024$

(b) Seja $x = 1$. Então $(1 - x)^{10} = (1 - 1)^{10} = 0 =$ a soma dos coeficientes.

Problemas Complementares

26.24 Expanda pela fórmula binomial.

(a) $(x + \tfrac{1}{2})^6$ (c) $(y + 3)^4$ (e) $(x^2 - y^3)^4$ (g) $\left(\dfrac{x}{2} + \dfrac{3}{y}\right)^4$

(b) $(x - 2)^5$ (d) $\left(x + \dfrac{1}{x}\right)^5$ (f) $(a - 2b)^6$ (h) $(y^{1/2} + y^{-1/2})^6$

26.25 Escreva o termo indicado na expansão de cada binômio a seguir.

(a) Quinto termo de $(a - b)^7$

(b) Sétimo termo de $\left(x^2 - \dfrac{1}{x}\right)^9$

(c) Termo médio de $\left(y - \dfrac{1}{y}\right)^8$

(d) Sétimo termo de $\left(a - \dfrac{1}{\sqrt{a}}\right)^{10}$

(e) Décimo sexto termo de $(2 - 1/x)^{18}$

(f) Sexto termo de $(x^2 - 2y)^{11}$

26.26 Encontre o termo independente de x na expansão de

$$\left(\sqrt{x} - \dfrac{1}{3x^2}\right)^{10}.$$

26.27 Encontre o termo envolvendo x^3 na expansão de

$$\left(x^2 + \frac{1}{x}\right)^{12}.$$

26.28 Calcule $(0,98)^6$ com a precisão de cinco casas decimais.

26.29 Calcule $(1,1)^{10}$ correto até o centésimo mais próximo.

Respostas dos Problemas Complementares

26.24 (a) $x^6 + 3x^5 + \frac{15}{4}x^4 + \frac{5}{2}x^3 + \frac{15}{16}x^2 + \frac{3}{16}x + \frac{1}{64}$

(b) $x^5 - 10x^4 + 40x^3 - 80x^2 + 80x - 32$

(c) $y^4 + 12y^3 + 54y^2 + 108y + 81$

(d) $x^5 + 5x^3 + 10x + \frac{10}{x} + \frac{5}{x^3} + \frac{1}{x^5}$

(e) $x^8 - 4x^6y^3 + 6x^4y^6 - 4x^2y^9 + y^{12}$

(f) $a^6 - 12a^5b + 60a^4b^2 - 160a^3b^3 + 240a^2b^4 - 192ab^5 + 64b^6$

(g) $\frac{x^4}{16} + \frac{3x^3}{2y} + \frac{27x^2}{2y^2} + \frac{54x}{y^3} + \frac{81}{y^4}$

(h) $y^3 + 6y^2 + 15y + 20 + 15y^{-1} + 6y^{-2} + y^{-3}$

26.25 (a) $35a^3b^4$ (c) 70   (e) $-\frac{6528}{x^{15}}$

(b) 84   (d) $210a$ (f) $-14\,784x^{12}y^5$

26.26 5

26.27 $792x^3$

26.28 0,885 84

26.29 2,59

Capítulo 27

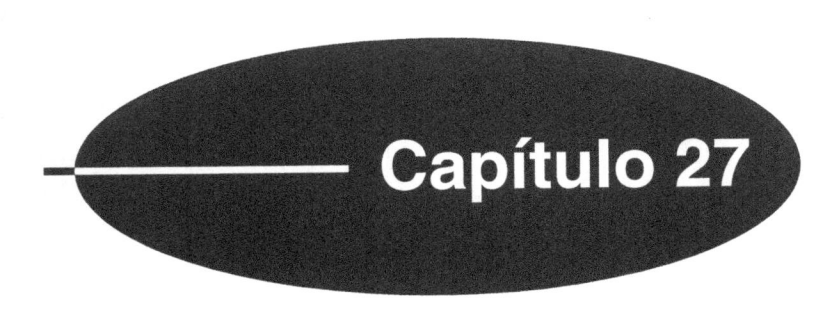

Probabilidade*

27.1 PROBABILIDADE SIMPLES

Suponha que um evento pode ocorrer em h circunstâncias e não acontecer em f circunstâncias, todos estes $h + f$ casos igualmente possíveis. Então a probabilidade da ocorrência do evento (denominada seu sucesso) é

$$p = \frac{h}{h+f} = \frac{h}{n},$$

e a probabilidade da não ocorrência do evento (denominada seu insucesso) é

$$q = \frac{f}{h+f} = \frac{f}{n},$$

onde $n = h + f$.

Segue-se que $p + q = 1$, $p = 1 - q$ e $q = 1 - p$.

As chances de ocorrência do evento são $h:f$ ou h/f; as chances de não ocorrência são $f:h$ ou f/h.

Se p é a probabilidade de um evento ocorrer, as chances a favor de seu acontecimento são $p:q = p:(1 - p)$ ou $p/(1 - p)$; as chances contra são $q:p = (1 - p):p$ ou $(1 - p)/p$.

27.2 PROBABILIDADE COMPOSTA

Dois ou mais eventos são ditos independentes se a ocorrência ou não de qualquer um deles não afeta as probabilidades de ocorrência dos demais.

Assim, se uma moeda é jogada 4 vezes, na quinta vez pode cair cara ou coroa e isso não é influenciado pelas jogadas anteriores.

A probabilidade que dois ou mais eventos independentes aconteçam é igual ao produto de suas probabilidades individuais.

Assim, a probabilidade de obter cara tanto na quinta quanto na sexta jogada é $\frac{1}{2}(\frac{1}{2}) = \frac{1}{4}$.

Dois ou mais eventos são ditos dependentes se a ocorrência ou não de um deles afeta as probabilidades dos demais acontecerem.

Considere que dois ou mais eventos são dependentes. Se p_1 é a probabilidade de um primeiro evento, p_2 a probabilidade de o segundo ocorrer após o primeiro, p_3 a probabilidade de, após o primeiro e o segundo eventos, o terceiro ocorrer etc., então a probabilidade que todos os eventos aconteçam nessa ordem dada é o produto $p_1 \cdot p_2 \cdot p_3 \cdots$.

---

* N. de R. T.: É importante observar que os autores não estão adotando a definição usual de probabilidade, mas apenas utilizando para a interpretação frequencial deste conceito.

Por exemplo, uma caixa contém três bolas brancas e duas bolas pretas. Se uma bola é retirada ao acaso, a probabilidade que seja preta é $\frac{2}{3+2} = \frac{2}{5}$. Se esta bola não for substituída e uma segunda for retirada, a probabilidade que ela também seja preta é $\frac{1}{3+1} = \frac{1}{4}$. Assim, a probabilidade que ambas as bolas sejam pretas é $\frac{2}{5}\left(\frac{1}{4}\right) = \frac{1}{10}$.

Dois ou mais eventos são ditos mutuamente exclusivos se a ocorrência de um deles impossibilita a ocorrência dos outros.

A probabilidade da ocorrência de um dentre dois ou mais eventos mutuamente exclusivos é a *soma* das probabilidades dos eventos individuais.

Exemplo 27.1 No lançamento de um dado,* qual é a probabilidade de se obter um 5 ou um 6? Obter um 5 e obter um 6 são mutuamente exclusivos, então

$$P(5 \text{ ou } 6) = P(5) + P(6) = \frac{1}{6} + \frac{1}{6} = \frac{2}{6} = \frac{1}{3}$$

Dois eventos são ditos não mutuamente exclusivos se possuem pelo menos um resultado em comum, podendo assim ocorrer ao mesmo tempo.

A probabilidade de ocorrência de um dentre dois eventos não mutuamente exclusivos é a soma das probabilidades dos eventos individuais menos a probabilidade dos resultados em comum.

Exemplo 27.2 No lançamento de um dado, qual é a probabilidade de se obter um número menor que 4 ou um número par?

Os números menores que 4 em um dado são 1, 2 e 3. Os números pares são 2, 4 e 6. Como estes dois eventos possuem um resultado em comum, 2, eles não são mutuamente exclusivos.

$$P(\text{menor que 4 ou par}) = P(\text{menor que 4}) + P(\text{par}) - P(\text{menor que 4 e par})$$
$$= \frac{3}{6} + \frac{3}{6} - \frac{1}{6}$$
$$= \frac{5}{6}$$

27.3 ESPERANÇA MATEMÁTICA

Se p é a probabilidade de uma pessoa receber certa quantia de dinheiro m, o valor da sua esperança é $p \cdot m$.

Assim, se a probabilidade de alguém ganhar um prêmio de \$10,00 é 1/5, sua esperança é $\frac{1}{5}(\$10) = \$2$.

27.4 PROBABILIDADE BINOMIAL

Se p é a probabilidade de um evento acontecer em uma única tentativa e $q = 1 - p$ é a probabilidade de que não aconteça em uma única tentativa, então a probabilidade de sua ocorrência exatamente r vezes em n tentativas é $_nC_r p^r q^{n-r}$ (ver Problemas 27.22 e 27.23).

A probabilidade de um evento acontecer pelo menos r vezes em n tentativas é

$$p^n + {}_nC_1 p^{n-1}q + {}_nC_2 p^{n-2}q^2 + \cdots + {}_nC_r p^r q^{n-r}.$$

Esta expressão é a soma dos $n - r + 1$ primeiros termos da expansão binomial de $(p + q)^n$ (ver Problemas 27.24 – 27.26).

---

* N. de R. T.: Os autores se referem a um dado não viciado.

27.5 PROBABILIDADE CONDICIONAL

A probabilidade de que um segundo evento ocorra dado que o primeiro já ocorreu é denominada probabilidade condicional. Para determinar a probabilidade do segundo evento ocorrer dado que o primeiro ocorreu, divida a probabilidade de que ambos eventos aconteçam pela probabilidade do primeiro evento. A probabilidade do evento B dado que o evento A ocorreu é denotada por $P(B|A)$.

Exemplo 27.3 Uma caixa contém fichas pretas e vermelhas. Uma pessoa retira duas fichas sem substituição. Se a probabilidade de selecionar uma ficha preta e uma vermelha é 15/56 e a probabilidade de retirar uma ficha preta na primeira vez é 3/4, qual é a probabilidade de obter uma ficha vermelha na segunda vez sabendo que a primeira ficha retirada foi preta?

Se P é o evento "retirar uma ficha preta" e V é o evento "retirar uma ficha vermelha", então $P(V|P)$ é a probabilidade de se obter uma ficha vermelha na segunda vez dado que, na primeira, uma ficha preta foi retirada.

$$P(V|P) = \frac{P(V \text{ e } P)}{P(P)}$$
$$= \frac{15/56}{3/4}$$
$$= \frac{15}{56} \cdot \frac{4}{3}$$
$$= \frac{5}{14}$$

Portanto, a probabilidade de se obter uma ficha vermelha na segunda vez, dado que uma ficha preta foi retirada na primeira, é 5/14.

Problemas Resolvidos

27.1 Uma bola é retirada aleatoriamente de uma caixa contendo três bolas vermelhas, duas bolas brancas e quatro bolas azuis. Determine a probabilidade p de ela (*a*) ser vermelha, (*b*) não ser vermelha, (*c*) ser branca, (*d*) ser vermelha ou azul.

Solução

(*a*) $p = \dfrac{\text{maneiras de se retirar 1 dentre 3 bolas vermelhas}}{\text{maneiras de se retirar 1 dentre } (3+2+4) \text{ bolas}} = \dfrac{3}{3+2+4} = \dfrac{3}{9} = \dfrac{1}{3}$

(*b*) $p = 1 - \dfrac{1}{3} = \dfrac{2}{3}$ (*c*) $p = \dfrac{2}{9}$ (*d*) $p = \dfrac{3+4}{9} = \dfrac{7}{9}$

27.2 Uma sacola contém quatro bolas brancas e duas bolas pretas; outra sacola contém três bolas brancas e cinco bolas pretas. Caso uma bola seja retirada de cada sacola, determine a probabilidade de (*a*) ambas serem brancas, (*b*) ambas serem pretas, (*c*) ser uma branca e uma preta.

Solução

(*a*) $p = \left(\dfrac{4}{4+2}\right)\left(\dfrac{3}{3+5}\right) = \dfrac{1}{4}$ (*b*) $p = \left(\dfrac{2}{4+2}\right)\left(\dfrac{5}{3+5}\right) = \dfrac{5}{24}$

(*c*) Probabilidade de que a primeira bola seja branca e a segunda seja preta $= \dfrac{4}{6}\left(\dfrac{5}{8}\right) = \dfrac{5}{12}$.

Probabilidade de que a primeira bola seja preta e a segunda branca $= \dfrac{2}{6}\left(\dfrac{3}{8}\right) = \dfrac{1}{8}$.

Estes eventos são mutuamente exclusivos; portanto, a probabilidade requerida é $p = \dfrac{5}{12} + \dfrac{1}{8} = \dfrac{13}{24}$.

Método alternativo. $\qquad p = 1 - \dfrac{1}{4} - \dfrac{5}{24} = \dfrac{13}{24}.$

27.3 Determine a probabilidade de se obter o total de 8 em um lançamento de dois dados, cujas faces estejam numeradas de 1 a 6.

Solução

Cada face de um dado pode ser associada a qualquer uma das 6 faces do outro dado, assim o número total de casos possíveis = 6 · 6 = 36 casos.

Existem 5 formas de se obter um 8: 2, 6; 3, 5; 4, 4; 5, 3; 6, 2.

$$\text{A probabilidade procurada} = \frac{\text{número de casos favoráveis}}{\text{número de casos possíveis}} = \frac{5}{36}.$$

27.4 Qual é a probabilidade de se obter pelo menos um 1 em dois lançamentos de um dado?

Solução

A probabilidade de não tirar um 1 em apenas um lançamento = 1 − 1/6 = 5/6.

A probabilidade de não obter um 1 em dois lançamentos = (5/6)(5/6) = 25/36.

Portanto, a probabilidade de se obter pelo menos um 1 em dois lançamentos = 1 − 25/36 = 11/36.

27.5 A probabilidade de A vencer um jogo de xadrez contra B é 1/3. Qual é a probabilidade de A vencer pelo menos 1 em um total de 3 jogos?

Solução

A probabilidade de A perder um jogo = 1 − 1/3 = 2/3, e a probabilidade de A perder os três jogos = $(2/3)^3$ = 8/27.

Portanto, a probabilidade de A vencer pelo menos 1 jogo = 1 − 8/27 = 19/27.

27.6 Três cartas são retiradas de um baralho com 52 cartas, sendo que cada uma é reposta antes da próxima ser retirada. Calcule a probabilidade p de que as três cartas sejam (*a*) espadas, (*b*) ases, (*c*) vermelhas.

Solução

Um baralho com 52 cartas inclui 13 espadas, 4 ases e 26 cartas vermelhas.

(*a*) $p = \left(\dfrac{13}{52}\right)^3 = \dfrac{1}{64}$ (*b*) $p = \left(\dfrac{4}{52}\right)^3 = \dfrac{1}{2197}$ (*c*) $p = \left(\dfrac{26}{52}\right)^3 = \dfrac{1}{8}$

27.7 As chances de uma pessoa ganhar um prêmio de $500,00 são de 23 a 2. Qual é a sua esperança matemática?

Solução

Esperança = probabilidade de vencer × quantia de dinheiro = $\left(\dfrac{2}{23+2}\right)(\$500) = \$40$.

27.8 Nove bilhetes numerados de 1 a 9 estão em uma caixa. Se 2 deles são retirados aleatoriamente, determine a probabilidade p de (*a*) ambos serem ímpares, (*b*) ambos serem pares, (*c*) um deles ser ímpar e o outro par, (*d*) eles serem numerados 2, 5.

Solução

Existem 5 bilhetes ímpares e 4 pares.

(*a*) $p = \dfrac{\text{número de seleções de 2 dentre 5 bilhetes ímpares}}{\text{número de seleções de 2 dentre 9 bilhetes}} = \dfrac{{}_5C_2}{{}_9C_2} = \dfrac{5}{18}$

(*b*) $p = \dfrac{{}_4C_2}{{}_9C_2} = \dfrac{1}{6}$ (*c*) $p = \dfrac{{}_5C_1 \cdot {}_4C_1}{{}_9C_2} = \dfrac{5 \cdot 4}{36} = \dfrac{5}{9}$ (*d*) $p = \dfrac{{}_2C_2}{{}_9C_2} = \dfrac{1}{36}$

27.9 Uma sacola contém 6 bolas vermelhas, 4 brancas e 8 azuis. Se 3 bolas são retiradas ao acaso, determine a probabilidade p de (*a*) todas serem vermelhas, (*b*) todas serem azuis, (*c*) duas serem brancas e uma vermelha, (d) pelo menos uma ser vermelha, (e) uma de cada cor ser retirada, (f) as bolas serem retiradas na ordem vermelha, branca e azul.

Solução

(a) $p = \dfrac{\text{número de seleções de 3 dentre 6 bolas vermelhas}}{\text{número de seleções de 3 dentre 18 bolas}} = \dfrac{_6C_3}{_{18}C_3} = \dfrac{5}{204}$

(b) $p = \dfrac{_8C_3}{_{18}C_3} = \dfrac{7}{102}$

(c) $p = \dfrac{_4C_2 \cdot {}_6C_1}{_{18}C_3} = \dfrac{3}{68}$

(d) Probabilidade de que nenhuma seja vermelha $= \dfrac{(4+8)C_3}{_{18}C_3} = \dfrac{_{12}C_3}{_{18}C_3} = \dfrac{55}{204}$.

Portanto, a probabilidade de pelo menos uma ser vermelha $= 1 - \dfrac{55}{204} = \dfrac{149}{204}$.

(e) $p = \dfrac{6 \cdot 4 \cdot 8}{_{18}C_3} = \dfrac{6 \cdot 4 \cdot 8}{18 \cdot 17 \cdot 16/6} = \dfrac{4}{17}$

(f) $p = \dfrac{4}{17} \cdot \dfrac{1}{3!} = \dfrac{4}{17} \cdot \dfrac{1}{6} = \dfrac{2}{51}$ ou $p = \dfrac{6 \cdot 4 \cdot 8}{_{18}P_3} = \dfrac{6 \cdot 4 \cdot 8}{18 \cdot 17 \cdot 16} = \dfrac{2}{51}$

27.10 Três cartas são retiradas de um baralho com 52 cartas. Determine a probabilidade de que (a) todas sejam ases, (b) todas sejam ases retirados na ordem espadas, paus e ouros, (c) todas sejam espadas, (d) todas sejam do mesmo naipe, (e) não tenham cartas do mesmo naipe entre as selecionadas.

Solução

(a) Existem $_{52}C_3$ seleções de 3 dentre 52 cartas e $_4C_3$ seleções de 3 dentre 4 ases.

Portanto, $p = \dfrac{_4C_3}{_{52}C_3} = \dfrac{_4C_1}{_{52}C_3} = \dfrac{1}{5525}$.

(b) Existem $_{52}P_3$ ordens para a retirada de 3 cartas dentre 52, uma das quais é a ordem dada.

Portanto, $p = \dfrac{1}{_{52}P_3} = \dfrac{1}{52 \cdot 51 \cdot 50} = \dfrac{1}{132\,600}$.

(c) Existem $_{13}C_3$ seleções de 3 dentre 13 espadas.

Portanto, $p = \dfrac{_{13}C_3}{_{52}C_3} = \dfrac{11}{850}$.

(d) Existem 4 naipes, cada um constituído por 13 cartas. Portanto, existem 4 formas de selecionar um naipe e $_{13}C_3$ maneiras de selecionar 3 cartas de um dado naipe.

Portanto, $p = \dfrac{4 \cdot {}_{13}C_3}{_{52}C_3} = \dfrac{22}{425}$.

(e) Existem $_4C_3 = {}_4C_1 = 4$ formas de selecionar 3 dentre 4 naipes e $13 \cdot 13 \cdot 13$ maneiras de selecionar uma carta de cada um dos 3 naipes dados.

Portanto, $p = \dfrac{4 \cdot 13 \cdot 13 \cdot 13}{_{52}C_3} = \dfrac{169}{425}$.

27.11 Qual é a probabilidade de duas cartas diferentes estarem juntas em um baralho com 52 cartas, bem embaralhado, desconsiderando seus naipes?

Solução

Considere a probabilidade de que, por exemplo, um ás e um rei estejam juntos. Existem 4 ases e 4 reis em um baralho. Portanto, um ás pode ser escolhido de 4 maneiras e, quando isto for feito, um rei poderá ser escolhido de 4 formas. Assim, um ás e então um rei podem ser selecionados em $4 \cdot 4 = 16$ maneiras. Analogamente, um rei e então um ás podem ser selecionados em 16 maneiras. Assim, um ás e um rei podem estar juntos de $2 \cdot 16 = 32$ formas.

Para cada maneira que a combinação (ás, rei) ocorrer, as 50 cartas restantes e a combinação (ás, rei) podem ser permutadas em 51! maneiras. O número de arranjos favoráveis é 32(51!). Como o número total de organizações de todas as cartas no baralho é 52!, a probabilidade procurada é

$$\frac{32(51!)}{52!} = \frac{32}{52} = \frac{8}{13}.$$

27.12 Um homem possui 2 do total de 20 bilhetes de uma loteria. Caso existam dois bilhetes vencedores, determine a probabilidade dele ter (*a*) ambos, (*b*) nenhum, (*c*) exatamente um.

Solução

(*a*) Existem $_{20}C_2$ maneiras de selecionar 2 dentre 20 bilhetes.

Portanto, a probabilidade dele vencer os dois prêmios $= \dfrac{1}{_{20}C_2} = \dfrac{1}{190}$.

Método alternativo. A probabilidade de vencer o primeiro prêmio $= 2/20 = 1/10$. Após vencer o primeiro prêmio (ele ainda tem um bilhete e restam 19 para se escolher o segundo prêmio) a probabilidade de vencer o segundo prêmio é 1/19.

Portanto, a probabilidade de vencer ambos os prêmios $= \dfrac{1}{10}\left(\dfrac{1}{19}\right) = \dfrac{1}{190}$.

(*b*) Existem 20 bilhetes, 18 dos quais são perdedores.

Portanto, a probabilidade de não vencer nenhum prêmio $= \dfrac{_{18}C_2}{_{20}C_2} = \dfrac{153}{190}$.

Método alternativo. A probabilidade dele não vencer o primeiro prêmio $= 1 - 2/20 = 9/10$. Se ele não vencer o primeiro (ele ainda possui 2 bilhetes), a probabilidade de não vencer o segundo prêmio $1 - 2/19 = 17/19$.

Portanto, a probabilidade de não vencer qualquer prêmio $= \dfrac{9}{10}\left(\dfrac{17}{19}\right) = \dfrac{153}{190}$.

(*c*) A probabilidade de vencer exatamente um prêmio

$= 1 -$ a probabilidade de não vencer nenhum $-$ a probabilidade de vencer os dois

$= 1 - \dfrac{153}{190} - \dfrac{1}{190} = \dfrac{36}{190} = \dfrac{18}{95}.$

Método alternativo.

A probabilidade de vencer o primeiro prêmio, mas não o segundo $= \dfrac{2}{20}\left(\dfrac{18}{19}\right) = \dfrac{9}{95}$.

A probabilidade de não vencer o primeiro, mas vencer o segundo $= \dfrac{18}{20}\left(\dfrac{2}{19}\right) = \dfrac{9}{95}$.

Portanto, a probabilidade de vencer exatamente 1 prêmio $= \dfrac{9}{95} + \dfrac{9}{95} = \dfrac{18}{95}$.

27.13 Uma caixa contém 7 bilhetes, numerados de 1 a 7. Se 3 bilhetes forem retirados da caixa, um de cada vez, determine a probabilidade deles serem alternadamente ou ímpar, par, ímpar ou par, ímpar, par.

Solução

A probabilidade de que o primeiro retirado seja ímpar (4/7), então o segundo par (3/6) e o terceiro ímpar (3/5) é $\frac{4}{7}\left(\frac{3}{6}\right)\left(\frac{3}{5}\right) = \frac{6}{35}$.

A probabilidade que o primeiro retirado seja par (3/7), então o segundo seja ímpar (4/6) e o terceiro par (2/5) é $\frac{3}{7}\left(\frac{4}{6}\right)\left(\frac{2}{5}\right) = \frac{4}{35}$.

Portanto, a probabilidade requerida $= \frac{6}{35} + \frac{4}{35} = \frac{2}{7}$.

Método alternativo. As possíveis ordens de 7 números tomados 3 de cada vez $= {}_7P_3 = 7 \cdot 6 \cdot 5 = 210$.
As ordens nas quais os números são alternadamente ímpar, par, ímpar $= 4 \cdot 3 \cdot 3 = 36$.
As ordens nas quais os números são alternadamente par, ímpar, par $= 3 \cdot 4 \cdot 2 = 24$.

Portanto, a probabilidade procurada $= \frac{36+24}{210} = \frac{60}{210} = \frac{2}{7}$.

27.14 A probabilidade de que A consiga resolver um problema dado é 4/5, de que B consiga resolvê-lo é 2/3 e de que C consiga resolvê-lo é 3/7. Se os três tentarem, calcule a probabilidade do problema ser resolvido.

Solução

A probabilidade de que A não consiga resolver o problema $= 1 - 4/5 = 1/5$, de que B não consiga resolver $= 1 - 2/3 = 1/3$ e de que C não consiga $= 1 - 3/7 = 4/7$.

A probabilidade dos três não conseguirem $= \frac{1}{5}\left(\frac{1}{3}\right)\left(\frac{4}{7}\right)$.

Portanto, a probabilidade dos três não falharem, i.e., de pelo menos um deles resolver o problema, é

$$1 - \frac{1}{5}\left(\frac{1}{3}\right)\left(\frac{4}{7}\right) = 1 - \frac{4}{105} = \frac{101}{105}.$$

27.15 A probabilidade de que um certo homem esteja vivo daqui a 25 anos é 3/7, e a probabilidade de que sua mulher esteja viva daqui a 25 anos é 4/5. Determine a probabilidade de, daqui a 25 anos, (*a*) ambos estarem vivos, (*b*) pelo menos um deles estar vivo, (*c*) apenas o homem estar vivo.

Solução

(*a*) A probabilidade de ambos estarem vivos $= \frac{3}{7}\left(\frac{4}{5}\right) = \frac{12}{35}$.

(*b*) A probabilidade de que ambos morram durante os 25 anos $= \left(1 - \frac{3}{7}\right)\left(1 - \frac{4}{5}\right) = \frac{4}{7}\left(\frac{1}{5}\right) = \frac{4}{35}$.

Portanto, a probabilidade de pelo menos um estar vivo $= 1 - \frac{4}{35} = \frac{31}{35}$.

(*c*) A probabilidade de que o homem esteja vivo $= 3/7$ e a probabilidade de que sua mulher não esteja viva $= 1 - 4/5 = 1/5$.

Portanto, a probabilidade de apenas o homem estar vivo $= \frac{3}{7}\left(\frac{1}{5}\right) = \frac{3}{35}$.

27.16 Existem três candidatos, A, B e C, para um cargo. As chances de que A vença são de 7 para 5 e as chances de que B vença são de 1 para 3. (*a*) Qual é a probabilidade de A ou B vencerem? (*b*) Quais são as chances a favor de C?

Solução

(*a*) A probabilidade de A vencer: $\frac{7}{7+5} = \frac{7}{12}$,
de B vencer: $\frac{1}{1+3} = \frac{1}{4}$.

Então, a probabilidade de ou A ou B vencerem $= \frac{7}{12} + \frac{1}{4} = \frac{5}{6}$.

(b) A probabilidade de que C vença: $1 - \dfrac{5}{6} = \dfrac{1}{6}$.

Portanto, as chances a favor de C são de 1 para 5.

27.17 Uma bolsa contém 5 moedas de dez centavos e duas moedas de vinte e cinco centavos e uma segunda bolsa contém uma moeda de dez e 3 moedas de vinte e cinco. Se uma moeda é pega de uma das duas bolsas aleatoriamente, qual é a probabilidade de que seja uma de vinte e cinco?

Solução

A probabilidade de selecionar a primeira bolsa (1/2) e de então retirar uma moeda de 25 (2/7) dela é (1/2)(2/7) = 1/7.

A probabilidade de selecionar a segunda bolsa (1/2) e de então retirar uma moeda de 25 (3/4) dela é (1/2)(3/4) = 3/8.

Assim, a probabilidade requerida $= \dfrac{1}{7} + \dfrac{3}{8} = \dfrac{29}{56}$.

27.18 Uma sacola contém duas bolas brancas e três bolas pretas. Quatro pessoas, A, B, C e D, nesta ordem, retiram uma bola cada e não as recolocam. O primeiro a retirar uma bola branca receberá $10,00. Determine sua esperança.

Solução

A probabilidade de A vencer $= \dfrac{2}{5}$ e sua esperança $= \dfrac{2}{5}(\$10) = \$4,00$.

Para encontrar a esperança de B: a probabilidade de que A não vença $= 1 - 2/5 = 3/5$. Se A não vencer, a sacola conterá duas bolas brancas e duas bolas pretas. Assim, a probabilidade de que se A falhar, B vencerá $= 2/4 = 1/2$. Portanto, a probabilidade de B vencer $= (3/5)(1/2) = 3/10$ e sua esperança é $3,00.

Para encontrar a esperança de C: a probabilidade de A não vencer $= 3/5$ e a probabilidade de B não vencer $= 1 - 1/2 = 1/2$. Se tanto A quanto B falharem, a sacola terá duas bolas brancas e uma bola preta. Assim, a probabilidade de que, se A e B não conseguirem, C vencerá $= 2/3$. Portanto, a probabilidade de C vencer $= \dfrac{3}{5}\left(\dfrac{1}{2}\right)\left(\dfrac{2}{3}\right) = \dfrac{1}{5}$ e sua esperança $= \dfrac{1}{5}(\$10) = \$2,00$.

Se A, B e C falharem, restarão apenas bolas brancas e D vencerá. Portanto, a probabilidade de D vencer $= \dfrac{3}{5}\left(\dfrac{1}{2}\right)\left(\dfrac{1}{3}\right)\left(\dfrac{1}{1}\right) = \dfrac{1}{10}$ e sua esperança $= \dfrac{1}{10}(\$10) = \$1,00$.

Verificação. $4 + $3 + $2 + $1 = $10 $\quad$ e $\quad \dfrac{2}{5} + \dfrac{3}{10} + \dfrac{1}{5} + \dfrac{1}{10} = 1$.

27.19 Um conjunto de onze livros, constituído por 5 de engenharia, 4 de matemática e 2 de química são posicionados aletoriamente em uma estante. Qual é a probabilidade p de que os livros de cada tipo estejam juntos?

Solução

Quando os livros de cada tipo estão juntos, os de engenharia podem ser organizados em 5! formas, os de matemática em 4! formas, os de química em 2! formas e os três grupos em 3! formas.

$$p = \dfrac{\text{maneiras nas quais os livros de cada tipo estão juntos}}{\text{número total de maneiras de se organizar 11 livros}} = \dfrac{5!4!2!3!}{11!} = \dfrac{1}{1155}.$$

27.20 Cinco blocos vermelhos e 4 brancos estão posicionados aleatoriamente em uma fileira. Qual é a probabilidade p de que os dois blocos nas extremidades sejam vermelhos?

Solução

Total de arranjos possíveis de 5 blocos vermelhos e 4 brancos $= \dfrac{(5+4)!}{5!4!} = \dfrac{9!}{5!4!} = 126$.

Organizações nas quais os blocos das extremidades são vermelhos $= \dfrac{(9-2)!}{(5-2)!4!} = \dfrac{7!}{3!4!} = 35$.

Portanto, a probabilidade procurada $p = \dfrac{35}{126} = \dfrac{5}{18}$.

27.21 Uma bolsa contém seis moedas de cobre e uma de prata; uma segunda bolsa contém quatro moedas de cobre. Cinco moedas são retiradas da primeira bolsa e colocadas na segunda e então duas são retiradas da segunda e colocadas na primeira. Determine a probabilidade de que a moeda de prata esteja (a) na segunda bolsa, (b) na primeira bolsa.

Solução

Inicialmente, a primeira bolsa contém 7 moedas. Quando 5 moedas são retiradas da primeira bolsa e colocadas na segunda, a probabilidade da moeda de prata ter sido colocada na segunda bolsa é 5/7 e a probabilidade de que ela permaneça na primeira é 2/7.

A segunda bolsa agora contém $5 + 4 = 9$ moedas. Finalmente, após 2 dessas 9 moedas terem sido colocadas na primeira bolsa, a probabilidade de que a moeda de prata esteja na segunda bolsa $= \frac{5}{7}\left(\frac{7}{9}\right) = \frac{5}{9}$, e a probabilidade de que esteja na primeira $= \frac{2}{7} + \frac{5}{7}\left(\frac{2}{9}\right) = \frac{4}{9}$ $\left(\text{ou } 1 - \frac{5}{9} = \frac{4}{9}\right)$.

27.22 Calcule a probabilidade de que um único lançamento de 9 dados resulte 1 em exatamente dois deles.

Solução

A probabilidade de que um certo par, dos 9 dados jogados, resulte em $1 = \frac{1}{6}\left(\frac{1}{6}\right) = \left(\frac{1}{6}\right)^2$. A probabilidade de que os outros 7 dados não resultem em $1 = \left(1 - \frac{1}{6}\right)^7 = \left(\frac{5}{6}\right)^7$. Como $_9C_2$ pares distintos podem ser selecionados dos 9 dados, a probabilidade de se obter 1 em exatamente um dos pares é $_9C_2\left(\frac{1}{6}\right)^2\left(\frac{5}{6}\right)^7 = \frac{78\,125}{279\,936}$.

Ou, pela fórmula: Probabilidade $= {_nC_r}\, p^r q^{n-r} = {_9C_2}\left(\frac{1}{6}\right)^2\left(\frac{5}{6}\right)^7 = \frac{78\,125}{279\,936}$.

27.23 Qual é a probabilidade de se obter um 9 exatamente uma vez em 3 lançamentos de um par de dados?

Solução

Um 9 pode ocorrer de 4 formas: 3, 6; 4, 5; 5, 4; 6, 3.

Em qualquer lançamento do par de dados, a probabilidade de se obter um $9 = 4/(6 \cdot 6) = \frac{1}{9}$ e a probabilidade de não se obter um $9 = 1 - \frac{1}{9} = \frac{8}{9}$. A probabilidade de que qualquer lançamento do par de dados resulte em 9 e que as outras duas jogadas não resulte $= \left(\frac{1}{9}\right)\left(\frac{8}{9}\right)^2$. Como existem $_3C_1 = 3$ diferentes maneiras nas quais um lançamento é um 9 e os outros dois não são, a probabilidade de se obter um 9 exatamente uma vez em 3 lançamentos $= {_3C_1}\left(\frac{1}{9}\right)\left(\frac{8}{9}\right)^2 = \frac{64}{243}$.

Ou, pela fórmula: Probabilidade $= {_nC_r}\, p^r q^{n-r} = {_3C_1}\left(\frac{1}{9}\right)\left(\frac{8}{9}\right)^2 = \frac{64}{243}$.

27.24 Se a probabilidade de que um calouro não complete quatro anos de faculdade é 1/3, qual é a probabilidade p de que dentre 4 calouros pelo menos 3 concluam quatro anos de faculdade?

Solução

A probabilidade de 3 completarem e 1 não $= {_4C_3}\left(\frac{2}{3}\right)^3\left(\frac{1}{3}\right) = {_4C_1}\left(\frac{2}{3}\right)^3\left(\frac{1}{3}\right)$.

A probabilidade dos 4 concluírem $= \left(\frac{2}{3}\right)^4$. Portanto, $p = \left(\frac{2}{3}\right)^4 + {_4C_1}\left(\frac{2}{3}\right)^3\left(\frac{1}{3}\right) = \frac{16}{27}$.

Ou, pela fórmula: $p =$ primeiros 2 $(n - r + 1 = 4 - 3 + 1)$ termos da expansão de $\left(\frac{2}{3} + \frac{1}{3}\right)^4$

$$= \left(\frac{2}{3}\right)^4 + {_4C_1}\left(\frac{2}{3}\right)^3\left(\frac{1}{3}\right) = \frac{16}{81} + \frac{32}{81} = \frac{16}{27}.$$

27.25 Uma moeda é lançada 6 vezes. Qual é a probabilidade p de se obter pelo menos 3 caras? Quais são as chances a favor de se obter pelo menos 3 caras?

Solução

Em cada jogada, a probabilidade de uma cara = a probabilidade de uma coroa = 1/2.

A probabilidade de que certos 3 dos 6 lançamentos resultem em cara = $(1/2)^3$. A probabilidade de que nenhum dos outros 3 lançamentos resulte em cara = $(1/2)^3$. Como $_6C_3$, diferentes seleções de 3 podem ser feitas dos 6 lançamentos, a probabilidade de exatamente 3 serem caras é

$$_6C_3\left(\frac{1}{2}\right)^3\left(\frac{1}{2}\right)^3 = {_6C_3}\left(\frac{1}{2}\right)^6.$$

Analogamente, a probabilidade de exatamente 4 serem caras = $_6C_4(1/2)^6 = {_6C_2}(1/2)^6$,
a probabilidade de exatamente 5 serem caras = $_6C_5(1/2)^6 = {_6C_1}(1/2)^6$,
a probabilidade de exatamente 6 serem caras = $(1/2)^6$.

Portanto,
$$p = \left(\frac{1}{2}\right)^6 + {_6C_1}\left(\frac{1}{2}\right)^6 + {_6C_2}\left(\frac{1}{2}\right)^6 + {_6C_3}\left(\frac{1}{2}\right)^6$$
$$= \left(\frac{1}{2}\right)^6(1 + {_6C_1} + {_6C_2} + {_6C_3}) = \left(\frac{1}{2}\right)^6(1 + 6 + 15 + 20) = \frac{21}{32}.$$

As chances a favor de se obter 3 caras é 21:11 ou 21/11.

Ou, pela fórmula: p = primeiros $4(n - r + 1 = 6 - 3 + 1)$ termos da expansão de $\left(\frac{1}{2} + \frac{1}{2}\right)^6$

$$= \left(\frac{1}{2}\right)^6 + {_6C_1}\left(\frac{1}{2}\right)^6 + {_6C_2}\left(\frac{1}{2}\right)^6 + {_6C_3}\left(\frac{1}{2}\right)^6 = \frac{21}{32}.$$

27.26 Determine a probabilidade p de que em uma família com 5 crianças haverá pelo menos 2 meninos e 1 menina. Suponha que a probabilidade do nascimento de um menino é 1/2.

Solução

Os três casos favoráveis são: 2 meninos, 3 meninas; 3 meninos, 2 meninas; 4 meninos, 1 menina.

$$p = \left(\frac{1}{2}\right)^5({_5C_2} + {_5C_3} + {_5C_4}) = \frac{1}{32}(10 + 10 + 5) = \frac{25}{32}.$$

27.27 A probabilidade de que um estudante faça química e esteja entre os melhores alunos é 0,042. A probabilidade de um estudante estar entre os melhores alunos é 0,21. Qual a probabilidade de que um aluno faça química, dado que ele está entre os melhores?

Solução

$$P(\text{fazer química} \mid \text{estar entre os melhores}) = \frac{P(\text{fazer química e estar entre os melhores})}{P(\text{estar entre os melhores})}$$
$$= \frac{0{,}042}{0{,}21}$$
$$= 0{,}2$$

27.28 No Country Club Pine Valley, 32% dos sócios jogam golfe e são mulheres. Além disso, 80% dos membros jogam golfe. Se um sócio do clube for selecionado aleatoriamente, encontre a probabilidade de que seja uma mulher, dado que este membro joga golfe.

Solução

$$P(\text{mulher} \mid \text{joga golfe}) = \frac{P(\text{mulher e joga golfe})}{P(\text{joga golfe})}$$
$$= \frac{0{,}32}{0{,}8}$$
$$= 0{,}4$$

Problemas Complementares

27.29 Determine a probabilidade de que um dígito escolhido ao acaso dentre os números 1, 2, 3,..., 9 seja (a) ímpar, (b) par, (c) um múltiplo de 3.

27.30 Uma moeda é lançada três vezes. Se C = cara e K = coroa, qual é a probabilidade dos lançamentos caírem na ordem (a) CKC, (b) KCC, (c) CCC?

27.31 Se três moedas são lançadas, qual é a probabilidade de se obter (a) três caras, (b) duas caras e uma coroa?

27.32 Encontre a probabilidade de se obter o total de 7 em um único lançamento de dois dados.

27.33 Qual é a probabilidade de se obter o total de 8 ou 11 em um único lançamento de dois dados.

27.34 Um dado é jogado duas vezes. Qual é a probabilidade de se obter um 4 ou um 5 no primeiro lançamento e um 2 ou um 3 no segundo lançamento?

27.35 Qual é a probabilidade de que uma moeda caia cara pelo menos uma vez em seis lançamentos?

27.36 Cinco discos em uma sacola estão numerados 1, 2, 3, 4, 5. Qual é a probabilidade da soma dos números em três discos escolhidos ao acaso ser maior que 10?

27.37 Três bolas são retiradas aleatoriamente de uma caixa contendo 5 bolas vermelhas, 8 pretas e 4 brancas. Determine a probabilidade de (a) todas serem brancas, (b) duas serem pretas e uma vermelha, (c) uma de cada cor ser selecionada.

27.38 De um baralho com 52 cartas, quatro são retiradas. Encontre a probabilidade de que (a) todas sejam reis, (b) duas sejam reis e duas sejam ases, (c) todas sejam do mesmo naipe, (d) todas sejam paus.

27.39 Uma mulher receberá $3,20 se, em 5 lançamentos de uma moeda, ela obtiver uma das sequências CKCKC ou KCKCK onde C = cara e K = coroa. Determine sua esperança.

27.40 Foi relatado que, em um acidente aéreo, três pessoas de um total de vinte passageiros ficaram feridas. Três jornalistas estavam neste avião. Qual é a probabilidade dos três feridos do relato serem os jornalistas?

27.41 Uma comissão de três pessoas deve ser escolhida dentre um grupo constituído por 5 homens e 4 mulheres. Se a seleção é realizada ao acaso, determine a probabilidade de (a) as três serem mulheres, (b) dois serem homens.

27.42 Seis pessoas sentam-se ao redor de uma mesa circular. Qual é a probabilidade de que duas pessoas específicas estejam uma ao lado da outra?

27.43 A e B alternadamente lançam uma moeda. O primeiro a obter uma cara vence. Se não são permitidas mais do que 5 jogadas por pessoa, encontre a probabilidade de que a pessoa que lança primeiro vença o jogo. Quais são as chances contra a derrota de A, caso ele seja o primeiro?

27.44 Seis blocos vermelhos e 4 brancos são posicionados ao acaso em uma fila. Encontre a probabilidade de que os dois blocos no meio sejam da mesma cor.

27.45 Em 8 lançamentos de uma moeda determine a probabilidade de se obter (a) exatamente 4 caras, (b) pelo menos duas coroas, (c) no máximo 5 caras, (d) exatamente 3 coroas.

27.46 Em duas jogadas com um par de dados determine a probabilidade de se obter (a) um 11 exatamente uma vez, (b) um 10 duas vezes.

27.47 Qual é a probabilidade de se obter pelo menos um 11 em 3 jogadas com um par de dados?

27.48 Em dez lançamentos de uma moeda, qual é a probabilidade de se obter não menos que 3 caras e não mais que 6 caras?

27.49 A probabilidade de um automóvel ser roubado e encontrado em uma semana é 0,0006. A probabilidade de um automóvel ser roubado é 0,0015. Qual é a probabilidade de um automóvel roubado ser encontrado em uma semana?

27.50 No Palácio das Pizzas, 95% dos clientes encomendam pizza. Se 65% dos fregueses que encomendam pizza também encomendam pão, determine a probabilidade de um cliente que pediu uma pizza também encomendar pão.

27.51 Em um grande *shopping*, certa agência de publicidade realizou uma pesquisa com 100 pessoas sobre a proibição do uso de cigarro no estabelecimento. Dos 60 entrevistados não fumantes, 48 preferiram a proibição. Dos 40 entrevistados fumantes, 32 preferiram a proibição. Qual a probabilidade de que uma pessoa selecionada aleatoriamente do grupo entrevistado prefira a proibição do uso de cigarro dado que a pessoa não é fumante?

27.52 Em uma nova subdivisão de lotes, 35% das casas construídas possui sala de estar e uma lareira, enquanto 70% possui sala de estar. Qual é a probabilidade de que uma casa selecionada ao acaso nesta subdivisão tenha uma lareira dado que possui uma sala de estar?

Respostas dos Problemas Complementares

27.29 (a) 5/9   (b) 4/9   (c) 1/3

27.30 (a) 1/8   (b) 1/8   (c) 1/8

27.31 (a) 1/8   (b) 3/8

27.32 1/6

27.33 7/36

27.34 1/9, 25/36

27.35 63/64

27.36 1/5

27.37 (a) $\dfrac{1}{170}$ (b) $\dfrac{7}{34}$ (c) $\dfrac{4}{17}$

27.38 (a) $\dfrac{1}{270\,725}$ (b) $\dfrac{36}{270\,725}$ (c) $\dfrac{44}{4165}$ (d) $\dfrac{11}{4165}$

27.39 20 centavos

27.40 1/1140

27.41 (a) 1/21   (b) 10/21

27.42 2/5

27.43 $\dfrac{21}{32}$,   21:11

27.44 $\dfrac{7}{15}$

27.45 (a) $\dfrac{35}{128}$ (b) $\dfrac{247}{256}$ (c) $\dfrac{219}{256}$ (d) $\dfrac{7}{32}$

27.46 (a) $\dfrac{17}{162}$ (b) $\dfrac{1}{144}$

27.47 $\dfrac{919}{5832}$

27.48 $\dfrac{99}{128}$

27.49 0,4

27.50 $\dfrac{13}{19}$ (em torno de 68%)

27.51 0,8

27.52 0,5

Capítulo 28

Determinantes

28.1 DETERMINANTES DE SEGUNDA ORDEM

O símbolo

$$\begin{vmatrix} a_1 & b_1 \\ a_2 & b_2 \end{vmatrix}$$

constituído dos quatro números a_1, b_1, a_2, b_2 organizados em duas linhas e duas colunas é denominado *determinante de segunda ordem* ou *determinante de ordem dois*. Os quatro números são chamados de *elementos* do determinante.

Por definição,

$$\begin{vmatrix} a_1 & b_1 \\ a_2 & b_2 \end{vmatrix} = a_1 b_2 - b_1 a_2.$$

Assim,
$$\begin{vmatrix} 2 & 3 \\ -1 & -2 \end{vmatrix} = (2)(-2) - (3)(-1) = -4 + 3 = -1.$$

Aqui os elementos 2 e 3 estão na primeira linha, os elementos -1 e -2 estão na segunda. Os elementos 2 e -1 estão na primeira coluna e os elementos 3 e -2 na segunda. Um determinante é um número. O determinante de ordem um é o próprio número.

28.2 REGRA DE CRAMER

Sistemas de duas equações lineares em duas indeterminadas podem ser resolvidos com o uso de determinantes de segunda ordem. Dado o sistema de equações

$$\begin{cases} a_1 x + b_1 y = c_1 \\ a_2 x + b_2 y = c_2 \end{cases} \tag{1}$$

é possível, por qualquer um dos métodos do Capítulo 15, se obter

$$x = \frac{c_1 b_2 - b_1 c_2}{a_1 b_2 - b_1 a_2}, \qquad y = \frac{a_1 c_2 - c_1 a_2}{a_1 b_2 - b_1 a_2} \qquad (a_1 b_2 - b_1 a_2 \neq 0).$$

Estes valores para x e y podem ser expressos em termos de determinantes de segunda ordem, como segue:

$$x = \frac{\begin{vmatrix} c_1 & b_1 \\ c_2 & b_2 \end{vmatrix}}{\begin{vmatrix} a_1 & b_1 \\ a_2 & b_2 \end{vmatrix}}, \qquad y = \frac{\begin{vmatrix} a_1 & c_1 \\ a_2 & c_2 \end{vmatrix}}{\begin{vmatrix} a_1 & b_1 \\ a_2 & b_2 \end{vmatrix}} \qquad (2)$$

As fórmulas envolvendo determinantes podem ser facilmente lembradas tendo em mente o seguinte:

(*a*) Os denominadores em (2) são dados pelo determinante

$$\begin{vmatrix} a_1 & b_1 \\ a_2 & b_2 \end{vmatrix}$$

no qual os elementos são os coeficientes de x e y organizados como nas equações (1). Este determinante, geralmente denotado por D, é denominado o *determinante dos coeficientes*.

(*b*) O numerador na solução para cada variável é o mesmo que o determinante dos coeficientes, D, exceto pelo fato de que a coluna com os coeficientes da variável a ser determinada é substituída pela coluna das constantes no lado direito das equações (1). Quando a coluna dos coeficientes para a variável x no determinante D é substituída pela coluna das constantes, denotamos o novo determinante por D_x. Quando a coluna com os coeficientes de y no determinante D é substituída pela coluna das constantes, denotamos o novo determinante por D_y.

Exemplo 28.1 Resolva o sistema $\begin{cases} 2x + 3y = 8 \\ x - 2y = -3. \end{cases}$

O denominador para ambos x e y é $D = \begin{vmatrix} 2 & 3 \\ 1 & -2 \end{vmatrix} = 2(-2) - 3(1) = -7$.

$$D_x = \begin{vmatrix} 8 & 3 \\ -3 & -2 \end{vmatrix} = 8(-2) - 3(-3) = -7, \quad D_y = \begin{vmatrix} 2 & 8 \\ 1 & -3 \end{vmatrix} = 2(-3) - 8(1) = -14$$

$$x = \frac{D_x}{D} = \frac{-7}{-7} = 1, \qquad y = \frac{D_y}{D} = \frac{-14}{-7} = 2$$

Assim, a solução do sistema é (1, 2).

O método para resolver equações lineares por determinantes é denominado *Regra de Cramer*. Caso o determinante $D = 0$, então a Regra de Cramer não pode ser utilizada para resolver o sistema.

28.3 DETERMINANTES DE TERCEIRA ORDEM

O símbolo

$$\begin{vmatrix} a_1 & b_1 & c_1 \\ a_2 & b_2 & c_2 \\ a_3 & b_3 & c_3 \end{vmatrix}$$

constituído por nove números organizados em três linhas e três colunas é denominado *determinante de terceira ordem*. Por definição, o valor deste determinante é dado por

$$a_1 b_2 c_3 + b_1 c_2 a_3 + c_1 a_2 b_3 - c_1 b_2 a_3 - a_1 c_2 b_3 - b_1 a_2 c_3$$

e é chamado de expansão do determinante.

Para lembrar desta definição, pode ser utilizado o seguinte esquema. Reescreva as duas primeiras colunas à direita do determinante, como mostrado abaixo:

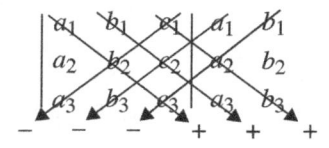

$$\begin{vmatrix} a_1 & b_1 & c_1 \\ a_2 & b_2 & c_2 \\ a_3 & b_3 & c_3 \end{vmatrix} \begin{matrix} a_1 & b_1 \\ a_2 & b_2 \\ a_3 & b_3 \end{matrix}$$

(*a*) Calcule os produtos dos elementos em cada uma das 3 diagonais descendo da esquerda para a direita e coloque um sinal positivo nestes 3 termos.
(*b*) Calcule os produtos dos elementos em cada uma das 3 diagonais descendo da direita para a esquerda e coloque um sinal negativo antes destes 3 termos.
(*c*) A soma dos seis produtos em (*a*) e (*b*) é a expansão do determinante.

Exemplo 28.2

Calcule
$$\begin{vmatrix} 3 & -2 & 2 \\ 6 & 1 & -1 \\ -2 & -3 & 2 \end{vmatrix}$$

Reescrevendo,

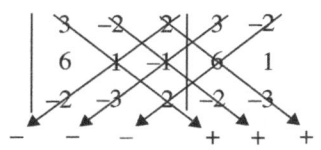

O valor do determinante é

$$(3)(1)(2) + (-2)(-1)(-2) + (2)(6)(-3) - (2)(1)(-2) - (3)(-1)(-3) - (-2)(6)(2) = -15.$$

A Regra de Cramer para equações lineares em 3 variáveis é um método para resolver as seguintes equações em x, y e z

$$\begin{cases} a_1 x + b_1 y + c_1 z = d_1 \\ a_2 x + b_2 y + c_2 z = d_2 \\ a_3 x + b_3 y + c_3 z = d_3 \end{cases} \qquad (3)$$

utilizando determinantes. Trata-se de uma extensão da Regra de Cramer para equações lineares a duas variáveis. Se resolvermos (3) pelos métodos do Capítulo 12, obteremos

$$x = \frac{d_1 b_2 c_3 + c_1 d_2 b_3 + b_1 c_2 d_3 - c_1 b_2 d_3 - b_1 d_2 c_3 - d_1 c_2 b_3}{a_1 b_2 c_3 + b_1 c_2 a_3 + c_1 a_2 b_3 - c_1 b_2 a_3 - b_1 d_2 c_3 - a_1 c_2 b_3}$$

$$y = \frac{a_1 d_2 c_3 + c_1 a_2 d_3 + d_1 c_2 a_3 - c_1 d_2 a_3 - d_1 a_2 c_3 - a_1 c_2 d_3}{a_1 b_2 c_3 + b_1 c_2 a_3 + c_1 a_2 b_3 - c_1 b_2 a_3 - b_1 d_2 c_3 - a_1 c_2 b_3}$$

$$z = \frac{a_1 b_2 d_3 + d_1 a_2 b_3 + b_1 d_2 a_3 - d_1 b_2 a_3 - b_1 a_2 d_3 - a_1 d_2 b_3}{a_1 b_2 c_3 + b_1 c_2 a_3 + c_1 a_2 b_3 - c_1 b_2 a_3 - b_1 a_2 c_3 - a_1 c_2 b_3}$$

Estas podem ser escritas em termos de determinantes, como segue

$$D = \begin{vmatrix} a_1 & b_1 & c_1 \\ a_2 & b_2 & c_2 \\ a_3 & b_3 & c_3 \end{vmatrix} \quad D_x = \begin{vmatrix} d_1 & b_1 & c_1 \\ d_2 & b_2 & c_2 \\ d_3 & b_3 & c_3 \end{vmatrix} \quad D_y = \begin{vmatrix} a_1 & d_1 & c_1 \\ a_2 & d_2 & c_2 \\ a_3 & d_3 & c_3 \end{vmatrix} \quad D_z = \begin{vmatrix} a_1 & b_1 & d_1 \\ a_2 & b_2 & d_2 \\ a_3 & b_3 & d_3 \end{vmatrix}$$

$$x = \frac{D_x}{D}, \qquad y = \frac{D_y}{D}, \qquad z = \frac{D_z}{D} \qquad (4)$$

D é o determinante dos coeficientes de x, y e z nas equações (3) e supostamente não é igual a zero. Caso D seja nulo, a Regra de Cramer não pode ser utilizada para resolver o sistema de equações.

Estas fórmulas envolvendo determinantes podem ser facilmente lembradas tendo em mente o seguinte:

(a) Os denominadores em (4) são dados pelo determinante D no qual os elementos são os coeficientes de x, y e z organizados como nas equações (3).
(b) O numerador na solução para qualquer indeterminada é o mesmo que o determinante dos coeficientes D, exceto que a coluna com os coeficientes da variável a ser determinada é substituída pela coluna das constantes no lado direito das equações (3).
(c) A solução do sistema é (x, y, z) onde $x = \dfrac{D_x}{D}$, $y = \dfrac{D_y}{D}$ e $z = \dfrac{D_z}{D}$.

Exemplo 28.3 Solucione o sistema

$$\begin{cases} x + 2y - z = -3 \\ 3x + y + z = 4 \\ x - y + 2z = 6. \end{cases}$$

$$D = \begin{vmatrix} 1 & 2 & -1 \\ 3 & 1 & 1 \\ 1 & -1 & 2 \end{vmatrix} = 2 + 2 + 3 + 1 + 1 - 12 = -3$$

$$D_x = \begin{vmatrix} -3 & 2 & -1 \\ 4 & 1 & 1 \\ 6 & -1 & 2 \end{vmatrix} = -6 + 12 + 4 + 6 - 3 - 16 = -3$$

$$D_y = \begin{vmatrix} 1 & -3 & -1 \\ 3 & 4 & 1 \\ 1 & 6 & 2 \end{vmatrix} = 8 - 3 - 18 + 4 - 6 + 18 = 3$$

$$D_z = \begin{vmatrix} 1 & 2 & -3 \\ 3 & 1 & 4 \\ 1 & -1 & 6 \end{vmatrix} = 6 + 8 + 9 + 3 + 4 - 36 = -6$$

$$x = \frac{D_x}{D} = \frac{-3}{-3} = 1, \quad y = \frac{D_y}{D} = \frac{3}{-3} = -1, \quad z = \frac{D_z}{D} = \frac{-6}{-3} = 2$$

A solução do sistema é $(1, -1, 2)$.

28.4 DETERMINANTES DE ORDEM n

Um determinante de n-ésima ordem se escreve

$$\begin{vmatrix} a_{11} & a_{12} & a_{13} & \cdots & a_{1n} \\ a_{21} & a_{22} & a_{23} & \cdots & a_{2n} \\ a_{31} & a_{32} & a_{33} & \cdots & a_{3n} \\ \vdots & \vdots & \vdots & & \vdots \\ a_{n1} & a_{n2} & a_{n3} & \cdots & a_{nn} \end{vmatrix}$$

Nesta notação cada elemento é caracterizado por dois índices, o primeiro indicando a *linha* na qual o elemento aparece, o segundo indicando a *coluna* na qual ele se encontra. Assim, a_{23} é o elemento na 2ª linha e 3ª coluna, enquanto a_{32} é o elemento na 3ª linha e 2ª coluna.

A *diagonal principal* de um determinante é constituída pelos elementos no determinante que pertencem à linha reta que vai do canto superior esquerdo até o canto inferior direito.

28.5 PROPRIEDADES DOS DETERMINANTES

I. Trocar linhas por colunas correspondentes de um determinante não altera o valor do determinante. Assim, qualquer teorema que for demonstrado verdadeiro para linhas vale para colunas e vice-versa.

Exemplo 28.4

$$\begin{vmatrix} a_{11} & a_{12} & a_{13} \\ a_{21} & a_{22} & a_{23} \\ a_{31} & a_{32} & a_{33} \end{vmatrix} = \begin{vmatrix} a_{11} & a_{21} & a_{31} \\ a_{12} & a_{22} & a_{32} \\ a_{13} & a_{23} & a_{33} \end{vmatrix}$$

II. Se cada elemento em uma linha (ou coluna) for zero, o valor do determinante é zero.

Exemplo 28.5

$$\begin{vmatrix} a_{11} & 0 & a_{13} \\ a_{21} & 0 & a_{23} \\ a_{31} & 0 & a_{33} \end{vmatrix} = 0$$

III. Trocar duas linhas (ou colunas) inverte o sinal do determinante.

Exemplo 28.6

$$\begin{vmatrix} a_{11} & a_{12} & a_{13} \\ a_{21} & a_{22} & a_{23} \\ a_{31} & a_{32} & a_{33} \end{vmatrix} = - \begin{vmatrix} a_{31} & a_{32} & a_{33} \\ a_{21} & a_{22} & a_{23} \\ a_{11} & a_{12} & a_{13} \end{vmatrix}$$

IV. Se duas linhas (ou colunas) de um determinante forem idênticas, o valor do determinante é zero.

Exemplo 28.7

$$\begin{vmatrix} a_{11} & a_{12} & a_{11} \\ a_{21} & a_{22} & a_{21} \\ a_{31} & a_{32} & a_{31} \end{vmatrix} = 0$$

V. Se todos os elementos em uma linha (ou coluna) de um determinante forem multiplicadas pelo mesmo número p, o valor do determinante é multiplicado por p.

Exemplo 28.8

$$\begin{vmatrix} pa_{11} & a_{12} & a_{13} \\ pa_{21} & a_{22} & a_{23} \\ pa_{31} & a_{32} & a_{33} \end{vmatrix} = p \begin{vmatrix} a_{11} & a_{12} & a_{13} \\ a_{21} & a_{22} & a_{23} \\ a_{31} & a_{32} & a_{33} \end{vmatrix}$$

VI. Se todos os elementos em uma linha (ou coluna) de um determinante forem expressos como a soma de dois (ou mais) termos, o determinante pode ser expresso como a soma de dois (ou mais) determinantes.

Exemplo 28.9

$$\begin{vmatrix} a_{11}+a'_{11} & a_{12} & a_{13} \\ a_{21}+a'_{21} & a_{22} & a_{23} \\ a_{31}+a'_{31} & a_{32} & a_{33} \end{vmatrix} = \begin{vmatrix} a_{11} & a_{12} & a_{13} \\ a_{21} & a_{22} & a_{23} \\ a_{31} & a_{32} & a_{33} \end{vmatrix} + \begin{vmatrix} a'_{11} & a_{12} & a_{13} \\ a'_{21} & a_{22} & a_{23} \\ a'_{31} & a_{32} & a_{33} \end{vmatrix}$$

VII. Se para cada elemento em uma linha (ou coluna) de um determinante for adicionado m vezes o elemento correspondente em qualquer outra linha (ou coluna), o valor do determinante não muda.

Exemplo 28.10

$$\begin{vmatrix} a_{11}+ma_{12} & a_{12} & a_{13} \\ a_{21}+ma_{22} & a_{22} & a_{23} \\ a_{31}+ma_{32} & a_{32} & a_{33} \end{vmatrix} = \begin{vmatrix} a_{11} & a_{12} & a_{13} \\ a_{21} & a_{22} & a_{23} \\ a_{31} & a_{32} & a_{33} \end{vmatrix}$$

Estas propriedades podem ser demonstradas para os casos especiais dos determinantes de segunda e terceira ordem utilizando-se os métodos de expansão das Seções 28.2 e 28.3. Para provas dos casos gerais, veja os problemas resolvidos a seguir.

28.6 MENORES COMPLEMENTARES

O menor complementar (ou apenas menor) de um elemento em um determinante de ordem n é o determinante de ordem $n - 1$ obtido pela remoção da linha e da coluna que contêm o elemento dado.

Por exemplo, o menor de a_{32} no determinante de 4ª ordem

$$\begin{vmatrix} a_{11} & a_{12} & a_{13} & a_{14} \\ a_{21} & a_{22} & a_{23} & a_{24} \\ a_{31} & a_{32} & a_{33} & a_{34} \\ a_{41} & a_{42} & a_{43} & a_{44} \end{vmatrix}$$

é obtido anulando-se a linha e a coluna que contêm a_{32}, como mostrado, e escrevendo-se o determinante de ordem 3 assim obtido, a saber,

$$\begin{vmatrix} a_{11} & a_{13} & a_{14} \\ a_{21} & a_{23} & a_{24} \\ a_{41} & a_{43} & a_{44} \end{vmatrix}.$$

O menor de um elemento é denotado por letras maiúsculas. Assim, o menor correspondente ao elemento a_{32} é denotado por A_{32}.

28.7 VALOR DE UM DETERMINANTE DE ORDEM n

O valor de um determinante pode ser obtido em termos de menores complementares como segue:

(1) Escolha uma linha (ou coluna) qualquer.
(2) Multiplique cada elemento na linha (ou coluna) por seu menor correspondente precedido por $(-1)^{i+j}$ onde $i + j$ é a soma entre o índice da linha i e o índice da coluna j. O menor de um elemento junto de seu sinal é denominado *cofator* do elemento.
(3) Adicione algebricamente os produtos obtidos em (2).

Por exemplo, vamos expandir o determinante

$$\begin{vmatrix} a_{11} & a_{12} & a_{13} & a_{14} \\ a_{21} & a_{22} & a_{23} & a_{24} \\ a_{31} & a_{32} & a_{33} & a_{34} \\ a_{41} & a_{42} & a_{43} & a_{44} \end{vmatrix}$$

nos elementos da terceira linha. Os menores de $a_{31}, a_{32}, a_{33}, a_{34}$, são $A_{31}, A_{32}, A_{33}, A_{34}$, respectivamente. O sinal correspondente ao elemento a_{31} é $+$ pois $(-1)^{3+1} = (-1)^4 = +1$. De forma similar, os sinais associados aos elementos a_{32}, a_{33}, a_{34} são $-, +, -$, respectivamente. Assim, o valor do determinante é

$$a_{31}A_{31} - a_{32}A_{32} + a_{33}A_{33} - a_{34}A_{34}.$$

A propriedade VII é útil para produzirmos zeros em uma certa linha ou coluna. Esta propriedade associada à expansão em termos de menores torna fácil a determinação do valor de um determinante.

28.8 REGRA DE CRAMER PARA DETERMINANTES DE ORDEM n

A Regra de Cramer para a solução de n equações lineares em n variáveis é exatamente análoga à regra apresentada na Seção 28.2 para o caso $n = 2$ e na Seção 28.3 para $n = 3$.

Dadas n equações lineares em n indeterminadas $x_1, x_2, x_3, \ldots, x_n$

$$\begin{aligned} a_{11}x_1 + a_{12}x_2 + a_{13}x_3 + \cdots + a_{1n}x_n &= r_1 \\ a_{21}x_1 + a_{22}x_2 + a_{23}x_3 + \cdots + a_{2n}x_n &= r_2 \\ \vdots \quad \vdots \quad \vdots \qquad \vdots \quad &\vdots \\ a_{n1}x_1 + a_{n2}x_2 + a_{n3}x_3 + \cdots + a_{nn}x_n &= r_n. \end{aligned} \qquad (1)$$

Seja D o determinante dos coeficientes de $x_1, x_2, x_3, \ldots, x_n$, i.e.,

$$D = \begin{vmatrix} a_{11} & a_{12} & a_{13} & \cdots & a_{1n} \\ a_{21} & a_{22} & a_{23} & \cdots & a_{2n} \\ \vdots & \vdots & \vdots & & \vdots \\ a_{n1} & a_{n2} & a_{n3} & \cdots & a_{nn} \end{vmatrix}$$

Denote por D_k o determinante D com a k-ésima coluna (que corresponde aos coeficientes da variável x_k) substituído pela coluna das constantes no lado direito de (1). Então

$$x_1 = \frac{D_1}{D}, \qquad x_2 = \frac{D_2}{D}, \qquad x_3 = \frac{D_3}{D}, \ldots \qquad \text{desde que } D \neq 0.$$

Caso $D \neq 0$, existe uma e apenas uma solução.

Se $D = 0$, o sistema pode ter soluções ou não.

Equações que não possuem soluções simultâneas são chamadas de *inconsistentes*, do contrário elas são consistentes. Se $D = 0$ e pelo menos um dos determinantes $D_1, D_2, \ldots, D_n \neq 0$, o sistema dado é inconsistente. Se $D = D_1 = D_2 = D_n = 0$, o sistema pode ser consistente ou não.

Equações que possuem uma quantidade infinita de soluções simultâneas são ditos *dependentes*. Se um sistema de equações é dependente então $D = 0$ e todos os determinantes $D_1, D_2, \ldots, D_n = 0$. A recíproca, entretanto, nem sempre é verdadeira.

28.9 EQUAÇÕES LINEARES HOMOGÊNEAS

Se $r_1, r_2, \ldots, r_n$ nas equações (1) são todos nulos, dizemos que o sistema é *homogêneo*. Neste caso, $D_1 = D_2 = D_3 = \ldots = D_n = 0$ e o seguinte teorema é verdadeiro.

Teorema Uma condição necessária e suficiente para que n equações lineares homogêneas em n variáveis tenham soluções além da trivial (onde todas as indeterminadas são nulas) é que o determinante dos coeficientes, D, seja zero.

Um sistema de m equações em n variáveis pode ter soluções simultâneas ou não.
(1) Se $m > n$, as variáveis em n das equações dadas podem ser obtidas. Se estes valores satisfazem as $m - n$ equações restantes o sistema é consistente, do contrário será inconsistente.
(2) Se $m < n$, então m das variáveis podem ser determinadas em termos das $n - m$ restantes.

Problemas Resolvidos

28.1 Calcule os seguintes determinantes.

(a) $\begin{vmatrix} 3 & 2 \\ 1 & 4 \end{vmatrix} = (3)(4) - (2)(1) = 12 - 2 = 10$

(b) $\begin{vmatrix} 3 & -1 \\ 6 & -2 \end{vmatrix} = (3)(-2) - (-1)(6) = -6 + 6 = 0$

(c) $\begin{vmatrix} 0 & 3 \\ 2 & -5 \end{vmatrix} = (0)(-5) - (3)(2) = 0 - 6 = -6$

(d) $\begin{vmatrix} x & x^2 \\ y & y^2 \end{vmatrix} = xy^2 - x^2 y$

(e) $\begin{vmatrix} x+2 & 2x+5 \\ 3x-1 & x-3 \end{vmatrix} = (x+2)(x-3) - (2x+5)(3x-1) = -5x^2 - 14x - 1$

28.2 (a) Mostre que se as linhas e as colunas de um determinante de ordem dois forem trocadas entre si, o valor do determinante permanece o mesmo.

(b) Mostre que se os elementos de uma linha (ou coluna) são respectivamente proporcionais aos elementos da outra linha (ou coluna), o determinante é igual a zero.

Solução

(a) Considere o determinante $\begin{vmatrix} a_1 & b_1 \\ a_2 & b_2 \end{vmatrix} = a_1 b_2 - a_2 b_1$.

Trocamos as linhas e as colunas do determinante de forma que a 1ª linha vira a 1ª coluna e a 2ª linha vira a 2ª coluna, resultando em $\begin{vmatrix} a_1 & a_2 \\ b_1 & b_2 \end{vmatrix} = a_1 b_2 - a_2 b_1$.

(b) O determinante com linhas proporcionais é $\begin{vmatrix} a_1 & b_1 \\ ka_1 & kb_1 \end{vmatrix} = a_1 k b_1 - b_1 k a_1 = 0$.

28.3 Encontre os valores de x para os quais $\begin{vmatrix} 2x-1 & 2x+1 \\ x+1 & 4x+2 \end{vmatrix} = 0$.

Solução

$$\begin{vmatrix} 2x-1 & 2x+1 \\ x+1 & 4x+2 \end{vmatrix} = (2x-1)(4x+2) - (2x+1)(x+1) = 6x^2 - 3x - 3 = 0.$$

Então $2x^2 - x - 1 = (x-1)(2x+1) = 0$, de onde segue $x = 1, -1/2$.

28.4 Resolva para as indeterminadas em cada um dos sistemas.

(a) $\begin{cases} 4x + 2y = 5 \\ 3x - 4y = 1 \end{cases}$

Solução

$$D = \begin{vmatrix} 4 & 2 \\ 3 & -4 \end{vmatrix} = -22, \qquad D_x = \begin{vmatrix} 5 & 2 \\ 1 & -4 \end{vmatrix} = -22, \qquad D_y = \begin{vmatrix} 4 & 5 \\ 3 & 1 \end{vmatrix} = -11$$

$$x = \frac{D_x}{D} = \frac{-22}{-22} = 1, \qquad y = \frac{D_y}{D} = \frac{-11}{-22} = \frac{1}{2}$$

A solução do sistema é $(1, 1/2)$.

(b) $\begin{cases} 3u + 2v = 18 \\ -5u - v = 12 \end{cases}$

Solução

$$D = \begin{vmatrix} 3 & 2 \\ -5 & -1 \end{vmatrix} = +7, \qquad D_u = \begin{vmatrix} 18 & 2 \\ 12 & -1 \end{vmatrix} = -42, \qquad D_v = \begin{vmatrix} 3 & 18 \\ -5 & 12 \end{vmatrix} = 126$$

$$u = \frac{D_u}{D} = \frac{-42}{7} = -6, \qquad v = \frac{D_v}{D} = \frac{126}{7} = 18$$

A solução do sistema é $(-6, 18)$.

(c) $\begin{cases} 5x - 2y - 14 = 0 \\ 2x + 3y + 3 = 0 \end{cases}$

Solução

Reescreva como $\begin{cases} 5x - 2y = 14 \\ 2x + 3y = -3. \end{cases}$

$$D = \begin{vmatrix} 5 & -2 \\ 2 & 3 \end{vmatrix} = 19, \qquad D_x = \begin{vmatrix} 14 & -2 \\ -3 & 3 \end{vmatrix} = 36, \qquad D_y = \begin{vmatrix} 5 & 14 \\ 2 & -3 \end{vmatrix} = -43$$

$$x = \frac{D_x}{D} = \frac{36}{19}, \qquad y = \frac{D_y}{D} = \frac{-43}{19}$$

A solução do sistema é $(36/19, -43/19)$.

28.5 Resolva para x e y.

(a) $\begin{cases} \dfrac{3x - 2}{5} + \dfrac{7y + 1}{10} = 10 \quad (1) \\ \dfrac{x + 3}{2} - \dfrac{2y - 5}{3} = 3 \quad (2) \end{cases}$
 (1) Multiplique (1) por 10: $6x + 7y = 103$.
 (2) Multiplique (2) por 6: $3x - 4y = -1$.

$$D = \begin{vmatrix} 6 & 7 \\ 3 & -4 \end{vmatrix} = -45, \qquad D_x = \begin{vmatrix} 103 & 7 \\ -1 & -4 \end{vmatrix} = -405, \qquad D_y = \begin{vmatrix} 6 & 103 \\ 3 & -1 \end{vmatrix} = -315$$

$$x = \frac{D_x}{D} = \frac{-405}{-45} = 9, \qquad y = \frac{D_y}{D} = \frac{-315}{-45} = 7$$

A solução do sistema é $(9, 7)$.

(b) $\begin{cases} \dfrac{2}{y + 1} - \dfrac{3}{x + 1} = 0 \quad (1) \\ \dfrac{2}{x - 7} + \dfrac{3}{2y - 3} = 0 \quad (2) \end{cases}$
 (1) Multiplique (1) por $(x+1)(y+1)$: $2x - 3y = 1$.
 (2) Multiplique (2) por $(x-7)(2y-3)$: $3x + 4y = 27$.

$$D = \begin{vmatrix} 2 & -3 \\ 3 & 4 \end{vmatrix} = 17, \qquad D_x = \begin{vmatrix} 1 & -3 \\ 27 & 4 \end{vmatrix} = 85, \qquad D_y = \begin{vmatrix} 2 & 1 \\ 3 & 27 \end{vmatrix} = 51$$

$$x = \frac{D_x}{D} = \frac{85}{17} = 5, \qquad y = \frac{D_y}{D} = \frac{51}{17} = 3$$

A solução do sistema é $(5, 3)$.

28.6 Solucione os seguintes sistemas de equações.

(a) $\begin{cases} \dfrac{3}{x} - \dfrac{6}{y} = \dfrac{1}{6} \\ \dfrac{2}{x} + \dfrac{3}{y} = \dfrac{1}{2} \end{cases}$ Estas são equações lineares em $\dfrac{1}{x}$ e $\dfrac{1}{y}$.

$$D = \begin{vmatrix} 3 & -6 \\ 2 & 3 \end{vmatrix} = 21, \qquad D_{1/x} = \begin{vmatrix} 1/6 & -6 \\ 1/2 & 3 \end{vmatrix} = \dfrac{7}{2}, \qquad D_{1/y} = \begin{vmatrix} 3 & 1/6 \\ 2 & 1/2 \end{vmatrix} = \dfrac{7}{6}$$

$$\dfrac{1}{x} = \dfrac{D_{1/x}}{D} = \dfrac{7/2}{21} = \dfrac{1}{6}, \qquad \dfrac{1}{y} = \dfrac{D_{1/y}}{D} = \dfrac{7/6}{21} = \dfrac{1}{18}$$

$$x = \dfrac{1}{1/x} = \dfrac{1}{1/6} = 6, \qquad y = \dfrac{1}{1/y} = \dfrac{1}{1/18} = 18$$

A solução do sistema é (6, 18).

(b) $\begin{cases} \dfrac{3}{2x} - \dfrac{8}{5y} = 3 \\ \dfrac{4}{3y} - \dfrac{1}{x} = 1 \end{cases}$ pode ser escrito na forma $\begin{cases} \dfrac{3}{2}\left(\dfrac{1}{x}\right) + \dfrac{8}{5}\left(\dfrac{1}{y}\right) = 3 \\ -\left(\dfrac{1}{x}\right) + \dfrac{4}{3}\left(\dfrac{1}{y}\right) = 1. \end{cases}$

$$D = \begin{vmatrix} 3/2 & 8/5 \\ -1 & 4/3 \end{vmatrix} = \dfrac{18}{5}, \qquad D_{1/x} = \begin{vmatrix} 3 & 8/5 \\ 1 & 4/3 \end{vmatrix} = \dfrac{12}{5}, \qquad D_{1/y} = \begin{vmatrix} 3/2 & 3 \\ -1 & 1 \end{vmatrix} = \dfrac{9}{2}$$

$$\dfrac{1}{x} = \dfrac{D_{1/x}}{D} = \dfrac{12/5}{18/5} = \dfrac{2}{3}, \qquad \dfrac{1}{y} = \dfrac{D_{1/y}}{D} = \dfrac{9/2}{18/5} = \dfrac{5}{4}$$

$$x = \dfrac{1}{1/x} = \dfrac{1}{2/3} = \dfrac{3}{2}, \qquad y = \dfrac{1}{1/y} = \dfrac{1}{5/4} = \dfrac{4}{5}$$

A solução do sistema é (3/2, 4/5).

28.7 Calcule cada um dos determinantes.

(a) $\begin{vmatrix} 3 & -2 & 2 \\ 1 & 4 & 5 \\ 6 & -1 & 2 \end{vmatrix}$

Repita as duas primeiras colunas:

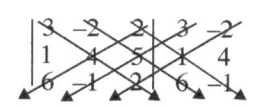

$$\begin{vmatrix} 3 & -2 & 2 \\ 1 & 4 & 5 \\ 6 & -1 & 2 \end{vmatrix} \begin{matrix} 3 & -2 \\ 1 & 4 \\ 6 & -1 \end{matrix}$$

$$(3)(4)(2) + (-2)(5)(6) + (2)(1)(-1) - (2)(4)(6) - (3)(5)(-1) - (-2)(1)(2) = -67$$

(b) $\begin{vmatrix} -1 & 2 & -3 \\ 5 & -3 & 2 \\ 1 & -1 & -3 \end{vmatrix} = 29$

(c) $\begin{vmatrix} 2 & 3 & 2 \\ 0 & -2 & 1 \\ -1 & 4 & 0 \end{vmatrix} = -15$

(d) $\begin{vmatrix} a & b & c \\ c & a & b \\ b & c & a \end{vmatrix} = a^3 + b^3 + c^3 - 3abc$

(e) $\begin{vmatrix} (x-2) & (y+3) & (z-2) \\ -2 & 3 & 4 \\ 1 & -2 & 1 \end{vmatrix} = 11x + 6y + z - 6$

28.8 (a) Mostre que se duas linhas (ou duas colunas) de um determinante de terceira ordem possuem seus elementos correspondentes proporcionais, o valor do determinante é zero.

(b) Mostre que se os elementos de qualquer linha (ou coluna) forem multiplicados por uma certa constante e adicionados aos elementos correspondentes em qualquer outra linha (ou coluna), o valor do determinante permanece inalterado.

Solução

(a) Devemos mostrar que

$$\begin{vmatrix} a_1 & b_1 & c_1 \\ ka_1 & kb_1 & kc_1 \\ a_3 & b_3 & c_3 \end{vmatrix} = 0,$$

onde os elementos na primeira e segunda colunas são proporcionais. Isto é demonstrado pela expansão do determinante.

(b) Considere o determinante

$$\begin{vmatrix} a_1 & b_1 & c_1 \\ a_2 & b_2 & c_2 \\ a_3 & b_3 & c_3 \end{vmatrix}.$$

Devemos mostrar que se k é uma constante qualquer

$$\begin{vmatrix} a_1 & b_1 & c_1 \\ a_2 & b_2 & c_2 \\ a_3 + ka_2 & b_3 + kb_2 & c_3 + kc_2 \end{vmatrix} = \begin{vmatrix} a_1 & b_1 & c_1 \\ a_2 & b_2 & c_2 \\ a_3 & b_3 & c_3 \end{vmatrix}$$

onde multiplicamos todos os elementos da segunda linha do determinante dado por k e adicionamos ao elemento correspondente na terceira linha. O resultado fica provado expandindo-se os determinantes e mostrando que eles são iguais.

28.9 Resolva os sistemas de equações a seguir.

(a) $\begin{cases} 2x + y - z = 5 \\ 3x - 2y + 2z = -3 \\ x - 3y - 3z = -2 \end{cases}$

Neste caso, $D = \begin{vmatrix} 2 & 1 & -1 \\ 3 & -2 & 2 \\ 1 & -3 & -3 \end{vmatrix} = 42$ e

$D_x = \begin{vmatrix} 5 & 1 & -1 \\ -3 & -2 & 2 \\ -2 & -3 & -3 \end{vmatrix} = 42, \quad D_y = \begin{vmatrix} 2 & 5 & -1 \\ 3 & -3 & 2 \\ 1 & -2 & -3 \end{vmatrix} = 84, \quad D_z = \begin{vmatrix} 2 & 1 & 5 \\ 3 & -2 & -3 \\ 1 & -3 & -2 \end{vmatrix} = -42$

$x = \dfrac{D_x}{D} = \dfrac{42}{42} = 1, \quad y = \dfrac{D_y}{D} = \dfrac{84}{42} = 2, \quad z = \dfrac{D_z}{D} = \dfrac{-42}{42} = -1$

A solução do sistema é $(1, 2, -1)$.

(b) $\begin{cases} x + 2z = 7 \\ 3x + y = 5 \\ 2y - 3z = -5 \end{cases}$

Escreva como $\begin{cases} x + 0y + 2z = 7 \\ 3x + y + 0z = 5 \\ 0x + 2y - 3z = -5. \end{cases}$

Então
$$D = \begin{vmatrix} 1 & 0 & 2 \\ 3 & 1 & 0 \\ 0 & 2 & -3 \end{vmatrix} = 9 \quad \text{e}$$

$$D_x = \begin{vmatrix} 7 & 0 & 2 \\ 5 & 1 & 0 \\ -5 & 2 & -3 \end{vmatrix} = 9, \quad D_y = \begin{vmatrix} 1 & 7 & 2 \\ 3 & 5 & 0 \\ 0 & -5 & -3 \end{vmatrix} = 18, \quad D_z = \begin{vmatrix} 1 & 0 & 7 \\ 3 & 1 & 5 \\ 0 & 2 & -5 \end{vmatrix} = 27$$

$$x = \frac{D_x}{D} = \frac{9}{9} = 1, \quad y = \frac{D_y}{D} = \frac{18}{9} = 2, \quad z = \frac{D_z}{D} = \frac{27}{9} = 3$$

A solução do sistema é (1, 2, 3).

28.10 As equações para as correntes i_1, i_2, i_3 em certo circuito elétrico são

$$\begin{cases} 3i_1 - 2i_2 + 4i_3 = 2 \\ i_1 + 3i_2 - 6i_3 = 8 \\ 2i_1 - i_2 - 2i_3 = 0. \end{cases}$$

Encontre i_3.

Solução

$$i_3 = \frac{\begin{vmatrix} 3 & -2 & 2 \\ 1 & 3 & 8 \\ 2 & -1 & 0 \end{vmatrix}}{\begin{vmatrix} 3 & -2 & 4 \\ 1 & 3 & -6 \\ 2 & -1 & -2 \end{vmatrix}} = \frac{-22}{-44} = \frac{1}{2}$$

28.11 Escreva a expansão para o determinante utilizando menores complementares para a primeira linha.

$$\begin{vmatrix} a_{11} & a_{12} & a_{13} \\ a_{21} & a_{22} & a_{23} \\ a_{31} & a_{32} & a_{33} \end{vmatrix}$$

Solução

A expansão é $a_{11}(-1)^{1+1}\begin{vmatrix} a_{22} & a_{23} \\ a_{32} & a_{33} \end{vmatrix} + a_{12}(-1)^{1+2}\begin{vmatrix} a_{21} & a_{23} \\ a_{31} & a_{33} \end{vmatrix} + a_{13}(-1)^{1+3}\begin{vmatrix} a_{21} & a_{22} \\ a_{31} & a_{32} \end{vmatrix} =$
$a_{11}(+1)(a_{22}a_{33} - a_{23}a_{32}) + a_{12}(-1)(a_{21}a_{33} - a_{23}a_{31}) + a_{13}(+1)(a_{21}a_{32} - a_{22}a_{31}) =$
$a_{11}a_{22}a_{33} - a_{11}a_{23}a_{32} - a_{12}a_{21}a_{33} + a_{12}a_{23}a_{31} + a_{13}a_{21}a_{32} - a_{13}a_{22}a_{31}.$

A expansão procurada é $a_{11}a_{22}a_{33} - a_{11}a_{23}a_{32} - a_{12}a_{21}a_{33} + a_{12}a_{23}a_{31} + a_{13}a_{21}a_{32} - a_{13}a_{22}a_{31}.$

28.12 Prove a Propriedade III: se duas linhas (ou colunas) forem trocadas, o sinal do determinante será alterado.

Solução

Para o caso dos determinantes de terceira ordem, devemos mostrar que

$$\begin{vmatrix} a_{11} & a_{12} & a_{13} \\ a_{21} & a_{22} & a_{23} \\ a_{31} & a_{32} & a_{33} \end{vmatrix} = - \begin{vmatrix} a_{31} & a_{32} & a_{33} \\ a_{21} & a_{22} & a_{23} \\ a_{11} & a_{12} & a_{13} \end{vmatrix}.$$

$$\begin{vmatrix} a_{11} & a_{12} & a_{13} \\ a_{21} & a_{22} & a_{23} \\ a_{31} & a_{32} & a_{33} \end{vmatrix} = a_{11}(-1)^{1+1}\begin{vmatrix} a_{22} & a_{23} \\ a_{32} & a_{33} \end{vmatrix} + a_{12}(-1)^{1+2}\begin{vmatrix} a_{21} & a_{23} \\ a_{31} & a_{33} \end{vmatrix} + a_{13}(-1)^{1+3}\begin{vmatrix} a_{21} & a_{22} \\ a_{31} & a_{32} \end{vmatrix}$$

$$= +a_{11}(a_{22}a_{33} - a_{23}a_{32}) - a_{12}(a_{21}a_{33} - a_{23}a_{31}) + a_{13}(a_{21}a_{32} - a_{22}a_{31})$$

$$= +a_{11}a_{22}a_{33} - a_{11}a_{23}a_{32} - a_{12}a_{21}a_{33} + a_{12}a_{23}a_{31} + a_{13}a_{21}a_{32} - a_{13}a_{22}a_{31}.$$

$$-\begin{vmatrix} a_{31} & a_{32} & a_{33} \\ a_{21} & a_{22} & a_{23} \\ a_{11} & a_{12} & a_{13} \end{vmatrix} = -\left(a_{31}(-1)^{1+1}\begin{vmatrix} a_{22} & a_{23} \\ a_{11} & a_{13} \end{vmatrix} + a_{32}(-1)^{1+2}\begin{vmatrix} a_{21} & a_{23} \\ a_{11} & a_{13} \end{vmatrix} + a_{13}(-1)^{1+3}\begin{vmatrix} a_{21} & a_{22} \\ a_{11} & a_{12} \end{vmatrix} \right)$$

$$= -(+a_{31}(a_{22}a_{13} - a_{12}a_{23}) - a_{32}(a_{21}a_{13} - a_{23}a_{11}) + a_{33}(a_{21}a_{12} - a_{11}a_{22}))$$

$$= -a_{31}a_{22}a_{13} + a_{31}a_{12}a_{23} + a_{32}a_{21}a_{13} - a_{32}a_{23}a_{11} - a_{33}a_{21}a_{12} + a_{33}a_{11}a_{22}$$

$$= +a_{11}a_{22}a_{33} - a_{11}a_{23}a_{32} - a_{12}a_{21}a_{33} + a_{12}a_{23}a_{31} + a_{13}a_{21}a_{32} - a_{13}a_{22}a_{31}.$$

A expansão de cada lado da equação resulta na mesma expressão. Assim, a propriedade é verdadeira para determinantes de terceira ordem. Os métodos de demonstração são válidos para o caso geral.

28.13 Demonstre a Propriedade IV: se duas linhas (ou colunas) são idênticas, o determinante vale zero.

Solução

Seja D o valor do determinante. Pela Propriedade III, a troca das colunas idênticas entre si deve alterar o valor para $-D$. Como os determinantes são iguais, $D = -D$ ou $D = 0$.

28.14 Prove a Propriedade V: se todos os elementos de uma linha (ou coluna) forem multiplicados pelo mesmo número p, o valor do determinante será multiplicado por p.

Solução

Cada termo no determinante contém um e apenas um elemento da linha multiplicada por p e assim, todos os termos possuem um fator p. Portanto, este fator é comum a todos os termos da expansão, logo o determinante fica multiplicado por p.

28.15 Demonstre a propriedade VI: se todos os elementos em uma linha (ou coluna) de um determinante forem expressos como a soma de dois (ou mais) termos, o determinante pode ser expresso como a soma de dois (ou mais) determinantes.

Solução

Para o caso dos determinantes de terceira ordem, devemos mostrar que

$$\begin{vmatrix} a_{11} & a'_{11} & a_{12} & a_{13} \\ a_{21} & a'_{21} & a_{22} & a_{23} \\ a_{31} & a'_{31} & a_{32} & a_{33} \end{vmatrix} = \begin{vmatrix} a_{11} & a_{12} & a_{13} \\ a_{21} & a_{22} & a_{23} \\ a_{31} & a_{32} & a_{33} \end{vmatrix} + \begin{vmatrix} a'_{11} & a_{12} & a_{13} \\ a'_{21} & a_{22} & a_{23} \\ a'_{31} & a_{32} & a_{33} \end{vmatrix}$$

Vamos expandir cada determinante em menores utilizando a primeira coluna.

$$\begin{vmatrix} a_{11} & a'_{11} & a_{12} & a_{13} \\ a_{21} & a'_{21} & a_{22} & a_{23} \\ a_{31} & a'_{31} & a_{32} & a_{33} \end{vmatrix} = (a_{11} + a'_{11})A_{11} - (a_{21} + a'_{21})A_{21} + (a_{31} + a'_{31})A_{31}.$$

$$\begin{vmatrix} a_{11} & a_{12} & a_{13} \\ a_{21} & a_{22} & a_{23} \\ a_{31} & a_{32} & a_{33} \end{vmatrix} + \begin{vmatrix} a'_{11} & a_{12} & a_{13} \\ a'_{21} & a_{22} & a_{23} \\ a'_{31} & a_{32} & a_{33} \end{vmatrix} = a_{11}A_{11} - a_{21}A_{21} + a_{31}A_{31} + a'_{11}A_{11} - a'_{21}A_{21} + a'_{31}A_{31}$$

$$= (a_{11} + a'_{11})A_{11} - (a_{21} + a'_{21})A_{21} + (a_{31} + a'_{31})A_{31}.$$

A expansão para os dois lados são idênticas. Assim, a propriedade é verdadeira para determinantes de terceira ordem. O método de prova vale para o caso geral.

28.16 Prove a Propriedade VII: se a cada elemento em uma linha (ou coluna) de um determinante for adicionado m vezes o elemento correspondente em outra linha (ou coluna), o valor do determinante não é alterado.

Solução

Para o caso de um determinante de terceira ordem devemos mostrar que

$$\begin{vmatrix} a_{11} + ma_{12} & a_{12} & a_{13} \\ a_{21} + ma_{22} & a_{22} & a_{23} \\ a_{31} + ma_{32} & a_{32} & a_{33} \end{vmatrix} = \begin{vmatrix} a_{11} & a_{12} & a_{13} \\ a_{21} & a_{22} & a_{23} \\ a_{31} & a_{32} & a_{33} \end{vmatrix}.$$

Pela propriedade VI, o lado esquerdo pode ser escrito

$$\begin{vmatrix} a_{11} & a_{12} & a_{13} \\ a_{21} & a_{22} & a_{23} \\ a_{31} & a_{32} & a_{33} \end{vmatrix} + \begin{vmatrix} ma_{12} & a_{12} & a_{13} \\ ma_{22} & a_{22} & a_{23} \\ ma_{32} & a_{32} & a_{33} \end{vmatrix}.$$

Podemos expressar este último determinante como

$$m \begin{vmatrix} a_{12} & a_{12} & a_{13} \\ a_{22} & a_{22} & a_{23} \\ a_{32} & a_{32} & a_{33} \end{vmatrix}$$

que é zero pela Propriedade IV.

28.17 Mostre que

$$\begin{vmatrix} 3 & 2 & 2 & 1 \\ 6 & 5 & 4 & -2 \\ 9 & -3 & 6 & -5 \\ 12 & 2 & 8 & 7 \end{vmatrix} = 0.$$

Solução

O número 3 pode ser fatorado de cada elemento na primeira coluna e o 2 pode ser fatorado dos elementos na terceira coluna, resultando em

$$(3)(2) \begin{vmatrix} 1 & 2 & 1 & 1 \\ 2 & 5 & 2 & -2 \\ 3 & -3 & 3 & -5 \\ 4 & 2 & 4 & 7 \end{vmatrix}$$

que é igual a zero, pois a primeira e a terceira coluna são idênticas.

28.18 Utilize a Propriedade VII para transformar

$$\begin{vmatrix} 1 & -2 & 3 \\ 2 & -1 & 4 \\ -2 & 3 & 1 \end{vmatrix}$$

em um determinante com mesmo valor mas tendo zeros na primeira linha e segunda e terceira colunas.

Solução

Multiplique todos os elementos na primeira coluna por 2 e adicione aos elementos correspondentes na segunda coluna, obtendo assim

$$\begin{vmatrix} 1 & (2)(1)-2 & 3 \\ 2 & (2)(2)-1 & 4 \\ -2 & (2)(-2)+3 & 1 \end{vmatrix} = \begin{vmatrix} 1 & 0 & 3 \\ 2 & 3 & 4 \\ -2 & -1 & 1 \end{vmatrix}.$$

Multiplique todos os elementos na primeira coluna do novo determinante por -3 e adicione aos elementos correspondentes na terceira coluna para obter

$$\begin{vmatrix} 1 & 0 & (-3)(1)+3 \\ 2 & 3 & (-3)(2)+4 \\ -2 & -1 & (-3)(-2)+1 \end{vmatrix} = \begin{vmatrix} 1 & 0 & 0 \\ 2 & 3 & -2 \\ -2 & -1 & 7 \end{vmatrix}.$$

O resultado poderia ter sido obtido em um passo escrevendo-se

$$\begin{vmatrix} 1 & (2)(1)-2 & (-3)(1)+3 \\ 2 & (2)(2)-1 & (-3)(2)+4 \\ -2 & (2)(-2)+3 & (-3)(-2)+1 \end{vmatrix} = \begin{vmatrix} 1 & 0 & 0 \\ 2 & 3 & -2 \\ -2 & -1 & 7 \end{vmatrix}.$$

A escolha dos números 2 e -3 foi feita de forma a obter os zeros nos lugares desejados.

28.19 Utilize a Propriedade VII para transformar

$$\begin{vmatrix} 3 & 6 & 2 & 3 \\ -2 & 1 & -2 & 2 \\ 4 & -5 & 1 & 4 \\ 1 & 3 & 4 & -2 \end{vmatrix}$$

em um determinante igual com três zeros na 4ª coluna.

Solução

Multiplique todos os elementos na 1ª coluna (a coluna *básica*) por $-3, -4, +2$ e adicione respectivamente aos elementos correspondentes na 2ª, 3ª e 4ª colunas. O resultado é

$$\begin{vmatrix} 3 & (-3)(3)+6 & (-4)(3)+2 & (2)(3)+3 \\ -2 & (-3)(-2)+1 & (-4)(-2)-2 & (2)(-2)+2 \\ 4 & (-3)(4)-5 & (-4)(4)+1 & (2)(4)+4 \\ 1 & (-3)(1)+3 & (-4)(1)+4 & (2)(1)-2 \end{vmatrix} = \begin{vmatrix} 3 & -3 & -10 & 9 \\ -2 & 7 & 6 & -2 \\ 4 & -17 & -15 & 12 \\ 1 & 0 & 0 & 0 \end{vmatrix}.$$

Observe que é útil escolher uma linha ou coluna básica contendo o elemento 1.

28.20 Obtenha 4 zeros em uma linha ou coluna do determinante de 5ª ordem

$$\begin{vmatrix} 3 & 5 & 4 & 6 & 2 \\ -2 & 3 & 2 & 3 & 4 \\ 4 & 1 & 3 & -2 & -3 \\ 6 & -3 & 2 & 4 & 3 \\ 2 & 2 & 5 & 3 & -2 \end{vmatrix}$$

Solução

Introduziremos zeros na 2ª coluna fazendo uso da linha básica hachurada. Multiplique os elementos nessa linha básica por $-5, -3, 3, -2$ e adicione respectivamente aos elementos correspondentes na 1ª, 2ª, 4ª e 5ª linhas para obter

$$\begin{vmatrix} -17 & 0 & -11 & 16 & 17 \\ -14 & 0 & -7 & 9 & 13 \\ 4 & 1 & 3 & -2 & -3 \\ 18 & 0 & 11 & -2 & -6 \\ -6 & 0 & -1 & 7 & 4 \end{vmatrix}$$

28.21 Obtenha 3 zeros em uma linha ou coluna do determinante

$$\begin{vmatrix} 3 & 4 & 2 & 3 \\ -2 & 2 & 3 & -2 \\ 2 & -3 & 3 & 4 \\ 4 & 5 & -2 & -2 \end{vmatrix}$$

sem mudar seu valor.

Solução

É conveniente utilizar a Propriedade VII para obter um elemento 1 em uma linha ou coluna. Por exemplo, multiplicando os elementos na coluna 2 por -1 e adicionando aos elementos correspondentes na coluna 3, obtemos

$$\begin{vmatrix} 3 & 4 & -2 & 3 \\ -2 & 2 & 1 & -2 \\ 2 & -3 & 6 & 4 \\ 4 & 5 & -7 & -2 \end{vmatrix}.$$

Utilizando a 3ª coluna como coluna básica, multiplique seus elementos por $2, -2, 2$ e adicione respectivamente à 1ª, 2ª e 4ª colunas para obter

$$\begin{vmatrix} -1 & 8 & -2 & -1 \\ 0 & 0 & 1 & 0 \\ 14 & -15 & 6 & 16 \\ -10 & 19 & -7 & -16 \end{vmatrix}$$

que é igual ao determinante dado.

28.22 Escreva o menor complementar e o cofator correspondente ao elemento na segunda linha e terceira coluna do determinante

$$\begin{vmatrix} 2 & -2 & 3 & 1 \\ 1 & 3 & 2 & 5 \\ 1 & -2 & 5 & -1 \\ 2 & 1 & 3 & -2 \end{vmatrix}.$$

Solução

Eliminando a linha e a coluna que contêm o elemento, o menor é dado por

$$\begin{vmatrix} 2 & -2 & 1 \\ 1 & -2 & -1 \\ 2 & 1 & -2 \end{vmatrix}.$$

Como o elemento está na segunda linha e terceira coluna e como 2 + 3 = 5 é um número ímpar, o sinal associado é menos. Assim, o cofator correspondente ao elemento dado é

$$-\begin{vmatrix} 2 & -2 & 1 \\ 1 & -2 & -1 \\ 2 & 1 & -2 \end{vmatrix}.$$

28.23 Escreva os menores complementares e os cofatores dos elementos na 4ª linha do determinante

$$\begin{vmatrix} 3 & -2 & 4 & 2 \\ 2 & 1 & 5 & -3 \\ 1 & 5 & -2 & 2 \\ -3 & -2 & -4 & 1 \end{vmatrix}.$$

Solução

Os elementos na 4ª linha são $-3, -2, -4, 1$.

$$\text{O menor do elemento } -3 = \begin{vmatrix} -2 & 4 & 2 \\ 1 & 5 & -3 \\ 5 & -2 & 2 \end{vmatrix} \qquad \text{Cofator} = -\text{Menor}$$

$$\text{O menor do elemento } -2 = \begin{vmatrix} 3 & 4 & 2 \\ 2 & 5 & -3 \\ 1 & -2 & 2 \end{vmatrix} \qquad \text{Cofator} = +\text{Menor}$$

$$\text{O menor do elemento } -4 = \begin{vmatrix} 3 & -2 & 2 \\ 2 & 1 & -3 \\ 1 & 5 & 2 \end{vmatrix} \qquad \text{Cofator} = -\text{Menor}$$

$$\text{O menor do elemento } 1 = \begin{vmatrix} 3 & -2 & 4 \\ 2 & 1 & 5 \\ 1 & 5 & -2 \end{vmatrix} \qquad \text{Cofator} = +\text{Menor}$$

28.24 Expresse o valor do determinante do Problema 28.23 em termos de menores ou cofatores.

Solução

O valor do determinante = a soma dos elementos multiplicados pelo cofator associado

$$= (-3)\left\{-\begin{vmatrix} -2 & 4 & 2 \\ 1 & 5 & -3 \\ 5 & -2 & 2 \end{vmatrix}\right\} + (-2)\left\{+\begin{vmatrix} 3 & 4 & 2 \\ 2 & 5 & -3 \\ 1 & -2 & 2 \end{vmatrix}\right\}$$

$$+ (-4)\left\{-\begin{vmatrix} 3 & -2 & 2 \\ 2 & 1 & -3 \\ 1 & 5 & 2 \end{vmatrix}\right\} + (1)\left\{+\begin{vmatrix} 3 & -2 & 4 \\ 2 & 1 & 5 \\ 1 & 5 & 2 \end{vmatrix}\right\}$$

Realizando o cálculo de todos os determinantes de 3ª ordem o resultado -53 é obtido.

Este método para realização da conta, aqui indicado, é entediante. Contudo, o trabalho pode ser consideravelmente reduzido. Primeiramente, transformando-se dado determinante em um equivalente com zeros em uma linha ou coluna por meio da Propriedade VII como mostra o seguinte problema.

28.25 Efetue o determinante do Problema 28.16 primeiramente transformando-o em outro com três zeros em uma linha ou coluna e então expandindo em menores.

Solução

Escolhendo a coluna básica indicada,

$$\begin{vmatrix} 3 & -2 & 4 & 2 \\ 2 & 1 & 5 & -3 \\ 1 & 5 & -2 & 2 \\ -3 & -2 & -4 & 1 \end{vmatrix},$$

multiplique seus elementos por -2, -5, 3 e adicione respectivamente aos elementos correspondentes da 1ª, 3ª e 4ª colunas para obter

$$\begin{vmatrix} 7 & -2 & 14 & -4 \\ 0 & 1 & 0 & 0 \\ -9 & 5 & -27 & 17 \\ 1 & -2 & 6 & -5 \end{vmatrix}.$$

Expanda de acordo com os cofatores dos elementos na segunda linha, obtendo

$$(0)(\text{seu cofator}) + (1)(\text{seu cofator}) + (0)(\text{seu cofator}) + (0)(\text{seu cofator})$$

$$+ (1)(\text{seu cofator}) = 1\left\{ + \begin{vmatrix} 7 & 14 & -4 \\ -9 & -27 & 17 \\ 1 & 6 & -5 \end{vmatrix} \right\}.$$

Expandindo este determinante, obtemos o valor -53, que concorda com o resultado do Problema 28.23.

Observe que o método deste problema pode ser empregado para avaliar determinantes de 3ª ordem em termos de determinantes de 2ª ordem.

28.26 Calcule os seguintes determinantes.

(a) $\begin{vmatrix} 4 & 1 & -2 & 3 \\ -1 & 2 & 1 & 4 \\ 3 & -1 & 3 & 4 \\ 2 & 3 & -3 & 2 \end{vmatrix}$

Multiplique os elementos na linha básica indicada por -2, 1, -3 e adicione-os respectivamente aos elementos correspondentes na 2ª, 3ª e 4ª linhas para obter

$$\begin{vmatrix} 4 & 1 & -2 & 3 \\ -9 & 0 & 5 & -2 \\ 7 & 0 & 1 & 7 \\ 10 & 0 & 3 & -7 \end{vmatrix} = 1\left\{ -\begin{vmatrix} -9 & 5 & -2 \\ 7 & 1 & 7 \\ -10 & 3 & -7 \end{vmatrix} \right\}$$

$$= -\begin{vmatrix} -9 & 5 & -2 \\ 7 & 1 & 7 \\ -10 & 3 & -7 \end{vmatrix}.$$

Multiplique os elementos na coluna básica indicada por -7 e adicione aos elementos correspondentes na 1ª e 3ª colunas para obter

$$-\begin{vmatrix} -44 & 5 & -37 \\ 0 & 1 & 0 \\ -31 & 3 & -28 \end{vmatrix} = -(1)\left\{ + \begin{vmatrix} -44 & -37 \\ -31 & -28 \end{vmatrix} \right\} = -85.$$

(b) $\begin{vmatrix} 1 & -3 & 2 & -3 & 1 \\ -1 & 2 & 1 & 2 & -3 \\ -3 & 1 & -2 & -1 & 4 \\ 2 & -3 & 3 & 4 & -1 \\ 3 & -2 & -4 & 2 & 1 \end{vmatrix}$

Multiplique os elementos na coluna básica indicada por 3, 2, 1, -4, respectivamente, e adicione aos elementos correspondentes na 1ª, 3ª, 4ª e 5ª colunas, obtendo

$$\begin{vmatrix} -8 & -3 & -4 & -6 & 13 \\ 5 & 2 & 5 & 4 & -11 \\ 0 & 1 & 0 & 0 & 0 \\ -7 & -3 & -3 & 1 & 11 \\ -3 & -2 & -8 & 0 & 9 \end{vmatrix} = 1\left\{ -\begin{vmatrix} -8 & -4 & -6 & 13 \\ 5 & 5 & 4 & -11 \\ -7 & -3 & 1 & 11 \\ -3 & -8 & 0 & 9 \end{vmatrix} \right\} = -\begin{vmatrix} -8 & -4 & -6 & 13 \\ 5 & 5 & 4 & -11 \\ -7 & -3 & 1 & 11 \\ -3 & -8 & 0 & 9 \end{vmatrix}.$$

No último determinante, multiplique os elementos na linha básica por 6, -4 e adicione-os respectivamente aos elementos na 1ª e 2ª linhas, resultando em

$$-\begin{vmatrix} -50 & -22 & 0 & 79 \\ 33 & 17 & 0 & -55 \\ -7 & -3 & 1 & 11 \\ -3 & -8 & 0 & 9 \end{vmatrix} = -(1)\left\{ +\begin{vmatrix} -50 & -22 & 79 \\ 33 & 17 & -55 \\ -3 & -8 & 9 \end{vmatrix} \right\} = -\begin{vmatrix} -50 & -22 & 79 \\ 33 & 17 & -55 \\ -3 & -8 & 9 \end{vmatrix}.$$

Multiplique os elementos na linha indicada do último determinante por 2 e adicione à 2ª linha para obter

$$-\begin{vmatrix} -50 & -22 & 79 \\ 27 & 1 & -37 \\ -3 & -8 & 9 \end{vmatrix}.$$

Multiplique os elementos na linha indicada do último determinante por 22 e 8 e adicione-os respectivamente aos elementos na 1ª e 3ª linhas, obtendo

$$-\begin{vmatrix} 544 & 0 & -735 \\ 27 & 1 & -37 \\ 213 & 0 & -287 \end{vmatrix} = -(1)\left\{ +\begin{vmatrix} 544 & -735 \\ 213 & -287 \end{vmatrix} \right\} = -427.$$

28.27 Fatore o seguinte determinante.

$$\begin{vmatrix} x & y & 1 \\ x^2 & y^2 & 1 \\ x^3 & y^3 & 1 \end{vmatrix} = xy \begin{vmatrix} 1 & 1 & 1 \\ x & y & 1 \\ x^2 & y^2 & 1 \end{vmatrix}$$
Removendo os fatores x e y da 1ª e 2ª colunas, respectivamente.

$$= xy \begin{vmatrix} 0 & 0 & 1 \\ x-1 & y-1 & 1 \\ x^2-1 & y^2-1 & 1 \end{vmatrix}$$
Adicionando -1 vezes os elementos na 3ª coluna pelos elementos correspondentes na 1ª e 2ª colunas.

$$= xy \begin{vmatrix} x-1 & y-1 \\ x^2-1 & y^2-1 \end{vmatrix}$$

$$= xy(x-1)(y-1) \begin{vmatrix} 1 & 1 \\ x+1 & y+1 \end{vmatrix}$$
Removendo os fatores $(x-1)$ e $(y-1)$ da 1ª e 2ª colunas, respectivamente.

$$= xy(x-1)(y-1)(y-x).$$

28.28 Resolva o sistema

$$\begin{aligned} 2x + y - z + w &= -4 \\ x + 2y + 2z - 3w &= 6 \\ 3x - y - z + 2w &= 0 \\ 2x + 3y + z + 4w &= -5. \end{aligned}$$

Solução

$$D = \begin{vmatrix} 2 & 1 & -1 & 1 \\ 1 & 2 & 2 & -3 \\ 3 & -1 & -1 & 2 \\ 2 & 3 & 1 & 4 \end{vmatrix} = 86$$

$$D_1 = \begin{vmatrix} -4 & 1 & -1 & 1 \\ 6 & 2 & 2 & -3 \\ 0 & -1 & -1 & 2 \\ -5 & 3 & 1 & 4 \end{vmatrix} = 86 \quad D_2 = \begin{vmatrix} 2 & -4 & -1 & 1 \\ 1 & 6 & 2 & -3 \\ 3 & 0 & -1 & 2 \\ 2 & -5 & 1 & 4 \end{vmatrix} = -172$$

$$D_3 = \begin{vmatrix} 2 & 1 & -4 & 1 \\ 1 & 2 & 6 & -3 \\ 3 & -1 & 0 & 2 \\ 2 & 3 & -5 & 4 \end{vmatrix} = 258 \quad D_4 = \begin{vmatrix} 2 & 1 & -1 & -4 \\ 1 & 2 & 2 & 6 \\ 3 & -1 & -1 & 0 \\ 2 & 3 & 1 & -5 \end{vmatrix} = -86$$

Então $\quad x = \dfrac{D_1}{D} = 1, \quad y = \dfrac{D_2}{D} = -2, \quad z = \dfrac{D_3}{D} = 3, \quad w = \dfrac{D_4}{D} = -1.$

28.29 As correntes i_1, i_2, i_3, i_4, i_5 (medidas em ampères) podem ser determinadas a partir do seguinte conjunto de equações. Encontre i_3.

$$i_1 - 2i_2 + i_3 = 3$$
$$i_2 + 3i_4 - i_5 = -5$$
$$i_1 + i_2 + i_3 - i_5 = 1$$
$$2i_2 + i_3 - 2i_4 - 2i_5 = 0$$
$$i_1 + i_3 + 2i_4 + i_5 = 3$$

Solução

$$D_3 = \begin{vmatrix} 1 & -2 & 3 & 0 & 0 \\ 0 & 1 & -5 & 3 & -1 \\ 1 & 1 & 1 & 0 & -1 \\ 0 & 2 & 0 & -2 & -2 \\ 1 & 0 & 3 & 2 & 1 \end{vmatrix} = 38, \quad D = \begin{vmatrix} 1 & -2 & 1 & 0 & 0 \\ 0 & 1 & 0 & 3 & -1 \\ 1 & 1 & 1 & 0 & -1 \\ 0 & 2 & 1 & -2 & -2 \\ 1 & 0 & 1 & 2 & 1 \end{vmatrix} = 19, \quad i_3 = \frac{D_3}{D} = 2 \text{ ampères.}$$

29.30 Verifique se o sistema

$$x - 3y + 2z = 4$$
$$2x + y - 3z = -2$$
$$4x - 5y + z = 5$$

é consistente.

Solução

$$D = \begin{vmatrix} 1 & -3 & 2 \\ 2 & 1 & -3 \\ 4 & -5 & 1 \end{vmatrix} = 0.$$

Contudo,
$$D_1 = \begin{vmatrix} 4 & -3 & 2 \\ -2 & 1 & -3 \\ 5 & -5 & 1 \end{vmatrix} = -7.$$

Portanto, pelo menos um dos determinantes $D_1, D_2, D_3 \neq 0$ de forma que as equações são inconsistentes.

Poderíamos ter obtido este resultado de outra maneira, multiplicando a primeira equação por 2 e adicionando-a à segunda equação para obtermos $4x - 5y + z = 6$ que não é consistente com a última equação.

28.31 Determine se o sistema

$$4x - 2y + 6z = 8$$
$$2x - y + 3z = 5$$
$$2x - y + 3z = 4$$

é consistente.

Solução

$$D = \begin{vmatrix} 4 & -2 & 6 \\ 2 & -1 & 3 \\ 2 & -1 & 3 \end{vmatrix} = 0 \quad D_1 = \begin{vmatrix} 8 & -2 & 6 \\ 5 & -1 & 3 \\ 4 & -1 & 3 \end{vmatrix} = 0$$

$$D_2 = \begin{vmatrix} 4 & 8 & 6 \\ 2 & 5 & 3 \\ 2 & 4 & 3 \end{vmatrix} = 0 \quad D_3 = \begin{vmatrix} 4 & -2 & 8 \\ 2 & -1 & 5 \\ 2 & -1 & 4 \end{vmatrix} = 0$$

Nada pode ser dito a respeito da consistência a partir destes fatos. Em uma avaliação mais cuidadosa do sistema, podemos observar que a segunda e a terceira equações são inconsistentes. Portanto, o sistema é inconsistente.

28.32 Verfique se o sistema

$$2x + y - 2z = 4$$
$$x - 2y + z = -2$$
$$5x - 5y + z = -2$$

é consistente,

Solução

$D = D_1 = D_2 = D_3 = 0$. Portanto, nada pode ser concluído destes fatos.

Resolvendo as duas primeiras equações para x e y (em termos de z), $x = \frac{3}{5}(z - 2)$, $y = \frac{4}{5}(z + 2)$. Podemos ver, substituindo, que estes valores satisfazem a terceira equação (caso eles não satisfizessem a terceira equação, o sistema seria inconsistente).

Portanto, os valores $x = \frac{3}{5}(z + 2)$, $y = \frac{4}{5}(z + 2)$ satisfazem o sistema e existe um conjunto infinito de soluções, obtidas atribuindo-se diversos valores para z. Assim, se $z = 3$, então $x = 3$, $y = 4$; se $z = -2$, então $x = 0$, $y = 0$; etc.

Segue-se que as equações dadas são *dependentes*. Podemos ver isto de outra maneira, multiplicando a segunda equação por 3 e adicionando-a à primeira equação para obtermos $5x - 5y + z = -2$ que é a terceira equação.

28.33 O sistema

$$2x - 3y + 4z = 0$$
$$x + y - 2z = 0$$
$$3x + 2y - 3z = 0$$

possui apenas a solução trivial $x = y = z = 0$?

Solução

$$D = \begin{vmatrix} 2 & -3 & 4 \\ 1 & 1 & -2 \\ 3 & 2 & -3 \end{vmatrix} = +7 \qquad D_1 = D_2 = D_3 = 0$$

Como $D \neq 0$ e $D_1 = D_2 = D_3 = 0$, o sistema tem apenas a solução trivial.

28.34 Encontre soluções não triviais para o sistema

$$x + 3y - 2z = 0$$
$$2x - 4y + z = 0$$
$$x + y - z = 0$$

caso elas existam.

Solução

$$D = \begin{vmatrix} 1 & 3 & -2 \\ 2 & -4 & 1 \\ 1 & 1 & -1 \end{vmatrix} = 0 \qquad D_1 = D_2 = D_3 = 0$$

Portanto, existem soluções não triviais.

Para determinar estas soluções não triviais resolva para x e y (em função de z) a partir das duas primeiras equações (isto pode não ser sempre possível). Encontramos $x = z/2$, $y = z/2$. Estes valores satisfazem a terceira equação. Um conjunto infinito de soluções pode ser obtido se atribuirmos diversos valores a z. Por exemplo, se $z = 6$, então $x = 3$, $y = 3$; se $z = -4$, então $x = -2$, $y = -2$; etc.

28.35 Para quais valores de k o sistema

$$x + 2y + kz = 0$$
$$2x + ky + 2z = 0$$
$$3x + y + z = 0$$

possui soluções não triviais?

Solução

Soluções não triviais são obtidas quando

$$D = \begin{vmatrix} 1 & 2 & k \\ 2 & k & 2 \\ 3 & 1 & 1 \end{vmatrix} = 0.$$

Portanto, $D = -3k^2 + 3k + 6 = 0$ ou $k = -1, 2$.

Problemas Complementares

28.36 Calcule os seguintes determinantes

(a) $\begin{vmatrix} 4 & -3 \\ -1 & 2 \end{vmatrix}$ (c) $\begin{vmatrix} 2 & -1 \\ 4 & 0 \end{vmatrix}$ (e) $\begin{vmatrix} a+b & a-b \\ a & -b \end{vmatrix}$

(b) $\begin{vmatrix} -2 & 4 \\ -3 & 7 \end{vmatrix}$ (d) $\begin{vmatrix} -2x & -3y \\ 4x & -y \end{vmatrix}$ (f) $\begin{vmatrix} 2x-1 & x+1 \\ x+2 & x-2 \end{vmatrix}$

28.37 Mostre que se os elementos em uma linha (ou coluna) de um determinante forem multiplicados pelo mesmo número, o determinante será multiplicado pelo número.

28.38 Resolva os seguintes sistemas.

(a) $\begin{cases} 5x + 2y = 4 \\ 2x - y = 7 \end{cases}$ (c) $\begin{cases} 28 + 4x + 5y = 0 \\ -3x + 4y + 10 = 0 \end{cases}$ (e) $\begin{cases} \dfrac{x-3}{3} + \dfrac{y+4}{5} = 7 \\ \dfrac{x+2}{7} - \dfrac{y-6}{2} = -3 \end{cases}$ (g) $\begin{cases} \dfrac{4}{x} + \dfrac{1}{y} = \dfrac{2}{5} \\ \dfrac{3}{x} - \dfrac{5}{y} = -\dfrac{1}{12} \end{cases}$

(b) $\begin{cases} 3r - 5s = -6 \\ 4r + 2s = 5 \end{cases}$ (d) $\begin{cases} 5x - 4y = 16 \\ 2x + 3y = -10 \end{cases}$ (f) $\begin{cases} \dfrac{3x + 2y + 1}{x + y} = 4 \\ \dfrac{5x + 6y - 7}{x + y} = 2 \end{cases}$ (h) $\begin{cases} \dfrac{4}{3u} - \dfrac{3}{5v} = 1 \\ \dfrac{1}{u} - \dfrac{1}{v} = -\dfrac{1}{6} \end{cases}$

28.39 Efetue os determinantes.

(a) $\begin{vmatrix} -2 & 1 & 2 \\ 3 & -1 & 3 \\ 1 & 3 & -2 \end{vmatrix}$ (c) $\begin{vmatrix} 3 & -1 & 4 \\ -2 & 1 & -3 \\ 1 & 3 & -2 \end{vmatrix}$ (e) $\begin{vmatrix} 1 & 1 & 1 \\ a & b & c \\ a^2 & b^2 & c^2 \end{vmatrix}$

(b) $\begin{vmatrix} 1 & 0 & -2 \\ 0 & -3 & 4 \\ -4 & 2 & -1 \end{vmatrix}$ (d) $\begin{vmatrix} x & y & z \\ -2 & 3 & 1 \\ 4 & 1 & 2 \end{vmatrix}$

28.40 Para quais valores de k vale

$$\begin{vmatrix} k+3 & 1 & -2 \\ 3 & -2 & 1 \\ -k & -3 & 3 \end{vmatrix} = 0?$$

28.41 Mostre que se os elementos em uma linha (ou coluna) de um determinante de terceira ordem forem multiplicados pelo mesmo número, o determinante será multiplicado pelo número.

28.42 Resolva para as incógnitas nos seguintes sistemas.

(a) $\begin{cases} 3x + y - 2z = 1 \\ 2x + 3y - z = 2 \\ x - 2y + 2z = -10 \end{cases}$ (b) $\begin{cases} u + 2v - 3w = -7 \\ 2u - v + w = 5 \\ 3u - v + 2w = 8 \end{cases}$ (c) $\begin{cases} 2x + 3y = -2 \\ 5y - 2z = 4 \\ 3z + 4x = -7 \end{cases}$

28.43 Resolva para a variável indicada.

(a) $\begin{cases} 3i_1 + i_2 - 2i_3 = 0 \\ i_1 + 2i_2 - 3i_3 = 5 \\ 2i_1 - i_2 + i_3 = -1 \end{cases}$ para i_2 (b) $\begin{cases} 1/x + 2/y + 1/z = 1/2 \\ 4/x + 2/y - 3/z = 2/3 \\ 3/x - 4/y + 4/z = 1/3 \end{cases}$ para x

28.44 (a) Demonstre a Propriedade I: se as linhas e colunas de um determinante forem trocadas entre si, o valor do determinante permanece o mesmo.

(b) Demonstre a Propriedade II: se todos os elementos em uma linha (ou coluna) forem nulos, o valor do determinante é zero.

28.45 Mostre que o determinante

$$\begin{vmatrix} 1 & 2 & 3 & 4 \\ 2 & 4 & 6 & 3 \\ 3 & 8 & 12 & 2 \\ 4 & 16 & 24 & 1 \end{vmatrix}$$

vale zero.

28.46 Transforme

$$\begin{vmatrix} -2 & 4 & 1 & 3 \\ 1 & -2 & 2 & 4 \\ 3 & 1 & -3 & 2 \\ 4 & 3 & -2 & -1 \end{vmatrix}$$

em um determinante equivalente com três zeros na 3ª coluna.

28.47 Sem alterar o valor do determinante

$$\begin{vmatrix} 4 & -2 & 1 & 3 & 1 \\ -2 & 1 & -3 & -2 & -2 \\ 3 & 4 & 2 & 1 & 3 \\ 1 & -3 & 4 & -1 & -1 \\ 2 & -1 & 2 & 4 & 2 \end{vmatrix}$$

introduza quatro zeros na 4ª coluna.

28.48 Para o determinante

$$\begin{vmatrix} -1 & 2 & 3 & -2 \\ 4 & -1 & -2 & 2 \\ -3 & 1 & 2 & -1 \\ 2 & 4 & -1 & 3 \end{vmatrix}$$

(a) Escreva os menores complementares e os cofatores dos elementos na 3ª linha.

(b) Expresse o valor do determinante em termos dos menores, ou dos cofatores.

(c) Encontre o valor do determinante.

28.49 Transforme

$$\begin{vmatrix} -2 & 1 & 2 & 3 \\ 3 & -2 & -3 & 2 \\ 1 & 2 & 1 & 2 \\ 4 & 3 & -1 & -3 \end{vmatrix}$$

em um determinante com três zeros em uma linha e então calcule-o utilizando a expansão em menores.

28.50 Efetue os determinantes.

(a) $\begin{vmatrix} 2 & -1 & 3 & 2 \\ -3 & 1 & 2 & 4 \\ 1 & -3 & -1 & 3 \\ -1 & 2 & -2 & -3 \end{vmatrix}$ (c) $\begin{vmatrix} 1 & 2 & -1 & 1 \\ -2 & 3 & 2 & -1 \\ 3 & -1 & 1 & -4 \\ -1 & 4 & -3 & 2 \end{vmatrix}$

(b) $\begin{vmatrix} 3 & -1 & 2 & 1 \\ 4 & 2 & 0 & -3 \\ -2 & 1 & -3 & 2 \\ 1 & 3 & -1 & 4 \end{vmatrix}$ (d) $\begin{vmatrix} 3 & 2 & -1 & 3 & 2 \\ -2 & 0 & 3 & 4 & 3 \\ 1 & -3 & -2 & 1 & 0 \\ 2 & 4 & 1 & 0 & 1 \\ -1 & -1 & 2 & 1 & 0 \end{vmatrix}$

28.51 Fatore cada determinante:

(a) $\begin{vmatrix} a & b & c \\ a^2 & b^2 & c^2 \\ a^3 & b^3 & c^3 \end{vmatrix}$ (b) $\begin{vmatrix} 1 & 1 & 1 & 1 \\ 1 & x & y & z \\ 1 & x^2 & y^2 & z^2 \\ 1 & x^3 & y^3 & z^3 \end{vmatrix}$

28.52 Resolva os sistemas:

(a) $\begin{cases} x - 2y + z - 3w = 4 \\ 2x + 3y - z - 2w = -4 \\ 3x - 4y + 2z - 4w = 12 \\ 2x - y - 3z + 2w = -2 \end{cases}$ (b) $\begin{cases} 2x + y - 3z = -5 \\ 3y + 4z + w = 5 \\ 2z - w - 4x = 0 \\ w + 3x - y = 4 \end{cases}$

28.53 Determine i_1 e i_4 para o sistema

$$\begin{cases} 2i_1 - 3i_3 - i_4 = -4 \\ 3i_1 + i_2 - 2i_3 + 2i_4 + 2i_5 = 0 \\ -i_1 - 3i_2 + 2i_4 + 3i_5 = 2 \\ i_1 + 2i_3 - i_5 = 9 \\ 2i_1 + i_2 = 5 \end{cases}$$

28.54 Verifique se cada sistema é consistente.

(a) $\begin{cases} 2x - 3y + z = 1 \\ x + 2y - z = 1 \\ 3x - y + 2z = 6 \end{cases}$ (b) $\begin{cases} 2x - y + z = 2 \\ 3x + 2y + 4z = 1 \\ x - 4y + 6z = 3 \end{cases}$ (c) $\begin{cases} x + 3y - 2z = 2 \\ 3x - y - z = 1 \\ 2x + 6y - 4z = 3 \end{cases}$ (d) $\begin{cases} 2u + v - 3w = 1 \\ u - 2v - w = 2 \\ u + 3v - 2w = -2 \end{cases}$

28.55 Encontre soluções não triviais, caso existam, para o sistema

$$\begin{cases} 3x - 2y + 4z = 0 \\ 2x + y - 3z = 0 \\ x + 3y - 2z = 0 \end{cases}$$

28.56 Para qual valor de k o sistema

$$\begin{cases} 2x + ky + z + w = 0 \\ 3x + (k-1)y - 2z - w = 0 \\ x - 2y + 4z + 2w = 0 \\ 2x + y + z + 2w = 0 \end{cases}$$

possui soluções não triviais?

Respostas dos Problemas Complementares

28.36 (a) 5 (b) -2 (c) 4 (d) $14xy$ (e) $-a^2 - b^2$ (f) $x^2 - 8x$

28.38 (a) $x = 2, y = -3; (2, -3)$ (e) $x = 12, y = 16; (12, 16)$
       (b) $r = 1/2, s = 3/2; (1/2, 3/2)$ (f) $x = 5, y = -2; (5, -2)$
       (c) $x = -2, y = -4; (-2, -4)$ (g) $x = 12, y = 15; (12, 15)$
       (d) $x = 8/23, y = -82/23; (8/23, -82/23)$ (h) $u = 2/3, v = 3/5; (2/3, 3/5)$

28.39 (a) 43 (b) 19 (c) 0 (d) $5x + 8y - 14z$ (e) $bc^2 - cb^2 + a^2c - ac^2 + ab^2 - ba^2$

28.40 Para todos os valores de k.

28.42 (a) $x = -2, y = 1, z = -3; (-2, 1, -3)$
       (b) $u = 1, v = -1, w = 2; (1, -1, 2)$
       (c) $x = -4, y = 2, z = 3; (-4, 2, 3)$

28.43 (a) $i_2 = 0{,}8$ (b) $x = 6$

28.48 (c) -38

28.49 28

28.50 (a) 38 (b) -143 (c) -108 (d) 88

28.51 (a) $abc(a - b)(b - c)(c - a)$ (b) $(x - 1)(y - 1)(z - 1)(x - y)(y - z)(z - x)$

28.52 (a) $x = 2, y = -1, z = 3, w = 1$ (b) $x = 1, y = -1, z = 2, w = 0$

28.53 $i_1 = 3, i_4 = -2$

28.54 (a) consistente (b) dependente (c) inconsistente (d) inconsistente

28.55 Apenas a solução trivial $x = y = z = 0$.

28.56 $k = -1$

Capítulo 29

Matrizes

29.1 DEFINIÇÃO DE UMA MATRIZ

Uma matriz é um arranjo retangular de números. Os números são as entradas, ou elementos da matriz. A seguir alguns exemplos de matrizes.

$$\begin{bmatrix} 1 & -4 \\ 7 & 0 \end{bmatrix}, \quad \begin{bmatrix} 1 & 2 \\ 4 & 7 \\ -1 & 3 \end{bmatrix}, \quad \begin{bmatrix} -5 \\ -3 \\ 8 \end{bmatrix}, \quad \begin{bmatrix} 0 & 8 & -1 \\ 6 & 5 & 3 \end{bmatrix}$$

Matrizes são classificadas pelo número de linhas e colunas. As matrizes acima são 2×2, 3×2, 3×1 e 2×3, com o primeiro número indicando o número de linhas e o segundo o número de colunas. Quando uma matriz possui o mesmo número de linhas e colunas, é uma matriz quadrada.

$$\mathbf{A} = \begin{bmatrix} a_{11} & a_{12} & a_{13} & \ldots & a_{1n} \\ a_{21} & a_{22} & a_{23} & \ldots & a_{2n} \\ \vdots & \vdots & \vdots & & \vdots \\ a_{m1} & a_{m2} & a_{m3} & \ldots & a_{mn} \end{bmatrix}$$

$\mathbf{A}$ é uma matriz $m \times n$. As entradas da matriz $\mathbf{A}$ possuem dois índices, com o primeiro indicando a linha da entrada e o segundo a coluna da entrada. Um elemento geral de uma matriz é denotado por a_{ij}. A matriz $\mathbf{A}$ pode ser denotada por $[a_{ij}]$.

29.2 OPERAÇÕES COM MATRIZES

Se as matrizes $\mathbf{A}$ e $\mathbf{B}$ possuem o mesmo tamanho, mesmo número de linhas e mesmo número de colunas, e denotando suas entradas na forma a_{ij} e b_{ij} respectivamente, então a soma $\mathbf{A} + \mathbf{B} = [a_{ij}] + [b_{ij}] = [a_{ij} + b_{ij}] = [c_{ij}] = \mathbf{C}$ para qualquer i e j.

Exemplo 29.1 Encontre a soma de $\mathbf{A} = \begin{bmatrix} 2 & 3 & 4 \\ 6 & 0 & -1 \end{bmatrix}$ e $\mathbf{B} = \begin{bmatrix} 0 & 3 & -2 \\ -1 & 1 & 2 \end{bmatrix}$.

$$\mathbf{A} + \mathbf{B} = \begin{bmatrix} 2 & 3 & 4 \\ 6 & 0 & -1 \end{bmatrix} + \begin{bmatrix} 0 & 3 & -2 \\ -1 & 1 & 2 \end{bmatrix} = \begin{bmatrix} 2+0 & 3+3 & 4+(-2) \\ 6+(-1) & 0+1 & -1+2 \end{bmatrix} = \begin{bmatrix} 2 & 6 & 2 \\ 5 & 1 & 1 \end{bmatrix}$$

A matriz $-\mathbf{A}$ é denominada o oposto da matriz $\mathbf{A}$ e cada entrada em $-\mathbf{A}$ é o oposto da entrada correspondente em $\mathbf{A}$.

Assim, para
$$\mathbf{A} = \begin{bmatrix} -1 & 2 & 3 \\ -2 & 0 & 1 \end{bmatrix}, \quad -\mathbf{A} = \begin{bmatrix} 1 & -2 & 3 \\ 2 & 0 & -1 \end{bmatrix}$$

Multiplicar uma matriz por um escalar (número real) resulta na multiplicação de todas as entradas da matriz pelo escalar.

Exemplo 29.2 Multiplique a matriz $\mathbf{A} = \begin{bmatrix} 2 & 3 & 4 \\ 6 & 0 & -1 \end{bmatrix}$ por -2.

$$-2\mathbf{A} = -2\begin{bmatrix} 2 & 3 & 4 \\ 6 & 0 & -1 \end{bmatrix} = \begin{bmatrix} -4 & -6 & -8 \\ -12 & 0 & 2 \end{bmatrix}$$

O produto $\mathbf{AB}$ onde $\mathbf{A}$ é uma matriz $m \times p$ e $\mathbf{B}$ é uma matriz $p \times n$ resulta em $\mathbf{C}$, uma matriz $m \times n$. As entradas c_{ij} da matriz $\mathbf{C}$ são determinadas pela fórmula $c_{ij} = a_{i1}b_{1j} + a_{i2}b_{2j} + a_{i3}b_{3j} + \cdots + a_{ip}b_{pj}$.

$$\mathbf{A} \times \mathbf{B} = \mathbf{C}$$

$$\begin{bmatrix} a_{11} & a_{12} & a_{13} & \cdots & a_{1p} \\ a_{21} & a_{22} & a_{23} & \cdots & a_{2p} \\ \vdots & \vdots & \vdots & \vdots & \vdots \\ a_{i1} & a_{i2} & a_{i3} & \cdots & a_{ip} \\ \vdots & \vdots & \vdots & \vdots & \vdots \\ a_{m1} & a_{m2} & a_{m3} & \cdots & a_{mp} \end{bmatrix} \times \begin{bmatrix} b_{11} & b_{12} & \cdots & b_{1j} & \cdots & b_{1n} \\ b_{21} & b_{22} & \cdots & b_{2j} & \cdots & b_{2n} \\ b_{31} & b_{32} & \cdots & b_{3j} & \cdots & b_{3n} \\ \vdots & \vdots & \vdots & \vdots & \vdots & \vdots \\ b_{p1} & b_{p2} & \cdots & b_{pj} & \cdots & b_{pn} \end{bmatrix} = \begin{bmatrix} c_{11} & c_{12} & \cdots & c_{1j} & \cdots & c_{1n} \\ c_{21} & c_{22} & \cdots & c_{2j} & \cdots & c_{2n} \\ \vdots & \vdots & \vdots & \vdots & \vdots & \vdots \\ c_{i1} & c_{i2} & \cdots & c_{ij} & \cdots & c_{in} \\ \vdots & \vdots & \vdots & \vdots & \vdots & \vdots \\ c_{m1} & c_{m2} & \cdots & c_{mj} & \cdots & c_{mn} \end{bmatrix}$$

Exemplo 29.3 Determine o produto $\mathbf{AB}$ se $\mathbf{A} = \begin{bmatrix} 2 & 4 & 1 \\ 0 & 1 & -2 \end{bmatrix}$ e $\mathbf{B} = \begin{bmatrix} 3 & 0 & 1 & -1 \\ -1 & 3 & 1 & 2 \\ 4 & 0 & 3 & -2 \end{bmatrix}$.

$$\mathbf{AB} = \begin{bmatrix} 2 & 4 & 1 \\ 0 & 1 & -2 \end{bmatrix} \begin{bmatrix} 3 & 0 & 1 & -1 \\ -1 & 3 & 1 & 2 \\ 4 & 0 & 3 & -2 \end{bmatrix}$$

$$\mathbf{AB} = \begin{bmatrix} 2(3)+4(-1)+1(4) & 2(0)+4(3)+1(0) & 2(1)+4(1)+1(3) & 2(-1)+4(2)+1(-2) \\ 0(3)+1(-1)+(-2)(4) & 0(0)+1(3)+(-2)(0) & 0(1)+1(1)+(-2)(3) & 0(-1)+1(2)+(-2)(-2) \end{bmatrix}$$

$$\mathbf{AB} = \begin{bmatrix} 6-4+4 & 0+12+0 & 2+4+3 & -2+8-2 \\ 0-1-8 & 0+3+0 & 0+1-6 & 0+2+4 \end{bmatrix}$$

$$\mathbf{AB} = \begin{bmatrix} 6 & 12 & 9 & 4 \\ -9 & 3 & -5 & 6 \end{bmatrix}$$

Exemplo 29.4 Encontre os produtos $\mathbf{CD}$ e $\mathbf{DC}$ para $\mathbf{C} = \begin{bmatrix} 1 & 2 & 3 \\ -1 & 0 & 4 \end{bmatrix}$ e $\mathbf{D} = \begin{bmatrix} 1 & -3 \\ 0 & 2 \\ 4 & -2 \end{bmatrix}$.

$$\mathbf{CD} = \begin{bmatrix} 1 & 2 & 3 \\ -1 & 0 & 4 \end{bmatrix} \begin{bmatrix} 1 & -3 \\ 0 & 2 \\ 4 & -2 \end{bmatrix} = \begin{bmatrix} 1(1)+2(0)+3(4) & 1(-3)+2(2)+3(-2) \\ -1(1)+0(0)+4(4) & -1(-3)+0(2)+4(-2) \end{bmatrix}$$

$$\mathbf{CD} = \begin{bmatrix} 1+0+12 & -3+4-6 \\ -1+0+16 & 3+0-8 \end{bmatrix} = \begin{bmatrix} 13 & -5 \\ 15 & -5 \end{bmatrix}$$

$$\mathbf{DC} = \begin{bmatrix} 1 & -3 \\ 0 & 2 \\ 4 & -2 \end{bmatrix} \begin{bmatrix} 1 & 2 & 3 \\ -1 & 0 & 4 \end{bmatrix} = \begin{bmatrix} 1(1)+(-3)(-1) & 1(2)+(-3)(0) & 1(3)+(-3)(4) \\ 0(1)+2(-1) & 0(2)+2(0) & 0(3)+2(4) \\ 4(1)+(-2)(-1) & 4(2)+(-2)(0) & 4(3)+(-2)(4) \end{bmatrix}$$

$$\mathbf{DC} = \begin{bmatrix} 1+3 & 2+0 & 3-12 \\ 0-2 & 0+0 & 0+8 \\ 4+2 & 8+0 & 12-8 \end{bmatrix} = \begin{bmatrix} 4 & 2 & -9 \\ -2 & 0 & 8 \\ 6 & 8 & 4 \end{bmatrix}$$

No exemplo 29.4, observe que embora os produtos **CD** e **DC** existam, **CD** ≠ **DC**. Assim, a multiplicação de matrizes não é comutativa.

A matriz identidade é uma matriz $n \times n$ com entradas iguais a 1 quando o índice da linha e o da coluna são iguais e 0 em todos os outros casos. Denotamos a matriz identidade $n \times n$ por $\mathbf{I}_n$.

Por exemplo,

$$\mathbf{I}_2 = \begin{bmatrix} 1 & 0 \\ 0 & 1 \end{bmatrix} \quad \text{e} \quad \mathbf{I}_3 = \begin{bmatrix} 1 & 0 & 0 \\ 0 & 1 & 0 \\ 0 & 0 & 1 \end{bmatrix}.$$

Se **A** é uma matriz quadrada e **I** é a matriz identidade de mesmo tamanho que **A**, então **AI** = **IA** = **A**.

Para $\mathbf{A} = \begin{bmatrix} 2 & 3 \\ 7 & 9 \end{bmatrix}$, utilizamos $\mathbf{I} = \begin{bmatrix} 1 & 0 \\ 0 & 1 \end{bmatrix}$ e $\mathbf{AI} = \begin{bmatrix} 2 & 3 \\ 7 & 9 \end{bmatrix} \begin{bmatrix} 1 & 0 \\ 0 & 1 \end{bmatrix} = \begin{bmatrix} 2 & 3 \\ 7 & 9 \end{bmatrix}$

e $\mathbf{IA} = \begin{bmatrix} 1 & 0 \\ 0 & 1 \end{bmatrix} \begin{bmatrix} 2 & 3 \\ 7 & 9 \end{bmatrix} = \begin{bmatrix} 2 & 3 \\ 7 & 9 \end{bmatrix}.$

29.3 OPERAÇÕES ELEMENTARES SOBRE AS LINHAS

Duas matrizes são ditas linha-equivalentes se uma pode ser obtida da outra por uma sequência de operações elementares sobre as linhas.

Operações elementares sobre as linhas

(1) Troca de duas linhas.
(2) Multiplicação de uma linha por uma constante não nula.
(3) Adição de um múltiplo de uma linha a outra linha.

Dizemos que uma matriz está linha-reduzida à forma escada* se possui as seguintes propriedades:

(1) Todas as linhas formadas apenas por zeros estão na base da matriz.
(2) Uma linha que não é toda formada por zeros possui como primeira entrada não nula um 1, que é chamado de 1 líder.
(3) Para duas linhas sucessivas não nulas, o 1 líder na linha mais acima encontra-se à esquerda do 1 líder da linha abaixo.
(4) Cada coluna que contém um 1 líder possui zeros em todas as posições.

---

* N. de R. T.: Ou, simplesmente, reduzida à forma escada.

Exemplo 29.5 Utilize operações elementares sobre as linhas para reduzir a matriz **A** à forma escada, onde

$$\mathbf{A} = \begin{bmatrix} 2 & 1 & 4 \\ 1 & 3 & 2 \\ 3 & -1 & 6 \end{bmatrix}.$$

$\sim$ é o símbolo usado entre duas matrizes para indicar que são linha-equivalentes.

L_2 antes de uma matriz significa que a linha a seguir era a linha 2 na matriz anterior.

$L_3 - 3L_1$ antes de uma matriz significa que a linha seguinte foi obtida da matriz anterior pela subtração de 3 vezes a linha 1 da linha 3.

$$\mathbf{A} = \begin{bmatrix} 2 & 1 & 4 \\ 1 & 3 & 2 \\ 3 & -1 & 6 \end{bmatrix} \sim \begin{matrix} L_2 \\ L_1 \\ \end{matrix} \begin{bmatrix} 1 & 3 & 2 \\ 2 & 1 & 4 \\ 3 & -1 & 6 \end{bmatrix} \sim \begin{matrix} \\ L_2 - 2L_1 \\ L_3 - 3L_1 \end{matrix} \begin{bmatrix} 1 & 3 & 2 \\ 0 & -5 & 0 \\ 0 & -10 & 0 \end{bmatrix} \sim \tfrac{1}{5}L_2 \begin{bmatrix} 1 & 3 & 2 \\ 0 & 1 & 0 \\ 0 & -10 & 0 \end{bmatrix}$$

$$\sim \begin{matrix} L_1 - 3L_2 \\ \\ L_3 + 10L_2 \end{matrix} \begin{bmatrix} 1 & 0 & 2 \\ 0 & 1 & 0 \\ 0 & 0 & 0 \end{bmatrix}$$

A redução à forma escada da matriz **A** é $= \begin{bmatrix} 1 & 0 & 2 \\ 0 & 1 & 0 \\ 0 & 0 & 0 \end{bmatrix}$.

29.4 INVERSA DE UMA MATRIZ

Uma matriz quadrada **A** possui uma inversa se existe uma matriz $\mathbf{A}^{-1}$ tal que $\mathbf{A}\mathbf{A}^{-1} = \mathbf{A}^{-1}\mathbf{A} = \mathbf{I}$.

Para encontrarmos a inversa de uma matriz quadrada **A**, caso exista, seguimos o procedimento abaixo.

(1) Forme a matriz particionada [**A**|**I**], onde **A** é a matriz $n \times n$ dada e **I** é a matriz identidade $n \times n$.
(2) Realize operações elementares sobre as linhas de [**A**|**I**] até que a matriz particionada tenha a forma [**I**|**B**], isto é, até que a matriz **A** à esquerda seja transformada na matriz identidade. Se **A** não puder ser transformada na matriz identidade, então ela não possui inversa.
(3) A matriz **B** é $\mathbf{A}^{-1}$, a inversa da matriz **A**.

Exemplo 29.6 Encontre a inversa da matriz $\mathbf{A} = \begin{bmatrix} 2 & 5 & 4 \\ 1 & 4 & 3 \\ 1 & -3 & -2 \end{bmatrix}$.

$$[\mathbf{A}|\mathbf{I}] = \left[\begin{array}{ccc|ccc} 2 & 5 & 4 & 1 & 0 & 0 \\ 1 & 4 & 3 & 0 & 1 & 0 \\ 1 & -3 & -2 & 0 & 0 & 1 \end{array}\right] \sim \begin{matrix} L_2 \\ L_1 \\ \end{matrix} \left[\begin{array}{ccc|ccc} 1 & 4 & 3 & 0 & 1 & 0 \\ 2 & 5 & 4 & 1 & 0 & 0 \\ 1 & -3 & -2 & 0 & 0 & 1 \end{array}\right]$$

$$\sim \begin{matrix} \\ L_2 - 2L_1 \\ L_3 - L_1 \end{matrix} \left[\begin{array}{ccc|ccc} 1 & 4 & 3 & 0 & 1 & 0 \\ 0 & -3 & -2 & 1 & -2 & 0 \\ 0 & -7 & -5 & 0 & -1 & 1 \end{array}\right] \sim -\tfrac{1}{3}L_2 \left[\begin{array}{ccc|ccc} 1 & 4 & 3 & 0 & 1 & 0 \\ 0 & 1 & 2/3 & -1/3 & 2/3 & 0 \\ 0 & -7 & -5 & 0 & -1 & 1 \end{array}\right]$$

$$\sim \begin{matrix} L_1 - 4L_2 \\ \\ L_3 + 7L_2 \end{matrix} \left[\begin{array}{ccc|ccc} 1 & 0 & 1/3 & 4/3 & -5/3 & 0 \\ 0 & 1 & 2/3 & -1/3 & 2/3 & 0 \\ 0 & 0 & -1/3 & -7/3 & 11/3 & 1 \end{array}\right] \sim -3L_3 \left[\begin{array}{ccc|ccc} 1 & 0 & 1/3 & 4/3 & -5/3 & 0 \\ 0 & 1 & 2/3 & -1/3 & 2/3 & 0 \\ 0 & 0 & 1 & 7 & -11 & -3 \end{array}\right]$$

$$\sim \begin{matrix} L_1 - (1/3)L_3 \\ L_2 - (2/3)L_3 \\ {} \end{matrix} \begin{bmatrix} 1 & 0 & 0 & | & -1 & 2 & 1 \\ 0 & 1 & 0 & | & -5 & 8 & 2 \\ 0 & 0 & 1 & | & 7 & -11 & -3 \end{bmatrix} = [\mathbf{I}|\mathbf{A}^{-1}]$$

$$\mathbf{A}^{-1} = \begin{bmatrix} -1 & 2 & 1 \\ -5 & 8 & 2 \\ 7 & -11 & -3 \end{bmatrix}$$

Se a matriz $\mathbf{A}$ for linha-equivalente a $\mathbf{I}$, então a matriz $\mathbf{A}$ possui inversa e é dita inversível. $\mathbf{A}$ não terá inversa caso não seja linha-equivalente a $\mathbf{I}$.

Exemplo 29.7 Encontre a inversa, caso exista, da matriz $\mathbf{A} = \begin{bmatrix} 1 & 3 & 4 \\ -2 & -5 & -3 \\ 1 & 4 & 9 \end{bmatrix}$.

$$[\mathbf{A}|\mathbf{I}] = \begin{bmatrix} 1 & 3 & 4 & | & 1 & 0 & 0 \\ -2 & -5 & -3 & | & 0 & 1 & 0 \\ 1 & 4 & 9 & | & 0 & 0 & 1 \end{bmatrix} \sim \begin{matrix} {} \\ L_2 + 2L_1 \\ L_3 - L_1 \end{matrix} \begin{bmatrix} 1 & 3 & 4 & | & 1 & 0 & 0 \\ 0 & 1 & 5 & | & 2 & 1 & 0 \\ 0 & 1 & 5 & | & -1 & 0 & 1 \end{bmatrix}$$

$$\sim \begin{matrix} L_1 - 3L_2 \\ {} \\ L_3 - L_2 \end{matrix} \begin{bmatrix} 1 & 0 & -11 & | & -5 & -3 & 0 \\ 0 & 1 & 5 & | & 2 & 1 & 0 \\ 0 & 0 & 0 & | & -3 & -1 & 1 \end{bmatrix}$$

A matriz $\mathbf{A}$ é linha-equivalente à matriz na esquerda. Como a matriz à esquerda possui uma linha toda nula, não é linha-equivalente a $\mathbf{I}$. Assim, a matriz $\mathbf{A}$ não possui inversa.

Outra forma de determinar se a inversa de uma matriz $\mathbf{A}$ existe é observando que o determinante associado a uma matriz inversível é não nulo, isto é, $\det \mathbf{A} \neq 0$ se $\mathbf{A}^{-1}$ existe.

Para matrizes 2×2, a inversa pode ser encontrada por um procedimento especial:

$$\text{Se } \mathbf{A} = \begin{bmatrix} a_{11} & a_{12} \\ a_{21} & a_{22} \end{bmatrix}, \quad \text{então} \quad \mathbf{A}^{-1} = \frac{1}{\det \mathbf{A}} \begin{bmatrix} a_{22} & -a_{12} \\ -a_{21} & a_{11} \end{bmatrix}, \text{ quando } \det \mathbf{A} \neq 0.$$

(1) Determine o valor de $\det \mathbf{A}$. Caso $\det \mathbf{A} \neq 0$, então a inversa existe.
(2) Troque as entradas da diagonal principal entre si, permute a_{11} e a_{22}.
(3) Altere o sinal das entradas da diagonal secundária, substitua a_{21} por $-a_{21}$ e a_{12} por $-a_{12}$.
(4) Multiplique a nova matriz por $1/\det \mathbf{A}$. Este produto é $\mathbf{A}^{-1}$.

29.5 EQUAÇÕES MATRICIAIS

Uma equação $\mathbf{AX} = \mathbf{B}$ tem uma solução se, e somente se, a matriz $\mathbf{A}^{-1}$ existe. Neste caso a solução é $\mathbf{X} = \mathbf{A}^{-1}\mathbf{B}$.

Exemplo 29.8 Resolva a equação matricial $\begin{bmatrix} 7 & -5 \\ 2 & -3 \end{bmatrix} \begin{bmatrix} x \\ y \end{bmatrix} = \begin{bmatrix} 12 \\ 6 \end{bmatrix}$.

Se $\mathbf{A} = \begin{bmatrix} 7 & -5 \\ 2 & -3 \end{bmatrix}$ então $\mathbf{A}^{-1} = \begin{bmatrix} 3/11 & -5/11 \\ 2/11 & -7/11 \end{bmatrix}$ ou $\frac{-1}{11} \begin{bmatrix} -3 & 5 \\ -2 & 7 \end{bmatrix}$

$$\frac{-1}{11}\begin{bmatrix} -3 & 5 \\ -2 & 7 \end{bmatrix}\begin{bmatrix} 7 & -5 \\ 2 & -3 \end{bmatrix}\begin{bmatrix} x \\ y \end{bmatrix} = \frac{-1}{11}\begin{bmatrix} -3 & 5 \\ -2 & 7 \end{bmatrix}\begin{bmatrix} 12 \\ 6 \end{bmatrix}$$

$$\frac{-1}{11}\begin{bmatrix} -11 & 0 \\ 0 & -11 \end{bmatrix}\begin{bmatrix} x \\ y \end{bmatrix} = \frac{-1}{11}\begin{bmatrix} -6 \\ 18 \end{bmatrix}$$

$$\begin{bmatrix} 1 & 0 \\ 0 & 1 \end{bmatrix}\begin{bmatrix} x \\ y \end{bmatrix} = \frac{-1}{11}\begin{bmatrix} -6 \\ 18 \end{bmatrix}$$

$$\begin{bmatrix} x \\ y \end{bmatrix} = \begin{bmatrix} 6/11 \\ -18/11 \end{bmatrix}$$

29.6 MATRIZ SOLUÇÃO DE UM SISTEMA DE EQUAÇÕES

Para resolvermos um sistema de equações utilizando matrizes, escrevemos uma matriz particionada que é a dos coeficientes à esquerda aumentada pela matriz de constantes à direita.

A matriz aumentada associada ao sistema
$\begin{aligned} x + 2y + 3z &= 6 \\ x \quad\quad - z &= 0 \\ x - y - z &= -4 \end{aligned}$ é

$$\mathbf{A} = \left[\begin{array}{ccc|c} 1 & 2 & 3 & 6 \\ 1 & 0 & -1 & 0 \\ 1 & -1 & -1 & -4 \end{array}\right]$$

Exemplo 29.9 Utilize matrizes para solucionar o sistema de equações:

$$\begin{aligned} x_2 + x_3 - 2x_4 &= -3 \\ x_1 + 2x_2 - x_3 \quad\quad &= 2 \\ 2x_1 + 4x_2 + x_3 - 3x_4 &= -2 \\ x_1 - 4x_2 - 7x_3 - x_4 &= -19 \end{aligned}$$

Escreva a matriz aumentada para o sistema.

$$\left[\begin{array}{cccc|c} 0 & 1 & 1 & -2 & -3 \\ 1 & 2 & -1 & 0 & 0 \\ 2 & 4 & 1 & -3 & -2 \\ 1 & -4 & -7 & -1 & -19 \end{array}\right]$$

Reduza a matriz à esquerda na forma escada.

$$\begin{array}{c} L_2 \\ \sim L_1 \\ \\ \\ \end{array} \left[\begin{array}{cccc|c} 1 & 2 & -1 & 0 & 2 \\ 0 & 1 & 1 & -2 & -3 \\ 2 & 4 & 1 & -3 & -2 \\ 1 & -4 & -7 & -1 & -19 \end{array}\right] \sim \begin{array}{c} \\ \\ L_3 - 2L_1 \\ L_4 - L_1 \end{array} \left[\begin{array}{cccc|c} 1 & 2 & -1 & 0 & 2 \\ 0 & 1 & 1 & -2 & -3 \\ 0 & 0 & 3 & -3 & -6 \\ 0 & -6 & -6 & -1 & -21 \end{array}\right]$$

$$\begin{array}{c} L_1 - 2L_2 \\ \sim \\ (1/3)L_3 \\ L_4 + 6L_2 \end{array} \left[\begin{array}{cccc|c} 1 & 0 & -3 & 4 & 8 \\ 0 & 1 & 1 & -2 & -3 \\ 0 & 0 & 1 & -1 & -2 \\ 0 & 0 & 0 & -13 & -39 \end{array}\right] \sim \begin{array}{c} L_1 + 3L_3 \\ L_2 - L_3 \\ \\ (-1/3)L_4 \end{array} \left[\begin{array}{cccc|c} 1 & 0 & 0 & 1 & 2 \\ 0 & 1 & 0 & -1 & -1 \\ 0 & 0 & 1 & -1 & -2 \\ 0 & 0 & 0 & 1 & 3 \end{array}\right]$$

$$\sim \begin{array}{c} L_1 - L_4 \\ L_2 + L_4 \\ L_3 + L_4 \\ \\ \end{array} \left[\begin{array}{cccc|c} 1 & 0 & 0 & 0 & -1 \\ 0 & 1 & 0 & 0 & 2 \\ 0 & 0 & 1 & 0 & 1 \\ 0 & 0 & 0 & 1 & 3 \end{array}\right]$$

A partir da redução à forma escada da matriz aumentada, escrevemos as equações:

$$x_1 = -1, x_2 = 2, x_3 = 1 \text{ e } x_4 = 3.$$

Assim, a solução do sistema é $(-1, 2, 1, 3)$.

Exemplo 29.10 Resolva o sistema de equações: $\begin{array}{l} x_1 + 2x_2 - x_3 = 0 \\ 3x_1 + 5x_2 = 1 \end{array}$

$$\begin{bmatrix} 1 & 2 & -1 & | & 0 \\ 3 & 5 & 0 & | & 1 \end{bmatrix} \underset{L_2 - 3L_1}{\sim} \begin{bmatrix} 1 & 2 & -1 & | & 0 \\ 0 & -1 & 3 & | & 1 \end{bmatrix} \underset{-L_2}{\sim} \begin{bmatrix} 1 & 2 & -1 & | & 0 \\ 0 & 1 & -3 & | & -1 \end{bmatrix}$$

$$\underset{L_1 - 2L_2}{\sim} \begin{bmatrix} 1 & 0 & 5 & | & 2 \\ 0 & 1 & -3 & | & -1 \end{bmatrix}$$

$x_1 + 5x_3 = 2$ e $x_2 - 3x_3 = -1$ Assim, $x_1 = 2 - 5x_3$ e $x_2 = -1 + 3x_3$.

O sistema possui infinitas soluções da forma $(2 - 5x_3, -1 + 3x_3, x_3)$ onde x_3 é um número real.

Problemas Resolvidos

29.1 Determine (a) $\mathbf{A} + \mathbf{B}$, (b) $\mathbf{A} - \mathbf{B}$, (c) $3\mathbf{A}$, e (d) $5\mathbf{A} - 2\mathbf{B}$, quando

$$\mathbf{A} = \begin{bmatrix} 2 & 1 & 1 \\ -1 & -1 & 4 \end{bmatrix} \quad \text{e} \quad \mathbf{B} = \begin{bmatrix} 2 & -3 & 4 \\ -3 & 1 & -2 \end{bmatrix}$$

Solução

(a) $\mathbf{A} + \mathbf{B} = \begin{bmatrix} 2 & 1 & 1 \\ -1 & -1 & 4 \end{bmatrix} + \begin{bmatrix} 2 & -3 & 4 \\ -3 & 1 & -2 \end{bmatrix}$

$= \begin{bmatrix} 2+2 & 1+(-3) & 1+4 \\ -1+(-3) & -1+1 & 4+(-2) \end{bmatrix} = \begin{bmatrix} 4 & -2 & 5 \\ -4 & 0 & 2 \end{bmatrix}$

(b) $\mathbf{A} - \mathbf{B} = \begin{bmatrix} 2 & 1 & 1 \\ -1 & -1 & 4 \end{bmatrix} - \begin{bmatrix} 2 & -3 & 4 \\ -3 & 1 & -2 \end{bmatrix}$

$= \begin{bmatrix} 2-2 & 1-(-3) & 1-4 \\ -1-(-3) & -1-1 & 4-(-2) \end{bmatrix} = \begin{bmatrix} 0 & 4 & -3 \\ 2 & -2 & 6 \end{bmatrix}$

(c) $3\mathbf{A} = 3\begin{bmatrix} 2 & 1 & 1 \\ -1 & -1 & 4 \end{bmatrix} = \begin{bmatrix} 3(2) & 3(1) & 3(1) \\ 3(-1) & 3(-1) & 3(4) \end{bmatrix} = \begin{bmatrix} 6 & 3 & 3 \\ -3 & -3 & 12 \end{bmatrix}$

(d) $5\mathbf{A} - 2\mathbf{B} = 5\begin{bmatrix} 2 & 1 & 1 \\ -1 & -1 & 4 \end{bmatrix} - 2\begin{bmatrix} 2 & -3 & 4 \\ -3 & 1 & -2 \end{bmatrix}$

$= \begin{bmatrix} 5(2) - 2(2) & 5(1) - 2(-3) & 5(1) - 2(4) \\ 5(-1) - 2(-3) & 5(-1) - 2(1) & 5(4) - 2(-2) \end{bmatrix}$

$= \begin{bmatrix} 6 & 11 & -3 \\ 1 & -7 & 24 \end{bmatrix}$

29.2 Determine, caso existam, (a) **AB**, (b) **BA** e (c) $\mathbf{A}^2$ onde

$$\mathbf{A} = \begin{bmatrix} 3 & 2 & 1 \end{bmatrix} \quad \text{e} \quad \mathbf{B} = \begin{bmatrix} 2 \\ 3 \\ 0 \end{bmatrix}$$

Solução

(a) $\mathbf{AB} = \begin{bmatrix} 3 & 2 & 1 \end{bmatrix} \begin{bmatrix} 2 \\ 3 \\ 0 \end{bmatrix} = [3(2) + 2(3) + 1(0)] = [12]$

(b) $\mathbf{BA} = \begin{bmatrix} 2 \\ 3 \\ 0 \end{bmatrix} \begin{bmatrix} 3 & 2 & 1 \end{bmatrix} = \begin{bmatrix} 2(3) & 2(2) & 2(1) \\ 3(3) & 3(2) & 3(1) \\ 0(3) & 0(2) & 0(1) \end{bmatrix} = \begin{bmatrix} 6 & 4 & 2 \\ 9 & 6 & 3 \\ 0 & 0 & 0 \end{bmatrix}$

(c) $\mathbf{A}^2 = \begin{bmatrix} 3 & 2 & 1 \end{bmatrix}\begin{bmatrix} 3 & 2 & 1 \end{bmatrix}$; não é possível. $\mathbf{A}^n$, $n > 1$, existe apenas para matrizes quadradas.

29.3 Encontre **AB**, caso possível.

(a) $\mathbf{A} = \begin{bmatrix} 2 & 1 \\ -3 & 4 \\ 1 & 6 \end{bmatrix} \quad \text{e} \quad \mathbf{B} = \begin{bmatrix} 0 & -1 & 0 \\ 4 & 0 & 2 \\ 8 & -1 & 7 \end{bmatrix}$

(b) $\mathbf{A} = \begin{bmatrix} -1 & 3 \\ 4 & -5 \\ 0 & 2 \end{bmatrix} \quad \text{e} \quad \mathbf{B} = \begin{bmatrix} 1 & 2 \\ 0 & 7 \end{bmatrix}$

Solução

(a) $\mathbf{AB} = \begin{bmatrix} 2 & 1 \\ -3 & 4 \\ 1 & 6 \end{bmatrix} \begin{bmatrix} 0 & -1 & 0 \\ 4 & 0 & 2 \\ 8 & -1 & 7 \end{bmatrix}$; não é possível.

A é uma matriz 3×2 e **B** é uma matriz 3×3. Como **A** tem apenas duas colunas, só pode multiplicar matrizes com duas linhas, matrizes $2 \times k$.

(b) $\mathbf{AB} = \begin{bmatrix} -1 & 3 \\ 4 & -5 \\ 0 & 2 \end{bmatrix}\begin{bmatrix} 1 & 2 \\ 0 & 7 \end{bmatrix} = \begin{bmatrix} -1(1)+3(0) & -1(2)+3(7) \\ 4(1)+(-5)(0) & 4(2)+(-5)(7) \\ 0(1)+2(0) & 0(2)+2(7) \end{bmatrix} = \begin{bmatrix} -1 & 19 \\ 4 & -27 \\ 0 & 14 \end{bmatrix}$

29.4 Reduza cada matriz à forma escada.

(a) $\begin{bmatrix} 0 & 1 & -3 \\ 2 & 3 & -1 \\ 4 & 5 & -2 \end{bmatrix}$ \quad (b) $\begin{bmatrix} 1 & -2 & 1 & -1 & 4 \\ 2 & -3 & 2 & -3 & -1 \\ 3 & -5 & 3 & -4 & 3 \\ -1 & 1 & -1 & 2 & 5 \end{bmatrix}$

Solução

(a) $\begin{bmatrix} 0 & 1 & -3 \\ 2 & 3 & -1 \\ 4 & 5 & -2 \end{bmatrix} \overset{L_2}{\underset{L_1}{\sim}} \begin{bmatrix} 2 & 3 & -1 \\ 0 & 1 & -3 \\ 4 & 5 & -2 \end{bmatrix} \underset{L_3 - 2L_1}{\sim} \begin{bmatrix} 2 & 3 & -1 \\ 0 & 1 & -3 \\ 0 & -1 & 0 \end{bmatrix} \overset{L_1 - 3L_2}{\underset{L_3 + L_2}{\sim}} \begin{bmatrix} 2 & 0 & 8 \\ 0 & 1 & -3 \\ 0 & 0 & -3 \end{bmatrix}$

$\overset{(1/2)L_1}{\underset{(-1/3)L_3}{\sim}} \begin{bmatrix} 1 & 0 & 4 \\ 0 & 1 & -3 \\ 0 & 0 & 1 \end{bmatrix} \overset{L_1 - 4L_3}{\underset{L_2 + 3L_3}{\sim}} \begin{bmatrix} 1 & 0 & 0 \\ 0 & 1 & 0 \\ 0 & 0 & 1 \end{bmatrix}$

A redução à forma escada de $\begin{bmatrix} 0 & 1 & -3 \\ 2 & 3 & -1 \\ 4 & 5 & -2 \end{bmatrix}$ é $\begin{bmatrix} 1 & 0 & 0 \\ 0 & 1 & 0 \\ 0 & 0 & 0 \end{bmatrix}$.

(b) $\begin{bmatrix} 1 & -2 & 1 & -1 & 4 \\ 2 & -3 & 2 & -3 & -1 \\ 3 & -5 & 3 & -4 & 3 \\ -1 & 1 & -1 & 2 & 5 \end{bmatrix}$ $\sim\begin{matrix} \\ L_2 - 2L_1 \\ L_3 - 3L_1 \\ L_4 + L_1 \end{matrix}$ $\begin{bmatrix} 1 & -2 & 1 & -1 & 4 \\ 0 & 1 & 0 & -1 & -9 \\ 0 & 1 & 0 & -1 & -9 \\ 0 & -1 & 0 & 1 & 9 \end{bmatrix}$

$\sim\begin{matrix} L_1 + 2L_2 \\ \\ L_3 - L_2 \\ L_4 + L_2 \end{matrix}$ $\begin{bmatrix} 1 & 0 & 1 & -3 & -14 \\ 0 & 1 & 0 & -1 & -9 \\ 0 & 0 & 0 & 0 & 0 \\ 0 & 0 & 0 & 0 & 0 \end{bmatrix}$

A redução à forma escada de $\begin{bmatrix} 1 & -2 & 1 & -1 & 4 \\ 2 & -3 & 2 & -3 & -1 \\ 3 & -5 & 3 & -4 & 3 \\ -1 & 1 & -1 & 2 & 5 \end{bmatrix}$ é $\begin{bmatrix} 1 & 0 & 1 & -3 & -14 \\ 0 & 1 & 0 & -1 & -9 \\ 0 & 0 & 0 & 0 & 0 \\ 0 & 0 & 0 & 0 & 0 \end{bmatrix}$

29.5 Encontre a inversa das matrizes, caso exista.

(a) $\mathbf{A} = \begin{bmatrix} 2 & 3 \\ 1 & -7 \end{bmatrix}$ (b) $\mathbf{B} = \begin{bmatrix} 3 & -6 \\ -1 & 2 \end{bmatrix}$ (c) $\mathbf{C} = \begin{bmatrix} 1 & -1 & 0 \\ 1 & 0 & -1 \\ 6 & -2 & -3 \end{bmatrix}$ (d) $\mathbf{D} = \begin{bmatrix} 3 & 2 & 1 \\ 1 & 0 & -1 \\ 0 & 1 & 2 \end{bmatrix}$

Solução

(a) $\mathbf{A} = \begin{vmatrix} 2 & 3 \\ 1 & -7 \end{vmatrix} = -14 - 3 = -17$; det $\mathbf{A} \neq 0$. Logo $\mathbf{A}^{-1}$ existe.

$$\mathbf{A}^{-1} = \frac{-1}{17}\begin{bmatrix} -7 & -3 \\ -1 & 2 \end{bmatrix} \quad \text{ou} \quad \mathbf{A}^{-1} = \begin{bmatrix} 7/17 & 3/17 \\ 1/17 & -2/17 \end{bmatrix}$$

A primeira forma da matriz é frequentemente utilizada porque reduz a quantidade de contas que precisam ser feitas com frações. Além disso, ela torna mais fácil o trabalho com matrizes em uma calculadora gráfica.

(b) $\mathbf{B} = \begin{vmatrix} 3 & -6 \\ -1 & 2 \end{vmatrix} = 6 - 6 = 0$. Já que det $\mathbf{B} = 0$, $\mathbf{B}^{-1}$ não existe.

(c) $[\mathbf{C}|\mathbf{I}] = \begin{bmatrix} 1 & -1 & 0 & | & 1 & 0 & 0 \\ 1 & 0 & -1 & | & 0 & 1 & 0 \\ 6 & -2 & -3 & | & 0 & 0 & 1 \end{bmatrix} \sim \begin{bmatrix} 1 & -1 & 0 & | & 1 & 0 & 0 \\ 0 & 1 & -1 & | & -1 & 1 & 0 \\ 0 & 4 & -3 & | & -6 & 0 & 1 \end{bmatrix}$

$\sim \begin{bmatrix} 1 & 0 & -1 & | & 0 & 1 & 0 \\ 0 & 1 & -1 & | & -1 & 1 & 0 \\ 0 & 0 & 1 & | & -2 & -4 & 1 \end{bmatrix} \sim \begin{bmatrix} 1 & 0 & 0 & | & -2 & -3 & 1 \\ 0 & 1 & 0 & | & -3 & -3 & 1 \\ 0 & 0 & 1 & | & -2 & -4 & 1 \end{bmatrix} = [\mathbf{I}|\mathbf{C}^{-1}]$

$$\mathbf{C}^{-1} = \begin{bmatrix} -2 & -3 & 1 \\ -3 & -3 & 1 \\ -2 & -4 & 1 \end{bmatrix}$$

(d) $[\mathbf{D}|\mathbf{I}] = \begin{bmatrix} 3 & 2 & 1 & | & 1 & 0 & 0 \\ 1 & 0 & -1 & | & 0 & 1 & 0 \\ 0 & 1 & 2 & | & 0 & 0 & 1 \end{bmatrix} \sim \begin{bmatrix} 1 & 0 & -1 & | & 0 & 1 & 0 \\ 3 & 2 & 1 & | & 1 & 0 & 0 \\ 0 & 1 & 2 & | & 0 & 0 & 1 \end{bmatrix} \sim \begin{bmatrix} 1 & 0 & -1 & | & 0 & 1 & 0 \\ 0 & 2 & 4 & | & 1 & -3 & 0 \\ 0 & 1 & 2 & | & 0 & 0 & 1 \end{bmatrix}$

$\sim \begin{bmatrix} 1 & 0 & -1 & | & 0 & 1 & 0 \\ 0 & 1 & 2 & | & 0 & 0 & 1 \\ 0 & 2 & 4 & | & 1 & -3 & 0 \end{bmatrix} \sim \begin{bmatrix} 1 & 0 & -1 & | & 0 & 1 & 0 \\ 0 & 1 & 2 & | & 0 & 0 & 1 \\ 0 & 0 & 0 & | & 1 & -3 & -2 \end{bmatrix}$

Como a matriz à esquerda na última forma não é linha-equivalente à matriz identidade, **I**, **D** não possui inversa.

29.6 Se $\mathbf{A} = \begin{bmatrix} -2 & -1 \\ 1 & 0 \\ 3 & -4 \end{bmatrix}$ e $\mathbf{B} = \begin{bmatrix} 0 & 3 \\ 2 & 0 \\ -4 & -1 \end{bmatrix}$, resolva cada equação para $\mathbf{X}$.

(a) $2\mathbf{X} + 3\mathbf{A} = \mathbf{B}$ (b) $3\mathbf{A} + 6\mathbf{B} = -3\mathbf{X}$

Solução

(a) $2\mathbf{X} + 3\mathbf{A} = \mathbf{B}$. Logo, $2\mathbf{X} = -3\mathbf{A} + \mathbf{B}$ e $\mathbf{X} = -\frac{3}{2}\mathbf{A} + \frac{1}{2}\mathbf{B}$.

$$\mathbf{X} = -\frac{3}{2}\begin{bmatrix} -2 & -1 \\ 1 & 0 \\ 3 & -4 \end{bmatrix} + \frac{1}{2}\begin{bmatrix} 0 & 3 \\ 2 & 0 \\ -4 & -1 \end{bmatrix} = \begin{bmatrix} 3+0 & (3/2)+(3/2) \\ (-3/2)+1 & 0+0 \\ (-9/2)-2 & 6+(-1/2) \end{bmatrix} = \begin{bmatrix} 3 & 3 \\ -1/2 & 0 \\ -13/2 & 11/2 \end{bmatrix}$$

(b) $3\mathbf{A} + 6\mathbf{B} = -3\mathbf{X}$. Logo, $-3\mathbf{X} = 3\mathbf{A} + 6\mathbf{B}$ e $\mathbf{X} = -\mathbf{A} - 2\mathbf{B}$

$$\mathbf{X} = -\begin{bmatrix} -2 & -1 \\ 1 & 0 \\ 3 & -4 \end{bmatrix} - 2\begin{bmatrix} 0 & 3 \\ 2 & 0 \\ -4 & -1 \end{bmatrix} = \begin{bmatrix} 2+0 & 1-6 \\ -1-4 & 0+0 \\ -3+8 & 4+2 \end{bmatrix} = \begin{bmatrix} 2 & -5 \\ -5 & 0 \\ 5 & 6 \end{bmatrix}$$

29.7 Escreva a equação matricial $\mathbf{AX} = \mathbf{B}$ e utilize-a para resolver o sistema $\begin{array}{r} -x + y = 4 \\ -2x + y = 0 \end{array}$.

Solução

$$\begin{array}{ccc} \mathbf{A} & \cdot \mathbf{X} = & \mathbf{B} \end{array}$$

$$\begin{bmatrix} -1 & 1 \\ -2 & 1 \end{bmatrix}\begin{bmatrix} x \\ y \end{bmatrix} = \begin{bmatrix} 4 \\ 0 \end{bmatrix} \quad \mathbf{A} = \begin{bmatrix} -1 & 1 \\ -2 & 1 \end{bmatrix} \quad \text{logo} \quad \mathbf{A}^{-1} = \frac{1}{1}\begin{bmatrix} 1 & -1 \\ 2 & -1 \end{bmatrix} = \begin{bmatrix} 1 & -1 \\ 2 & -1 \end{bmatrix}$$

$$\begin{bmatrix} 1 & -1 \\ 2 & -1 \end{bmatrix}\begin{bmatrix} -1 & 1 \\ -2 & 1 \end{bmatrix}\begin{bmatrix} x \\ y \end{bmatrix} = \begin{bmatrix} 1 & -1 \\ 2 & -1 \end{bmatrix}\begin{bmatrix} 4 \\ 0 \end{bmatrix}$$

$$\begin{bmatrix} x \\ y \end{bmatrix} = \begin{bmatrix} 4 \\ 8 \end{bmatrix}$$

A solução do sistema é $(4, 8)$.

29.8 Resolva cada sistema de equações utilizando matrizes.

(a) $\begin{array}{r} x - 2y + 3z = 9 \\ -x + 3y = -4 \\ 2x - 5y + 5z = 17 \end{array}$ (b) $\begin{array}{r} x + 2y - z = 3 \\ 3x + y = 4 \\ 2x - y + z = 2 \end{array}$

Solução

(a) $\begin{bmatrix} 1 & -2 & 3 & | & 9 \\ -1 & 3 & 0 & | & -4 \\ 2 & -5 & 5 & | & 17 \end{bmatrix} \sim \begin{bmatrix} 1 & -2 & 3 & | & 9 \\ 0 & 1 & 3 & | & 5 \\ 0 & -1 & -1 & | & -1 \end{bmatrix} \sim \begin{bmatrix} 1 & 0 & 9 & | & 19 \\ 0 & 1 & 3 & | & 5 \\ 0 & 0 & 2 & | & 4 \end{bmatrix} \sim \begin{bmatrix} 1 & 0 & 9 & | & 19 \\ 0 & 1 & 3 & | & 5 \\ 0 & 0 & 1 & | & 2 \end{bmatrix}$

$\sim \begin{bmatrix} 1 & 0 & 0 & | & 1 \\ 0 & 1 & 0 & | & -1 \\ 0 & 0 & 1 & | & 2 \end{bmatrix}$

A partir da redução à forma escada da matriz, escrevemos as equações:

$$x = 1, y = -1 \text{ e } z = 2.$$

O sistema tem a solução $(1, -1, 2)$.

(b) $\begin{bmatrix} 1 & 2 & -1 & | & 3 \\ 3 & 1 & 0 & | & 4 \\ 2 & -1 & 1 & | & 2 \end{bmatrix} \sim \begin{bmatrix} 1 & 2 & -1 & | & 3 \\ 0 & -5 & 3 & | & -5 \\ 0 & -5 & 3 & | & -4 \end{bmatrix} \sim \begin{bmatrix} 1 & 2 & -1 & | & 3 \\ 0 & -5 & 3 & | & -5 \\ 0 & 0 & 0 & | & 1 \end{bmatrix}$

Como a última linha resulta na equação $0z = 1$, que não tem solução, o sistema de equações não possui soluções.

Problemas Complementares

29.9 $\mathbf{A} = \begin{bmatrix} 2 & -5 \\ 0 & 7 \end{bmatrix} \quad \mathbf{B} = \begin{bmatrix} 3 & 1/2 & 5 \\ 1 & -1 & 3 \end{bmatrix} \quad \mathbf{C} = \begin{bmatrix} 2 & -5/2 & 0 \\ 0 & 2 & -3 \end{bmatrix} \quad \mathbf{D} = \begin{bmatrix} 7 & 3 \end{bmatrix}$

Efetue as operações indicadas, caso possível.

(a) $\mathbf{B} + \mathbf{C}$ (e) $3\mathbf{B} + 2\mathbf{C}$ (i) $\mathbf{C} - 5\mathbf{A}$ (m) $\mathbf{B}^2$

(b) $5\mathbf{A}$ (f) $\mathbf{DA}$ (j) $\mathbf{BC}$ (n) $\mathbf{D(AB)}$

(c) $2\mathbf{C} - 6\mathbf{B}$ (g) $\mathbf{AD}$ (k) $(\mathbf{DA})\mathbf{B}$ (o) $\mathbf{A}^3$

(d) $-6\mathbf{B}$ (h) $\mathbf{C} - \mathbf{B}$ (l) $\mathbf{A}^2$ (p) $\mathbf{DB} + \mathbf{DC}$

29.10 Determine o produto $\mathbf{AB}$, caso possível.

(a) $\mathbf{A} = \begin{bmatrix} 0 & -1 & 0 \\ 4 & 0 & 2 \\ 8 & -1 & 7 \end{bmatrix} \quad \text{e} \quad \mathbf{B} = \begin{bmatrix} 2 & 1 \\ -3 & 4 \\ 1 & 6 \end{bmatrix}$

(b) $\mathbf{A} = \begin{bmatrix} 1 & -1 & 7 \\ 2 & -1 & 8 \\ 3 & 1 & -1 \end{bmatrix} \quad \text{e} \quad \mathbf{B} = \begin{bmatrix} 1 & 1 & 2 \\ 2 & 1 & 1 \\ 1 & -3 & 2 \end{bmatrix}$

(c) $\mathbf{A} = \begin{bmatrix} 1 & 2 & 3 \\ 0 & 5 & 4 \\ 3 & -2 & 1 \end{bmatrix} \quad \text{e} \quad \mathbf{B} = \begin{bmatrix} 4 & -6 & 3 \\ 5 & 4 & 4 \\ -1 & 0 & 1 \end{bmatrix}$

(d) $\mathbf{A} = \begin{bmatrix} 6 \\ -2 \\ 1 \\ 6 \end{bmatrix} \quad \text{e} \quad \mathbf{B} = \begin{bmatrix} 10 & 12 \end{bmatrix}$

29.11 Solucione cada sistema de equações utilizando uma equação matricial da forma $\mathbf{AX} = \mathbf{B}$.

(a) $x - y = 0$ (b) $x + 2y = 1$ (c) $1{,}5x + 0{,}8y = 2{,}3$ (d) $2x + 3y = 40$
       $5x - 3y = 10$ $5x - 4y = -23$ $0{,}3x - 0{,}2y = 0{,}1$ $3x - 2y = 8$

29.12 Reduza cada matriz à forma escada.

(a) $\begin{bmatrix} 2 & -1 & -3 & 1 \\ 1 & 0 & -2 & 1 \\ -3 & 1 & 1 & 2 \end{bmatrix}$ (d) $\begin{bmatrix} 2 & 5 & 3 & 3 \\ 3 & 2 & 4 & 9 \\ 5 & -3 & -2 & 4 \end{bmatrix}$

(b) $\begin{bmatrix} 1 & 0 & 2 & 4 & 0 \\ 1 & 1 & 1 & 5 & 1 \\ 1 & 2 & 0 & 6 & 3 \\ 1 & 1 & 1 & 5 & 0 \end{bmatrix}$ (e) $\begin{bmatrix} 1 & 2 & 0 & -1 & -1 \\ -1 & -3 & 1 & 2 & 3 \\ 1 & -1 & 3 & 1 & 1 \\ 2 & -3 & 7 & 3 & 4 \end{bmatrix}$

(c) $\begin{bmatrix} 4 & -1 & 2 \\ 1 & 2 & -1 \\ 3 & 0 & 4 \\ -1 & 0 & 2 \end{bmatrix}$ (f) $\begin{bmatrix} 2 & -1 & 3 & 1 & 1 \\ -1 & 0 & -2 & 1 & -3 \\ 1 & 2 & -1 & -4 & 3 \\ 3 & 2 & -2 & -3 & -1 \end{bmatrix}$

29.13 Encontre a inversa de cada matriz, caso exista.

(a) $\begin{bmatrix} 9 & 13 \\ 2 & 3 \end{bmatrix}$

(b) $\begin{bmatrix} 3 & -2 \\ -1 & 2 \end{bmatrix}$

(c) $\begin{bmatrix} 2 & 0 & 1 & -1 \\ 1 & -1 & 0 & 2 \\ 0 & -1 & 2 & 1 \\ -2 & 1 & 3 & 0 \end{bmatrix}$

(d) $\begin{bmatrix} 1 & 3 & -2 \\ -2 & 4 & 1 \\ 5 & 1 & -3 \end{bmatrix}$

(e) $\begin{bmatrix} 5 & 3 & 4 \\ -3 & 2 & 5 \\ 7 & 4 & 6 \end{bmatrix}$

(f) $\begin{bmatrix} 1 & 2 & -1 \\ 2 & 3 & 2 \\ 4 & -2 & 3 \end{bmatrix}$

(g) $\begin{bmatrix} 3 & -2 & 4 \\ 5 & 3 & 3 \\ 2 & 5 & -2 \end{bmatrix}$

(h) $\begin{bmatrix} 1 & -2 & 0 & 1 \\ 0 & 1 & 2 & -1 \\ 2 & -3 & 1 & 3 \\ -1 & 3 & -2 & 0 \end{bmatrix}$

29.14 Resolva os sistemas de equações utilizando matrizes.

(a) $\begin{aligned} x - 2y + 3z &= -1 \\ -x + 3y &= 10 \\ 2x - 5y + 5z &= -7 \end{aligned}$

(b) $\begin{aligned} x - 3y + z &= 1 \\ 2x - y - 2z &= 2 \\ x + 2y - 3z &= -1 \end{aligned}$

(c) $\begin{aligned} x + y - 3z &= -1 \\ y - z &= 0 \\ -x + 2y &= 1 \end{aligned}$

(d) $\begin{aligned} 4x - y + 5z &= 11 \\ x + 2y - z &= 5 \\ 5x - 8y + 13z &= 7 \end{aligned}$

(e) $\begin{aligned} x_1 + + x_3 &= 1 \\ 5x_2 + 3x_2 &= 4 \\ 3x_2 - 4x_3 &= 4 \end{aligned}$

(f) $\begin{aligned} 4x_1 + 3x_2 + 17x_3 &= 0 \\ 5x_1 + 4x_2 + 22x_3 &= 0 \\ 4x_1 + 2x_2 + 19x_3 &= 0 \end{aligned}$

(g) $\begin{aligned} x_1 + x_2 + x_3 + x_4 &= 6 \\ 2x_1 + 3x_2 - x_4 &= 0 \\ -3x_1 + 4x_2 + x_3 + 2x_4 &= 4 \\ x_1 + 2x_2 - x_3 + x_4 &= 0 \end{aligned}$

(h) $\begin{aligned} 3x_1 - 2x_2 - 6x_3 &= -4 \\ -3x_1 + 2x_2 + 6x_3 &= 1 \\ x_1 - x_2 - 5x_3 &= -3 \end{aligned}$

Respostas dos Problemas Complementares

29.9

(a) $\begin{bmatrix} 5 & -2 & 5 \\ 1 & 1 & 0 \end{bmatrix}$

(b) $\begin{bmatrix} 10 & -25 \\ 0 & 35 \end{bmatrix}$

(c) $\begin{bmatrix} -14 & -8 & -30 \\ -6 & 10 & -24 \end{bmatrix}$

(d) $\begin{bmatrix} -18 & -3 & -30 \\ -6 & 6 & -18 \end{bmatrix}$

(e) $\begin{bmatrix} 13 & -7/2 & 15 \\ 3 & 1 & 3 \end{bmatrix}$

(f) $\begin{bmatrix} 14 & -14 \end{bmatrix}$

(g) não é possível

(h) $\begin{bmatrix} -1 & -3 & -5 \\ -1 & 3 & -6 \end{bmatrix}$

(i) não é possível

(j) não é possível

(k) $\begin{bmatrix} 28 & 21 & 28 \end{bmatrix}$

(l) $\begin{bmatrix} 4 & -45 \\ 0 & 49 \end{bmatrix}$

(m) não é possível

(n) $\begin{bmatrix} 28 & 21 & 28 \end{bmatrix}$

(o) $\begin{bmatrix} 8 & -335 \\ 0 & 343 \end{bmatrix}$

(p) $\begin{bmatrix} 38 & -11 & 35 \end{bmatrix}$

29.10 (a) $\begin{bmatrix} 3 & -4 \\ 10 & 16 \\ 26 & 46 \end{bmatrix}$ (b) $\begin{bmatrix} 6 & -21 & 15 \\ 8 & -23 & 19 \\ 4 & 7 & 5 \end{bmatrix}$ (c) $\begin{bmatrix} 11 & 2 & 14 \\ 21 & 20 & 24 \\ 1 & -26 & 2 \end{bmatrix}$ (d) $\begin{bmatrix} 60 & 72 \\ -20 & -24 \\ 10 & 12 \\ 60 & 72 \end{bmatrix}$

29.11 (a) $(5, 5)$ (b) $(-3, 2)$ (c) $(1, 1)$ (d) $(8, 8)$

29.12 (a) $\begin{bmatrix} 1 & 0 & 0 & -1 \\ 0 & 1 & 0 & 0 \\ 0 & 0 & 1 & -1 \end{bmatrix}$ (b) $\begin{bmatrix} 1 & 0 & 2 & 4 & 0 \\ 0 & 1 & -1 & 1 & 0 \\ 0 & 0 & 0 & 0 & 1 \\ 0 & 0 & 0 & 0 & 0 \end{bmatrix}$

(c) $\begin{bmatrix} 1 & 0 & 0 \\ 0 & 1 & 0 \\ 0 & 0 & 1 \\ 0 & 0 & 0 \end{bmatrix}$ (d) $\begin{bmatrix} 1 & 0 & 0 & 1 \\ 0 & 1 & 0 & -1 \\ 0 & 0 & 1 & 2 \end{bmatrix}$

(e) $\begin{bmatrix} 1 & 0 & 2 & 0 & -1 \\ 0 & 1 & -1 & 0 & 2 \\ 0 & 0 & 0 & 1 & 4 \\ 0 & 0 & 0 & 0 & 0 \end{bmatrix}$ (f) $\begin{bmatrix} 1 & 0 & 0 & 1/5 & -1 \\ 0 & 1 & 0 & -12/5 & 3 \\ 0 & 0 & 1 & -3/5 & 2 \\ 0 & 0 & 0 & 0 & 0 \end{bmatrix}$

29.13 (a) $\begin{bmatrix} 3 & -13 \\ -2 & 9 \end{bmatrix}$ (e) $\dfrac{1}{15}\begin{bmatrix} -8 & -2 & 7 \\ 53 & 2 & -37 \\ -26 & 1 & 19 \end{bmatrix}$

(b) $\dfrac{1}{4}\begin{bmatrix} 2 & 2 \\ 1 & 3 \end{bmatrix}$ (f) $\dfrac{1}{33}\begin{bmatrix} 13 & -4 & 7 \\ 2 & 7 & -4 \\ -16 & 10 & -1 \end{bmatrix}$

(c) $\dfrac{1}{18}\begin{bmatrix} 7 & 6 & -5 & 1 \\ 5 & 12 & -19 & 11 \\ 3 & 0 & 3 & 3 \\ -1 & 12 & -7 & 5 \end{bmatrix}$ (g) $\dfrac{-1}{19}\begin{bmatrix} 21 & -16 & 18 \\ -16 & 14 & -11 \\ -19 & 19 & -19 \end{bmatrix}$

(d) $\dfrac{1}{28}\begin{bmatrix} -13 & 7 & 11 \\ -1 & 7 & 3 \\ -22 & 14 & 10 \end{bmatrix}$ (h) $\dfrac{1}{6}\begin{bmatrix} 21 & 9 & -4 & 7 \\ 3 & 3 & 0 & 3 \\ -6 & 0 & 2 & -2 \\ -9 & -3 & 4 & -1 \end{bmatrix}$

29.14 (a) $(-1, 3, 2)$

(b) sem solução

(c) $(2z - 1, z, z)$, onde z é um número real

(d) $(-z + 3, z + 1, z)$, onde z é um número real

(e) $(-4, 8, 5)$

(f) $(0, 0, 0)$

(g) $(1, 0, 3, 2)$

(h) sem solução

Capítulo 30

Indução Matemática

30.1 PRINCÍPIO DA INDUÇÃO MATEMÁTICA

Algumas afirmações estão definidas sobre o conjunto dos inteiros positivos. Para estabelecermos a validade de uma dessas afirmações, poderíamos demonstrá-la para cada inteiro positivo de interesse separadamente. Entretanto, como existem infinitos inteiros positivos, este método de verificar caso a caso não pode demonstrar que a afirmação é sempre verdadeira. Um procedimento chamado de indução matemática pode ser utilizado para estabelecer a validade da sentença para todos os inteiros positivos.

Princípio da indução matemática

Seja $P(n)$ uma afirmação verdadeira ou falsa para cada inteiro positivo n. Se as duas condições a seguir forem satisfeitas:

(1) $P(1)$ é verdadeira e
(2) Sempre que, para $n = k$, $P(k)$ verdadeira implica que $P(k + 1)$ é verdadeira.

Então $P(n)$ é verdadeira para qualquer inteiro positivo n.

30.2 PROVA POR INDUÇÃO MATEMÁTICA

Para demonstrar um teorema ou uma fórmula por indução matemática, existem dois passos distintos na prova.

(1) Mostre por substituição que o teorema proposto é verdadeiro para algum inteiro positivo n, como $n = 1$ ou $n = 2$ etc.
(2) Suponha que o teorema ou a fórmula seja verdadeira para $n = k$. Então demonstre que é verdadeiro quando $n = k + 1$.

Uma vez que os passos (1) e (2) tenham sido completados, então podemos concluir que o teorema ou a fórmula é verdadeira para todos os inteiros positivos maiores ou iguais a a, o inteiro positivo do passo (1).

Problemas Resolvidos

30.1 Prove por indução matemática que, para todo inteiro positivo n,

$$1 + 2 + 3 + \cdots + n = \frac{n(n+1)}{2}.$$

Solução

Passo 1. A fórmula é verdadeira para $n = 1$, pois

$$1 = \frac{1(1+1)}{2} = 1.$$

Passo 2. Suponha que a fórmula é verdadeira no caso $n = k$. Então, adicionando $(k+1)$ aos dois lados,

$$1 + 2 + 3 + \cdots + k + (k+1) = \frac{k(k+1)}{2} + (k+1) = \frac{(k+1)(k+2)}{2}$$

que é o valor de $n(n+1)/2$ quando (n) é substituído por $(k+1)$.

Portanto, se a fórmula é verdadeira para $n = k$, demonstramos que ela é verdadeira para $n = k+1$. Mas a fórmula vale para $n = 1$; logo, vale para $n = 1 + 1 = 2$. Então, como ela é válida para $n = 2$, será válida para $n = 2 + 1 = 3$ e assim por diante. Desta maneira, a fórmula é verdadeira para todos os inteiros positivos n.

30.2 Prove por indução matemática que a soma dos n termos de uma progressão aritmética $a, a+d, a+2d, \cdots$ é $\left(\dfrac{n}{2}\right)[2a + (n-1)d]$, isto é

$$a + (a+d) + (a+2d) + \cdots + [a + (n-1)d] = \frac{n}{2}[2a + (n-1)d].$$

Solução

Passo 1. A fórmula vale para $n = 1$, pois $a = \dfrac{1}{2}[2a + (1-1)d] = a$.

Passo 2. Suponha que a fórmula vale no caso $n = k$. Então

$$a + (a+d) + (a+2d) + \cdots + [a + (k-1)d] = \frac{k}{2}[2a + (k-1)d].$$

Adicione o $(k+1)$-ésimo termo, que é $(a + kd)$, aos dois lados da última equação. Então

$$a + (a+d) + (a+2d) + \cdots + [a + (k-1)d] + (a + kd) = \frac{k}{2}[2a + (k-1)d] + (a + kd).$$

O lado direito desta equação $= ka + \dfrac{k^2 d}{2} - \dfrac{kd}{2} + a + kd = \dfrac{k^2 d + kd + 2ka + 2a}{2}$

$$= \frac{kd(k+1) + 2a(k+1)}{2} = \frac{k+1}{2}(2a + kd)$$

que é o valor de $(n/2)[2a + (n-1)d]$ quando n é substituído por $(k+1)$.

Portanto, se a fórmula é verdadeira para $n = k$, provamos que é verdadeira para $n = k+1$. Mas a fórmula vale para $n = 1$; logo vale para $n = 1 + 1 = 2$. Então, como ela é válida se $n = 2$, é válida para $n = 2 + 1 = 3$ e assim por diante. Desta maneira, a fórmula é verdadeira para todos os inteiros positivos n.

30.3 Prove por indução matemática que, para qualquer inteiro positivo n,

$$1^2 + 2^2 + 3^2 + \cdots + n^2 = \frac{n(n+1)(2n+1)}{6}.$$

Solução

Passo 1. A fórmula é verdadeira para $n = 1$, pois

$$1^2 = \frac{1(1+1)(2+1)}{6} = 1.$$

Passo 2. Suponha que a fórmula é verdadeira no caso $n = k$. Então,

$$1^2 + 2^2 + 3^2 + \cdots + k^2 = \frac{k(k+1)(2k+1)}{6}.$$

Adicione o $(k + 1)$-ésimo termo, que é $(k + 1)^2$, aos dois lados desta equação. Então,

$$1^2 + 2^2 + 3^2 + \cdots + k^2 + (k+1)^2 = \frac{k(k+1)(2k+1)}{6} + (k+1)^2.$$

O lado direito desta equação $= \dfrac{k(k+1)(2k+1) + 6(k+1)^2}{6}$

$$= \frac{(k+1)[(2k^2 + k) + (6k + 6)]}{6} = \frac{(k+1)(k+2)(2k+3)}{6}$$

que é o valor de $n(n + 1)(2n + 1)/6$ quando n é substituído por $(k + 1)$.

Portanto, caso a fórmula seja verdadeira para $n = k$, é verdadeira para $n = k + 1$. Mas a fórmula vale para $n = 1$; logo ela vale se $n = 1 + 1 = 2$. Então, como é válida para $n = 2$, é válida no caso $n = 2 + 1 = 3$ e assim por diante. Desta maneira, a fórmula é verdadeira para todos os inteiros positivos.

30.4 Demonstre por indução matemática que, para qualquer inteiro positivo n,

$$\frac{1}{1 \cdot 3} + \frac{1}{3 \cdot 5} + \frac{1}{5 \cdot 7} + \cdots + \frac{1}{(2n-1)(2n+1)} = \frac{n}{2n+1}.$$

Solução

Passo 1. A fórmula é verdadeira para $n = 1$, pois

$$\frac{1}{(2-1)(2+1)} = \frac{1}{2+1} = \frac{1}{3}.$$

Passo 2. Suponha que a fórmula é verdadeira quando $n = k$. Então,

$$\frac{1}{1 \cdot 3} + \frac{1}{3 \cdot 5} + \frac{1}{5 \cdot 7} + \cdots + \frac{1}{(2k-1)(2k+1)} = \frac{k}{2k+1}.$$

Adicione o $(k + 1)$-ésimo termo, que é

$$\frac{1}{(2k+1)(2k+3)},$$

aos dois lados da equação acima. Então,

$$\frac{1}{1 \cdot 3} + \frac{1}{3 \cdot 5} + \frac{1}{5 \cdot 7} + \cdots + \frac{1}{(2k-1)(2k+1)} + \frac{1}{(2k+1)(2k+3)} = \frac{k}{2k+1} + \frac{1}{(2k+1)(2k+3)}.$$

O lado direito desta equação é

$$\frac{k(2k+3) + 1}{(2k+1)(2k+3)} = \frac{k+1}{2k+3},$$

que é o valor de $n/(2n + 1)$ quando n é substituído por $(k + 1)$.

Portanto, caso a fórmula seja verdadeira para $n = k$, é verdadeira quando $n = k + 1$. Mas a fórmula vale para $n = 1$; logo ela vale se $n = 1 + 1 = 2$. Então, como é válida para $n = 2$, é válida no caso $n = 2 + 1 = 3$ e assim por diante. Desta maneira, a fórmula é verdadeira para qualquer inteiro positivo n.

30.5 Prove por indução matemática que $a^{2n} - b^{2n}$ é divisível por $a + b$ quando n for um inteiro positivo qualquer.

Solução

Passo 1. O teorema é verdadeiro para $n = 1$, pois $a^2 - b^2 = (a + b)(a - b)$.

Passo 2. Suponha que o teorema é verdadeiro no caso $n = k$. Então,

$$a^{2k} - b^{2k} \text{ é divisível por } a + b.$$

Devemos mostrar que $a^{2k+2} - b^{2k+2}$ é divisível por $a + b$. A partir da identidade

$$a^{2k+2} - b^{2k+2} = a^2(a^{2k} - b^{2k}) + b^{2k}(a^2 - b^2)$$

segue que $a^{2k+2} - b^{2k+2}$ é divisível por $a + b$, se $a^{2k} - b^{2k}$ o for.

Portanto, caso o teorema seja verdadeiro para $n = k$, é verdadeiro para $n = k + 1$. Mas o teorema vale para $n = 1$; logo ele vale se $n = 1 + 1 = 2$. Então, como é válido para $n = 2$, é válido no caso $n = 2 + 1 = 3$ e assim por diante. Desta maneira, o teorema é verdadeiro para qualquer inteiro positivo n.

30.6 Demonstre a fórmula binomial

$$(a + x)^n = a^n + na^{n-1}x + \frac{n(n-1)}{2!}a^{n-2}x^2 + \cdots + \frac{n(n-1)\cdots(n-r+2)}{(r-1)!}a^{n-r+1}x^{r-1} + \cdots + x^n$$

para n inteiro positivo.

Solução

Passo 1. A fórmula é verdadeira para $n = 1$.

Passo 2. Suponha que a fórmula é verdadeira para $n = k$. Então,

$$(a + x)^k = a^k + na^{k-1}x + \frac{k(k-1)}{2!}a^{k-2}x^2 + \cdots + \frac{k(k-1)\cdots(k-r+2)}{(r-1)!}a^{k-r+1}x^{r-1} + \cdots + x^k$$

Multiplique os dois lados por $a + x$. A multiplicação no lado direito pode ser escrita como

$$a^{k+1} + ka^k x + \frac{k(k-1)}{2!}a^{k-1}x^2 + \cdots + \frac{k(k-1)\cdots(k-r+2)}{(r-1)!}a^{k-r+2}x^{r-1} + \cdots + ax^k$$
$$+ a^k x + ka^{k-1}x^2 + \cdots + \frac{k(k-1)\cdots(k-r+3)}{(r-2)!}a^{k-r+2}x^{r-1} + \cdots + x^{k+1}.$$

Uma vez que
$$\frac{k(k-1)\cdots(k-r+2)}{(r-1)!}a^{k-r+2}x^{r-1} + \frac{k(k-1)\cdots(k-r+3)}{(r-2)!}a^{k-r+2}x^{r-1}$$
$$= \frac{k(k-1)\cdots(k-r+3)}{(r-2)!}a^{k-r+2}x^{r-1}\left\{\frac{k-r+2}{r-1} + 1\right\}$$
$$= \frac{(k+1)k(k-1)\cdots(k-r+3)}{(r-1)!}a^{k-r+2}x^{r-1},$$

o produto pode ser escrito como

$$(a + x)^{k+1} = a^{k+1} + (k+1)a^k x + \cdots + \frac{(k+1)k(k-1)\cdots(k-r+3)}{(r-1)!}a^{k-r+2}x^{r-1} + \cdots + x^{k+1}$$

que é a fórmula binomial com n substituído por $k + 1$.

Portanto, caso a fórmula seja verdadeira para $n = k$, é verdadeira para $n = k + 1$. Mas a fórmula vale para $n = 1$; logo vale se $n = 1 + 1 = 2$ e assim por diante. Desta maneira, a fórmula é verdadeira para todo n inteiro positivo.

30.7 Prove por indução matemática que a soma dos ângulos internos, $S(n)$, de um polígono convexo é $S(n) = (n - 2)180°$, onde n é o número de lados do polígono.

Solução

Passo 1. Como um polígono tem no mínimo 3 lados, começamos com $n = 3$. Para $n = 3$, $S(3) = (3 - 2)180° = (1)180° = 180°$. Isto é verdade, pois a soma dos ângulos internos de um triângulo é $180°$.

Passo 2. Suponha que no caso $n = k$, a fórmula seja verdadeira. Então $S(k) = (k - 2)180°$ é verdadeira. Agora considere um polígono convexo com $k + 1$ lados. Podemos traçar uma diagonal que forme um triângulo com dois de seus lados. A diagonal também forma um polígono de k lados com os demais lados do polígono original. A soma dos ângulos internos do polígono com $(k + 1)$ lados, $S(k + 1)$, é igual à soma dos ângulos internos do triângulo, $S(3)$, mais a soma dos ângulos do polígono de k lados, $S(k)$.

$$S(k + 1) = S(3) + S(k) = 180° + (k - 2)180° = [1 + (k - 2)]180° = [(k + 1) - 2]180°.$$

Portanto, caso a fórmula seja verdadeira quando $n = k$, é verdadeira quando $n = k + 1$.

Como a fórmula vale no caso $n = 3$ e sempre que é válida para $n = k$ também vale para $n = k + 1$, a fórmula é verdadeira para qualquer inteiro positivo $n \geq 3$.

30.8 Prove por indução matemática que $n^3 + 1 \geq n^2 + n$ para todos os inteiros positivos.

Solução

Passo 1. Para $n = 1$, $n^3 + 1 = 1^3 + 1 = 1 + 1 = 2$ e $n^2 + n = 1^2 + 1 = 1 + 1 = 2$. Logo, $n^3 + 1 \geq n^2 + n$ é verdadeira quando $n = 1$.

Passo 2. Suponha que a afirmação é válida se $n = k$. Então, $k^3 + 1 \geq k^2 + k$ é verdadeira.

Para $n = k + 1$, $(k + 1)^3 + 1 = k^3 + 3k^2 + 3k + 1 + 1 = k^3 + 3k^2 + 3k + 2$
$$= k^3 + 2k^2 + k^2 + 3k + 2 = (k^3 + 2k^2) + (k + 1)(k + 2)$$
$$= (k^3 + 2k^2) + (k + 1)[(k + 1) + 1]$$
$$= (k^3 + 2k^2) + [(k + 1)^2 + (k + 1)]$$

Sabemos que $n \geq 1$, logo $k \geq 1$ e $k^3 + 2k^2 \geq 3$. Assim, $(k + 1)^3 + 1 \geq (k + 1)^2 + (k + 1)$. Portanto, quando a afirmação for verdadeira para $n = k$, é verdadeira para $n = k + 1$.

Como a afirmação é verdadeira no caso $n = 1$ e sempre que for válida para $n = k$ também vale para $n = k + 1$, a afirmação é verdadeira para todos os inteiros positivos.

Problemas Complementares

Demonstre as afirmações por indução matemática. Em todos os casos, n é um inteiro positivo.

30.9 $1 + 3 + 5 + \cdots + (2n - 1) = n^2$

30.10 $1 + 3 + 3^2 + \cdots + 3^{n-1} = \dfrac{3^n - 1}{2}$

30.11 $1^3 + 2^3 + 3^3 + \cdots + n^3 = \dfrac{n^2(n + 1)^2}{4}$

30.12 $a + ar + ar^2 + \cdots + ar^{n-1} = \dfrac{a(r^n - 1)}{r - 1}, r \neq 1$

30.13 $\dfrac{1}{1 \cdot 2} + \dfrac{1}{2 \cdot 3} + \dfrac{1}{3 \cdot 4} + \cdots + \dfrac{1}{n(n + 1)} = \dfrac{n}{n + 1}$

30.14 $1 \cdot 3 + 2 \cdot 3^2 + 3 \cdot 3^3 + \cdots + n \cdot 3^n = \dfrac{(2n - 1)3^{n+1} + 3}{4}$

30.15 $\dfrac{1}{2 \cdot 5} + \dfrac{1}{5 \cdot 8} + \dfrac{1}{8 \cdot 11} + \cdots + \dfrac{1}{(3n - 1)(3n + 2)} = \dfrac{n}{6n + 4}$

30.16 $\dfrac{1}{1 \cdot 2 \cdot 3} + \dfrac{1}{2 \cdot 3 \cdot 4} + \dfrac{1}{3 \cdot 4 \cdot 5} + \cdots + \dfrac{1}{n(n + 1)(n + 2)} = \dfrac{n(n + 3)}{4(n + 1)(n + 2)}$

30.17 $a^n - b^n$ é divisível por $a - b$, para $n =$ inteiro positivo.

30.18 $a^{2n-1} - b^{2n-1}$ é divisível por $a + b$, para $n =$ inteiro positivo

30.19 $1 \cdot 2 \cdot 3 + 2 \cdot 3 \cdot 4 + \cdots + n(n+1)(n+2) = \dfrac{n(n+1)(n+2)(n+3)}{4}$

30.20 $1 + 2 + 2^2 + \cdots + 2^{n-1} = 2^n - 1$

30.21 $(ab)^n = a^n b^n$, para $n = a$ um inteiro positivo

30.22 $\left(\dfrac{a}{b}\right)^n = \dfrac{a^n}{b^n}$, para $n = a$ um inteiro positivo

30.23 $n^2 + n$ é par

20.24 $n^3 + 5n$ é divisível por 3

30.25 $5^n - 1$ é divisível por 4

20.26 $4^n - 1$ é divisível por 3

30.27 $n(n+1)(n+2)$ é divisível por 6

30.28 $n(n+1)(n+2)(n+3)$ é divisível por 24

30.29 $n^2 + 1 > n$

30.30 $2n \geq n + 1$

Capítulo 31

Frações Parciais

31.1 FRAÇÕES RACIONAIS

Uma fração racional em x é o quociente $\dfrac{P(x)}{Q(x)}$ de dois polinômios em x.

Assim, $\dfrac{3x^2 - 1}{x^3 + 7x^2 - 4}$ é uma fração racional.

31.2 FRAÇÕES PRÓPRIAS

Uma fração própria é aquela na qual o grau do numerador é menor que o grau do denominador.

Logo, $\dfrac{2x - 3}{x^2 + 5x + 4}$ e $\dfrac{4x^2 + 1}{x^4 - 3x}$ são frações próprias.

Uma fração imprópria é aquela na qual o grau do numerador é maior ou igual ao grau do denominador.

Então, $\dfrac{2x^3 + 6x^2 - 9}{x^2 - 3x + 2}$ é uma fração imprópria.

Realizando a divisão, uma fração imprópria sempre pode ser expressa como a soma de um polinômio com uma fração própria.

Assim, $\dfrac{2x^3 + 6x^2 - 9}{x^2 - 3x + 2} = 2x + 12 + \dfrac{32x - 33}{x^2 - 3x + 2}.$

31.3 FRAÇÕES PARCIAIS

Uma fração própria geralmente pode ser expressa como a soma de outras frações (denominadas frações parciais) cujos denominadores tenham menor grau que o denominador da fração dada.

Exemplo 31.1

$$\dfrac{3x - 5}{x^2 - 3x + 2} = \dfrac{3x - 5}{(x - 1)(x - 2)} = \dfrac{2}{x - 1} + \dfrac{1}{x - 2}.$$

31.4 POLINÔMIOS IDÊNTICOS

Se dois polinômios de grau n na mesma variável x são iguais para mais do que n valores de x, os coeficientes das mesmas potências de x são iguais e os dois polinômios são idênticos. Se um termo está faltando em qualquer um dos polinômios, pode ser escrito com o coeficiente 0.

31.5 TEOREMA FUNDAMENTAL

Uma fração própria pode ser escrita como a soma de frações parciais de acordo com as seguintes regras.

(1) Fatores lineares não repetidos

Se um fator linear $ax + b$ ocorre uma vez como fator no denominador da fração dada, então, correspondendo a este termo, associe a fração parcial $A / (ax + b)$, onde A é uma constante $\neq 0$.

Exemplo 31.2

$$\frac{x+4}{(x+7)(2x-1)} = \frac{A}{x+7} + \frac{B}{2x-1}$$

(2) Fatores lineares, alguns dos quais repetidos

Se um fator linear $ax + b$ ocorre p vezes como fator no denominador da fração dada, então correspondendo a este termo associe as p frações parciais

$$\frac{A_1}{ax+b} + \frac{A_2}{(ax+b)^2} + \cdots + \frac{A_p}{(ax+b)^p}$$

onde $A_1, A_2, \ldots, A_p$ são constantes e $A_p \neq 0$.

Exemplos 31.3

(a) $\dfrac{3x-1}{(x+4)^2} = \dfrac{A}{x+4} + \dfrac{B}{(x+4)^2}$

(b) $\dfrac{5x^2-2}{x^3(x+1)^2} = \dfrac{A}{x^3} + \dfrac{B}{x^2} + \dfrac{C}{x} + \dfrac{D}{(x+1)^2} + \dfrac{E}{x+1}$

(3) Fatores quadráticos não repetidos

Se um fator quadrático $ax^2 + bx + c$ ocorre uma vez como fator no denominador da fração dada, então correspondendo a este termo associe a fração parcial

$$\frac{Ax+B}{ax^2+bx+c}$$

onde A e B são constantes não simultaneamente nulas.

Nota. Supõe-se que $ax^2 + bx + c$ não possa ser fatorado em dois fatores lineares reais com coeficientes inteiros.

Exemplos 31.4

(a) $\dfrac{x^2-3}{(x-2)(x^2+4)} = \dfrac{A}{x-2} + \dfrac{Bx+C}{x^2+4}$

(b) $\dfrac{2x^3-6}{x(2x^2+3x+8)(x^2+x+1)} = \dfrac{A}{x} + \dfrac{Bx+C}{2x^2+3x+8} + \dfrac{Dx+E}{x^2+x+1}$

(4) Fatores quadráticos, alguns dos quais repetidos

Se um fator quadrático $ax^2 + bx + c$ ocorre p vezes como fator no denominador da fração dada, então correspondendo a este fator associe as p frações parciais

$$\frac{A_1x + B_1}{ax^2 + bx + ac} + \frac{A_2x + B_2}{(ax^2 + bx + c)^2} + \cdots + \frac{A_px + B_p}{(ax^2 + bx + c)^p}$$

onde $A_1, B_2, A_2, B_2, \ldots, A_p, B_p$ são constantes e A_p, B_p não são simultaneamente nulas.

Exemplo 31.5

$$\frac{x^2 - 4x + 1}{(x^2 + 1)^2(x^2 + x + 1)} = \frac{Ax + B}{x^2 + 1} + \frac{Cx + D}{(x^2 + 1)^2} + \frac{Ex + F}{x^2 + x + 1}$$

31.6 DETERMINANDO A DECOMPOSIÇÃO EM FRAÇÕES PARCIAIS

Uma vez que a forma da decomposição em frações parciais de uma fração racional tenha sido determinada, o próximo passo é encontrar o sistema de equações a ser resolvido para se obter os valores das constantes necessárias para a decomposição. A solução do sistema de equações pode ser auxiliada pelo uso de uma calculadora gráfica, especialmente ao se aplicar os métodos matriciais discutidos no Capítulo 29.

Embora o sistema de equações geralmente envolva mais do que três equações, normalmente é fácil de se determinar o valor de uma ou duas variáveis, ou relações entre as variáveis, que permitam a redução do sistema a um tamanho pequeno o bastante para torná-lo solúvel por qualquer método conveniente. Os métodos discutidos no Capítulo 15 e Capítulo 28 são os procedimentos básicos empregados.

Exemplo 31.6 Encontre a decomposição em frações parciais de $\dfrac{3x^2 + 3x + 7}{(x - 2)^2(x^2 + 1)}$.

Utilizando as Regras (2) e (3) na Seção 31.5, a forma da decomposição é:

$$\frac{3x^2 + 3x + 7}{(x - 2)^2(x^2 + 1)} = \frac{A}{x - 2} + \frac{B}{(x - 2)^2} + \frac{Cx + D}{x^2 + 1}$$

$$\frac{3x^2 + 3x + 7}{(x - 2)^2(x^2 + 1)} = \frac{A(x - 2)(x^2 + 1) + B(x^2 + 1) + (Cx + D)(x - 2)^2}{(x - 2)^2(x^2 + 1)}$$

$$3x^2 + 3x + 7 = Ax^3 - 2Ax^2 + Ax - 2A + Bx^2 + B + Cx^3 - 4Cx^2 + Dx^2 + 4Cx - 4Dx + 4D$$

$$3x^2 + 3x + 7 = (A + C)x^3 + (-2A + B - 4C + D)x^2 + (A + 4C - 4D)x + (-2A + B + 4D)$$

Igualando os coeficientes dos termos correspondentes nos dois polinômios e estabelecendo os outros como 0, obtemos o sistema de equações a ser resolvido.

$$A + C = 0$$
$$-2A + B - 4C + D = 3$$
$$A + 4C - 4D = 3$$
$$-2A + B + 4D = 7$$

Resolvendo o sistema, obtemos $A = -1$, $B = 5$, $C = 1$ e $D = 0$.

Assim, a decomposição em frações parciais é:

$$\frac{3x^2 + 3x + 7}{(x - 2)^2(x^2 + 1)} = \frac{-1}{x - 2} + \frac{5}{(x - 2)^2} + \frac{x}{x^2 + 1}$$

Problemas Resolvidos

31.1 Decomponha em frações parciais

$$\frac{x+2}{2x^2 - 7x - 15} \quad \text{ou} \quad \frac{x+2}{(2x+3)(x-5)}.$$

Solução

Seja $\quad \dfrac{x+2}{(2x+3)(x-5)} = \dfrac{A}{2x+3} + \dfrac{B}{x-5} = \dfrac{A(x-5) + B(2x+3)}{(2x+3)(x-5)} = \dfrac{(A+2B)x + 3B - 5A}{(2x+3)(x-5)}.$

Devemos encontrar as constantes A e B tais que

ou $\quad \dfrac{x+2}{(2x+3)(x-5)} = \dfrac{(A+2B)x + 3B - 5A}{(2x+3)(x-5)} \quad$ identicamente

$$x + 2 = (A + 2B)x + 3B - 5A.$$

Igualando os coeficientes das mesmas potências de x, temos $1 = A + 2B$ e $2 = 3B - 5A$ que, quando simultaneamente resolvidos, resultam em $A = -1/13$, $B = 7/13$.

Portanto, $\quad \dfrac{x+2}{2x^2 - 7x - 15} = \dfrac{-1/13}{2x+3} + \dfrac{7/13}{x-5} = \dfrac{-1}{13(2x+3)} + \dfrac{7}{13(x-5)}.$

Método alternativo. $x + 2 = A(x - 5) + B(2x + 3)$

Para encontrar B, faça $x = 5$: $5 + 2 = A(0) + B(10 + 3)$, $7 = 13B$, $B = 7/13$.

Para encontrar A, faça $x = -3/2$: $-3/2 + 2 = A(-3/2 - 5) + B(0)$, $1/2 = -13A/2$, $A = -1/13$.

31.2 $\dfrac{2x^2 + 10x - 3}{(x+1)(x^2 - 9)} = \dfrac{A}{x+1} + \dfrac{B}{x+3} + \dfrac{C}{x-3}$

Solução

$$2x^2 + 10x - 3 = A(x^2 - 9) + B(x+1)(x-3) + C(x+1)(x+3)$$

Para encontrar A, substitua $x = -1$: $\quad 2 - 10 - 3 = A(1 - 9)$, $\qquad A = 11/8$.

Para encontrar B, substitua $x = -3$: $\quad 18 - 30 - 3 = B(-3 + 1)(-3 - 3)$, $\quad B = -5/4$.

Para encontrar C, substitua $x = 3$: $\quad 18 + 30 - 3 = C(3 + 1)(3 + 3)$, $\qquad C = 15/8$.

Portanto, $\quad \dfrac{2x^2 + 10x - 3}{(x+1)(x^2 - 9)} = \dfrac{11}{8(x+1)} - \dfrac{5}{4(x+3)} + \dfrac{15}{8(x-3)}.$

31.3 $\dfrac{2x^2 + 7x + 23}{(x-1)(x+3)^2} = \dfrac{A}{x-1} + \dfrac{B}{(x+3)^2} + \dfrac{C}{x+3}$

Solução

$$\begin{aligned}
2x^2 + 7x + 23 &= A(x+3)^2 + B(x-1) + C(x-1)(x+3) \\
&= A(x^2 + 6x + 9) + B(x-1) + C(x^2 + 2x - 3) \\
&= Ax^2 + 6Ax + 9A + Bx - B + Cx^2 + 2Cx - 3C \\
&= (A + C)x^2 + (6A + B + 2C)x + 9A - B - 3C
\end{aligned}$$

Igualando os coeficientes dos termos semelhantes, x, $A + C = 2$, $6A + B + 2C = 7$ e $9A - B - 3C = 23$.

Resolvendo simultaneamente, $A = 2, B = -5, C = 0$.

Portanto, $$\frac{2x^2 + 7x + 23}{(x-1)(x+3)^2} = \frac{2}{x-1} - \frac{5}{(x+3)^2}.$$

Método alternativo. $2x^2 + 7x + 23 = A(x+3)^2 + B(x-1) + C(x-1)(x+3)$

Para encontrar A, faça $x = 1$: $2 + 7 + 23 = A(1+3)^2$, $\quad A = 2.$

Para encontrar B, faça $x = -3$: $18 - 21 + 23 = B(-3-1)$, $\quad B = -5.$

Para encontrar C, faça $x = 0$: $23 = 2(3)^2 - 5(-1) + C(-1)(3)$, $\quad C = 0.$

31.4 $\dfrac{x^2 - 6x + 2}{x^2(x-2)^2} = \dfrac{A}{x^2} + \dfrac{B}{x} + \dfrac{C}{(x-2)^2} + \dfrac{D}{x-2}$

Solução

$$\begin{aligned} x^2 - 6x + 2 &= A(x-2)^2 + Bx(x-2)^2 + Cx^2 + Dx^2(x-2) \\ &= A(x^2 - 4x + 4) + Bx(x^2 - 4x + 4) + Cx^2 + Dx^2(x-2) \\ &= (B+D)x^3 + (A - 4B + C - 2D)x^2 + (-4A + 4B)x + 4A \end{aligned}$$

Igualando os coeficientes das mesmas potências de x, $B + D = 0$, $A - 4B + C - 2D = 1$, $-4A + 4B = -6$, $4A = 2$.
A solução simultânea destas quatro equações é $A = 1/2, B = -1, C = -3/2, D = 1$.

Portanto, $$\frac{x^2 - 6x + 2}{x^2(x-2)^2} = \frac{1}{2x^2} - \frac{1}{x} - \frac{3}{2(x-2)^2} + \frac{1}{x-2}$$

Método alternativo. $x^2 - 6x + 2 = A(x-2)^2 + Bx(x-2)^2 + Cx^2 + Dx^2(x-2)$

Para encontrar A, seja $x = 0$: $2 = 4A, A = 1/2$. Para encontrar C, $x = 2$: $4 - 12 + 2 = 4C, C = -3/2$.
Para encontrar B e D, aplique $x = $ qualquer valor exceto 0 e 2 (por exemplo, considere $x = 1, x = -1$).

Substituindo $x = 1$: $\quad 1 - 6 + 2 = A(1-2)^2 + B(1-2)^2 + C + D(1-2) \quad$ e (1) $B - D = -2$.
Substituindo $x = -1$: $\quad 1 + 6 + 2 = A(-1-2)^2 - B(-1-2)^2 + C + D(-1-2) \quad$ e (2) $9B + 3D = -6$.

A solução simultânea das equaçõs (1) e (2) é $B = -1, D = 1$.

31.5 $\dfrac{x^2 - 4x - 15}{(x+2)^3}.$ $\quad$ Denotando $y = x + 2$; então $x = y - 2$.

Solução

$$\begin{aligned} \frac{x^2 - 4x - 15}{(x+2)^3} &= \frac{(y-2)^2 - 4(y-2) - 15}{y^3} = \frac{y^2 - 8y - 3}{y^3} \\ &= \frac{1}{y} - \frac{8}{y^2} - \frac{3}{y^3} = \frac{1}{x+2} - \frac{8}{(x+2)^2} - \frac{3}{(x+2)^3} \end{aligned}$$

31.6 $\dfrac{7x^2 - 25x + 6}{(x^2 - 2x - 1)(3x - 2)} = \dfrac{Ax + B}{x^2 - 2x - 1} + \dfrac{C}{3x - 2}$

Solução

$$7x^2 - 25x + 6 = (Ax + B)(3x - 2) + C(x^2 - 2x - 1)$$
$$= (3Ax^2 + 3Bx - 2Ax - 2B) + Cx^2 - 2Cx - C$$
$$= (3A + C)x^2 + (3B - 2A - 2C)x + (-2B - C)$$

Igualando os coeficientes de termos semelhantes x, $3A + C = 7$, $3B - 2A - 2C = -25$, $-2B - C = 6$. A solução simultânea destas três equações é $A = 1$, $B = -5$, $C = 4$.

Portanto, $\dfrac{7x^2 - 25x + 6}{(x^2 - 2x - 1)(3x - 2)} = \dfrac{x - 5}{x^2 - 2x - 1} + \dfrac{4}{3x - 2}.$

31.7 $\dfrac{4x^2 - 28}{x^4 + x^2 - 6} = \dfrac{4x^2 - 28}{(x^2 + 3)(x^2 - 2)} = \dfrac{Ax + B}{x^2 + 3} + \dfrac{Cx + D}{x^2 - 2}$

Solução

$$4x^2 - 28 = (Ax + B)(x^2 - 2) + (Cx + D)(x^2 + 3)$$
$$= (Ax^3 + Bx^2 - 2Ax - 2B) + (Cx^3 + Dx^2 + 3Cx + 3D)$$
$$= (A + C)x^3 + (B + D)x^2 + (3C - 2A)x - 2B + 3D$$

Igualando os coeficientes das mesmas potências de x,

$$A + C = 0, B + D = 4, 3C - 2A = 0, -2B + 3D = -28.$$

Resolvendo simultaneamente, $A = 0$, $B = 8$, $C = 0$, $D = -4$.

Portanto, $\dfrac{4x^2 - 28}{x^4 + x^2 - 6} = \dfrac{8}{x^2 + 3} - \dfrac{4}{x^2 - 2}.$

Problemas Complementares

Encontre a decomposição em frações parciais de cada fração racional.

31.8 $\dfrac{x + 2}{x^2 - 7x + 12}$

31.9 $\dfrac{12x + 11}{x^2 + x - 6}$

31.10 $\dfrac{8 - x}{2x^2 + 3x - 2}$

31.11 $\dfrac{5x + 4}{x^2 + 2x}$

31.12 $\dfrac{x}{x^2 - 3x - 18}$

31.13 $\dfrac{10x^2 + 9x - 7}{(x + 2)(x^2 - 1)}$

31.14 $\dfrac{x^2 - 9x - 6}{x^3 + x^2 - 6x}$

31.15 $\dfrac{x^3}{x^2 - 4}$

31.16 $\dfrac{3x^2 - 8x + 9}{(x - 2)^3}$

31.17 $\dfrac{3x^3 + 10x^2 + 27x + 27}{x^2(x + 3)^2}$

31.18 $\dfrac{5x^2 + 8x + 21}{(x^2 + x + 6)(x + 1)}$

31.19 $\dfrac{5x^3 + 4x^2 + 7x + 3}{(x^2 + 2x + 2)(x^2 - x - 1)}$

31.20 $\dfrac{3x}{x^3 - 1}$

31.21 $\dfrac{7x^3 + 16x^2 + 20x + 5}{(x^2 + 2x + 2)^2}$

31.22 $\dfrac{7x - 9}{(x + 1)(x - 3)}$

31.23 $\dfrac{x+10}{x(x-2)(x+2)}$

31.26 $\dfrac{5x^2+3x+1}{(x+2)(x^2+1)}$

31.29 $\dfrac{x^3}{(x^2+4)^2}$

31.24 $\dfrac{3x-1}{x^2-1}$

31.27 $\dfrac{-2x+9}{(2x+1)(4x^2+9)}$

31.30 $\dfrac{x^4+3x^2+x+1}{(x+1)(x^2+1)^2}$

31.25 $\dfrac{7x-2}{x^3-x^2-2x}$

31.28 $\dfrac{2x^3-x+3}{(x^2+4)(x^2+1)}$

Respostas dos Problemas Complementares

31.8 $\dfrac{6}{x-4}-\dfrac{5}{x-3}$

31.9 $\dfrac{7}{x-2}+\dfrac{5}{x+3}$

31.10 $\dfrac{3}{2x-1}-\dfrac{2}{x+2}$

31.11 $\dfrac{2}{x}+\dfrac{3}{x+2}$

31.12 $\dfrac{2/3}{x-6}+\dfrac{1/3}{x+3}$

31.13 $\dfrac{3}{x+1}+\dfrac{2}{x-1}+\dfrac{5}{x+2}$

31.14 $\dfrac{1}{x}-\dfrac{2}{x-2}+\dfrac{2}{x+3}$

31.15 $x+\dfrac{2}{x-2}+\dfrac{2}{x+2}$

31.16 $\dfrac{3}{x-2}+\dfrac{4}{(x-2)^2}+\dfrac{5}{(x-2)^3}$

31.17 $\dfrac{1}{x}+\dfrac{3}{x^2}+\dfrac{2}{x+3}-\dfrac{5}{(x+3)^2}$

31.18 $\dfrac{2x+3}{x^2+x+6}+\dfrac{3}{x+1}$

31.19 $\dfrac{2x-1}{x^2+2x+2}+\dfrac{3x+1}{x^2-x-1}$

31.20 $\dfrac{1}{x-1}+\dfrac{-x+1}{x^2+x+1}$

31.21 $\dfrac{7x+2}{x^2+2x+2}+\dfrac{2x+1}{(x^2+2x+2)^2}$

31.22 $\dfrac{4}{x+1}+\dfrac{3}{x-3}$

31.23 $\dfrac{-5/2}{x}+\dfrac{3/2}{x-2}+\dfrac{1}{x+2}$

31.24 $\dfrac{1}{x-1}+\dfrac{2}{x+1}$

31.25 $\dfrac{1}{x}+\dfrac{2}{x-2}+\dfrac{-3}{x+1}$

31.26 $\dfrac{3}{x+2}+\dfrac{2x-1}{x^2+1}$

31.27 $\dfrac{1}{2x+1}+\dfrac{-2x}{4x^2+9}$

31.28 $\dfrac{3x-1}{x^2+4}+\dfrac{-x+1}{x^2+1}$

31.29 $\dfrac{x}{x^2+4}+\dfrac{-4x}{(x^2+4)^2}$

31.30 $\dfrac{1}{x+1}+\dfrac{x}{(x^2+1)^2}$

Apêndice A

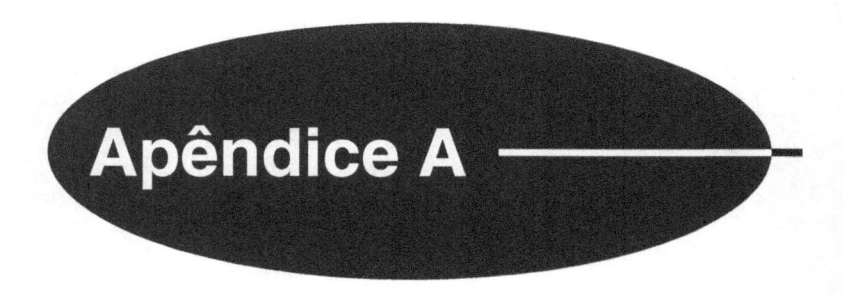

Tabela de Logaritmos Comuns

N	0	1	2	3	4	5	6	7	8	9
10	0000	0043	0086	0128	0170	0212	0253	0294	0334	0374
11	0414	0453	0492	0531	0569	0607	0645	0682	0719	0755
12	0792	0828	0864	0899	0934	0969	1004	1038	1072	1106
13	1139	1173	1206	1239	1271	1303	1335	1367	1399	1430
14	1461	1492	1523	1553	1584	1614	1644	1673	1703	1732
15	1761	1790	1818	1847	1875	1903	1931	1959	1987	2014
16	2041	2068	2095	2122	2148	2175	2201	2227	2253	2279
17	2304	2330	2355	2380	2405	2430	2455	2480	2504	2529
18	2553	2577	2601	2625	2648	2672	2695	2718	2742	2765
19	2788	2810	2833	2856	2878	2900	2923	2945	2967	2989
20	3010	3032	3054	3075	3096	3118	3139	3160	3181	3201
21	3222	3243	3263	3284	3304	3324	3345	3365	3385	3404
22	3424	3444	3464	3483	3502	3522	3541	3560	3579	3598
23	3617	3636	3655	3674	3692	3711	3729	3747	3766	3784
24	3802	3820	3838	3856	3874	3892	3909	3927	3945	3962
25	3979	3997	4014	4031	4048	4065	4082	4099	4116	4133
26	4150	4166	4183	4200	4216	4232	4249	4265	4281	4298
27	4314	4330	4346	4362	4378	4393	4409	4425	4440	4456
28	4472	4487	4502	4518	4533	4548	4564	4579	4594	4609
29	4624	4639	4654	4669	4683	4698	4713	4728	4742	4757
30	4771	4786	4800	4814	4829	4843	4857	4871	4886	4900
31	4914	4928	4942	4955	4969	4983	4997	5011	5024	5038
32	5051	5065	5079	5092	5105	5119	5132	5145	5159	5172
33	5185	5198	5211	5224	5237	5250	5263	5276	5289	5302
34	5315	5328	5340	5353	5366	5378	5391	5403	5416	5428
N	0	1	2	3	4	5	6	7	8	9

N	0	1	2	3	4	5	6	7	8	9
35	5441	5453	5465	5478	5490	5502	5514	5527	5539	5551
36	5563	5575	5587	5599	5611	5623	5635	5647	5658	5670
37	5682	5694	5705	5717	5729	5740	5752	5763	5775	5786
38	5798	5809	5821	5832	5843	5855	5866	5877	5888	5899
39	5911	5922	5933	5944	5955	5966	5977	5988	5999	6010
40	6021	6031	6042	6053	6064	6075	6085	6096	6107	6117
41	6128	6138	6149	6160	6170	6180	6191	6201	6212	6222
42	6232	6243	6253	6263	6274	6284	6294	6304	6314	6325
43	6335	6345	6355	6365	6375	6385	6395	6405	6415	6425
44	6435	6444	6454	6464	6474	6484	6493	6503	6513	6522
45	6532	6542	6551	6561	6571	6580	6590	6599	6609	6618
46	6628	6637	6646	6656	6665	6675	6684	6693	6702	6712
47	6721	6730	6739	6749	6758	6767	6776	6785	6794	6803
48	6812	6821	6830	6839	6848	6857	6866	6875	6884	6893
49	6902	6911	6920	6928	6937	6946	6955	6964	6972	6981
50	6990	6998	7007	7016	7024	7033	7042	7050	7059	7067
51	7076	7084	7093	7101	7110	7118	7126	7135	7143	7152
52	7160	7168	7177	7185	7193	7202	7210	7218	7226	7235
53	7243	7251	7259	7267	7275	7284	7292	7300	7308	7316
54	7324	7332	7340	7348	7356	7364	7372	7380	7388	7396
55	7404	7412	7419	7427	7435	7443	7451	7459	7466	7474
56	7482	7490	7497	7505	7513	7520	7528	7536	7543	7551
57	7559	7566	7574	7582	7589	7597	7604	7612	7619	7627
58	7634	7642	7649	7657	7664	7672	7679	7686	7694	7701
59	7709	7716	7723	7731	7738	7745	7752	7760	7767	7774
60	7782	7789	7796	7803	7810	7818	7825	7832	7839	7846
61	7853	7860	7868	7875	7882	7889	7896	7903	7910	7917
62	7924	7931	7938	7945	7952	7959	7966	7973	7980	7987
63	7993	8000	8007	8014	8021	8028	8035	8041	8048	8055
64	8062	8069	8075	8082	8089	8096	8102	8109	8116	8122
65	8129	8136	8142	8149	8156	8162	8169	8176	8182	8189
66	8195	8202	8209	8215	8222	8228	8235	8241	8248	8254
67	8261	8267	8274	8280	8287	8293	8299	8306	8312	8319
68	8325	8331	8338	8344	8351	8357	8363	8370	8376	8382
69	8388	8395	8401	8407	8414	8420	8426	8432	8439	8445
70	8451	8457	8463	8470	8476	8482	8488	8494	8500	8506
71	8513	8519	8525	8531	8537	8543	8549	8555	8561	8567
72	8573	8579	8585	8591	8597	8603	8609	8615	8621	8627
73	8633	8639	8645	8651	8657	8663	8669	8675	8681	8686
74	8692	8698	8704	8710	8716	8722	8727	8733	8739	8745
75	8751	8756	8762	8768	8774	8779	8785	8791	8797	8802
76	8808	8814	8820	8825	8831	8837	8842	8848	8854	8859
77	8865	8871	8876	8882	8887	8893	8899	8904	8910	8915
78	8921	8927	8932	8938	8943	8949	8954	8960	8965	8971
79	8976	8982	8987	8993	8998	9004	9009	9015	9020	9025
N	0	1	2	3	4	5	6	7	8	9

N	0	1	2	3	4	5	6	7	8	9
80	9031	9036	9042	9047	9053	9058	9063	9069	9074	9079
81	9085	9090	9096	9101	9106	9112	9117	9122	9128	9133
82	9138	9143	9149	9154	9159	9165	9170	9175	9180	9186
83	9191	9196	9201	9206	9212	9217	9222	9227	9232	9238
84	9243	9248	9253	9258	9263	9269	9274	9279	9284	9289
85	9294	9299	9304	9309	9315	9320	9325	9330	9335	9340
86	9345	9350	9355	9360	9365	9370	9375	9380	9385	9390
87	9395	9400	9405	9410	9415	9420	9425	9430	9435	9440
88	9445	9450	9455	9460	9465	9469	9474	9479	9484	9489
89	9494	9499	9504	9509	9513	9518	9523	9528	9533	9538
90	9542	9547	9552	9557	9562	9566	9571	9576	9581	9586
91	9590	9595	9600	9605	9609	9614	9619	9624	9628	9633
92	9638	9643	9647	9652	9657	9661	9666	9671	9675	9680
93	9685	9689	9694	9699	9703	9708	9713	9717	9722	9727
94	9731	9736	9741	9745	9750	9754	9759	9763	9768	9773
95	9777	9782	9786	9791	9795	9800	9805	9809	9814	9818
96	9823	9827	9832	9836	9841	9845	9850	9854	9859	9863
97	9868	9872	9877	9881	9886	9890	9894	9899	9903	9908
98	9912	9917	9921	9926	9930	9934	9939	9943	9948	9952
99	9956	9961	9965	9969	9974	9978	9983	9987	9991	9996
N	0	1	2	3	4	5	6	7	8	9

Apêndice B

Tabela de Logaritmos Naturais

N	0,00	0,01	0,02	0,03	0,04	0,05	0,06	0,07	0,08	0,09
1,0	0,0000	0,0100	0,0198	0,0296	0,0392	0,0488	0,0583	0,0677	0,0770	0,0862
1,1	0,0953	0,1044	0,1133	0,1222	0,1310	0,1398	0,1484	0,1570	0,1655	0,1740
1,2	0,1823	0,1906	0,1989	0,2070	0,2151	0,2231	0,2311	0,2390	0,2469	0,2546
1,3	0,2624	0,2700	0,2776	0,2852	0,2927	0,3001	0,3075	0,3148	0,3221	0,3293
1,4	0,3365	0,3436	0,3507	0,3577	0,3646	0,3716	0,3784	0,3853	0,3920	0,3988
1,5	0,4055	0,4121	0,4187	0,4253	0,4318	0,4383	0,4447	0,4511	0,4574	0,4637
1,6	0,4700	0,4762	0,4824	0,4886	0,4947	0,5008	0,5068	0,5128	0,5188	0,5247
1,7	0,5306	0,5365	0,5423	0,5481	0,5539	0,5596	0,5653	0,5710	0,5766	0,5822
1,8	0,5878	0,5933	0,5988	0,6043	0,6098	0,6152	0,6206	0,6259	0,6313	0,6366
1,9	0,6419	0,6471	0,6523	0,6575	0,6627	0,6678	0,6729	0,6780	0,6831	0,6881
2,0	0,6931	0,6981	0,7031	0,7080	0,7130	0,7178	0,7227	0,7275	0,7324	0,7372
2,1	0,7419	0,7467	0,7514	0,7561	0,7608	0,7655	0,7701	0,7747	0,7793	0,7839
2,2	0,7885	0,7930	0,7975	0,8020	0,8065	0,8109	0,8154	0,8198	0,8242	0,8286
2,3	0,8329	0,8372	0,8416	0,8459	0,8502	0,8544	0,8587	0,8629	0,8671	0,8713
2,4	0,8755	0,8796	0,8838	0,8879	0,8920	0,8961	0,9002	0,9042	0,9083	0,9123
2,5	0,9163	0,9203	0,9243	0,9282	0,9322	0,9361	0,9400	0,9439	0,9478	0,9517
2,6	0,9555	0,9594	0,9632	0,9670	0,9708	0,9746	0,9783	0,9821	0,9858	0,9895
2,7	0,9933	0,9969	1,0006	1,0043	1,0080	1,0116	1,0152	1,0188	1,0225	1,0260
2,8	1,0296	1,0332	1,0367	1,0403	1,0438	1,0473	1,0508	1,0543	1,0578	1,0613
2,9	1,0647	1,0682	1,0716	1,0750	1,0784	1,0818	1,0852	1,0886	1,0919	1,0953
3,0	1,0986	1,1019	1,1053	1,1086	1,1119	1,1151	1,1184	1,1217	1,1249	1,1282
3,1	1,1314	1,1346	1,1378	1,1410	1,1442	1,1474	1,1506	1,1537	1,1569	1,1600
3,2	1,1632	1,1663	1,1694	1,1725	1,1756	1,1787	1,1817	1,1848	1,1878	1,1909
3,3	1,1939	1,1970	1,2000	1,2030	1,2060	1,2090	1,2119	1,2149	1,2179	1,2208
3,4	1,2238	1,2267	1,2296	1,2326	1,2355	1,2384	1,2413	1,2442	1,2470	1,2499
N	0,00	0,01	0,02	0,03	0,04	0,05	0,06	0,07	0,08	0,09

N	0,00	0,01	0,02	0,03	0,04	0,05	0,06	0,07	0,08	0,09
3,5	1,2528	1,2556	1,2585	1,2613	1,2641	1,2669	1,2698	1,2726	1,2754	1,2782
3,6	1,2809	1,2837	1,2865	1,2892	1,2920	1,2947	1,2975	1,3002	1,3029	1,3056
3,7	1,3083	1,3110	1,3137	1,3164	1,3191	1,3218	1,3244	1,3271	1,3297	1,3324
3,8	1,3350	1,3376	1,3403	1,3429	1,3455	1,3481	1,3507	1,3533	1,3558	1,3584
3,9	1,3610	1,3635	1,3661	1,3686	1,3712	1,3737	1,3762	1,3788	1,3813	1,3838
4,0	1,3863	1,3888	1,3913	1,3938	1,3962	1,3987	1,4012	1,4036	1,4061	1,4085
4,1	1,4110	1,4134	1,4159	1,4183	1,4207	1,4231	1,4255	1,4279	1,4303	1,4327
4,2	1,4351	1,4375	1,4398	1,4422	1,4446	1,4469	1,4493	1,4516	1,4540	1,4563
4,3	1,4586	1,4609	1,4633	1,4656	1,4679	1,4702	1,4725	1,4748	1,4770	1,4793
4,4	1,4816	1,4839	1,4861	1,4884	1,4907	1,4929	1,4952	1,4974	1,4996	1,5019
4,5	1,5041	1,5063	1,5085	1,5107	1,5129	1,5151	1,5173	1,5195	1,5217	1,5239
4,6	1,5261	1,5282	1,5304	1,5326	1,5347	1,5369	1,5390	1,5412	1,5433	1,5454
4,7	1,5476	1,5497	1,5518	1,5539	1,5560	1,5581	1,5602	1,5623	1,5644	1,5665
4,8	1,5686	1,5707	1,5728	1,5748	1,5769	1,5790	1,5810	1,5831	1,5851	1,5872
4,9	1,5892	1,5913	1,5933	1,5953	1,5974	1,5994	1,6014	1,6034	1,6054	1,6074
5,0	1,6094	1,6114	1,6134	1,6154	1,6174	1,6194	1,6214	1,6233	1,6253	1,6273
5,1	1,6292	1,6312	1,6332	1,6351	1,6371	1,6390	1,6409	1,6429	1,6448	1,6467
5,2	1,6487	1,6506	1,6525	1,6544	1,6563	1,6582	1,6601	1,6620	1,6639	1,6658
5,3	1,6677	1,6696	1,6715	1,6734	1,6752	1,6771	1,6790	1,6808	1,6827	1,6845
5,4	1,6864	1,6882	1,6901	1,6919	1,6938	1,6956	1,6974	1,6993	1,7011	1,7029
5,5	1,7047	1,7066	1,7084	1,7102	1,7120	1,7138	1,7156	1,7174	1,7192	1,7210
5,6	1,7228	1,7246	1,7263	1,7281	1,7299	1,7317	1,7334	1,7352	1,7370	1,7387
5,7	1,7405	1,7422	1,7440	1,7457	1,7475	1,7492	1,7509	1,7527	1,7544	1,7561
5,8	1,7579	1,7596	1,7613	1,7630	1,7647	1,7664	1,7682	1,7699	1,7716	1,7733
5,9	1,7750	1,7766	1,7783	1,7800	1,7817	1,7834	1,7851	1,7867	1,7884	1,7901
6,0	1,7918	1,7934	1,7951	1,7967	1,7984	1,8001	1,8017	1,8034	1,8050	1,8066
6,1	1,8083	1,8099	1,8116	1,8132	1,8148	1,8165	1,8181	1,8197	1,8213	1,8229
6,2	1,8245	1,8262	1,8278	1,8294	1,8310	1,8326	1,8342	1,8358	1,8374	1,8390
6,3	1,8406	1,8421	1,8437	1,8453	1,8469	1,8485	1,8500	1,8516	1,8532	1,8547
6,4	1,8563	1,8579	1,8594	1,8610	1,8625	1,8641	1,8656	1,8672	1,8687	1,8703
6,5	1,8718	1,8733	1,8749	1,8764	1,8779	1,8795	1,8810	1,8825	1,8840	1,8856
6,6	1,8871	1,8886	1,8901	1,8916	1,8931	1,8946	1,8961	1,8976	1,8991	1,9006
6,7	1,9021	1,9036	1,9051	1,9066	1,9081	1,9095	1,9110	1,9125	1,9140	1,9155
6,8	1,9169	1,9184	1,9199	1,9213	1,9228	1,9242	1,9257	1,9272	1,9286	1,9301
6,9	1,9315	1,9330	1,9344	1,9359	1,9373	1,9387	1,9402	1,9416	1,9430	1,9445
7,0	1,9459	1,9473	1,9488	1,9502	1,9516	1,9530	1,9544	1,9559	1,9573	1,9587
7,1	1,9601	1,9615	1,9629	1,9643	1,9657	1,9671	1,9685	1,9699	1,9713	1,9727
7,2	1,9741	1,9755	1,9769	1,9782	1,9796	1,9810	1,9824	1,9838	1,9851	1,9865
7,3	1,9879	1,9892	1,9906	1,9920	1,9933	1,9947	1,9961	1,9974	1,9988	2,0001
7,4	2,0015	2,0028	2,0042	2,0055	2,0069	2,0082	2,0096	2,0109	2,0122	2,0136
7,5	2,0149	2,0162	2,0176	2,0189	2,0202	2,0215	2,0229	2,0242	2,0255	2,0268
7,6	2,0282	2,0295	2,0308	2,0321	2,0334	2,0347	2,0360	2,0373	2,0386	2,0399
7,7	2,0412	2,0425	2,0438	2,0451	2,0464	2,0477	2,0490	2,0503	2,0516	2,0528
7,8	2,0541	2,0554	2,0567	2,0580	2,0592	2,0605	2,0618	2,0631	2,0643	2,0665
7,9	2,0669	2,0681	2,0694	2,0707	2,0719	2,0732	2,0744	2,0757	2,0769	2,0782
N	0,00	0,01	0,02	0,03	0,04	0,05	0,06	0,07	0,08	0,09

Apêndice B • Tabela de Logaritmos Naturais

N	0,00	0,01	0,02	0,03	0,04	0,05	0,06	0,07	0,08	0,09
8,0	2,0794	2,0807	2,0819	2,0832	2,0844	2,0857	2,0869	2,0882	2,0894	2,0906
8,1	2,0919	2,0931	2,0943	2,0956	2,0968	2,0980	2,0992	2,1005	2,1017	2,1029
8,2	2,1041	2,1054	2,1066	2,1078	2,1090	2,1102	2,1114	2,1126	2,1138	2,1150
8,3	2,1163	2,1175	2,1187	2,1199	2,1211	2,1223	2,1235	2,1247	2,1258	2,1270
8,4	2,1282	2,1294	2,1306	2,1318	2,1330	2,1342	2,1353	2,1365	2,1377	2,1389
8,5	2,1401	2,1412	2,1424	2,1436	2,1448	2,1459	2,1471	2,1483	2,1494	2,1506
8,6	2,1518	2,1529	2,1541	2,1552	2,1564	2,1576	2,1587	2,1599	2,1610	2,1622
8,7	2,1633	2,1645	2,1656	2,1668	2,1679	2,1691	2,1702	2,1713	2,1725	2,1736
8,8	2,1748	2,1759	2,1770	2,1782	2,1793	2,1804	2,1815	2,1827	2,1838	2,1849
8,9	2,1861	2,1872	2,1883	2,1894	2,1905	2,1917	2,1928	2,1939	2,1950	2,1961
9,0	2,1972	2,1983	2,1994	2,2006	2,2017	2,2028	2,2039	2,2050	2,2061	2,2072
9,1	2,2083	2,2094	2,2105	2,2116	2,2127	2,2138	2,2148	2,2159	2,2170	2,2181
9,2	2,2192	2,2203	2,2214	2,2225	2,2235	2,2246	2,2257	2,2268	2,2279	2,2289
9,3	2,2300	2,2311	2,2322	2,2332	2,2343	2,2354	2,2364	2,2375	2,2386	2,2396
9,4	2,2407	2,2418	2,2428	2,2439	2,2450	2,2460	2,2471	2,2481	2,2492	2,2502
9,5	2,2513	2,2523	2,2534	2,2544	2,2555	2,2565	2,2576	2,2586	2,2597	2,2607
9,6	2,2618	2,2628	2,2638	2,2649	2,2659	2,2670	2,2680	2,2690	2,2701	2,2711
9,7	2,2721	2,2732	2,2742	2,2752	2,2762	2,2773	2,2783	2,2793	2,2803	2,2814
9,8	2,2824	2,2834	2,2844	2,2854	2,2865	2,2875	2,2885	2,2895	2,2905	2,2915
9,9	2,2925	2,2935	2,2946	2,2956	2,2966	2,2976	2,2986	2,2996	2,3006	2,3016
N	0,00	0,01	0,02	0,03	0,04	0,05	0,06	0,07	0,08	0,09

Se $N \geq 10$, considere $\ln 10 = 2{,}3026$ e escreva N em notação científica; então use $\ln N = \ln [k \cdot (10^m)] = \ln k + m \ln 10 = \ln k + m (2{,}3026)$ onde $1 \leq k < 10$ e m é um inteiro.

Índice

A

Abscissa, 91
Adição, 1
   de expressões algébricas, 12
   de frações, 4
   de números complexos, 68
   de radicais, 59
   propriedade associativa da, 3
   propriedade comutativa da, 3
   regras de sinais para, 3
Álgebra
   operações fundamentais da, 1
   teorema fundamental da, 215
Antilogaritmo, 265, 266
Assíntotas, 235
   horizontal, 235
   vertical, 235
Axiomas da igualdade, 73, 74

B

Base de logaritmos, 263
Base de potências, 4
Binômio, 12
Buracos em um gráfico, 235

C

Cancelamento, 41
Característica de um logaritmo, 264
Chances, 331–312
Chaves, 12–13
Círculo, 170
Coeficiente numérico, 12
Coeficientes, 12
   líder, 214
   na fórmula binomial, 304
   relação entre raízes e, 152
Coeficientes binomiais, 304
Cofator, 328
Colchetes, 12–13
Combinações, 289
Completamento de quadrado, 151
Constante, 89
   de proporcionalidade ou variação, 82
Continuidade, 216
Coordenadas retangulares, 90
Cotas, inferior e superior, para raízes, 217
Cubo de um binômio, 27

D

Denominador, 1, 41
Desigualdades, 199
   absolutas, 199
   condicionais, 199
   de ordem mais elevada, 200
   princípios das, 199
   sentido das, 199
   sinais das, 199
   solução gráfica de, 202
Desigualdades com valor absoluto, 199
Determinantes, 323
   de ordem n, 326
   de segunda ordem, 323
   de terceira ordem, 324
   expansão ou valor de, 323, 324, 328
   propriedades de, 327
   solução de equações lineares por, 323, 325, 328–329
Diferença, 1
   comum, 245
   de dois cubos, 32–33
   de dois quadrados, 32–33
   tabular, 264
Discriminante, 151
Dividendo, 1
Divisão, 1
   de expressões algébricas, 15
   de frações, 1, 4–5
   de números complexos, 69
   de radicais, 60
   por zero, 1
   sintética, 215
Divisor, 1
Dízima periódica, 255
Domínio, 89–90

E

e, base de logaritmos naturais, 265
Elemento de um determinante, 323
Elipse, 173–174
Equações, 73
   com raízes dadas, 222
   condicionais, 73
   cotas para raízes de, 217
   cúbicas, 75
   defeituosas, 74
   derivadas, 221

equivalentes, 74
gráficos de, (*ver* Gráficos)
grau de, 12–13
identidade, 73
lineares, 75
literais, 114
número de raízes de, 216
quadráticas, 75, 150
quárticas, 75
quínticas, 75
radicais, 152–153
raízes complexas de, 216
raízes de, 73
raízes irracionais de, 152
redundantes, 74
simultâneas, 137, 191
sistemas de, 137
soluções de, 73
tipo quadrática, 153
transformação de, 73–74
Equações consistentes, 138
Equações exponenciais, 274
Equações lineares, 114
   a uma variável, 114
   consistentes, 138
   dependentes, 138
   homogêneas, 329
   inconsistentes, 138
   sistemas de, simultâneas, 137
   solução gráfica de sistemas de, 138
   solução por determinantes de sistemas de, 323–329
Equações quadráticas, 150
   a duas variáveis, 169
   a uma variável, 149
   construção de, a partir de suas raízes, 152
   discriminante de, 151
   natureza das raízes de, 152
   produto de raízes de, 152
   simultâneas, 191–193
   soma de raízes de, 152
Equações quadráticas a duas variáveis, 169
   círculo, 170
   discriminante, 169
   elipse, 173
   hipérbole, 177
   parábola, 171
Equações quadráticas a uma variável, solução de 150–153
   via completamento de quadrados, 151
   via fatoração, 150–151
   via fórmula, 151–152
   via método da raiz quadrada, 150
   via métodos gráficos, 152
Equações tipo quadrática, 153
Escala, 93
Esperança matemática, 331–312
Eventos dependentes, 310
Eventos independentes, 310
Eventos mutuamente exclusivos, 331–312
Existência de inversos, 22
Expansão binomial, 303
   fórmula ou teorema da, 303
   prova da, para potências inteiras positivas, 365
Expoentes, 4, 48
   aplicações, 280
   nulos, 49
   racionais, 49
   regras para, 4, 49–50
Expressões algébricas, 12
Extremos, 81

F
Fator
   monomial, 32–33
   polinomial, 32
   primo, 32
Fatoração, 32
Fatoração por agrupamento de termos, 32
Forma escada, 352
Forma exponencial, 263
Fórmula quadrática,
   prova da, 154–155
Fórmulas, 74
Frações, 4–5, 42–43
   algébricas racionais, 41
   complexas, 43
   equivalentes, 41
   impróprias, 368
   irredutíveis, 41
   operações com, 4–5
   parciais, 368
   próprias, 368
   sinais de, 4
Função, 89
   gráfico de, 90–95
   linear, 75, 113, 128–131
   notação para, 90
   polinomial, 214
   quadrática, 75, 150–152
Função racional, 235
   esboçando o gráfico de, 236–237
Funções polinomiais, 214–234
   resolução de, 216
   zeros de, 214–215

G
Gráficos, 90–95
   com buracos, 235
   de equações, 90–95, 138, 167–178
   de equações lineares em duas variáveis, 138
   de equações quadráticas em duas variáveis, 191
   de funções, 90–95
Grau, 12–13
   de um monômio, 12–13
   de um polinômio, 12–13

H
Hipérbole, 177

I
i, 67
Identidade, 73
  matriz, 351
  propriedade, 22
Imagem de uma função, 89
Inclinação, 128
  de retas horizontais, 128
  de retas paralelas, 129
  de retas perpendiculares, 129
  de retas verticais, 129
Índice, 48, 58–59
Índice de um radical, 58–59
  redução do, 59
Indução matemática, 362
Infinito, 246
Insucesso, probabilidade de, 310
Inteiros, 22
Interpolação em logaritmos, 265
Interpolação linear, 265
Inversa, 4
Inversa de uma matriz, 352
Irracionalidade, demonstrações da, 78–79, 225

J
Juro, 276–277
  composto, 277
  simples, 276

L
Literais, 12–13
Logaritmos, 263
  aplicações de, 277–279
  base de, 263
  base natural de, 265
  característica de, comuns, 264
  comuns, 264
  mantissa de, comuns, 264
  naturais, 265
  regras para, 263
  sistema comum de, 264
  sistema natural de, 265
  tabelas de, comuns, 375
  tabelas de, naturais, 378

M
Maior que, 1–2
Mantissa, 264
Matriz, 349
  adição de, 349
  identidade, 351
  inversa, 352
  multiplicação de, 350
  multiplicação de, por escalar, 350

Matriz aumentada, 354
Matriz linha-reduzida à forma escada, 352
Matrizes linha-equivalentes, 352
Máximo divisor comum, 33–34
Média aritmética, 247
Média geométrica, 247
Média harmônica, 247
Média proporcional, 81
Meios de uma proporção, 81
Melhor compra, 82
Menor denominador comum, 42
Menor que, 1–2
Menores complementares, 328
Mínimo múltiplo comum, 33–34
Minuendo, 14
Monômio, 12
Montante, 276
Multiplicação, 1, 14–15
  de expressões algébricas, 12
  de frações, 4
  de números complexos, 68
  de radicais, 60
  por zero, 1–2
  propriedade associativa da, 3
  propriedade comutativa da, 3
  propriedade distributiva da, 3
  regras de sinais para, 3

N
Notação científica, 50
Notação fatorial, 288
Numerador, 1, 41
Números, 1–2
  complexos, 67
  conjunto completo dos, naturais, 22
  imaginários, 1–2, 67
  inteiros, 22
  irracionais, 1–2, 22
  literais, 12–13
  naturais, 1–2, 22
  negativos, 1–2
  operações com, reais, 1–5
  para contagem, 22
  positivos, 1–2
  primos, 22
  racionais, 1, 22
  reais, 22
  representação gráfica de, reais, 1–2
  valor absoluto de, 1–2
Números complexos, 67
  adição e subtração gráfica de, 69–70
  conjugado de, 67
  iguais, 67
  imaginários puros, 67
  operações algébricas com, 68
  parte imaginária de, 67
  parte real de, 67

Números irracionais conjugados, 60
Números reais, 1, 22
    representação gráfica de, 1–2

O
Operações elementares sobre linhas, 351
Operações fundamentais, 1
Ordem de um determinante, 323, 324, 326
Ordem dos números reais, 1–2, 23
Ordenada, 91
Origem, 1–2
    de um sistema de coordenadas retangulares, 90

P
Parábola, 171–172
    vértice de uma, 100
Parênteses, 12–13
Parte imaginária de um número complexo, 67
Parte real de um número complexo, 67
Permutações, 288
Permutações circulares, 289
Polinômios, 12
    fatores de, 32–35
    grau de, 75
    idênticos, 369
    operações com, 12–15
    primos, 32
    relativamente primos, 33–34
Ponto, coordenadas de um, 91
Ponto de máximo relativo, 101
    aplicações, 103–106
Ponto de mínimo relativo, 101
    aplicações, 103–106
Potências, 4, 48
    de binômios, 27, 303–309
    logaritmos de, 263
Potências n-ésimas perfeitas, 59
Preço unitário, 82
Princípio fundamental de contagem, 288
Probabilidade, 310
    binomial, 331–312
    condicional, 311–312
    de eventos dependentes, 310
    de eventos independentes, 331–312
    de eventos mutuamente exclusivos, 331–312
Produto, 1, 4, 14
    de raízes de uma equação quadrática, 150
Produtos especiais, 27
Programação linear, 203
Progressão aritmética, 248
Progressão geométrica, 245–246
    infinita, 246
Proporção, 81
Proporcional, 81
    média, 81
    quarta, 81
    terceira, 81
Proporcionalidade, constante de, 82
Propriedade da completude, 23
Propriedade da densidade, 23
Propriedade de ordem, 23
Propriedade distributiva da multiplicação, 3
Propriedade do fechamento, 22

Propriedades associativas, 3
Propriedades comutativas, 3

Q
Quadrado, 48
    de um binômio, 27
    de um trinômio, 27
Quadrantes, 91
Quarta proporcional, 81
Quociente, 1, 4, 15

R
Racionalização de um denominador, 60
Radicais, 58–59
    adição algébrica de, 58–59
    equações envolvendo, 152–153
    forma mais simples de, 59
    índice ou ordem de, 58–59
    multiplicação e divisão, 60–61
    racionalização de denominadores de, 60–61
    redução do índice de, 59
    remoção de n-ésimas potências perfeitas de, 59
    similares, 59
Radicando, 58–59
Raiz principal, 48
Raízes, 48, 73, 210
    de equações quadráticas, 150
    de uma equação, 73
    duplas, 151, 216
    extrínsecas, 74
    inteiras, 216
    irracionais, 152
    natureza das, em equações quadráticas, 152
    n-ésimas, 58–59
    n-ésimas principais, 58–59
    número de, 216
    racionais, 216
Raízes irracionais, 152
    aproximação de, 218
Raízes não reais de equações, 152
Razão, 81
    comum, 245
Redução à forma escada, 352
Regra de Cramer, 323–326
Regra de Descartes, 217
    de uma fração, 4
    regras de, 3
Regra dos Sinais de Descartes, 217–218
Relação, 89
Resto, 15, 214
Reta, 128–131
    equação de, passando por dois pontos, 130
    forma inclinação-intercepto da equação de, 130
    forma intercepto da equação de, 131
    forma ponto-inclinação da equação de, 130

S
Seções cônicas, 169–180
    círculo, 170
    elipse, 172
    hipérbole, 177
    parábola, 171
Sentido de uma desigualdade, 199

Sequência, 245
    harmônica, 246
    infinita, 246
    progressão aritmética, 245
    progressão geométrica, 245–246
    termo geral ou n-ésimo termo de uma, 245, 246
Série, 245
    geométrica infinita, 246
Símbolos de agrupamento, 12–13
Simetria, 91
Sinais, 3
Sistema de coordenadas retangulares, 90
Sistema de números reais, 1–2
Sistemas de desigualdades, 199
Sistemas de equações, 137, 191
Sistemas de m equações a n variáveis, 329
Soluções, 73
    de sistemas de equações, 323, 329
    extrínsecas, 74
    gráficas, 138, 191
    triviais, não triviais, 329
Soma, 1
    das raízes de uma equação quadrática, 150
    de dois cubos, 32–33
    de uma progressão aritmética, 245
    de uma progressão geométrica, 245–246
    de uma progressão geométrica infinita, 246
Subtração, 1, 4, 14
    de expressões algébricas, 12
    de frações, 4, 42
    de números complexos, 68
    de radicais, 59
Subtraendo, 14

T
Tabelas, 375, 378
    de logaritmos comuns, 375
    de logaritmos naturais, 378
Taxa de juro, 276
Taxa de juro efetiva, 281
Teorema da Fatoração Única, 32

Teorema da raiz racional, 216
Teorema das raízes inteiras, 216
Teorema do fator, 215
Teorema do resto, 214
Teorema do valor intermediário, 216
Teorema Fundamental da Álgebra, 215
Termo, 12
    de sequências, 245
    de séries, 245
    grau de um, 12–13
    inteiro e racional, 12–13
    semelhantes, 12–13
Termo geral, ou n-ésimo termo, 245
Translações, 92
    horizontais, 93
    verticais, 92
Triângulo de Pascal, 305
Trinômio, 12
    fatores de um, 32–33
    quadrado de um, 27
Trinômio quadrado perfeito, 32–33

U
Unidade imaginária, 1–2, 67

V
Valor absoluto, 1–2
Variação, 81–82
    conjunta, 82
    direta, 82
    inversa, 82
Variável, 89
    dependente, 90–91
    independente, 89

Z
Zero, 1
    divisão por, 1
    expoente, 49
    grau, 12–13
    multiplicação por, 1
Zeros, 73, 214